南水北调中线干线工程运行管理标准

规章制度

Q/NSBDZX 4

第一分册

南水北调中线干线工程建设管理局　发布

中国水利水电出版社
www.waterpub.com.cn

·北京·

内 容 提 要

本套标准中的规章制度是针对南水北调中线干线工程运行管理需要协调统一的管理事项所制定的办法、规定、预案等，是现阶段与管理标准共存的一种形式。规章制度共两个分册，本书为第一分册，包含 33 项办法、规定，涵盖了综合行政、法律事务、计划合同、财务资产、人力资源、科研技术、安全监测、输水调度、水质与环境保护、工程巡查、土建绿化维护、应急与防汛、安全生产、安全保卫专业。其主要内容是对公文、印章、保密、督办等综合行政事务，法律事务，计划、统计、合同管理及采购，干部任用、职位、绩效、考勤休假等人力资源管理，科技创新、成果应用，安全监测管理，中控室及水质自动监测站创优争先，防汛值班、工巡人员及土建维护项目管理，运行安全及警务室管理，运行管理责任追究、问题查改及安全运行津贴发放等管理事项作出了规定。

图书在版编目（ＣＩＰ）数据

南水北调中线干线工程运行管理标准. 规章制度 Q/
NSBDZX 4 / 南水北调中线干线工程建设管理局发布. --
北京：中国水利水电出版社，2020.6
ISBN 978-7-5170-8491-4

Ⅰ. ①南… Ⅱ. ①南… Ⅲ. ①南水北调－水利工程管理－规章制度 Ⅳ. ①TV68-65

中国版本图书馆CIP数据核字(2020)第051571号

书　名	南水北调中线干线工程运行管理标准 （规章制度 Q/NSBDZX 4） 第一分册 NANSHUIBEIDIAO ZHONGXIAN GANXIAN GONGCHENG YUNXING GUANLI BIAOZHUN （GUIZHANG ZHIDU Q/NSBDZX 4）
作　者	南水北调中线干线工程建设管理局　发布
出版发行	中国水利水电出版社 （北京市海淀区玉渊潭南路 1 号 D 座　100038） 网址：www.waterpub.com.cn E-mail：sales@waterpub.com.cn 电话：(010) 68367658（营销中心）
经　售	北京科水图书销售中心（零售） 电话：(010) 88383994、63202643、68545874 全国各地新华书店和相关出版物销售网点
排　版	中国水利水电出版社微机排版中心
印　刷	天津嘉恒印务有限公司
规　格	184mm×260mm　16 开本　53 印张（总）　1290 千字（总）
版　次	2020 年 6 月第 1 版　2020 年 6 月第 1 次印刷
印　数	0001—2100 册
总 定 价	**318.00 元（全二册）**

南水北调中线干线工程运行管理标准
（规章制度 Q/NSBDZX 4）

第一分册编辑工作组

主　　　编：刘宪亮

副　主　编：李舜才　刘德雄　庞　敏　黄礼林　尚宇鸣　王以亮

　　　　　　王志文　刘　彬　秦　颖　丁　宁　韦耀国　曹玉升

　　　　　　张杰平　傅又群　毛敏华　台德伟　杜元强

执行主编：马艳军　高　宇　杨君伟　陈晓楠　苏　霞　李立群

　　　　　　常志兵　槐先锋　张　锐　王　强　冯士全

主要编写人员：（按姓氏笔画排序）

　　　　　　马英豪　马梓霁　王升芝　王树磊　卢明龙　代彩华

　　　　　　吉丽喆　刘　屹　刘德环　李　乔　李　玲　李　硕

　　　　　　李文斌　杨成宏　杨晓丹　肖圆圆　张　华　张　洁

　　　　　　张高伟　张瑞鹤　张慎强　郁　婧　秦　昊　贾　斌

　　　　　　倪　升　高　森　陶　李　桑军伟　黄亭桦　崔瑜函

　　　　　　韩宗德　程　曦　温家华　裴　佩　戴星亮

序 一

我国水资源短缺，且时空分布不均。南水北调工程是实现我国水资源优化配置、促进经济社会可持续发展、保障和改善民生的重大战略性基础设施，同时也是迄今为止世界上最大的跨流域调水工程。历经半个世纪的论证和数十万大军10余年的建设，终于由构想变成现实，并且成为事关中华民族长远发展的国之命脉。

南水北调东、中线一期工程建成运行以来，发挥了巨大的经济、社会和生态效益，充分证明了党中央、国务院的决策是完全正确的，充分体现了中国的体制优势和强盛国力。南水北调中线一期工程作为南水北调工程的重要组成部分，已经累计调水300亿立方米，直接受益人口6000万人，居民饮用水水质明显改善，生产用水受到保障，生态环境得到恢复，人民群众的获得感、幸福感、安全感不断提升，为京津冀协同发展、雄安新区建设等国家重大战略实施提供了可靠的水资源支撑。

南水北调中线一期工程已由原规划的受水区城市补充水源，转变为供水地区的重要水源，成为这些地区的生命线。这些用水地区对中线工程的依赖性越来越大，一旦出现供水中断，必将引发严重后果。工程安全平稳运行是南水北调中线干线工程建设管理局工作的重中之重，必须依托科学完备的制度和技术体系。工程运行管理标准化、规范化建设即为安全供水提供了重要保障。

《南水北调中线干线工程运行管理标准》作为标准化、规范化建设的成果，是南水北调运行管理提质增效的有力见证，是南水北调中线干线工程建设管理局广大干部职工追求高质量发展的智慧结晶，凝结了工程运行管理的宝贵经验，并在通水以来工程安全平稳运行得到保障的成功实践中受到过检验。

这一套标准具有较高的推广应用价值，可为类似大型工程运行管理提供很好的借鉴。

新时期南水北调工程面临着新任务、新要求。相信南水北调中线干线工程建设管理局在习近平新时代中国特色社会主义思想指导下，一定能"管好中线"与"发展中线"，不断提升工程运行管理水平，打造大国重器品牌，推动南水北调中线工程的高质量发展，为实现中华民族伟大复兴的中国梦做出更大的贡献。

乔远

2020 年 6 月

序　二

南水北调中线工程自 2014 年 12 月 12 日通水至今，已从受水区的备用水源变为主力水源，成为京津冀协同发展、雄安新区、华北地下水综合治理等国家战略实施的重要保障，是名副其实的大国重器。南水北调中线干线工程管理局（以下简称"中线建管局"）作为南水北调中线干线工程的建设和运行管理单位，始终坚持以满足沿线人民群众对美好生活的需要、满足区域协调发展的需要、满足生态文明建设的需要为己任和使命，全体员工殚精竭虑、日夜奋战，为保障中线工程运行的"安全、优质、高效"做出了巨大的贡献。

由于工程特性，中线工程的运行管理面临战线长、设备设施复杂、人员多且分散等问题和挑战。为解决这些问题，在水利部、原国务院南水北调办的指导下，中线建管局践行"水利工程补短板、水利行业强监管"的总基调，持续开展了工程运行管理标准化规范化建设，着力推进工程运行管理的提档升级。

没有规矩，不成方圆。制度标准体系建设是中线建管局企业标准化规范化建设的重要基础工作，通过几年来的建设，初步形成了一套较为完整的工程运行管理制度标准体系，共涉及 19 个专业，基本涵盖了工程现场的设备设施、管理事项和工作岗位，为工程平稳、安全运行提供了有力支撑。中线建管局在较短时间内，倾力完成了技术标准、管理标准、岗位标准、规章制度"四大系列"共 9 个分册的标准出版，实属不易。这套标准具有很强的系统性、科学性和实用性，是南水北调工程运行管理一部里程碑式的出版物。相信它将推动中线建管局树立南水北调品牌形象，为国内外长距离调水工程提供了有益借鉴。

"路漫漫其修远兮，吾将上下而求索。"标准化、规范化建设不是一蹴而就的，它是伴随企业全生命周期的一项系统性工作，中线建管局标准化规范化建设工作尚处于初级阶段，后续工作任重而道远。希望中线建管局做好后续体系完善、运行和持续改进的工作规划，在推进南水北调事业迈入高质量发展阶段的道路上再接再厉，再战辉煌！

借此丛书出版之际，拟此序，以表达对中线建管局付出辛劳的慰问之情、勉励之意。

陈厚群

2020 年 6 月

前　言

　　南水北调属超长距离调水工程，如此庞大、复杂、伟大的工程在我国乃至全世界实属罕见，目前国内外水利行业尚无成熟配套的运行管理标准可以遵循，也缺少可借鉴的类似大型引调水工程现代化运行管理经验，因此南水北调中线工程运行管理工作中面临着前所未有的困难与挑战。

　　南水北调中线工程作为三条规划线路之一，承担着向北京、天津、河北、河南24个大中城市130余县提供城市生活、工业、生态用水的重要使命。要管理好、运用好如此重要、复杂的线性工程，树立现代化调水企业的标杆，打造"高标准样板"，必须建立一套完整的标准化、规范化管理体系作为支撑。自2014年12月12日正式通水以来，南水北调中线干线工程建设管理局（以下简称"中线建管局"）即着手开展中线工程运行管理标准化规范化建设。2017年6月成立了规范化建设领导小组及办公室，在水利部和原国务院南水北调办的指导帮助下，持续系统、有序地推进各项工作。通过全体员工的共同努力，中线工程运行管理标准化规范化建设工作取得了很大进展。

　　中线工程运行管理制度标准体系建设是标准化规范化建设的重点工作之一。中线建管局在贯彻落实国家相关法律法规，国家、行业、地方、团体有关标准以及上级单位相关制度标准的基础上，不断探索和总结运行管理经验，以问题为导向，按照设备设施、管理事项、工作岗位全覆盖的原则，开展了技术标准、管理标准和岗位标准的编制和修订工作。目前已构建以技术标准、管理标准、岗位标准"三大标准"为支柱、其他制度办法为支撑的中线工程运行管理制度标准体系框架。基本实现了制度标准在设施设备、管理事项、工作岗位上的全覆盖，运行管理工作有据可依，为中线工程平稳高效运行奠定了坚实基础。

　　为系统总结工程运行管理成效，我们按照"技术标准""管理标准""岗位标准""规章制度"四大系列共 9 个分册，对中线建管局 2017—2019 年印发实施的 191 项标准汇编出版，作为标准化规范化建设成果的有效展示，并满足中线工程及其他调水工程技术人员运行管理的实际工作需要。

本书的编辑出版，得到了水利部领导和有关单位及专家的大力支持，特别是有关工作人员在审核校对过程中付出了辛勤的劳动，在此一并表示衷心的感谢。

由于编者水平有限，难免有疏漏和不妥之处，敬请各位读者批评指正。

编者

2020 年 6 月

总目录

第 三 分 册

第 四 分 册

管理标准 Q/NSBDZX 2

第 一 分 册

第 二 分 册

岗位标准 Q/NSBDZX 3

规章制度 Q/NSBDZX 4

第 一 分 册

第 二 分 册

本 册 目 录

Q/NSBDZX

南水北调中线干线工程建设管理局规章制度

Q/NSBDZX 421.01—2018

公 文 处 理 实 施 办 法

2018－10－30发布　　　　　　　　2018－10－30实施

南水北调中线干线工程建设管理局　发　布

公 文 处 理 实 施 办 法

第一章 总 则

第一条 为认真贯彻实施《党政机关公文处理工作条例》，使南水北调中线干线工程建设管理局（以下简称"中线建管局"）的公文处理工作规范化、制度化、科学化，结合中线建管局实际，制定本办法。

第二条 本办法规定了中线建管局公文种类、公文格式、行文规则等内容，以及公文拟制、办理、管理等工作要求。

第三条 本办法适用于中线建管局局机关及直属各单位。

第四条 公文处理工作应当坚持实事求是、准确规范、精简高效、安全保密的原则。党政原则上分开行文，凡属业务性和行政性工作不以党组（委）名义行文，凡党内事务不以行政公文形式行文。

第五条 本办法依据《党政机关公文处理工作条例》（中办发〔2012〕14 号）、《党政机关公文格式》（GB/T 9704—2012）、《标准化工作导则 第 1 部分：标准的结构和编写》（GB/T 1.1—2009）制定。

第六条 本办法所称公文，是指中线建管局在公务活动中所形成的具有特定效力和规范体式的文书，是传达贯彻党和国家方针政策，发布规章制度，指导、布置和商洽工作，请示和答复问题，报告、通报和交流情况等的重要工具。

公文处理工作是指公文拟制、办理、管理等一系列相互关联、衔接有序的工作。

第二章 管 理 职 责

第七条 中线建管局综合管理部归口管理全局公文处理工作，具体负责局机关行政公文处理工作，局机关党委、共青团、工会等非行政性公文由相应职能部门负责。各单位综合管理部门负责本单位的公文处理工作。

第八条 局机关各部门、各单位应根据工作需要指定专人负责公文处理工作。公文管理人员应具备相应的专业知识和认真负责、严守纪律的个人品质。

第三章 公 文 种 类

第九条 中线建管局的公文种类主要有：

（一）决定。适用于对重要事项作出决策和部署、奖惩有关单位和人员、变更或者撤销下级机关不适当的决定事项。

（二）通告。适用于在一定范围内公布应遵守或者周知的事项。

（三）意见。适用于对重要问题提出见解和处理办法。

（四）通知。适用于发布、传达要求下级机关执行和有关单位周知或者执行的事项，批转、转发公文。

（五）通报。适用于表彰先进、批评错误、传达重要精神和告知重要情况。

（六）报告。适用于向上级机关汇报工作、反映情况，回复上级机关的询问。

（七）请示。适用于向上级机关请求指示、批准。

（八）批复。适用于答复下级机关请示事项。

（九）函。适用于不相隶属机关之间商洽工作、询问和答复问题、请求批准和答复审批事项。

（十）纪要。适用于记载会议主要情况和议定事项。

第四章　公　文　格　式

第十条　公文一般由份号、密级和保密期限、紧急程度、发文机关标志、发文字号、签发人、标题、主送机关、正文、附件说明、发文机关署名、成文日期、印章、附注、附件、抄送机关、印发机关和印发日期、页码等组成。

（一）份号。公文印制份数的顺序号。涉密公文应当标注份号。

一般用 6 位 3 号阿拉伯数字，顶格编排在首页版心左上角第一行。

（二）密级和保密期限。公文的秘密等级和保密的期限。涉密公文应根据涉密程度分别标注"绝密""机密""秘密"和保密期限。

一般用 3 号黑体字，顶格编排在首页版心左上角份号下方。

（三）紧急程度。公文送达和办理的时限要求。根据紧急程度，紧急公文应分别标注"特急""加急"。

一般用 3 号黑体字，顶格编排在首页版心左上角，涉密公文标注在密级下方。

（四）发文机关标志。由发文机关全称或者规范化简称加"文件"二字组成，也可使用发文机关全称或者规范化简称。联合行文时，发文机关标志可并用联合发文机关名称，也可单独用主办机关名称。

发文机关标志居中排布，上边缘至版心上边缘为 35mm，推荐使用小标宋体字，颜色为红色，以醒目、美观、庄重为原则。发文机关标志的字号不得大于上级发文机关标志的字号。

联合行文时，如需同时标注联署发文机关名称，一般应将主办机关名称排列在前；如有"文件"二字，应置于发文机关名称右侧，以联署发文机关名称为准上下居中排布。

（五）发文字号。由发文机关代字、年份、发文顺序号组成。联合行文时，使用主办机关的发文字号。

年份、发文顺序号用阿拉伯数字标注；年份应标全称，用六角括号"〔 〕"括入；发文顺序号不加"第"字，不编虚位（即 1 不编为 01），在阿拉伯数字后加"号"字。

一般用 3 号仿宋体字，编排在发文机关标志下空二行位置。平行文下行文的发文字号居中排布；上行文的发文字号居左空一字编排，与最后一个签发人姓名处在同一行。

（六）签发人。上行文应标注签发人姓名。

由"签发人"三字加全角冒号和签发人姓名组成，居右空一字，编排在发文机关标志下空二行位置。"签发人"三字用 3 号仿宋体字，签发人姓名用 3 号楷体字。

如有多个签发人，签发人姓名按照发文机关的排列顺序从左到右、自上而下依次均匀编排，一般每行排两个姓名，回行时与上一行第一个签发人姓名对齐。

（七）标题。一般由发文机关名称、事由和文种组成。

一般用 2 号小标宋体字，编排于红色分隔线下空二行位置，分一行或多行居中排布；回行时，应做到词意完整，排列对称，长短适宜，间距恰当，标题排列应使用梯形或菱形。

（八）主送机关。公文的主要受理机关，应使用机关全称、规范化简称或者同类型机关统称。

一般用 3 号仿宋体字，编排于标题下空一行位置，居左顶格，回行时仍顶格，最后一个机关名称后标全角冒号。如主送机关名称过多导致公文首页不能显示正文时，应将主送机关名称移至版记。

（九）正文。公文的主体，用来表述公文的内容。

公文首页必须显示正文。一般用 3 号仿宋体字，编排于主送机关名称下一行，每个自然段左空二字，回行顶格。文中结构层次序数依次可用"一、""（一）""1.""（1）"标注；一般第一层用黑体字，第二层用楷体字，第三层和第四层用仿宋体字标注。

（十）附件说明。公文附件的顺序号和名称。

如有附件，一般用 3 号仿宋字体在正文下空一行左空二字编排"附件"二字，后标全角冒号和附件名称。如有多个附件，使用阿拉伯数字标注附件顺序号（如"附件：1.×××××"）；附件名称后不加标点符号。附件名称较长需回行时，应与上一行附件名称的首字对齐。正文中涉及附件处的标注内容、附件说明处的标注内容及附件的标注内容应前后一致。

（十一）发文机关署名。署发文机关全称或者规范化简称。

一般用 3 号仿宋体字，单一机关行文时，一般在成文日期之上、以成文日期为准居中编排发文机关署名；联合行文时，一般将各发文机关署名按照发文机关顺序整齐排列在相应位置。

（十二）成文日期。署发文机关负责人签发的日期。联合行文时，署最后签发机关负责人签发的日期。

一般用 3 号仿宋体字，右空四字编排，用阿拉伯数字将年、月、日标全，年份应标全称，月、日不编虚位（即 1 不编为 01）。

（十三）印章。公文中有发文机关署名的，应加盖发文机关印章，并与署名机关相符。印章一般用红色，加盖方式统一采用下套方式。

单一机关行文时，印章端正、居中下压发文机关署名和成文日期，使发文机关署名和成文日期居印章中心偏下位置，印章顶端应上距正文（或附件说明）一行之内。

联合行文时，印章一一对应、端正、居中下压发文机关署名，最后一个印章端正、居中下压发文机关署名和成文日期，印章之间排列整齐、互不相交或相切，每排印章两端不得超出版心，首排印章顶端应上距正文（或附件说明）一行之内。

纪要一般不加盖印章。

（十四）附注。公文印发传达范围等需要说明的事项。

如有附注，一般用 3 号仿宋字体，编排在成文日期下一行居左空二字，并在文字外加圆括号，回行时顶格。

（十五）附件。公文正文的说明、补充或者参考资料。

附件应另面编排，并在版记之前，与公文正文一起装订。"附件"二字及附件顺序号用 3 号黑体字顶格编排在版心左上角第一行。附件标题居中编排在版心第三行。附件顺序号和附件标题应与附件说明的表述一致。附件格式要求同正文。

如附件与正文不能一起装订，应在附件左上角第一行顶格编排公文的发文字号并在其后标注"附件"二字及附件顺序号。

（十六）抄送机关。除主送机关外需要执行或者知晓公文内容的其他机关，应使用机关全称、规范化简称或者同类型机关统称。

如有抄送机关，一般用 4 号仿宋体字，在印发机关和印发日期之上一行、左右各空一字编排。"抄送"二字后加全角冒号和抄送机关名称，回行时与冒号后的首字对齐，最后一个抄送机关名称后标句号。

如需把主送机关移至版记，除将"抄送"二字改为"主送"外，编排方法同抄送机关。既有主送机关又有抄送机关时，应将主送机关置于抄送机关之上一行，之间不加分隔线。

（十七）印发机关和印发日期。公文的送印机关和送印日期。

印发机关和印发日期一般用 4 号仿宋体字，编排在末条分隔线之上，印发机关左空一字，印发日期右空一字，用阿拉伯数字将年、月、日标全，年份应标全称，月、日不编虚位（即 1 不编为 01），后加"印发"二字。

（十八）页码。公文页数顺序号。

一般用 4 号半角宋体阿拉伯数字，编排在公文版心下边缘之下，数字左右各放一条一字线；一字线上距版心下边缘 7mm。单页码居右空一字，双页码居左空一字。公文的版记页前有空白页的，空白页和版记页均不编排页码。公文的附件与正文一起装订时，页码应连续编排。

第十一条 公文的版式按照《党政机关公文格式》（GB/T 9704—2012）执行。

第十二条 公文使用的汉字、数字、外文字符、计量单位和标点符号等，按照有关国家标准和规定执行。

第十三条 公文用纸幅面采用国际标准 A4 型。特殊形式的公文用纸幅面，根据实际需要确定。

第五章 行 文 规 则

第十四条 行文应确有必要，讲求实效，注重针对性和可操作性。

第十五条 行文关系根据隶属关系和职权范围确定。一般不得越级行文，特殊情况需要越级行文的，应同时抄送被越过的机关。

第十六条 向上级机关行文，应遵循以下规则：

（一）原则上主送一个上级机关，根据需要同时抄送相关上级机关和同级机关，不抄送下级机关。

（二）下级机关的请示事项，如需以本机关名义向上级机关请示，应提出倾向性意见后上报，不得原文转报上级机关。

（三）请示应一文一事。不得在报告等非请示性公文中夹带请示事项。

（四）除上级机关负责人直接交办事项外，不得以本机关名义向上级机关负责人报送公文，不得以本机关负责人名义向上级机关报送公文。

第十七条 向下级机关行文，应遵循以下规则：

（一）主送受理机关，根据需要抄送相关机关。重要行文应同时抄送发文机关的直接上级机关。

（二）涉及多个部门职权范围内的事务，部门之间未协商一致的，不得向下行文；擅自行文的，上级机关应责令其纠正或者撤销。

第十八条 除中线建管局及党组、机关党委、综合管理部、党群工作部、各二级单位及其综合处和相应党组织、各三级单位及党支部外，其他部门及内设机构不得对外正式行文。

上述有权对外正式行文的单位（部门），应严格按照职权范围行文，必要时可分别与中线建管局以外的其他有权对外正式行文的同级单位（部门）联合行文。

第六章 公 文 拟 制

第十九条 公文拟制包括公文的起草、审核、签发等程序。

第二十条 公文起草应做到：

（一）符合国家法律法规和党的路线方针政策，完整准确体现发文机关意图，并同现行有关公文相衔接。

（二）一切从实际出发，分析问题实事求是，所提政策措施和办法切实可行。

（三）内容简洁，主题突出，观点鲜明，结构严谨，表述准确，文字精练。

（四）文种正确，格式规范。

（五）深入调查研究，充分进行论证，广泛听取意见。

（六）公文涉及其他单位（部门）职权范围内的事项，起草单位（部门）必须征求相关单位（部门）意见，力求达成一致。

（七）起草涉密公文，应拟定密级和保密期限。

（八）起草紧急公文，应根据实际需要拟定紧急程度，并附上起草单位（部门）负责人签字的呈签说明，说明紧急的具体原因。

（九）机关负责人应主持、指导重要公文起草工作。

第二十一条 公文文稿签发前，应由发文机关内设文秘机构进行审核。审核的重点是：

（一）行文理由是否充分，行文依据是否准确。

（二）内容是否符合国家法律法规和党的路线方针政策；是否完整准确体现发文机关意图；是否同现行有关公文相衔接；所提政策措施和办法是否切实可行。

（三）涉及有关单位（部门）职权范围内的事项是否经过充分协商并达成一致意见。

（四）文种是否正确，格式是否规范；人名、地名、时间、数字、段落顺序、引文等是否准确；文字、数字、计量单位和标点符号等用法是否规范。

（五）其他内容是否符合公文起草的有关要求。需要发文机关审议的重要公文文稿，审议前由发文机关内设文秘机构进行初核。

第二十二条 经审核不宜发文的公文文稿，应退回起草单位（部门）并说明理由；符合发文条件但内容需做进一步研究和修改的，由起草单位（部门）修改后重新报送。

第二十三条 公文应经本机关负责人审批签发。重要公文和上行文由机关主要负责人签发。中线建管局综合管理部、党群工作部、各二级单位综合处根据本单位授权制发的公文，由受权机关主要负责人签发或者按照有关规定签发。签发人签发公文，应签署意见、姓名和完整日期；圈阅或者签名的，视为同意。联合发文由所有联署机关的负责人会签。

第七章 公 文 办 理

第二十四条 公文办理包括收文办理、发文办理和整理归档。

第二十五条 收文办理主要程序是：

（一）签收。对收到的公文应逐件清点，核对无误后签字或者盖章，并注明签收时间。

（二）登记。对公文的主要信息和办理情况应详细记载。

（三）初审。对收到的公文应进行初审。初审的重点是：是否应由本机关办理，是否符合行文规则，文种、格式是否符合要求，涉及其他单位（部门）职权范围内的事项是否已经协商、会签，是否符合公文起草的其他要求。经初审不符合规定的公文，应及时退回来文单位并说明理由。

（四）承办。阅知性公文应根据公文内容、要求和工作需要确定范围后分送。批办性公文应提出拟办意见报本机关负责人批示或者转有关部门办理；需要两个以上部门办理的，应明确主办部门。紧急公文应明确办理时限。承办部门对交办的公文应及时办理，有明确办理时限要求的应在规定时限内办理完毕。

（五）传阅。根据领导批示和工作需要将公文及时送传阅对象阅知或者批示。办理公文传阅应随时掌握公文去向，不得漏传、误传、延误。

（六）催办。及时了解掌握公文的办理进展情况，督促承办部门按期办结。紧急公文或者重要公文应由专人负责催办。

（七）答复。公文的办理结果应及时答复来文单位，并根据需要告知相关单位。

第二十六条 发文办理主要程序是：

（一）复核。已经发文机关负责人签批的公文，印发前应对公文的审批手续、内容、文种、格式等进行复核；需作实质性修改的，应报原签批人复审。

（二）登记。对复核后的公文，应确定发文字号、分送范围和印制份数并详细记载。

（三）印制。公文印制必须确保质量和时效。涉密公文应在符合保密要求的场所印制。

（四）核发。公文印制完毕，应对公文的文字、格式和印刷质量进行检查后分发。

第二十七条 需要归档的公文及有关材料，应根据相关法律法规以及机关档案管理规定，及时收集、整理、归档。两个以上单位联合办理的公文，原件由主办单位归档，相关单位保存复制件。单位负责人兼任其他单位职务的，在履行所兼职务过程中形成的公文，由其兼职单位归档。

第八章 公 文 管 理

第二十八条 各单位（部门）应建立健全本单位（部门）公文管理制度，公文由文秘机构或者专人统一管理，确保管理严格规范，充分发挥公文效用。

第二十九条 公文的印发传达范围应按照发文机关的要求执行；需要变更的，应经发文机关批准。复制件应加盖复制机关戳记。翻印件应注明翻印的机关名称、日期。

第三十条 公文的撤销和废止，由发文机关、上级机关根据职权范围和有关法律法规决定。公文被撤销的，视为自始无效；公文被废止的，视为自废止之日起失效。不具备归档和保存价值的公文，经批准后可销毁。

第三十一条 机关合并时，全部公文应随之合并管理；机关撤销时，需要归档的公文经整理后按照有关规定移交档案管理部门。工作人员离岗离职时，应将本人暂存、借用的公文按照有关规定移交、清退。个人不得留存应归档的公文。

第三十二条 凡属涉密文件，由各部门（单位）在局保密办登记备案的保密专管员进行管理，在制作、收发、阅办、清退、复制、归档、保管、销毁等过程中，均应严格按照保密管理办法管理。

第九章 附 则

第三十三条 本办法所称公文含电子公文，电子公文处理办法另行制定。

第三十四条 本办法由中线建管局综合管理部制定并负责解释。

第三十五条 本办法自印发之日起实施。

Q/NSBDZX

南水北调中线干线工程建设管理局规章制度

Q/NSBDZX 421.02—2018

印 章 管 理 办 法

2018－10－30发布

2018－10－30实施

南水北调中线干线工程建设管理局 发　布

印 章 管 理 办 法

第一章 总 则

第一条 为了规范南水北调中线干线工程建设管理局（以下简称"中线建管局"）的印章管理，避免违法违规行为的发生，结合中线建管局实际，制定本办法。

第二条 本办法规定了印章的管理职责，以及制发、刻制、颁发、启用、保管、使用、停用、存档和销毁等内容。

第三条 本办法适用于中线建管局局机关及直属各单位。

第四条 本办法根据《国务院关于国家行政机关和企业事业单位社会团体印章管理的规定》（国发〔1999〕25号）、《中华人民共和国电子签名法》及国务院办公厅《电子公文传输管理办法》（国办函〔2003〕65号）制定。

第五条 本办法所指印章包括实物印章和电子印章两部分。实物印章包括中线建管局、局机关各部门、各单位、非常设机构的印章，法定代表人名章，以及合同、财务等业务专用章。电子印章与实物印章图像特征完全一致。电子印章信息保存在密钥盘（KEY）中，通过密码使用。在中线建管局办公自动化系统（以下简称OA系统）内发文加盖电子印章与实物印章具有同等的法律效力。电子印章仅供OA系统中使用，主要用于使用单位之间的非涉密公文交换等，不得用于合同、协议、委托书等文件资料。

第二章 管 理 职 责

第六条 中线建管局综合管理部负责全局印章使用管理的监督和指导，负责中线建管局印章的使用管理工作，负责局机关各部门、各单位、非常设机构印章的启用、废止工作。

局机关各部门、各单位负责本单位印章的保管和使用管理，以及所属单位印章的刻制、启用、废止工作。

第七条 各部门、各单位应指定专人负责印章管理，严格执行有关规章制度，未经本单位领导同意，不得随意交由他人代管。

第八条 印章管理人对印章负直接管理责任，对违规用印的有权拒绝。

第三章 印 章 的 制 发

第九条 中线建管局印章及中线建管局党组印章，由上级单位制发和刻制。

第十条 中线建管局局机关各部门、各二级单位印章由中线建管局制发。

第十一条 各二级单位内设处室、三级单位印章由二级单位制发。

第十二条 中线建管局各类专用印章，由中线建管局制发。

二级单位各类专用印章，经上级有关行政和业务主管部门批准后，由二级单位制发。

第四章 印章的刻制

第十三条 刻制印章必须持有关证明到公安部门办理呈批，经批准后，到具备资质的刻制单位刻制。不得允许刻制单位和刻制者留样。

第十四条 验收合格的印章，应即进行登记，盖好印鉴，以备查考。

第十五条 使用单位根据发文需要提出电子印章制作申请报综合管理部审核，注明电子印章全称和简称，在空白处加盖实物印章，印模应当清晰完整无污痕。根据公文管理需要，综合管理部审核电子印章刻制的必要性、刻制申请信息是否准确、审批手续是否完备，制作电子印章，并做好登记和发放工作。

第五章 印章的颁发、启用

第十六条 印章申请和使用单位应派专人领取。局机关以外单位领取印章时，必须两人同行。

第十七条 颁发印章应严格履行登记、交接、签收手续。接回印章后，应及时向主管领导报告，交印章管理人查收保管。

第十八条 印章经报备并发出正式启用印章的通知后，方能启用。启用通知应注明正式启用日期并附印模，发放范围视该印章使用范围而定。启用通知和印模应归档，长期保存。

第六章 印章的保管

第十九条 使用单位应对电子印章和实物印章采取同等的管理措施，指定专人负责保管电子印章密钥盘。未经本单位领导批准，严禁将电子印章密钥盘带出办公地点使用和存放。

第二十条 印章管理人应严格履行保管责任，妥善保管印章，保证印章的正常使用和绝对安全。任何单位和个人不得以电子印章为模板刻制实物印章。保管的印章出现异常情况的，应立即向上级报告并协助查明情况，及时处理；出现破损情况的，应立即向上级报告并说明原因。

第七章 印章的使用

第二十一条 使用中线建管局印章和中线建管局党组印章，必须经局领导批准；使用局领导签名章，必须经局领导本人批准。中线建管局印章使用应从严控制，凡能够用局机关各部门、各单位印章的，不得使用中线建管局印章。

第二十二条 局机关各部门、各单位印章及中线建管局各类专用印章使用，必须经相应部门（单位）负责人批准。

第二十三条 本办法所指的"批准"，指以文字签批为依据。如批准人因故不能按时签批而以口头形式同意的，批准人事后必须及时补签。

第二十四条 印章使用分为直接用印和申请用印。直接用印指凭批准人在发文稿签上的文字签批、合同协议文本上的亲笔签名可直接用印。除直接用印以外的其他用印为申请用印，申请用印须持用印申请单，履行用印审批程序后方可用印。

第二十五条 电子印章其使用审批程序与实物印章使用审批程序相同。使用单位应定期更换电子印章密码口令。不得向无关人员透露电子印章的操作程序或者提供电子印章密钥盘等相关设备和软件。OA 系统发文使用电子印章，应在符合信息化安全管理规范的计算机上使用，严禁空白打印电子印章或在其他无关文件上加盖电子印章。

第二十六条 申请用印基本要求：

（一）用印前印章管理人必须查看用印文件或材料需使用何种印章，是否履行用印审批程序。

（二）用印申请单载明的用印事由必须与用印文件或材料的内容一致，不符者不得用印。严禁在空白件上使用印章。

（三）用印文件或材料份数必须与用印申请单要求相符，多余文件不得用印。

（四）不得将印章携带出机关以外使用。因特殊情况需将印章带出机关使用的，印章管理人必须随同前往。

（五）统一采用下套方式加盖印章：印章端正、居中下压机关署名和日期，使机关署名和日期居印章中心偏下位置。

（六）印章印泥颜色，除领导签名章为黑色外，其余均为红色。

（七）多页文件或材料应加盖骑缝印章，印章应盖在文件或材料正面，确保印痕字迹端正、图形清晰。

（八）印章管理人应做好用印申请单及用印文件或材料的留存工作，以备核查。

第八章　印章的停用、存档和销毁

第二十七条 由于名称变更、机构撤销、印章式样改变或其他原因印章停止使用时，应印发印章停用和作废的通知，并将印章缴回制发单位封存或销毁。收缴印章应履行交接手续。销毁印章必须报请制发单位负责人批准，进行登记造册，并实行两人监销。对销毁的印章必须保存印模，以备查考。

第九章　附　　则

第二十八条 对违反本办法使用印章的，根据情节轻重给予行政处分。触犯法律的，交司法部门依法处理。

第二十九条 本办法由中线建管局综合管理部制定并负责解释。

第三十条 本办法自印发之日起施行。

Q/NSBDZX

南水北调中线干线工程建设管理局规章制度

Q/NSBDZX 421.03—2018

保密工作管理办法

2018－10－30发布　　　　　　　　　2018－10－30实施

南水北调中线干线工程建设管理局　发　布

保密工作管理办法

第一章 总 则

第一条 为了保守国家秘密，维护国家安全及利益，提高南水北调中线干线工程建设管理局（以下简称"中线建管局"）保密工作管理水平，依据《中华人民共和国保守国家秘密法》等法律法规以及上级单位保密工作管理规定，结合自身实际，制定本办法。

第二条 中线建管局保密工作实行"统一领导、分级管理""业务工作谁主管，保密工作谁负责"的原则。各单位主要负责人对本单位保密工作负全面领导责任（第一责任人）；分管保密工作领导对本单位的保密工作负组织领导责任；其他领导对分管工作范围内的保密工作负直接领导责任；具体承办部门和承办人负直接责任。保密工作责任制的执行情况，纳入领导干部业绩考核内容。

第三条 做好保密工作是全体员工应尽的责任，所有员工都应签订保密承诺书（附件1），自觉遵守保密法律法规，熟知本职工作中的涉密事项和密级划分标准、范围，严格遵守各项保密制度。

第四条 保密工作贯彻"依法规范、预防为主、突出重点、保障安全"的方针。各单位在上级保密工作机构和当地政府保密部门的指导下，依法开展保密工作，不断提高管理水平，为南水北调事业发展和国家安全服务。

第五条 本办法适用于中线建管局局机关及直属各单位。

第二章 保密机构和职责

第六条 中线建管局设立保密委员会，全面负责局机关、各分局、各单位的保密工作。主要职责是：

（一）组织贯彻中央保密工作的方针政策和国家有关保密法律法规。

（二）组织落实上级单位保密委员会的工作部署。

（三）研究解决全局保密工作中的重大问题。

（四）配合上级保密机构依法认定失泄密事件责任。

第七条 局保密委员会下设办公室（以下简称局保密办），负责日常工作。主要职责是：

（一）负责局机关保密工作，指导和监督各分局、各单位保密工作。

（二）制定全局年度保密工作计划以及宣传教育培训计划并组织落实。

（三）组织全局保密工作的检查与考核。

（四）负责中线建管局保密管理规章制度建设。

（五）负责局机关保密要害部门、部位及涉密人员的确定及管理。

（六）组织全局涉密事项密级和期限的确定、变更和解除的审核。

（七）管理局机关的涉密资料，建立档案和台账。

（八）负责局机关对外提供资料的保密审查和涉密载体的销毁工作。

（九）指导有关部门落实重要会议和活动的保密措施、出境前相关人员的保密教育。

（十）配合上级保密机构组织查处全局失泄密事件，组织实施补救措施。

（十一）承办局保密委员会交办的其他任务。

第八条 各分局（单位）设立保密工作机构，具体负责本单位的保密工作。主要职责是：

（一）落实中线建管局保密工作部署，建立健全本单位保密工作机制，落实各项保密措施。

（二）制定年度保密工作计划以及宣传教育培训计划并组织实施。

（三）负责本单位保密要害部门、部位及涉密人员的确定及管理。

（四）管理本单位的涉密资料，建立档案和台账。

（五）负责本单位对外提供资料的保密审查和涉密载体的销毁工作。

（六）制定并落实本单位重要会议和活动的保密措施。

（七）及时报告本单位失泄密事件，并采取补救措施，配合上级做好查处工作。

（八）完成单位领导和上级交办的其他保密工作事项。

第九条 各部门、各分局（单位）应配备专兼职保密专管员，主要职责是：

（一）负责本单位涉密文件的收发、传阅、保管、退回、销毁等工作。

（二）熟悉本单位保密范围和保密重点，协助领导和局保密办落实防范措施，按保密管理制度的要求定期进行保密检查，发现问题及时汇报。

（三）协助领导和局保密办经常开展保密宣传教育，增强本单位干部职工遵守保密规章制度的自觉性。

（四）完成领导和局保密办交办的其他保密工作事项。

第三章 秘密事项的确定、变更和解除

第十条 本办法所称秘密专指依据《中华人民共和国保守国家秘密法》等法律法规确定的国家秘密，分为绝密、机密、秘密三级。绝密级是最重要的国家秘密，泄露会使国家安全和利益遭受特别严重的损害；机密级是重要的国家秘密，泄露会使国家安全和利益遭受严重的损害；秘密级是一般的国家秘密，泄露会使国家安全和利益遭受损害。

第十一条 中线建管局工作中涉及的国家秘密范围包括：

（一）接收的党中央、国务院和有关部门明确标识秘密等级的公文、电报和资料。

（二）上级主管部门规定事项。

（三）根据国家法律法规和政策，应按秘密管理的有关信息。

第十二条 下列事项不得确定为国家秘密：

（一）需要社会公众广泛知晓或者参与的。

（二）属于工作秘密、商业秘密、个人隐私的。

（三）已经依法公开或者无法控制知悉范围的。

（四）法律法规或者国家有关规定要求公开的。

第十三条 产生秘密事项的部门和单位是确定、变更、解除秘密具体密级和保密期限

的责任者。确定秘密事项，应填写定密申请表（附件2），报局保密办初审。初审通过后，报请上级单位保密委员会确定。执行上级确定的秘密事项，需要定密的，根据所执行的秘密事项的密级确定。

第十四条　国家秘密一经确定，应同时在国家秘密载体上作出国家秘密标志。国家秘密标志形式为"密级★保密期限""密级★解密时间"或者"密级★解密条件"。

在纸介质和电子文件国家秘密载体上做出国家秘密标志的，应符合有关国家标准。没有国家标准的，应标注在封面左上角或者标题下方的显著位置。光介质、电磁介质等国家秘密载体和属于国家秘密的设备、产品的国家秘密标志，应标注在壳体及封面、外包装的显著位置。国家秘密标志应与载体不可分离，明显并易于识别。

无法做出或者不宜做出国家秘密标志的，确定该国家秘密的部门（单位）应书面通知知悉范围内的机关、单位或者人员。

第十五条　需变更或解除的，产生秘密事项的部门（单位）应填写解除变更申请表（附件3），初审、审批程序与定密相同。

第十六条　秘密事项确定前，产生秘密的部门（单位）应先行采取保密措施，按照拟定秘级进行管理。对确属秘密的事项，未标明密级和保密期限而造成失泄密的，应视同失泄密事件处理。

第十七条　秘密事项的知悉范围，应根据工作需要限定在最小范围。能够直接限定到具体人员的，限定到具体人员；不能直接限定到具体人员的，限定到部门，由部门限定到具体人员。知悉范围以外的人员，因工作需要知悉的，应经过单位负责人批准。

第十八条　秘密的保密期限，绝密级不超过三十年，机密级不超过二十年，秘密级不超过十年。除另有规定外，秘密的保密期限已满的，自行解密。

第四章　保密要害部门、部位及涉密人员管理

第十九条　保密要害部门是指经常或大量涉及秘密的部门和单位。保密要害部位是指集中存放、保管大量秘密载体的场所。

第二十条　各部门（单位）应按照最小化原则，确定保密要害部门和要害部位。保密要害部门由本单位保密工作机构确定，报局保密办备案；保密要害部位由所在部门提出意见，本单位保密工作机构确定。各单位保密工作机构、档案管理机构直接作为保密要害部门进行管理；保密室直接作为保密要害部位进行管理。

第二十一条　保密要害部门、部位实行"谁主管、谁负责"的原则，按照国家有关规定和标准，完善人防、物防、技防措施。保密要害部位应确定人员进入范围，此区域内不得从事与公务无关的活动，不得使用国际互联网。

第二十二条　各单位应根据国家保密法律法规，确定涉密人员（附件4）。局保密委员会成员、部门（单位）副职以上领导干部、各单位保密工作机构人员、保密专管员、文印人员直接作为涉密人员进行管理，并依据有关规定，按照涉密程度分为核心涉密人员、重要涉密人员和一般涉密人员，实行分类管理。

第二十三条　涉密人员上岗前应接受保密教育培训。涉密人员申请流动须首先办理脱密审批手续（附件5）。涉密人员离职可能对秘密安全构成危害的，应实行脱密期管

理（附件 6）。脱密期限由本单位根据涉密程度确定，一般为 6 个月至 3 年。

第二十四条 涉密人员因公或因私出国（境）的，应经局保密办审批，出国（境）前应进行重点保密教育，掌握重要秘密的人员出国（境）应按有关规定从严掌握，并签订出国（境）保密承诺书（附件 7）。

第五章 涉密文件管理

第二十五条 凡属涉密文件、电报、资料、图纸、刊物、光盘等（以下称涉密文件），在制作、收发、阅办、清退、复制、归档、保管、销毁等过程中，均应严格按照保密管理办法管理。

第二十六条 涉密文件由各部门（单位）在局保密办登记备案的保密专管员进行管理（附件 8）。收发涉密文件，应履行清点、登记、编号、签收等手续。

第二十七条 编制涉密文件应使用保密专用设备（计算机、一次性光盘存储介质、打印机、复印机等）。

第二十八条 印制涉密文件应使用一次性光盘存储介质送文印室，由与本单位签订保密承诺书的工作人员在指定的保密计算机上排版、印制。

第二十九条 涉密文件应标明密级和保密期限，不属于本办法所称秘密的，不得标记秘密标志。其中绝密、机密级文件应标明份数和序号，严格确定文件分发范围，并登记各序号文件的送往处。

第三十条 传递涉密文件，应通过机要交通、机要通信或者指派专人进行，不得通过普通邮政或非邮政渠道传递。涉密文件应密封包装，信封的封口及中缝处应加盖密封章或加贴密封条，信封上应标明密级、编号和收发件单位名称。严禁通过互联网传递涉密文件。

第三十一条 涉密文件实行全流程管理，严格控制传阅范围，严格执行传阅环节登记制度。保密专管员每次收取涉密文件前应签认涉密文件管理规定告知书（附件 9）。传阅者不得脱离保密专管员，相互之间横传文件。

第三十二条 传阅涉密文件，应在符合保密要求的办公场所进行；确需在办公场所以外使用涉密文件的，应经本单位保密工作机构批准。

第三十三条 涉密文件原则上当日送、当日取，不得在传阅人员办公室过夜。确需办文部门保存的，应存放在密码文件柜内，严加保管。严禁将涉密文件带回家，严禁携带涉密文件出入公共场所。

第三十四条 复制涉密文件，应提交书面申请（附件 10），经本单位保密工作机构初审、主要负责人批准后，按批准内容、份数进行复制，多余废页应现场销毁。复制的涉密文件应加盖"使用部门"印章，按原件同等要求管理。绝密级或注明不得翻印的文件，严禁复制。

第三十五条 涉密文件传阅、使用完毕后，由各部门自行整理后，统一送本单位保密工作机构归档、编号、保存、保管。

第三十六条 涉密文件的电子版按照同等密级的纸质文件要求进行管理，严禁私自存储和复制。

第三十七条　文件汇编本的密级应按照编入文件中的最高密级标注，发送范围按编入文件中的最高发布层次确定。

第六章　涉密设备管理

第三十八条　涉密设备由本单位保密工作机构统一建立台账，用以记录涉密设备的原始资料、运行过程中的维修、升级和变更等情况，并在涉密设备外部加贴标签及定密标识。涉密设备发生变更的，应重新登记。

第三十九条　涉密设备严禁接入互联网及其他公共信息网络，必须实行物理隔离。严禁涉密计算机使用无线连接的外围设备。

第四十条　涉密设备严禁与非涉密设备交叉使用。涉密移动存储介质不得在非涉密计算机上使用；非涉密移动存储介质以及手机、数码相机、MP3、MP4等具有存储功能的电子产品不得在涉密计算机上使用。

第四十一条　处理秘密级信息的计算机，口令长度不少于8位，更换周期不超过1个月。机密级计算机口令长度应不少于10位，更换周期不超过1个星期。涉密计算机口令应采用多种字符和数字混合编制。处理绝密级信息的计算机，按照国家保密规定和标准采取保密措施。

第四十二条　涉密计算机不得安装、运行、使用与工作无关的软件。各单位应指定专人负责涉密计算机防病毒等安全防护软件的安装、升级，并负责系统的升级和维护。严禁在线升级软件、更新系统补丁程序。

第四十三条　严禁将互联网上的信息直接复制到涉密设备中，确有工作需要的，应使用一次性光盘刻录下载，或采取手工录入等方式。

第四十四条　一般情况下，不得携带涉密设备外出。确有工作需要的，应向本单位保密工作机构报批，并采取有效措施，确保涉密设备始终处于严密监控之下，同时采取身份认证、涉密信息加密等保密技术防护措施。

第四十五条　涉密设备的维修应选择具有相应保密资质的单位承担，在单位内部现场进行，由保密专管员全过程监督；确需外送维修的，应拆除信息存储部件，严禁维修人员读取和复制涉密信息。

第七章　涉密载体销毁管理

第四十六条　销毁范围包括：日常工作中不再使用的涉密文件资料；淘汰、报废或按规定不得继续使用的、处理过涉密信息的计算机、移动存储介质、打印机、复印机、传真机等办公和通信设备；涉密会议和涉密活动清退的文件资料；领导干部和涉密人员离岗离职（离退休、调离、辞职、辞退）时清退的需销毁涉密文件资料；已经解密但不宜公开的文件资料；其他需要销毁的涉密载体。

第四十七条　对需要销毁的涉密载体，应认真履行清点、登记手续，报本单位保密工作机构审核批准（附件11），并暂时存放在符合安全保密要求的专门场所。

第四十八条　保密工作机构定期将需要销毁的涉密载体送交销毁工作机构销毁，并派专人现场监销。

第四十九条　确因工作需要，部门自行销毁少量涉密载体的，应严格履行清点、登记和审批手续，并使用符合国家保密标准的销毁设备和方法。

第五十条　分发、领取、使用、清退、销毁涉密载体的原始记录，应长期保存备查，不得随涉密载体一同销毁。

第五十一条　严禁未经批准私自销毁涉密载体；严禁非法捐赠或转送涉密载体；严禁将涉密载体作为废品出售；严禁将涉密载体送往销毁工作机构以外的单位销毁。

第八章　涉密事项管理

第五十二条　凡涉及国家秘密的会议或活动，应制订专项保密工作方案，并报本单位保密工作机构审批（附件12）。

第五十三条　涉密会议必须在有安全保密保障措施的内部场所召开，并严格控制与会人员范围，严格确认参会人员身份并做好登记。会场使用的音、视频设备应符合保密技术防范要求。

第五十四条　会议或活动使用的涉密文件应严格规定传达和阅读范围，不得擅自记录、录音和拍照。会议、活动结束后，应统一收回处理。

第五十五条　对外宣传报道应履行保密审查审批程序，按照"谁公开、谁审查"，坚持"先审查、后公开"和"一事一审"的原则，严格执行信息提供部门自审、信息公开机构专门审查、主管领导审核批准的工作程序。所有上网信息在上网前均应由局保密办进行保密审核（附件13）。对外公告、信息披露或参加公开展览，严禁涉及国家秘密事项。

第五十六条　出国（境）访问、参加外事活动时实行"谁派出谁负责，谁组团谁负责"，团组负责人对团组的保密工作负总责。出国（境）团组织应指定专人负责保密工作，进行行前保密教育，落实各项保密措施。对外提供文件、资料和物品应经过保密审查审批（附件14），涉及国家秘密的应与外方签订保密协议。

第五十七条　对提供涉密货物、工程和服务的单位应进行保密审查，提出保密要求，签订保密协议。

第九章　保密教育和检查

第五十八条　各单位应将保密教育列入职工教育计划，开展多种形式的保密教育。

第五十九条　新员工上岗前应进行保密教育，教育内容以《中华人民共和国保守国家秘密法》和本办法为主，重点结合岗位实际，明确保密事项及管理要求。

第六十条　各单位每年应至少开展一次保密检查，对检查中发现的问题及时采取措施加以整改。

第六十一条　保密检查的方法，可根据实际情况和需要，进行全面检查和重点检查，也可组织自查、互查和抽查。检查内容包括但不限于：

（一）保密工作责任制落实情况。

（二）保密制度建设情况。

（三）保密宣传教育培训情况。

（四）涉密人员管理情况。

（五）国家秘密确定、变更和解除情况。

（六）国家秘密载体管理情况。

（七）信息系统和信息设备保密管理情况。

（八）互联网使用保密管理情况。

（九）保密技术防护设施设备配备使用情况。

（十）涉密场所及保密要害部门、部位管理情况。

（十一）涉密会议、活动管理情况。

（十二）信息公开保密审查情况。

第十章　泄密事件处理及保密纪律

第六十二条　泄密事件是指违反保密法律法规，使秘密被不应知悉者知悉，或者超出限定接触范围，不能证明未被不应知悉者知悉的事件。

第六十三条　发生泄密事件当事人或发现人应立即向本部门（单位）报告；发生泄密部门（单位）应立即向局保密办报告，同时采取补救措施，并在 12 小时内提交书面报告；局保密办应立即向局保密委员会报告，同时组织实施补救措施，并在 24 小时内向同级保密行政管理部门和上级主管部门书面报告。

第六十四条　泄密事件发生后，根据密级分别由局保密办或上级保密机构组织查处，对办理中接触的国家秘密和有关情况应严格保密。

第六十五条　对泄密事件直接责任人，按照《中华人民共和国保守国家秘密法》有关规定给予相应的纪律和行政处分；造成严重后果、构成犯罪的，依法追究刑事责任。

第六十六条　因领导干部未履行保密工作职责，造成下列情况之一的，追究该部门（单位）主要负责人、保密工作分管领导或业务主管领导的领导责任，给予相应的纪律和行政处分：

（一）本部门（单位）或主管业务工作范围内发生泄密事件的。

（二）发生失泄密事件后，不及时采取补救措施并报告的。

（三）不配合上级保密工作部门查办泄密事件，或者隐瞒事实，包庇有关责任人，导致不良影响的。

（四）其他不认真履行保密工作领导职责，疏于管理，导致重大失泄密隐患的。

第十一章　附　　则

第六十七条　各分局、各单位可根据本办法制定实施细则，报局保密办备案。

第六十八条　本办法由中线建管局保密办制定并负责解释。

第六十九条　本办法自发布之日起执行。

附件：1. 中线建管局保密承诺书

　　　　2. 中线建管局国家秘密事项定密申请表

　　　　3. 中线建管局涉密文件解密变更申请表

　　　　4. 中线建管局涉密人员审查表

5. 中线建管局脱离涉密岗位审批表

6. 中线建管局涉密人员脱密期保密承诺书

7. 中线建管局出国（境）保密承诺书

8. 中线建管局保密专管员登记表

9. 中线建管局涉密文件管理规定告知书

10. 中线建管局涉密文件复印审批表

11. 中线建管局涉密载体销毁审批表

12. 中线建管局涉密会议（活动）保密方案审批表

13. 中线建管局上网信息发布审批表

14. 中线建管局对外提供文件资料保密审查表

附件1

中线建管局保密承诺书

（适用所有在岗人员）

我了解有关保密法规制度，知悉应当承担的保密义务和法律责任。本人庄重承诺：

一、认真遵守国家保密法律、法规和规章制度，认真遵守上级单位和中线建管局有关保密工作规定，履行保密义务，确保保密工作安全；

二、不提供虚假个人信息，自愿接受保密审查；

三、不违规记录、存储、复制国家秘密信息，不违规留存国家秘密载体；

四、不以任何方式泄露所接触和知悉的国家秘密；

五、未经单位审查批准，不擅自发表涉及未公开工作内容的文章、著述；

六、离岗时，自愿接受脱密期管理，签订保密承诺书。

违反上述承诺，自愿承担党纪、政纪责任和法律后果。

承诺人签名：

年　月　日

附件 2

中线建管局国家秘密事项定密申请表

年　　月　　日（所在部门盖章）

国家秘密事项 名称		发文编号	
承办部门 （单位）		承办人	
拟定密级		拟定保密期限	
知悉范围		印发份数	
解密条件			
秘密事项内容			
定密依据、理由			
局保密办初审意见			
局领导审核意见			
备注			

注：1. 定密依据应列明保密法律法规中有关保密范围规定的条款或事项；
　　2. 此表为确定国家秘密事项文字记载，应与文件原件一并归档。

附件3

中线建管局涉密文件解密变更申请表

年　　月　　日（所在部门盖章）

国家秘密事项 名称		发文编号	
承办部门 （单位）		承办人	
密级		保密期限	
知悉范围		印发份数	
解密条件			
秘密事项内容			
解密变更依据、理由			
局保密办初审意见			
局领导审核意见			
备注			

注：1. 解密变更依据应列明保密法律法规中有关解密变更的条款或事项；

　　2. 此表为确定国家秘密事项文字记载，应与文件原件一并归档。

附件 4

中线建管局涉密人员审查表

姓名		性别		出生年月	
民族		学历		政治面貌	
籍贯				职务/职称	
身份证号码				联系电话	
家庭住址					
工作部门				工作岗位	
本人工作简历					
所在部门审查意见	审查基本条件： □忠于祖国、政治可靠；□思想进步、品行端正；□未发现政历问题； □社会关系清楚；□配偶为中国公民；□本人已签订保密承诺书。 具体审查意见：				
保密工作机构审查意见					

附件 5

中线建管局脱离涉密岗位审批表

姓名		所在部门	
涉密岗位			
涉密等级	□核心　　□重要　　□一般	脱密期限	

脱离涉密岗位原因	□调离单位		
	调至单位名称		
	调至单位性质	□政府机关　□国防企事业 □非公单位　□其他	
	详细地址		
	联系电话		
	□单位内部调动		
	调至单位	岗位名称	
	□退休		
	家庭详细地址		
	联系电话		
	□其他		
	说明：		
是否按规定履行涉密载体及设备的清退手续：□是　　□否			
所在部门 意见			
保密工作 机构意见			

注：此表一式两份，人事部门和保密工作机构各存一份。

附件 6

中线建管局涉密人员脱密期保密承诺书

本人在中线建管局_____工作期间，从事涉及国家秘密的工作。现脱离涉密岗位工作，并根据国家相关法规及中线建管局保密工作管理办法，履行脱密期义务，期限自____年__月__日始至____年__月__日止。本人郑重承诺：

一、脱密期期间，继续遵守国家法律、法规和中线建管局有关涉密人员管理的各项规章制度。

二、已全部清退不应由个人持有的各类涉密载体和涉密信息设备；未经中线建管局审查批准，不擅自发表涉及中线建管局未公开工作内容的文章。

三、脱密期期间，不再以任何形式和通过任何途径接触由中线建管局管理的国家秘密。

四、脱密期期间不得到境外驻华机构、组织或外资企业工作；不得为境外组织人员或者外资企业提供劳务、咨询或其他服务；脱密期期间未经审批不因私出境。

五、脱密期解除后，继续履行国家有关法律法规赋予的保守国家秘密的义务。

六、如违反中线建管局相关保密规定，未履行本承诺书的内容，愿意接受中线建管局的追究和处罚。违反国家相关法规，接受法律制裁。

本协议一式两份，保密工作机构、承诺人各留存一份。

承诺人：

年　月　日

附件 7

中线建管局出国（境）保密承诺书

我于＿＿＿年＿月＿日至＿＿＿年＿月＿日赴＿＿＿＿＿＿（前往国家或地区）

＿＿＿＿＿＿＿＿＿＿＿＿（出国境事由）。我应当承担保密义务和法律责任。我承诺在出国（境）期间严格遵守保密纪律，履行保守国家秘密的义务，并遵守下列条款：

一、不携带或向国（境）外传递有国家秘密的任何设备、载体和信息。

二、保证不向任何无关人员、不以任何方式泄露知悉的国家秘密。

三、不前往和参加与身份不符的场所和活动，不私自参加境外或有境外背景的组织。

四、遇有境外组织和人员盘查、纠缠、威胁、策反、资助、馈赠等情况时，要站稳立场，并及时通知我驻外使领馆，不得隐瞒事关国家安全保密方面的敌情或事项。

五、违反上述承诺，造成失泄密的，自愿承担党纪、政纪和法律责任。

以下黑体部分由承诺人抄写：

上述所有条款本人已仔细阅读，明白无误，会严格遵守。

承诺人签字：　　　　　　　　　　　　　　　　　　　日期：　　年　月　日

备注：本承诺书一式二份，承诺人和保密办各执一份。

附件 8

中线建管局保密专管员登记表

姓名		性别		出生年月		
民族		学历		政治面貌		
籍贯				职务/职称		
身份证号码				联系电话		
家庭住址						
工作部门				工作岗位		
本人工作简历						
保密培训经历						
所在部门审查意见	审查基本条件： □忠于祖国、政治可靠；□思想进步、品行端正；□未发现政历问题； □社会关系清楚；□配偶为中国公民；□本人已签订保密承诺书。 具体审查意见：					
局保密办审查意见						

注：1. 各单位推荐保密专管员数量原则为 1 人；

    2. 如遇保密专管员工作变动，请将变动情况提前报综合管理部，并办理新老保密专管员工作移交手续。

附件 9

中线建管局涉密文件管理规定告知书

为加强我局保密工作，防止失泄密事件的发生，根据《中华人民共和国保守国家秘密法》等法律法规、上级保密管理规定以及我局保密工作管理办法，在收取涉密文件之前，请认真阅读以下规定，并严格遵照执行：

1. 保密工作实行"谁主管、谁负责"的原则，做到严格管理、责任到人、严密防范、确保安全。

2. 涉密文件由各部门（单位）在局保密办登记备案的保密专管员进行管理。

3. 涉密文件原则上当日送、当日取，不得在传阅人员办公室过夜。确需办文部门或单位保存的，应存放在密码文件柜内，严加保管。

4. 严禁将涉密文件带回家，严禁携带涉密文件外出、探亲、出入公共场所；绝密级文件应即阅即批即退，且有保密专管员在场，阅后要当面清点。

5. 涉密文件实行全流程管理，严格控制传阅范围，严格执行传阅环节登记制度。传阅者不得脱离保密专管员，相互之间横传文件。

6. 未经批准，严禁复制、复印、摘抄涉密文件；经批准复制、复印的，复制、复印件视同原件管理。

7. 违反保密规定，造成失、泄密事件的，依法依规承担相应法律、行政和内部处理后果。

签字：

日期：

涉密文件号：

附件 10

中线建管局涉密文件复印审批表

申请部门		申请日期	
		复印件经办人	
文件资料名称		密级	
		文件编号	
复印事由		复印页数	
复印件去向		复印份数	
申请部门意见			
保密工作机构 初审意见			
负责人审批意见			

注： 此表一式两份，申请复印部门和保密工作机构各存一份。

附件 11

中线建管局涉密载体销毁审批表

申请部门				承办人			
销毁的涉密载体信息							
序号	载体名称及文件编号			载体类型	密级	每份页数	份数
申请部门 意见				保密工作机构 审批意见			
保密工作机构 接收人签字				接收时间			
监销人签字 （2人）				销毁单位盖章			

注：此表一式两份，申请销毁部门和保密工作机构各存一份。

附件 12

中线建管局涉密会议（活动）保密方案审批表

会议组织部门		会议起止时间	
会议名称		涉密等级	
会议地点		会议负责人	

保密预案：

1. 会议组织部门_____为会议保密工作责任人，负责参与人员的保密教育提醒，监督参与人员遵守保密要求。

2. 会议有关文件和技术资料统一编号，发放时按照资料发放表签字领取；有关会议文件和技术资料不得带出会议现场；会议结束后，按照发放表将会议资料全部交回会议组织部门。

3. 确因需要，复印会议文件、资料的单位和个人，应经会议组织部门主管领导同意，到保密部门批准的复制点复印；会议有关的秘密文件、资料等复印件应按正本文件、资料进行保密管理；严禁将会议有关秘密文件、资料等拿到社会上营业性的复印场所复印。

4. 会议期间手机不得带入会议场所。未经会议组织部门主管领导同意，不得私自携带录音、摄像、照相器材进入会议现场。

5. 严禁无关人员进入会议现场或阅读会议有关文件、资料。

6. 未经会议组织部门允许，不得记录会议有关内容。

7. 会议设备、文件由会议组织部门专人负责管理。

会议负责人（签字）：

会议组织部门意见	
保密工作机构审批意见	

注：此表一式两份，会议组织部门和保密工作机构各存一份。

附件 13

中线建管局上网信息发布审批表

局领导审批：

保密机构审核：

部门负责人审核：

稿件标题：

稿件正文：

图片：

信息来源		送稿日期	
信息作者		联系电话	
摄影作者		图片张数	
是否含附件		拟发位置	

附件 14

中线建管局对外提供文件资料保密审查表

审查内容		密级	
申请部门		承办人	
资料份数		资料去向	
资料用途			
申请部门 意见			
保密工作机构 初审意见			
单位领导 审核意见			

注： 此表一式两份，申请部门和保密工作机构各存一份。

Q/NSBDZX

南水北调中线干线工程建设管理局规章制度

Q/NSBDZX 421.04—2019

督 办 工 作 管 理 办 法

2019－07－15发布 2019－07－15实施

南水北调中线干线工程建设管理局 发 布

督办工作管理办法

第一章 总 则

第一条 为进一步加强中线建管局督办工作管理，建立健全工作体系，规范工作程序，促进各项决策部署的落实，确保各项目标任务的完成，制定本办法。

第二条 本办法中的督办事项是指纳入督办管理的工作事项，分为重点督办事项和一般督办事项。督办对象为局属各部门、各单位。

第三条 本办法所称主办单位是指督办事项牵头承办部门或单位，协办单位是指配合督办事项办理的部门或单位。

第四条 督办应按照"任务清晰、责任明确、程序规范、务实高效"的原则开展工作。

第五条 本办法参照《水利部督办工作管理办法（试行）》《水利部督办事项考核初评办法（试行）》及相关细则制定。

第二章 责 任 分 工

第六条 综合部是督办工作的归口管理部门，负责建立健全督办工作制度和工作机制，负责督办事项的立项、催办、组织考核和归档等工作。稽察大队负责重点督办事项的检查方案制定、过程跟踪检查、办理材料复核、办理结果初步评价等工作。

第七条 各部门（单位）主要负责同志是本部门（单位）督办工作第一责任人。督办事项涉及两个及以上单位的，牵头单位为主办单位，其他单位为协办单位。主办单位对督办事项的落实负总责，分解工作任务，明确各级承办人，主动商协办单位办理督办事项，并对进展情况进行汇总反馈。协办单位应积极配合，严格按分工要求和时限完成所承担的工作任务。

第八条 各部门（单位）指定专人作为督办工作联络员。督办工作联络员负责本部门（单位）督办事项的日常管理工作，跟踪办理进程，及时做好内部提醒，并按要求报送进展情况、履行督办程序。

第九条 人力资源部、纪检监察部根据督办规定及考核结果，负责具体奖惩措施的落实。

第三章 督 办 立 项

第十条 督办事项立项坚持"上下结合、全面覆盖、责任清晰、量化考核、一事一项"的原则，每年年初集中立项，并根据工作需要在年内适时调整，实行动态统一管理。

第十一条 综合部统筹协调督办事项立项工作，下列事项应列为督办事项：

（一）水利部督办中线建管局的事项；

（二）水利部会议、文件需中线建管局落实的重要事项；

（三）水利部领导批示需中线建管局办理并反馈结果的事项；

（四）中线建管局年度重点工作；

（五）党组会议、局长办公会议、局长例会、局长专题办公会议等议定的重要事项；

（六）局领导明确指示要求督办的事项；

（七）各部门（单位）提出并经局领导确认需要督办的事项；

（八）其他需要督办的重要事项。

第十二条 督办事项中，下列事项为重点督办事项：

（一）水利部督办事项；

（二）水利部部署安排的重点工作；

（三）水利部领导批示办理的事项；

（四）局领导明确重点督办的事项；

（五）对工程建设、运行管理、生产经营、企业管理等有重要影响的事项。

第十三条 除第十二条所规定事项，其余为一般督办事项。

第十四条 对于水利部年度督办事项、中线建管局年度重点工作等，由综合部提出任务分工初步方案，征求各部门（单位）意见后，提交局长办公会进行集中审定立项，以正式文件印发。其他督办事项，综合部商主办单位以《督办事项立项审签单》的形式履行审批手续后立项，并及时下达主办单位、协办单位。

第十五条 督办事项应明确任务内容、完成时限、主办单位、配合单位、督办来源、督办类型等信息。

第十六条 综合部应建立督办事项信息台账，做好督办信息更新维护工作。

第四章 过 程 催 办

第十七条 综合部负责督办事项的催办提醒。催办对象为主办单位主要负责人和督办工作联络员。催办方式以电话、督办系统信息为主，辅以手机短信等其他方式。催办频次为3次，催办时间分别为第「N/3 」天、第「N/2 」天、办结日期前倒数第7天。（N为自交办日期起至办结日期止的办理时限，"「 」"为向上取整符号，取大于符号内的最小整数）。根据工作需要，综合部可加密催办频次。

第十八条 主办单位督办工作联络员应及时提醒本部门（单位）主要负责人、各级承办人和协办单位督办工作联络员，并及时组织向综合部反馈督办进展情况；协办单位督办工作联络员应及时提醒本部门（单位）主要负责人和各级承办人，并及时组织向主办单位反馈配合督办事项的进展情况。

第十九条 主办单位应根据督办事项工作节点以及催办要求，及时将督办事项进展情况以书面形式提交综合部。

第五章 跟 踪 检 查

第二十条 重点督办事项主办单位接到立项通知后，应在5个工作日内逐项编制工作方案，工作方案应包括完成总体目标、工作节点、重点工作内容、主要责任人、工作联系人等，并将方案及时报送综合部、稽察大队备案。

第二十一条　稽察大队应根据主办单位制定的重点督办事项工作方案，及时编制检查工作方案并抄送综合部。

第二十二条　针对重点督办事项，稽察大队逐项确定跟踪检查责任人，明确检查工作组人员。跟踪检查责任人应及时完成检查事项台账登记工作，并将相关事项信息通知检查工作组其他人员。

第二十三条　跟踪检查责任人根据工作需要，可要求主办单位按照督办事项的时间节点报送办理进展情况及相关图文音像资料，作为初评的重要依据。检查工作组可根据具体情况和需要，对督办事项落实情况进行实地查证或明察暗访，检查核实督办事项的办理情况，并填写《重点督办事项跟踪检查记录单》，同时反馈主办单位和综合部。

第二十四条　根据稽察大队跟踪检查意见，对进度和质量不满足计划要求的，综合部向主办单位下达《督办事项整改通知单》，同时抄报局领导。

第六章　结　果　评　价

第二十五条　重点督办事项办理结果评价分为"优秀""办结""未办结"三个等次，一般督办事项办结结果评价分为"办结""未办结"两个等次。

第二十六条　结果初评。重点督办事项实行稽察大队初评、局领导会商评价和局长终评制度。重点督办事项办理完成后或督办到期5日前，主办单位应向稽察大队提交督办办结报告。稽察大队根据跟踪检查情况，对办理结果进行初评，填写评价意见。稽察大队收到督办办结报告2个工作日内应完成初评工作，并在《重点督办事项结果评价单》上填写初评意见，连同办结材料移交综合部。

第二十七条　会商评价。原则上每月第一周局长例会上，对上月重点督办事项办理结果进行会商评价。综合部负责会商评价的组织和材料汇总，主办单位负责办理情况汇报。汇报完毕后，参会局领导在《重点督办事项结果评价单》上以不记名方式做出评价意见。

第二十八条　结果终评。局长结合初评意见、会商评价意见，在《重点督办事项结果评价单》上做出最终评价。

第二十九条　一般督办事项直接由主办单位主管局领导初评、局长终评。一般督办事项办理完成后或督办到期2日前，主办单位应填写《一般督办事项结果评价单》，向综合部提交督办办结报告。综合部初审同意后，提请局领导进行评价。

第三十条　延期与停办。因政策调整等外力因素影响，督办事项不能及时办结或中途停办的，主办单位原则上应至少在办结到期前5个工作日，填写《督办事项延期/停办申请单》提交综合部。综合部审核通过后，提请主办单位分管局领导审核、局长批准延期或停办。

第三十一条　督办事项到期，主办单位未按规定提交督办办结报告，又未履行延期或停办手续的，按"未办结"处理。

第三十二条　评价结果为"未办结"的督办事项，由局长决定是否继续办理。如需继续办理，根据重新确定的完成时限列为当年的重点督办事项或下一年度的重点督办事项。

第三十三条　被发出整改通知单或延期办理的督办事项，办理结果原则上不予评价为"优秀"。

第三十四条 承办的水利部督办事项，根据水利部督办工作要求，履行有关办结、延期、停办程序，不再另行履行中线建管局有关督办程序，办理结果以水利部评价为准。

第三十五条 督办事项办结后，综合部应及时将立项、过程催办、跟踪检查、办结报告以及其他具有保存价值的督办工作材料，按照归档的要求进行整理、立卷和存档。

第三十六条 综合部每年年初对上一年度督办事项评价结果进行统一发文通报。

第七章 绩 效 考 核

第三十七条 根据《南水北调中线干线工程建设管理局绩效考核办法》，督办作为一项重要内容纳入各部门和单位的考核指标。

第三十八条 办结评价为"优秀"的，每项加分；评价为"办结"的不加分；评价为"未办结"的，每项减分。加减分数标准，由人力资源部商综合部统筹当年考核情况确定。

第八章 督 办 排 名

第三十九条 督办排名体现承办数量与质量，兼顾主办与协办，为奖励处罚提供依据。

第四十条 综合部年初对上一年度各部门（单位）督办完成情况进行汇总，统计办结率、优秀率，并依据统计分数进行排名。

第四十一条 计分结合办结率，采取累计加分制。各部门（单位）基础分值为90分。

办结率为100%的，在基础分值的基础上，水利部督办评价为"优秀"的，主办事项每项加2分，协办事项每项加1分；评价为"办结"的，主办事项每项加1分，协办事项每项加0.5分。局督办评价为"优秀"的，主办事项每项加1分，协办事项每项加0.5分。

办结率低于100%的，不进行累计加分，得分＝办结率×90。

第九章 督 办 奖 惩

第四十二条 局长奖励基金每年对上一年度评价为"优秀"和"办结"的督办事项进行专项奖励。专项奖励标准由局长根据当年局长奖励基金使用情况统筹确定。

第四十三条 凡有1项重点督办事项未办结的，扣发主办单位年终绩效奖金2万元；凡有1项一般督办事项未办结的，扣发主办单位年终绩效奖金1万元。

第四十四条 年终对全年办结率100%且综合排名前三位的部门（单位）予以通报表扬。对全年办结率不到100%的，取消其部门（单位）、主要负责人当年各项评优资格；对有未办结事项的各级承办人、因工作疏漏影响督办进展的督办工作联络员，所在部门（单位）在当年各项评优中不予推选。

第四十五条 根据《南水北调中线干线工程建设管理局绩效考核办法》，督办通报表扬作为奖惩指标纳入绩效考核。

第十章 附 则

第四十六条 本办法由中线建管局综合部制定并负责解释。

第四十七条 本办法自发布之日起执行。《南水北调中线干线工程建设管理局重要事项督办办法》（中线局综〔2015〕9号）同时废止。

  附表：1. 南水北调中线建管局督办事项立项审签单
     2. 南水北调中线建管局重点督办事项跟踪检查记录单
     3. 南水北调中线建管局督办事项整改通知单
     4. 南水北调中线建管局重点督办事项结果评价单
     5. 南水北调中线建管局一般督办事项结果评价单
     6. 南水北调中线建管局督办事项延期/停办申请单

附表1

南水北调中线建管局督办事项立项审签单

主办单位：

	序号	督办内容	完成时限	协办单位	督办来源	督办类型
拟列入督办事项						
主办单位意见						
综合部意见						
领导批示						

附表2

南水北调中线建管局重点督办事项
跟踪检查记录单

督办事项	
检查组 组成人员	
检查时间	
检查记录	
检查意见	
检查组 人员签字	

附表 3

南水北调中线建管局督办事项整改通知单

督办部门：（盖章）

主办单位		协办单位	
立项日期		完成时限	
督办事项			
跟踪检查情况			
催办意见			

附表 4

南水北调中线建管局重点督办事项结果评价单

主办单位		协办单位	
立项日期		完成时限	
督办事项			
提交日期		主办单位 负责人签字：	
稽察大队初评意见			
局领导会商 评价意见			
综合部 意见			
局长签字：		终评意见： 优秀☐　　办结☐　　未办结☐	

附表5

南水北调中线建管局一般督办事项结果评价单

主办单位		协办单位	
立项日期		完成时限	
督办事项			
提交日期		主办单位 负责人签字：	
综合部意见			
主管局领导签字：		初评意见： 办结□ 未办结□	
局长签字：		办理结果评价： 办结□ 未办结□	

附表 6

南水北调中线建管局督办事项延期/停办申请单

主办单位		协办单位			
立项日期		原定完成时限		申请延期时限	
督办事项					
原因概述					
提交日期		主办单位 负责人签字：			
综合部意见					
主管局领导 意见					
局长意见					

Q/NSBDZX

南水北调中线干线工程建设管理局规章制度

Q/NSBDZX 421.05—2018

办公自动化系统运行管理办法

2018－08－10发布　　　　　2018－08－10实施

南水北调中线干线工程建设管理局　发　布

办公自动化系统运行管理办法

第一章 总 则

第一条 为加强南水北调中线干线工程建设管理局办公自动化系统（以下简称 OA 系统）管理，提高工作效率，降低管理成本，规范管理和使用行为，结合中线建管局实际，制定本办法。

第二条 本办法规定了 OA 系统的管理职责、账号管理和使用管理等内容。

第三条 推行 OA 系统的目的在于保障文件和信息传递快捷通畅，提高各部门及部门之间协同工作的效率，最终实现管理工作的系统化、规范化和标准化。

第四条 本办法使用下列术语和定义：

OA 系统指中线建管局规划建设的办公自动化系统（网址：http：//oa.nsbd.cn：8080）及"移动协同"APP。

使用人指在 OA 系统中建立账户，并有权限访问 OA 系统的所有人员。

关键承办人指在事务处理流程中，需要对所涉内容负责或提出明确意见的人员。

移动端指在与 OA 系统账号绑定的手机、iPad 等移动终端上安装的"移动协同"APP。

第五条 本办法适用于 OA 系统的全部使用人。

第二章 管 理 职 责

第六条 局属各部门、各单位应加强计算机及网络安全和保密知识教育，严格遵守保密纪律和保密规定。不得利用 OA 系统从事危害国家安全、泄露国家秘密的违法犯罪活动。

（一）OA 系统中业务处理流程中的各个环节，应加强保密意识，严把保密关，所有涉密文件均不得进入 OA 系统运转。

（二）各业务部门负责对单位内部敏感信息进行梳理明确，相关内容不得进入 OA 系统运转。

第七条 信息机电中心负责服务器软硬件环境维护、数据库维护及数据备份管理、网络服务及网络安全、短信平台等事项，确保系统运行环境的安全稳定，以及 OA 系统运行过程中形成的数据、文件等的安全。

第八条 综合管理部负责协调 OA 系统平台管理和维护，主要职责为：

（一）OA 系统管理办法的制定和修改。

（二）征询各使用部门（单位）的意见和建议，协调解决在使用过程中出现的新情况、新问题。

（三）OA 系统的培训和技术指导。

（四）OA 系统平台软件的配置及升级管理。

（五）局机关 OA 系统的使用和维护管理。

（六）各级管理员的培训和管理。

第九条 局属各单位综合处负责本单位 OA 系统的使用和维护管理，并指定至少一名管理员负责维护和技术指导。

第十条 使用人应保证系统运行所需插件、字库和必要软件的正确安装，并正确安装和配置移动端。

第三章 账 号 管 理

第十一条 OA 系统进行三级权限分离设置，管理员共分为系统管理员、组织管理员、局机关及局属各单位管理员。其中系统管理员、组织管理员和局机关管理员业务由综合管理部统一安排，局属各单位管理员业务由各单位指定专人负责。各级管理员对所管理的账号安全负责。

第十二条 OA 系统账号实行实名制，并与移动端 IMEI 绑定，使用人应严格遵守本办法的相关规定，进行规范使用和操作。

第十三条 新建、停用、跨单位调整 OA 系统账号时，应提供人事部门出具的有效凭证。

第十四条 使用人对个人账号安全负责，取得账号和初始密码后，应及时修改登录密码，并妥善保管。

第十五条 使用人不得将账号转借他人，或由他人登陆账号代为处理事务。

第十六条 员工离职（任）时，应及时办理账号停用手续。

第十七条 为保证系统内容的安全性，避免造成内部信息泄露，原则上不得为非本单位人员建立账户，如确有需要，用人部门应征得单位分管保密工作领导同意，并加强管理，相关责任由用人部门负责。

第四章 使 用 管 理

第十八条 OA 系统中的电子公文与相同内容的纸质公文具有同等效力。在 OA 系统中签署的意见与书面签署具有同等效力和权威，相应人员应予执行和遵守。

第十九条 OA 系统中的电子版文件原则上仅内部运转，不得随意下载和传播。

第二十条 未经允许，任何人不得随意让无关人员及外部人员查看 OA 系统中的内容。

第二十一条 使用人应保证在 OA 系统上发布、流转的信息和文件的准确性、完整性和规范性，并对所发布和审批的内容负责。不得在 OA 系统发布或流转与工作无关的内容。

第二十二条 流程关键承办人在处理事务过程中，应签署明确意见，如无明确意见，审签即视同同意，并对相关内容负责。

第二十三条 使用人应保证公文等各类事务处理的及时性。

（一）公文管理岗位工作人员工作时间原则上应实时在线，及时处理各项事务，并适时提醒相关人员；其他工作人员工作日上午和下午至少各登录两次 OA 系统，处理待办事项，以保证各项事务的及时处理。

（二）如遇出差，工作日应至少每天上午和下午各登录一次移动端处理待办事项，以保证各项事务的及时处理。

（三）流程发起人为整个流程的负责人，如后续节点承办人未及时处理或意见不明确，发起人应通过协同、电话、短信等方式及时提醒，以确保流程的意见明确和快速处理。

（四）使用人在接到催办或提醒时，应按要求及时处理相关事务。

第二十四条　流程所涉人员接收到待办事项后，正常处理时间不得超过一个工作日。

第二十五条　如遇长期外出、请假、休假等特殊原因无法正常使用 OA 系统的，使用人必须在处理完所有待办事项后将所有或部分权限授权给代理人，以保证各项事务的正常办理。

第二十六条　各部门、各单位应充分利用线上线下手段，加强沟通协调，切实提高工作效能，不得因应用 OA 系统而忽略线下沟通会商环节。

第二十七条　各部门或单位在填报局领导日程安排时，应提前与相关领导沟通，并指定专人及时填报或调整。

第二十八条　使用人应主动提高自身 OA 系统使用技能，正确使用系统各项功能，高效履行工作职责，切实发挥 OA 系统的作用。

第五章　附　　则

第二十九条　本办法由中线建管局综合管理部制定并负责解释。

第三十条　本办法自印发之日起实施。

Q/NSBDZX

南水北调中线干线工程建设管理局规章制度

Q/NSBDZX 424.01—2018

法 律 事 务 管 理 办 法

2018－12－28发布　　　　　　　　2018－12－28实施

南水北调中线干线工程建设管理局　发　布

法律事务管理办法

第一章 总 则

第一条 为规范南水北调中线干线工程建设管理局（以下简称"中线建管局"）法律事务管理，维护中线建管局合法权益，防范法律风险，结合中线建管局实际，制定本办法。

第二条 本办法所称的法律事务，是指涉及中线建管局权利、义务的法律相关事务。主要包括重要规章制度审查、重大决策审查、重大合同审查、法律纠纷案件处理、法律服务、外聘法律服务单位及律师管理等方面的法律事务。

第三条 法律事务管理工作按照依法履行职责、依法维护中线建管局合法权益，坚持事前防范和事中控制为主、事后补救为辅等原则，建立健全各项规章制度，完善工作程序和权责体系，加强法律、合同、财务、审计、纪检监察等机构的协调和配合，建立有效防范法律风险的机制。

第四条 中线建管局参照《国有企业法律顾问管理办法》的规定，建立总法律顾问制度，按照统一管理、分级负责的原则，健全完善法律事务管理体系。

第五条 本办法所称的一级机构为中线建管局，二级机构为分局，三级机构为现地管理处。本办法适用于中线建管局各级机构开展的各类法律事务工作。中线建管局全资子公司、控股子公司参照本办法实施。

第二章 法律事务机构和职责

第六条 法律事务机构遵循"谁产生、谁负责，谁主管、谁负责"的原则，各级机构按照中线建管局的相关规定或授权负责各自业务范围内的法律事务。

第七条 中线建管局综合管理部门是中线建管局法律事务工作业务归口管理部门，全面负责一级机构的法律事务工作，并负责管理、指导、监督二级机构的法律事务工作。二级机构的综合管理处室是二级机构的法律事务工作业务归口管理部门，全面负责二级机构及所辖三级机构的法律事务工作。

第八条 一级、二级机构应根据法律事务工作的需要，配置法律工作人员。法律工作人员是指本单位专门从事法律事务工作的专业人员，包括专职或兼职人员。

一级机构的法律事务机构应配备专职法律事务工作人员；二级机构的法律事务机构暂不具备条件的，应当配备兼职法律事务工作人员。

第九条 各级机构应为法律事务工作人员提供必要的工作条件，并保证其获取履行职责相关的必要信息。

第十条 法律事务工作人员应遵守国家法律、法规和中线建管局各项规章制度；忠于职守，维护中线建管局合法权益；保守国家及中线建管局机密。专职法律事务工作人员原则上应具备企业法律顾问执业资格或法律职业资格或律师资格。

第十一条 一级机构的法律事务机构履行下列职责：

（一）正确执行国家法律法规，对企业重大决策提出法律意见。

（二）起草或者参与起草、审核企业重要规章制度。

（三）审核企业重大合同或者参与重大合同的谈判和起草工作。

（四）参与企业的分立、合并、破产、解散、投融资、担保、租赁、产权转让、招投标及改制、重组、公司上市等重大经济活动，处理有关法律事务。

（五）办理商标、专利、商业秘密保护、公证、鉴证等有关法律事务，做好企业商标、专利、商业秘密等知识产权工作。

（六）负责开展普法工作，对干部职工进行法制宣传教育。

（七）提供与工程建设、运行管理、生产经营有关的法律咨询服务。

（八）负责企业法定代表人授权委托的管理；受企业法定代表人的委托，参加企业的诉讼、仲裁、行政复议和听证等活动。

（九）负责选聘外部法律顾问单位和社会律师，并对其工作进行监督和评价。

（十）办理企业负责人交办的其他法律事务。

二级机构的法律事务机构具体职责由各单位根据本单位的实际具体确定。

第三章 法律事务业务管理

第一节 重要规章制度的法律审查

第十二条 中线建管局实行重要规章制度法律审查制度。重要规章制度提交决策机构审议前，起草机构应将重要规章制度草案提交法律事务机构进行法律审查，但重要规章制度由法律事务机构起草的除外。

本办法所称重要规章制度，是指带有全局性、基础性或对运行管理、企业经营发展有重大影响的规章制度。

第十三条 法律事务机构为审查需要，可要求起草机构提供重要规章制度的起草说明或有关背景资料，起草机构应在法律事务机构提出要求的 3 个工作日内提供。

第十四条 法律事务机构应对重要规章制度草案从合法性、规范性和协调性等方面进行审查，并出具书面审查意见。

第十五条 法律事务机构应在 5 个工作日内完成对重要规章制度草案的法律审查。

第二节 重大决策的法律审查

第十六条 中线建管局实行重大决策法律审查制度。重大决策事项在提交决策机构之前，应根据单位领导的意见将重大决策事项交由法律事务机构进行法律审查。

本办法所称重大决策，是指涉及企业分立、合并、破产、解散、增减资本以及重组改制、重大投融资、制订和修改公司章程、产权（股权）变动、对外担保、知识产权等对企业经营发展有重大影响的决策事项。

第十七条 主办机构应及时将重大决策事项的相关资料提交给法律事务机构，提供的资料应能够清楚说明重大决策事项发生、发展的情况。法律事务机构为法律审查需要，有权要求主办机构补充提供资料或进行情况说明，主办机构应在法律事务机构提出要求的 3 个工作日内提供。

法律事务机构对正在决策的重要事项应保守秘密。

第十八条　法律事务机构应在重大决策提交决策机构审议之前及时完成法律审查，但审查时间一般不少于 5 个工作日。情况紧急的，不受上述时间限制，但应保证法律事务机构必要的审查时间。

第十九条　法律事务机构应对其审查的重大决策事项出具法律意见书。

法律意见书一般应包括下列内容：

（一）重大决策事项的主要内容介绍。

（二）重大决策事项合法性审核的法律法规及政策依据。

（三）重大决策事项的具体法律意见或详细解答。

（四）重大决策事项存在的法律风险分析。

（五）防范重大决策事项法律风险的建议和措施。

法律事务机构认为重大决策事项涉及的法律关系简单、法律风险较小的，可简化法律意见书内容，直接在有关材料上签署审查意见。

第三节　重大合同的法律审查

第二十条　中线建管局实行重大合同法律审查制度。重大合同签订前，主办机构应将合同文本及相关背景材料提交法律事务机构进行法律审查。

中线建管局的重大合同依照《南水北调中线干线工程建设管理局合同管理办法》确定。

第二十一条　法律事务机构为法律审查需要，可就合同所涉及的事项要求主办机构补充提供资料或进行情况说明，主办机构应在法律事务机构提出要求的 3 个工作日内提供。

第二十二条　法律事务机构应对合同的内容及形式从以下几点进行审查并提供审查意见：

（一）合同的合法性审查。审查合同主体、合同形式、合同内容、订立程序是否合法等内容。

（二）合同的真实性审查。结合对方的当事人履约能力及是否存在欺诈或者重大误解审查合同的真实性。

（三）合同公平性审查。审查合同是否显失公平，审查合同中对中线建管局不利的条款。

（四）合同周密性审查。审查合同条款是否齐备有遗漏；约定是否完善；文字是否规范、准确。

（五）合同违约责任审查。审查合同违约责任及解决合同争议的方法。

（六）合同法律风险审查。审查合同可能存在的法律风险及审计风险。

（七）其他审核内容。

第二十三条　法律事务机构应按照主办机构的要求及时完成法律审查，但审查时间一般不少于 5 个工作日；情况紧急的，不受上述时间限制，但应保证法律事务机构必需的审查时间。

第二十四条 法律事务机构应对其审查的合同出具书面审查意见，或在合同评审单上签署意见。

第二十五条 法律事务机构参与合同谈判的，其在合同谈判中的意见视为对合同的法律审查意见。

第二十六条 主办机构对法律事务机构的审查意见没有异议的，应依照审查意见对合同进行修改；有异议的，应及时与法律事务机构沟通解决，由法律事务机构对修改理由进行澄清和说明；经过沟通仍有异议的，由主办机构将异议汇总后提交单位领导或决策机构决定。

第四节 法律纠纷案件管理

第二十七条 法律纠纷案件是指以一级、二级、三级机构为一方当事人或作为第三人，通过诉讼、仲裁等方式解决纠纷的法律事务活动，包括民事案件、行政案件、刑事案件。

第二十八条 法律纠纷案件的管理应遵循"谁产生、谁负责，谁主管、谁负责"原则，案发当事人（一级机构的专业职能部门和二级机构）与法律事务机构分别应就案件处理过程中的事实内容与法律程序相关内容，分工合作共同处理案件。

第二十九条 符合下列条件的诉讼案件，由一级机构的法律事务机构负责处理：

（一）涉及重大权益或具有重大影响，由一级机构引发作为原告提起的诉讼和局领导指定由一级机构的法律事务机构负责处理的。

（二）因合同纠纷引起的民事诉讼，涉案合同由一级机构负责采购并组织实施的；或涉案合同由一级机构负责采购、二级机构组织实施，但诉讼标的额超过 400 万元以上的。

（三）因侵权行为引起的民事诉讼，案发当事人为一级机构，且一审受理法院为一级机构所在地人民法院的。

（四）因各类事故赔偿纠纷引起的民事诉讼，案发当事人为一级机构，且一审受理法院为一级机构所在地人民法院的；或一审受理法院非一级机构所在地人民法院，但诉讼标的额超过 400 万元的。

（五）因不动产纠纷引起的民事诉讼，案发当事人为一级机构，且一审受理法院为一级机构所在地人民法院的；或一审受理法院非一级机构所在地人民法院，但诉讼标的额超过 400 万元的。

（六）一级机构作为行政诉讼或刑事诉讼案件的案发当事人，且一审受理法院为一级机构所在地人民法院的，以及因破坏、盗窃工程设备设施、且造成 400 万元以上直接经济损失的刑事案件。

第三十条 符合下列条件之一的案件，由二级机构的法律事务机构负责处理：

（一）涉及较大权益或具有较大影响，由二级机构引发作为原告提起的诉讼和局领导指定由二级机构的法律事务机构负责处理的。

（二）因合同纠纷引起的民事诉讼，涉案合同由二级机构负责采购并组织实施的；或涉案合同由一级机构负责采购、由二级机构组织实施，但诉讼标的低于（含）400万元的。

（三）因侵权行为引起的民事诉讼，案发当事人为一级机构或二级机构，但侵权行为地为二级机构管辖范围内的。

（四）因各类事故赔偿纠纷引起的民事诉讼，当事人为一级机构或二级机构，但该事故属于二级机构管理范围，且一审受理法院为二级机构所在地人民法院的。

（五）因不动产纠纷引起的民事诉讼，该不动产由二级机构负责管理的，或一审受理法院为二级机构所在地人民法院的；但诉讼标的额超过400万元的除外。

（六）二级机构作为行政诉讼或刑事诉讼案件的直接当事人的；但因破坏、盗窃工程设备设施，且造成400万元以上直接经济损失的刑事案件除外。

第三十一条 上述法律纠纷采用仲裁方式解决的，各级机构的管理范围或权限执行前款规定，但不受仲裁委员会的地域限制。

第三十二条 三级机构应按照一级、二级机构的法律事务机构要求配合开展法律纠纷案件的处理。

第三十三条 由二级机构负责处理的案件，如果一级机构系诉讼（仲裁）一方当事人的，二级机构应向一级机构申请办理企业法定代表人授权委托书，由二级机构代表或聘请律师参加诉讼（仲裁）。

第三十四条 法律事务机构收到案件材料或者决定启动一宗诉讼（仲裁）案件时，应及时确定案件承办人。案件承办人应对案件事实进行全面的调查，收集相关证据材料，研究相关法律法规，进行论证并制定案件处理方案。

法律事务机构负责人应对案件承办人拟定的处理方案予以审核把关，重大案件的处理方案应报单位领导审核批准。

对疑难案件应通过集体会商形成最佳处理方案，报批后实施，并在执行过程中根据案件情况变化动态调整，保证处理方案的及时性和有效性。

第三十五条 案件事发单位应积极配合案件承办人的调查取证及案件处理工作，为案件的处理提供必要的支持和协助。

第三十六条 案件处理期间，案件事发单位的任何机构或人员，未经法律事务机构同意，不得对外提供与案件有关的任何材料或信息。

第三十七条 案件承办人应在单位授权范围内开展案件的处理活动，及时书面向单位领导报告案件处理进展情况。案件处理结束，案件承办人应做出书面结案报告。

第三十八条 中线建管局实行法律案件逐级报备制度。所属单位发生法律案件，应在案件发生后48小时内将案件基本信息报告上一级单位，并在10日内向一级机构的法律事务机构报送备案材料。

备案材料应包括基本案情（包括案由、当事人、涉案标的额、主要事实陈述、争议焦点等）、救济方案和措施、案件结果分析预测等内容。

法律案件处理结束后，所属单位应及时向上一级单位报告案件处理情况，并向一级机构的法律事务机构报送结案报告。

第五节　律师事务所和律师的选聘

第三十九条　一级、二级机构可根据工作需要聘请法律顾问单位提供服务。

本办法所称法律顾问单位，是指通过签订常年法律顾问服务合同，为当事人提供合同约定范围内法律服务的执业律师事务所。

第四十条　根据工作需要选聘律师事务所和律师提供法律服务的，应依照《南水北调中线干线工程建设管理局合同管理办法》执行采购，选定后应签订法律事务服务合同。

第四十一条　法律事务服务合同分为常年法律顾问服务合同和专项法律事务服务合同。

常年法律顾问服务合同期限应依照《南水北调中线干线工程建设管理局合同管理办法》确定，法律顾问单位考核称职的可以续聘。常年法律顾问服务合同由一级、二级机构的法律事务机构负责管理。

专项法律事务服务合同期限根据工作实际需要确定。涉及诉讼或仲裁的专项法律事务服务合同由一级、二级机构的法律事务机构负责管理，其他专项法律事务服务合同由提出服务需求的一级机构的专业责任部门或二级机构的法律事务机构负责管理。一级机构的专业责任部门或二级机构签订的专项法律事务服务合同应向一级机构的法律事务机构报备。

第四十二条　一级、二级机构的法律事务机构应对聘用的律师事务所和律师提供的服务进行审查、监督、控制和评价。

第四章　法律事务奖惩

第四十三条　对工作成效显著的法律事务机构和人员，可根据《南水北调中线干线工程建设管理局表彰奖励管理办法》参与表彰奖励评选。

第四十四条　在办理法律事务中有以下情形之一、导致中线建管局重大损失的，对负有责任的相关单位和人员应依据法律法规、中线建管局规章制度严肃追究经济、行政责任；涉嫌犯罪的，移交司法机关处理。

（一）与当事人及代理人串通，损害中线建管局利益的。

（二）泄露中线建管局重大或保密信息的。

（三）严重不负责任、玩忽职守、徇私舞弊，导致中线建管局丧失相关权利并受到重大损失的。

（四）其他因故意或重大过失导致中线建管局重大损失的。

第五章　附　　则

第四十五条　本办法由中线建管局综合管理部负责解释。

第四十六条　本办法自发布之日起施行，原《南水北调中线干线工程建设管理局法律事务管理暂行办法》（中线局综〔2015〕49号）同时废止。

Q/NSBDZX

南水北调中线干线工程建设管理局规章制度

Q/NSBDZX 422.01—2017

计 划 管 理 办 法

2017－06－15发布　　　　　　　　2017－06－16实施

南水北调中线干线工程建设管理局 发　布

计 划 管 理 办 法

第一章 总 则

第一条 为推进和规范南水北调中线干线工程建设管理局（以下简称"中线建管局"）计划管理工作，提升经营管理水平，促进科学发展，根据相关规定，结合中线建管局实际，制定本办法。

第二条 计划管理的基本任务是：落实中线建管局发展规划，统筹安排运行维护、基本建设和投资经营活动，有效合理配置资源，确保工作目标的实现。

第三条 计划管理实行统一指导、归口管理、专业负责、分级执行的管理模式，包括计划的编制、审批、执行、调整、监督和考核等管理环节。

第四条 本办法中运行维护类项目实行预算管理，按照中线建管局全面预算管理办法执行。

第五条 本办法适用于中线建管局的各级机构，其中一级为中线建管局，二级为分局及全资子公司，三级为现地管理处。控股公司按照二级机构参照本办法执行。

第二章 管 理 职 责

第六条 中线建管局局长办公会负责指导、审议、批准三年滚动计划、年度计划，协调、解决计划执行中出现的重大问题。

第七条 计划发展部是工程建设类、投资经营类计划的归口管理部门，负责按要求向国家重大建设项目库填报项目信息，提出各类计划的编制要求，汇总形成各类计划，经审议后下达计划，组织计划调整，开展计划的指导、监督、检查与考核工作。

第八条 专业责任部门负责组织本专业计划的编制、执行和调整等事宜，具体负责国家重大建设项目中涉及本专业信息的提供与更新，提出本专业计划编制要求，形成本专业计划并提交归口管理部门，配合分解、下达年度计划，组织本专业计划执行与调整等。

第三章 管 理 内 容

第九条 计划分类

（一）根据计划管理的对象和特点，计划主要分为以下三类：

1. 工程建设类：在建项目、新建项目、改建项目及扩建项目。

2. 运行维护类：机电金结、高压输变电系统、自动化系统、土建工程、绿化工程、水质监测系统、安全监测等。

3. 投资经营类：供（用）水计划，投资、融资等。

（二）根据计划编制周期，计划主要分为三年滚动计划、年度计划。三年滚动计划适用于工程建设类项目；年度计划适用于工程建设类、投资经营类项目。

（三）二级机构是本级各类计划编制、执行的主体，具体负责本级各类计划的编制、汇总、上报、执行、调整、检查、统计等工作。

三级机构的计划管理职责由二级机构予以明确。

第十条　计划前期工作

（一）各级机构应做好项目统筹规划，依托国家重大建设项目库等平台，建立项目储备信息库，并及时组织开展项目前期工作。

（二）工程建设类项目计划前期工作。

1. 填报国家重大建设项目库：

（1）工程建设类项目须填报国家重大建设项目库，填报内容包括：项目基本信息、投资信息、前期工作信息等。格式详见附件1、附件2、附件3。

（2）进入国家重大建设项目库的储备项目应符合产业政策、符合规划、符合重大战略、符合政府投资方向。

（3）国家重大建设项目库是编制三年滚动计划、年度计划的基础和依据，未纳入项目库的项目，不得列入三年滚动计划和年度计划。

（4）国家重大建设项目库由计划归口管理部门负责统一填报，项目信息由专业责任部门负责提供。项目库内的项目每年更新4次，更新时间节点为2月1日、5月1日、8月1日、11月1日。

2. 履行审批程序：

（1）工程建设类项目前期工作宜包括项目建议书、可行性研究报告、初步设计报告。项目前期工作各阶段技术文件，应以国家法律法规、政策标准以及批复的规划和上一阶段设计文件为依据。

（2）只有达到项目建议书深度的项目，方可纳入国家重大建设项目库。只有通过项目建议书审批的项目，方可纳入三年滚动计划。只有进入三年滚动计划且经过初步设计报告审批的项目，方可列入年度计划。

（三）投资经营类项目计划前期工作。

投资经营类中的新建、改建、扩建项目，参照工程建设类项目执行；其他投资或经营类项目应编制项目评估报告，项目评估报告通过批准后，方可列入年度计划。

第十一条　编报与审批

（一）计划编制应以前期工作为基础，以项目批准文件为依据开展。

（二）三年滚动计划编制。

1. 工程建设类项目应按上级部门要求建立项目储备库，并于每年8月20日至次年2月底，根据上级部门申报投资计划的时间要求，编报三年滚动计划。

2. 三年滚动计划编制应结合工程实际，以项目批准文件为依据，内容包括主要建设内容与规模、预计开工时间和完成时间、批准文件、工程投资等。格式详见附件4。

3. 三年滚动计划编制由归口管理部门提出编制要求，专业责任部门组织编制、审核，归口管理部门汇总后形成三年滚动计划。

（三）年度计划编制。

1. 年度计划起止时间为每年的1月1日至12月31日。

2. 每年 10 月上旬，专业责任部门根据归口管理部门下发的计划编制要求，制定本专业的计划编制要求并编制直接管理项目的年度建议计划，二级机构按照各专业责任部门要求分别编制各专业的年度建议计划，经汇总后于 11 月上旬报送一级机构计划归口管理部门。

3. 计划归口管理部门于 12 月组织专业责任部门对各专业责任部门与二级机构分别报送的年度建议计划审核后形成年度总体建议计划。

4. 工程建设类项目。年度建议计划编制依托国家重大建设项目库开展，对于纳入三年滚动计划且经审批的项目，编制年度建议计划。年度计划主要内容包括项目名称、概算投资、批准文件、年度工程建设内容等。格式详见附件 5。

5. 投资经营类项目。专业责任部门或二级机构根据经审批的项目评估报告编制年度建议计划。格式详见附件 6、附件 7。

6. 年度计划编报时应附项目批复文件。

（四）申报与下达。

1. 三年滚动计划经局长办公会审定后，计划归口管理部门正式行文报上级部门。

2. 年度计划经局长办公会审议、批准后，由计划归口管理部门下达。专业责任部门及二级机构跟踪并检查计划执行。

第十二条　执行与调整

（一）计划执行。

专业责任部门负责本专业计划执行的指导、监督和检查，并对计划执行情况进行分析总结；计划归口管理部门负责汇总年度计划执行情况，并形成专题分析报告。

（二）计划调整条件。

下列情况发生时可以调整年度计划：

1. 计划编制的基础条件和项目本身在执行过程中发生较大变化，导致项目目标变化较大或不能实现的。

2. 由于政策法规、市场环境等发生重大变化，导致项目进度和投资计划需要较大调整的。

3. 由于发生重大自然灾害和危机，使项目执行的外部条件、环境发生重大变化，导致项目重要指标变化超过一定幅度的。

4. 上级主管部门增加或减少工作任务的。

5. 其他需要调整的因素。

（三）计划调整程序。

1. 重大计划调整。

发生突破下达投资指标、项目增减或其他特殊情况的属于重大计划调整。重大计划调整宜每年开展一次，并于 9 月底前完成。

重大计划调整建议由专业责任部门提出，计划归口管理部门汇总后提交局长办公会审议。

对于使用国家投资的工程建设类项目，重大计划调整应上报上级部门审批；使用自筹资金的工程建设类和投资经营类项目，重大计划调整由局长办公会审定。

2. 一般计划调整。

重大计划调整之外的计划调整属于一般计划调整，一般计划调整由专业责任部门负责审批。

3. 计划调整报告。

计划调整报告主要内容（包括且不限于）：项目概况、计划执行情况、调整原因及必要性、计划目标变化分析、投资分析、建议等。

（四）未经批准的计划，不予安排相应资金。

第四章 检 查 与 考 核

第十三条 计划归口管理部门以日常工作统计、定期巡查和重点抽查等方式，组织对计划管理情况进行监督、检查。专业责任部门负责本专业计划管理的监督、检查。

第十四条 在计划管理过程中，发生下列行为之一，影响计划管理工作开展的，纳入中线建管局绩效考核：

（一）计划前期工作未开展或已开展但不满足计划管理工作需要的。

（二）未按规定时间和要求提交国家重大建设项目库项目信息的。

（三）未按规定时间和要求提交三年滚动计划、年度计划申报材料，或申报材料深度、质量未达到要求的。

（四）未按时报送年度计划执行分析报告的。

（五）计划编制、调整等工作开展未按规定程序报批的。

（六）已下达计划项目无正当理由未及时实施或者完成的。

（七）其他违反本办法规定的行为。

第十五条 发生下列行为之一，给中线建管局造成损失的，将依据中线建管局有关制度追究责任人责任；涉嫌犯罪的，依法移交司法机关处理：

（一）虚报项目，套取资金的。

（二）未经批准擅自调整建设标准或者投资规模、改变建设内容的。

（三）转移、挤占或者挪用计划资金的。

（四）存在提供虚假批复材料等弄虚作假行为的。

（五）其他渎职、失职等行为。

第十六条 计划执行情况考核工作按照中线建管局有关规定执行。

第五章 附 则

第十七条 本办法由中线建管局计划发展部负责解释。

第十八条 本办法自发布之日起施行，原《南水北调中线干线工程建设管理局计划管理办法（试行）》（中线局计〔2016〕47号）废止。

附件1：国家重大建设项目库项目基本信息填报表

附件2：国家重大建设项目库项目投资信息填报表

附件3：国家重大建设项目库项目前期工作信息填报表

附件1

国家重大建设项目库项目基本信息填报表

专业责任部门：

序号	项目指标	填报信息		
1	项目名称			
2	项目类型			
3	建设性质			
4	项目（法人）单位			
5	建设地点	省	市	区、市、县
6	建设详细地址			
7	国标行业			
8	所属行业			
9	总投资/万元			
10	拟开工年份			
11	拟开工月份			
12	拟建成年份			
13	主要建设规模			
14	（年度）主要建设内容			
15	项目责任人	姓名	手机	
16	项目联系人	姓名	手机	

注：1. 项目名称：对于拟利用国家建设资金实施的项目，项目名称填写项目整体名称，对于中线建管局自筹资金实施的建设项目，应在项目名称后＋（自筹），如西黑山电站（自筹）。

2. 项目类型：填写审批、核准或备案。在项目库中选择字段。

3. 建设性质：填写新建、扩建、改建等。在项目库中选择字段。

4. 建设地点：选择字段，选择最具体的地点。

5. 建设地点详情：选择字段。如果项目为跨省区项目，则在此选择项目所位于的所有地点。

6. 建设详细地址：填写项目的详细建设地址。

7. 总投资：根据实际情况填写。

8. 主要建设规模：填写初步设计、可研报告、项目建议书等批复文件所列建设规模，表达要简练准确（150字以内），需要量化的，在项目库中添加量化指标。

9. （年度）主要建设内容：根据实际情况填写计划年度内主要建设内容（150字以内）。

10. 项目责任人：填写专业责任部门负责人，手机为必填信息。

11. 项目联系人：填写专业项目项目库填报人信息，手机为必填信息。

附件 2

国家重大建设项目库项目投资信息填报表

专业责任部门：

序号	资金类别	总投资/万元	累计下达投资/万元	累计完成投资/万元	资金需求/万元			
					合计	2017 年	2018 年	2019 年
	合计							
一	中央预算内投资							
二	其他中央财政性建设资金							
三	中央专项建设资金							
1	中央水利建设基金							
2	南水北调工程基金							
3	国家重大水利工程建设基金							
四	企业自有投资							

注：自筹资金项目投资信息填写至"四 企业自有投资"行；申请国家投资项目，填写至"3 国家重大水利工程建设基金"行。

附件 3

国家重大建设项目库项目前期工作信息填报表

专业责任部门：

序号	审批事项（要件）	批复单位	批复时间 （如 20160426）	批复文件标题	批复文号
1	项目建议书批复				
2	可行性研究报告				
3	初步设计及概算				
4	项目核准				
5	项目备案				
6	资金申请报告				
7	开工许可证				
8	施工许可证				
9	施工图审查				
10	消防设计审查				

注：本表根据项目前期工作进展情况填写。

附件 4

工程建设类项目三年滚动计划汇总表

专业责任部门：

序号	项目名称	建设地点	所在设计单元工程	预计开工时间	预计完工时间	主要建设内容与规模	总投资/万元	批准文件	审批时间	三年滚动计划/万元				项目进展情况	备注
										合计	××年(第一年)	××年(第二年)	××年(第三年)		
1															
2														包括：前期工作情况、工程建设进展情况、累计完成投资和实物工程量等	

附件5

专业责任部门：

工程建设类项目年度计划汇总表

序号	项目名称	工程概况（简述）	概算总投资/万元	工程开、完工日期（年．月）	批复文件	批复文号	批复时间	年度计划			项目所属分局	备注
								计划投资/万元	主要建设内容	年度目标		
一	国家投资项目											
二	自筹资金项目											

附件6

专业责任部门：

投资经营类项目年度计划汇总表

序号	项目名称	项目概况（简述）	预计开始、完成时间（年.月）	计划总投资/万元	资金来源	年度计划投资或成本费用/万元		年度收入计划/万元	年度目标利润/万元	项目所属部门	备注
1											
2											

说明：投资经营类项目中的供用水类经营计划按附件7格式填写。

附件 7

××××年度供用水计划汇总表

专业责任部门：

序号	省（直辖市）	规划年度用水量	水利部下达年度水量调度计划	备注
一	年度分水			
1	北京			
2	天津			
3	河北			
4	河南			
合计				
二	年度取水			
1	陶岔年度供水计划			

Q/NSBDZX

南水北调中线干线工程建设管理局规章制度

Q/NSBDZX 422.02—2015

统 计 管 理 办 法

2015－12－28发布　　　　　　2015－12－28实施

南水北调中线干线工程建设管理局　发　布

统 计 管 理 办 法

第一章 总 则

第一条 为规范和加强南水北调中线干线工程统计管理工作，科学、有效地组织中线建管局统计工作，依据《中华人民共和国统计法》及相关法律、法规，制定本办法。

第二条 本办法适用于中线建管局运行管理阶段各部门、各分局（公司）和各管理处组织实施的各项统计工作。

第三条 统计工作基本任务：运用统计方法对中线建管局生产、建设、经营、财务、人力资源管理等活动进行统计调查、分析，提供统计资料及咨询意见，实行统计监督。

第四条 统计工作基本要求：以服务中线建管局发展战略为宗旨，保障统计资料的真实性、准确性、完整性和及时性，充分发挥统计在企业管理中的信息、咨询、监督作用。

第五条 中线建管局实行"综合归口管理、专业分工负责、统一口径发布"的统计管理方式。

第二章 管 理 职 责

第六条 计划发展部是中线建管局综合统计机构，负责中线建管局综合统计的归口管理工作。有关职能部门为专业统计责任部门，归口管理所负责专业的统计工作。

第七条 各分局（公司）根据统计任务的需要，在分局（公司）内设置综合统计机构或指定综合统计归口管理部门（处室），负责归口管理分局（公司）内部的综合统计工作，落实中线建管局的各项统计任务。

第八条 中线建管局综合统计机构的主要职责是：

（一）负责中线建管局综合统计工作，制定和完善统计工作规章和调查计划，组织协调全局统计工作，监督检查统计规章制度的实施。

（二）建立健全综合统计指标体系，制定统计报表制度和统计标准。

（三）对生产经营、投资状况进行统计调查、统计分析、统计预测和统计监督。

（四）组织、指导并协调有关职能部门的专业统计工作。

（五）组织实施内部统计调查任务，协助完成政府统计调查或上级主管部门统计调查任务。

（六）负责综合统计信息管理体系和数据库建设；管理中线建管局制发的统计调查表和基本统计资料，统一对外公布综合统计信息。

（七）组织制定中线建管局统计培训计划，开展培训与业务考核工作。

（八）定期召开业务工作会议和交流会议。

第九条 中线建管局有关职能部门的主要职责是：

（一）负责组织、指导和协调相应专业的统计工作。

（二）按专业责任划分配合中线建管局综合统计机构建立健全统计指标体系、统计报表制度和统计标准。

（三）负责相应专业统计分析和预测。

（四）在统计业务上受中线建管局综合统计机构归口管理，并接受国家及行业有关主管部门的指导。

（五）按照规定和要求，统一口径，向中线建管局综合统计机构、当地政府统计机构及上级主管部门提供或报送本专业统计资料。

第十条 各分局（公司）综合统计机构的主要职责是：

（一）根据中线建管局统计规章制度，制定本分局（公司）实施细则，开展本分局（公司）统计工作制度建设，进行内部统计工作管理。

（二）组织本分局（公司）统计人员完成中线建管局及上级主管部门下达的统计调查和统计上报任务，执行中线建管局制定的统计报表制度和统计标准。

（三）协调本分局（公司）有关职能处室的专业统计工作。

（四）管理本分局（公司）的统计调查表和基本统计资料。完整、全面积累各类统计资料，管理原始记录和统计台账，统一对外提供本分局（公司）综合统计资料。

（五）负责本分局（公司）综合统计信息管理体系建设。

（六）对本分局（公司）生产经营和投资状况等进行统计调查、统计分析、统计预测，实施内部统计监督和统计咨询服务。

（七）分局（公司）各职能处室的专业统计业务上接受中线建管局相应职能部门业务领导，并受当地政府统计部门专业统计机构的业务指导。

第十一条 各管理处负责所辖范围内基础统计资料的收集整理及统计报表编制等具体统计工作的执行。

第十二条 中线建管局综合统计现阶段涵盖的专业统计工作及对应的局职能部门分工如下：

（一）固定资产投资统计：

固定资产投资统计由计划发展部负责专业归口管理。

（二）供水水量统计：

供水水量统计由总调中心负责专业归口管理。

（三）工程维修养护统计：

工程维修养护统计由工程维护中心负责专业归口管理。

（四）信息自动化和机电金结设备运行维护统计：

信息自动化和机电金结设备运行维护统计由信息机电中心负责专业归口管理。

（五）财务指标统计：

财务指标统计由财务与资产管理部负责专业归口管理。

（六）水质监管与环境保护统计：

水质监管与环境保护统计由水质保护中心负责专业归口管理。

（七）安全生产统计：

安全生产统计由质量安全监督中心负责专业归口管理。

（八）科技创新统计：

科技创新统计由科技管理部负责专业归口管理。

（九）劳动工资统计：

劳动工资统计由人力资源部负责专业归口管理。

（十）其他：

采购、合同签订、档案管理、信息化建设等其他统计工作由各职能部门根据职责划分负责专业归口管理。

各分局（公司）的专业统计分工可参照执行。

第十三条 各部门及各分局（公司）应根据管理范围、工作量和工作性质，设立统计机构和统计岗位，配备专职或兼职统计人员，并指定统计负责人，各部门及各分局（公司）的统计人员和统计负责人名单需报中线建管局综合统计机构备案。各级统计人员应相对保持稳定，发生变动应向上一级统计管理机构备案。

第十四条 中线建管局和各分局（公司）综合统计机构应制定统计人员年度培训计划，加强对统计人员专业知识和技术培训，组织统计法规和专业学习，加强对统计人员的职业道德教育，树立统计法制观念，提高统计人员的业务素质。

第十五条 各级统计人员应坚持实事求是，恪守职业道德，具备与其从事的统计工作相适应的专业知识和业务能力，严格执行中线建管局统计报表制度，按规定及时、准确地报送和提供有关统计资料，并进行统计分析和监督。统计岗位人员应定期参加统计教育，有关部门应支持统计人员取得国家统计从业资格证书。

第十六条 统计人员权限：

（一）有权要求有关部门、分局（公司）和人员依照有关规定，如实提供统计资料。

（二）有权检查统计资料的准确性，要求改正不真实、不准确的统计资料。

（三）有权揭发和检举统计工作中的违法行为，拒绝不符合规定索取统计数据的申请。

第三章 管 理 内 容

第十七条 统计调查和统计制度：

（一）中线建管局统计报表制度是指针对投资和生产经营等各项业务活动制定的定期报表制度，由中线建管局综合统计机构会同有关职能部门另行制定。

（二）中线建管局综合统计机构组织有关职能部门统一制定统计调查计划和统计调查总体方案，归口管理各专业统计调查活动。各职能部门的专业统计调查必须统一纳入中线建管局统计调查计划和统计调查制度，并按计划开展调查活动。对于确实需要的临时性调查，应与中线建管局综合统计机构共同研究制定实施。

各分局（公司）综合统计机构组织本分局（公司）各处室统一制定统计调查计划和统计调查方案，归口管理本分局（公司）各专业统计调查活动。各分局（公司）内部各处室应按计划开展统计调查活动。

（三）各部门、各分局（公司）必须严格执行国家和中线建管局颁发的统计调查制度和统计标准，以保证统计调查中引用的指标含义、统计口径、计算方法等的一致性。

（四）各部门、各分局（公司）提供的统计资料必须依照国家有关法律、法规和本办法执行，不得虚报、瞒报、拒报、迟报，不得伪造、篡改。

（五）上级主管部门或中线建管局在对统计工作履行监督检查职责时，有关单位和个人应如实反映情况，提供相关证明和资料，不得拒绝、阻碍检查，不得转移、隐匿、篡改、毁弃原始记录和凭证、统计台账、统计调查表及其他相关证明和资料。

（六）任何单位和个人不得利用统计调查窃取国家和企业秘密或进行欺诈活动。

第十八条 统计分析：

（一）各部门、各分局（公司）应加强统计工作研究，开展统计指标体系、统计标准、统计制度、统计调查方法和统计分析方法的研究工作。

（二）各部门、各分局（公司）应结合各自实际管理需求和所掌握的统计资料，定期开展统计分析和统计预测工作，提供统计信息咨询服务工作。

（三）各部门、各分局（公司）应重点加强生产经营相关的统计分析工作，每年至少提交一篇年度综合分析或专题分析报告，报告中要有数据资料、存在问题、建议措施等内容，及时了解企业现阶段的整体运营情况、各业务板块发展及构成情况，对企业未来发展趋势做出预测。

第十九条 统计资料的管理和公布：

（一）各部门、各分局（公司）应根据统计职权范围设置原始记录、统计台账，建立健全统计资料的审核、签署、交接、归档等管理制度，保障统计资料的真实性、准确性、完整性和及时性。

（二）各部门、各分局（公司）提供的统计资料，应由本部门、本分局（公司）领导人或统计负责人审核、签署并盖公章，按专业内容分别报送各职能部门审核，然后各职能部门领导人或统计负责人对各部门、各分局（公司）报送的统计资料及本部门的统计资料汇总后进行审核、签署并盖章送中线建管局综合统计机构汇总。

统计负责人和统计人员必须对提供的统计资料的真实、准确和时效性负责。统计人员对于统计工作中知悉的国家秘密、商业秘密和个人信息，应予以保密。

上报政府统计机关或上级主管部门的统计资料，单位领导人签章后向有关部门呈报。

（三）对统计人员依照本办法和统计制度提供的资料，不得自行修改，如发现数据计算或者来源有错误，应提出，由统计人员和有关人员核实订正。

（四）中线建管局各个组织机构制定政策、计划，检查政策、计划执行情况，经济责任制考核和岗位责任制考核进行奖励和惩罚等，需要使用统计资料的，以综合统计机构或统计负责人签署或盖章的统计资料为准。

（五）各部门、各分局（公司）应按照中线建管局统一要求，利用统计资料，建立统计数据库和信息自动化系统，实现数据安全上网、信息共享。

（六）中线建管局统计资料由中线建管局综合统计机构负责统一对外公布，其中有关专业统计资料由各专业统计责任部门按上级主管部门的要求分别报送。

（七）各部门、各分局（公司）应按档案管理有关规定，做好统计资料的保管、调用和移交工作。

（八）各部门、各分局（公司）必须贯彻执行国家法律、法规和中线建管局有关统计资料保密管理的规定，加强对统计资料的保密管理。

第四章 检 查 与 考 核

第二十条 中线建管局综合统计机构按照统计工作考核制度会同有关职能部门按年度对各部门和各分局（公司）的统计基础工作开展情况进行考核和评比。统计工作考核制度另行制定。

第二十一条 中线建管局根据考核结果，对在统计工作中成绩显著的部门、分局（公司）和个人给予表彰和奖励。对违反法律、行政法规和本办法有关规定的，视情节轻重由主管部门按规定给予行政处分；构成犯罪的，依法追究其刑事责任。

第五章 附   则

第二十二条 各部门、各分局（公司）可依据本办法制定相应实施细则或实施办法，并报中线建管局综合统计机构备案。

第二十三条 本办法由计划发展部负责解释。

第二十四条 本办法自发布之日起施行。

Q/NSBDZX

南水北调中线干线工程建设管理局规章制度

Q/NSBDZX 423.01—2018

合 同 管 理 办 法

2018－08－13发布　　　　　　　　　2018－08－13实施

南水北调中线干线工程建设管理局　发　布

合同管理办法

第一章 总　则

第一条　为进一步规范南水北调中线干线工程建设管理局（以下简称"中线建管局"）合同管理程序，明确管理职责，防范合同风险，提高经济效益，根据国家有关法律法规，制定本办法。

第二条　本办法所称合同是指中线建管局各级机构与平等主体的自然人、法人、其他组织之间，设立、变更、终止民事权利义务关系的协议（劳动用工合同除外）。

第三条　本办法适用于中线建管局各级机构，其中，一级机构为中线建管局，二级机构为各分局及全资子公司，三级机构为现地管理处。控股公司参照二级机构执行。

第四条　合同管理包括合同订立、履行、验收和归档等全过程的管理。

第二章 管 理 职 责

第五条　中线建管局实行合同分级管理：

（一）一级机构负责本级实施合同的全过程管理，以及"一级机构采购、二级机构实施"合同的订立和相应合同资料归档管理。

（二）二级机构负责本级实施合同的全过程管理，以及"一级机构采购、二级机构实施"合同的履行、验收和相应合同资料归档管理。

（三）三级机构合同管理权限由二级机构予以明确。

第六条　计划发展部负责中线建管局合同管理的指导、监督、检查工作；专业责任部门负责本级实施合同的全过程管理以及所辖专业的指导工作；合同会签部门按照职责分工参与合同管理的审核、会签；合同实施部门负责合同的履行、验收和归档等管理工作。

一级机构计划发展部、专业责任部门、合同会签部门和合同实施部门的管理职责分工见附件1。

二级机构内部分工可参照一级机构模式自行确定。

第三章 合 同 分 类

第七条　根据合同内容及特点，合同主要分为以下三类：

（一）运行维护类：包括土建绿化、机电金结、高压输配电、信息自动化系统、安全保卫、安全监测、水质、调度、应急、其他等运行维护项目，含备品备件及有关服务等。

（二）投资经营类：包括供（用）水、投资、融资等。

（三）工程建设类：包括新建、改建、扩建项目，含施工、货物及服务等。

第八条　下列合同为重大合同，其余合同为一般合同：

（一）运行维护类合同中，单项合同额 5000 万元以上（含）的运行维护项目、2000

万元以上（含）的备品备件及货物、500 万元以上（含）的服务。

（二）投资经营类合同中，单项合同额 1000 万元以上（含）的项目合同。

（三）工程建设类合同中，单项合同额 2000 万元以上（含）的工程、1000 万元以上（含）的货物、200 万元以上（含）的服务。

第四章 合 同 订 立

第九条 合同订立工作主要包括：

（一）合同立项审批。

（二）合同编号确定。

（三）采购程序履行。

（四）合同文本编审。

（五）合同会签审批。

（六）合同文本盖章及发放。

相关流程可视情况同步进行或合并进行。

第十条 合同立项

（一）合同订立前应当履行合同立项审批手续，合同立项审批单格式详见附件 2。

（二）符合下列情形之一的视为已立项，可不再履行审批手续：

1．列入年度预算的项目。

2．未列入年度预算但经中线建管局局长办公会议议定，或经中线建管局局长签批的项目。

3．启动应急响应机制的应急抢险项目。

4．上级单位正式文件批准实施的项目。

（三）合同立项实施分级审批：

一级机构签订的合同，由专业责任部门组织履行立项审批手续，经财务资产部、计划发展部、审计稽察部会签后，报请分管总师（如有）和分管局领导审签、局党组书记审核，局长审批。

二级机构签订的合同，由二级机构参照一级机构相关审批程序自行确定。

第十一条 合同编号

（一）合同应统一编号且编号具有唯一性，不得出现空号、重复现象。

（二）一级机构签订的合同，由计划发展部负责统一编号，合同编号一般规则为：中线局/专业责任部门/合同类别-编号（三位数）-补充协议编号（如有，两位数）。供应商备选库合同编号规则为：中线局/专业责任部门/合同类别-编号（三位数）/供应商编号（两位数）。二级机构签订的合同，合同编号规则为：中线局/分局/合同类别……。合同编号代码表详见附件 3。

第十二条 采购程序

按照《南水北调中线干线工程建设管理局招标项目采购管理办法》和《南水北调中线干线工程建设管理局非招标项目采购管理办法》履行采购程序。

第十三条 合同文本编审

（一）合同文本内容一般包括：合同标的、价格、数量或工程（作）量、履行期限、地点、方式、计量和价款结算、变更与索赔、违约责任与处理、争议解决等内容。工程建设类和运行维护类合同，还应包含技术要求、检验和验收等内容。其中保证金确定应符合国家及上级主管部门的有关要求。

（二）合同文本应参照使用国家各部委或行业制定的示范文本，以及中线建管局印发的典型合同文本。

（三）合同文本编制时可根据实际情况设立有条件延长服务期条款。

（四）对于涉及农民工的合同，合同文本中应要求合同对方出具不拖欠农民工工资承诺书。

（五）一级机构签订的合同，由专业责任部门负责合同文本的编审。编制招标/采购文件的，合同文本评审应在招标/采购文件的审查环节进行；未编制采购文件的，合同文本评审应在合同会签阶段进行。二级机构签订的合同，由二级机构自行确定。

第十四条 合同会签

（一）合同文本盖章前应履行合同会签手续。履行合同会签程序时，应附送签说明、合同文本、合同立项文件等资料。合同会签审批单格式详见附件4。

（二）合同会签实施分级审批

一级机构负责签订的合同，由专业责任部门组织履行合同会签手续，经财务资产部、计划发展部、审计稽察部、综合管理部及其他相关部门（如需）会签后，报请分管总师（如有）和分管局领导审签、局党组书记审核，局长审批。

二级机构负责签订的合同，由二级机构参照一级机构相关审批程序自行确定。

第十五条 合同文本盖章及发放

（一）合同应由法定代表人或授权委托人签字。

（二）除战略协议、框架协议、意向协议等无价款合同可由中线建管局行政章代替合同专用章外，均应使用合同专用章。

（三）合同文本应采用书面形式，一般正本两份，副本根据情况确定，应满足存档和使用要求。

（四）办理合同文本盖章时，应附合同立项文件、合同会签审批文件、法人授权委托书（如有）、招标/采购文件（如有）、投标/响应文件（如有）、中标/成交通知书（如有）等资料，以作备查。

（五）一级机构签订的合同，由计划发展部负责合同文本盖章；由专业责任部门负责合同文本发放，专业责任部门留存正本并向计划发展部发放二份副本，向财务资产部、审计稽察部各发放一份副本，同时根据情况向其他部门发放副本。二级机构签订的合同，由二级机构自行确定。

第十六条 因紧急情形需要在合同签订前实施的应急抢险项目，事后应补充完善合同会签手续，并及时补签合同。

第十七条 专业责任部门及二级机构签订的合同，应按要求将上一季度合同管理台账于每季5日前向计划发展部报备。

第五章 合 同 履 行

第十八条 合同订立前，原则上不得实际履行合同。对于未签订合同的应急抢险项目，应在实际履行期间明确内容、计价、计量原则等关键合同条件。

第十九条 合同交底

一级机构采购、二级机构负责实施的项目，专业责任部门应在合同签订后及时组织合同交底，详细说明合同内容，提示合同风险，明确履行要求。

第二十条 合同计量与支付管理

（一）合同计量管理。

合同实施部门应按合同约定的计量规则和时限进行计量，并附签证资料。工程计量确认单格式可参照附件5。

（二）合同支付管理。

合同约定的支付条件达到时，合同实施部门应按照合同约定及中线建管局的资金管理相关办法及时办理合同支付相关手续。

第二十一条 合同变更、索赔管理

（一）合同变更管理。

1. 合同变更原则上应"先批准、后实施"。

2. 合同变更应按合同约定处理，合同变更流程参照附件6。

3. 合同变更项目实施分级审批。

合同实施主体为一级机构的，由专业责任部门履行合同变更项目审批手续，报请分管总师（如有）审核，分管局领导审批；合同实施主体为二级机构的，由二级机构自行确定。

4. 合同变更价格实施分级审批。

合同实施主体为一级机构的，由专业责任部门负责合同变更价格的初审，经财务资产部、计划发展部、审计稽察部及其他相关部门（如需）会签后，报请分管总师（如有）审核，分管局领导审批。合同实施主体为二级机构的，由二级机构自行确定。

专业责任部门在进行合同变更价格初审时，应附初审意见、变更项目审批文件、合同对方提交的变更项目价格申请等资料。

（二）合同索赔管理。

1. 合同索赔应按合同约定处理。

2. 合同索赔价格实施分级审批，具体同合同变更价格审批程序一致。

（三）南水北调中线干线工程使用建设资金项目的合同，其变更、索赔管理仍执行原国务院南水北调办、中线建管局有关规定。

第二十二条 补充协议管理

（一）合同履行过程中，有下列情形之一的，应履行合同会签审批手续，并以合同书形式签订补充协议。

1. 合同期调整引起费用变化的［除第二十二条（二）第1款所述情形外］。

2. 单项变更（索赔）投资超过400万元（含）或达到合同额15％以上的。

3. 其他合同实质性条款发生调整，可能会引起歧义或者纠纷的。

（二）对于合同期满后需延长服务期限的：

1. 若合同中有延长服务期条款的，如果延期费用标准与原合同相比保持不变的，合同对方经考核满足合同相关要求，合同实施部门可直接履行合同，无需再以合同书形式签订补充协议，延期期限原则上不得超过原合同约定的期限。

2. 若合同中没有延长服务期条款的，原则上不得延期。

第二十三条　合同履行完毕后，需要另行采购的，应预留合理的采购周期。

第二十四条　合同履行完毕的标准，一般应以物资交清、价款结清、工程完工并验收合格移交、无遗留交涉手续为准。合同条款或法律有规定的从其规定。

第二十五条　因故解除合同，应及时以书面形式通知合同对方，说明解除合同的原因和/或要求对方书面答复的期限；协商解除合同的，尽快与合同对方达成解除合同的协议。

第二十六条　合同纠纷处理：合同对方提出异议的，合同实施部门应在合同约定或法定时间内按照约定或法定的方式予以答复；发生纠纷的，应及时协商处理，协商不成的按照合同约定的争议解决条款办理。

第二十七条　专业责任部门及二级机构实施的合同，应按要求将上一季度变更索赔管理台账和保证金管理台账于每季 5 日前向计划发展部报备。

第六章　合同验收和归档

第二十八条　合同履行完毕后，合同实施部门应按合同约定及时组织合同验收。合同验收格式如有相关规定的从其规定，没有规定的参照附件 7。

第二十九条　合同资料归档应按照中线建管局有关档案管理办法执行。一级机构签订的合同，按照"谁产生，谁归档"的原则办理。

二级机构签订的合同，由二级机构明确归档部门。

第七章　监督检查和考核

第三十条　合同监督检查

计划发展部是中线建管局合同监督检查的责任主体，依据国家有关法律法规和中线建管局有关制度办法对合同管理进行监督检查。

（一）监督检查范围。

各部门、各单位签订的各类合同，重点监督检查近一年签订的合同。

（二）监督检查内容。

主要包括：合同订立、合同履行、合同验收等环节的程序合规性、经济合理性和资料完整性。

（三）监督检查方式。

主要采取专项检查、不定期抽查等方式，组织对合同管理情况进行监督、检查。对事前、事中发现的问题提出指导和改进意见；对事后发现的问题提出整改落实要求，并督促被监督部门限期整改。

第三十一条　监督检查情况（含保障农民工工资支付情况）和整改结果，将作为各部门、各单位合同管理考核评比的重要依据。

第三十二条 发生下列行为之一，给中线建管局造成损失的，将依据中线建管局有关制度追究责任人责任；涉嫌犯罪的，依法移交司法机关处理：

（一）未认真履行职责及本办法规定的，造成合同不能正常订立、履行、解除的。

（二）未经批准、授权或超越授权签订合同的。

（三）擅自为他人提供合同专用章的。

（四）泄露合同涉及的商业、技术秘密的。

（五）弄虚作假，给中线建管局造成损失的。

（六）其他渎职、失职行为。

第八章 附　　则

第三十三条 合同订立、履行、验收和归档管理应满足中线建管局有关保密规定。

第三十四条 二级机构应制定相应的细则或办法，并报一级机构备案。

第三十五条 本办法由中线建管局计划发展部负责解释。

第三十六条 本办法自发文之日起正式施行，原《南水北调中线干线工程建设管理局合同管理办法》（中线局计〔2017〕46 号）同时废止。

附件1：一级机构合同管理职责分工表

附件2：南水北调中线干线工程建设管理局合同立项审批单

附件3：南水北调中线干线工程建设管理局合同编号代码表

附件4：南水北调中线干线工程建设管理局合同会签审批单

附件5：工程计量确认单

附件6-1：合同变更流程图

附件6-2：变更项目价格签认单（管理单位）

附件6-3：变更项目价格签认单（监理单位）

附件7：南水北调中线干线工程建设管理局合同验收单（格式）

附件1

一级机构合同管理职责分工表

部门	合 同 管 理 职 责
计划发展部	1. 负责制定、修订中线建管局合同管理制度、办法； 2. 负责制定和完善主要类型典型合同文本； 3. 负责一级机构合同编号管理； 4. 负责1号、2号合同专用章的使用管理； 5. 监督、检查、指导合同管理工作； 6. 组织合同管理业务培训； 7. 参与一级机构合同立项、合同会签环节的审核会签； 8. 其他有关管理工作
专业责任部门	1. 组织编制、审查项目实施方案或初设报告（含投资）； 2. 负责本部门合同的立项、审核（含投资）； 3. 负责本部门合同的签约方主体资信审查、合同文本拟定，以及合同的文本评审、谈判、会签和签订的组织管理工作； 4. 负责组织本部门合同的采购相关价格编制、审核； 5. 负责合同签订之前的资料的收集、整理和归档； 6. 负责一级机构采购、二级机构实施合同的交底工作； 7. 指导二级机构本专业合同的全过程管理； 8. 配合审计、稽察等相关工作； 9. 其他有关管理工作
合同实施部门	1. 负责合同的履行及变更、索赔处理； 2. 负责合同实施过程中的计量支付； 3. 负责合同的纠纷调解、仲裁或诉讼； 4. 负责合同验收及资料收集、整理、归档； 5. 负责合同实施过程中各类台账（价款结算、变更索赔等）的动态管理及相关统计工作； 6. 配合审计、稽察等相关工作； 7. 其他有关管理工作
合同会签部门	1. 计划发展部负责合同立项、合同会签的程序合规性、要件完整性和合同文本完备性等审查； 2. 综合管理部负责合同会签阶段合同条款的合法性、合规性审查； 3. 财务资产部负责合同价款支付方式的合理性、资金预算及来源的可靠性、财务手续的合规性等审查； 4. 审计稽察部负责审计、稽察要素审查； 5. 其他相关部门按本部门职责，负责审查相关合同约定是否符合本部门业务范围内的相关标准及相关文件规定，提出可行性、合理性及安全性方面意见

附件 2

南水北调中线干线工程建设管理局
合同立项审批单

项目名称：			日期：
专业责任部门：	经办人：	审核人：	负责人：
财务资产部意见			日期：
计划发展部意见			日期：
审计稽察部意见			日期：
分管总师（如有）			日期：
分管局领导			日期：
局党组书记			日期：
局长			日期：

　　附表：合同立项情况表
　　注：各会签部门按照表中顺序依次会签。

附表 合同立项情况表

一、项目背景（必要性及可行性、主要采购内容、是否列入计划等，可另附页）

二、项目估价：_____万元

估算价格分解表

序号	项目内容	工程量（工作量）	单价	合计

三、资金来源

水费收入 □（对照局年度预算核定情况表计列）

序号	预算项目	预算总额	预算中已使用金额

国家批复建设投资 □

单项工程		设计单元	

其他 □_____

四、项目采购方式及理由

项目采购方式

招标 □	非招标□	非招标方式：

采用上述采购方式的理由说明（可另附页）

五、建议实施部门（单位）：

附件 3

南水北调中线干线工程建设管理局
合同编号代码表

序号	名称	代码	序号	名称	代码
一	合同类别				
1	运行维护类	YW	3	工程建设类	JS
2	投资经营类	TZ			
二	机构				
1	北京分局	BJ	4	河南分局	HN
2	天津分局	TJ	5	渠首分局	QS
3	河北分局	HB	6	保安公司	BA
三	部门				
1	综合管理部	ZH	9	宣传中心	XC
2	计划发展部	JH	10	档案馆	DA
3	人力资源部	RL	11	总调中心	ZD
4	财务资产部	CW	12	工程维护中心	GW
5	科技管理部	KJ	13	信息机电中心	XJ
6	审计稽察部	SJ	14	水质保护中心	SZ
7	党群工作部（监察部）	DQ	15	质量安全监督中心	ZA
8	工会工作部	GH			

附件 4

<h1 style="text-align:center">南水北调中线干线工程建设管理局
合同会签审批单</h1>

签约单位：			采购方式：
合同名称：			合同编号：
专业责任部门：		日期：	资金来源：
经办人：		审核人：	负责人：
局长审批： 日期：			财务资产部意见： 日期：
			计划发展部意见： 日期：
局党组书记审核： 日期：			审计稽察部意见： 日期：
			综合管理部意见： 日期：
分管局领导审核： 日期：			其他专业部门会签：（如有） 日期：
			分管总师审核：（如有） 日期：

注：1. 后附送签说明、合同文本、合同立项审批手续、法人授权委托书（如需）等相关资料。

    2. 各会签部门按照表中顺序依次会签。

附件 5

工 程 计 量 确 认 单

（承包〔年份〕计量 号）

合同名称：　　　　　　　　　　　　　　　　　　　　　　　　合同编号：

现场情况简述：
（现场情况简述中应写明工作原因、工作内容、工作时段、具体工作方法、所完成工程量等内容。） 　　附件：工程量计算资料   　　　　　　　　　　　　　　　　　　　　　　　承　包　人：（全称及盖章） 　　　　　　　　　　　　　　　　　　　　　　　项目经理：（签名） 　　　　　　　　　　　　　　　　　　　　　　　日　　期：　年 月 日
审核意见： （需要写明具体意见，日期要填写）   　　　　　　　　　　　　　　　　　　　　　　　管理单位：（全称及盖章） 　　　　　　　　　　　　　　　　　　　　　　　负　责　人：（签字） 　　　　　　　　　　　　　　　　　　　　　　　日　　期：　年 月 日

　　说明：1. 本表一式__份，由承包人填写。承包人__份，管理单位__份，作为已完工程量汇总表的附件使用。可参照
　　　　　　执行。

　　　　　2. 若有监理机构，可参照水利工程建设监理规范执行。

附件 6-1

合 同 变 更 流 程 图

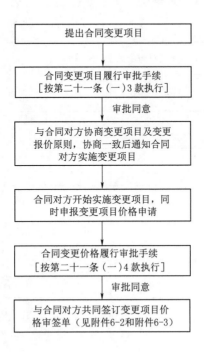

附件 6-1

合 同 变 更 流 程 图

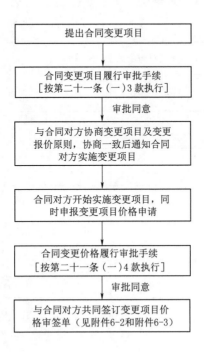

提出合同变更项目

合同变更项目履行审批手续
［按第二十一条（一）3款执行］

审批同意

与合同对方协商变更项目及变更
报价原则，协商一致后通知合同
对方实施变更项目

合同对方开始实施变更项目，同
时申报变更项目价格申请

合同变更价格履行审批手续
［按第二十一条（一）4款执行］

审批同意

与合同对方共同签订变更项目价
格审签单（见附件6-2和附件6-3）

附件 6－2

变更项目价格签认单（管理单位）

（管理单位〔 〕变价签 号）

合同名称： 合同编号：

序号	项目名称	单位	核定单价	备注

根据有关规定和合同约定，经友好协商，最终确定变更项目价格如下。

承 包 人：（全称及盖章）
项目经理：（签名）
日 期： 年 月 日

管理单位：（全称及盖章）
负 责 人：（签名）
日 期： 年 月 日

说明：本表一式__份，由管理单位填写。各方签字后，管理单位__份、承包人__份，办理结算时使用。（如无监理
机构时使用此表）

附件 6－3

变更项目价格签认单（监理单位）

（监理〔　〕变价签　　号）

合同名称：　　　　　　　　　　　　　　　　　　　　　　　　　合同编号：

根据有关规定和施工合同约定，经友好协商，发包人、承包人原则同意，监理机构签发的变更项目价格审核表（监理〔　〕变价审　　号），最终确定变更项目价格如下。				
序号	项 目 名 称	单位	核 定 单 价	备 注

承 包 人：（全称及盖章）

项目经理：（签名）

日　　期：　年 月 日

发 包 人：（全称及盖章）

负责人：（签名）

日　　期：　年 月 日

监 理 机 构：（全称及盖章）

总监理工程师：（签名）

日　　期：　年 月 日

说明：本表一式＿＿＿份，由监理机构填写，各方签字后，监理机构、发包人各 1 份，承包人 2 份，办理结算时使用。（如有监理机构时使用此表）

附件 7

南水北调中线干线工程建设管理局
合同验收单（格式）

签约单位			
合同名称		合同编号	
合同起止时间		验收日期	
合同实施部门			
合同参与部门			
合同实施情况 简介	（验收成果附后）		
专家意见 （如有）	（包括专家意见、验收纪要及验收人员名单）		
验收结论	（盖章） 日期：　　年　月　日		

注：验收结论需要合同双方盖章。

Q/NSBDZX

南水北调中线干线工程建设管理局规章制度

Q/NSBDZX 427.01—2018

招标项目采购管理办法

2018－04－10发布　　　　　　　　2018－06－01实施

南水北调中线干线工程建设管理局　发　布

招标项目采购管理办法

第一章 总 则

第一条 为加强南水北调中线干线工程建设管理局（以下简称中线建管局）招标项目采购工作的管理，规范招标项目采购行为，根据国家有关法律法规，制定本办法。

第二条 招标采购活动遵循公开、公平、公正和诚实信用的原则，不得将依法必须进行招标的项目化整为零或以其他任何方式规避招标。

第三条 本办法适用于中线建管局各级机构开展的招标采购活动，包括依法必须进行招标的工程建设项目以及达到本办法规定标准的运行维护项目。

一级机构为中线建管局，二级机构为分局及全资子公司，三级机构为现地管理处。委托管理单位及控股公司参照二级机构执行。

第四条 工程建设项目，包括工程以及与工程建设有关的货物、服务。工程，是指建设工程，包括建筑物和构筑物的新建、改建、扩建及其相关的装修、拆除、修缮等；所称与工程建设有关的货物，是指构成工程不可分割的组成部分，且为实现工程基本功能所必需的设备、材料等；所称与工程建设有关的服务，是指为完成工程所需的勘察、设计、监理等服务。工程建设项目达到下列标准之一的，依法必须进行招标：

（一）工程施工单项合同估算价在 400 万元人民币以上的。

（二）重要设备、材料等货物的采购，单项合同估算价在 200 万元人民币以上的。

（三）勘察、设计、监理等服务的采购，单项合同估算价在 100 万元人民币以上的。

同一项目中可以合并进行的勘察、设计、施工、监理以及与工程建设有关的重要设备、材料等的采购，合同估算价合计达到前款规定标准的，必须招标。

若国家法律法规对上述标准进行调整，从其规定。

第五条 运行维护项目是指除新建、改建、扩建项目以外使用水费的所有项目，达到下列标准之一的，应进行招标：

（一）土建、绿化、信息机电等专业运行维护的采购，单项合同估算价在 600 万元人民币以上的。

（二）重要设备、材料等货物的采购，单项合同估算价在 300 万元人民币以上的。

第六条 招标项目采购方式分为公开招标和邀请招标，中线建管局一般应采用公开招标。

第七条 有下列情形之一的，可以邀请招标：

（一）技术复杂、有特殊要求或受自然环境限制，只有少量潜在投标人可供选择；

（二）经项目审批部门或行政监督部门认定采用公开招标方式的费用占项目合同金额的比例过大。

第八条 有下列情形之一的，可不进行招标：

（一）涉及国家安全、国家秘密、抢险救灾等特殊情况。

（二）需要采用不可替代的专利或专有技术。

（三）招标人（含全资子公司）依法能够自行建设、生产或提供。

（四）需要向原中标人采购工程、货物或服务，否则将影响施工或功能配套要求。

（五）达到规定规模标准，但经批准采用非招标方式采购的运行维护项目。

（六）国家规定的其他特殊情形。

第九条 依法必须进行招标的项目在中国招标投标公共服务平台或通过其互联认证的平台（南水北调中线干线工程建设管理局招标采购交易平台）进行交易。

第二章 管 理 职 责

第十条 中线建管局采购委员会是中线建管局招标管理工作的最高决策机构，采购委员会由局领导班子成员组成，局长任主任。采购中心是采购委员会的办事机构，设在计划发展部。

第十一条 中线建管局招标工作按照"谁需求、谁管理、谁负责"的原则实行分级管理。跨分局管理的项目或一级机构直接实施的项目，由一级机构专业责任部门或授权二级机构负责招标，其他招标项目由二级机构负责招标。

第十二条 一级机构负责招标的项目，各专业责任部门分别对相应工作承担管理责任；二级机构负责招标的项目，二级机构承担管理责任。

招标管理分工职责见附件。

第三章 管 理 内 容

第十三条 招标项目工作程序：

（一）分标方案审批。

（二）编制资格预审文件（实行资格预审的，下同）和招标文件。

（三）发布（出）招标信息（资格预审公告、招标公告或投标邀请书）。

（四）发售资格预审文件（如有）。

（五）答复有关资格预审文件的异议（如有）。

（六）按规定日期接受资格预审申请人编制的资格预审申请文件（如有）。

（七）组建资格审查委员会并对资格预审申请文件进行评审（如有）。

（八）确定通过资格预审的申请人（如有）。

（九）发售招标文件。

（十）组织购买招标文件的潜在投标人现场踏勘（如需要）。

（十一）对招标文件进行澄清或修改，以及异议答复（如有）。

（十二）组建评标委员会。

（十三）在规定时间和地点，接收符合招标文件要求的投标文件。

（十四）组织开标会议，答复投标人开标现场提出的异议（如有）。

（十五）组织评标会议。

（十六）南水北调主体工程招标项目评标工作结束后，复核拟中标候选人及拟任项目负责人有无行贿犯罪记录。

（十七）公示中标候选人。

（十八）确定中标人。

（十九）发中标通知书和中标结果通知书。

（二十）中标结果公示。

（二十一）提交招标投标情况的书面总结报告。

第十四条 中线建管局一般委托招标代理机构办理招标事宜。招标代理机构不得在所代理的招标项目中投标或代理投标，也不得为所代理的招标项目的投标人提供咨询。

第十五条 分标方案

（一）运行维护项目原则上按下达的预算项目以现地管理处为基本标段划分单位；工程建设项目原则上以项目批复为基本标段划分单位，宜拆分采购的项目可适当调整。

（二）分标方案主要内容应包括：项目审批文件（初步设计批复文件或项目批复文件）、项目概况、标段划分原则及理由、分标情况（含标段内容、工期、相应概算或合同估算投资，以及与项目批复文件相关内容的对比分析）、招标方式、投标人主要资格要求、市场调研情况及是否能够满足招标需要、拟选用的招标代理机构等内容。

（三）分标方案实施分级审批

一级机构组织的招标项目，由专业责任部门组织提出分标方案，经计划发展部、财务资产部、审计稽察部及其他相关部门（如需）会签后，报请分管总师审核，分管局领导审批。二级机构组织的招标项目，由二级机构制定审批程序。

第十六条 资格预审文件和招标文件

（一）专业责任部门组织资格预审文件和招标文件审查，审查工作一般应报请分管总师主持，局有关职能部门和单位参加。

（二）专业责任部门一般以签报形式组织资格预审文件和招标文件摘要报批，并附招标文件（资格预审文件）、审查纪要（若有）及其他相关材料。参加审查的部门会签后，报请分管总师审核，分管局领导审批。

（三）经审批（签）的资格预审文件和招标文件方能出售。

（四）招标代理机构应按照资格预审公告、招标公告或投标邀请书规定的时间、地点发售资格预审文件或招标文件，资格预审文件或招标文件的发售期不得少于5日。

（五）招标人（专业责任部门或二级机构，以下同）可对已发出的资格预审文件或招标文件进行必要的澄清或修改。澄清或修改的内容可能影响资格预审申请文件或投标文件编制的，应在提交资格预审申请文件截止时间至少3日前，或投标截止时间至少15日前，以书面形式通知所有获取资格预审文件或招标文件的潜在投标人；不足3日或15日的，应顺延提交资格预审申请文件或投标文件的截止时间。上述澄清、修改或解答的内容作为资格预审文件或招标文件的组成部分，应在完成相应的审批程序后发出。

（六）潜在投标人或其他利害关系人对资格预审文件有异议的，应在提交资格预审申请文件截止时间2日前提出；对招标文件有异议的，应在投标截止时间10日前提出。招标人自收到异议之日起3日内做出答复；做出答复前，暂停招标投标活动。

（七）依法必须进行招标的项目，资格预审申请文件的提交截止时间应自停止发售资格预审文件之日起不少于5日，提交投标文件的截止时间应从发售招标文件之日起不少于

20 日。

其他招标项目，招标人应合理确定提交资格预审申请文件和投标文件的时间以及澄清、修改的时间。

（八）编制标底的，一个项目只应有一个标底，标底必须保密，在开标时公布。

设有最高投标限价的，应在招标文件中明确最高投标限价或最高限价的计算方法。招标文件不得规定最低投标限价。投标人投标报价高于最高投标限价的，应否决其投标。

（九）投标人应在招标文件规定的时间和地点，按招标文件的要求递交投标文件和投标保证金。

投标保证金不得超过招标项目估算价的 2%，勘察设计招标最高不应超过 10 万元人民币，其他招标最高不应超过 80 万元人民币。投标人可以现金、支票、银行汇票、电汇或银行保函的方式提交。投标保证金的有效期应与投标有效期一致。

第十七条　资格预审公告和招标公告

（一）资格预审公告和招标公告，应载明以下内容：

1. 招标项目名称、内容、范围、规模、资金来源。

2. 投标资格能力要求，以及是否接受联合体投标。

3. 获取资格预审文件或招标文件的时间、方式。

4. 递交资格预审文件或投标文件的截止时间、方式。

5. 招标人及其招标代理机构的名称、地址、联系人及联系方式。

6. 采用电子招标投标方式的，潜在投标人访问电子招标投标交易平台的网址和方法。

7. 其他依法应载明的内容。

（二）依法必须进行招标项目的资格预审公告或招标公告应在中国招标投标公共服务平台或通过其互联认证的平台（南水北调中线干线工程建设管理局招标采购交易平台）、中线建管局网站发布，其他招标项目的资格预审公告或招标公告应在中线建管局网站发布。

（三）资格预审公告或招标公告在正式媒介发布时间不少于 5 日。在不同媒介发布的公告内容应一致。

第十八条　评标

（一）评标工作应严格按照法律法规和招标文件规定进行。在评标前，同级监督部门应对评标委员会成员的资格进行核实、宣读评标纪律，并签订回避承诺书。

（二）依法必须进行招标的项目招标失败的，招标人应组织重新招标；重新招标后仍失败的，可采用其他方式采购。其他招标项目招标失败的，可重新招标或采用其他方式采购。

第十九条　中标候选人公示

（一）中标候选人公示应载明以下内容：

1. 中标候选人排序、名称、投标报价、质量、工期（交货期），以及评标情况。

2. 中标候选人按照招标文件要求承诺的项目负责人姓名及其相关证书名称和编号。

3. 中标候选人响应招标文件要求的资格能力条件。

4. 提出异议的渠道和方式。

5. 招标文件规定公示的其他内容。

（二）南水北调主体工程招标项目在评标结束后，由招标代理机构将行贿犯罪档案复核查询结果随评标报告一并报招标人。

（三）依法必须进行招标的项目，招标人应自收到评标报告之日起 3 日内按有关要求公示中标候选人，公示期不得少于 3 日。中标候选人公示按照招标公告发布范围和程序办理。

投标人或其他利害关系人对依法必须进行招标项目的评标结果有异议的，应在中标候选人公示期间提出。招标人应自收到异议之日起 3 日内做出答复；做出答复前，应暂停招标投标活动。

第二十条　确定中标人

（一）依法必须进行招标的项目，招标人应确定排名第一的中标候选人为中标人。排名第一的中标候选人放弃中标、因不可抗力不能履行合同、不按照招标文件要求提交履约保证金，或被查实存在影响中标结果的违法行为等情形，不符合中标条件的，招标人应按照评标委员会提出的中标候选人名单排序依次确定其他中标候选人为中标人，也可重新招标。

（二）中标候选人的经营、财务状况发生较大变化或存在违法行为，招标人认为可能影响其履约能力的，应在发出中标通知书前由原评标委员会按照招标文件规定的标准和方法审查确认。

第二十一条　中标结果公示

中标结果公示应载明中标人名称，依法必须进行招标的项目应在发出中标通知书和中标结果通知书 3 日内进行中标结果公示。中标结果公示按照招标公告发布范围和程序办理。

第二十二条　中标通知书发出之日起 30 日内，招标组织部门（单位）应按照招标文件和中标人的投标文件组织中标人订立书面合同。合同签订前，招标人可根据评标委员会的建议以及招标后项目合同条件发生的变化等，对签订合同前要明确和澄清的相关事宜与中标人进行协商和澄清，但合同的主要条款应与招标文件和中标人的投标文件的内容一致。招标人和中标人不得再行订立背离合同实质性内容的其他协议。

第二十三条　招标人或其委托的招标代理机构编写招标投标情况报告，包括招标项目基本情况（含招标范围）、招标方式、发布招标公告的媒介、投标人情况、开标情况、评标委员会评标报告、中标候选人公示情况、中标结果、监督情况和其他必需的资料或需说明的问题。自确定中标人之日起 15 日内，依法必须进行招标的项目由一级机构专业责任部门负责向行政监督部门提交招标投标情况报告。

第二十四条　招标代理机构最迟应在签订合同后 5 日内，向中标人和未中标的投标人退还其投标保证金及银行同期存款利息。

第二十五条　招标资料归档和保管

招标资料归档应按照中线建管局有关档案管理办法执行。一级机构组织招标的项目，招标资料按照"谁产生，谁归档"的原则整理归档。

二级机构组织招标的项目，由二级机构明确相关部门负责整理归档。

第二十六条　统计、分析、年度招标工作总结

（一）招标组织部门（单位）每月 5 日前，编制招标统计表报计划发展部。

（二）招标组织部门（单位）和招标代理机构应按年度对招标情况进行统计，分析招标工作完成情况，总结经验教训，提出相关建议，于每年 1 月底前编写上年度招标工作总结报计划发展部。

第二十七条　招标组织部门（单位）应按照统筹兼顾、科学安排的原则，充分考虑项目招标周期和实施需要，做好招标计划与年度计划、预算的有效衔接。

第二十八条　招标组织部门（单位）应在每年 1 月底前完成本年度招标计划的编制工作。

第四章　检 查 与 考 核

第二十九条　参与招标采购活动的机构和人员应遵守国家相关法律法规，自觉接受行政监督和社会监督。

中线建管局各部门和单位应严格履行主体责任，强化全过程监管，招标工作应始终置于同级监督之下，并做好监督记录。二级机构组织的招标项目，开评标等关键环节应书面邀请上级机构监督。

第三十条　参与招标采购活动的机构和人员应遵守《中华人民共和国保守国家秘密法》和《南水北调中线干线工程建设管理局保密工作管理办法》等有关规定，招标人应采取必要的措施，保证评标在严格保密的情况下进行，评委集合地点、评标地点原则上应不同于开标地点。

第三十一条　对招标采购活动中违规、违纪、违法的单位和个人进行处罚：

（一）规避招标、招标采购过程中存在失职行为或过失，导致应招未招、招标失败，或影响项目实施进度和质量，其部门和个人不得参与年度评先评优。

（二）涉及违纪的，按照中线建管局相关规定处理，党员干部按照《中国共产党纪律处分条例》处理。

（三）涉及违法的，移交司法机构处理。

第三十二条　计划发展部每年对各部门（单位）的招标工作情况进行检查、考核，并纳入绩效考核体系。

第三十三条　中线建管局各级审计稽察部门（或相关职能部门）按职责对同级招标采购活动进行监督，对招标过程中出现的举报、投诉事项进行调查、核实。纪检监察部门依法对招标过程中出现的违法违规案件进行受理。

第五章　附　　　则

第三十四条　涉及特殊资金来源、机电产品国际招标等特殊项目按国家相关规定执行。

第三十五条　采用非招标方式采购的项目，按《南水北调中线干线工程建设管理局非招标项目采购管理办法》执行。

第三十六条　中线建管局各招标主体应对供应商加强信用管理，依法限制失信供应商

的投标资格。

第三十七条　二级机构应依据本办法制定相关实施细则，并报一级机构备案。

第三十八条　本办法由中线建管局计划发展部负责解释。

第三十九条　本办法自 2018 年 6 月 1 日起施行，原《南水北调中线干线工程建设管理局采购管理办法》（中线局计〔2017〕31 号）届时废止。

附件：招标管理分工职责表

附件

招标管理分工职责表

管理组织	管理工作职责
采购委员会	1. 贯彻执行国家有关采购管理的法律、法规及相关政策； 2. 审议局采购管理制度、办法，研究、部署、协调、指导全局采购管理工作； 3. 审议、确定招标代理机构的选择原则； 4. 确定一级机构招标项目的中标人； 5. 根据需要审议、决策招标工作的有关重要事项，常规工作授权专业分管局领导负责，如审批（签）分标方案、招标文件、标底或最高招标限价、确定评标委员会的组建方案等
计划发展部	1. 组织制定采购管理制度、办法； 2. 负责组织局采购委员会会议的筹备和落实工作； 3. 负责全局招标计划的管理； 4. 负责采购代理机构（库）的管理； 5. 负责招标采购交易平台的管理； 6. 负责分标方案、招标文件的审核会签； 7. 负责招标工作的监督、检查； 8. 承办采购委员会交办的其他事宜
招标组织部门（单位）	1. 编报年度招标（建议）计划； 2. 负责组织拟招标项目的前期工作（招标设计或方案，含投资）、技术准备及市场调研； 3. 负责招标项目分标方案（含投资）的编制及报批； 4. 负责项目招标代理机构的确定； 5. 组织招标文件和澄清答疑文件的编制，并负责组织审查、报批工作； 6. 组织资格预审、现场踏勘、标前会、开评标等工作； 7. 负责招标项目的合同签订； 8. 负责招标资料整编、归档等工作
综合管理部	负责招标文件合法性、合规性的审查
财务资产部	负责招标文件涉及财务、资产、保险等内容的审查
审计稽察部（相关职能部门）	1. 负责同级招标项目全过程（包括招标文件审查、资格预审、招标人标底确定、开评标等）的监督； 2. 负责招标工作过程中举报、投诉事项的调查、处理
监察部	1. 负责对招标项目工作人员的监察； 2. 负责对招标项目工作过程中违法违规案件的受理
各分局	1. 负责组织所管辖区域授权范围内的项目招标； 2. 负责本分局年度招标（建议）计划编制上报； 3. 负责相关项目招标文件中现场管理、实施条件、外部环境等内容的审查及落实； 4. 配合一级机构组织的招标文件的编制和审查、资格预审、现场踏勘、标前会、开评标等工作
招标代理机构	1. 受托编制招标文件的商务部分，汇总编制招标文件； 2. 发布招标公告（资格预审公告、投标邀请）、发售招标文件（资格预审文件）； 3. 组织资格预审； 4. 负责招标澄清文件商务部分的编制、文件汇总及发出； 5. 负责组织踏勘现场、投标预备会； 6. 负责编制评标大纲；

招标管理分工职责表续表

管理组织	管 理 工 作 职 责
招标代理机构	7. 负责组织评标工作，包括开标、清标、发出并回收澄清答疑文件、评标统计工作等； 8. 负责向招标人提交评标报告及有关材料； 9. 负责评标结果的公示； 10. 负责发出中标通知书； 11. 负责编制招标投标有关情况的报告； 12. 负责招标资料整理归档及移交； 13. 参与前期技术准备、招标文件审查、合同签订； 14. 受理并答复对招标文件和开标的异议； 15. 协助相关部门处理投诉调查等工作； 16. 负责招标人委托的其他招标管理工作
法律顾问	1. 负责受委托的招标文件合法合规性的审查； 2. 负责处理与招标有关的其他法律问题

Q/NSBDZX

南水北调中线干线工程建设管理局规章制度

Q/NSBDZX 427.03—2018

非招标项目采购管理办法

2018－04－10发布　　　　　　　　　　2018－06－01实施

南水北调中线干线工程建设管理局 发　布

非招标项目采购管理办法

第一章 总 则

第一条 为加强南水北调中线干线工程建设管理局（以下简称"中线建管局"）非招标项目采购工作的管理，规范非招标项目采购行为，根据国家有关法规及行业规定，制定本办法。

第二条 非招标采购活动遵循公开、竞争和诚实信用的原则。

第三条 本办法适用于中线建管局各级机构开展的非招标采购活动。

一级机构为中线建管局，二级机构为分局及全资子公司，三级机构为现地管理处。委托管理单位及控股公司参照二级机构执行。

第四条 本办法非招标项目包括：

（一）工程建设项目。

1. 工程施工单项合同估算价小于 400 万元人民币的；重要设备、材料等货物的采购，单项合同估算价小于 200 万元人民币的；勘察、设计、监理等服务的采购，单项合同估算价小于 100 万元人民币的。

2. 若国家法律法规对上述标准进行调整，从其规定。

（二）运行维护项目。

1. 土建、绿化、信息机电等专业运行维护的采购，单项合同估算价小于 600 万元人民币的；重要设备、材料等货物的采购，单项合同估算价小于 300 万元人民币的。

2. 经批准采用非招标方式采购的其他运行维护项目。

（三）其他可不招标的项目。

1. 涉及国家安全、国家秘密、抢险救灾等特殊情况。

2. 需要采用不可替代的专利或者专有技术。

3. 采购人（含全资子公司）依法能够自行建设、生产或者提供。

4. 需要向原中标人采购工程、货物或者服务，否则将影响施工或者功能配套要求。

5. 国家规定的其他特殊情形。

第五条 非招标项目采购方式分为公开采购、供应商备选库采购和直接采购三种方式：

（一）公开采购是指通过发布采购公告邀请不特定的供应商参与竞争的采购方式。

（二）供应商备选库采购是指邀请相应专业供应商备选库内所有供应商参与竞争的采购方式。

（三）直接采购是在特定的采购条件下，经协商直接签订合同的采购方式。

第六条 非招标项目采购原则上均可采用公开采购方式。

第七条 同时符合下列条件的，宜采用供应商备选库方式采购：

（一）按照规定建立了规范的供应商备选库。

（二）采购项目技术标准明确，技术方案成熟，不需要技术评审。

第八条 符合下列条件之一的，宜采用直接采购方式：

（一）单项合同估算价小于 50 万元人民币的。

（二）涉及抢险救灾的应急处置项目。

（三）全资子公司自行承担的项目。

（四）需要向原中标人（或原供应商）采购工程、货物或者服务，否则将影响施工或功能配套要求，包括与原工程相关的除险加固、缺陷修补、功能完善等项目的勘察设计服务。

（五）只能从唯一供应商处采购的。

（六）经批准的其他情形。

第二章　管　理　职　责

第九条 中线建管局采购委员会是中线建管局采购管理工作的最高决策机构，采购委员会由局领导班子成员组成，局长任主任。采购中心是采购委员会的办事机构，设在计划发展部。

第十条 跨分局管理的项目或一级机构直接实施的项目，由一级机构专业责任部门或授权二级机构负责采购，其他项目由二级、三级机构负责采购。三级机构的采购权限由二级机构根据管理需要进行明确。

第十一条 一级机构实施的项目，由相应专业分管局领导负责，由专业责任部门实施采购的全过程管理。项目实施主体为二、三级机构的，如由一级机构组织采购时，实施主体应配合专业责任部门完成相关采购准备工作。

第十二条 直接采购原则上不使用采购代理机构。

采购管理分工职责见附件。

第三章　管　理　内　容

第十三条 公开采购方式采购程序：

（一）采购方案报批。

（二）编制采购文件。

（三）发布采购公告。

（四）发出采购文件。

（五）成立评审小组、评审。

（六）提出成交候选人，确定成交供应商，编写评审报告。

（七）发成交通知书和成交结果通知书。

（八）成交结果公示。

（九）编写采购情况报告。

第十四条 供应商备选库方式采购程序：

（一）采购方案报批。

（二）编制采购文件。

（三）发布采购邀请。

（四）发出采购文件。

（五）成立评审小组、评审。

（六）提出成交候选人，确定成交供应商，编写评审报告。

（七）发成交通知书和成交结果通知书。

（八）编写采购情况报告。

第十五条　直接采购方式采购程序：

（一）采购方案报批。

（二）编制采购清单或采购文件。

（三）确定成交供应商。

第十六条　相关采购流程可视采购准备情况同步进行或合并进行。应急采购可在口头请示同意后，10 个工作日内补办相应手续。

第十七条　采购方案。

（一）运行维护项目原则上按下达的预算项目以现地管理处为基本标段划分单位，宜整合采购的项目可适当调整；工程建设项目原则上以项目批复为基本标段划分单位，宜拆分采购的项目可适当调整。

（二）采购方案主要内容应包括：项目审批文件、项目概况、采购方式、供应商主要资格要求、拟选用的采购代理机构等内容。

（三）采购方案实施分级审批。

一级机构组织的非招标项目，由专业责任部门组织提出采购方案，经计划发展部、财务资产部、审计稽察部及其他相关部门（如需）会签后，报请分管总师审核，分管局领导审批。

二级、三级机构组织的非招标项目，由二级机构制定审批程序。

第十八条　采购文件。

（一）采购文件摘要一般以签报形式报批，并附采购文件、审查纪要（若有）及其他相关材料。

（二）采购文件报批签报由专业责任部门组织提出，报请分管总师审核，分管局领导审批。经审批（签）的采购文件方能发售（布）。

（三）采购文件发出。采购文件发出截止之日起至供应商提交响应文件截止之日止不应少于 3 个工作日。

提交首次响应文件截止之日前，采购人可对已发出的采购文件进行必要的澄清或修改，澄清或修改的内容作为采购文件的组成部分。澄清或修改的内容可能影响响应文件编制的，采购人应在提交首次响应文件截止之日 3 个工作日前，以书面形式通知所有接收采购文件的供应商。不足 3 个工作日的应顺延首次提交响应文件截止之日。

第十九条　采购公告。

（一）采用公开采购方式的，应在中线建管局网站发布采购公告，由采购组织单位（部门）联系网站管理单位发布。

（二）采购公告主要内容应包括：项目概况及采购内容、项目投资、供应商资格条件等。

第二十条 采购邀请。

（一）采用供应商备选库方式采购的，采购邀请函应通知备选库中相应专业所有供应商。

（二）采购邀请函主要内容应包括：项目概况及采购内容、项目投资等。

第二十一条 评审。

（一）采用公开采购或供应商备选库方式采购的，采购人需成立评审小组。一级机构的评审小组一般由专业责任部门、计划发展部、财务资产部、审计稽察部等5人以上（含）的单数人员组成，必要时邀请技术、经济专家参加。评审小组组长由专业责任部门代表担任或推荐产生。评审小组成员一般应具有中级以上职称，邀请的专家应具有高级以上职称。

（二）采用公开采购或供应商备选库方式采购的，第一次递交响应文件的供应商少于3家，视为采购失败，应组织第二次采购。第二次采购或招标失败后组织的采购，有递交响应文件的供应商但少于3家的，可继续评审。

评审过程中有效供应商不足3家，评审小组有权否决全部响应文件或决定继续评审。

（三）采用公开采购方式采购的，原则上采用最优评标价法，技术复杂、要求较高等项目，可采用综合评分法评审。

最优评标价法，是指供应商提交的响应文件满足采购文件全部实质性要求且报价最优的供应商为成交候选人的评标方法。采购评审小组按照采购文件规定的评审办法进行评审，技术方案、实施条件和要求可进行一次或多次评审修正，技术评审过程中商务报价应予以保密或要求供应商进行最终报价。

（四）采用供应商备选库采购的，按照采购文件明确的评审标准和方法进行评审，原则上仅评审商务报价。

第二十二条 成交结果公示。

采用公开采购方式的，应对成交结果公示。

（一）在中线建管局网站公示成交结果，公示期不少于2日。

（二）成交结果内容应包括采购人和采购代理机构（若有）的名称、地址、联系方式、成交供应商名称、地址、成交金额、主要成交标的等。

（三）公示无异议的，成交结果公示结束后采购人（或通知采购代理机构）向所有递交响应文件的供应商发出成交通知书或成交结果通知书。

第二十三条 发出成交通知后，采购组织部门（单位）组织成交供应商及时签订采购合同。当成交供应商拒绝签订合同时，采购人可直接确定第二成交候选人为成交供应商，也可重新组织采购。

第二十四条 确定成交供应商后15日内，采购组织部门（单位）组织编写采购情况报告。

第二十五条 直接采购过程中，采购组织部门（单位）应安排两人以上参与市场调研等关键环节。一级机构组织的直接采购，采购方案、市场供应情况、拟选供应商等应由采购组织部门以会议形式讨论研究，形成签报报局领导审签。市场调研、会议研究等环节应做好过程记录并存档。

第二十六条 采购资料归档应按照中线建管局有关档案管理办法执行。一级机构组织采购的项目，按照"谁组织，谁归档"的原则整理归档。

二级、三级机构组织采购的项目，由二级机构明确归档部门。

第二十七条 采购统计、分析及年度采购工作总结。

（一）采购组织部门（单位）每月 5 日前，编制采购统计表报计划发展部。

（二）采购组织部门（单位）和采购代理机构应按年度对采购情况进行统计，分析采购工作完成情况，总结经验教训，提出相关建议，于每年 1 月底前编写上年度采购工作总结报计划发展部。

第二十八条 采购组织部门（单位）应按照统筹兼顾、科学安排的原则，充分考虑项目采购周期和实施需要，做好采购计划与年度计划、预算的有效衔接。

第二十九条 采购组织部门（单位）应在每年 1 月底前完成本年度采购计划的编制工作。

第四章 检查与考核

第三十条 参与采购活动的机构和人员应遵守国家相关法律法规，自觉接受行政监督和社会监督。

中线建管局各部门和单位应严格履行主体责任，强化全过程监管，采购工作应始终置于同级监督之下，并做好监督记录。

第三十一条 参与采购的相关单位和人员，须遵守《中华人民共和国保守国家秘密法》和《南水北调中线干线工程建设管理局保密工作管理办法》等有关规定，采购人应采取必要的措施，保证评审在严格保密的情况下进行。

第三十二条 对采购活动中违规、违纪、违法的单位和个人进行处罚：

（一）采购过程中存在失职行为或过失，导致采购失败，或影响项目实施进度和质量，其部门和个人不得参与年度评先评优。

（二）涉及违纪的，按照中线建管局相关规定处理，党员干部按照《中国共产党纪律处分条例》处理。

（三）涉及违法的，移交司法机构处理。

第三十三条 计划发展部每年对各部门（单位）的采购工作情况进行检查、考核，并纳入绩效考核体系。

第三十四条 中线建管局各级审计稽察部门（或相关职能部门）按职责对同级采购活动进行监督，对采购过程中出现的举报、投诉事项进行调查、核实。纪检监察部门依法对采购过程中出现的违法违规案件进行受理。

第五章 附 则

第三十五条 日常维护工具、零星管理用品、日常消耗物资等 5 万元人民币以下不需要签订采购合同的零星采购，按照归口管理部门（单位）规定执行。

第三十六条 中线建管局各采购主体应对供应商加强信用管理，依法限制失信供应商的参与资格。

第三十七条 二级机构应依据本办法制定相关实施细则及供应商备选库等配套办法，并报一级机构备案。

第三十八条 本办法由中线建管局计划发展部负责解释。

第三十九条 本办法自2018年6月1日起施行，原《南水北调中线干线工程建设管理局采购管理办法》（中线局计〔2017〕31号）、《南水北调中线干线工程建设管理局现地管理处非招标项目采购管理工作手册》（中线局计〔2016〕83号）届时废止。

附件：采购管理分工职责表

附件

采购管理分工职责表

管理组织	管 理 工 作 职 责
采购委员会	1. 贯彻执行国家有关采购管理的法律、法规及相关政策； 2. 审议局采购管理制度、办法，研究、部署、协调、指导全局采购管理工作； 3. 负责确定一级机构供应商备选库的选择原则； 4. 负责确定采购代理库、负责一级机构供应商备选库的入库名单； 5. 根据需要审议、决策采购工作的有关重要事项，常规工作授权专业分管局领导负责，如审批采购方案、采购文件、最高采购限价、确定采购小组的组建方案等
计划发展部	1. 组织制定采购管理制度、办法； 2. 负责采购委员会会议的筹备和落实； 3. 负责全局采购计划的管理； 4. 负责采购代理机构（库）的管理； 5. 负责招标采购交易平台的管理； 6. 负责采购方案、采购文件的审核会签； 7. 负责采购工作的监督、检查； 8. 承办采购委员会交办的其他事宜
采购组织部门 （单位）	1. 编制年度采购（建议）计划； 2. 负责非招标项目的前期工作、技术准备及市场调研； 3. 负责非招标项目采购方案的编制及报批； 4. 负责一级机构相关专业供应商备选库的建立和管理，负责项目采购代理机构的确定； 5. 组织采购文件和澄清文件的编制、审查、报批工作； 6. 负责组织非招标项目的评审等工作； 7. 负责非招标项目的合同签订； 8. 负责采购资料整编、归档等工作
综合管理部	负责采购文件合法性、合规性的审查
财务资产部	负责采购文件涉及财务、资产、保险等内容的审查
审计稽察部 （相关职能部门）	1. 负责同级非招标项目全过程（包括采购方案、采购文件审查、采购谈判全过程等）的监督； 2. 负责采购工作过程中举报、投诉事项的调查、处理
监察部	1. 负责对非招标项目工作人员的监察； 2. 负责对非招标项目工作过程中违法违规案件的受理
各分局	1. 负责组织所管辖区域授权范围内的项目采购，负责二级机构供应商备选库的建设和管理； 2. 负责本分局年度采购（建议）计划编制上报； 3. 负责相关项目采购文件中现场管理、实施条件、外部环境等内容的审查及落实； 4. 配合一级机构组织的采购文件的编制和审查、采购谈判等工作
采购代理机构	1. 受托编制采购文件的商务部分，汇总编制采购文件； 2. 发布采购公告、发售采购文件； 3. 负责采购澄清文件商务部分的编制、文件汇总及发出； 4. 负责组织踏勘现场、投标预备会； 5. 负责编制评审大纲； 6. 负责组织评审工作； 7. 负责向采购人提交评审报告及有关材料；

采购管理分工职责表续表

管理组织	管 理 工 作 职 责
采购代理机构	8. 负责评审结果的公示； 9. 负责发出成交通知书； 10. 负责编制采购有关情况的报告； 11. 负责采购资料整理归档及移交； 12. 参与前期技术准备、采购文件审查、合同签订； 13. 受理并答复对采购文件的异议； 14. 协助相关部门处理投诉调查等工作； 15. 负责采购人委托的其他采购管理工作
法律顾问	1. 负责受委托的采购文件合法合规性的审查； 2. 负责处理与采购有关的其他法律问题

Q/NSBDZX

南水北调中线干线工程建设管理局企业标准

Q/NSBDZX 110. 01—2018

会计基础工作规范化指引 第1号
——会计分录摘要编写

2018－09－04发布　　　　　　　2018－09－04实施

南水北调中线干线工程建设管理局　发　布

会计基础工作规范化指引　第 1 号
——会计分录摘要编写

1　会计分录摘要的定义

会计分录摘要是指以简明扼要的方式对所反映经济业务内容的概括性表述。

2　会计分录摘要编写原则

会计分录摘要编写的基本原则为客观真实、要素齐全、一事一记、简洁明了和格式统一。

2.1　客观真实

会计分录摘要必须以所附原始凭证反映的实际经济业务为依据编写。

2.2　要素齐全

会计分录摘要应反映经济业务的主体、关键词和业务内容三个关键要素。关键要素按照经济业务内容又分为必填要素和选填要素。

2.3　一事一记

同一张会计凭证反映不同的经济业务内容时，每项经济内容应准确对应一个会计分录和一个摘要，不能笼统使用同一个摘要，一"摘"到底。

2.4　简洁明了

会计分录摘要编写应做到简洁明了，在有限的字数内，以发电报式的精炼语言将经济业务内容表述完整。"简洁"的量化标准是每条摘要宜控制在 20 字以内，"明了"是指意思表达完整，不能出现歧义。

2.5　格式统一

会计分录摘要应使用统一的格式、语法、关键词，体现整体一致性。

3　经济业务分类及会计分录摘要编写

3.1　经济业务分类

根据经济业务内容，结合财务工作实际，经济业务分为费用报销类、职工薪酬类、成本结算类、税金及附加类、资产类、月末结转类、其他业务类等七大类。

3.2　会计分录摘要关键要素

会计分录摘要关键要素包括主体、关键词和业务内容。

3.2.1 主体包括部门、经办人。

3.2.1.1 部门指经办人所在的最末级部门，如××处、××科。

3.2.1.2 经办人指具体办理经济业务的经办人员。

3.2.2 关键词主要有报销、支付、借支、缴纳、结算、拨付、收到、领用、调拨、发放、代扣、分配、计提、结转、冲销、订正、调整等。

3.2.3 业务内容包括时间、地点、数量、注释及概述。

3.2.3.1 时间指经济业务发生的时间，可是"月份""季度""年份""日期"或"期间"等。对于定期发生的经济业务，应在摘要中注明经济业务发生的时间。

3.2.3.2 地点指经济业务发生的地点，主要涉及报销差旅费及报销借调补助时，应在摘要中注明出差地点或借调单位名称等。

3.2.3.3 数量指经济业务发生的数量，主要涉及报销采购设备或资产时，应在摘要中注明采购设备或资产的数量。

3.2.3.4 注释指根据经济业务内容的特点对业务内容进行注释说明。如报销会议费时，应注明会议名称；采购固定资产时，应注明固定资产名称；报销车辆使用费时，应注明车辆牌照号等。

3.2.3.5 概述指对不同业务内容使用规范措辞的概括性表述。如报销印刷费、复印费时，概述应为"文印费"，其他概述如"会议费""差旅费""水费""电费"等。

3.3 分类经济业务会计分录摘要编写

3.3.1 费用报销类

费用报销类业务的主要内容包括管理费用和制造费用中的办公费、差旅费、邮电通信费、租赁费、业务招待费、会议费、车辆使用费、劳动保护费、修理费、图书资料费、咨询费、水电费、物业管理费、取暖费等日常发生的各项费用。

中线建管局机关（总调中心除外）、分局机关（分调中心、水质监测中心除外）的上述费用计入管理费用，总调中心、分调中心、水质监测中心和各管理处的上述费用计入制造费用。

3.3.1.1 办公费

　　a）基本格式为主体＋关键词＋业务内容。

　　b）必填要素包括部门、经办人、关键词及概述。

　　c）选填要素为时间、注释。

　　d）关键词为"报销"。

　　e）概述有"办公用品费""文印费""消耗用品费""转账手续费"等。

　　f）会计分录摘要示例："综合管理处张小明报销办公用品费""财务资产处张小明报销物资管理办法宣贯会会议资料文印费""综合科李小红报销消耗用品费""合同财务科赵小兰报销5月份转账手续费"。

3.3.1.2 差旅费

　　a）基本格式为主体＋关键词＋业务内容。

　　b）报销本人差旅费时，必填要素包括部门、经办人、关键词、地点及概述。

c）报销他人差旅费时，必填要素包括部门、经办人、关键词、地点、注释及概述。

d）关键词为"报销"。

e）地点为出差地点或借调单位名称。

f）注释为报销他人差旅费或借调补助时，报销他人的姓名。

g）概述有"差旅费""借调补助"。

h）会计分录摘要示例："综合管理处张小明报销北京差旅费""综合管理处张小明报销5月份中线建管局借调补助""合同财务科赵小兰报销李小红北京差旅费""合同财务科赵小兰报销李小红5月份中线建管局借调补助"。

3.3.1.3　邮电通信费

a）基本格式为主体＋关键词＋业务内容。

b）必填要素包括部门、经办人、关键词、时间及概述。

c）报销邮寄费时，"时间"为选填要素。

d）关键词为"报销"。

e）概述有"办公电话费""邮寄费""宽带网络费"。

f）会计分录摘要示例："综合管理处张小明报销5月份办公电话费""综合管理处张小明报销5月份邮寄费""综合科李小红报销2018年宽带费"。

3.3.1.4　租赁费

a）基本格式为主体＋关键词＋业务内容。

b）报销房屋租赁费时，必填要素包括部门、经办人、关键词、时间及概述；选填要素包括地点及注释。

c）报销车辆租赁费时，必填要素包括部门、经办人、关键词、概述；选填要素为注释。

d）关键词为"报销"。

e）概述有"房屋租赁费""车辆租赁费"。

f）会计分录摘要示例："综合管理处张小明报销2018年6—12月份房屋租赁费""综合科李小红报销冀AKV021车辆租赁费"。

3.3.1.5　业务招待费

a）基本格式为主体＋关键词＋业务内容。

b）报销外部招待费时，必填要素包括部门、经办人、关键词、概述。

c）报销食堂招待费时，必填要素包括部门、经办人、关键词、时间及概述。

d）关键词为"报销"。

e）概述有"招待费""食堂招待费"。

f）会计分录摘要示例："计划经营处张小明报销招待费""综合科李小红报销2月份食堂招待费"。

3.3.1.6　会议费

a）基本格式为主体＋关键词＋业务内容。

b）必填要素包括部门、经办人、关键词、注释及概述。

c）关键词为"报销"。

d) 注释为具体会议名称。

e) 概述为"会议费"。

f) 会计分录摘要示例："财务资产处张小明报销《物资管理办法》宣贯会会议费"。

3.3.1.7 车辆使用费

a) 基本格式为主体＋关键词＋业务内容。

b) 必填要素包括部门、经办人、关键词、注释及概述。

c) 报销车辆保险费、年检费时，"时间"为必填要素。

d) 报销车辆油料费、ETC 过路费、洗车费时，"时间"为选填要素。

e) 关键词为"报销"。

f) 注释为车辆牌照号。

g) 概述为"油料费""过路费""ETC 过路费""车辆保险费""停车费""维修费""保养费""洗车费""车辆年检费"。

h) 会计分录摘要示例："车队刘小磊报销 2 月份冀 AKV021 油料费""车队刘小磊报销冀 AKV021 过路费""车队刘小磊报销 2 月份冀 AKV021ETC 过路费""车队刘小磊报销 2018 年冀 AKV021 车辆保险费""车队刘小磊报销冀 AKV021 停车费""车队刘小磊报销冀 AKV021 维修费""车队刘小磊报销冀 AKV021 保养费""车队刘小磊报销 2 月份冀 AKV021 洗车费""车队刘小磊报销 2018 年冀 AKV021 车辆年检费"。

3.3.1.8 劳动保护费

a) 基本格式为主体＋关键词＋业务内容。

b) 必填要素包括部门、经办人、关键词、概述。

c) 报销集体劳动保护费时，"时间"为必填要素。

d) 关键词为"报销"。

e) 概述为"劳动保护费""劳保用品费"。

f) 会计分录摘要示例："综合管理处张小明报销 2018 年上半年劳动保护费""综合科李小红报销劳保用品费"。

3.3.1.9 修理费

a) 基本格式为主体＋关键词＋业务内容。

b) 必填要素包括部门、经办人、关键词、注释及概述。

c) 关键词为"报销"。

d) 注释为维修项目所处部门及名称。

e) 概述为"修理费"。

f) 会计分录摘要示例："综合科李小红报销财务科打印机修理费"。

3.3.1.10 图书资料费

a) 基本格式为主体＋关键词＋业务内容。

b) 报销采购图书资料费时，必填要素包括部门、经办人、关键词、概述；选填要素为注释。

c) 报销订阅报纸杂志费时，必填要素包括部门、经办人、关键词、时间及概述；选填要素为注释。

d) 关键词为"报销"。

e) 注释为图书资料及报纸杂志名称。

f) 概述为"图书资料费""报纸杂志费"。

g) 会计分录摘要示例："财务资产处张小明报销《企业会计准则》图书资料费""综合管理处张小明报销 2018 年报纸杂志费"。

3.3.1.11 咨询费

a) 基本格式为主体＋关键词＋业务内容。

b) 必填要素包括部门、经办人、关键词、注释及概述。

c) 关键词为"报销"。

d) 注释为咨询项目名称。

e) 概述为"专家咨询费""技术咨询费"。

f) 会计分录摘要示例："合同财务科赵小兰报销膨胀土变更项目专家咨询费""合同财务科赵小兰报销膨胀土变更项目技术咨询费"。

3.3.1.12 水电费

a) 基本格式为主体＋关键词＋业务内容。

b) 必填要素包括部门、经办人、关键词、时间、注释及概述。

c) 关键词为"报销"。

d) 注释为水电费发生的场所。

e) 概述为"水费""电费"。

f) 会计分录摘要示例："综合科李小红报销 5 月份办公楼水费""综合管理处张小明报销 5 月份办公楼电费"。

3.3.1.13 物业管理费

a) 基本格式为主体＋关键词＋业务内容。

b) 必填要素包括部门、经办人、关键词、时间、注释及概述。

c) 关键词为"报销"。

d) 注释为物业管理费发生的场所。

e) 概述为"物业管理费"。

f) 会计分录摘要示例："综合科李小红报销 5 月份办公楼物业管理费"。

3.3.1.14 取暖费

a) 基本格式为主体＋关键词＋业务内容。

b) 必填要素包括部门、经办人、关键词、时间、注释及概述。

c) 关键词为"报销"。

d) 注释为取暖费发生的场所。

e) 概述为"取暖费"。

f) 会计分录摘要示例："综合管理处张小明报销 1 月份办公楼取暖费"。

3.3.1.15 聘请中介机构费

a) 基本格式为主体＋关键词＋业务内容。

b) 必填要素包括部门、经办人、关键词、注释及概述。

c) 选填要素为时间。

d) 关键词为"报销"。

e) 注释为审计或律师服务项目名称。

f) 概述为"审计费""律师费"。

g) 会计分录摘要示例："财务资产处张小明报销 2015 年运行管理费用审计费""综合管理处张小明报销 2016 年围网破损处理律师费"。

3.3.1.16 诉讼费

a) 基本格式为主体＋关键词＋业务内容。

b) 必填要素包括部门、经办人、关键词、注释及概述。

c) 关键词为"报销"。

d) 注释为诉讼事项名称。

e) 概述为"诉讼费"。

f) 会计分录摘要示例："综合管理处张小明报销 2016 年 7 月 19 日水毁项目诉讼费"。

3.3.1.17 宣传费

a) 基本格式为主体＋关键词＋业务内容。

b) 必填要素包括部门、经办人、关键词、注释及概述。

c) 关键词为"报销"。

d) 注释为宣传事项名称。

e) 概述为"宣传费"。

f) 会计分录摘要示例："综合管理处张小明报销通水三周年活动宣传费"。

3.3.1.18 团体会费

a) 基本格式为主体＋关键词＋业务内容。

b) 必填要素包括部门、经办人、关键词、时间、注释及概述。

c) 关键词为"报销"。

d) 概述为"会费"。

e) 注释为社会团体名称。

f) 会计分录摘要示例："综合管理处张小明报销 2018 年注册会计师协会会费"。

3.3.1.19 警务消防费

a) 基本格式为主体＋关键词＋业务内容。

b) 必填要素包括部门、经办人、关键词、注释及概述。

c) 选填要素为时间。

d) 关键词为"报销"。

e) 注释为警务消防费发生场所。

f) 概述为"警务消防费"。

g) 会计分录摘要示例："综合科李小红报销 5 月份办公楼警务消防费"。

3.3.1.20 排污费

a) 基本格式为主体＋关键词＋业务内容。

b）必填要素包括部门、经办人、关键词及概述。

c）选填要素为时间。

d）关键词为"报销"。

e）概述为"排污费"。

f）会计分录摘要示例："综合科李小红报销5月份排污费"。

3.3.1.21 绿化费

a）基本格式为主体＋关键词 ＋业务内容。

b）必填要素包括部门、经办人、关键词、概述。

c）关键词为"报销"。

d）概述为"绿化费"。

e）会计分录摘要示例："综合科李小红报销绿化费"。

3.3.1.22 低值易耗品摊销

a）基本格式为主体＋关键词 ＋业务内容。

b）必填要素包括部门、经办人、关键词、概述。

c）选填要素为注释。

d）关键词为"领用"。

e）注释为具体低值易耗品名称。

f）概述为"低值易耗品"。

g）会计分录摘要示例："综合科李小红领用办公桌椅低值易耗品"。

3.3.1.23 物料消耗

a）基本格式为主体＋关键词 ＋业务内容。

b）必填要素包括部门、经办人、关键词、概述。

c）选填要素为注释。

d）关键词为"报销"。

e）注释为具体物料消耗品名称。

f）概述为"物料消耗"。

g）会计分录摘要示例："综合科李小红报销物料消耗"。

3.3.2 职工薪酬类

职工薪酬类业务的主要内容包括职工工资、职工福利费、社会保险费、住房公积金、企业年金、劳务费、工会经费、职工教育经费等。

3.3.2.1 职工工资，包括发放工资、代扣各项社会保险费个人部分、代扣个人所得税及月末分配工资。

a）基本格式为关键词＋时间＋业务内容。

b）必填要素包括关键词、时间、概述。

c）关键词为"发放""代扣""分配"。

d）发放工资时，概述主要有"工资""养老保险个人部分""医疗保险个人部分""失业保险个人部分""住房公积金个人部分""企业年金个人部分""个人所得税"等。

e) 月末分配工资时，概述主要有"岗位工资""工龄工资""津贴补贴""外聘人员工资""加班加点工资""业绩工资""住房补贴"等。

f) 会计分录摘要示例："发放5月份工资""代扣5月份养老保险个人部分""代扣5月份医疗保险个人部分""代扣5月份失业保险个人部分""代扣5月份住房公积金个人部分""代扣5月份企业年金个人部分""代扣5月份个人所得税""分配5月份岗位工资""分配5月份工龄工资""分配5月份津贴补贴""分配5月份外聘人员工资""分配5月份加班加点工资""分配5月份业绩工资""分配5月份住房补贴"。

3.3.2.2 职工福利费，包括集体福利补助、子女医药费、物业供暖费、防暑降温费、职工困难补助、独生子女费、丧葬补助费、抚恤金、探亲假路费、交通支出、通信支出、职工体检费等。

    a) 集体福利补助

      1) 基本格式为主体＋关键词＋业务内容。

      2) 必填要素为部门、经办人、关键词、时间、概述。

      3) 关键词为"报销"。

      4) 概述有"液化气款""食堂补贴""值班夜餐补贴""食堂用品款"。

      5) 报销食堂用品款时，"时间"为选填要素。

      6) 会计分录摘要示例："综合科李小红报销5月份液化气款""综合科李小红报销5月份食堂补贴""综合科李小红报销5月份值班夜餐补贴""综合科李小红报销食堂用品款"。

    b) 子女医药费

      1) 基本格式为关键词＋业务内容。

      2) 必填要素为关键词、时间、概述。

      3) 关键词为"报销"。

      4) 概述为"职工子女医药费"。

      5) 会计分录摘要示例："报销2018年职工子女医药费"。

    c) 物业供暖费

      1) 基本格式为关键词＋业务内容。

      2) 必填要素为关键词、时间、概述。

      3) 关键词为"发放"。

      4) 概述为"职工物业供暖费"。

      5) 会计分录摘要示例："发放2018年职工物业供暖费"。

    d) 防暑降温费

      1) 基本格式为关键词＋业务内容。

      2) 必填要素为关键词、时间、概述。

      3) 关键词为"发放"。

      4) 概述为"职工防暑降温费"。

    5）会计分录摘要示例："发放 2018 年职工防暑降温费"。

e）职工困难补助

    1）基本格式为关键词＋业务内容。

    2）必填要素为关键词、时间、概述。

    3）关键词为"支付"。

    4）概述为"职工困难补助"。

    5）会计分录摘要示例："支付 2018 年职工困难补助"。

f）独生子女费

    1）基本格式为关键词＋业务内容。

    2）必填要素为关键词、时间、概述。

    3）关键词为"发放"。

    4）概述为"职工独生子女费"。

    5）会计分录摘要示例："发放 2017 年职工独生子女费"。

g）丧葬补助费

    1）基本格式为主体＋关键词＋业务内容。

    2）必填要素为部门、经办人、关键词及概述，如领取他人丧葬补助时，应增加注释。

    3）关键词为"领取"。

    4）概述为"丧葬补助费"。

    5）注释为领取他人的姓名。

    6）会计分录摘要示例："综合管理处张小明领取丧葬补助"。

h）抚恤金

    1）基本格式为主体＋关键词＋业务内容。

    2）必填要素为部门、经办人、关键词及概述，如领取他人抚恤金时，应增加注释。

    3）关键词为"领取"。

    4）概述为"抚恤金"。

    5）注释为领取他人的姓名。

    6）会计分录摘要示例："综合管理处张小明领取抚恤金"。

i）探亲假路费

    1）基本格式为主体＋关键词＋业务内容。

    2）必填要素为部门、经办人、关键词、时间及概述。

    3）关键词为"报销"。

    4）概述有"探亲假路费"。

    5）会计分录摘要示例："综合管理处张小明报销 2018 年探亲假路费"。

j）交通支出

    1）基本格式为主体＋关键词＋业务内容。

    2）必填要素为部门、经办人、关键词、时间及概述。

    3）关键词为"报销"。

4）概述有"交通支出"。

5）会计分录摘要示例："综合管理处张小明报销 2018 年第 1 季度交通支出"。

k）通信支出

1）基本格式为主体＋关键词＋业务内容。

2）必填要素为部门、经办人、关键词、时间及概述。

3）关键词为"报销"。

4）概述有"职工通信支出"。

5）会计分录摘要示例："综合管理处张小明报销 2018 年第 1 季度职工通信支出"。

l）职工体检费

1）基本格式为主体＋关键词＋业务内容。

2）必填要素为部门、经办人、关键词、时间及概述。

3）关键词为"报销"。

4）概述有"职工体检费"。

5）会计分录摘要示例："人力资源处张小明报销 2018 年职工体检费"。

3.3.2.3 职工教育培训费

a）计提职工教育培训费。

1）基本格式为关键词＋业务内容。

2）必填要素为关键词、时间、概述。

3）关键词为"计提"。

4）概述有"职工教育培训费"。

5）会计分录摘要示例："计提 2018 年 2 月份职工教育培训费"。

b）报销职工教育培训费。

1）基本格式为主体＋关键词＋业务内容。

2）必填要素为部门、经办人、关键词、注释及概述。

3）关键词为"报销"。

4）概述有"培训费"。

5）注释为具体培训项目名称。

6）会计分录摘要示例："财务资产处张小明报销《物资管理办法》培训费"。

3.3.2.4 劳务费

a）基本格式为关键词＋业务内容。

b）必填要素为关键词、时间及概述。

c）选填要素为注释。

d）关键词为"支付"。

e）注释为劳务派遣机构名称。

f）业务内容关键词为"劳务费"。

g）会计分录摘要示例："支付 5 月份诺亚人力资源劳务费"。

3.3.2.5 养老保险费

a）基本格式为关键词＋业务内容。

b）必填要素为关键词、时间及概述。

c）关键词为"计提""缴纳"。

d）概述为"养老保险费"。

e）会计分录摘要示例："计提 5 月份养老保险费单位部分""缴纳 5 月份养老保险费"。

3.3.2.6 医疗保险费

a）基本格式为关键词＋业务内容。

b）必填要素为关键词、时间及概述。

c）关键词为"计提""缴纳"。

d）概述为"养老保险费"。

e）会计分录摘要示例："计提 5 月份医疗保险费单位部分""缴纳 5 月份医疗保险费"。

3.3.2.7 生育保险费

a）基本格式为关键词＋业务内容。

b）必填要素为关键词、时间及概述。

c）关键词为"计提""缴纳"。

d）概述为"生育保险费"。

e）会计分录摘要示例："计提 5 月份生育保险费单位部分""缴纳 5 月份生育保险费"。

3.3.2.8 失业保险费

a）基本格式为关键词＋业务内容。

b）必填要素为关键词、时间及概述。

c）关键词为"计提""缴纳"。

d）概述为"失业保险费"。

e）会计分录摘要示例："计提 5 月份失业保险费单位部分""缴纳 5 月份失业保险费"。

3.3.2.9 工伤保险费

a）基本格式为关键词＋业务内容。

b）必填要素为关键词、时间及概述。

c）关键词为"计提""缴纳"。

d）概述为"工伤保险费"。

e）会计分录摘要示例："计提 5 月份工伤保险费""缴纳 5 月份工伤保险费"。

3.3.2.10 住房公积金

a）基本格式为关键词＋业务内容。

b）必填要素为关键词、时间及概述。

c）关键词为"计提""缴纳"。

d）概述为"住房公积金"。

e）会计分录摘要示例："计提 5 月份住房公积金单位部分""缴纳 5 月份住房公积金"。

3.3.2.11　补充医疗保险

a）基本格式为关键词＋业务内容。

b）必填要素为关键词、时间及概述。

c）关键词为"计提""报销"。

d）概述为"补充医疗保险""职工医疗费"。

e）会计分录摘要示例："计提 5 月份补充医疗保险""报销 2017 年职工医疗费"。

3.3.2.12　企业年金

a）基本格式为关键词＋业务内容。

b）必填要素为关键词、时间及概述。

c）关键词为"计提""缴纳"。

d）概述为"企业年金"。

e）会计分录摘要示例："计提 5 月份企业年金""缴纳 5 月份企业年金"。

3.3.2.13　工会经费

a）基本格式为关键词＋业务内容。

b）必填要素为关键词、时间及概述。

c）关键词为"计提""拨付"。

d）概述为"工会经费"。

e）会计分录摘要示例："计提 5 月份工会经费""拨付 5 月份工会经费"。

3.3.3　成本结算类

成本结算类业务的主要内容包括：各类维修养护项目合同价款结算及支付；质量保证金、履约保证金及农民工工资保证金的扣除及退还；零星材料采购和零星维护费用的开支。

3.3.3.1　合同价款结算与支付

a）基本格式为关键词＋业务内容。

b）必填要素为关键词、注释及概述。

c）关键词为"结算""支付"。

d）注释为供应商名称＋部门名称＋合同名称。

e）概述为"合同款（结算期间）（预算编号）"。

f）会计分录摘要示例："结算河北省水利工程局磁县管理处 2018 年土建绿化项目第一标段合同款（2018 年 4—6 月）（1101）""支付河北省水利工程局磁县管理处 2018 年土建绿化项目第一标段合同款"。

3.3.3.2　保证金扣除与退还

a）基本格式为关键词＋业务内容。

b）必填要素为关键词、注释及概述。

c）关键词为"扣除""退还"。

d）概述有"质量保证金""履约保证金""农民工工资保证金"。

e）注释为供应商名称＋部门名称＋合同名称。

f）会计分录摘要示例："扣除河北省水利工程局磁县管理处 2018 年土建绿化项目第一标段质量保证金""退还河北省水利工程局磁县管理处 2018 年土建绿化项目第一标段质量保证金"。

3.3.3.3　零星材料采购

a）基本格式为主体＋关键词＋业务内容。

b）必填要素包括部门、经办人、关键词、注释及概述。

c）关键词为"报销"。

d）注释为材料名称。

e）概述为"采购款"。

f）会计分录摘要示例："工程科张小明报销沙子、水泥采购款"。

3.3.3.4　零星维护费用

a）基本格式为主体＋关键词＋业务内容。

b）必填要素包括部门、经办人、关键词、注释及概述。

c）关键词为"报销"。

d）注释为维护项目名称。

e）概述为"维护费"。

f）会计分录摘要示例："工程科张小明报销井盖提升维护费"。

3.3.4　税金及附加类

税金及附加类业务的主要内容包括：印花税、房产税、城镇土地使用税、车船税、残疾人就业保障金等税金及附加的计提和缴纳，代扣工资、专家咨询费、讲课费个人所得税的缴纳等。

3.3.4.1　印花税

a）基本格式为关键词＋业务内容。

b）必填要素为关键词、时间及概述。

c）关键词为"计提""缴纳"。

d）概述为"印花税"。

e）会计分录摘要示例："计提 5 月份印花税""缴纳 5 月份印花税"。

3.3.4.2　房产税

a）基本格式为关键词＋业务内容。

b）必填要素为关键词、时间及概述。

c）选填要素为注释。

d）关键词为"计提""缴纳"。

e）注释为房屋所属项目名称。

f）概述为"房产税"。

g）会计分录摘要示例："计提 1—6 月份办公楼房产税""缴纳 1—6 月份办公楼房产税"。

3.3.4.3 城镇土地使用税

a) 基本格式为关键词＋业务内容。

b) 必填要素为关键词、时间及概述。

c) 选填要素为注释。

d) 关键词为"计提""缴纳"。

e) 注释为土地所属项目名称。

f) 概述为"城镇土地使用税"。

g) 会计分录摘要示例："计提 1—3 月份办公楼城镇土地使用税""缴纳 1—3 月份办公楼城镇土地使用税"。

3.3.4.4 个人所得税

a) 基本格式为关键词＋业务内容。

b) 代扣个人所得税时，必填要素为关键词、注释及概述；缴纳个人所得税时，必填要素为关键词、时间及概述。

c) 关键词为"代扣""缴纳"。

d) 注释为代扣个人所得税的对象。

e) 概述为"个人所得税"。

f) 会计分录摘要示例："代扣 5 月份工资个人所得税""代扣《物资管理办法》宣贯会专家费个人所得税""代扣《物资管理办法》讲课费个人所得税""缴纳 2 月份工资个人所得税""缴纳 2 月份专家咨询费个人所得税"。

3.3.4.5 增值税

a) 基本格式为关键词＋业务内容。

b) 必填要素为关键词、时间及概述。

c) 关键词为"计提""缴纳"。

d) 注释为收入项目名称。

e) 概述为"增值税"。

f) 会计分录摘要示例："计提 2018 年 4 月份水费收入增值税""缴纳 2018 年 4 月份水费收入增值税"。

3.3.4.6 城市维护建设税

a) 基本格式为关键词＋业务内容。

b) 必填要素为关键词、时间及概述。

c) 关键词为"计提""缴纳"。

d) 概述为"城市维护建设税"。

e) 会计分录摘要示例："计提 2018 年 4 月份水费收入城市维护建设税""缴纳 2018 年 4 月份水费收入城市维护建设税"。

3.3.4.7 教育费附加

a) 基本格式为关键词＋业务内容。

b) 必填要素为关键词、时间及概述。

c) 关键词为"计提""缴纳"。

d) 概述为"教育费附加"。

e) 会计分录摘要示例："计提 2018 年 4 月份水费收入教育费附加""缴纳 2018 年 4 月份水费收入教育费附加"。

3.3.4.8 地方教育附加

a) 基本格式为关键词＋业务内容。

b) 必填要素为关键词、时间及概述。

c) 关键词为"计提""缴纳"。

d) 概述为"地方教育附加"。

e) 会计分录摘要示例："计提 2018 年 4 月份水费收入地方教育附加""缴纳 2018 年 4 月份水费收入地方教育附加"。

3.3.4.9 水资源税

a) 基本格式为关键词＋业务内容。

b) 必填要素为关键词、时间及概述。

c) 关键词为"计提""缴纳"。

d) 概述为"水资源税"。

e) 会计分录摘要示例："计提 5 月份水资源税""缴纳 5 月份水资源税"。

3.3.4.10 车船税

a) 基本格式为关键词＋业务内容。

b) 必填要素为关键词、时间、注释及概述。

c) 关键词为"计提""缴纳"。

d) 注释为车辆牌照号。

e) 概述为"车船税"。

f) 会计分录摘要示例："计提 2018 年冀 AKV021 车船税""缴纳 2018 年冀 AKV021 车船税"。

3.3.4.11 残疾人就业保障金

a) 基本格式为关键词＋业务内容。

b) 必填要素为关键词、时间及概述。

c) 关键词为"计提""缴纳"。

d) 概述为"残疾人就业保障金"。

e) 会计分录摘要示例："计提 2018 年残疾人就业保障金""缴纳 2018 年残疾人就业保障金"。

3.3.4.12 结转税金及附加

a) 基本格式为关键词＋业务内容。

b) 必填要素为关键词、时间及概述。

c) 关键词为"结转"。

d) 概述为"税金及附加"。

e) 会计分录摘要示例："结转 2 月份税金及附加"。

3.3.5 资产类

资产类业务的主要内容包括采购固定资产、无形资产、物资；领用物资；计提固定资产折旧；无形资产摊销；调拨资产等。

3.3.5.1 采购固定资产

a）基本格式为主体＋关键词＋业务内容。

b）必填要素包括部门、经办人、关键词、数量、注释及概述。

c）关键词为"报销"。

d）注释为固定资产名称。

e）概述为"采购款"。

f）会计分录摘要示例："综合管理处张小明报销2台打印机采购款"。

3.3.5.2 采购无形资产

a）基本格式为主体＋关键词＋业务内容。

b）必填要素包括部门、经办人、关键词、数量、注释及概述。

c）关键词为"报销"。

d）注释为无形资产名称。

e）概述为"采购款"。

f）会计分录摘要示例："综合管理处张小明报销1套物资管理软件采购款"。

3.3.5.3 采购物资

a）基本格式为主体＋关键词＋业务内容。

b）必填要素包括部门、经办人、关键词、注释及概述。

c）关键词为"报销"。

d）注释为物资名称。

e）概述为"采购款（入库单编号）"。

f）会计分录摘要示例："工程科张小明报销灭火器等消防器材采购款（RK－CX－SZ－2018－001）"。

3.3.5.4 领用物资

根据物资用途，物资分为管理用物资（指低值易耗品）和运行维护物资。领用管理用物资（指低值易耗品），计入"管理费用或制造费用/低值易耗品摊销"；领用运行维护物资，分别计入相关专业生产成本。

a）基本格式为主体＋关键词＋业务内容。

b）必填要素包括部门、经办人、关键词、注释及概述。

c）关键词为"领用"。

d）注释为物资名称。

e）概述有"低值易耗品""周转材料"。

f）会计分录摘要示例："综合科李小红领用低值易耗品""工程科张小明领用周转材料（CK－CX－SZ－2018－001）"。

3.3.5.5 计提固定资产折旧

a) 基本格式为关键词＋业务内容。

b) 必填要素为关键词、时间、注释及概述。

c) 关键词为"计提"。

d) 注释为固定资产类别。

e) 概述为"固定资产折旧"。

f) 会计分录摘要示例："计提2月份管理用固定资产折旧"。

3.3.5.6 无形资产摊销

a) 基本格式为关键词＋业务内容。

b) 必填要素为关键词、时间及概述。

c) 关键词为"摊销"。

d) 概述为"无形资产"。

e) 会计分录摘要示例："摊销2月份无形资产"。

3.3.5.7 调拨资产

a) 基本格式为关键词＋业务内容。

b) 必填要素为关键词、注释及概述。

c) 关键词为"调拨"。

d) 注释为资产所属部门。

e) 概述为资产名称，必要时应说明资产调入的部门。

f) 会计分录摘要示例："调拨磁县管理处移动发电机""调拨磁县管理处移动发电机到邯郸管理处"。

3.3.6 月末结转类

月末结转类业务的主要内容包括按期结转的职工福利费、劳务费、制造费用、生产成本、管理费用、本年利润等。

3.3.6.1 结转职工福利费

a) 基本格式为关键词＋时间＋业务内容。

b) 必填要素为关键词、时间及概述。

c) 关键词为"结转"。

d) 概述为"职工福利费"。

e) 会计分录摘要示例："结转2月份职工福利费"。

3.3.6.2 结转劳务费

a) 基本格式为关键词＋时间＋业务内容。

b) 必填要素为关键词、时间及概述。

c) 关键词为"结转"。

d) 概述为"劳务费"。

e) 会计分录摘要示例："结转2月份劳务费"。

3.3.6.3 结转制造费用

 a）基本格式为关键词＋时间＋业务内容。

 b）必填要素为关键词、时间及概述。

 c）关键词为"结转"。

 d）概述为"制造费用"。

 e）会计分录摘要示例："结转 2 月份制造费用"。

3.3.6.4 结转生产成本

 a）基本格式为关键词＋时间＋业务内容。

 b）必填要素为关键词、时间及概述。

 c）关键词为"结转"。

 d）概述为"生产成本"。

 e）会计分录摘要示例："结转 2 月份生产成本"。

3.3.6.5 结转管理费用

 a）基本格式为关键词＋时间＋业务内容。

 b）必填要素为关键词、时间及概述。

 c）关键词为"结转"。

 d）概述为"管理费用"。

 e）会计分录摘要示例："结转 2 月份管理费用"。

3.3.6.6 结转本年利润

 a）基本格式为关键词＋时间＋业务内容。

 b）必填要素为关键词、时间及概述。

 c）关键词为"结转"。

 d）概述为"本年利润"。

 e）会计分录摘要示例："结转 2 月份本年利润"。

3.3.7 其他业务类

 其他业务类业务的主要内容包括：拨付预算资金、提现、借款、内部单位之间各类协同业务、党组织工作经费以及会计分录的更正、冲销、调整等。

3.3.7.1 拨付预算资金

 a）基本格式为关键词＋业务内容。

 b）必填要素为关键词、时间、注释及概述。

 c）关键词为"拨付"。

 d）注释为拨付对象单位名称。

 e）概述为"预算资金"。

 f）会计分录摘要示例："拨付 2 月份河北分局预算资金"。

3.3.7.2 收到拨付资金

 a）基本格式为关键词＋业务内容。

 b）必填要素为关键词、时间、注释及概述。

c）关键词为"收到"。

d）注释为资金来源单位名称。

e）概述为"拨付资金"。

f）会计分录摘要示例："收到2月份中线建管局拨付资金"。

3.3.7.3 提取现金

a）基本格式为关键词＋业务内容。

b）必填要素为关键词、概述。

c）选填要素为注释。

d）关键词为"提取"。

e）注释为开户银行名称。

f）概述为"现金"。

g）会计分录摘要示例："提取现金"。

3.3.7.4 借款

a）基本格式为主体＋关键词＋业务内容。

b）必填要素为部门、经办人、关键词、概述。

c）关键词为"借支"。

d）概述为具体借款事由。

e）会计分录摘要示例："工程科张小明借支柴油款"。

3.3.7.5 协同业务

为避免协同业务会计分录摘要出现歧义，减少会计分录摘要编写难度，协同凭证双方使用统一的会计分录摘要。

a）支付报账款

1）基本格式为部门＋关键词＋业务内容。

2）必填要素为部门、关键词、注释、概述。

3）关键词为"支付"。

4）注释为报账款所属部门。

5）概述为"报账款（报账员姓名）"。

6）会计分录摘要示例："分局支付磁县管理处报账款（赵小兰）"。

b）支付转账款

1）基本格式为部门＋关键词＋业务内容。

2）必填要素为部门、关键词、注释、概述。

3）注释为转账内容。

4）关键词为"支付"。

5）概述为原转账核算会计分录摘要。

6）会计分录摘要示例："分局支付磁县管理处工程科李小红报销柴油款"。

c）支付合同结算款

1）基本格式为部门＋关键词＋业务内容。

2）必填要素为部门、关键词、注释、概述。

3）关键词为"支付"。

4）注释为合同结算支付内容。

5）概述为合同价款结算会计分录摘要。

6）会计分录摘要示例："分局支付磁县管理处结算河北省水利工程局磁县管理处2018年土建绿化项目第一标段合同款（2018年4—6月）（1101）"。

d）结算成本费用

1）基本格式为部门＋关键词＋业务内容。

2）必填要素为部门、关键词、时间、注释及概述。

3）关键词为"结算"。

4）注释为成本费用所属部门。

5）概述为成本费用名称。

6）会计分录摘要示例："分局结算磁县管理处5月份车辆油料费"。

e）调拨资产

1）基本格式为关键词＋业务内容。

2）必填要素为关键词、注释及概述。

3）关键词为"调拨"。

4）注释为资产所属部门。

5）概述为资产名称，必要时应说明资产调入的部门。

6）会计分录摘要示例："调拨磁县管理处移动发电机""调拨磁县管理处移动发电机到邯郸管理处"。

3.3.7.6 党组织工作经费

a）基本格式为关键词＋业务内容。

b）计提党组织工作经费时，必填要素为关键词、时间、注释及概述。

c）报销党组织工作经费时，必填要素为部门、经办人、时间、注释及概述。

d）关键词为"计提""报销"。

e）概述为"党组织工作经费""费用"。

f）注释为党组织活动名称。

g）会计分录摘要示例："计提2018年党组织工作经费""党建工作处张小明报销'不忘初心、牢记使命'主题活动费用"。

3.3.7.7 更正凭证

a）红字冲销错误凭证

1）基本格式为关键词＋业务内容。

2）必填要素为关键词、时间、注释及概述。

3）关键词为"冲销"。

4）时间为"××××年××月"。

5）注释为凭证编号。

6）概述为"凭证（错误原因）"。

7）会计分录摘要示例："冲销2018年4月份125号凭证（科目错误）"。

　　b）蓝字订正凭证

　　　　1）基本格式为关键词＋业务内容。

　　　　2）必填要素为关键词、时间、注释及概述。

　　　　3）关键词为"订正"。

　　　　4）时间为"××××年××月"。

　　　　5）注释为凭证编号。

　　　　6）概述为"凭证"。

　　　　7）会计分录摘要示例："订正2018年4月份125号凭证"。

　　c）调整金额错误凭证

　　　　1）基本格式为关键词＋业务内容。

　　　　2）必填要素为关键词、时间、注释及概述。

　　　　3）关键词为"调整"。

　　　　4）时间为"××××年××月"。

　　　　5）注释为凭证编号。

　　　　6）概述为"凭证（多计/少计金额）"。

　　　　7）会计分录摘要示例："调整2018年5月份108号凭证（多计200元）"。

　　常用会计分录摘要编写与示例见附件《常用会计分录摘要编写与示例》。

4　NC财务信息管理系统中会计分录摘要关键要素的录入与调用

　　中线建管局目前统一使用NC财务信息管理系统及移动报销子系统，为保证财务信息管理系统生成的会计分录摘要符合本指引编写原则和要求，应在NC财务信息管理系统内做如下设置。

4.1　设置关键要素"主体"

4.1.1　"主体"数据录入

　　在NC财务信息管理系统中，依次进入"动态建模平台"→"基础数据"→"人员信息"→"人员"节点，根据各单位机构设置、人员编制情况，通过"增加"功能，录入"部门""人员"信息，形成"部门""人员"数据库。

4.1.2　"主体"数据调用

　　移动报销子系统中设置的各类报销单据均包含"报销部门""经办人"两个字段，分别对应会计分录摘要关键要素"主体"中的"部门"及"经办人"。NC财务信息管理系统接收移动报销子系统审批通过的各类报销单据后，自动调用各类报销单据中的"报销部门""经办人"字段信息，组合形成会计分录摘要关键要素中的"主体"。

4.2　设置关键要素"关键词"

4.2.1　"关键词"数据录入

　　在NC财务信息管理系统中，依次进入"动态建模平台"→"会计平台"→"转换模板—集团"节点，对会计分录摘要关键要素中的关键词进行录入。

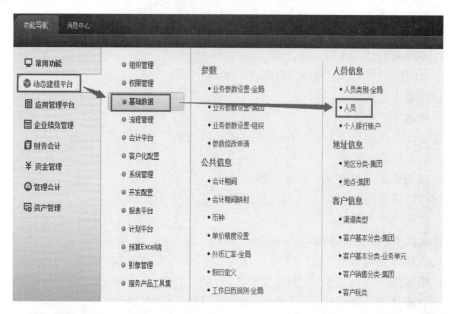

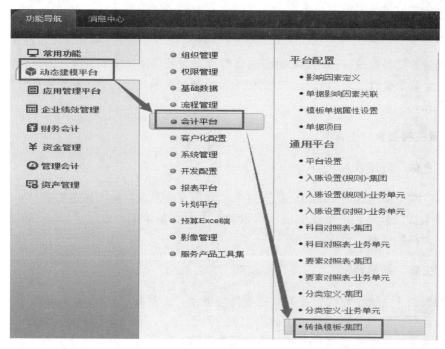

4.2.2 "关键词"数据调用

费用报销类、资产类中的资产购置及应付职工薪酬类中的福利费，通过移动报销子系统进行填报和审批。三类会计分录摘要"关键词"均为"报销"，NC 财务信息管理系统接收移动报销子系统审批通过的报销单据后，自动调用"转换模板-集团"中设置的关键词

"报销",形成会计分录摘要关键要素中的"关键词"。

月末结转类,在 NC 财务信息管理系统中,依次进入"财务会计"→"总账"→"自定义转账定义"节点,对月末结转类会计分录摘要模板进行初始化设置,具体模板参照3.3.6 中所述内容进行设置。

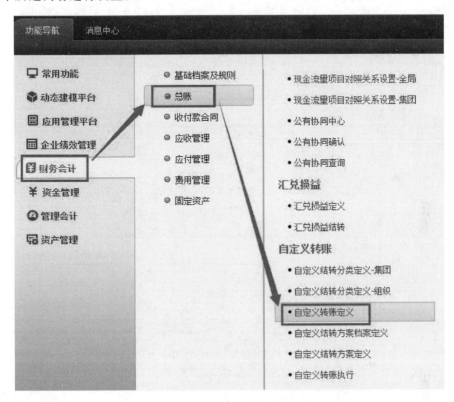

职工薪酬类(除福利费)、成本结算类、税金及附加类、资产类(除资产购置)、其他业务类等经济业务报销单据目前未通过移动报销子系统进行审批,NC 财务信息管理系统无法通过"转换模板集团"调用"关键词",因此,仍应由财务人员根据纸质原始单据进行手工录入,并按照本指引要求编写会计分录摘要。

4.3 设置关键要素"业务内容"

在 NC 财务信息管理系统中,无需对会计分录摘要关键要素"业务内容"进行录入。NC 财务信息管理系统接收移动报销系统审批通过的报销单据后,根据报销人在移动报销系统中填写的报销单据自动调用填写的单据基本信息,其中"地点""注释"及"概述"可自动提取,"时间""数量"应由财务人员按照本指引要求手工录入。关键要素"业务内容"分别对应移动报销系统里差旅费报销单中"出差事由"一栏、费用报销单中"内容明细"一栏、会议(培训)费报销单中"会议(培训)名称"一栏。

其他业务类的会计分录摘要关键要素"业务内容"需由财务人员按照本指引要求编写。

5 NC财务信息管理系统中形成会计分录摘要的修正

NC财务信息管理系统中形成的会计分录摘要包括全部由系统自动生成、部分由系统自动生成加部分手工录入、全部手工录入三种形式，制证人员应按照本指引的要求对会计分录摘要进行审核，凡与本指引要求不一致的，应通过修改 NC 财务信息管理系统及移动报销子系统初始化设置或者手工修改予以修正。

附件：《常用会计分录摘要编写与示例》（略）

———————————

Q/NSBDZX

南水北调中线干线工程建设管理局企业标准

Q/NSBDZX 110.02—2018

会计基础工作规范化指引 第 2 号
——涉税业务及账务处理

2018－10－16发布　　　　2018－10－16实施

南水北调中线干线工程建设管理局　发　布

会计基础工作规范化指引 第 2 号
——涉税业务及账务处理

1 涉税业务及税收种类

1.1 取得水费收入缴纳的增值税及附加税。

1.2 发放工资、支付专家咨询费代扣代缴的个人所得税。

1.3 签订合同和协议缴纳的印花税。

1.4 购买或建造房屋缴纳的房产税及城镇土地使用税。

1.5 生产经营所得缴纳的企业所得税。

1.6 使用车辆、船舶缴纳的车船税。

1.7 从湖泊、河流及地下取用水缴纳的水资源税。

1.8 购置车辆缴纳的车辆购置税。

1.9 安排残疾人就业未达到规定比例缴纳的残疾人就业保障金。

2 相关税种的计算、缴纳和账务处理

2.1 增值税

2.1.1 增值税的定义

增值税是对在我国境内销售货物或者加工、修理修配劳务，销售服务、无形资产、不动产以及进口货物的单位和个人，就其销售货物、劳务、服务、不动产的增值额和货物进口金额为计税依据而征收的一种流转税。

2.1.2 政策依据

《中华人民共和国增值税暂行条例》（国务院令第 134 号）

《纳税人提供不动产经营租赁服务增值税征收管理暂行办法》（国家税务总局公告 2016 年第 16 号）

财政部《增值税会计处理规定》（财会〔2016〕22 号）

2.1.3 应纳税额计算

经国家税务总局核定，南水北调中线干线工程建设管理局（以下简称"中线建管局"）水费收入暂参照提供不动产经营租赁税目，采用简易计税方法，按 5% 缴纳增值税。计算公式为：

$$应纳税额 = 水费收入 \div (1 + 5\%) \times 5\%$$

2.1.4 增值税缴纳

在取得水费收入次月 10 日之前，渠首、河南、河北和天津分局根据中线建管局提供

的"水费收入缴纳增值税及附加税计算表"向当地主管税务机关进行纳税申报，预缴增值税款，并于当日将当地税务机关出具的完税凭证原件传递回中线建管局本部，复印件自行留存。

在取得水费收入次月 15 日之前，中线建管局本部根据当月水费收入及各分局预缴税款情况，向主管税务机关进行纳税申报，汇算清缴，并根据各省市水费缴纳单位要求开具增值税专用发票或普通发票。

2.1.5 账务处理

水费收入缴纳增值税业务的账务处理由中线建管局本部完成，各分局（北京分局除外）仅反映与中线建管局本部缴纳税金的资金往来及增减变化。具体账务处理如下。

2.1.5.1 计提时

中线建管局本部依据"供用水协议"、供用水双方签字确认的"各分水口门水量确认单"，编制月度水费收入确认表（见附表1），计算应缴纳增值税额。

借：应收账款——××省市水费缴纳单位　　　　$a+b+c$

贷：主营业务收入——供水收入——基本水费　a

主营业务收入——供水收入——计量水费　b

应交税费——应交增值税（销项税额）　　c

2.1.5.2 缴纳时

中线建管局本部依据"水费收入缴纳增值税及附加税计算表"（见附表2）进行增值税纳税申报，并缴纳税款。

借：应交税费——应交增值税（销项税额）　d

贷：应交税费——简易计税　　　　　　　　d

同时：

借：应交税费——简易计税　d

贷：银行存款　d

2.2 增值税附加税

2.2.1 增值税附加税的定义

增值税附加税是按照增值税税额一定比例征收的税，包括城市维护建设税、教育费附加、地方教育费附加、防洪工程维护费（仅天津市征收）。

2.2.2 政策依据

《中华人民共和国城市维护建设税暂行条例》（国发〔1985〕19 号）

国务院《征收教育费附加的暂行规定》（国发〔1986〕50 号）

《国务院关于修改〈征收教育费附加的暂行规定〉的决定》（国务院令第 448 号）

《财政部　国家税务总局关于纳税人异地预缴增值税有关城市维护建设税和教育费附加政策问题的通知》（财税〔2016〕74 号）

天津市财政局《天津市水利建设基金征收使用办法》（津财预〔1999〕41 号）

2.2.3 应纳税额计算

$$城市维护建设税 = 增值税税额 \times 7\%$$
$$教育费附加 = 增值税税额 \times 3\%$$
$$地方教育附加 = 增值税税额 \times 2\%$$
$$防洪工程维护费 = 增值税税额 \times 1\%$$

2.2.4 附加税缴纳

各分局（北京分局除外）在向所在地主管税务机关预缴增值税时，按所在地适用税率和征收率就地计算缴纳附加税。

中线建管局本部在向主管税务机关申报缴纳增值税时，以所在地（北京市）实际缴纳增值税额为计税依据，按北京市规定税率和征收率就地计算缴纳附加税。

2.2.5 账务处理

水费收入缴纳附加税业务的账务处理由中线建管局本部完成，各分局（北京分局除外）仅反映与中线建管局本部缴纳税金的资金往来及增减变化。具体账务处理如下。

2.2.5.1 计提时

中线建管局本部依据"水费收入缴纳增值税及附加税计算表"（见附表 2），计算应缴纳增值税附加税。账务处理如下：

借：税金及附加 $\qquad\qquad\qquad e + f + g + h$
　贷：应交税费——城市维护建设税 $\quad e$
　　　应交税费——教育费附加 $\qquad\quad f$
　　　应交税费——地方教育附加 $\qquad g$
　　　应交税费——防洪工程维护费 $\quad h$

2.2.5.2 缴纳时

中线建管局本部依据税收缴款书及纳税申报明细表，账务处理如下：

借：应交税费——城市维护建设税 $\qquad e$
　　应交税费——教育费附加 $\qquad\qquad f$
　　应交税费——地方教育附加 $\qquad\quad g$
　　应交税费——防洪工程维护费 $\qquad h$
　贷：银行存款 $\qquad\qquad\qquad\qquad e + f + g + h$

2.3 个人所得税

2.3.1 个人所得税的定义

个人所得税是国家对本国公民、居住在本国境内的个人的所得和境外个人来源于本国的所得征收的一种所得税。

根据《中华人民共和国个人所得税法》规定，中线建管局为个人所得税扣缴义务人，负有对工资薪金所得和专家咨询劳务报酬所得代为扣税并缴纳税款义务。其中：

工资、薪金所得，是指个人在机关、团体、学校、企业、事业等单位从事工作的工资、薪金、奖金、年终加薪等所得。分为按月发放的工资所得和年末绩效工资所得。

劳务报酬所得，是指个人从事设计、安装、制图、医疗、法律、会计、咨询、讲学、新闻、广播、投稿、翻译、书画、雕刻、电影、戏剧、音乐、舞蹈、杂技、曲艺、体育、技术服务等项劳务的所得。

2.3.2 政策依据

《中华人民共和国个人所得税法》（中华人民共和国主席令第四十八号）

《财政部　税务总局关于 2018 年第四季度个人所得税减除费用和税率适用问题的通知》（财税〔2018〕98 号）

《国家税务总局关于调整个人取得全年一次性奖金等计算征收个人所得税方法问题的通知》（国税发〔2005〕9 号）

2.3.3 应纳税额的计算

2.3.3.1 工资薪金所得
2.3.3.1.1 按月发放的工资所得应纳税额的计算

a) 对在 2018 年 10 月 1 日（含）后实际取得的工资、薪金所得，减除费用调整至 5000 元/月，并按新个人所得税税率表（表 1）计算应纳税额。计算公式为：

应纳税所得额＝应发工资－养老保险个人缴纳部分－医疗保险个人缴纳部分

－失业保险个人缴纳部分－住房公积金个人缴纳部分

－企业年金个人缴纳部分－5000

应纳税额＝应纳税所得额×适用税率－速算扣除数

表 1　新个人所得税税率表

级数	全月应纳税所得额	税率/%	速算扣除数/元
1	不超过 3000 元的	3	0
2	超过 3000 元至 12000 元的部分	10	210
3	超过 12000 元至 25000 元的部分	20	1410
4	超过 25000 元至 35000 元的部分	25	2660
5	超过 35000 元至 55000 元的部分	30	4410
6	超过 55000 元至 80000 元的部分	35	7160
7	超过 80000 元的部分	45	15160

b) 2019 年 1 月 1 日以后，以每一纳税年度的收入额减除费用 6 万元以及专项扣除、专项附加扣除和依法确定的其他扣除后的余额，为应纳税所得额。其中：

专项扣除项目包括：基本养老保险、基本医疗保险、失业保险、住房公积金、企业年金个人缴纳部分。

专项附加扣除项目包括：子女教育支出、继续教育支出、大病医疗支出、住房贷款利息和住房租金以及赡养老人支出。

1）按月预扣预缴时，计算公式如下：

应纳税所得额＝应发工资－专项扣除项目（基本养老保险、基本医疗保险、失业保险、住房公积金、企业年金个人缴纳部分）－费用减除额（5000）－专项附加扣除项目

应纳税额＝应纳税所得额×税率－速算扣除数

2）年度汇算清缴税款的计算

汇缴应补退税额＝全年应纳税额－累计已缴税额

2.3.3.1.2 年末绩效工资所得应纳税额的计算

在新修订《中华人民共和国个人所得税税法》全年一次性奖金等计算征收个人所得税方法未明确前，暂按以下规定执行：

纳税人取得全年一次性奖金，单独作为一个月工资、薪金所得计算纳税，并按将雇员当月内取得的全年一次性奖金，除以 12 个月，按其商数确定适用税率和速算扣除数。在一个纳税年度内，对每一个纳税人，该计税办法只允许采用一次。计算公式如下：

a）如果绩效工资发放当月的工资薪金所得扣除社保个人部分后数额高于（或等于）税法规定的费用扣除额（5000 元）的，适用公式为：

应纳税额＝个人当月取得全年一次性奖金×适用税率－速算扣除数

b）如果绩效工资发放当月工资薪金所得扣除社保个人部分后数额低于税法规定的费用扣除额（5000 元）的，适用公式为：

应纳税额＝（个人当月取得的全年一次性奖金－当月工资扣除社保与费用扣除额的差额）×适用税率－速算扣除数

2.3.3.2 劳务报酬所得应纳税额的计算

a）2019 年 1 月 1 日之前，劳务报酬所得个人所得税按以下方法计算：

每次收入不足 4000 元的，应纳税额＝（每次收入额－800）×20％。

每次收入在 4000 元以上的，应纳税额 ＝每次收入额×（1－20％）×20％。

b）2019 年 1 月 1 日之后，劳务报酬所得个税计算：

根据新修订《中华人民共和国个人所得税法》，居民个人取得工作薪酬所得、劳务报酬、稿酬所得和特许权使用费所得（综合所得），按纳税年度合并计算个人所得税。其中劳务报酬所得以收入减除 20％的费用后的余额为收入额。

在不考虑专项扣除项目、专项附加扣除项目和费用减除额情况下，计算公式如下：

应纳税所得额＝每次收入额×（1－20％）

应纳税额＝应纳税所得额×适用税率－速算扣除数

2.3.4 应纳税额缴纳

a）工资薪金个人所得税，采取按年计算，分月预缴、年终汇算清缴方式进行缴纳。中线建管局、各分局作为工资薪金所得个人所得税扣缴义务人，按月预扣，次月

15 日之前预缴税款。

个人作为工资薪金所得个人所得税纳税人，在取得所得的次年 3 月 1 日至 6 月 30 日内办理汇算清缴。

    b）劳务报酬所得个人所得税，采取按次计算，由支付所得的单位代扣代缴。

2.3.5 账务处理

2.3.5.1 工资薪金所得账务处理

计提时，分别依据"××月工资个人所得税计算表（见附表3）""年末业绩工资个人所得税计算表（见附表 4）"，账务处理如下：

    借：应付职工薪酬 j（或 e）

       贷：应交税费——应交个人所得税 j（或 e）

缴纳时，依据个人所得税纳税完税凭证及纳税明细表

    借：应交税费——应交个人所得税 j（或 e）

       贷：银行存款 j（或 e）

2.3.5.2 劳务报酬所得账务处理

计提时，依据"专家咨询费发放表"（见附表5）：

    借：管理费——会议费/咨询费 c

       贷：应交税费——应交个人所得税 c

缴纳时，依据个人所得税纳税完税凭证及纳税明细表

    借：应交税费——应交个人所得税 c

       贷：银行存款 c

2.4 印花税

2.4.1 印花税的定义

印花税是以经济活动中签立的各种合同、产权转移书据、营业账簿、权利许可证照等应税凭证文件为对象征收的税。

2.4.2 政策依据

《中华人民共和国印花税暂行条例》（国务院令第 11 号）

《财政部　税务总局关于对营业账簿减免印花税的通知》（财税〔2018〕50 号）

2.4.3 应纳税额的计算

计算公式为：

应纳税额＝应纳税凭证记载的金额（费用、收入额）×适用税率

应纳税额＝应纳税凭证的件数×适用税额标准

2.4.4 税款缴纳

印花税实行自行计算应纳税额汇总缴纳或购买并一次贴足印花税票的办法缴纳。

其中：

    a）汇总缴纳：对应纳税额较大或者贴花次数频繁的购销、加工承揽、建设工程承包、财产租赁、货物运输、仓储保管、借款、财产保险、技术合同或者具有合同性质的凭证，采取自行计算应纳税额，按期汇总缴纳的办法。

    b）按合同自贴花：对其他营业账簿和权利、许可证照，以计税数量为印花税的计税依据，采用自行购买印花税票粘贴方式缴纳。其中，对营业账簿，印花税票应当粘贴在总账左上角，并在每枚税票的骑缝处盖戳注销或者画销，已贴用的印花税票不得重用。

2.4.5 账务处理

    a）汇总缴纳的，计提时，依据"印花税纳税计算表（见附表6）"：

    借：税金及附加 c

      贷：应交税费——应交印花税 c

    缴纳时，依据纳税完税凭证及纳税明细表：

    借：应交税费——应交印花税 c

      贷：银行存款 c

    b）购买印花税票时账务处理：

    借：税金及附加

      贷：银行存款

2.5 房产税

2.5.1 房产税的定义

    房产税是以在城市、县城、建制镇和工矿区房屋为征税对象，按房屋的计税余值或租金收入为计税依据，向产权所有人征收的一种财产税。

2.5.2 政策依据

    《中华人民共和国房产税暂行条例》（国发〔1986〕90 号）

2.5.3 房产税的计算

$$应纳税额（自用）=房产原值×（1-减除比率）× 1.2\%$$
$$应纳税额（出租）=房产租金收入×12\%$$

2.5.4 税款缴纳

    房产税按年征收、分半年申报缴纳，其中上半年为 4 月 15 日前，申报缴纳的税款不少于全年应纳税额的 50%；下半年为 10 月 15 日前在房产所在地缴纳。

2.5.5 账务处理

    计提时，依据"房产税和城镇土地使用税计算表（见附表7）"：

借：税金及附加   *a*

  贷：应交税费——应交房产税   *a*

缴纳时，依据纳税完税凭证及纳税明细表：

借：应交税费——应交房产税   *a*

  贷：银行存款   *a*

2.6 城镇土地使用税

2.6.1 城镇土地使用税的定义

城镇土地使用税是指国家在城市、县城、建制镇、工矿区范围内，对使用土地的单位和个人，以其实际占用的国家所有、集体所有土地面积为计税依据，按照规定的税额计算征收的一种税。

2.6.2 政策依据

《中华人民共和国城镇土地使用税暂行条例》（国务院令第483号）

2.6.3 城镇土地使用税的计算

应纳税额＝实际占用的土地面积×适用税额（具体适用标准咨询当地征收部门）

2.6.4 税款缴纳

按年征收、分半年申报缴纳，其中上半年为4月15日前，申报缴纳的税款不少于全年应纳税额的50％；下半年为10月15日前在房产所在地地缴纳房产税时，同时缴纳城镇土地使用税。

2.6.5 账务处理

计提时，依据"房产税和城镇土地使用税计算表（见附表7）"：

借：税金及附加   *b*

  贷：应交税费——应交城镇土地使用税   *b*

缴纳时，依据纳税完税凭证及纳税明细表：

借：应交税费——应交城镇土地使用税   *b*

  贷：银行存款   *b*

2.7 企业所得税

2.7.1 企业所得税的定义

企业所得税是对企业和经营单位的生产经营所得和其他所得征收的一种税。

2.7.2 政策依据

《中华人民共和国企业所得税法》（中华人民共和国主席令〔2007〕63号）

《跨地区经营汇总纳税企业所得税征收管理办法》（国家税务总局公告 2012 年第 57 号）

2.7.3　企业所得税的计算

$$应纳税所得额＝利润＋纳税调整增加额－纳税调整减少额$$
$$应纳所得税额＝当期应纳税所得额×25\%$$

2.7.4　税款缴纳

中线建管局企业所得税实行总分汇总纳税方式，即统一计算，分级管理，汇总清算。具体为：

中线建管局本部统一计算包括 5 个分局在内的全部应纳税所得额、应纳税额；同时中线建管局本部、各分局分别接受单位所在地主管税务机关的管理，按季分别向所在地主管税务机关申报预缴企业所得税；在年度终了后，中线建管局本部统一计算汇总纳税企业的年度应纳税所得额、应纳所得税额，抵减总机构、分支机构当年已就地分期预缴的企业所得税款后，多退少补。

2.8　车船税

2.8.1　车船税的定义

车船税是对行驶于公共道路的车辆和航行于国内河流、湖泊或领海口岸的船舶，按照其种类（如机动车辆、非机动车辆、载人汽车、载货汽车等）、吨位和规定的税额计算征收的一种使用行为税。

2.8.2　政策依据

《中华人民共和国车船税法》（中华人民共和国主席令第 51 号）

2.8.3　车船税的计算

车船税实行从量计税的方法。根据车船的种类、性能、构造和使用情况不同，分别选择了三种单位的计税标准，即辆、净吨位和载重吨位，详见表 2：

表 2　车 船 税 税 目 税 额 表

车辆类型	税　目	计税单位	年基准税额/元	备　注
乘用车［按发动机汽缸容量（排气量）分档］	1.0L（含）以下的	每辆	60～360	核定载客人数 9 人（含）以下
	1.0L 以上至 1.6L（含）的		300～540	
	1.6L 以上至 2.0L（含）的		360～660	
	2.0L 以上至 2.5L（含）的		660～1200	
	2.5L 以上至 3.0L（含）的		1200～2400	
	3.0L 以上至 4.0L（含）的		2400～3600	
	4.0L 以上的		3600～5400	

表 2　车船税税目税额表（续）

车辆类型	税　目	计税单位	年基准税额/元	备　注
商用车	客车	每辆	480～1440	核定载客人数9人以上，包括电车
	货车	整备质量每吨	16～120	1. 包括半挂牵引车、挂车、客货两用汽车、三轮汽车和低速载货汽车等。 2. 挂车按照货车税额的50%计算
其他车辆	专用作业车	整备质量每吨	16～120	不包括拖拉机
	轮式专用机械车	整备质量每吨	16～120	
摩托车		每辆	36～180	
船舶	机动船舶	净吨位每吨艇	3～6	拖船、非机动驳船分别按照机动船舶税额的50%计算；游艇的税额另行规定
	游艇	身长度每米	600～2000	

2.8.4　税款缴纳

中线建管局本部、各分局在购买自有车辆"交强险"时，由扣缴义务人（保险公司）代收代缴车船税。

2.8.5　账务处理

依据购买"交强险"保险费发票中注明已收税款信息：

借：税金及附加

　　贷：应交税费——应交车船税

同时：

借：应交税费——应交车船税

　　贷：银行存款

2.9　水资源税

2.9.1　水资源税的定义

水资源税是指国家对利用取水工程或设施直接从河流、湖泊（含水库）和地下取用水资源的单位和个人使用水资源费征收的税种。

2.9.2　政策依据

财政部　国家税务总局　水利部《水资源税改革试点暂行办法》（财税〔2016〕55号）

财政部　国家税务总局　水利部《扩大水资源税改革试点实施办法》（财税〔2017〕80号）

2.9.3　水资源税的计算

$$应纳税额＝取水口所在地税额标准×实际取用水量$$

2.9.4 税款缴纳

水资源税按季或者按月征收，由主管税务机关根据实际情况确定。不能按固定期限计算纳税的，可以按次申报纳税。

2.9.5 账务处理

计提时，依据水行政主管部门出具水资源税缴款通知书：

借：税金及附加

  贷：应交税费——应交水资源税

次月上缴时，依据税收缴款书：

借：应交税费——应交水资源税

  贷：银行存款

2.10 车辆购置税

2.10.1 车辆购置税的定义

车辆购置税是对我国境内购买、进口、自产、受赠、获奖或以其他方式取得并自用的应税车辆的单位和个人征收的一个税种。

2.10.2 政策依据

《中华人民共和国车辆购置税暂行条例》（国务院令 294 号）

财政部《车辆购置税会计处理规定》（财会〔2000〕18 号）

2.10.3 车辆购置税的计算

$$新车购置税额＝购车价格(含税价)÷1.16×10\%$$

2.10.4 税款缴纳

购置车辆时一次性缴纳。

2.10.5 账务处理

依据税收缴款书：

借：固定资产

  贷：银行存款

2.11 残疾人就业保障金

2.11.1 残疾人就业保障金的定义

残疾人就业保障金是指在实施分散按比例安排残疾人就业的地区，凡安排残疾人达不到省、自治区、直辖市人民政府规定比例的用人单位，交纳的用于残疾人就业的专项资金。

2.11.2 政策依据

财政部 国家税务总局 中国残疾人联合会《残疾人就业保障金征收使用管理办法》(财税〔2015〕72号)

2.11.3 计算

$$保障金年缴纳额=(上年用人单位在职职工人数×1.7\%或1.5\%$$
$$-上年用人单位实际安排残疾人就业人数)$$
$$×上年用人单位在职职工年平均工资$$

2.11.4 申报缴费

安排残疾人就业的用人单位先到税务登记地所在的残疾人就业服务机构进行审核,再向主管税务机关自行申报缴纳保障金;未安排残疾人就业的用人单位采取自核自缴的方式向主管税务机关申报缴纳保障金。

保障金按年计算征缴,申报缴费期限为每年8月1日到9月30日。

2.11.5 账务处理

计提时,依据"残疾人就业保障金计算表"(见附表8):

借:管理费用——残疾人就业保障金   *a*

 贷:应交税费——应交残疾人就业保障金   *a*

缴纳时,依据税收缴款书:

借:应交税费——残疾人就业保障金   *a*

 贷:银行存款   *a*

Q/NSBDZX

南水北调中线干线工程建设管理局企业标准

Q/NSBDZX 110.03—2018

会计基础工作规范化指引　第 3 号
——记账凭证附件管理

2018－11－14发布　　　　　　　　2018－11－14实施

南水北调中线干线工程建设管理局　发　布

会计基础工作规范化指引 第3号
——记账凭证附件管理

1 记账凭证附件的定义

记账凭证附件即记账凭证所附的原始凭证，是在经济业务发生时由业务经办人员直接取得或者填制、用以表明某项经济业务已经发生或其完成情况并明确有关经济责任的一种凭证，是会计人员填制会计凭证的直接依据。

2 记账凭证附件的分类

按照来源不同，记账凭证附件分为外来原始凭证和自制原始凭证。

2.1 外来原始凭证

外来原始凭证是指在经济业务发生或完成时，从其他单位或个人直接取得的原始凭证，如购买货物（劳务）取得的发票；支付款项时取得的收据、银行回单；职工出差取得的机票、火车票、住宿票；缴纳税款时取得的税收缴款书等。

2.2 自制原始凭证

自制原始凭证是指本单位内部经办业务的部门和人员，在执行或完成某项经济业务时填制的、仅供本单位内部使用的附件，如费用报销单、差旅费报销单、车辆使用费报销单、借款申请单、审批文件（预算）、物资出（入）库单、合同支付审签单、职工工资发放明细表、费用分割单等。根据已发生的经济业务类型，常用的自制原始凭证清单见表1。

表1 常用的自制原始凭证清单

序号	自制原始凭证	适用业务内容
1	费用报销单	办公费、差旅费、邮电通信费、租赁费、业务招待费、劳动保护费、修理费、图书资料费、咨询费、费用报销单、取暖费、诉讼费、宣传费、警务消防费、排污费、绿化费、物料消耗、集体福利补助、探亲假路费、劳务费、零星材料采购、零星维护费用、采购固定资产、采购无形资产、采购物资、党组织工作经费
2	差旅费报销单	差旅费、职工外出培训发生的培训费、交通费、住宿费、补助等费用
3	会议（培训）费报销单	会议费、教育培训费
4	车辆使用费报销单	车辆使用费
5	采购审批单	办公费、图书资料费、宣传费、警务消防费
6	物品验收单	办公费、劳动保护费、宣传费、警务消防费、采购无形资产
7	出差审批表	差旅费、职工外出培训发生的培训费、交通、住宿、补助等费用
8	就餐、用车申报单	差旅费、职工外出培训发生的培训费、交通、住宿、补助等费用

表 1 常用的自制原始凭证清单（续）

序号	自制原始凭证	适 用 业 务 内 容
9	业务接待用餐明细表（自助餐）	业务招待费
10	业务接待用餐审批单（桌餐）	业务招待费
11	会议（培训）审批表	会议费、教育培训费
12	会议签到表	会议费、教育培训费
13	专家咨询费发放明细表	会议费、咨询费、教育培训费
14	车辆费用清单	车辆使用费
15	零星采购审批单	零星材料采购
16	物资验收入库单	零星材料采购
17	物资领用出库单	领用物资
18	物品领用明细表	劳动保护费、职工福利费
19	固定资产验收及领用单	采购固定资产
20	固定资产调拨单	调拨资产
21	备用金借款单	部门周转金、职工因公借款
22	医药费借款单	职工医药费借款
23	协同业务确认单	协同业务（报账款、报销转账款、报销合同款）
24	无形资产摊销明细表	无形资产摊销
25	维修服务确认单	修理费
26	工会经费、职工教育经费计提表	工会经费、职工教育经费
27	工会经费拨付表	工会经费
28	党组织工作经费计提及拨付表	党组织工作经费
29	费用分割单	费用分摊

自制原始凭证格式已统一制定（见附件 2——自制原始凭证样表附表 1～附表 29），应根据发生经济业务内容选用，其格式不得随意修改。

3 各类经济业务记账凭证附件审核要件

根据各类经济业务类型和核算内容的异同，记账凭证附件构成一览表（见附件 1）列举了各类经济业务记账凭证附件的构成，但其为基本构成，各单位可根据管理需要在此基础上适当增加，但不得减少。各类经济业务记账凭证附件审核要件如下。

3.1 费用报销类

费用报销类业务包括管理费用和制造费用中的办公费、差旅费、邮电通信费、租赁费、业务招待费、会议费、车辆使用费、劳动保护费、修理费、图书资料费、咨询费、水电费、物业管理费、取暖费等。

3.1.1 办公费

a) 日常办公用品费、消耗用品费报销业务附件应包括：费用报销单、采购审批单、发票、销货清单、物品验收单、银行回单。

b) 印刷费、复印费报销业务附件应包括：费用报销单、发票、销货清单、银行回单。

c) 转账手续费报销业务附件应包括：发票、银行回单。

3.1.2 差旅费

a) 本人差旅费、他人差旅费报销业务附件应包括：差旅费报销单、出差审批表、交通费发票、住宿费发票、订（退）票费、就餐、用车申报单、银行回单等。

b) 本人借调补助、他人借调补助报销业务附件应包括：差旅费报销单、考勤表、银行回单。

3.1.3 邮电通信费

a) 办公电话费报销业务附件应包括：费用报销单、发票、账单明细表、银行回单。

b) 邮寄费报销业务附件应包括：费用报销单、发票、邮寄费明细表、银行回单。

c) 宽带网络费报销业务附件应包括：费用报销单、发票、宽带合作协议书、银行回单。

3.1.4 租赁费

房屋租赁费报销业务附件应包括：费用报销单、合同（首次付款时）、支付说明、发票、银行回单。

3.1.5 业务招待费

a) 食堂内部自助餐用餐费用报销业务附件应包括：费用报销单、业务接待用餐明细表、发票或收据、银行回单。

b) 外部招待用餐费用报销业务附件应包括：费用报销单、业务接待用餐审批单、发票或收据、银行回单。

3.1.6 会议费

会议费报销业务附件应包括：会议（培训）费报销单、会议（培训）审批表、会议通知、会议签到表、专家咨询费发放明细表、发票或收据、费用明细表、银行回单。

3.1.7 车辆使用费

a) 油料费、保险费、停车费报销业务附件应包括：车辆使用费报销单、车辆费用清单、发票、银行回单。

b) 过路费、洗车费、年检费报销业务附件应包括：车辆使用费报销单、发票、银行回单。

c) ETC过路费、维修费、保养费报销业务附件应包括：车辆使用费报销单、车辆费用清单、发票、通行明细清单、银行回单。

3.1.8 劳动保护费

a) 集体劳动保护费报销业务附件应包括：费用报销单、审批文件、发票、销货清单、物品领用明细表、银行回单。

b) 零星劳保用品购置费报销业务附件应包括：费用报销单（附表1）、审批文件、发票、销货清单、物品验收单、物品领用明细表、银行回单。

3.1.9 修理费

a) 办公设备修理费报销业务附件应包括：费用报销单、维修服务确认单、发票、费用明细表、银行回单。

b) 房屋设施修理费报销业务附件应包括：费用报销单、维修审批文件、房屋修缮验收表、发票、费用清单、银行回单。

3.1.10 图书资料费

a) 采购图书资料报销业务附件应包括：费用报销单、发票、销货清单、银行回单。

b) 订阅报纸杂志报销业务附件应包括：费用报销单、采购审批单、发票、销货清单、银行回单。

3.1.11 咨询费

专家咨询费、技术咨询费报销业务附件应包括：费用报销单、审批文件、专家咨询费发放明细表、发票、银行回单。

3.1.12 水电费

水费、电费报销业务附件应包括：费用报销单、发票、费用清单、银行回单。

3.1.13 物业管理费

物业管理费报销业务附件应包括：合同支付审签单、支付说明（结算资料）、支付申请书、发票、银行回单。

3.1.14 取暖费

取暖费报销业务附件应包括：费用报销单、发票、费用明细、银行回单。

3.1.15 聘请中介机构费

审计费、律师费报销业务附件应包括：合同支付审签单、支付说明（结算资料）、支付申请书、发票、银行回单。

3.1.16 诉讼费

诉讼费报销业务附件应包括：费用报销单、诉讼相关资料、发票或收据、银行回单。

3.1.17 宣传费

宣传费报销业务附件应包括：费用报销单、审批文件或采购审批单、发票、物品验收单、银行回单。

3.1.18 团体会费

团体会费报销业务附件应包括：费用报销单、审批文件、社会团体会费统一收据、银行回单。

3.1.19 警务消防费

警务消防费报销业务附件应包括：费用报销单、采购审批单、发票、销货清单、物品验收单、银行回单。

3.1.20 排污费

排污费报销业务附件应包括：费用报销单、支付说明、发票、银行回单。

3.1.21 绿化费

绿化费报销业务附件应包括：费用报销单、采购审批单、发票、销货清单、物品验收单、银行回单。

3.1.22 低值易耗品摊销

低值易耗品摊销报销业务附件应包括：物资领用出库单。

3.1.23 无形资产摊销

无形资产摊销业务附件应包括：无形资产摊销明细表。

3.1.24 物料消耗

物料消耗报销业务附件应包括：费用报销单、采购审批单、发票、销货清单、物品验收单、银行回单。

3.1.25 党组织工作经费

a）计提党组织工作经费业务附件应包括：党组织工作经费计提及拨付表。

b）报销党组织工作经费业务附件应包括：费用报销单或差旅费报销单、审批文件、发票、银行回单。

3.2 职工薪酬类

职工薪酬类业务包括职工工资的发放与分配；社会保险费、住房公积金及企业年金的计提与缴纳；工会经费、职工教育经费的计提与支出；职工福利费的开支；劳务费的支出等。

3.2.1 职工工资

a) 发放工资业务附件应包括：月工资发放表、银行批量代发清单、银行回单。

b) 分配工资业务附件应包括：月工资分配表。

3.2.2 职工福利费

a) 集体福利补助报销业务附件应包括：费用报销单、审批文件、发票、物品领用明细表、银行回单。

b) 发放子女医药费、物业供暖费、防暑降温费、独生子女费业务附件应包括：发放明细表、银行批量代发清单、银行回单。

c) 探亲假路费报销业务附件应包括：费用报销单、职工请假申请单、发票、银行回单。

d) 交通支出报销业务附件应包括：费用报销单、发票、银行回单。

e) 通信支出报销业务附件应包括：费用报销单、发票、银行批量代发清单、银行回单。

f) 职工困难补助、丧葬补助费、抚恤金发放业务附件应包括：审批文件、领用（发放）明细表、银行回单。

g) 职工体检费报销业务附件应包括：费用报销单、审批文件、发票、费用明细表、银行回单。

3.2.3 各项社会保险费

a) 计提业务附件应包括：计提缴费明细表。

b) 缴纳业务附件应包括：计提缴费明细表、银行回单。

3.2.4 补充医疗保险

a) 计提业务附件应包括：补充医疗保险计提明细表。

b) 报销业务附件应包括：企业补充医疗保险报销表、发票（由人力资源部门审核并保存），企业补充医疗保险报销明细表、银行批量代发清单、银行回单。

3.2.5 工会经费

a) 计提工会经费业务附件应包括：工会经费、职工教育经费计提表。

b) 拨付工会经费业务附件应包括：工会经费拨付表、工会经费收入专用收据、银行回单。

3.2.6 职工教育培训费

a）计提职工教育培训费业务附件应包括：工会经费、职工教育经费计提表

b）职工教育培训费报销业务附件应包括（参加外部培训）：差旅费报销单、出差审批表、培训通知、发票、就餐用车申报单、银行回单。

c）内部组织职工教育培训费报销业务附件应包括：会议（培训）费报销单、会议（培训）审批表、培训通知、会议签到表、专家咨询费发放明细表、发票或收据、费用明细表、银行回单。

3.2.7 劳务费

劳务费报销业务附件应包括：费用报销单、发放明细表（支付说明）、发票、银行回单。

3.3 成本结算类

成本结算类业务包括：各类维修养护项目合同价款结算及支付；质量保证金、履约保证金及农民工工资保证金的扣除及退还；零星材料采购和零星维护费用的开支等（附表格式按照价款结算系统中相关表样执行）。

3.3.1 合同价款结算与支付

a）结算合同款业务附件应包括：合同支付审签单、支付申请书（签字盖章）、发票、支付编制说明（盖章）、工程款支付汇总表、明细表（签字盖章）。

b）支付合同款业务附件应包括：合同支付审签单、银行回单。

3.3.2 保证金扣除与退还

a）保证金扣除业务附件应包括：合同结算资料。

b）保证金退还业务附件应包括：保证金、保函退还审签单、收据、银行回单。

3.3.3 零星材料采购

零星材料采购报销业务附件应包括：费用报销单、零星采购审批单、物资验收入库单、发票、银行回单。

3.3.4 零星维护费用

零星维护费用报销业务附件应包括：费用报销单、维护费用申请单、发票、银行回单。

3.4 税金及附加类

税金及附加类业务包括：印花税、房产税、城镇土地使用税、车船税、残疾人就业保障金等税金及附加的计提和缴纳，代扣工资个税、专家咨询费、讲课费个人所得税的缴

纳等。

该类业务附表格式按照《会计基础工作规范化指引 第 2 号——涉税业务及账务处理》（中线局财〔2018〕51 号）中相关表样执行。

3.4.1 印花税、房产税、土地使用税、个人所得税、增值税、城市维护建设税、教育费附加、地方教育费附加、水资源税、残疾人就业保障金

  a）税金计提业务附件应包括：税金计算表。

  b）税金缴纳业务附件应包括：税收缴款书、纳税申报表、银行回单。

3.4.2 车船税

  计提、缴纳业务附件应包括：车船税汇总表、发票、银行回单。

3.4.3 结转税金及附加

  结转税金及附加业务附件应包括：税金及附加科目明细账。

3.5 资产类

  资产类业务包括：采购固定资产、无形资产、物资；领用资产、调拨物资；计提固定资产折旧、无形资产摊销等。

3.5.1 采购固定资产报销业务附件应包括：费用报销单、审批文件、发票、销货清单、固定资产验收及领用单、银行回单。

3.5.2 采购无形资产报销业务附件应包括：费用报销单、审批文件、发票、银行回单。

3.5.3 采购物资报销业务附件应包括：费用报销单、零星采购审批单、发票、销货清单、物资验收入库单、银行回单。

3.5.4 领用物资业务附件应包括：物资领用出库单。

3.5.5 计提固定资产折旧业务附件应包括：折旧分配汇总表。

3.5.6 无形资产摊销业务附件应包括无形资产摊销明细表。

3.5.7 调拨资产业务附件应包括：固定资产调拨单。

3.6 月末结转类

  月末结转类业务包括：职工福利费、劳务费、制造费用、生产成本、管理费用、税金及附加、本年利润等科目的月末结转。

  月末结转类业务附件应包括：科目明细账。

3.7 其他业务类

  其他业务类包括：拨付（收到）预算资金、提现、借款、内部单位之间各类协同业务以及会计分录的更正、冲销、调整等业务。

3.7.1 拨付预算资金业务附件应包括：内部资金请拨单、收据、银行回单。

3.7.2 收到拨付资金业务附件应包括：收据（记账联）、银行回单。

3.7.3 提取现金业务附件应包括：现金支票存根。

3.7.4 部门周转金、职工借款业务附件应包括：备用金借款单、医药费借款单、银行回单。

3.7.5 协同业务：

    a）报账款、报销转账款、结算合同款报销业务附件应包括：协同业务确认单、银行回单。

    b）成本费用分摊报销业务附件应包括：费用分割单。

3.7.6 更正凭证指对错误凭证进行的调整更正。

    更正凭证业务附件应包括：更正说明、错误凭证复印件（加盖附件章）。

4 需经审批（核）经济业务取得记账凭证附件的流程及权限

    需经审批（核）经济业务取得记账凭证附件的流程及权限见表2，各单位可在此基础上适当增加，但不得减少。

表2 各类经济业务审（核）批流程及权限

序号	经济业务类型	经济业务内容	单位类型	审（核）批流程及权限
1	费用报销类	差旅费	局本部、分局	1. 部门或处室人员差旅费报销单→部门或处室负责人审批； 2. 部门或处室负责人及其他局或分局领导的差旅费报销单→分管财务或分局领导审批； 3. 分管财务局或分局领导差旅费报销单→局长或分局长（或授权局领导）审批； 4. 超标支出由分管财务或分局领导审批
2			管理处	1. 管理处负责人的差旅费报销单→分局业务分管局长审批； 2. 其他人差旅费报销单→管理处负责人审批； 3. 超标支出由分管财务或分局领导审批
3		会议费（培训费）	局本部、分局	经办部门或处室人员填制报销单→所在部门或处室负责人审核→分管财务局或分局领导审批
4			管理处	经办人员填制报销单→管理处处长审批
5		车辆使用费	局本部、分局	1. 5000元以下的支出，经办人员填制报销单→综合管理部门负责人审批； 2. 5000元及以上的支出，经办人员填制报销单→综合管理部门负责人审核→分管财务或分局领导审批
6			管理处	经办人员填制报销单→管理处处长审批
7		其他日常管理费用	局本部、分局	1. 业务招待费，经办人员填制报销单→所在部门或处室负责人审核→分管财务局领导或分局长审批； 2. 办公费、图书资料费、邮递费等，5000元以下的支出，经办人员填制报销单→所在部门或处室负责人审核；5000元及以上的支出，经办人员填制报销单→所在部门或处室负责人审核→分管财务局或分局领导审批； 3. 其他费用，经办人员填制报销单→所在部门或处室负责人审核→分管财务局或分局领导审批
8			管理处	经办人员填制报销单→管理处处长审批

表 2 各类经济业务审（核）批流程及权限（续）

序号	经济业务类型	经济业务内容	单位类型	审（核）批流程及权限
9	职工薪酬类	职工工资发放	局本部及分局	经办部门制表→所在部门或处室负责人审核→财务部门负责人审核→业务分管局或分局领导审批
10		工资分配表、职工教育培训费、工会经费计提	局本部、分局及管理处	经办人员制表→稽核人员或财务负责人审核
11		个人交通费、通信费、探亲假路费	局本部	报销人填制费用报销单→所在部门负责人审批
12			分局	1. 通信费，经办人汇总报销票据→所在处室负责人审核→分管财务局领导审批； 2. 探亲假路费，报销人填制报销单→所在处室负责人审核→分管财务局领导审批
13			管理处	1. 通信费，经办人汇总报销票据→管理处负责人审批； 2. 探亲假路费，报销人填制报销单→管理处负责人审批
14		子女医药费、物业供暖费、防暑降温费职工困难补助、独生子女费、丧葬补助费、抚恤金	局本部、分局	经办部门制表→所在部门或处室负责人审核→分管财务局或分局领导审批
15		集体福利补助、体检费	局本部、分局	经办人员填制报销单→所在部门或处室负责人审核→分管财务局或分局领导审批
16			管理处	经办人员填制报销单→管理处处长审批
17		社保、住房公积金、补充医疗保险费、企业年金计提缴纳	局本部、分局	经办部门制表→人力资源部门负责人审批
18	成本结算类	零星运行维护支出	局本部、分局	经办人员填制报销单→所在部门或处室负责人审核→分管财务局或分局领导审批
19			管理处	经办人员填制报销单→管理处负责人审批
20		合同价款结算	局本部、分局	施工单位提出结算申请→现场管理单位审核→专业部门审核→合同部门审核→业务分管局或分局领导审批
21			管理处	施工单位提出结算申请→业务科室审核→管理处处长审批
22		合同价款支付	局本部、分局	施工单位提请支付→财务部门审核→分管财务局或分局领导审批
23			管理处	施工单位提请支付→业务科室审核→管理处处长审批
24	税金及附加类	税金计提缴纳	局本部、分局	经办人员制表→财务部门负责人审核→分管财务局或分局领导审批
25	资产类	采购固定资产、无形资产及物资	局本部、分局	经办人员填制报销单→所在部门或处室负责人审核→分管财务局或分局领导审批
26			管理处	经办人员填制报销单→管理处负责人审批
27		计提固定资产折旧、无形资产摊销	局本部、分局及管理处	经办人员制表→稽核人员或财务负责人审核

表 2　各类经济业务审（核）批流程及权限（续）

序号	经济业务类型	经济业务内容	单位类型	审（核）批流程及权限
28	月末结转类	结转前科目余额表	局本部、分局及管理处	经办人员提出申请→稽核人员或财务负责人审核
29	其他业务类	拨付预算资金	局本部	经办人员填制审批表→财务部门负责人审核→分管财务局领导审批
30		备用金借款	局本部	1. 30000元以下借款，借款人填制借款单→所在部门负责人审批； 2. 30000元及以上借款，借款人填制借款单→所在部门负责人审核→财务部门负责人审核→分管财务局领导审批
31			分局、管理处	1. 5000元以下借款，借款人填制借款单→所在处室或管理处负责人审批； 2. 5000元及以上借款，借款人填制借款单→所在处室或管理处负责人审核→财务部门负责人审核→分管财务分局领导审批
32		成本费用分摊	局本部、分局及管理处	经办人员制表→稽核人员或财务负责人审核
33		更正凭证、红字冲销错误凭证、蓝字订正凭证、调整错误凭证	局本部、分局及管理处	经办人员提出申请→稽核人员或财务负责人审核
34		党组织工作经费计提与支出	局本部	1. 计提时：经办人员制表→财务资产部负责人审核→党建工作部负责人审核→机关党委书记审批； 2. 报销时：经办人员填制报销单据→所在部门支部书记审核→机关党委书记审批
35			分局、管理处	经办人员填制报销单据→所在处室或管理处支部书记审核→党建工作处审核→机关党委书记审批

5　记账凭证附件的审核

记账凭证附件审核主要包括：各类经济业务记账凭证附件是否齐全；发生的经济业务是否真实和完整、填报是否及时；支出是否符合国家法律法规和企业内部管理制度，是否有预算并在额度内等。具体如下。

5.1　自制原始凭证审核

自制原始凭证格式使用是否准确；经济业务的内容、数量、单价和金额是否正确；填制日期、经办人、审核人和审批人的签名或盖章是否齐全；发放款项或实物原始凭证是否有收款人或领用人签字；购买实物的原始凭证，是否有实物验收证明；对于数量较多单独装订保管的原始凭证，在封面上是否注明记账凭证日期、编号、种类，同时在记账凭证上是否注明"附件另订"字样、原始凭证名称和编号。

5.2 外来原始凭证审核

5.2.1 从外单位取得的发票和财政部门监制收据是否符合财政、税务部门有关规定；发票抬头是否为付款单位全称、纳税人识别号是否正确、大小写金额是否一致、印章是否为"发票专用章"、汇总填开的发票是否附有销售方开具并加盖发票专用章的销货清单。

5.2.2 从个人取得的原始凭证，是否有填制人员的签名或盖章。

5.2.3 经上级有关部门批准的经济业务，是否有批准文件。如果批准文件需要单独归档的，是否留存复印件或在记账凭证上是否注明"附件另存"及批准文件信息（机关名称、日期和文号）。

5.2.4 各种经济合同、存出（入）保证金收据、保函、银行票据等重要原始凭证是否另行编制目录，单独登记保管，并在有关记账凭证和原始凭证上相互注明日期和编号。

5.2.5 从外单位取得的原始凭证如有遗失，是否取得原开出单位加盖原印章的复印件；如果发票，是否取得原开出单位加盖"发票专用章"的记账联复印件。如果确实无法取得证明的，如火车、轮船、飞机票等，是否有当事人写出的说明及订票信息。

5.3 其他

一张原始凭证如果涉及几张记账凭证，是否将原始凭证附在一张主要的记账凭证后面，并在其他记账凭证上注明附有该原始凭证的记账凭证的编号并附原始凭证复印件。

6 记账凭证附件整理

6.1 记账凭证附件整理应按照经济业务发生的逻辑顺序进行，如会议费整理顺序依次为：会议（培训）费报销单、会议（培训）审批表、会议通知、会议签到表、专家咨询费发放明细表、发票（收据）、费用明细表、银行回单等。

6.2 记账凭证附件张数的计算应以原始凭证的自然张数为准。凡是与记账凭证中的经济业务记录有关的每一张单据，都应作为原始凭证的附件。记账凭证中附有原始凭证汇总表的，应把所附的原始凭证和原始凭证汇总表的张数一起计入附件张数之内。

7 记账凭证附件处理

7.1 对于完全符合要求的原始凭证，应及时据以编制记账凭证入账。

7.2 对于真实、合法、合理但内容不完整、填写有误的原始凭证应退回经办人，由其负责将有关凭证补充完整、更正错误或重开后，再办理正式入账手续。

7.3 对于不真实、不合法的原始凭证，财务人员有权拒收。

附件：1. 记账凭证附件构成一览表（略）
      2. 自制原始凭证样表（附表 1～附表 29）（略）

————————

Q/NSBDZX

南水北调中线干线工程建设管理局规章制度

Q/NSBDZX 426.09—2018

会计基础工作规范实施细则

2018－11－30发布　　　　　　　　　　2019－01－01实施

南水北调中线干线工程建设管理局　发　布

会计基础工作规范实施细则

第一章 总 则

第一条 为加强南水北调中线干线工程建设管理局（以下简称"中线建管局"）会计基础工作，规范管理行为，根据《中华人民共和国会计法》《会计基础工作规范》和《企业会计信息化工作规范》等有关规定，结合中线建管局实际，制定本实施细则。

第二条 本实施细则适用于中线建管局本部、各分局、各现地管理处（以下简称各单位）。全资子公司参照执行。

第三条 各单位应严格执行国家会计法规、制度，并依据本实施细则的规定，加强会计基础工作，保证会计工作依法有序地进行。

第四条 各单位负责人对本单位的会计工作和会计资料的真实性、完整性负责。

第五条 各单位的财务部门具体组织本单位的会计基础工作，其他职能部门按职责分工做好相关工作。

第二章 财务部门和岗位设置

第六条 中线建管局按照局本部、分局、现地管理处三级分别开展会计核算工作。局本部和分局依法设置财务部门，现地管理处暂不单独设置财务部门，但必须配备财务和出纳人员。

第七条 中线建管局本部财务管理职责主要包括：

（一）贯彻执行国家法律、财经法规及上级主管部门制定的相关规定。

（二）负责制定财务管理、会计核算等规章制度，建立财务管理体系和会计核算体系。

（三）负责资产价值管理，建立资产管理体系，保障资产安全、保值和增值。

（四）负责组织全面预算管理工作，做好预算的编制、下达、控制、核算和分析工作。

（五）负责资金筹措，收入、成本、费用及纳税管理，编制资金收支计划、生产经营成本费用控制计划。

（六）负责组织会计核算并编制会计报表，对外提供相关信息。

（七）负责基本建设项目财务管理与会计核算工作，组织编制项目完工财务决算和竣工决算。

（八）开展财政、税收、金融等经济政策研究，协调财政、金融、税收等外部关系。

（九）负责组织水费收取有关工作，参与水价政策研究、水价监审及调整等工作。

（十）参与对外投融资等重大经营管理，参与合同管理。

（十一）负责财务人员后续教育培训。

（十二）参与经济责任制的制定和考核。

中线建管局本部财务部门可设置稽核、出纳、收入管理与核算、成本费用管理与核算、资产管理与核算、往来管理与核算、税务管理与核算、预算管理、会计信息化管理、财务会计报告管理、会计档案管理等岗位。

第八条 分局财务管理职责主要包括：

（一）贯彻执行国家法律、财经法规及上级主管部门制定的相关规定。

（二）负责制定和完善财务管理、全面预算管理、会计核算和资产管理等方面的内部管理制度，参与制定与财务管理工作有关的其他内部管理制度。

（三）负责会计核算、运行成本费用分析控制、资金管理及资产的价值形态管理，定期编制财务会计报告，配合水费收取工作。

（四）负责组织全面预算编制、调整工作，监督、指导、控制、考核预算执行情况。

（五）负责基本建设项目财务管理与会计核算工作，组织项目完工财务决算编制。

（六）负责内部审计工作，配合上级有关部门开展的审计、财务检查等工作。

（七）负责各项税金的申报、缴纳工作。

（八）组织财务人员后续教育培训。

（九）参与经济责任制的制定和考核。

分局财务部门可设置稽核、出纳、成本费用管理与核算、资产管理与核算、往来管理与核算、税务管理与核算、预算管理、会计信息化管理、财务会计报告管理、会计档案管理、内部审计等岗位。

第九条 现地管理处财务管理职责主要包括：

（一）贯彻执行国家法律、财经法规及中线建管局制定的相关规定。

（二）负责会计核算、成本费用分析控制，定期编制财务会计报告。

（三）负责资产价值管理工作，组织开展资产清查、盘点等工作，参与资产购置、更新改造、处置等工作。

（四）参与预算编制、预算执行与控制，配合预算调整、考核及分析。

（五）配合上级部门组织的审计、稽察和财务检查等工作。

第十条 财务部门应建立岗位责任制，明确不同岗位的职责范围、工作内容和工作标准，做到定岗位、定人员，各司其职。

第十一条 财务工作岗位根据单位实际情况设置，可一人一岗、一人多岗或者一岗多人，但应符合内部牵制制度的要求。出纳人员不得兼管稽核、会计档案保管和收入、支出、费用、债权债务账目的登记工作；出纳以外的财务人员不得兼任出纳工作，不得经管现金、有价证券和票据。

第十二条 各单位应根据实际情况和工作需要，对财务人员的工作岗位有计划地进行轮换。

第十三条 中线建管局根据上级主管部门批复设置总会计师。总会计师按照《总会计师条例》规定的职责、权限开展工作。

第三章 财 务 人 员

第一节 人 员 配 备

第十四条 中线建管局本部和分局应配备财务部门负责人，负责组织管理本单位的财务工作。现地管理处财务人员按照岗位职责及上级财务部门的要求，组织本单位财务工作。

第十五条 财务部门负责人应具备下列基本条件：

（一）坚持原则，廉洁奉公。

（二）具有中级及以上会计专业技术职务资格。

（三）主管一个单位或者单位内一个重要方面的财务会计工作时间不少于三年。

（四）熟悉国家财经法律、法规、规章和方针、政策，掌握本行业业务管理的有关知识。

（五）有较强的组织能力。

（六）身体状况能够适应本职工作的要求。

第十六条 各分局财务部门负责人的任免应符合《中华人民共和国会计法》及中线建管局相关规定，其任免应征询上一级财务主管部门意见。

第十七条 各单位应根据财务工作需要和岗位责任制的要求配备财务人员。

第十八条 财务人员从事财务工作，应符合下列要求：

（一）遵守《中华人民共和国会计法》等法律法规和中线建管局的各项管理制度。

（二）具备良好的职业道德。

（三）具备从事财务工作所需要的专业能力。

第十九条 单位负责人应支持财务部门、财务人员依法行使职权。对忠于职守、坚持原则、做出显著成绩的财务部门、财务人员，应给予精神和物质方面的奖励。

第二节 回 避 制 度

第二十条 各单位任用财务人员应实行回避制度。

单位负责人的直系亲属不得担任本单位的财务部门负责人、财务主管和出纳工作。财务部门负责人、财务主管的直系亲属不得在本单位财务部门中担任出纳工作。

需要回避的直系亲属包括夫妻关系、直系血亲关系、三代以内的旁系血亲以及近姻亲关系。

第三节 职 业 道 德

第二十一条 财务人员在工作中应遵守职业道德，树立良好的职业品质、严谨的工作作风，严守工作纪律，努力提高工作效率和工作质量。财务人员的职业道德主要包括：

（一）敬业爱岗。财务人员应热爱本职工作，努力钻研业务，使自己的知识和技能适应所从事工作的要求。

（二）熟悉法规。财务人员应熟练掌握国家财经法律法规、规章制度和本行业本单位内部的管理制度规范，并结合财务工作进行广泛宣传。

（三）依法办事。财务人员应按照国家财经法律法规、规章制度和本行业本单位内部管理制度规范的程序和要求开展财务工作，保证所提供的会计信息合法、真实、准确、及时、完整，敢于抵制一切违法乱纪行为。

（四）客观公正。财务人员办理会计事务应实事求是、客观公正。

（五）主动作为。财务人员应熟悉本单位的管理特点，运用掌握的会计信息和会计方法，主动为改善单位内部管理、提高经济效益建言献策。

（六）保守秘密。财务人员应保守本单位的商业秘密，除法律规定和单位负责人同意外，不得私自向外界提供或者泄露本单位的会计信息。

第二十二条 各单位应抓好财务人员的职业道德教育，定期检查财务人员遵守职业道德的情况，并作为财务人员晋升、晋级、聘任专业职务、表彰奖励的重要依据。

第四节 继 续 教 育

第二十三条 各单位应加强财务人员的继续教育工作，努力建立一支精通财会业务、熟悉本单位管理要求的财务人员队伍。

单位负责人应对财务人员参加继续教育工作给予支持。

第二十四条 财务人员继续教育实行统一管理、分级负责的原则。中线建管局负责指导、监督各单位开展财务人员继续教育工作，并负责局本部财务人员继续教育；各分局负责组织开展本单位财务人员继续教育。中线建管局本部和各分局应对财务人员参加继续教育的种类、内容、时间和考试考核结果等情况进行记录，并按要求及时将参加继续教育情况报送中央主管单位或所在地财政部门。

第二十五条 中线建管局和各分局应制定本单位财务人员继续教育年度规划，重点抓好岗位培训和基本功训练，同时应结合本单位的工作需要抓好专题培训。

第二十六条 单位应建立业务学习制度，日常业务学习要做到有计划、有组织、有检查、有考核。

财务人员应按照规定参加继续教育学习。鼓励财务人员采用多种形式进行在职业余自学。

第二十七条 各单位应建立财务人员继续教育与使用、晋升相衔接的激励机制，将参加继续教育情况作为财务人员考核评价、岗位聘用的重要依据。

第四章 会 计 核 算

第一节 基 本 要 求

第二十八条 各单位应按照中线建管局规定的会计核算体系和统一的财务信息管理系统进行会计核算，及时提供合法、真实、准确、完整的会计信息。

第二十九条 中线建管局按照《会计核算办法》（中线局财〔2016〕41号）规定设置会计科目体系，并统一设定次末级及以上会计科目。分局可根据需要增加末级会计科目，如需调整次末级及以上会计科目，应经中线建管局同意。

第三十条 各单位发生的下列事项，应及时办理会计手续、进行会计核算：

（一）款项和有价证券的收付。

（二）财物的收发、增减和使用。

（三）债权债务的发生和结算。

（四）资本、基金的增减。

（五）收入、支出、费用、成本的计算。

（六）财务成果的计算和处理。

（七）其他需要办理会计手续、进行会计核算的事项。

第三十一条 各单位应以实际发生的经济业务为依据，按照规定的会计处理方法进行会计核算，保证会计指标的口径一致、相互可比和会计处理方法的前后一贯。

第三十二条 各单位应按照下列程序组织会计核算：

（一）在财务信息管理系统中设置会计科目和辅助核算项目。

（二）根据审核无误的原始凭证通过财务信息管理系统编制记账凭证。

（三）根据记账凭证内容，财务管理系统生成明细账、总账等。

（四）月末记账、结账，按要求编制财务会计报告。

第三十三条 会计年度采用公历制，自公历 1 月 1 日起至 12 月 31 日止。

第三十四条 会计核算以人民币为记账本位币。

第三十五条 会计记录的文字使用中文。

第 二 节 会 计 凭 证

第三十六条 会计凭证是记录经济业务发生和完成情况的书面证明，是记账的重要依据。会计凭证包括原始凭证和记账凭证。

第三十七条 各单位办理本实施细则第三十条规定的事项，必须取得或者填制原始凭证，并及时送交财务部门。

第三十八条 原始凭证是证明经济业务已经发生，明确经济责任，并用作记账的原始依据的一种凭证，是会计核算的重要资料。原始凭证应符合《会计基础工作规范化指引 第3 号——记账凭证附件管理》（中线局财〔2018〕57 号）有关要求。

第三十九条 记账凭证格式由中线建管局统一制定。财务人员应将审核无误的原始凭证通过财务信息管理系统编制记账凭证，不得使用手工填制记账凭证。

财务信息管理系统生成的记账凭证，在格式、内容以及数据的合法、真实、准确、完整等方面必须符合国家统一会计制度的规定。

第四十条 记账凭证的基本要求：

（一）记账凭证的内容必须具备：记账凭证名称、填制凭证的日期、凭证编号、会计分录摘要、会计科目、金额、所附原始凭证张数；制单人、复核人签名或者盖章。收款和付款记账凭证还应由出纳人员签名或者盖章。

（二）同一类型记账凭证应连续编号。每月从第 1 号编起，顺序编至月末。

（三）记账凭证反映的内容应清晰、简明。不得将不同内容、不同类别的原始凭证汇总填制在一张记账凭证上，出现对应关系不清的现象。

（四）记账凭证会计分录摘要应按每一笔经济业务内容填写，摘要的文字描述应简洁、完整，不得将不同经济业务的摘要混合编写。

（五）会计分录摘要编写应符合《会计基础工作规范化指引 第 1 号——会计分录摘要编写》（中线局财〔2018〕43 号）有关要求。

（六）生成的记账凭证发生错误时，应进行更正调整。已经登记入账的记账凭证，在当年内发现填写错误时，可用红字注销法进行更正，即用红字填写一张与原内容相同的记账凭证，在摘要栏注明"冲销某月某日某号凭证"字样，同时再用蓝字重新填制一张正确的记账凭证，注明"订正某月某日某号凭证"字样。如果会计科目没有错误，只是金额错误，也可将正确数字与错误数字之间的差额，另编一张调整的记账凭证，调增金额用蓝字，调减金额用红字。发现以前年度记账凭证有错误的，应用蓝字填制一张更正的记账凭证。更正凭证后，应在被更正的会计凭证上注明"该凭证已在某年某月某日某号凭证更正"字样。

（七）记账凭证的内容涉及与其他单位之间的债权债务往来业务，没有直接收付款项，但需要通知对方单位入账的，应向对方单位出具转账通知，说明该往来结算业务的内容，并加盖本单位财务专用章。财务信息管理系统中涉及协同凭证的，发起协同一方应向接受协同方出具"协同业务确认单"，并提供相应附件。

第四十一条 财务部门应指定人员对记账凭证进行复核，复核人员和制单人员不得是同一人。记账凭证应复核下列内容：

（一）填制凭证的类别和日期是否正确。

（二）会计科目的使用是否正确，辅助核算是否满足需要。

（三）记账凭证所列金额计算是否准确。

（四）会计分录摘要是否正确地反映了经济业务的基本内容。

（五）原始凭证审批手续是否准确、完整，资料是否齐全。

（六）会计凭证核算的内容与所附原始凭证反映的经济内容是否相符，有无弄虚作假现象。

（七）所附原始凭证的张数与记账凭证上填写的张数是否相符。

（八）制单人、复核人、出纳人员的签名或盖章是否齐全。

第四十二条 财务部门、财务人员应妥善保管会计凭证。

（一）会计凭证应及时传递，不得积压。

（二）会计凭证付款完毕后，应按照类别、编号顺序保管，不得散乱丢失。

（三）记账凭证应连同所附的原始凭证或者原始凭证汇总表，整理整齐，按照类别、编号顺序，按月装订成册，并加具封面，注明单位名称、年度、月份和起讫日期、凭证种类、起讫号码，由装订人、财务部门负责人签名或者盖章。

第三节 会 计 账 簿

第四十三条 各单位应按照《企业会计准则》和中线建管局的有关规定以及会计业务的需要设置会计账簿。

第四十四条 会计账簿是全面记录和反映一个单位经济业务，把大量分散的会计数据或资料进行归类整理，逐步加工成有用会计信息的簿籍，它是编制会计报表的重要依据。

会计账簿包括总账、明细账、日记账和其他辅助性账簿，由财务信息管理系统生成。

第四十五条 各单位应定期对会计账簿记录的有关数字与库存实物、货币资金、有价证券、往来单位或者个人等进行相互核对，保证账账、账实相符。

出纳人员应每天将现金日记账与库存现金核对，确保账实相符；指定财务人员按月打印银行存款日记账，与银行对账单核对，编制银行存款余额调节表，经相关人员签字后存档。出纳必须在财务信息管理系统中每笔支付凭证后及时履行签字手续。除现金、银行存款按规定进行核对外，其他对账工作每年至少进行一次。具体内容包括：

（一）账账核对。核对不同会计账簿之间的账簿记录是否相符，包括：财务部门的财产物资明细账与财产物资保管和使用部门的有关明细账核对等。

（二）账实核对。核对会计账簿记录与财产等实有数额是否相符，包括：各种财物明细账账面余额与财物实存数额相核对；各种应收、应付款明细账账面余额与有关债务、债权单位或者个人核对等。

第四十六条 各单位应每月对财务信息管理系统记录的会计科目、会计账簿等有关会计数据进行核对、检查，主要包括：会计科目使用是否正确；部门核算和项目核算等辅助核算是否正确；明细账、项目辅助账、部门辅助账的发生额是否出现异常情况等。

第四十七条 各单位应于每月末进行记账、结账处理。结账前，必须将本期内所发生的各项经济业务全部登记入账。

第四十八条 年度终了，各单位应打印完整的各种账簿归档保存。

打印归档的账簿必须包括：总账、科目明细账、现金日记账、银行存款日记账。可根据实际需要打印保存有关辅助账。

第四十九条 每本账簿封面上应写明单位名称和账簿名称。在账簿扉页上应附启用表，内容包括：启用日期、账簿页数、记账人员、财务部门负责人、财务主管人员等，并粘贴印花税票。

第四节 财务会计报告

第五十条 各单位应根据登记完整、核对无误的会计账簿记录和其他有关资料，定期编制财务会计报告。

第五十一条 财务会计报告是一个单位对外提供的反映单位某一特定日期财务状况和某一会计期间经营成果、现金流量的文件。

财务会计报告应包括会计报表、会计报表附注和财务情况说明书。其中：

（一）会计报表包括资产负债表、利润表、现金流量表及相关附表。

（二）会计报表附注是对会计报表的编制基础、编制依据、编制原则和方法及主要项目等所作的解释。

（三）财务情况说明书是对编制单位生产经营的基本情况、利润实现和分配情况、资金增减和周转情况、维修养护费用分专业支出情况以及与年度下达预算、上年度实际支出比较情况，以及对编制单位财务状况、经营成果和现金流量有重大影响的其他事项作出的说明。

第五十二条 财务会计报告包括内部使用会计报表和对外报送财务会计报告。

（一）内部使用会计报表的格式由中线建管局统一制定，并内置到财务信息管理系统中。

（二）对外报送的财务会计报告，根据《企业会计准则》和上级主管部门及地方相关管理部门规定的格式和要求编制。

第五十三条 各单位应定期编制月度会计报表和年度财务会计报告。

第五十四条 各单位在完成对账、记账、结账后，通过财务信息管理系统生成月度会计报表。

（一）各现地管理处月度会计报表通过财务信息管理系统上报所属分局。

（二）各分局通过财务信息管理系统汇总本部及所辖现地管理处月度会计报表并上报中线建管局。

（三）中线建管局通过财务信息管理系统汇总本部及各分局月度会计报表，形成汇总会计报表。

（四）各单位月度会计报表均应打印装订存档。

第五十五条 年度终了，各单位按照中线建管局年度财务决算有关要求，分别编制或汇总编制本单位年度会计报表，并编制会计报表附注和财务情况说明书，形成年度财务会计报告。中线建管局按要求编制合并会计报表。

第五十六条 竣工财务决算前，各分局编制本单位年度基本建设财务会计报告，中线建管局编制本部和汇总基本建设财务会计报告。

第五十七条 各单位在年度财务会计报告编制完成后，必须对以下内容进行认真审核：

（一）会计报表的种类、项目是否填制齐全。

（二）会计报表各项目数字是否与相关账簿的数字相符。

（三）报表之间的勾稽关系是否正确。

（四）报表附注资料是否反映齐全。

（五）财务情况说明书文字是否清楚，反映内容是否准确、全面。

第五十八条 年度财务会计报告应依次编写页码，加具封面，装订成册，加盖公章，并按规定份数报送并存档。

封面上应具备以下内容：单位名称、所属会计期间、报送时间，并由单位负责人、主管会计工作负责人、财务部门负责人、填表人签名并盖章。

第五十九条 中线建管局本部应按照上级主管部门要求聘请中介机构对年度财务会计报告进行审计，中介机构出具的审计报告应随同财务会计报告一并报送。

第六十条 如果发现报出的财务会计报告有错误，应及时办理更正手续。除更正本单位留存的财务会计报告外，应同时通知接受财务会计报告的单位更正。错误较多的，应重新编报。

第六十一条 任何人不得篡改或者授意、指使、强令他人篡改财务会计报告数字。

第五章 会 计 信 息 化

第六十二条 会计信息化是指利用计算机、网络通信等现代信息技术手段开展会计核算，以及利用上述技术手段将会计核算与其他经营管理活动有机结合的过程。

第六十三条 中线建管局建立统一的财务信息管理系统，实现会计信息化。

第六十四条 各单位应按照《企业会计准则》和《会计核算管理办法》（中线局财〔2016〕41号）有关规定对财务信息管理系统进行会计科目体系和编码及辅助核算等进行

初始化设置。

第六十五条 财务信息管理系统应提供符合《企业会计准则》和中线建管局有关规定的会计凭证、账簿和报表的显示和打印功能。

第六十六条 中线建管局本部、各分局应指定财务信息管理系统管理员，负责按要求开展系统管理维护工作，确保系统正常有序运行。

第六十七条 财务信息管理系统管理员操作权限：

（一）中线建管局本部管理员权限包括：中线建管局会计科目设置和调整、财务信息管理系统基础档案维护、分局系统管理员权限分配、局本部各用户操作权限管理。

（二）分局管理员权限包括：末级会计科目设置和调整、财务信息管理系统基础档案维护、分局和现地管理处用户操作权限管理等。

第六十八条 财务人员必须在专用计算机上操作财务信息管理系统，并健全必要的防治计算机病毒措施。

第六十九条 财务人员应严格管理操作密码，杜绝未经授权操作系统；较长时间离开计算机时，应退出财务信息管理系统。

第七十条 财务人员应按操作要求使用财务信息管理系统，及时编制、审核记账凭证，月末按时记账、结账。

第七十一条 系统管理员应做好财务信息系统维护和定期数据备份工作，并按会计档案管理要求做好电子档案管理。对上一年度财务数据，应保存到专门硬盘中。

第七十二条 中线建管局应加大财务信息系统业财融合力度，实现内部信息资源共享。

第六章 会 计 工 作 交 接

第七十三条 财务人员工作调动或者因故离职，必须将本人所经管的会计工作全部移交给接替人员。没有办清交接手续的，不得调动或者离职。

第七十四条 接替人员应认真接管移交工作，并继续办理移交的会计事项。

第七十五条 财务人员办理移交手续前，必须及时做好以下工作：

（一）办理未了的会计事项，包括：已经受理的经济业务尚未填制会计凭证的，应填制完毕；清理完善经办会计业务的签字盖章手续；整理应该移交的各项资料，对未了事项写出书面材料。

（二）交接时应编制移交清册，移交清册包括的内容：

1. 会计凭证、会计账簿、财务报表、文件和其他会计资料。

2. 现金、有价证券、支票簿、空白支票、发票、收据和其他应移交的物品。

3. 财务印章、印鉴、网银盾等。

4. 其他需要移交的事项。

第七十六条 财务人员办理交接手续，必须有监交人负责监交。一般财务人员交接，由财务部门负责人、财务主管人员负责监交；财务部门负责人、财务主管人员交接，由单位负责人（或授权人）负责监交。必要时，可由上级单位派人会同监交。

第七十七条 移交人员在办理移交时，应按移交清册逐项移交，接替人员应逐项核对点收。

（一）现金、有价证券应根据会计账簿有关记录进行点交。库存现金、有价证券必须与会计账簿记录保持一致，其中有价证券的数量（如张数）也应与有关会计账簿记录相符。不一致时，移交人员必须限期查清。

（二）银行存款账户余额应与银行对账单核对，如不一致，应编制银行存款余额调节表调节相符。

（三）各种财产物资明细账户余额应与实物核对相符，债权债务的明细账户余额应与往来单位、个人核对清楚。

（四）会计凭证、会计账簿、会计报表和其他会计资料必须完整无缺；如有短缺，必须查清原因，并在移交清册中注明，由移交人员负责。

（五）移交人员经管的票据、印章、网银盾和其他实物等，必须交接清楚。移交人员从事会计信息化工作的，应对有关电子数据在实际操作状态下进行交接。

第七十八条　财务部门负责人、财务主管人员移交时，还必须将全部财务会计工作、重大财务收支和财务人员的情况等，向接替人员详细介绍。对需要移交的遗留问题，应写出书面材料。

第七十九条　交接完毕后，交接双方和监交人员要在移交清册上签名，并应在移交清册上注明：单位名称、交接日期，交接双方和监交人员的职务、姓名，移交清册页数以及需要说明的问题和意见等。移交清册应一式三份，交接双方各执一份，存档一份。

第八十条　财务人员临时离职或者因病不能工作且需要接替或者代理的，财务部门负责人、财务主管人员或者单位负责人必须指定有关人员接替或者代理，并办理交接手续。

临时离职或者因病不能工作的财务人员恢复工作时，应与接替或者代理人员办理交接手续。移交人员因病或者其他特殊原因不能亲自办理移交的，经单位负责人批准，可由移交人员委托他人代办移交，但委托人应出具书面委托材料，并承担本实施细则第八十二条所规定的责任。

第八十一条　单位撤销时，必须留有必要的财务人员，会同有关人员办理清理工作，编制决算。未移交前，不得离职。接收单位和移交日期由主管部门确定。单位合并、分立的，其会计工作交接手续比照上述有关规定办理。

第八十二条　移交人员对所移交的会计凭证、会计账簿、会计报表和其他有关资料的合法性、真实性承担法律责任。

第七章　网上银行支付

第八十三条　中线建管局和各分局可开通网上银行支付功能。分局开通网上银行支付功能应经中线建管局批准。

第八十四条　办理网上银行支付业务范围主要包括：

（一）支付结算：转账支付、工资发放、委托划款等。

（二）账户查询：账户状态及其余额查询、历史交易明细查询等。

（三）账户管理：操作员授权、账户密码修改等。

第八十五条　网上银行支付应建立多级审核制度，原则上应设置三级审核。暂不具备条件的，必须设置二级审核，并对每个岗位明确审核权限。三级审核宜设操作员、复核员、主管三个岗位，操作员由出纳担任，复核员由财务人员担任，主管由财务负责人或授权人担任。二级审核宜设操作员、主管两个岗位，操作员由出纳担任，主管由财务负责人或授权人担任。

第八十六条 网上银行网银盾分别由操作员、复核员及主管自行单独保管。网银盾使用后应立即从计算机主机上取出，无人时不得留存在计算机主机上。网银盾密码应妥善保管，不得泄漏。

第八十七条 根据实际情况，网上银行支付业务应设置单笔支付限额和每日累计支付限额，做好风险防控。

第八十八条 财务人员必须在指定计算机上下载证书、办理网上银行支付业务。

第八十九条 通过网上银行办理资金支付业务，必须按规定履行完成资金审批手续。网上银行支付业务办理流程如下：

（一）财务人员对需要付款的原始凭证进行审核，杜绝付款手续不全的款项付出。经审核无误后，填制记账凭证提交出纳人员付款。

（二）出纳人员依据记账凭证及其附件，并重点审核收款单位名称、账号、开户行及付款金额大小写等内容。经审核无误后，通过网上银行办理制单业务，启动付款程序。

（三）复核员、主管根据记账凭证、原始票据对网上银行支付进行复核。重点复核付款审批手续的合规性、完整性及收款单位名称、账号、开户行及付款金额大小写等内容，经审核无误后确认付款。

（四）付款完成后，出纳员、复核员、主管应同时在记账凭证或付款单上签字或盖章确认。

（五）出纳人员应对每天支付的款项进行逐笔查询并确认是否交易成功。充分利用网上银行查询功能，掌握银行账户的资金余额。

第九十条 网上银行操作过程中，如出现可疑指令，操作人员应立即停止操作，并与网上银行的经办银行咨询、确认，包括形成问题的原因、解决措施、需要时间等，防止出现单笔业务重复支付问题。

第九十一条 网上银行操作人员因特殊原因请假的，必须办理书面交接手续，且经财务部门负责人审核同意。

第九十二条 财务部门负责人应不定期地对网上银行的操作、网银盾及密码保管情况进行检查；出纳员、复核员、主管应经常更换网上银行的操作密码和支付审核密码，确保网上银行业务安全。

第八章 财务印章管理

第九十三条 财务印章主要包括：财务专用章、发票专用章、单位负责人或授权人人名章、财务人员人名章。

第九十四条 财务专用章必须由专人保管，各单位应建立除收付款业务以外的用印记录，详细记录每次使用财务专用章的事由及审批情况。

第九十五条 财务专用章与单位负责人或授权人人名章不得由出纳一人管理，应由两人分别保管。

第九十六条 财务人员负责保管自己的人名章，税务管理人员负责保管发票专用章。

第九章 会计档案管理

第九十七条 会计档案是指各单位在进行会计核算等过程中接收或形成的，记录和反映本单位经济业务事项的，具有保存价值的文字、图表等各种形式的会计资料，包括通过计算机等电子设备形成、传输和存储的电子会计档案。

第九十八条 下列会计资料属于会计档案：

（一）会计凭证，包括原始凭证、记账凭证。

（二）会计账簿，包括总账、明细账、日记账、固定资产卡片及其他辅助性账簿。

（三）财务会计报告，包括月度、年度财务会计报告。上级主管单位对财务会计报告的批复及会计师事务所对年度报表的审计报告也包括在内。

（四）其他会计资料，包括收据存根联及未使用完的收据、银行存款余额调节表、银行对账单、纳税申报表、会计档案移交清册、会计档案保管清册、会计档案销毁清册、会计档案鉴定意见书及其他具有保存价值的会计资料。

第九十九条 同时满足下列条件的，单位内部形成的属于归档范围的电子会计资料可仅以电子形式保存，形成电子会计档案：

（一）形成的电子会计资料来源真实有效，由计算机等电子设备形成和传输。

（二）使用的会计核算系统能够准确、完整、有效接收和读取电子会计资料，能够输出符合国家标准归档格式的会计凭证、会计账簿、财务会计报表等会计资料，设定了经办、审核、审批等必要的审签程序。

（三）使用的电子档案管理系统能够有效接收、管理、利用电子会计档案，符合电子档案的长期保管要求，并建立了电子会计档案与相关联的其他纸质会计档案的检索关系。

（四）采取有效措施，防止电子会计档案被篡改。

（五）建立电子会计档案备份制度，能够有效防范自然灾害、意外事故和人为破坏的影响。

（六）形成的电子会计资料不属于具有永久保存价值或者其他重要保存价值的会计档案。

第一百条 满足第九十九条规定条件，单位从外部接收的电子会计资料附有符合《中华人民共和国电子签名法》规定的电子签名的，可仅以电子形式归档保存，形成电子会计档案。

第一百零一条 各单位应加强会计档案管理工作，建立和完善会计档案的收集、整理、保管、利用和鉴定销毁等管理制度，采取可靠的安全防护技术和措施，保证会计档案的真实、完整、可用、安全。

第一百零二条 当年形成的会计档案，在会计年度终了后，各单位可临时保管一年，再移交档案管理部门保管。

第一百零三条 财务部门在办理会计档案移交时，应编制会计档案移交清册，并按照国家档案管理的有关规定办理移交手续。

纸质会计档案移交时应保持原卷的封装。电子会计档案移交时应将电子会计档案及其元数据一并移交，且文件格式应符合国家档案管理的有关规定。特殊格式的电子会计档案应与其读取平台一并移交。

档案管理部门接收电子会计档案时，应对电子会计档案的准确性、完整性、可用性、安全性进行检测，符合要求的才能接收。

第一百零四条 会计档案的保管期限分为永久、定期两类。定期保管期限宜分为10年和30年。会计档案的保管期限，从会计年度终了后的第一天算起。会计档案的保管期限见表1。

表1 中线建管局会计档案保管期限表

序号	档 案 名 称	保管期限	备 注
一	会计凭证		
1	原始凭证	30 年	
2	记账凭证	30 年	
二	会计账簿		
3	总账	30 年	
4	明细账	30 年	
5	日记账	30 年	
6	固定资产卡片		固定资产报废清理后保管5年
7	其他辅助性账簿	30 年	
三	财务会计报告		
8	月度、季度财务会计报告	10 年	
9	年度财务会计报告	永久	
四	其他会计资料		
10	银行存款余额调节表	10 年	
11	银行对账单	10 年	
12	纳税申报表	10 年	
13	会计档案移交清册	30 年	
14	会计档案保管清册	永久	
15	会计档案销毁清册	永久	
16	会计档案鉴定意见书	永久	
17	发票存根联及收据存根联	10 年	

第一百零五条 各单位保存的会计档案不得借出。如有特殊需要，经单位负责人或财务部门负责人批准，可提供查阅或者复制，并办理登记手续。查阅或者复制会计档案的人员，严禁拆封、抽换会计档案或在会计档案上涂画。

第十章 会 计 监 督

第一百零六条 各单位的财务部门、财务人员对本单位的经济活动进行会计监督。

单位负责人应积极支持、保障财务部门、财务人员行使会计监督职权。

第一百零七条 财务部门、财务人员进行会计监督的依据是：

（1）国家财经法律、法规、规章；

（2）会计法律、法规和国家统一会计制度；

（3）中线建管局制定的各种规章制度。

第一百零八条 会计监督的内容主要包括：对原始凭证的审核和监督；对会计账簿的监督；对实物、款项的监督；对财务会计报告的监督；对财务收支的监督；对其他经济活动的监督；配合国家监督和社会监督。

第一百零九条 财务部门、财务人员应对原始凭证进行审核和监督，包括：

（一）对原始凭证真实性、合法性的监督：即对不真实、不合法的原始凭证，不予受理；对弄虚作假、严重违法的原始凭证，在不予受理的同时，应予以扣留，并及时向单位负责人报告，请求查明原因，追究当事人的责任。

（二）对原始凭证准确性、完整性的监督：即对记载不准确、不完整的原始凭证，予以退回，要求经办人员更正、补充。

第一百一十条 财务部门、财务人员对伪造、变造、故意毁灭会计账簿或者设置账外账行为，应制止和纠正；制止和纠正无效的，应向上级单位报告，请求做出处理。

第一百一十一条 财务部门、财务人员应对实物、款项进行监督，督促建立并严格执行资产清查制度。发现账簿记录与实物、款项不符时，应按照有关规定进行处理。超出财务部门、财务人员职权范围的，应立即向单位负责人报告，请求查明原因，做出处理。

第一百一十二条 财务部门、财务人员对指使、强令编造、篡改财务会计报告行为，应制止和纠正；制止和纠正无效的，应向上级单位报告，请求处理。

第一百一十三条 财务部门、财务人员应对财务收支进行监督。

（一）对审批手续不全的财务收支，应退回，要求补充、更正。

（二）对违反规定不应纳入单位统一会计核算的财务收支，应制止和纠正。

（三）对违反国家统一的财政、财务、会计制度规定的财务收支，应制止和纠正；制止和纠正无效的，应向单位负责人提出书面意见，请求处理。

对违反国家统一的财政、财务、会计制度规定的财务收支，财务人员不予制止和纠正，又不向单位负责人提出书面意见的，也应承担责任。

（四）对严重违反国家利益和社会公众利益的财务收支，应向上级单位或者财政、审计、税务机关报告。

第一百一十四条 财务部门、财务人员对违反单位内部会计管理制度的经济活动，应制止和纠正，制止和纠正无效的，向单位负责人报告请求处理。

第一百一十五条 财务部门、财务人员应对单位制定的全面预算管理中的财务预算、财务计划的执行情况进行监督。

第一百一十六条 财务部门、财务人员应依法对所属单位的经济活动进行会计监督。

第一百一十七条 财务部门、财务人员应配合好中介机构做审计工作，如实提供会计凭证、会计账簿、会计报表和其他会计资料以及有关情况，不得拒绝、隐匿、谎报，不得示意注册会计师出具不当的审计报告。

第一百一十八条 各单位必须依照法律和国家有关规定接受财政、审计、税务等机关的监督，如实提供会计凭证、会计账簿、会计报表和其他会计资料以及有关情况，不得拒绝、隐匿、谎报。

第十一章 附 则

第一百一十九条 本实施细则下列用语的含义为：单位负责人，是指单位法定代表人或者法律、行政法规规定代表单位行使职权的主要负责人。

伪造会计凭证和会计账簿，是指以虚假的经济业务为前提，编造虚假的会计凭证和会计账簿，达到以假充真的目的。变造会计凭证和会计账簿，是指利用涂改、挖补或其他方法改变会计凭证、会计账簿的真实内容，以达到非法目的。

设置账外账，是指在正常的会计账簿之外，另设置一套或者多套会计账簿，将一项经济业务的核算在不同的会计账簿之间作出不同的反映，或者将一项经济业务不通过正常的会计账簿进行反映，而是通过另设的会计账簿进行核算，以达到隐瞒真实情况、损害国家、集体和社会公众利益等非法目的。

第一百二十条 本实施细则与系列《会计基础工作规范化指引》构成会计基础工作制度体系。

第一百二十一条 本实施细则由中线建管局负责解释。

第一百二十二条 本实施细则自 2019 年 1 月 1 日起执行。2005 年 6 月 29 日印发的《南水北调中线干线工程建设管理局会计基础工作规程》（中线局财〔2005〕9 号）同时废止。

Q/NSBDZX

南水北调中线干线工程建设管理局规章制度

Q/NSBDZX 425.03—2019

干 部 选 拔 任 用 办 法

2019－11－05发布   2019－11－05实施

南水北调中线干线工程建设管理局 发 布

干部选拔任用办法

第一章 总 则

第一条 为坚持和加强党的全面领导，深入贯彻新时代党的组织路线和干部工作方针政策，落实党要管党、全面从严治党特别是从严管理干部的要求，建立科学规范的干部选拔任用制度，形成有利于优秀人才脱颖而出的选人用人机制，建设忠诚干净担当、科学求实创新的高素质干部队伍，为南水北调中线干线工程安全平稳运行提供人才保证，根据《党政领导干部选拔任用工作条例》和水利部党组贯彻落实《党政领导干部选拔任用工作条例》实施意见，结合南水北调中线干线工程建设管理局（以下简称"中线建管局"）实际，制定本办法。

第二条 选拔任用干部，必须坚持下列原则：

（一）党管干部。

（二）德才兼备、以德为先、五湖四海、任人唯贤。

（三）事业为上、人岗相适、人事相宜。

（四）公道正派、注重实绩、群众公认。

（五）民主集中制。

（六）依法、依规办事。

第三条 中线建管局党组及人力资源部、直属单位党组织按照干部管理权限履行选拔任用干部职责，切实发挥把关作用。

（一）局党组履行选拔任用部门（直属单位）正副职级干部职责。

（二）人力资源部受局党组委托履行选拔任用局机关处室正副职级干部职责。

（三）分局党委履行选拔任用本单位处室正职级及以下干部职责。

（四）直属公司党组织按照干部管理有关规定和公司章程，履行选拔任用本单位内设机构及所属单位干部职责。

分局选拔任用处室正职干部和人力资源、纪检监察、财务资产处室副职干部，应及时向中线建管局备案。中线建管局收到备案文件后，应在 10 个工作日内反馈意见。

第四条 本办法所称直属单位是指各分局及直属公司。

第五条 本办法适用于选拔任用中线建管局局机关处室副职及以上干部和直属单位领导班子成员。

第二章 选拔任用条件

第六条 提拔担任处室副职及以上职务的，应具备下列基本条件：

（一）自觉坚持以马克思列宁主义、毛泽东思想、邓小平理论、"三个代表"重要思想、科学发展观、习近平新时代中国特色社会主义思想为指导，努力用马克思主义立场、观点、方法分析和解决实际问题，坚持讲学习、讲政治、讲正气，牢固树立政治意识、大局意识、核心意识、看齐意识，坚决维护习近平总书记核心地位，坚决维护党中央权威和集中统一领导，思想上、政治上、行动上同党中央保持高度一致，经得起各种考验。

（二）具有共产主义远大理想和中国特色社会主义坚定信念，坚定道路自信、理论自信、制度自信、文化自信，坚决贯彻执行党的理论和路线方针政策，在南水北调工程建设和运行管理工作中艰苦创业，树立正确的政绩观，做出经得起实践和历史检验的实绩。

（三）坚持解放思想，实事求是，与时俱进，求真务实，认真调查研究，能够把党的方针政策、水利改革发展总基调同本单位实际相结合，卓有成效地开展工作，落实"三严三实"要求，主动担当作为，真抓实干，讲实话、办实事、求实效。

（四）有强烈的革命事业心、政治责任感和历史使命感，有斗争精神和斗争本领，有实践经验，有胜任领导工作的组织能力、文化水平和专业素养。

（五）正确行使权力，坚持原则，敢抓敢管，依法办事，以身作则，艰苦朴素，勤俭节约，坚持党的群众路线，密切联系群众，自觉接受党组织和群众的批评、监督，加强道德修养，讲党性、重品行、作表率，带头践行社会主义核心价值观，廉洁从业、廉洁用权、廉洁修身、廉洁齐家，做到自重自省自警自励，反对形式主义、官僚主义、享乐主义和奢靡之风，反对任何滥用职权、谋求私利的行为。

（六）坚持和维护党的民主集中制，有民主作风，有全局观念，善于团结同志，包括团结同自己有不同意见的同志一道工作。

第七条 提拔担任处室副职及以上职务的，应具备下列基本资格：

（一）应具有 5 年以上工龄。

（二）由副职提任正职的，应在副职岗位工作两年以上。由下级正职提任上级副职的，应当在下级正职岗位工作三年以上。

（三）一般应具有大学专科以上文化程度，其中部门（直属单位）副职及以上干部一般应具有大学本科以上文化程度。

（四）应经过人力资源部认可的培训机构的培训，培训时间应达到干部教育培训的有关规定要求。确因情况特殊提任前未达到培训要求的，应在提任后一年内完成培训。

（五）具有正常履行职责的身体条件。

（六）符合有关法律规定的资格要求。提任党的领导职务的，还应符合《中国共产党章程》等规定的党龄要求。

第八条 处室副职及以上干部应逐级提拔。特别优秀或工作特殊需要的干部，可破格提拔。破格提拔的干部，应政治过硬、德才素质突出、群众公认度高，并且符合下列条件之一：

（一）在关键时刻或者承担急难险重任务中经受住考验、表现突出、做出重大贡献的。

（二）在条件艰苦、环境复杂、基础差的地区工作业绩突出的。

（三）尽职尽责，工作实绩特别显著的。

（四）领导职位有特殊要求的，专业性较强或重要专项工作急需的。

破格提拔干部必须从严掌握，不得突破本办法第六条规定的基本条件和第七条第（六）项规定的资格条件。任职试用期未满或者提拔任职不满一年的，不得破格提拔。不得在任职年限上连续破格。不得越两级提拔。

第三章　分析研判和动议

第九条　人力资源部应深化对干部的日常了解，通过多种途径，全面掌握局机关各部门、各直属单位领导班子的运行情况和干部的真实表现，对领导班子和干部进行综合分析研判，为局党组选人用人提供依据和参考。

第十条　局党组或者人力资源部根据工作需要和领导班子及干部建设实际，结合综合分析研判情况，提出启动部门（直属单位）副职及以上干部选拔任用工作意见。

第十一条　人力资源部综合有关方面建议和平时了解掌握的情况，对领导班子和干部情况进行动议分析，就选拔任用的职位、条件、范围、方式、程序和人选意向等提出初步建议。

第十二条　人力资源部将初步建议向局主要领导和分管干部人事工作的局领导汇报，对初步建议进行完善。在一定范围内沟通酝酿后，局党组召开会议，对初步建议进行动议，研究确定初步人选。人力资源部根据局党组会动议情况，形成工作方案。

第十三条　研判和动议时，如确有必要，也可把公开选拔、竞争上岗作为产生人选的一种方式。干部职位出现空缺且本部门（本单位）没有合适人选的，特别是需要补充紧缺专业人才的，可通过公开选拔产生人选；干部职位出现空缺，本部门（本单位）符合资格条件人数较多且需要进一步比选择优的，可通过竞争上岗产生人选。公开选拔、竞争上岗一般适用于部门（直属单位）副职及以下职位。

公开选拔、竞争上岗应结合岗位特点，坚持组织把关，突出政治素质、专业素养、工作实绩和一贯表现，防止简单以分数、票数取人。

公开选拔、竞争上岗设置的资格条件突破规定的，应事先报上级人事部门审核同意。

第十四条　选拔任用局机关处室干部，人力资源部提出启动干部选拔任用工作意见，经分管干部人事工作的局领导同意后进行动议分析，就选拔任用的职位、条件、范围、方式、程序和人选意向等提出初步建议，由分管干部人事工作的局领导商业务分管局领导后向局主要领导汇报，在一定范围内沟通酝酿，形成工作方案。

第四章　民　主　推　荐

第十五条　选拔任用干部应经过民主推荐，民主推荐由人力资源部会同局机关相关部门（直属单位）组织实施。民主推荐包括谈话调研推荐和会议推荐。推荐结果作为选拔任用的重要参考，在一年内有效。

第十六条　民主推荐一般先进行谈话调研推荐再进行会议推荐，必要时也可先进行会议推荐，再进行谈话调研推荐。先进行谈话调研推荐的，根据推荐情况，可差额提出会议推荐参考人选，也可不提出会议推荐参考人选；人数较少、会议推荐和调研谈话推荐范围基本相同，且谈话调研推荐意见集中的，根据实际情况，可不再进行会议推荐。

第十七条　干部提拔任职，可按照拟任职位进行定向推荐，也可根据拟任职位的具体情况进行非定向推荐。

第十八条　参加民主推荐的人员一般按照以下范围执行：

（一）选拔任用局机关处室副职及以上干部，参加谈话调研推荐和会议推荐范围为本部门全体员工。

（二）选拔任用直属单位领导班子成员，参加谈话调研推荐的范围为本单位领导班子成员，内设处室正职干部和所属单位主要领导，其他需要参加的人员；参加会议推荐的范围为本单位领导班子成员，内设处室正副职干部和所属单位主要领导，其他需要参加的人员。

（三）参加民主推荐的人数，不得少于应参加人数的三分之二。选拔任用部门（直属单位）副职及以上干部，参加民主推荐人数不少于10人，若部门（单位）人员较少，应根据实际情况适当扩大民主推荐范围。

第十九条 民主推荐的程序：

（一）进行谈话调研推荐，提前向谈话对象介绍推荐岗位、任职条件、推荐范围等情况，提出有关要求，提高谈话质量。

（二）如需会议推荐，应公布推荐岗位、任职条件、推荐范围，提供干部名册，提出有关要求，组织填写推荐表。

（三）对不同职务层次人员的谈话调研推荐和会议推荐情况进行分别进行统计，综合分析。

（四）选拔任用部门（直属单位）副职及以上干部的民主推荐情况向局党组汇报。

（五）选拔任用局机关处室干部的民主推荐情况向局主要领导和业务分管局领导、分管干部人事工作的局领导汇报。

第二十条 民主推荐一般在拟推荐职位所在部门（单位）进行。其中，因交流、调动提拔任职的，一般在拟交流人选所在单位进行。

第五章 考 察

第二十一条 确定考察对象，应根据工作需要和干部德才条件，综合考虑民主推荐与日常了解、综合分析研判以及岗位匹配度等情况，深入分析、比较择优。

民主推荐意见比较集中的，等额确定考察对象；若推荐意见不够集中的，也可差额确定考察对象。

第二十二条 有下列情形之一的，不得列为考察对象：

（一）违反政治纪律和政治规矩的。

（二）群众公认度不高的。

（三）上一年度考核结果中有被确定为基本称职以下等次的。

（四）有跑官、拉票等非组织行为的。

（五）除特殊岗位需要外，配偶已移居国（境）外；或者没有配偶，子女均已移居国（境）外的。

（六）受到诫勉、组织处理或者党纪政务处分等影响期未满或者期满影响使用的。

（七）其他原因不宜提拔的。

第二十三条 选拔任用部门（直属单位）副职及以上干部，由局党组确定考察对象。

第二十四条 对确定的考察对象，由人力资源部进行严格考察。依据干部选拔任用条件和不同职位的职责要求，全面考察其德、能、勤、绩、廉，严把政治关、品行关、能力关、作风关、廉洁关，突出政治标准考察，加强道德品行、专业素养、工作实绩、作风、廉洁自律等情况考察。

对部门（直属单位）正职人选，还应坚持更高标准、更高要求，突出把握政治方向、驾驭全局、抓班子带队伍等方面情况考察。

第二十五条 考察部门（直属单位）副职及以上干部拟任人选，应保证充足的考察时间，经过下列程序：

（一）组织考察组，制定考察工作方案。

（二）同考察对象所在部门（直属单位）主要领导成员沟通情况，征求意见。

（三）通过适当方式在一定范围内发布干部考察预告，预告内容包括考察目的、时间、考核人选以及考察组的联系方式等，考察预告的范围一般为考察对象所在部门（单位）。

（四）采取个别谈话、民主测评、查阅干部人事档案等方法进行，广泛深入了解情况，根据需要进行专项调查、延伸考察等。

（五）同考察对象面谈，应进一步了解其政治立场、思想品质、价值取向、见识见解、适应能力、性格特点、心理素质等方面情况，以及缺点和不足，鉴别印证有关问题，深化对考察对象的研判。

（六）综合分析考察情况，与考察对象的一贯表现进行比较、相互印证，全面准确地对考察对象作出评价。

（七）向考察对象所在部门（直属单位）主要领导反馈考察情况，并交换意见。

（八）考察组研究提出人选任用建议，经人力资源部研究提出任用建议方案，向局党组报告。

参加考察和民主推荐的人员范围基本相同，且民主推荐意见比较集中的，根据实际情况，可适当简化考察程序。

第二十六条 个别谈话和民主测评的范围一般为：

（一）考察局机关处室副职以上干部拟任人选，个别谈话和民主测评的范围为本部门全体员工。

（二）考察直属单位领导班子成员拟任人选，个别谈话和民主测评的范围为考察对象所在单位领导班子成员、内设处室正职干部和所属单位主要领导，其他需要参加的人员。

（三）考察部门（直属单位）副职及以上干部拟任人选，个别谈话和民主测评人数不少于10人，若部门（单位）人员较少，应根据实际情况适当扩大范围。

第二十七条 人力资源部以书面方式就考察对象的党风廉政情况征求局纪检监察部门意见；考察直属单位领导班子成员拟任人选，还应书面征求所在单位纪委意见；对反映问题线索具体、有可查性的信访举报进行核查。对需要进行经济责任审计的考察对象，应事先按照有关规定进行审计。

纪检监察部门收到人力资源部征求意见的函件后，一般应在5个工作日内书面反馈考察对象的党风廉政情况。

第二十八条 考察干部拟任人选，必须形成书面考察材料，建立考察文书档案。已经任职的，考察材料归入本人干部人事档案。考察材料必须写实，全面、准确、客观，用具体事例反映考察对象的情况，包括下列内容：

（一）德、能、勤、绩、廉方面的主要表现和主要特长、行为特征。

（二）主要缺点和不足。

（三）民主推荐、民主测评、考察谈话情况。

（四）审核干部人事档案、听取纪检监察机关意见、核查信访举报等情况的结论。

第二十九条 考察组由两名以上成员组成。考察组人员应当具有较高素质，考察组负责人应由思想政治素质好、有较丰富工作经验并熟悉干部工作的人员担任。

第三十条 实行干部考察工作责任制。考察组必须坚持原则，公道正派，深入细致，如实反映考察情况和意见，对考察材料负责，履行干部选拔任用风气监督职责。

第三十一条 选拔任用局机关处室干部，由人力资源部根据民主推荐情况等提出考察对象建议，经业务分管局领导、分管干部人事工作的局领导审核后，报局主要领导审批；考察拟任人选程序可根据实际情况适当简化。

第六章 讨 论 决 定

第三十二条 部门（直属单位）副职及以上干部的任免事项，由局党组召开会议，集体讨论决定。

第三十三条 有下列情形之一的，不得提交会议讨论：

（一）没有按照规定进行民主推荐、考察的。

（二）因故未能及时听取纪检监察部门意见的，或者纪检监察部门对廉洁自律情况没有做出结论性意见的，或者纪检监察部门未反馈意见的，或者纪检监察部门有不同意见的。

（三）线索具体、有可查性的信访举报尚未调查清楚的。

（四）干部人事档案中身份、年龄、工龄、党龄、学历、经历等存疑尚未查清的。

（五）巡视巡察、审计等工作中发现重大问题尚未作出结论的。

（六）没有按照规定向上级报告或者报告后未经批复同意的干部任免事项。

（七）其他原因不宜提交会议讨论的。

第三十四条 局党组讨论决定干部任免事项，必须有2/3以上的党组成员到会，并保证与会成员有足够的时间听取情况介绍、充分发表意见。与会成员对任免事项，应逐一发表同意、不同意或缓议等明确意见，党组主要负责人应最后表态。在充分讨论的基础上，采取口头表决、举手表决或者无记名投票等方式进行表决。

局党组有关干部任免的决定，需要复议的，应经过党组超过半数成员同意后方可进行。

第三十五条 局党组讨论决定干部选拔任用事项，必须按下列程序进行：

（一）分管干部人事工作的局领导或者人力资源部负责人逐个介绍拟提任干部人选的推荐、考察和任免理由等情况，其中涉及破格提拔等需要按照要求事先向上级人事部门报告的选拔任用有关工作事项，应说明具体事由和征求上级人事部门意见的情况。

（二）参加会议人员进行充分讨论。

（三）进行表决，以局党组应到会成员过半数同意形成决定。

第三十六条　需报上级备案的干部，应按照规定及时向上级人事部门备案。

第三十七条　局机关处室干部的任免事项，由人力资源部根据干部考察情况等提出任免建议，经业务分管局领导、分管干部人事工作的局领导审核后，报局主要领导审批。有本办法第三十三条规定情形的，人力资源部不得提出任免建议。

第七章　任　　职

第三十八条　实行干部任职前公示制度，涉及破格提拔的，说明破格的具体情形和理由。公示时间一般不少于5个工作日。公示结果不影响任职的，办理任职手续。

第三十九条　对决定任用的干部，一般在正式宣布任职前，由局党组指定专人同本人谈话，肯定成绩，指出不足，提出要求和需要注意的问题。其中：部门（直属单位）正职由局主要领导进行谈话；部门（直属单位）副职由分管局领导进行谈话；局机关处室干部由部门主要负责人进行谈话。

第四十条　宣布任职。部门（直属单位）副职及以上干部任职，由分管局领导宣布；局机关处室干部任职，由人力资源部宣布。

第四十一条　实行干部任职试用期制度。试用期为一年，试用期满后，经考核胜任现职的，正式任职；不胜任的，免去试任职务，按试任前职级或者职务层次安排工作。

第四十二条　干部任职时间，按照下列时间计算：

（一）部门（直属单位）副职及以上干部的任职时间，自局党组决定之日起计算。

（二）局机关处室干部的任职时间，自任命文件印发之日起计算。

（三）由党的代表大会、党的委员会全体会议、党的纪律检查委员会全体会议选举、决定任命的，自当选、决定任命之日起计算。

第八章　交　流、回　避

第四十三条　干部交流的对象主要是：因工作需要交流的；需要通过交流锻炼提高领导能力的；在同一个职位工作时间较长的；按照规定需要回避的；因其他原因需要交流的。其中，在同一职位上任职满10年的，必须交流。

第四十四条　根据工作需要，加大干部交流力度，推进局机关部门之间、直属单位之间、局机关部门与直属单位之间的干部交流。鼓励经历单一或者缺少基层工作经历的年轻干部，到基层、艰苦地区和复杂环境工作。

第四十五条　干部交流由局党组及直属单位党组织按照干部管理权限组织实施，严格把握人选的资格条件。部门（直属单位）副职及以上干部交流，由局党组研究确定后组织实施。局机关部门之间、局机关部门与直属单位之间的处室干部交流，经业务分管局领导、分管干部人事工作的局领导审核，报局主要领导审批后组织实施。

干部个人不得自行联系交流事宜，领导干部不得指定交流人选。同一干部不宜频繁交流。

第四十六条　交流的干部接到任职通知后，应在通知限定的时间内到任。跨单位交流的，应同时迁转人事关系、工资关系和党的组织关系。

第四十七条　实行干部任职和选拔任用工作回避制度。

（一）干部任职回避的亲属关系为：夫妻关系、直系血亲关系、三代以内旁系血亲以及近姻亲关系。有上列亲属关系的，不得在同一部门（单位）担任双方直接隶属于同一领导人员的职务或者有直接上下级领导关系的职务，也不得在其中一方担任领导职务的单位从事人事、纪检监察、审计、财务工作。

（二）局党组及人力资源部讨论干部任免，涉及与会人员本人及其亲属的，本人必须回避。

（三）干部考察组成员在干部考察工作中涉及其亲属的，本人必须回避。

第九章　免职、辞职、降职

第四十八条　干部有下列情况之一的，一般应免去现职：

（一）达到退休年龄界限的。

（二）受到责任追究应当免职的。

（三）不适宜担任现职应当免职的。

（四）因违纪违法应当免职的。

（五）辞职或者调出的。

（六）非组织选派，个人申请离职学习期限超过一年的。

（七）因健康原因，无法正常履行工作职责一年以上的。

（八）因工作需要或者其他原因，应当免去现职的。

第四十九条　辞职包括个人自愿辞职、引咎辞职和责令辞职。

辞职应符合有关规定，手续依照有关规定程序办理。

第五十条　引咎辞职、责令辞职和因问责被免职的干部，一年内不安排职务，两年内不得担任高于原任职务层次的职务。同时受到党纪政务处分的，按照影响期长的规定执行。

第五十一条　在年度考核中被确定为不称职的，因工作能力较弱、受到组织处理或其他原因，不适宜担任现职的，应降职使用。降职使用的干部，其待遇按照新任职务职级标准执行。

第五十二条　因不适宜担任现职调离岗位、免职的，一年内不得提拔。降职使用的干部重新提拔，按照有关规定执行。

重新任职或者提拔任职，应根据具体情形、工作需要和个人情况综合考虑，合理安排使用。

对符合有关规定给予容错的干部，应客观公正对待。

第十章　纪律和监督

第五十三条　选拔任用干部，必须严格遵守下列纪律：

（一）不得超职数配备、超机构规格提拔干部、超审批权限设置机构配备干部，或者违反规定擅自设置职务名称、提高干部职务职级待遇。

（二）不得采取不正当手段为本人或者他人谋取职务、提高职级待遇。

（三）不得违反规定程序动议、推荐、考察、讨论决定任免干部，或者由主要领导成员个人决定任免干部。

（四）不得私自泄露研判、动议、民主推荐、民主测评、考察、酝酿、讨论决定干部等有关情况。

（五）不得在干部考察工作中隐瞒或者歪曲事实真相。

（六）不得在民主推荐、民主测评、组织考察和选举中搞拉票、助选等非组织活动。

（七）不得利用职务便利私自干预下级或者原任职部门、单位干部选拔任用工作。

（八）不得在机构变动时，主要领导成员即将达到任职年龄界限、退休年龄界限或者已经明确即将离任时，突击提拔、调整干部。

（九）不得在干部选拔任用工作中任人唯亲、排斥异己、封官许愿，拉帮结派、搞团团伙伙，营私舞弊。

（十）不得篡改、伪造干部人事档案，或者在干部身份、年龄、工龄、党龄、学历、经历等方面弄虚作假。

第五十四条　加强干部选拔任用工作全程监督，严肃查处违反组织人事纪律的行为。

对无正当理由拒不服从组织调动或交流决定的，依规依纪依法予以免职或降职使用，并视情节轻重给予处分。

第五十五条　局党组及人力资源部、纪检监察部对局机关和直属单位干部选拔任用工作进行监督检查，受理有关干部选拔任用工作的举报、申诉，对有关责任人提出处理意见或建议，按照干部管理权限进行处理。

第五十六条　人力资源部在干部选拔任用工作中，必须严格执行干部选拔任用办法，坚持出以公心、公正用人，严格规范履职用权行为，自觉接受党内监督和群众监督。对干部选拔任用工作中的违纪违规行为，干部职工有权向上级党组织及其人事部门、纪检监察部门举报、申诉，受理部门和机关应当按照有关规定查核处理。

第十一章　附　　则

第五十七条　专业序列转任管理序列的人员，应符合本办法规定的干部选拔任用基本条件和基本资格，履行本办法规定的干部选拔任用程序。其中，曾任与拟任职务同职级管理序列职务的，可不再履行民主推荐和考察程序。

第五十八条　各直属单位依据本办法制定相应的干部选拔任用办法，报中线建管局备案。

第五十九条　本办法由人力资源部负责解释。

第六十条　本办法自印发之日起实施。《南水北调中线干线工程建设管理局干部选拔任用办法》（中线局人〔2017〕35号）同时废止。

Q/NSBDZX

南水北调中线干线工程建设管理局规章制度

Q/NSBDZX 425.09—2019

职 位 管 理 办 法

2019－11－01发布 2019－11－01实施

南水北调中线干线工程建设管理局 发 布

职 位 管 理 办 法

第一章 总 则

第一条 为建立南水北调中线干线工程建设管理局（以下简称"中线建管局"）科学、规范的职位管理体系，优化员工职业发展空间和职级晋升通道，制定本办法。

第二条 职位管理遵循以下原则：

（一）科学设置职位。根据全局不同工作类型，划分不同职位序列，设置不同职位，设定不同任职条件，对全局工作实现科学分类、有效管理。

（二）拓宽职业空间。综合考虑职位要求、工作性质、员工职业发展等因素，充分体现干部能上能下和员工专业技术能力，拓宽管理型干部和专业技术型员工职业发展空间，畅通职位晋升通道，提高广大干部和员工的积极性。

（三）合理设置任职条件。根据不同的职位，合理设置各职位任职条件，充分体现员工能力与职位管理相匹配，实现人岗相适。

第三条 本办法适用于与中线建管局及分局签订劳动合同的人员。

第二章 职 位 设 置

第四条 职位序列分为管理序列、专业序列和工勤序列三类。

管理序列是指在中线建管局机关、分局和现地管理处担任管理职务，承担计划、组织、协调、控制等管理职能，并对所在部门（分局）、处室、科室的工作成果负责的管理工作岗位集合。

专业序列是指协助管理序列人员开展计划、组织、协调、控制等管理职能，从事某一职能或业务领域的工作，并对该职能或业务领域成果负责的专业工作岗位集合。

工勤序列是指在中线建管局机关、分局和现地管理处从事汽车驾驶、后勤服务等工作，并对所从事的工作成果负责的服务工作岗位集合。

第五条 管理序列设六级职位：副总师、部门（分局）正职、部门（分局）副职、处室正职、处室副职、科室正职。

第六条 专业序列设七级职位：一级主管、二级主管、三级主管、四级主管、五级主管、六级主管、七级主管。

第七条 管理序列职级与专业序列职级的对应关系详见附表1。

第八条 工勤序列设六级职位：工勤一级、工勤二级、工勤三级、工勤四级、工勤五级、工勤六级。详见附表2。

第九条 管理序列各级职位的职数按照中线建管局三定方案相关规定执行。

第十条 专业序列各级职位的职数按照以下规定控制：

（一）一级主管职数不超过管理序列副总师、部门（分局）正职干部职数之和的40%。

（二）二级主管职数不超过管理序列部门（分局）副职干部职数的 40%。

（三）管理序列转任三级、四级主管的职数，分别不超过本单位（局机关或分局）处室正职、处室副职干部职数的 40%。根据专业技术职务聘任专业序列职位的，不设职数控制。

第三章　任　职　条　件

第十一条　管理序列职位任职条件按照本单位干部选拔任用办法执行。

第十二条　专业序列职位任职条件。

（一）一级主管应满足下列条件之一：

1. 任管理序列部门（分局）正职且年度考核为称职及以上；

2. 任管理序列部门（分局）副职 5 年以上且年度考核均为称职及以上；

3. 聘任为二级主管 8 年以上且年度考核均为称职及以上；

4. 对南水北调工程做出重大贡献且工作需要的特殊人才。

（二）二级主管应满足下列条件之一：

1. 任管理序列部门（分局）副职且年度考核为称职及以上；

2. 任管理序列处室正职 5 年以上且年度考核均为称职及以上；

3. 聘任为三级主管 8 年以上且年度考核均为称职及以上；

4. 对南水北调工程做出突出贡献且工作需要的特殊人才。

（三）三级主管应满足下列条件之一：

1. 任管理序列处室正职且年度考核为称职及以上；

2. 任管理序列处室副职 5 年以上且年度考核均为称职及以上；

3. 取得正高级专业技术职务任职资格并被聘任。

（四）四级主管应满足下列条件之一：

1. 任管理序列处室副职且年度考核为称职及以上；

2. 任管理序列科室正职 5 年以上且年度考核均为称职及以上；

3. 取得高级专业技术职务任职资格并被聘任。

（五）五级主管应满足下列条件之一：

1. 取得中级专业技术职务任职资格并被聘任；

2. 具有全日制博士研究生学历且试用期满。

（六）六级主管应满足下列条件之一：

1. 取得初级专业技术职务任职资格并被聘任；

2. 具有全日制大学本科或硕士研究生学历且试用期满；

3. 具有全日制大专学历且工作 3 年以上。

（七）七级主管应满足下列条件：

具有大专及以下学历且试用期满。

第十三条　工勤序列职位任职条件。

（一）工勤一级应满足下列条件：

取得本职业高级技师职业资格并被聘任。

（二）工勤二级应满足下列条件：

取得本职业技师职业资格并被聘任。

（三）工勤三级应满足下列条件之一：

1. 取得本职业高级技能职业资格并被聘任；

2. 取得本职业中级技能职业资格后，连续从事本职业工作 6 年以上；

3. 从事本职业工作 15 年以上。

（四）工勤四级应满足下列条件之一：

1. 取得本职业中级技能职业资格并被聘任；

2. 取得本职业初级技能职业资格后，连续从事本职业工作 5 年以上；

3. 从事本职业工作 7 年以上。

（五）工勤五级应满足下列条件之一：

1. 取得本职业初级技能职业资格并被聘任；

2. 从事本职业工作 2 年以上。

（六）工勤六级应满足下列条件：

从事本职业工作试用期满。

第十四条 聘任专业序列职位所依据的专业技术职务任职资格，以人力资源部门审核认定的适用于本职位的资格证书为准。

第十五条 对因工作需要引进的具备特殊技能的人才，聘任为专业序列职位的，经批准后可适当放宽任职条件。

第四章 职 位 聘 任

第十六条 职位聘任实行分级管理。管理序列职位聘任按本单位干部选拔任用办法执行。专业序列和工勤序列职位聘任按以下规定进行：

（一）中线建管局负责专业序列一级、二级主管的职位聘任。

（二）中线建管局负责局机关专业序列三级主管及以下职位和工勤序列各级职位聘任。

（三）分局负责本单位专业序列三级主管及以下职位和工勤序列各级职位聘任。

第十七条 专业序列职位聘任程序。

（一）一级、二级主管聘任程序。

（1）人力资源部综合考虑干部队伍情况、岗位需求、任职条件等因素，提出聘任建议，报局党组会审议；

（2）处室正职和三级主管晋升二级主管，或部门（分局）副职和二级主管晋升一级主管的人员，人力资源部按照局党组会意见，履行考评程序，经公示后办理相关手续；

（3）部门（分局）副职转任二级主管，或部门（分局）正职转任一级主管的人员，人力资源部按照局党组会意见，办理相关手续。

（二）局机关三级主管及以下职位聘任程序。

1. 管理序列转任专业序列三级、四级主管：

（1）人力资源部综合考虑干部队伍情况、岗位需求、任职条件等因素，提出聘任建议，报局领导批准同意；

（2）处室副职晋升三级主管的人员，由人力资源部履行考评程序后，办理相关手续；

（3）处室副职转任四级主管，或处室正职转任三级主管的人员，由人力资源部办理相关手续。

2. 具备专业技术职务任职资格后，聘任三级主管及以下职位：

（1）根据专业技术职务聘任管理办法，履行专业技术职务聘任程序；

（2）用人部门综合考虑岗位需求、任职条件等因素，向人力资源部提出聘任申请；

（3）人力资源部汇总审核后，报局领导审批同意；

（4）人力资源部履行聘任手续。

3. 不具备专业技术职务任职资格，聘任五级主管及以下职位：

（1）用人部门结合工作需要和人员情况，向人力资源部提出聘任申请；

（2）人力资源部汇总审核后，报局领导审批同意；

（3）人力资源部履行聘任手续。

（三）分局三级主管及以下职位聘任程序。

1. 管理序列转任三级、四级主管：

（1）人力资源处综合考虑干部队伍情况、岗位需求、任职条件等因素，提出聘任建议，报分局党委会审议；

（2）科室正职晋升四级主管，或处室副职晋升三级主管的人员，人力资源处按照分局党委会意见，履行考评程序，经公示后办理相关手续；

（3）处室副职转任四级主管，或处室正职转任三级主管的人员，由人力资源处办理相关手续。

2. 具备专业技术职务任职资格后，聘任三级主管及以下职位：

（1）根据专业技术职务聘任管理办法，履行专业技术职务聘任程序；

（2）用人处室综合考虑岗位需求、任职条件等因素，向人力资源处提出聘任申请；

（3）人力资源处汇总审核后，报分局领导审批同意；

（4）人力资源处履行聘任手续。

3. 不具备专业技术职务任职资格，聘任五级主管及以下职位：

（1）用人处室结合工作需要和人员情况，向人力资源处提出聘任申请；

（2）人力资源处汇总审核后，报分局领导审批同意；

（3）人力资源处履行聘任手续。

第十八条 工勤序列职位聘任程序。

局机关工勤序列职位聘任，用人部门根据工作需要提出聘任申请，人力资源部审核后报局领导审批同意，办理聘任手续。

分局工勤序列职位聘任参照局机关相应聘任程序，由分局负责聘任。

第十九条 具有下列情形之一的，不得转任或晋升职位：

（一）不符合职位任职条件的。

（二）受到诫勉、组织处理或者处分等影响期未满或者期满影响使用的。

（三）涉嫌违纪违法正在接受审查调查尚未作出结论的。

（四）影响晋升职级的其他情形。

第二十条 具有下列情形之一的，应当降低职级：

（一）不能胜任职位职责要求的。

（二）年度考核被确定为不称职的。

（三）受到组织处理或其他原因，不适宜担任现职的。

（四）法律法规和党内法规规定的其他情形。

第二十一条 降职使用的人员，已过影响期限的，可重新按程序聘任。

第二十二条 专业序列职位平转管理序列职位，按照本单位干部选拔任用办法执行。

第二十三条 职位聘任应根据工作需要、德才表现、工作实绩和资历等因素综合考虑，不是达到最低任职条件就必须聘任，不得简单按照任职年限论资排辈，体现正确的用人导向。

第二十四条 因专业技术职务或职业技能资格调整需聘任职位的，一般于每年年初统一集中开展；新入职员工以及管理序列转任专业序列的，按照有关规定适时聘任。

第五章 附 则

第二十五条 管理序列人员转任专业序列职位后，不再保留管理序列职位。管理序列人员原则上不得兼任专业序列职位；正高级专业技术职务人员担任处室副职及以下职位和副高级专业技术职务人员担任科室正职的，不受此限制。

第二十六条 管理序列人员转任专业序列职位后，专业序列任职年限不计入管理序列任职年限。

第二十七条 纪检监察部门对职位聘任工作进行监督，并受理有关举报。

第二十八条 本办法由人力资源部负责解释。

第二十九条 本办法自印发之日起实施。

附表 1

管理序列与专业序列职级、职位一览表

管理序列		专业序列	
职级	职位	职级	职位
一级	副总师		
二级	部门（分局）正职	一级	一级主管
三级	部门（分局）副职	二级	二级主管
四级	处室正职	三级	三级主管
五级	处室副职	四级	四级主管
六级	科室正职	五级	五级主管
		六级	六级主管
		七级	七级主管

附表 2

工勤序列职级、职位一览表

工 勤 序 列	
职级	职位
一级	工勤一级
二级	工勤二级
三级	工勤三级
四级	工勤四级
五级	工勤五级
六级	工勤六级

Q/NSBDZX

南水北调中线干线工程建设管理局规章制度

Q/NSBDZX 425.14—2019

绩 效 考 核 办 法

2019－11－13 发布 　　　　　　　　2019－11－13 实施

南水北调中线干线工程建设管理局　发　布

绩 效 考 核 办 法

第一章 总 则

第一条 为建立健全激励约束机制，引导干部员工树立和发扬"忠诚、干净、担当，科学、求实、创新"的新时代水利精神，促进企业发展，制定本办法。

第二条 绩效考核（以下简称"考核"）指围绕机构职能和员工岗位职责，对职责履行、工作成效、工作作风等进行的综合考评。

第三条 考核原则

（一）坚持服务于南水北调中线工程运行和企业发展，确保核心目标实现。

（二）坚持公平、公正、公开，力求客观反映被考核对象的工作实绩。

（三）坚持奖优罚劣，考核结果与薪酬分配、干部职位调整等挂钩。

第四条 考核工作由中线建管局统一组织，局机关职能部门（以下简称"部门"）、分局和直属企业分级实施。

第五条 绩效考核对象分为机构和个人两类。

本办法适用的机构考核对象为中线建管局机关各部门、各分局，个人考核对象为中线建管局机关全体员工（不含局领导班子成员）、各分局及直属企业领导班子成员。

分局和直属企业对所辖机构和人员进行考核。

第二章 组 织 机 构

第六条 中线建管局成立绩效考核委员会（以下简称"考核委员会"），成员由中线建管局领导班子成员组成，负责审定有关考核的制度、办法和考核结果，研究决策绩效考核重大事项。

第七条 考核委员会下设考核办公室，考核办公室设在人力资源部，负责考核委员会的日常工作并组织考核。

第三章 考 核 指 标

第八条 机构考核指标包括业务指标、评议指标、督办指标和奖惩指标。

部门考核得分＝业务指标考核得分×70％＋评议指标考核得分×30％＋督办指标考核得分＋奖惩指标考核得分

分局考核得分＝业务指标考核得分×80％＋评议指标考核得分×20％＋督办指标考核得分＋奖惩指标考核得分

（一）业务指标

业务指标指围绕机构职能确定的指标，用以评价被考核机构的主要职责履行情况。

（二）评议指标

评议指标指围绕业务工作对管理水平、组织协调、创新发展等方面进行定性评价的指标。

（三）督办指标

督办指标体现被水利部和中线建管局列为督办任务的事项完成情况的考核指标。

（四）奖惩指标

奖惩指标包括奖励项和惩戒项。奖励项主要指获得特殊荣誉和表彰等情形；惩戒项主要针对禁止性、惩戒性事项、重大工作失误、应承担的连带责任等情形。

第九条 个人考核指标包括个人综合评议指标和个人定量考核指标。个人综合评议指标内容包括工作绩效、敬业精神、协调配合、服务保障等方面。个人定量考核指标内容包括劳动纪律、公文处理、管理责任、廉洁自律等方面。部门（分局、直属企业）正副职干部的考核成绩，受本部门（分局、直属企业）考核成绩的影响，与其直接挂钩。

（一）局副总师考核得分＝个人综合评议得分×80％＋个人定量考核指标得分×20％

（二）部门（分局、直属企业）正职干部考核得分＝（个人综合评议得分×80％＋个人定量考核指标得分×20％）×50％＋部门（分局、直属企业）考核得分×50％

（三）部门（分局、直属企业）副职干部考核得分＝（个人综合评议得分×80％＋个人定量考核指标得分×20％）×60％＋部门（分局、直属企业）考核得分×40％

（四）部门处室干部及其他员工考核得分＝个人综合评议得分×80％＋个人定量考核指标得分×20％

第四章 考 核 实 施

第十条 对部门的考核，由局领导班子、局副总师、各部门、各分局参与评分，考核细则详见附件1。

第十一条 对分局的考核，由局领导班子、局副总师、各部门参与评分，考核细则详见附件2。

第十二条 对个人的考核，个人综合评议指标由相关人员参与评分；个人定量考核指标由相关部门核定赋分。考核细则详见附件3和附件4。

第五章 考 核 结 果 及 应 用

第十三条 年度考核结果与绩效工资分配、工资调档、干部任用、职位（职级）调整等挂钩。

第十四条 部门（分局）的考核系数 K 影响部门（分局）的年度绩效工资总额，个人考核系数 k 影响个人绩效工资数额。

$$部门（分局）考核系数 K = \frac{部门（分局）考核得分}{部门（分局）考核平均分}$$

第十五条 个人考核结果分为优秀、称职、基本称职、不称职四个等级。

第十六条 部门副职级及以上干部考核等级评定标准如下：

（一）优秀按以下三类人员分别评选。

1.局副总师和全体部门正职级干部（部门、分局、直属企业的正职干部），按个人考核得分由高到低排名，靠前的30％且得分大于75分者为优秀；

2. 全体部门副职干部，按个人考核得分由高到低排名，靠前的 20% 且得分大于 75 分者为优秀；

3. 全体分局和直属企业的副职干部，按个人考核得分由高到低排名，靠前的 20% 且得分大于 75 分者为优秀。

（二）未评为优秀的人员，依据考核得分确定考核等级：考核得分≥75 分，为称职；60 分≤考核得分<75 分，为基本称职；考核得分<60 分，为不称职。

第十七条 部门副职级及以上干部优秀、称职、基本称职、不称职四个等级，对应个人考核系数 k 分别为 1.2、1.0、0.8、0。

第十八条 部门处室干部及其他员工，按个人考核得分计算个人考核系数 k，并按个人考核系数 k 在本部门范围内（部门正副职除外）由高到低排名和 k 的大小，评定考核等级。

（一）个人考核系数公式如下：

$$个人考核系数\,k = \frac{个人考核得分}{本部门处室干部及其他员工平均分}$$

（二）个人考核系数 k 排名本部门前 20% 且 $k>0.8$ 者为优秀。

（三）未评为优秀的人员，依据个人考核系数 k 的大小确定考核等级：$k \geq 0.8$，为称职；$0.6 \leq k < 0.8$，为基本称职；$0 \leq k < 0.6$，为不称职。

第十九条 受到党纪或政务处分的人员，或在《南水北调中线干线工程建设管理局职工考勤休假管理办法》等有关规章制度中涉及一票否决的人员，当年不得评优，考核等级评定按相关规定执行，个人考核系数 k 按对应考核等级的最低限计取。

第二十条 部门处室干部及其他员工，考核结果为不称职的，计算个人绩效工资时个人考核系数 k 按 0 计取。

第二十一条 连续两年考核为称职及以上等级的人员，岗位工资按照《南水北调中线干线工程建设管理局运行期薪酬管理办法》的相关规定进行档次调整。

第二十二条 年度考核末位的部门副职级及以上干部，由有关局领导对其进行提醒谈话，连续两年考核末位视情况调整工作岗位。年度考核末位的处室干部及其他员工，由其部门（单位）领导对其进行提醒谈话。

第二十三条 年度考核为不称职的人员，应降低职级；连续两年考核为不称职的，视情况撤职或解除劳动合同。

第六章 附 则

第二十四条 考核结果及时公布。对考核结果有异议的机构或人员，自公布之日起 5 个工作日内向考核办公室提出复核申请，考核办公室于 5 个工作日内给予答复。

第二十五条 考核工作由局纪检监察部负责监督。对有关考核的违规违纪行为，经调查属实的，据实调整考核结果，并追究有关人员责任。

第二十六条 涉嫌违法违纪被立案调查尚未结案的涉事人员，当年考核待结案后视情况处理。

第二十七条 分局和直属企业参照本办法制定本单位的考核办法，并报中线建管局备案。

第二十八条 对直属企业的考核办法另行制定。

第二十九条 本办法由中线建管局人力资源部负责解释。

第三十条 本办法自印发之日起实施。《南水北调中线干线工程建设管理局绩效考核办法》（中线局人〔2018〕31 号）同时废止。

附件：1. 机关职能部门绩效考核细则（略）

2. 分局绩效考核细则（略）

3. 部门副职级及以上干部绩效考核细则（略）

4. 机关职能部门内部员工绩效考核细则（略）

Q/NSBDZX

南水北调中线干线工程建设管理局规章制度

Q/NSBDZX 425.29—2019

考 勤 休 假 管 理 办 法

2019－11－13发布　　　　　　　　2019－11－13实施

南水北调中线干线工程建设管理局　发　布

考勤休假管理办法

第一章 总 则

第一条 为进一步规范考勤、休假等相关规定，加强劳动纪律管理，维护中线建管局良好的工作秩序，保障职工合法权益，依据国家和地方相关法律法规，结合我局实际情况，制定本办法。

第二条 本办法适用于与中线建管局及各分局签订了劳动合同的在职职工。

第三条 人力资源部是全局考勤休假工作的归口管理部门，负责指导、监督、检查各分局考勤休假管理及局机关考勤休假管理工作，各分局负责本单位考勤休假管理工作。

第二章 考 勤 管 理

第四条 职工应自觉遵守劳动纪律，按时上、下班，不迟到、不早退、不旷工，充分利用工作时间，高效优质完成本职工作。

第五条 我局执行标准工时工作制，每日工作 8 小时、每周工作 40 小时，周一至周五为工作日，周六、周日为休息日。法定节假日按国家相关规定执行。

局领导班子成员、分局领导班子成员、运行调度值班人员等，因工作性质和岗位特点不能执行标准工时工作制的，原则上每周平均工作时间应为 40 小时。

第六条 职工考勤分为出勤和缺勤。出勤包括正常出勤、出差、加班、视为出勤的外出办公等，缺勤包括迟到、早退、旷工等。职工缺勤的，按《南水北调中线干线工程建设管理局运行期薪酬管理办法实施细则》相关规定扣发工资。

第一节 出 勤 管 理

第七条 工作时间内职工在中线建管局各级管理机构办公场所方圆 500 米以内或渠道两侧 500 米以内为正常出勤。

第八条 职工出差或超出正常出勤范围外出办公的，应提前填写《出差审批表》《外勤审批表》等表格进行申请，经批准后视为出勤。

第九条 各单位应合理安排工作，保障职工休息休假权利，严格控制加班。因工作需要确需加班的，由职工本人提前填写《加班审批表》进行申请。加班结束后，由其直接上级核实加班成果。

第十条 职工在休息日加班的，原则上安排补休，法定节假日加班的按相关规定发放加班工资。

第十一条 不计入加班的情形：

（一）在非工作时间参加单位组织集体活动、学习培训等。

（二）因工作性质和岗位特点不能执行标准工时工作制，在休息日工作但每周平均工作时间未超过 40 小时的。

（三）加班未经审批或无加班成果的。

第十二条　职工出差、外出办公、加班等均须按程序进行审批。

局副总师及机关部门主要负责人出差由分管局领导审批，部门副职及以下人员出差由部门主要负责人审批。

局副总师及机关部门主要负责人外出办公由分管局领导审批，部门副职负责人由部门主要负责人审批，部门副职以下人员由处室主要负责人、部门主要负责人逐级审批。

局机关职工申请加班的，由处室主要负责人、部门主要负责人、业务分管局领导逐级审批。

各分局可参照上述规定制定本单位相关审批程序。

第二节　缺　勤　管　理

第十三条　非工作原因，职工晚于规定上班时间到岗的为迟到；非工作原因，在上班时间内擅自离岗的为早退。

第十四条　职工有以下情形之一的，均视为旷工：

（一）未办理请假手续或未经有效批准，擅自不到岗的。

（二）提供虚假证明材料休假的。

（三）未经审批休假或超出审批休假时间未到岗的。

（四）不服从单位合法正当的工作调动，未按规定时间到新岗位工作的。

（五）当天迟到、早退超过 4 小时的。

第十五条　职工当月迟到、早退 5 次以内的，由部门主要负责人（分局由处室主要负责人）对其进行谈话提醒；当月迟到、早退超过 5 次或全年累计迟到、早退超过 20 次的，年度考核不得评为优秀；当月迟到、早退超过 10 次或全年累计迟到、早退超过 30 次的，年度考核不得评为称职及以上；当月迟到、早退超过 15 次或全年累计迟到、早退超过 40 次的，年度考核为不称职。

第十六条　职工旷工的，年度考核不得评为优秀；当月旷工超过 5 天或全年累计旷工超过 10 天的，年度考核不得评为称职及以上；当月旷工超过 10 天或全年累计旷工超过 20 天的，年度考核为不称职；当月旷工超过 15 天或全年累计旷工超过 30 天的，解除劳动合同。

第三节　考　勤　方　式

第十七条　职工利用中线建管局统一配置的手持终端进行考勤登记。

第十八条　各单位内设机构应指定相关人员兼任考勤员，协助人力资源部门做好考勤、休假管理等工作。

第十九条　系统定位信息失真、实际工作范围超出规定考勤区域等情况，导致考勤信息与实际出勤情况不符的，职工本人提供相关证明材料，经局机关部门（分局处室）主要负责人审核确认后，由人力资源部门根据其实际出勤情况对考勤信息进行修正。

第三章　休　　假

第二十条　中线建管局职工可休假期包括：事假、病假、年休假、探亲假、婚假、产假、陪产假、丧假等。

第二十一条 职工休假期间的工资计发办法，按照《南水北调中线干线工程建设管理局运行期薪酬管理办法实施细则（试行）》相关规定执行。

第一节 事 假

第二十二条 职工在工作时间内因个人事务需请假的，应优先使用补休天数或年休假。如补休天数和年休假已休完，方可申请事假。

第二十三条 事假原则上每年累计不得超过 20 天。

第二十四条 事假期间遇法定节假日和公休日的不计为事假天数。

第二节 病 假

第二十五条 职工因患病或非因工负伤需要停止工作进行治疗的可申请病假。

第二十六条 病假天数根据职工实际病情、医院出具的诊断证明、病假证明及医疗期规定等确定。医疗期规定详见表1。

表1 职工患病或非因工负伤医疗期规定

序号	职工实际工作年限	职工本单位工作时间	医疗期
1	10 年以下	5 年以下	3 个月
		5 年以上	6 个月
2	10 年以上	5 年以下	6 个月
		5 年以上 10 年以下	9 个月
		10 年以上 15 年以下	12 个月
		15 年以上 20 年以下	18 个月
		20 年以上	24 个月

累计病休时间计算：

（一）医疗期 3 个月的按 6 个月内累计病休时间计算。

（二）医疗期 6 个月的按 12 个月内累计病休时间计算。

（三）医疗期 9 个月的按 15 个月内累计病休时间计算。

（四）医疗期 12 个月的按 18 个月内累计病休时间计算。

（五）医疗期 18 个月的按 24 个月内累计病休时间计算。

（六）医疗期 24 个月的按 30 个月内累计病休时间计算。

第二十七条 医疗期自职工病休之日开始计算，在规定的时间内累计病休时间达到规定的医疗期限的视为医疗期满。医疗期满仍未治愈的，按相关法律法规或劳动合同执行。

第二十八条 病假期间遇法定节假日和公休日的计为病假天数。

第三节 年 休 假

第二十九条 职工连续工作一年以上的可享受年休假。

第三十条 职工累计工作已满 1 年不满 10 年的，年休假 5 天；已满 10 年不满 20 年的，年休假 10 天；已满 20 年的，年休假 15 天。

新入职职工当年年休假天数，按照在本单位剩余日历天数折算确定；退休及其他在当年工作未满整年的职工，当年年休假天数按照在本单位的实际日历天数折算确定。

第三十一条 年休假在一个年度内可以集中安排，也可分段安排，原则上不跨年度安排。各单位应根据全年工作计划，组织职工做好年休假安排。职工未申请或单位批准而职工未休的，视为职工自动放弃年休假权利。

确因工作需要无法安排职工休年休假的，局机关需经分管人力资源工作的局领导审批，分局需经分局长审批。

第三十二条 年休假期间遇法定节假日和公休日的不计为年休假天数。

第四节 探 亲 假

第三十三条 职工连续工作一年以上的可享受探亲假。与配偶不住在一起，又不能在公休假日团聚的，可以享受本办法规定的探配偶假；与父母亲都不住在一起，又不能在公休假日团聚的，可以享受本办法规定的探父母假。

第三十四条 职工与被探望对象不住在一起的判定条件原则上以职工的工作地和被探望对象的户籍所在地为准。职工父母不在户籍地工作或在其户籍地以外与职工的兄弟姐妹一起居住的，以及职工配偶实际工作地不在户籍地的，以其实际工作、生活所在地为准。

职工与被探望对象不能在公休假日团聚的判定条件为：不能利用公休假日在家居住一夜和休息半个白天。

职工探亲假期满后，凭与被探望对象户籍地（工作、生活所在地）一致的交通票据销假，否则按旷工处理。

第三十五条 探亲假假期规定如下：

（一）探配偶假：每年假期为 30 天。

（二）探父母假：未婚职工每年假期为 20 天；已婚职工，每四年假期为 20 天。

第三十六条 探亲假应一次性连续安排，探亲假期间遇法定节假日和公休日的计为探亲假天数。

第五节 婚 假

第三十七条 职工自结婚登记之日起 12 个月内可享受婚假。

第三十八条 统一规定的婚假为 3 天，各单位可根据当地相关规定适当增加职工婚假假期。

第三十九条 婚假应一次性连续安排，统一规定的婚假期间遇法定节假日和公休日的不计为婚假天数。

第六节 产 假

第四十条 已婚女职工符合国家计划生育政策生育的，可享受产假。

第四十一条 国家规定的产假为 98 天，其中产前可以休 15 天；难产的，增加产假15 天；生育多胞胎的，每多生育 1 个婴儿，增加假 15 天。

怀孕未满 4 个月流产的，享受 15 天产假；怀孕满 4 个月流产的，享受 42 天产假。

在国家规定的产假基础上，当地政策有规定可另给予享受生育津贴的生育奖励假等的，各单位按当地规定执行。

第四十二条 如当地政策规定，女职工经单位批准可休不享受生育津贴的产假延长假（简称"产假延长假"）的，产假延长假在当地政策规定的期限范围内，根据女职工实际情况具体确定。

第四十三条 产假应一次性连续安排，产假期间遇法定节假日和公休日的计为产假天数。

第四十四条 女职工在工作时间内进行产前检查的，所需时间计入工作时间。

第四十五条 女职工有不满 1 周岁婴儿的，每天给予 1 小时哺乳时间；生育多胞胎的，每多哺乳 1 个婴儿每天增加 1 小时哺乳时间。哺乳时间计算为工作时间。

第七节 陪 产 假

第四十六条 配偶符合国家计划生育政策生育的，已婚男职工可享受陪产假。

第四十七条 各单位可根据当地相关规定确定陪产假期。

第四十八条 陪产假应一次性连续安排，陪产假期间遇法定节假日和公休日的计为陪产假天数。

第八节 丧 假

第四十九条 职工的配偶及双方的直系亲属（父母、子女等）死亡时，可给予丧假。

第五十条 丧假假期一般为 3 天。

第五十一条 丧假假期内遇法定节假日和公休日的不计为丧假天数。

第九节 请 休 假 程 序

第五十二条 职工请假应提前填写《请假申请表》，并提供相关证明材料，按程序进行审批，休假结束后，应及时办理销假手续。

第五十三条 职工请假时，应先经人力资源部门对可休假类型及天数进行审核。局机关按以下程序进行审批：

（一）局领导

局主要领导请假，按相关要求办理；其他局领导请假，应报局主要领导审批。

（二）副总师及部门职级人员

1. 副总师及部门主要负责人请假由分管局领导、局长逐级审批；

2. 部门副职负责人请假由部门主要负责人、分管局领导逐级审批。

（三）处室以下人员

1. 请假 3 天以内（含 3 天）的，由处室主要负责人、部门主要负责人逐级审批；

2. 请假天数 3 天以上的，由处室主要负责人、部门主要负责人、分管局领导逐级审批。

（四）职工超过规定假期请假的，须附相关说明材料，逐级审核，最终由局长审批。

各分局可参照上述规定制定本单位审批程序。

第五十四条 职工遇紧急情况或不可抗力来不及办理请假手续的，应电话向相关领导请假，事后 3 日内补办相关手续。

第四章　附　　则

第五十五条 各分局依据本办法，结合本单位实际情况及当地相关法律法规，制定实施细则报人力资源部备案。

第五十六条 本办法由人力资源部负责解释。

第五十七条 本办法自印发之日起执行。原《南水北调中线干线工程建设管理局职工考勤管理办法》（中线局人〔2004〕6 号）、《南水北调中线干线工程建设管理局职工年休假和探亲假实施办法》（中线局人〔2008〕21 号）废止。

Q/NSBDZX

南水北调中线干线工程建设管理局规章制度

Q/NSBDZX 428.01—2018

技 术 委 员 会 章 程

2018－02－05发布　　　　　　2018－02－05实施

南水北调中线干线工程建设管理局　发　布

技 术 委 员 会 章 程

第一章 总 则

第一条 为加强南水北调中线干线工程建设管理局（以下简称"中线建管局"）技术管理工作，充分利用社会各方面技术资源，研究解决工程运行和后续建设中的重大技术问题，提高管理效率和水平，促进管理决策的科学化、民主化，特成立中线建管局技术委员会，并制定本章程。

第二条 技术委员会是中线建管局常设的技术咨询机构，根据本章程开展工作。

第二章 主 要 工 作 任 务

第三条 为中线建管局的战略发展提供技术咨询和建议。

第四条 研究南水北调中线干线工程运行管理和后续工程建设中的技术标准及重大技术问题，提供技术咨询和决策建议。

第五条 对南水北调中线干线工程科研项目的项目建议书、立项报告、工作大纲、研究成果等进行评审或咨询等。

第六条 主持南水北调中线干线工程年度科技创新等奖项的评审。

第三章 组 织 机 构

第七条 技术委员会由中线建管局局领导、总工（师）、各专业技术专家，以及社会各界热心南水北调工程建设事业、具有较高专业水平、在本专业有一定知名度和代表性的专家学者组成。

第八条 技术委员会委员包括顾问若干名、主任1名、副主任若干名、秘书长1名、副秘书长1名，专家若干名；专家分为若干专业组，各专业组设组长1名、副组长1名。

第九条 技术委员会主任和副主任由局长办公会议提名并讨论任命。秘书长由中线建管局总工兼任，副秘书长由中线建管局科技管理部部长兼任。

第十条 根据工作需要，由技术委员会主任会议研究聘任若干社会专家为技术委员会顾问。

第四章 专家委员的条件与聘任

第十一条 技术委员会专家委员的基本条件：热心南水北调事业、有扎实的专业理论基础和丰富的实践经验、有较强的分析和调研工作能力、具有良好的职业道德、在本职工作中做出显著成绩和贡献、在本行业内有较高的知名度、具有高级专业技术职称、身体健康且本人自愿的局技术骨干和社会专家。

第十二条 专家委员实行聘任制。专家委员经主任会议研究同意后正式聘任，颁发证书。任期3年，根据工作需要可续聘连任或任内解聘。

第十三条　各专业组组长、副组长由技术委员会主任提名，主任会议研究聘任。各专业组专家委员由秘书长提名，主任会议研究聘任。

第十四条　如工作需要调整、增聘专家委员时，由秘书长提名，经技术委员会主任会议研究聘任。

第十五条　专家委员本人要求退出技术委员会或因工作原因、身体状况及其他不能履行委员职责的，经技术委员会主任会议研究，予以解聘。

第十六条　对不履行职责，未经技术委员会批准而连续3次不参加技术委员会活动，或经常不能参加技术委员会活动的专家委员，技术委员会有权解聘。

第五章　委员的权利和义务

第十七条　技术委员会委员享有下列权利：

（一）参加技术委员会组织的工程项目或专题的咨询、审查、评估等活动，可充分发表个人意见和建议。委员个人意见与技术委员会结论意见不一致时，保留个人意见。

（二）参加技术委员会组织的技术咨询、审查、评估、调研等活动时，根据需要可使用技术委员会提供的有关资料和信息。

（三）对中线建管局的战略发展和技术委员会的工作有建议权，对技术委员会委员候选人有推荐权。

（四）承担技术委员会组织的技术咨询、审查、评估、调研任务，按中线建管局规定标准报销差旅费。

第十八条　技术委员会委员履行下列义务：

（一）在各项咨询活动中贡献自己的智慧、专长和经验，积极提供有关信息资料，实事求是、认真负责地提出自己的意见和建议。

（二）在工作中严格遵守国家和中线建管局的保密规定及特殊项目的保密要求。

（三）对咨询研究成果和有关资料，除属本人资料外，未经技术委员会同意不得以任何形式发表或转交他人。

（四）在参加技术委员会组织的活动中，遵守中线建管局的有关制度，维护中线建管局的形象。未经中线建管局授权，委员个人不得以中线建管局的名义对外发表意见。

第六章　工作制度

第十九条　技术委员会每年年初召开一次全体会议，总结上年度工作情况，安排部署本年度工作计划。必要时可临时增加全体会议。

第二十条　技术委员会根据需要不定期召开主任会议。会议由秘书长召集，由主任主持，副主任、秘书长、副秘书长等参加会议，研究确定重大事项和年度计划。

第二十一条　如工作需要，可临时聘请非技术委员会的社会专家参加技术委员会的活动。

第七章　办事机构及其职责

第二十二条　技术委员会日常办事机构为秘书处，秘书处设在中线建管局科技管理部。

第二十三条 秘书处主要职责如下：

（一）按照技术委员会的安排，负责组织落实技术委员会的各项活动。

（二）负责编制技术委员会年度经费预算。

（三）定期收集、汇总技术委员会委员及专家的活动情况，反映委员和专家的意见和要求。

（四）负责办理委员的聘任和解聘手续。

（五）承担技术委员会交办的其他任务。

第八章 经 费 与 预 算

第二十四条 技术委员会的活动经费纳入中线建管局运行管理费。

第二十五条 技术委员会年度经费预算经主任会议同意后，列入中线建管局年度预算。

第九章 附 则

第二十六条 本章程经中线建管局局长办公会批准后实施。

第二十七条 本章程由中线建管局负责解释。

Q/NSBDZX

南水北调中线干线工程建设管理局规章制度

Q/NSBDZX 404.01—2019

科 技 创 新 奖 励 办 法

2019－12－23发布　　　　　　　　2019－12－23实施

南水北调中线干线工程建设管理局　发　布

科技创新奖励办法

第一章 总 则

第一条 为贯彻落实科技创新引领发展理念，激发全体职工的科技创新潜能，营造良好科技创新氛围，提升南水北调中线干线工程总体科技创新水平，根据有关规定，结合工程实际情况，制定本办法。

第二条 科技创新奖每两年评选一次。

第三条 本办法不包含已获得国家、省（部）级科学技术奖励的科技项目。

第四条 本办法适用于南水北调中线干线工程建设管理局（以下简称"中线建管局"）局属各部门、各单位和与中线建管局、分局及直属公司签订了劳动合同的人员。

第二章 机 构 职 责

第五条 中线建管局局长办公会负责批准科技创新奖励方案。

第六条 中线建管局成立科技创新奖评审委员会，由总工程师担任评审委员会主任，特邀专家、局（副）总师和局各专业部门、各单位代表担任评审委员会委员，负责科技创新项目的评审。

第七条 总工办是科技创新奖评审工作的办事机构。负责组织项目申报、形式审查、评审组织、公示及异议处理、结果公布等。

第八条 推荐单位负责对申报材料的真实性、完整性进行审核，提出推荐意见，配合做好异议调查。

第九条 申报单位（个人）负责申报材料的整理、编写，配合做好异议调查。

第三章 奖项设置与评审标准

第十条 奖项设置

1. 科技创新奖设一等奖、二等奖、三等奖。评选条件不够充分时，奖项可以空缺。

原则上一等奖单项项目获奖人员不超过 10 名，二等奖单项项目获奖人员不超过 8 名，三等奖单项项目获奖人员不超过 6 名。

原则上一等奖项目奖励金额 3 万元，二等奖项目奖励金额 2 万元，三等奖项目奖励金额 1 万元。

2. 对于科技创新成果特别突出，在工程中已获得广泛应用或具有广泛应用价值，经济或管理效益特别显著的项目，经局长办公会审议，可设立科技创新特等奖，奖金额度由局长办公会确定。

3. 同一人员申报科技创新奖励项目不超过 2 个。

第十一条 评选条件

申报项目应为体现服务工程、提质增效、科技引领且由中线建管局自有人员主导完成的科技创新成果，应满足以下条件之一：

1. 新技术、新工艺、新材料、新设备等的发明创造。

2. 新技术、新工艺、新材料、新设备等的创新应用。

3. 结合南水北调中线干线工程实际情况，推广应用国内外已有先进科技成果，创新性地解决了工程维护运行中遇到的难题。

4. 对已有新技术集成配套或整合改造，实现在南水北调中线干线工程规模化推广，取得显著效益。

项目取得显著科技创新成果，解决了突出的技术难题，获得显著的经济或管理效益，总体技术水平在行业领先，可评为一等奖；项目取得明显科技创新成果，解决了一定程度的技术难题，获得明显的经济或管理效益，总体技术水平行业先进，可评为二等奖；项目取得一定科技创新成果，解决了现场技术难题，获得较好的经济或管理效益，总体技术水平在中线工程领先，可评为三等奖。

第十二条 申报项目科技创新成果和知识产权应为中线建管局或直属单位所有（共有）。

第十三条 申报项目应有科技创新成果评价意见，或在工程中得到应用且工程项目通过验收。

第十四条 已参评并获奖项目，不再参加评选。已参评未获奖项目，如在以后的研发中，技术上确有实质性突破，或经进一步应用推广取得显著的效益，可按照本办法再次申报。

第十五条 科技创新奖申报应严格执行申报截止时间，逾期不再进行增补和更改。

第四章 评 选 及 审 核

第十六条 科技创新奖评选工作程序如下：

1. 申报。对照评选条件，项目完成单位或个人编写《南水北调中线建管局＿＿年度科技创新奖申报书》（附件1），提供必要的支撑证明材料。项目主要参加人员应本人签字，申报书应加盖单位公章；多个单位联合申报的，由申报单位自行协商确定主办、协办单位，申报材料应同时加盖公章。申报书及有关材料应真实、完整。

2. 推荐。各部门、各单位负责对申报项目的真实性、完整性进行审核，并按照评选条件择优推荐科技创新奖参评项目，填写推荐意见，相关负责人签字并加盖公章；提交《＿＿＿＿年度科技创新奖推荐项目汇总表》（附件2）。

3. 形式审查。总工办对各申报项目的材料完整性、评选条件符合性进行形式审查。

4. 评审。组织召开科技创新奖评审会，对申报项目进行评审，提出获奖项目及获奖等级评审结果。

5. 公示。评审结果在中线建管局网站公示5个工作日。任何单位或个人如有异议，均可在公示期间向总工办提出书面意见；单位异议材料应加盖公章，个人异议材料应署实名；逾期提交或不符合上述条件的不予受理。

6. 上报。总工办根据评审结果及公示情况，形成科技创新奖励方案，予以上报审批。

7. 批准。中线建管局局长办公会批准科技创新奖励方案。

第五章 表 彰 奖 励

第十七条 获得科技创新奖的优秀项目，中线建管局将进行公开表彰和奖励，向获奖的单位和个人颁发证书，向获奖个人发放奖金，奖励资金来源于局长奖励基金。

第十八条 总工办汇总科技创新获奖项目奖金分配方案提交人力资源部，由人力资源部将奖励金额核定至各单位，由其负责具体发放。

第六章 责 任 追 究

第十九条 申报单位（个人）和推荐单位对申报项目的真实性负责。对剽窃、侵夺他人科技创新成果的，或弄虚作假，以其他不正当手段骗取奖励的单位和个人，一经查实，将撤销奖励，追回奖金。情节严重的，将追究其责任。

第七章 附 则

第二十条 本办法由总工办负责解释。

第二十一条 本办法自印发之日起实施。

附件1

南水北调中线建管局
_____年度科技创新奖
申报书

项目名称：_____

申报单位：_____

填报日期：____年____月____日

南水北调中线建管局＿＿＿＿＿年度科技创新奖申报书

项目名称			
申报单位			
申报等级			
项目负责人		联系电话	
项目主要内容	主要包括但不限于（字数不少于 600 字）： 1. 项目内容及特点； 2. 主要创新内容及创新成果； 3. 完成及应用情况； 4. 取得效益情况； 5. 获得知识产权情况（专利、论文、论著等，复印件附后）； 6. 其他支撑材料（复印件附后）； 7. 主要参加人员情况表（见附表）。		
自评意见	（对照评选条件逐条说明）		
主要完成单位意见	（主办、协办单位均需盖章） 盖　章 年　　月　　日		
推荐单位意见	（推荐单位意见应说明申报项目是否符合申报条件，材料是否真实、完整，由部门负责人/分局总工程师/直属公司分管技术负责人签字，并加盖公章。） 盖　章 年　　月　　日		

附表　　　　　　　　　　　　　　　　主要参加人员情况表

项目名称				
主要参加人员	姓　名	单　位	职务/职称	本人签字

注：主要参加人员按排名先后进行填写。

附件 2

_____年度科技创新奖推荐项目汇总表

单位名称：（盖章）　　　　　　　　　　　　填报日期：

排序	项目名称	申报单位	参加人员	推荐等级
1				
2				
3				
⋮				

注：项目按照推荐优先次序进行排序。

Q/NSBDZX

南水北调中线干线工程建设管理局规章制度

Q/NSBDZX 428.02—2018

科技成果应用证明和效益证明
办理规定

2018－01－29发布　　　　　2018－01－29实施

南水北调中线干线工程建设管理局 发　布

科技成果应用证明和效益证明办理规定

第一章 总 则

第一条 为规范南水北调中线干线工程建设管理局（以下简称"中线建管局"）科技成果应用证明和效益证明办理程序，明确有关要求，制定本规定。

第二条 在南水北调中线干线工程建设或者运行中依托工程开展研究或实际应用了的科技成果，可申请中线建管局出具科技成果应用证明或效益证明。

第三条 证明办理坚持实事求是、客观公正、有理有据的基本原则。

第二章 职 责 分 工

第四条 科技管理部负责科技奖项申报及科技成果应用证明或效益证明的归口管理。

第五条 局所属各部门按照职责分工负责受理科技成果应用证明或效益证明办理申请。

第六条 科技管理部负责科技成果应用证明或效益证明的审核和办理。

第三章 程 序 和 要 求

第七条 申请提交。应由申请单位向中线建管局正式发函提出，并满足以下要求：

（一）如实说明证明的用途、报奖项目的基本情况、成果在中线工程应用情况及应用成效、拟申报的具体奖项、牵头申报单位及参加单位、报奖人员名单及排序等。

（二）需在成果应用证明或效益证明中体现具体效益指标的，应说明效益指标计算依据和计算过程。提出的效益指标必须依据充分、真实可靠。

（三）配合提供报奖项目成果资料及成果评价等相关支撑材料。

申请单位对所提供申请材料的真实性、可靠性负责。

第八条 证明拟稿。局属各部门按照职责分工负责拟定成果应用证明和效益证明初稿。

第九条 证明审核。局所属各部门将拟定的证明初稿与申请材料一并正式提交科技管理部审核，证明中有具体效益指标或证明要求盖财务专用章的，应提交财务资产部审核。

第十条 证明办理。证明初稿通过审核后，科技管理部按照中线建管局用印审批流程统一办理。

（一）科技管理部办事人员填写《中线建管局用印单》。

（二）科技管理部处室负责人、部门负责人审核。

（三）局总工审签。

（四）局长审批。

（五）办事人员用印。

第四章　注　意　事　项

第十一条　与中线工程不相关的、未在中线工程应用的成果不予办理。

第十二条　证明主要说明成果在中线工程实际应用及应用成效等情况，不应进行成果评价或鉴定。

第十三条　证明除中线建管局同意的用途外，不做他用，也不作为成果权属的依据。

第五章　附　　则

第十四条　科技管理部建立证明办理台账，跟踪奖项申报情况，做好相关资料保存。

第十五条　需中线建管局出具业绩证明等其他类型证明的，可参照此规定办理。

第十六条　本规定由中线建管局科技管理部负责解释。

第十七条　本规定自印发之日起执行。

Q/NSBDZX

南水北调中线干线工程建设管理局规章制度

Q/NSBDZX 406.05—2018

工程运行安全监测管理办法

2018－03－01发布　　　　　　　　　2018－03－01实施

南水北调中线干线工程建设管理局　发　布

工程运行安全监测管理办法

第一章 总 则

第一条 为规范南水北调中线干线工程安全监测工作，及时掌握工程运行性态，保障工程安全，根据安全监测相关规程、规范，结合南水北调中线工程特性，制定本办法。

第二条 本办法适用于南水北调中线干线工程监测数据采集、资料整理整编与分析、安全监测自动化系统使用维护、异常情况分析与处置等工作的管理。

第三条 安全监测应严格执行相关技术标准和规定，确保监测行为规范、数据真实、成果可靠、分析及时、异常处置到位。

第四条 安全监测实行统一管理、分级实施的原则。

第二章 职 责 分 工

第五条 科技管理部为安全监测工作归口管理部门，负责健全完善安全监测管理体系，制定安全监测管理规章制度，规范安全监测管理行为，审核安全监测预算，监督异常情况调查分析和处置，安全监测自动化系统管理，安全监测体系考核，督促安全监测问题整改，监测新技术的研究和推广应用等。

第六条 分局负责所辖工程的安全监测工作组织实施和管理，监测数据异常情况调查分析和处置，安全监测自动化系统运行和维护管理，安全监测仪器设备及设施管理和更新改造，安全监测技术人员技能考核，纠正安全监测不当行为，安全监测问题整改，组织编制月报、年报等安全监测报告，编制安全监测预算，项目费用支付等。

第七条 现地管理处负责现场安全监测实施，监测数据采集、整理和初步分析，安全监测自动化系统运行管理，服务单位工作计量和考核，安全监测仪器设备及设施的维护管理等。

第八条 外观监测队伍负责安全监测工作基点复核，监测数据采集及平差计算，监测资料整理及初步分析，按规定要求报送监测数据和初步分析报告等。

第九条 安全监测咨询单位负责对安全监测资料进行整编与分析并编写报告，编制安全监测系统完善及优化建议方案，安全监测异常数据调查分析并提出处置建议，编写安全监测月报、年度安全监测报告、专项监测资料分析报告，其他安全监测技术支持服务等。

第十条 安全监测自动化维护单位负责对局机关及 5 个分局以及 45 个管理处、现地站的工程安全监测自动化系统的硬件设备及全线安全监测自动化系统应用软件维护，以及技术人员的培训、专项维护、应急抢修、系统的性能评价及数据的人工比测等，保证安全监测自动化系统正常运行。

第十一条 安全监测基准网项目承担单位负责安全监测基准网建设、测量和维护。

第三章 运 行 管 理

第十二条 各级管理机构应明确安全监测负责人、责任人，全面负责所辖区域内安全监测管理工作。

第十三条 安全监测管理人员应具备相应的工程技术知识和安全监测专业知识，熟悉掌握所辖区域工程特性和安全监测设施布置情况，尤其是重点监测对象、关键监测部位、主要监测项目。

第十四条 数据采集工作要求：

（一）严格按照"固定测次、固定测时、固定设备、固定人员"的要求，采用人工进行数据采集时不得缺测漏测，如因特殊情况无法按规定频次进行数据采集，应在数据记录表中注明原因。采用自动化方式进行数据采集时应满足规范规定的数据缺失率要求。

（二）在取得可靠初始值的基础上，做到监测连续、记录真实、注记齐全、整理及时，若发现异常数值，应及时进行复核，查明测值异常原因。

第十五条 监测资料整理、整编要求：

（一）监测资料整理成果应做到项目齐全，考证清楚，数据可靠，方法合理，图表完整，规格统一，说明完备。

（二）现地管理处安全监测人员应每天查看安全监测自动化系统数据采集情况，发现异常情况及时报告。

第十六条 监测资料初步分析要求：

（一）每次监测数据采集应及时做出初步检查、进行初步分析。

（二）初步分析应包括观测成果可靠性和准确性的分析评定、观测效应量的数值范围及变化情况分析、异常值的判断。

第十七条 现地管理处安全监测人员每月应对监测数据进行整理分析。

第十八条 分局组织对安全监测数据进行整编分析并编写年度分析报告，对渠道和建筑物的安全状态作出评价。

第十九条 各级管理机构原则上应定期召开安全监测工作会议，总结安全监测工作，通报发现的问题，解决存在的困难，部署工作任务。

第二十条 各级管理机构应根据需要对安全监测人员组织专业培训。

第四章 安全监测服务单位管理

第二十一条 安全监测服务单位指外观观测单位、咨询单位、自动化系统维护单位和基准网项目承担单位。

第二十二条 各级管理机构根据职责分工具体负责对服务单位的管理，安全监测服务单位需服从管理。

第二十三条 安全监测服务单位应编制年度服务方案，经审批后实施。

第二十四条 现地管理处负责对安全监测服务单位进行监督、检查、计量、考核。

第二十五条 应急抢修和应急抢险需服务单位配合工作的，安全监测服务单位须先行组织力量投入抢修和抢险。应急项目相关费用按中线建管局有关规定计取。

第二十六条　安全监测服务单位应配合做好安全监测专业巡查信息管理平台的开发和使用工作。

第二十七条　安全监测服务单位应按照有关规定，明确安全生产管理人员，按照国家和行业以及中线建管局有关安全生产方面的规定，做好安全生产管理工作。

第二十八条　外观观测单位应按照规定频次和固定路线进行外观数据采集，作业操作必须规范。

第二十九条　外观观测单位应在每期观测完成后当天计算出结果并与上期观测值进行对比分析，计算结果于3天内上报现地管理处。确认异常时应当天上报现地管理处。

第三十条　外观观测单位应每期对观测数据整理分析并编写初步分析报告，当期完成后于次月5日前提交现地管理处。

第三十一条　咨询单位应及时对监测数据进行分析，对监测异常数据进行核实、评判，编写安全监测月报。

第三十二条　咨询单位每年进行监测资料整编分析，编写年度安全监测报告。

第三十三条　咨询单位应协助编写专项监测资料分析报告，提供安全监测管理技术支持服务，指导开展安全监测工作。

第三十四条　自动化系统维护单位每月25日前将《巡视检查计划表》报现地管理处审核。维护单位根据计划开展工作，如有调整应经现地管理处同意。

第三十五条　自动化系统维护单位应每月对巡查维护记录表进行整理装订成册，并复印一份报管理处存档。

第三十六条　自动化系统维护单位应编写作业指导书，操作过程中严格按作业指导书进行作业。

第三十七条　自动化系统维护单位应及时对自动化系统出现的故障进行处理。

第三十八条　自动化系统维护单位在故障处理过程中接受现地管理处的监督、检查。故障处理后应及时提交现地管理处验收。建立故障处理台账并于每月5日前上报现地管理处。

第三十九条　自动化系统维护单位配合现地管理处完成安全监测系统运行相关工作。

第四十条　基准网项目承担单位按照批准的实施方案完成基准网建设，并做好基准网的维护工作。

第四十一条　基准网项目承担单位按规定时间完成首测值的观测及复测，每期观测完成后在2个月以内提交观测成果。

第五章　观测设备设施管理

第四十二条　安全监测观测设备设施包括全站仪、水准仪、经纬仪、振弦式数据采集仪、数字式电桥、移动式测斜仪、电磁式沉降仪、电测水位计、监测终端、自动化采集单元、自动化供电系统、自动化通讯系统、机柜及附属设备设施等。

第四十三条　现地管理处建立安全监测观测设备设施台账，分局统一管理。

第四十四条　现地管理处和服务单位负责相应的安全监测观测仪器设备的保管、维护、检定和使用，及时修复损坏的安全监测设施，保证监测系统正常工作。

第四十五条　观测设备设施的使用单位应根据监测任务制定购置、检定和维修年度计划，报分局审核后实施。低值、易损、易耗器材和配件由各使用单位自行采购管理使用。

第四十六条　安全监测观测设备必须由安全监测的人员操作，严格按照仪器说明书中的要求和方法正确使用与操作。

第四十七条　应检定的观测仪器设备必须定期送检，在用的仪器设备须在检定有效期内使用。除按规定送检外，每季应做 1 次常规维护保养工作，并建立观测设备维护保养记录。

第四十八条　仪器出现故障应及时报告分局并说明原因，送有资质的机构维修检定。

第四十九条　仪器应贮放在通风、干燥的场所，定期对仪器表面进行清洁。

第五十条　观测仪器设备电池必须严格按说明书的充、放电功能使用和保管。长期不使用的仪器或电池，每半年至少做一次充放电检查。

第五十一条　现地管理处根据观测任务情况，对经常使用和易损的观测设备应储备备用设备。储备的备用设备应按规定定期进行维护保养。

第五十二条　各类内观测量仪表允许使用年限 8 年，最长使用年限不超过 12 年。超过允许使用年限、维修价值不高、经修理不能达到精度的可申请报废。

第五十三条　安全监测自动化系统监测终端，必须由安全监测人员使用，不得挪作他用。

第五十四条　为保证内网系统安全，与内网监测终端进行数据交换必须使用专用存储设备。

第六章　安全监测自动化系统软件管理

第五十五条　安全监测自动化系统软件包括现场数据采集软件和自动化系统应用软件。

第五十六条　各级管理机构负责安全监测自动化系统软件的使用，提出功能完善需求及建议。

第五十七条　安全监测自动化系统维护单位负责安全监测自动化系统数据采集软件和应用软件日常维护及修改完善工作。

第五十八条　各级管理机构负责督促、检查自动化系统维护单位的日常维护、修改完善和故障的修复。

第五十九条　自动化系统维护单位定期对数据库进行备份，对因各种人为原因或者意外造成的数据丢失进行恢复，对垃圾数据进行定期清理等。

第六十条　安全监测数据备份范围包括安全监测自动化采集配置文件、自动化采集原始数据文件、安全监测应用系统数据库、安全监测应用系统文件。

第六十一条　系统正常运行时，宜按每月 1 次周期备份数据库全库。配置文件、系统文件等宜按每 3 个月 1 次的周期进行备份。

第六十二条　当数据库或者文件发生重大修改或升级时，应备份修改或升级前的数据库或者文件，并进行详细说明，长期保存。

第六十三条　备份文件必须具有明确的标识，注明备份编号、备份内容、备份日期时间等重要信息。

第六十四条　数据库出现故障或损坏时，由数据库管理人员调取相应的备份数据文件进行恢复。

第六十五条　其他应用系统调用监测数据应征求业务主管部门同意。

第六十六条　监测终端登录应用系统及主要操作过程应生成相应的操作日志并存档，以便于查询操作记录。

第六十七条　应用系统软件用户权限划分为三类：开发权限、使用权限、访客权限。使用权限分为三级：中线建管局、分局、现地管理处。

第六十八条　各级管理机构安全监测人员每个用户拥有一个独立账号，不得使用他人账号密码登录。

第六十九条　科技管理部统筹应用系统软件维护功能升级和完善。

第七章　备品备件管理

第七十条　安全监测自动化系统应配备一定数量的备品备件，保障安全监测自动化系统可靠运行。

第七十一条　维护单位上报年度维护方案时提出备品备件的种类和数量需求，分局批复后实施。

第七十二条　备品备件的质量与性能原则上应与原系统中所用设备一致，更换其他型号须经分局同意。

第七十三条　备品备件宜由安全监测自动化系统维护单位负责采购，分局也可自行采购。

第七十四条　安全监测自动化系统维护单位负责备品备件的验收、保管、运输、安装、检测等。

第七十五条　维护单位每月以电子版形式向分局报送备品备件库存明细账和《备品备件出库月汇总单》。

第七十六条　维护过程中需使用备品备件时，备品备件出库前进行相应检验确保性能合格。

第七十七条　备品备件使用验收合格后维护单位填报《备品备件现场使用确认单》，由现地管理处签认。

第七十八条　《备品备件现场使用确认单》应与故障处理任务书配套使用。

第七十九条　维护单位负责故障件的维修，维修合格的配件作为备件使用。

第八十条　没有维修价值的故障件，维护单位在坏件上贴上报废标签，经现地管理处核实后，由维护单位处理。

第八十一条　故障处理后，维护单位应及时补齐同等数量的备品备件。国产设备补齐时间不超过 1 个月，进口设备补齐时间不超过 3 个月。

第八十二条　维护单位合同到期后，按要求储备的剩余合格备品备件移交分局备用。维护单位做好转运、移交等工作，并填报《备品备件移交确认单》。

第八章 异常情况分析和处置

第八十三条 现地管理处和安全监测服务单位在日常监测中发现数据异常或其他异常现象，应立即进行分析判断，如为工程工作性态异常，由管理处编制情况说明，及时电话或传真报分局。

第八十四条 各分局在收到异常问题情况说明后及时将相关资料提交给安全监测咨询单位，并报告分管领导。

第八十五条 安全监测咨询单位组织对异常情况进行调查分析，并提出处置建议。

第八十六条 分局做好异常情况台账统计，组织异常情况处置。对影响工程结构安全的异常情况，将异常情况及处置方案报中线建管局。

第八十七条 中线建管局负责监督指导影响结构工程安全的异常情况处置。

第九章 问题与故障处理

第八十八条 各级检查发现的安全监测设施维护问题、系统软件运行问题、监测及管理行为问题，现地管理处应及时上报分局。分局根据问题性质，落实责任单位，制定整改措施及时组织责任单位进行整改。

第八十九条 服务单位人员发现安全监测设备设施出现损坏（电缆裸露、电缆被挖断、电缆标识缺失、外观监测装置损坏等）问题时，应及时报告现地管理处，现地管理处按照问题性质，按相应处理流程进行处理。

第九十条 对于严重影响监测数据采集、传输、存储等系统性问题，分局及时进行处置，并报告中线建管局。

第九十一条 现地管理处应建立安全监测问题台账，每月进行更新，并上报分局。

第九十二条 各级监测管理人员发现监测自动化系统故障时，应及时报告维护单位，维护单位尽快查明故障原因，并进行故障处理。

第九十三条 自动化系统故障处理前应填写任务书，任务书由现地管理处签发。对于不需要更换备品备件的故障处理可不填写任务书，维护单位及时处理并做好记录。

第九十四条 现地管理处和维护单位应定期查看南水北调业务内网远程数据采集、上传及整编分析情况，发现设备故障或软件问题时，根据相应程序及时进行处理。

第九十五条 需其他单位配合的故障修复工作，由分局负责协调，其他单位配合故障修复时间不记入本系统相应故障处理时间。

第九十六条 维护单位可直接处理的故障由现场技术人员按照故障处理时限直接进行处理，故障处理过程接受现地管理处监督、考核，处理完成后填写故障处理单上报现地管理处。

第九十七条 维护合同外需要维修的故障由维护单位编写维修任务书，现地管理处审核后上报分局，分局批准后实施。

第九十八条 维护单位建立健全故障处理台账，每月更新上报现地管理处和分局。

第十章 考 核 要 求

第九十九条 中线建管局局机关、分局、现地管理处根据职责负责对服务单位各级运维工作实行分级考核。

第一百条 分局负责检查、指导现地管理处安全监测自动化系统维护管理工作；随机抽查安全监测自动化系统维护工作；指导现地管理处开展考核工作。

第一百零一条 现地管理处负责对安全监测自动化系统维护开展考核工作，每季度不少于1次。每次考核后，现地管理处将考核结果上报分局。

第一百零二条 考核内容包括人员、办公条件考核、设备配置考核、报告资料管理考核、问题故障处理考核、监测站、独立监测房卫生考核、各级检查得分考核、安全管理考核等。

第一百零三条 维护单位人员平均每月出勤天数不少于21天（包括开会、在驻点办公区工作）。不满勤按缺勤天数的比例可对每月运维费用进行核减。考勤由维护单位驻点负责人负责编制，现地管理处进行现场或驻点抽查，考核时进行考勤确认。

第一百零四条 国调办飞检、稽察发现的问题，因维护单位的责任导致到期未整改或整改不到位的当期考核不合格，60分以下。

第一百零五条 同一问题、事项在处理时限内不重复扣分。

第一百零六条 安全监测自动化系统维护单位考核赋分采用百分制。考核得分取本次考核人员赋分的平均值。

第一百零七条 根据考核结果得分划分为四个档次，每一个档次确定一个浮动报酬计算 k 值。具体划分标准见表1。

表 1 考 核 标 准

考核档次	考核得分	浮动报酬计算 k 值
一档	80分以上（含80分）	1
二档	70～79分（含70分）	0.8
三档	60～69分（含60分）	0.6
四档	60分以下	0

浮动报酬与考核结果挂钩，浮动报酬＝维护单位在当期应结算费用×5‰×k。

维护单位应将浮动费用与员工的奖励挂钩，以充分调动维护人员的积极性。

第十一章 计 量 与 支 付

第一百零八条 服务单位服务的计量工作宜由现地管理处负责，支付工作由分局负责，自动化系统应用软件维护费用计量支付由中线建管局负责。

第一百零九条 现地管理处根据服务单位完成的工作签认工程量确认单。难以拆分的项目可由分局负责计量。

第一百一十条 服务单位根据现地管理处及分局签认的工程量确认单和考核情况提交结算申请，分局和现地管理处按照权限负责审核。

第一百一十一条 安全监测自动化维护结算申请应包含下列资料：

（一）价款结算申请书。

（二）价款结算汇总表。

（三）维护合同固定酬金结算汇总表。

（四）维护合同浮动酬金结算汇总表。

（五）现地管理处日常维护工作量确认单。

（六）专项维护费用工程量确认单。

（七）维护合同备品备件使用费用结算签认单。

（八）结算金额计算说明书及相关考核结果通知材料；

（九）备品备件项目价款计算表及发包人要求采购的通知文件。

第十二章　应急及紧急监测管理

第一百一十二条　安全监测应急处置是指为保障输水而采取的工程应急措施时进行的应急监测和分析会商等工作。

第一百一十三条　各级管理机构及服务单位应具备相应的应急能力。

第一百一十四条　突发事件发生后，第一时间发现的人员，应及时上报。

第一百一十五条　出现事件后服务单位应迅速做出反应，人员和设备在第一时间到达应急现场，接受统一指挥。

第一百一十六条　根据应急事件的严重程度和发生位置，确定采用不同的安全监测应急处置措施。

第一百一十七条　紧急监测是指现地观测设备损坏、人员更换、数据异常、自动化观测故障、观测频次调整等。

第一百一十八条　当现地管理处安全监测人员发生调换，缺少监测人员时，及时上报分局调配安全监测人员，保证正常监测。

第一百一十九条　当管理处安全监测设备突然发生损毁，缺少监测设备时，及时将损坏设备送修并上报分局，分局根据情况调配安全监测设备，保证正常监测。

第一百二十条　当管理处发现监测数据异常并确认工程部位出现异常现象时，及时上报分局并启动紧急监测。必要时分局组织设计和相关专家进行会商处置。

第一百二十一条　当自动化采集设备发生故障，处置时间超过人工监测周期时，现场管理处及时启动人工监测，监测数据及时输入自动化系统处理分析。待设备故障处理完成后，及时进行自动化采集和人工采集对比，确保数据正常后，停止人工监测。

第一百二十二条　当自动化采集设备发生停电时间超过人工采集周期时，立即启动人工监测，监测数据及时输入自动化系统处理分析。供电恢复，自动化系统采集正常后，停止人工监测。

第十三章　资　料　归　档

第一百二十三条　各单位应及时对监测资料进行收集、汇总、整理、归档。

第一百二十四条　所有基础资料的管理宜实行电子化；应以 Word、Excel、pdf、dat、cad、jpg、MP3、MP4 等常用格式存储。

第一百二十五条　各种原始记录、图表、影像资料按月整理整编，安全监测资料成果应按中线建管局档案管理有关规定适时归档保存。

第一百二十六条　资料归档应做到齐全、完整、准确、及时。分类应系统、清晰，便于查找，分类方法应保持一致。

第十四章　附　　则

第一百二十七条　本办法自公布之日起实行。

第一百二十八条　本办法由中线建管局科技管理部负责解释。

Q/NSBDZX

南水北调中线干线工程建设管理局规章制度

Q/NSBDZX 401.01—2019

中控室标准化建设达标
及创优争先管理办法

2019－10－31发布　　　　　　　2019－10－31实施

南水北调中线干线工程建设管理局　发　布

中控室标准化建设达标及创优争先管理办法

第一章 总 则

第一条 为深度推动现地管理处中控室标准化建设，实现全面达标，并在此基础上进一步提高规范化管理水平，充分调动和发挥现地管理处的积极性和主动性，树立典型、争当先进，促进中控室调度生产管理工作的整体提升，特制定本办法。

第二条 本办法主要规定了中控室标准化建设达标及创优争先的组织管理与职责、评选范围和条件、评选程序及要求等。

第三条 本办法适用于现地管理处中控室标准化建设达标及创优争先工作。

第四条 制定本办法的依据

1. Q/NSBDZX 201.01—2018 输水调度管理标准

2. Q/NSBDZX 201.07—2019 中控室规范化管理标准

3. Q/NSBDZX 101.04—2019 中控室生产环境技术标准

4. Q/NSBDZX 332.30.04.22—2019 中控室生产岗位标准

5. Q/NSBDZX 409.01—2019 运行安全生产管理办法

6. Q/NSBDZX 409.02—2019 南水北调中线干线工程运行管理责任追究规定

第二章 组织管理与职责

第五条 中线建管局成立中控室标准化建设达标及创优争先工作小组（以下简称"工作小组"），由总调度中心、安全生产部、稽察大队负责人组成，负责组织对中控室标准化建设情况进行检查和考评。其中，总调度中心具体负责中控室标准化达标及创优争先的组织工作。

第六条 输水调度分管局领导为中控室标准化建设达标及创优争先工作的分管领导，负责对中控室达标及创优争先工作进行指导和审核。

第七条 各分局成立中控室标准化建设争先初评小组（以下简称"初评小组"），负责辖区内先进中控室的初评和推荐工作。组长由分局局长担任，副组长由分管调度副局长担任，成员由分调度中心、分局其他相关业务处室和各现地管理处负责人组成。

第三章 评选范围与条件

第八条 中控室标准化建设情况考评分三个等级，分别为达标中控室（三星级）、优秀中控室（四星级）和先进中控室（五星级）。

第九条 中控室标准化建设达标及创优争先考评工作设"一票否决项"，主要包括：

1. 因中控室工作失误造成安全事故。

2. 在各级检查过程中发现严重运行管理违规行为。

3. 人员配备不满足每班至少2人要求，未及时发现或上报重大水情异常。

4. 未通过中控室生产环境标准化建设达标验收，或通过验后，进行私自改造，不满足中控室生产环境标准化要求。

第十条 达标中控室是指完成中控室生产环境标准化验收，且未出现"一票否决项"的现地管理处中控室。

第十一条 优秀中控室是指在完成达标中控室创建基础上，年度考核评分（详见《中控室规范化管理标准》）大于等于85分的现地管理处中控室。

第十二条 先进中控室是指在完成优秀中控室创建基础上，结合中控室年度考核评分，以及所在管理处日常运行管理工作情况等因素进行综合考评，得分排名靠前的现地管理处中控室（宜为前十名，具体数量可根据实际情况进行调整）。

第四章　评选程序及要求

第十三条 完成生产环境标准化建设验收的现地管理处中控室，经自检和分局初检满足达标中控室条件的可向中线建管局申报，经工作小组核查满足相应条件，报分管局领导审核后授予达标中控室称号。达标中控室审核认定表见附件1。

第十四条 达标中控室经年度考核评分，得分大于等于85分，经工作小组核查满足相应条件，报分管局领导审核后授予优秀中控室称号。优秀中控室审核认定表见附件2。

第十五条 分局初评小组对辖区内优秀中控室申报先进中控室进行初评，按30%比例向中线建管局推荐申报，参与全局先进中控室综合考评。

第十六条 申报先进中控室的现地管理处应提交申报材料，内容包括近一年中控室标准化建设情况、团队建设情况、工作突出亮点等，并做专题汇报展示。

第十七条 先进中控室为流动红旗，每年综合考评一次，由工作小组和各分局负责人根据各中控室年度考核评分、所在管理处日常运行管理工作情况等因素进行综合考评，所得分数相加。

第十八条 综合评分结果报分管局领导审核后，研究确定本年度先进中控室授予名单。先进中控室审核认定表见附件3。

第十九条 中线建管局根据各中控室标准化建设情况考评等级授予相应星级标牌，挂于中控室门口醒目位置。

第二十条 中控室在各级检查中，发生任何一项"一票否决项"将被撤销各等级标准化称号，认定为不达标；年度考核评分低于已获等级称号中控室将根据得分情况进行降级。

第二十一条 中控室标准化建设达标及创优争先考评结果与各分局和现地管理处的输水调度考核成绩挂钩，并根据相关政策给予相应奖惩。

第五章　附　则

第二十二条 本办法由南水北调中线干线工程建设管理局制定并负责解释。

第二十三条 本办法自印发之日起实施。

附件1

达标中控室审核认定表

分局名称：

序号	现地管理处名称	是否通过生产环境标准化验收（是/否）	未出现"一票否决项"（是/否）	备注
1				
2				
3				
⋮				
工作小组意见	总调度中心	负责人签字： 年 月 日 （盖章）		
	安全生产部	负责人签字： 年 月 日 （盖章）		
	稽察大队	负责人签字： 年 月 日 （盖章）		
分管局领导签字	年 月 日			

附件2

优秀中控室审核认定表

分局名称：

序号	现地管理处名称	年度考核评分	未出现"一票否决项"（是/否）	备注
1				
2				
3				
⋮				
工作小组意见	总调度中心	负责人签字： 年 月 日 （盖章）		
	安全生产部	负责人签字： 年 月 日 （盖章）		
	稽察大队	负责人签字： 年 月 日 （盖章）		
分管局领导签字				年 月 日

附件 3

先进中控室审核认定表

序号	现地管理处名称	年度考核评分	其他评分	综合评分
1				
2				
3				
⋮				
工作小组 成员签字				年　月　日
各分局 负责人签字				年　月　日
分管局领导 签字				年　月　日

备注：1. 其他评分包括所在管理处日常运行管理工作情况等。

　　　2. 综合评分为年度考评评分＋其他评分。

Q/NSBDZX

南水北调中线干线工程建设管理局规章制度

Q/NSBDZX 402.01—2019

水质自动监测站标准化建设达标及创优争先管理办法

2019 - 11 - 30 发布   2019 - 12 - 01 实施

南水北调中线干线工程建设管理局   发   布

水质自动监测站标准化建设达标及创优争先管理办法

第一章 总 则

第一条 为推动水质自动监测站标准化建设工作，明确标准化建设达标考核及创优争先程序，实现水质自动监测站全面达标，并进一步提高规范化管理水平，树立典型、争当先进，促进水质自动监测站运行管理工作的整体提升，制定本办法。

第二条 本办法主要规定了水质自动监测站标准化建设达标及创优争先的组织管理、职责、评选范围和条件、评选程序及要求等。

第三条 本办法适用于水质自动监测站标准化建设达标及创优争先工作。

第四条 制定本办法的依据：

1. HJ 915—2017 地表水自动监测技术规范（试行）

2. Q/NSBDZX 205.03—2018 水质自动监测站运行维护管理标准

3. Q/NSBDZX 105.02—2018 水质自动监测站运行维护技术标准

4. Q/NSBDZX 105.07—2018 水质自动监测站生产环境标准化建设技术标准

5. Q/NSBDZX 409.01—2019 运行安全生产管理办法

6. Q/NSBDZX 409.02—2019 南水北调中线干线工程运行管理责任追究规定

7.《关于印发〈国家地表水水质自动监测站文化建设方案（试行）〉的通知》（环办监测函〔2018〕215 号）

第二章 组织管理与职责

第五条 中线建管局成立水质自动监测站标准化建设达标及创优争先工作小组（以下简称"工作小组"），由水质与环境保护中心、安全生产部、稽察大队有关人员组成，负责组织对水质自动监测站标准化建设情况进行检查和考评。其中，水质与环境保护中心具体负责水质自动监测站标准化达标及创优争先的组织工作。

第六条 水质保护分管局领导为水质自动监测站标准化建设达标及创优争先工作的分管领导，负责对水质自动监测站达标及创优争先工作进行指导和审核。

第七条 各分局成立水质自动监测站标准化建设争先初评小组（以下简称"初评小组"），负责辖区内先进水质自动监测站的初评和推荐工作。组长由分局局长担任，副组长由分管水质副局长担任，成员由水质业务处室、分局其他相关业务处室和各现地管理处负责人组成。

第三章 评选范围与条件

第八条 水质自动监测站标准化建设情况考评分三个等级，分别为达标水质自动监测站（三星级）、优秀水质自动监测站（四星级）和先进水质自动监测站（五星级）。

第九条 水质自动监测站标准化建设达标及创优争先考评工作设"一票否决项"，主要包括：

    1. 仪器设备有故障；

    2. 消防设施未完成；

    3. 环境功能分区不满足标准要求；

    4. 因运行维护工作失误造成工程运行安全事故；

    5. 在各级检查过程中发现严重运行管理违规行为；

    6. 未通过水质自动监测站生产环境标准化建设达标验收，或通过验收后，进行私自改造，不满足水质自动监测站生产环境标准化要求。

    第十条　达标水质自动监测站是指完成水质自动监测站生产环境标准化验收，且未出现"一票否决项"的水质自动监测站。

    第十一条　优秀水质自动监测站是指在完成达标水质自动监测站创建基础上，年度考核评分大于等于85分（水质自动监测站运行维护优秀，数据上传率不低于99％，数据有效率不低于95％）的水质自动监测站。

    第十二条　先进水质自动监测站是指在完成优秀水质自动监测站创建基础上，结合年度考核评分，以及所在管理处日常运行管理工作情况等因素进行综合考评，得分排名靠前的水质自动监测站（宜为前三名，具体数量可根据实际情况进行调整）。

第四章　评选程序及要求

    第十三条　完成生产环境标准化建设验收的水质自动监测站，由分局组织进行自检自验，自检自验项目共有三大项七十小项，具体如下：一票否决项、标识系统、环境要求等。分局自检自验不合格的水质自动监测站，三级管理处应进一步组织整改。

    经分局自检自验满足达标水质自动监测站条件的，可向中线建管局申报，提交自验报告和达标考核申请。经中线建管局标准化建设达标及创优争先工作小组核查满足相应条件，报分管局领导审核后授予达标水质自动监测站称号。水质自动监测站验收考核评定表见附表1，达标水质自动监测站审核认定表见附表2。

    第十四条　达标水质自动监测站经年度考核评分，年度考核得分大于等于85分，经工作小组核查满足相应条件，报分管局领导审核后授予优秀水质自动监测站称号。优秀水质自动监测站审核认定表见附表3。

    第十五条　分局初评小组对辖区内优秀水质自动监测站申报先进水质自动监测站进行初评，按30％比例向中线建管局推荐申报，参与全局先进水质自动监测站综合考评。

    第十六条　申报先进水质自动监测站的现地管理处需提交申报材料，内容包括近一年水质自动监测站标准化建设情况、团队建设情况、工作突出亮点等，并做专题汇报展示。

    第十七条　先进水质自动监测站为流动红旗，每年综合考评一次，由工作小组和各分局负责人根据各水质自动监测站年度考核评分、所在管理处日常运行管理工作情况等因素进行综合考评，所得分数相加。

    第十八条　综合评分结果报分管局领导审核后，研究确定本年度先进水质自动监测站授予名单。先进水质自动监测站审核认定表见附表4。

    第十九条　中线建管局根据各水质自动监测站标准化建设情况考评等级授予相应星级

标牌，挂于水质自动监测站门口位置。

第二十条 水质自动监测站在各级检查中，发生任何一项"一票否决项"将被撤销各等级标准化称号，认定为不达标；年度考核评分低于已获等级称号水质自动监测站将根据得分情况进行降级。

第二十一条 水质自动监测站标准化建设达标及创优争先考评结果与各分局和现地管理处的水质保护工作考核成绩挂钩，并根据相关政策给予相应奖惩。

第五章 附 则

第二十二条 本办法由南水北调中线干线工程建设管理局制定并负责解释。

第二十三条 本办法自印发之日起实施。

附表 1

水质自动监测站验收考核评定表

水质自动监测站名称：

项目	验收内容	编号	评定标准	验收结果	备注
一票否决项目	仪器设备	1	仪器设备无故障		
	消防	2	消防设施完成		
	环境功能分区	3	环境功能分区满足标准要求		
	运行维护工作	4	因运行维护工作未造成工程运行安全事故		
	运行管理工作	5	在各级检查过程中未发现严重运行管理违规行为		
	私自改造	6	通过验收后，未进行私自改造，满足水质自监测站生产环境标准化要求		
标识系统	站房标识牌	7	站房标识牌满足标准要求		
	屋顶发光字	8	屋顶发光字满足标准要求		
	简介展板	9	简介展板满足标准要求		
	水质标语	10	水质标语满足标准要求		
	配药室	11	配药室房间标识满足标准要求		
		12	配药室储物柜要求满足标准要求		
	仪器设备室	13	仪器设备室房间标识满足标准要求		
		14	仪器设备室安全警示线满足标准要求		
		15	仪器设备室机柜标识满足标准要求		
	线缆管线	16	线缆标识满足标准要求		
		17	管线标识满足标准要求		
		18	应有检修标识，且检修标识满足标准要求		
		19	配电柜内应有相关标识，且满足标准要求		
		20	排水沟线缆标识满足标准要求		
	标识管理	21	标识系统无污渍、无划痕、无破损		
环境要求	房门及防鼠板	22	房屋门满足标准要求		
		23	室外门满足标准要求		
		24	室内门安装门禁系统		
		25	配药室与设备室有房门联通		
		26	防鼠板满足标准要求		
	窗户和窗帘	27	室外窗户满足标准要求		
		28	观察窗户满足标准要求		
		29	窗帘满足标准要求		

水质自动监测站验收考核评定表续表

项目	验收内容	编号	评定标准	验收结果	备注
环境要求	室内墙面及吊顶	30	室内墙面和吊顶干净、完整、阴阳角平顺、无蜘蛛网		
		31	内墙满足标准要求		
		32	吊顶满足标准要求		
	室内地板及盖板	33	室内地板布设满足标准要求		
		34	配药室和仪器设备室采用防静电地砖，防静电地砖满足标准要求		
		35	室内地面干净、平整，无严重破损		
		36	警示带盖板满足标准要求		
环境要求	电缆沟、排水沟	37	电缆沟、排水沟应分开布置		
		38	电缆沟、排水沟盖板采用防静电地砖		
		39	电缆沟采用防火A级铝塑板材质，采用不锈钢材质包边		
		40	电缆应排放整齐，标识标牌完整、准确、清晰、整齐		
		41	电缆沟观察窗满足标准要求		
		42	电缆沟内应清洁、无积水，表面完好；沟内清洁、无明显污渍		
		43	电缆沟孔口防火封堵完好		
	配药室	44	配药室放置配电柜、冰箱、实验台		
		45	试剂柜满足标准要求		
		46	试验台满足标准要求		
		47	通风设施满足标准要求		
		48	灯光满足标准要求		
	仪器设备室	49	恒温恒湿机满足标准要求		
		50	温湿度计安放位置满足标准要求		
		51	温湿度满足标准要求		
	环境卫生	52	站房环境卫生满足标准要求		
		53	试剂器具满足标准要求		
		54	设备系统环境卫生满足标准要求		
		55	柜内环境卫生满足标准要求		
	摄像头	56	摄像头满足标准要求		
	制度屏	57	制度屏满足标准要求		
	监测数据屏	58	监测数据屏满足标准要求		
	缓冲区	59	更衣柜满足标准要求		
		60	鞋套机满足标注要求		
		61	二维码满足标准要求		

水质自动监测站验收考核评定表续表

项目	验收内容	编号	评 定 标 准	验收结果	备注
环境要求	室外环境	62	玻璃幕墙满足标准要求		
		63	墙体满足标准要求		
		64	防雷满足标准要求		
环境要求	其他环境	65	综合机柜满足标准要求		
		66	柜内孔洞封堵满足标准要求		
		67	柜内线缆整理满足标准要求		
		68	供电线缆满足标准要求		
		69	给排水设施满足标准要求		
		70	废液处理满足标准要求		
评定结果	经检查，参与评定的项目中 85％（含 85％）以上符合评定标准的，自检/验收 达标□ 经检查，参与评定的项目中仅有____％符合评定标准的，自检/验收 不达标□				
验收组 组长签名					年　月　日
注：一票否决项如不存在请填"否"，标识和环境要求如果满足请填"是"。					

附表2

达标水质自动监测站审核认定表

分局名称：

序号	水质自动监测站名称	是否通过标准化验收（是/否）	未出现"一票否决项"（是/否）	备注
1				
2				
3				
工作小组意见	水质与环境保护中心		负责人签字： 年 月 日 （盖章）	
	安全生产部		负责人签字： 年 月 日 （盖章）	
	稽察大队		负责人签字： 年 月 日 （盖章）	
分管局领导签字			年 月 日	

附表3

优秀水质自动监测站审核认定表

分局名称：

序号	水质自动监测站名称	年度考核评分	未出现"一票否决项"（是/否）	备注
1				
2				
3				
工作小组意见	水质与环境保护中心			负责人签字： 年 月 日 （盖章）
	安全生产部			负责人签字： 年 月 日 （盖章）
	稽察大队			负责人签字： 年 月 日 （盖章）
分管局领导签字				年 月 日

附表 4

先进水质自动监测站审核认定表

分局名称：

序号	水质自动监测站名称	年度考核评分	其他评分	综合评分
1				
2				
3				
工作小组 成员签字				年　月　日
各分局 负责人签字				年　月　日
分管局领导 签字				年　月　日

注 1：其他评分包括所在管理处日常运行管理工作情况等。
注 2：综合评分为年度考评评分＋其他评分。

Q/NSBDZX

南水北调中线干线工程建设管理局规章制度

Q/NSBDZX 206.02—2018

土建工程维修养护项目管理办法

2018－12－01发布　　　　　　　　　　2019－01－01实施

南水北调中线干线工程建设管理局　发　布

土建工程维修养护项目管理办法

第一章 总 则

第一条 为进一步规范和指导南水北调中线干线土建工程维修养护项目管理，提高管理水平，保证土建工程完整、安全及平稳运行，对 Q/NSBDZX G032—2015《南水北调中线干线工程土建和绿化工程维修养护管理办法》、Q/NSBDZX G008—2016《南水北调中线干线维修养护项目验收管理办法》进行修订，制定本办法。

第二条 南水北调中线干线土建工程维修养护是指为保证土建工程使用功能而采取各种措施进行的保养、防护、加固、修补等处理行为。

第三条 南水北调中线干线土建工程维修养护原则为"经常养护，科学维修，养重于修，修重于抢"，并做到"安全可靠、注重环保、技术先进、经济合理"。

第四条 南水北调中线干线土建工程维修养护项目实施程序包括维修养护项目排查（调查）、立项与审批、项目采购、项目开工、项目过程管理、项目验收、项目实施情况考核等。

第五条 本办法参照 Q/NSBDZX G029—2015《南水北调中线干线工程运行管理与维修养护实施办法》、《南水北调中线干线工程建设期运行管理阶段勘测设计管理办法》（中线局科技〔2017〕30 号）、Q/NSBDZX 426.01—2018《南水北调中线干线工程建设管理局全面预算管理办法》、《关于进一步明确预算管理有关工作程序和要求的通知》（中线局预〔2018〕20 号）、Q/NSBDZX 423.01—2018《南水北调中线干线工程建设管理局合同管理办法》、《南水北调中线干线工程建设管理局招标项目采购管理办法》（中线局计〔2018〕17 号）、《南水北调中线干线工程建设管理局非招标项目采购管理办法》（中线局计〔2018〕17 号）、关于印发《南水北调中线干线工程土建、绿化日常维修养护项目标准化清单》的通知（中线局计〔2018〕47 号）、SL 210—2015《土石坝养护修理规程》、SL 230—2015《混凝土坝养护修理规程》、SL 595—2013《堤防工程养护修理规程》等编制。

第六条 本办法适用于南水北调中线干线土建工程维修养护项目的管理。

第二章 维修养护项目工作内容及项目分类

第七条 南水北调中线干线土建工程包括：渠道（含一级马道、一级马道以上内坡、防洪堤及防护堤、填方渠道外坡、台阶和步道、渠道临水面衬砌板、截流沟、导流沟、渠道附属设施等）；输水建筑物（含倒虹吸、涵洞、隧洞、暗渠、渡槽、箱涵、PCCP 管道、进出口连接段、裹头等）；排水建筑物（含倒虹吸、涵洞、渡槽、进出口连接段等）；房屋建筑（含办公用房、闸站建筑、强排泵站、变电站、监测房等）；泵站工程（含泵站建筑、附属设施等）；渠首建筑物（含坝体、坝基和坝肩、电站厂房等）。其维修养护内容见附件 1。

第八条 南水北调中线干线土建工程维修养护项目按照性质和规模，分为养护项目、维修项目和应急项目。

第九条 养护项目是指土建工程运行过程中，经常性发生的、有规律发生的、年度内可用概率预测统计的保养、防护和修理等项目，分为日常养护项目和一般性维修项目。

（一）日常养护项目：在日常巡查（排查）及其他检查过程中，对发现的问题能够随时采取处理措施的项目。

（二）一般性维修项目：为保证土建工程使用功能，对土建工程运行过程中出现的不影响主体结构使用功能的问题，适时采取修补和处理措施的项目。

第十条 维修项目是指根据土建工程运行状况和损坏情况需要单独立项、专门维修的，或需要设计单位、监理单位参加完成的维修、加固等项目，分为较大维修项目和重大维修项目。

（一）较大维修项目：土建工程出现影响主体结构使用功能和存在结构安全隐患时，需要制定专门技术措施进行维修的项目。

（二）重大维修项目：土建工程出现严重影响主体结构使用功能和存在重大安全隐患时，需要制定专门技术措施进行维修的项目。

南水北调中线干线土建工程维修项目分类表见附件2。

第十一条 应急项目是指在风险隐患排查中发现的危及工程和运行安全须立即采取工程措施进行应急处置的安全隐患处理项目，或发生的各类突发事件已危及工程和运行安全，达到突发事件级别会立即启动应急响应的抢险项目。

第三章 维修养护项目预算编报与审批

第十二条 南水北调中线干线土建工程维修养护项目实行预算管理，预算年度自1月1日起至12月31日止，实行分级管理和专业管理相结合的模式，按审定的预算项目下达预算，并通过预算执行监管信息系统进行全过程监控。按照《南水北调中线干线工程建设管理局全面预算管理办法》（中线局财〔2018〕3号）、《关于进一步明确预算管理有关工作程序和要求的通知》（中线局预〔2018〕20号）的有关规定编报和审批土建工程维修养护项目预算。

第十三条 时间要求

（一）10月中旬，二级机构组织三级机构排查年度预算项目、了解供水计划、统计往年预算执行情况、收集工程相关标准等技术资料、测定项目清单工程量、确定项目分类、拟定维修养护项目实施方案等，启动年度预算编制。

（二）11月中旬，二级机构完成"一上"预算编制和审核把关，以电子文档报一级机构审核。

（三）12月上旬，二级机构完成"二上"预算的综合会商、统筹平衡，以正式公文报一级机构。

（四）次年1月中旬，一级机构完成预算预审、协调、平衡和汇总，提交预算管理委员会审批。

（五）未列入已批准年度预算的新增专项项目实行"一事一议"的制度。

第十四条 养护项目预算的编制

（一）三级机构是养护项目预算执行的责任主体。负责养护项目的排查、预算编制和调整，负责养护项目预算的上报、执行、控制和分析。

（二）养护项目预算由土建日常维修养护项目标准化清单（包括工程量和直接工程费用等）、编制说明和其他资料组成。

第十五条 维修项目预算的编制

（一）二级机构是维修项目预算执行的责任主体。负责组织维修项目的排查、预算编制和调整。

（二）三级机构初步确定辖区内拟维修项目，十月中旬向二级机构集中提出下一年度拟维修项目意见。

（三）二级机构对三级机构提出的拟维修项目土建工程维修项目进行复核，统筹考虑确定维修项目。

（四）二级机构组织编制维修项目设计方案和预算，投资小于1000万元的维修项目的勘测设计由二级机构直接负责审批，投资大于等于1000万元的维修项目的勘测设计由二级机构组织审查并提出意见报一级机构，一级机构审核后根据项目情况组织咨询或审查或上报，最终回复正式核准意见，二级机构根据一级机构的核准意见对维修项目的勘测设计进行处理。

（五）维修项目预算费用包括直接工程费及除建设管理费以外的其他独立费用。

（六）二级机构上报维修项目预算时，应附该维修项目设计方案和预算的审查意见。

第十六条 应急项目预算编报与审批

（一）应急项目发生时，本着先抢后报的原则，抢修完成后对实际投入的人、材、机进行统计，汇总费用报批。

（二）应急项目实施完成后，转入正常维修项目，预算编报按本办法第十五条执行。

第四章 勘测设计、监理、维修养护单位的选择

第十七条 南水北调中线干线土建工程维修养护项目的设计、监理、维修养护单位的选择应符合《南水北调中线干线工程建设管理局招标项目采购管理办法》（中线局计〔2018〕17号）和《南水北调中线干线工程建设管理局非招标项目采购管理办法》（中线局计〔2018〕17号）的规定。

第十八条 勘测设计单位的选择

（一）二级机构是组织土建工程维修养护项目勘测设计管理的责任主体，全面负责勘测设计的组织、实施和管理。勘测设计可视情况由具有相应资质的勘测设计单位或二级机构有关职能处室承担。

（二）养护项目和有类似设计方案的维修项目，二级机构可参考类似设计方案并结合实际情况自行设计。二级机构开展设计工作应明确三级校审制度。

（三）较大维修项目视技术复杂程度可委托乙级以上资质的设计单位进行设计；重大维修项目委托具有甲级资质的设计单位进行设计。

第十九条 监理单位的选择

（一）养护项目不选择监理单位，由三级机构负责对土建工程养护单位的管理。

（二）维修项目选择监理单位。较大维修项目选择乙级及以上资质的监理单位，重大

维修项目选择甲级资质的监理单位。

第二十条 维修养护单位的选择

（一）养护项目选择具有类似经验的施工总承包或专业承包二级及以上资质的单位承担，项目经理由相应专业的二级及以上注册建造师承担。

（二）较大维修项目选择具有类似经验的施工总承包二级及以上资质（水利、公路、市政、建筑等）的单位承担，项目经理由相应专业的二级及以上注册建造师承担。

（三）重大维修项目选择具有类似经验的施工总承包一级及以上资质（水利、公路、市政、建筑等）的单位承担，项目经理由相应专业的一级注册建造师承担。

第五章 组 织 实 施

第二十一条 三级机构负责养护项目的组织实施和现场管理，对养护单位进行监督、指导、检查与考核。

第二十二条 二级机构负责维修项目的组织实施，并对参加维修项目的设计、监理、维修单位进行监督、指导、检查与考核。现场管理由三级机构或由二级机构组建的"维修项目管理部"负责；组建"维修项目管理部"的，项目所在三级机构负责配合现场管理。

第二十三条 应急项目视具体情况可由一级机构或二级机构组织实施。

第二十四条 养护项目的组织实施

（一）开工审批

开工前，三级机构依据养护合同和相关规范标准对养护单位的开工工作准备情况进行检查，主要检查内容包括：养护单位的现场组织机构及管理人员配备、设备投入、质量和安全技术交底等。

经检查，养护项目具备合同文件约定的开工条件后，批准开工，开工申请及开工通知格式见附件3中表3-1和表3-2。

（二）质量控制

1. 养护项目实行质量认定制。

2. 督促养护单位落实自检制度，对养护项目质量进行事前、事中、事后检查管理，填写养护项目管理记录（见附件4）；项目完成后，做好质量认定工作（见附件7）。

3. 检查养护单位的现场组织机构、主要管理人员、技术人员及特种作业人员是否符合合同文件要求，对无证上岗、不称职或违章、违规人员，要求养护单位暂停或禁止其在本项目中工作。

4. 原材料、中间产品经核验合格后，方可用于养护项目；对使用的养护设备进行检查，当养护设备出现影响养护项目质量、进度和安全时，应及时要求养护单位增加或撤换。

5. 抽查、检查过程中，发现的不合格原材料、半成品及成品应登记备案，并要求养护单位及时清退出场。

6. 通过现场观察、查阅养护单位记录、跟踪检测等方式对养护项目质量进行控制。发现养护项目存在质量问题时，及时要求养护单位采取措施纠正或责令其停工整改。

7. 要求养护单位对养护项目实施前、后的面貌进行照相或摄像，并对影像资料整理进行归档；整理归档的影像资料，作为养护项目质量认定的依据。

8. 定期或不定期组织开展质量检查，及时通报质量检查情况。

（三）进度控制

1. 按月下达月养护计划或养护任务通知单，明确本月养护内容和目标。

2. 对养护项目进度进行监督和检查，督促养护单位按时完成关键时间节点（汛前、入冬前、专项检查等）进度目标。

第二十五条 维修项目的组织实施

（一）项目开工

1. 三级机构或维修项目管理部（以下简称项目部）在维修项目合同签订后，协调监理、设计、维修等单位做好开工准备工作。

2. 督促监理单位及时上报总监理工程师和其他主要监理人员的职责分工及现场监理机构印章启用文件等，并对监理规划、项目划分进行审批。

3. 督促设计单位按供图计划及时提交设计图纸，并组织进行设计交底；督促监理单位及时核查并签发设计图纸。

4. 检查维修单位人员、材料、设备等开工准备情况，具备开工条件后，通知监理单位签发开工通知（见附件3中表3-1和表3-2）。

（二）质量控制

1. 维修项目实行质量评定制。

2. 检查监理单位和维修单位的质量保证体系运行情况，检查维修单位质量检查制度落实情况。

3. 检查监理单位是否按照有关技术标准和合同文件约定对维修单位人员、原材料、中间产品、设备、工艺方法、维修环境等质量要素进行监督和控制。

4. 会同监理单位检查维修单位的质量检测工作是否符合要求，检查其现场组织机构、主要管理人员、技术人员及特种作业人员是否符合要求；对无证上岗、不称职或违章、违规人员，要求维修单位暂停或禁止其在本项目中工作。

5. 监督监理单位对维修项目使用的原材料、中间产品进行核验，核验合格后，方可使用。

维修项目使用商品混凝土的，监理单位应核验供应商资质、商品混凝土开盘鉴定、原材料检测报告等质量证明文件；维修单位应进行现场坍落度检测、对留置的试块送具有CMA认证的试验室进行检测，监理单位对维修单位的检测过程进行跟踪检查。

6. 检查监理单位旁站监理情况及相关记录。

7. 督促监理单位通过查阅记录、巡视检查、现场检测、发布指令、跟踪检查等方式进行质量控制，并对关键部位和重要隐蔽工程维修过程进行监督；发现质量问题时，督促监理单位及时发出指示，要求维修单位立即采取措施纠正，必要时责令其停工整改。

8. 参加监理单位组织的监理例会、质量专题会等，分析解决质量问题，部署下一阶段质量管理工作。

9. 定期或不定期组织开展工程质量检查及考核评比活动，及时通报质量检查和考核情况。

（三）进度控制

1. 审核监理单位批复的进度计划是否符合合同工期及相关文件要求，并检查其计划执行情况。

2. 当进度计划的调整涉及项目总工期目标、关键节点目标，或者导致维修资金使用发生较大变化时，项目部应组织监理、设计、维修等单位召开维修进度协调会，对有关问题进行分析，形成处理意见，并督促落实。

3. 如维修进度滞后，致使总工期延误，应审核监理单位批复的项目延期分析报告，并提出审批意见，督促监理单位、维修单位予以落实。

4. 审阅监理单位的维修项目监理月报及维修单位的维修月报。

第二十六条 应急项目组织实施

（一）应急项目按照《南水北调中线干线工程突发事件应急管理办法》及《南水北调中线干线工程运行期工程安全事故应急预案》等相关规定的要求组织实施。

（二）应急项目结束后，转入正常维修项目，按本办法关于维修项目的规定进行管理。

第二十七条 信息管理

（一）项目参建各方联络应以书面文件为准，对所有来往书面文件均应按合同约定的期限及时发出或答复，不得扣压或拖延，也不得拒收，办理签收后及时归档。

（二）所有来往的书面文件，宜同时发送电子文档，当电子文档与纸质文件内容不一致时，应以纸质文件为准。

（三）三级机构应编写养护项目的养护管理记录。

（四）项目部应检查监理单位的监理日志和监理月报、维修单位的维修日志和维修月报。

（五）项目部有关维修项目管理的决定，应通过监理单位通知维修单位；维修单位的相关请示及报告，应经监理单位审查后上报。

（六）文件资料按照"谁产生，谁归档"的原则进行管理，资料的归档应符合中线建管局档案管理有关规定的要求，并符合相关保密规定。

第二十八条 安全生产与文明施工

（一）督促监理单位、维修养护单位严格按照国家安全生产法律、法规要求组织维修养护项目的安全生产工作，遵守中线建管局的安全规章制度，按照"管生产、必须管安全"的要求，全面落实安全生产责任制。

（二）应与监理单位、维修养护单位签订安全生产责任书，明确双方的责任和义务。

（三）维修养护项目开工前，应进行安全交底。养护项目安全措施方案由三级机构审批，维修项目安全措施方案由监理单位审批，报项目部备案。

（四）定期或不定期开展安全生产检查。检查相关单位的安全生产组织机构是否健全，检查各项安全措施落实情况、安全问题整改和隐患排查治理情况及安全教育培训情况等，检查安全生产管理人员的资格证书和特种作业人员的特种作业操作资格证书等。

（五）督促维修养护单位按相关文件要求统一着装，正确使用安全防护用品，并进行检查。

（六）监督维修养护单位严格遵守有关文明施工的管理制度和要求，保持维修养护项目现场环境整洁，做到"工完场清"。

（七）维修养护项目实施过程中，发生安生产事故或环境污染事件的，应组织相关单位采取有效措施防止事态扩大，并按有关规定进行上报；积极配合调查组的调查工作，监督相关单位落实整改处理意见。

第二十九条 合同管理

南水北调中线干线土建工程维修养护项目的合同管理执行 Q/NSBDZX 423.01—2018《南水北调中线干线工程建设管理局合同管理办法》。

（一）计量与支付

1. 维修养护单位应按计量规则和时限进行维修养护项目已完成合格工程量的计量，并附签证资料（工程量确认单见附件5）。

2. 以计日工方式实施的零星工作或临时工程，项目部应每日审核维修养护单位提交的计日工工程量，并予以签证。

3. 土建工程维修养护项目具备合同约定的支付条件时，应审查维修养护单位或监理单位报送的支付申请或审核资料，报二级机构办理合同价款支付相关手续。

4. 维修养护项目进度款应是已完成合格维修养护项目的付款，不得提前支付进度款。

5. 组织维修养护项目完工结算，按规定审核完工付款、质量保证金退还等资料，接受审计、稽察部门的监督。

（二）变更

1. 土建工程维修养护项目合同变更应遵循"先批准、后实施"的原则，实行分级审批。

养护项目的变更，投资50万元以下的，由三级机构自行审批后，报二级机构备案；超过等于50万元的，由三级机构初审后，报二级机构审批。

维修项目的变更，由项目部初步审核后，报二级机构审批。

2. 项目部应做好项目变更相关资料的收集或取证，并进行分析和预判。

3. 合同变更引起总工期变化或总合同价款变化超过合同约定的条件时，合同双方应签订补充协议。

（三）维修养护项目应建立合同管理台账（见附件6）。

第六章 项目评定（认定）与验收

第三十条 维修养护项目质量评定（认定）与验收分为养护项目质量认定与验收和维修项目质量评定与验收。

第三十一条 养护项目质量认定与验收

（一）养护项目质量认定

1. 养护项目清单中的总价项目每月进行一次质量认定，单价项目按照《南水北调中线干线土建日常维修养护项目标准化工程量清单》第五级对应的项目（如1.1.1.1.1坡面、防洪堤及防护堤堤身雨淋沟处理）进行实时认定。

2. 三级机构结合现场检查情况，审阅相关资料，对比养护前后照片等影像资料，认定清单项目"合格"或"不合格"；"不合格"的项目，应返工处理，并重新进行质量认定。

3. 三级机构认定清单项目"合格"后，应在"清单项目质量认定表"上签字（见附件 7 中表 7－1）。

（二）养护项目合同完工验收

1. 养护项目全部完成后，三级机构应编制项目管理工作报告，养护单位应编制养护工作报告并整理相关验收资料。

2. 养护项目具备合同完工验收条件后，由养护单位提出完工验收申请，三级机构组织成立验收工作组进行验收。

3. 验收工作组由实施养护项目的相关单位人员组成，其成员应具有中级以上职称，人数为 5 人以上（三级机构应在 3 人以上）单数。二级机构视情况参加养护项目的合同完工验收。

4. 验收工作组应做好以下工作：

1）检查项目的完成及质量认定情况。

2）检查项目资料整理情况，对资料进行抽查。

3）对项目实体质量进行检查。

4）审核项目工程量，根据需要对工程量进行抽检。

5）召开验收会议，审查养护单位的《××项目合同完工验收养护工作报告》及三级机构的《××项目合同完工验收项目管理工作报告》，讨论、并通过《××项目合同完工验收鉴定表》（见附件 8 中表 8－2）。

6）验收工作组成员在《××项目合同完工验收鉴定表》上签字。

（三）三级机构于合同完工验收完成后 30 日内，将"××项目合同完工验收鉴定表"报二级机构备案。

第三十二条 维修项目质量评定与验收

（一）维修项目的单元工程完成后，应进行单元工程质量评定。

（二）单元工程质量评定依照《南水北调中线干线土建工程维修质量评定标准》进行。

（三）单元工程质量等级为"合格"。

1. "合格"标准：主控项目检验点 100％合格，一般项目检验点 70％以上合格。

2. 未达到"合格"标准的单元工程，应返工并重新评定。

（四）单元工程质量评定程序

1. 单元工程完成后，维修单位应进行自检，自检合格后填写"单元工程质量评定表"（见附件 7 中表 7－2、表 7－3、表 7－4）。

2. 项目部督促监理单位进行现场外观检查，查阅维修记录等相关资料，按评定标准核定单元工程质量等级，签认"单元工程质量评定表"（见附件 7 中表 7－2、表 7－3、表 7－4）。

3. 项目部对监理单位的单元工程验收过程进行监督检查，对重要隐蔽和关键部位单元工程质量等级进行核定（见附件 7 中表 7－5）。

（五）合同完工验收

1. 维修项目完成后，项目部应编制维修项目管理工作报告，设计、监理和维修单位编制相应的工作报告（见附件 8 中表 8-4、表 8-5、表 8-6、表 8-7），并整理相关资料。

2. 维修项目具备合同完工验收条件后，由维修单位提出验收申请，监理单位复查、项目部复核后，报二级机构组织验收。

3. 二级机构应成立合同完工验收工作组。验收工作组由维修项目实施的相关单位人员组成，成员应具有中级以上职称，人数为 7 人以上单数（二级机构、项目部、监理、设计、维修等单位至少各 1 人），一级机构视情况参加维修项目的合同完工验收。

4. 验收工作组应做好以下工作：

1）检查所有单元工程完成情况。

2）检查资料整理情况。

3）检查项目实体质量。

4）审核项目工程量，对工程量进行抽测。

5）审查项目部、设计、监理和维修单位的工作报告以及其他相关资料。

6）对验收中发现的问题提出处理意见。

7）召开会议，讨论形成"合同完工验收鉴定书"，（见附件 8 中表 8-3）。

8）验收工作组成员在"合同完工验收鉴定书"上签字。

（六）项目部应在合同完工验收完成后 30 日内，将"××合同完工验收鉴定书"报二级机构备案。

第三十三条 维修养护合同完工验收宜在合同完工后 3 个月内完成。

第七章 考核与奖惩

第三十四条 三级机构应按照合同约定对养护单位工作进行经常性检查，每月考核一次。

第三十五条 二级机构应对维修项目的设计、监理、维修单位进行考核，一个项目或多个项目完成后，集中考核一次。

第三十六条 对维修养护单位的考核实行百分制，考核结果按合同约定与项目结算及信用等级挂钩。

第八章 附 则

第三十七条 本办法自发文之日起实施。原 Q/NSBDZX G032—2015《南水北调中线干线工程土建和绿化工程维修养护管理办法》、Q/NSBDZX G008—2016《南水北调中线干线维修养护项目验收管理办法》同时废止。

第三十八条 本办法由南水北调中线干线工程建设管理局工程维护中心负责解释。

第九章 附 件

附件 1：南水北调中线干线土建工程维修养护项目工作内容

附件 2：南水北调中线干线土建工程维修项目分类表

附件 3：开工准备样表

附件4：养护项目管理记录

附件5：工程计量确认单

附件6：土建工程维修养护项目合同台账

附件7：认定（评定）样表

附件8：合同完工验收样表

附件 1

南水北调中线干线土建工程维修养护项目工作内容

表 1－1　渠道工程维修养护工作内容

项目名称	子项名称	主要工作内容	项目分类				备注
			养护		维修		
			日常养护	一般性维修	较大维修	重大维修	
渠道工程 1	一级马道以上内坡 1.1	1 坡面冲刷处理	○				
		2 一般裂缝处理	○	○			
		3 坡面沉陷处理	○	○			
		4 坡面洞穴、兽穴处理	○				
		5 土（岩）体滑塌修复	○	○	○	○	
		6 干砌石破损修复	○				
		7 浆砌石破损修复	○				
		8 坡面排水孔修复	○				
		9 坡面排水沟破损修复、清淤	○				
		10 喷锚支护破损修复	○				
		11 喷锚喷护体脱落处理	○	○			
		12 混凝土框格修复	○	○	○		
		13 连锁砖、草皮砖破损修复	○				
		14 二级及以上马道破损修复	○				
	防洪堤及防护堤 1.2	1 堤身冲刷处理	○				
		2 堤身沉陷处理	○	○			
		3 堤身洞穴、兽穴处理	○				
		4 堤身结构体破损修复	○	○			
		5 堤身溃口处理	○	○			
	填方渠道外坡 1.3	1 坡面冲刷处理	○				
		2 坡面沉陷处理	○	○			
		3 坡面洞穴、兽穴处理	○	○			
		4 干砌石破损修复	○	○			
		5 浆砌石破损修复	○	○			
		6 坡面排水沟破损修复及排水沟清淤	○	○			
		7 混凝土护坡破损修复	○	○			
		8 坡顶路肩防护破损修复	○				
		9 土体滑坡修复	○		○	○	
		10 纵向裂缝处理	○	○	○		

表 1-1 渠道工程维修养护工作内容（续）

项目名称	子项名称	主要工作内容	项目分类				备注
			养护		维修		
			日常养护	一般性维修	较大维修	重大维修	
渠道工程 1	填方渠道外坡 1.3	11 外坡洇湿处理	○	○			
		12 坡脚渗水处理	○	○	○		
		13 管涌处理		○	○	○	
		14 护坡排水孔维护	○				
		15 坡脚被积水长期浸泡处理	○	○			
	台阶和步道 1.4	1 巡视台阶及步道修补	○				
	一级马道 1.5	1 路面（碎石、沥青、水泥、1 沥青混凝土、泥结石路面）	○	○	○		
		2 路缘石	○				
		3 防浪墙	○				
		4 警示柱	○				
		5 排水设施	○				
	渠道临水面衬砌板 1.6	1 衬砌板破损、错台	○	○	○	○	
		2 衬砌板表面剥蚀	○				
		3 衬砌板表面裂缝	○				
		4 衬砌板隆起、沉陷	○	○	○		
		5 衬砌板滑塌	○		○	○	
		6 聚硫密封胶修复	○				
		7 逆止阀修复	○	○			
		8 临水面台阶	○				
		9 临水面清淤	○				
		10 拦冰锁维修更换	○	○			
	截流沟、导流沟 1.7	1 截流沟浆砌石修补	○	○			
		2 截流沟干砌石修补	○	○			
		3 截流沟混凝土面修复	○	○			
		4 截流沟清淤（砌石、混凝土）	○				
		5 导流沟坡面修整（土质）	○				
		6 导流沟清淤（土质）	○				
	渠道附属设施 1.8	1 永久标示（水尺、界桩、界碑）	○				
		2 安全防护网	○	○			
		3 防护网大门	○				
		4 栏杆	○				

表 1-2 输水倒虹吸、涵洞、暗渠工程维修养护工作内容

项目名称	子项名称	主要工作内容	项目分类				备注
			养护		维修		
			日常养护	一般性维修	较大维修	重大维修	
输水倒虹吸（涵洞、暗渠、隧洞）2	闸室段 2.1	1 基础处理		○	○		
		2 不均匀沉降错台处理		○	○		
		3 混凝土冻融剥蚀处理	○	○	○		
		4 结构缝止水损坏处理		○	○		
		5 结构缝密封胶处理	○				
		6 闸室段混凝土裂缝处理	○	○	○		
	（管）洞身段 2.2	1 止水损坏处理		○	○		
		2 聚硫密封胶更换	○				
		3 管（洞）身段混凝土裂缝处理		○	○		
		4 管（洞）身段混凝土表面渗水处理		○	○		
		5 管（洞）身上部防护设施损坏处理		○	○		
		6 管（洞）身上部覆盖层损坏处理	○	○			
		7 管（洞）内清淤	○				

表 1-3 输水渡槽工程维修养护工作内容

项目名称	子项名称	主要工作内容	项目分类				备注
			养护		维修		
			日常养护	一般性维修	较大维修	重大维修	
输水渡槽 3	闸室 3.1	1 基础处理		○	○		
		2 不均匀沉降错台处理		○	○		
		3 混凝土冻融剥蚀处理	○	○	○		
		4 结构缝止水损坏处理		○	○		
		5 结构缝密封胶处理	○				
		6 闸室段混凝土裂缝处理	○	○	○		
	槽身 3.2	1 槽身混凝土洇湿渗水处理	○	○			
		2 槽身橡胶止水损坏处理		○	○		
		3 结构缝渗漏处理		○	○		
		4 聚硫密封胶更换	○				
		5 混凝土裂缝处理	○	○	○		
		6 槽身混凝土冻融剥蚀处理	○	○			
		7 渡槽顶部道路、防护栏杆维护	○				
		8 渡槽槽内清淤	○				

表1-3 输水渡槽工程维修养护工作内容（续）

项目名称	子项名称	主要工作内容	养护		维修		备注
			日常养护	一般性维修	较大维修	重大维修	
输水渡槽 3	下部结构 3.3	1 墩柱基础冲刷处理		○	○		
		2 下部结构混凝土裂缝处理		○	○		
		3 渡槽下部结构防护工程修复	○	○			

表1-4 输水箱涵维修养护工作内容

项目名称	子项名称	主要工作内容	养护		维修		备注
			日常养护	一般性维修	较大维修	重大维修	
输水箱涵 4	箱涵段 4.1	1 伸缩缝橡胶止水损坏处理		○	○		
		2 聚硫密封胶更换	○	○			
		3 聚脲破损修补		○	○		
		4 混凝土裂缝处理	○	○	○		
		5 混凝土表面渗水处理		○	○		
		6 顶部防护设施损坏处理	○	○			
		7 顶部覆盖层损坏处理	○	○			
		8 顶部渗水伴有地面沉陷处理		○	○	○	
		9 巡线路维护	○				
		10 安全警示牌、里程碑维护	○				
		11 占压物清理	○				
		12 箱涵与河流交汇处覆盖层冲刷处理		○	○		
		13 箱涵内部清淤	○				
	保水堰、调节池、联结井、分流井 4.2	1 回填土沉陷处理	○				
		2 不均匀沉降错台处理		○	○		
		3 不均匀沉降基础处理			○	○	
		4 结构缝橡胶止水损坏处理		○	○		
		5 结构缝聚硫密封胶更换	○	○			
		6 混凝土裂缝处理	○	○	○		
		7 混凝土剥蚀处理		○	○		
		8 混凝土表面渗水处理		○	○		
		9 进场路修复	○				
		10 淤积、堵塞清理	○				
		11 场区维护	○				

表 1－4　输水箱涵维修养护工作内容（续）

项目名称	子项名称	主要工作内容	项目分类				备注
			养护		维修		
			日常养护	一般性维修	较大维修	重大维修	
输水箱涵 4	通气孔、排气孔 4.3	1 聚硫密封胶更换	○				
		2 混凝土裂缝处理		○			
		3 孔内渗水处理		○			
		4 厂区维护	○				
		5 爬梯、人孔井盖相关设施维护	○				
		6 进场路修复	○				

表 1－5　PCCP 管道维修养护工作内容

项目名称	子项名称	主要工作内容	项目分类				备注
			养护		维修		
			日常养护	一般性维修	较大维修	重大维修	
PCCP 管道 5	管身段 5.1	1 阴极防护设施维护	○	○			
		2 内壁塌落处理		○	○		
		3 管芯内壁纵向裂缝处理		○	○		
		4 顶部防护设施损坏	○				
		5 顶部裸露回填处理	○				
		6 顶部局部塌陷处理	○				
		7 顶部大面积塌陷处理		○	○	○	
		8 顶部渗水处理		○	○		
		9 顶部渗水并伴随地面沉陷处理		○	○	○	
		10 巡线路维护	○				
		11 沿线安全警示牌、里程碑维护	○				
		12 占压物清理	○				
		13 聚硫密封胶更换	○	○			
		14 管身清淤	○				
		15 断丝处理		○	○	○	
	检修井、通气井、排水井 5.2	1 聚硫密封胶更换	○				
		2 混凝土裂缝处理	○	○			
		3 混凝土表面渗水处理	○	○			
		4 混凝土剥蚀以及损坏处理	○	○			
		5 通气阀、排水设施维护	○				
		6 爬梯、人孔井盖维护	○				
		7 保温设施损坏修复	○				
		8 进出口连接路修复	○				

表 1－5 PCCP 管道维修养护工作内容（续）

项目名称	子项名称	主要工作内容	项目分类				备注
			养护		维修		
			日常养护	一般性维修	较大维修	重大维修	
PCCP管道 5	调节池、联通井 5.3	1 回填土沉陷	○	○			
		2 不均匀沉降基础处理			○	○	
		3 混凝土冻融剥蚀	○	○			
		4 结构缝橡胶止水损坏		○			
		5 结构缝聚硫密封胶更换	○	○			
		6 混凝土裂缝处理	○	○			
		7 混凝土剥蚀处理	○	○			
		8 混凝土表面渗水处理	○	○			
		9 进出口连接路修复	○				
		10 淤积堵塞清理	○				

表 1－6 输水建筑物进出口连接段维修养护工作内容

项目名称	子项名称	主要工作内容	项目分类				备注
			养护		维修		
			日常养护	一般性维修	较大维修	重大维修	
输水建筑物进出口连接段 6	进出口连接段 6.1	1 翼墙、渐变段后回填土沉陷处理	○				
		2 翼墙、渐变段不均匀沉陷错台处理	○	○			
		3 不均匀沉陷超过设计允许值的基础处理			○	○	
		4 翼墙、渐变段冻融剥蚀处理	○	○			
		5 翼墙渐变段混凝土裂缝处理	○	○			
		6 结构缝橡胶止水损坏处理		○	○		
		7 结构缝聚硫密封胶更换	○	○			
		8 逆止阀修复	○	○			
		9 防护栏杆维护	○				

表 1－7 输水建筑物进口裹头、洞脸维修养护工作内容

项目名称	子项名称	主要工作内容	项目分类				备注
			养护		维修		
			日常养护	一般性维修	较大维修	重大维修	
输水建筑物进出口连接段（裹头）7	进口连接段（裹头）7.1	1 平台及坡面塌陷处理	○	○			
		2 坡面裂缝处理	○	○			
		3 坡脚冲刷处理	○	○			
		4 护坡损坏处理	○				
		5 坡面排水沟清淤	○				

表1–7 输水建筑物进口裹头、洞脸维修养护工作内容（续）

项目名称	子项名称	主要工作内容	项目分类				备注
			养护		维修		
			日常养护	一般性维修	较大维修	重大维修	
输水建筑物进出口连接段（裹头）7	进口连接段（裹头）7.1	6 土体滑塌处理		○	○	○	
		7 外坡洇湿处理	○	○			
		8 坡脚渗水处理	○	○	○		
		9 坡脚管涌处理		○	○	○	
		10 排水孔维护	○				
		11 隔离墩修复	○				
		12 喷射混凝土护坡修复	○	○			
		13 洞顶边坡加固处理		○	○		
		14 浆砌石护坡修复	○	○			
		15 混凝土护坡修复	○	○			
		16 边坡冲刷处理	○				

表1–8 排水倒虹吸、排水涵洞维修养护工作内容

项目名称	子项名称	主要工作内容	项目分类				备注
			养护		维修		
			日常养护	一般性维修	较大维修	重大维修	
排水倒虹吸、排水涵洞 8	排水倒虹吸、排水涵洞管身段 8.1	1 伸缩缝橡胶止水修补更换	○	○			
		2 变形缝充填材料老化脱落修补更换	○				
		3 混凝土裂缝处理	○	○	○		
		4 不均匀沉陷错台处理	○	○			
		5 不均匀沉降超过设计值基础处理		○	○	○	
		6 混凝土表面渗水处理	○	○			
		7 管身渗漏处理		○	○		
		8 混凝土碳化、化学侵蚀处理		○	○		
		9 管身混凝土冻融剥蚀处理	○	○			
		10 管内清淤	○				

表 1-9   排水渡槽维修养护工作内容

项目名称	子项名称	主要工作内容	养护 日常养护	养护 一般性维修	维修 较大维修	维修 重大维修	备注
排水渡槽 9	槽身 9.1	1 混凝土洇湿渗水	○	○			
		2 结构橡胶止水损坏修复	○	○			
		3 结构缝渗水漏水处理		○			
		4 结构缝聚硫密封胶更换	○				
		5 混凝土裂缝处理	○	○			
		6 混凝土冻融剥蚀处理	○	○			
		7 槽顶道路及防护栏杆维护	○				
		8 槽内清淤	○				
		9 槽身混凝土碳化、化学侵蚀处理		○	○		
	下部结构 9.2	1 混凝土裂缝	○	○			

表 1-10   排水建筑物进出口连接段维修养护工作内容

项目名称	子项名称	主要工作内容	养护 日常养护	养护 一般性维修	维修 较大维修	维修 重大维修	备注
排水建筑物 10	排水建筑物进出口连接段 10.1	1 翼墙后平台局部沉陷处理	○				
		2 翼墙、渐变段不均匀沉降错台处理	○	○			
		3 混凝土冻融剥蚀处理	○				
		4 翼墙混凝土碳化、化学侵蚀处理	○	○	○		
		5 变形缝橡胶止水修补更换	○				
		6 变形缝充填材料老化损坏修补更换	○				
		7 混凝土结构裂缝修补	○	○			
		8 翼墙、护坡混凝土局部损坏修补	○				
		9 混凝土渗漏处理	○	○			
		10 进出口台阶局部破损修复	○				
		11 安全警示牌、标志牌维修更换	○				
		12 砌石护坡缺陷处理	○				
		13 沉砂池排水清淤	○				
		14 隔离网损坏处理	○				
		15 消力池排水清淤	○				
		16 排水孔修复	○				
		17 排水沟清淤	○				
		18 翼墙倾覆处理		○	○		
		19 水尺刷漆修补	○				
		20 海漫维护	○	○			

表 1–10　排水建筑物进出口连接段维修养护工作内容（续）

项目名称	子项名称	主要工作内容	项目分类				备注
			养护		维修		
			日常养护	一般性维修	较大维修	重大维修	
排水建筑物 10	退水尾渠 10.2	1 翼墙、渐变段回填土沉陷处理	○	○			
		2 翼墙、渐变段不均匀沉降错台处理	○	○			
		3 混凝土冻融剥蚀处理	○				
		4 结构缝橡胶止水损坏处理	○	○			
		5 结构缝聚硫密封胶更换	○	○			
		6 混凝土裂缝处理	○				
		7 防护栏杆维护	○				
		8 浆砌石护坡维护	○	○			
		9 混凝土护坡修理	○	○			
		10 海漫维护	○	○			
		11 消力池清淤维护	○				

表 1–11　闸站等房屋建筑及场区工程维修养护工作内容

项目名称	子项名称	主要工作内容	项目分类				备注
			养护		维修		
			日常养护	一般性维修	较大维修	重大维修	
房屋建筑及场区工程 11	闸站房屋建筑（含管理处） 11.1	1 屋面防水处理	○	○			
		2 墙面处理	○				
		3 地面处理	○				
		4 屋顶、外檐维护	○				
		5 门窗及防护栏处理	○				
		6 屋顶天花板维护	○				
		7 门库渗水处理	○	○			
		8 场区路面处理	○	○			
		9 排水沟及盖板	○				
		10 排水沟清淤	○				
		11 电缆沟维护	○				
		12 场区集水井修复	○				
		13 台阶、栏杆修复	○				
	闸站附属设施 11.2	1 检修闸孔盖板破损处理	○				
		2 门库及闸孔防护栏杆维护	○				
		3 水尺维护	○				
		4 宣传栏维护	○				
		5 责任碑维护	○				

表1-12　泵站建筑（含进出水建筑物及场区等）维修养护工作内容

项目名称	子项名称	主要工作内容	项目分类				备注
			养护		维修		
			日常养护	一般性维修	较大维修	重大维修	
泵站（含进出水建筑物及场区等）12	泵站建筑（含管理处）12.1	1 屋面防水处理	○	○			
		2 墙面处理	○				
		3 地面处理	○				
		4 屋顶、外檐维护	○				
		5 门窗及防护栏处理	○				
		6 屋顶天花板维护	○				
		7 门库渗水处理	○	○			
		8 场区路面处理	○	○			
		9 排水沟及盖板	○				
		10 排水沟清淤	○				
		11 电缆沟维护	○				
		12 场区集水井修复	○				
		13 台阶、栏杆修复	○				
		14 前池、后池清淤	○				
		15 前池、后池渗水处理		○	○		
		16 前池、后池止水修复		○	○		
		17 前池、后池混凝土裂缝		○	○		
	泵站附属设施12.2	1 检修闸孔盖板破损处理	○				
		2 闸孔防护栏杆维护	○				
		3 水尺维护	○				
		4 标识标牌维护	○				
		5 宣传栏维护	○				
		6 责任碑维护	○				
		7 闸孔警戒标识维护	○				
		8 水井及泵房设施维护	○				
		9 场区围墙修复	○				
		10 钢爬梯破损修复	○				

表 1–13 混凝土重力坝维修养护工作内容

项目名称	子项名称	主要工作内容	项目分类				备注
			养护		维修		
			日常养护	一般性维修	较大维修	重大维修	
渠首建筑物 13	坝体 13.1	1 伸缩缝止水带损坏		○	○		
		2 坝顶、上下游坝面裂缝处理		○	○		
		3 廊道裂缝处理		○	○		
		4 混凝土溶蚀、侵蚀处理	○	○	○		
		5 坝体排水孔疏通	○				
	坝基和坝肩 13.2	1 坝体与基岩或岸坡结合处开裂和渗漏处理		○	○	○	
		2 两岸坝肩区裂缝、滑坡、溶蚀、绕渗处理		○	○	○	
		3 基础防渗排水设施修复	○	○			
	电站厂房 13.3	1 墙体裂缝处理	○	○			
		2 机墩和尾水管裂缝和磨损处理		○	○		
		3 梁、柱、板受力结构裂缝和钢筋锈蚀处理		○	○		
		4 屋顶渗漏和损坏处理	○	○			
		5 屋内顶空鼓和脱落处理	○	○			
		6 尾水渠淤积处理	○				
		7 厂区排水设施修复	○	○			

说明：该表供项目分类时参考使用，当同一内容出现多个"○"选项时，参照"附件 2"确定。

附件 2

表 2-1 南水北调中线干线土建工程维修项目分类表

项目名称	子项名称	项目分类	规模	工期/月	投资金额/万元
渠道工程 1	一级马道以上内坡 1.1	较大维修	长度≥100m，＜500m	≥1，＜3	≥100，＜600
		重大维修	长度≥500m	≥3	≥600
	填方渠道外坡 1.3	较大维修	长度≥100m，＜500m	≥1，＜3	≥100，＜600
		重大维修	长度≥500m	≥3	≥600
	一级马道 1.5	较大维修	长度≥1000m	≥1	≥100
	渠道临水面衬砌板 1.6	较大维修	面积≥200m²，＜1000m²	≥1，＜3	≥100，＜600
		重大维修	面积≥1000m²	≥3	≥600
输水倒虹吸（涵洞、暗渠、隧洞）2	闸室段 2.1	较大维修	—	≥1	≥100
	（管）洞身段 2.2	较大维修	—	≥1	≥100
输水渡槽 3	闸室 3.1	较大维修	—	≥1	≥100
	槽身 3.2	较大维修	—	≥1	≥100
	下部结构 3.3	较大维修	—	≥1	≥100
输水箱涵 4	箱涵段 4.1	较大维修	—	≥1，＜3	≥400，＜600
		重大维修	—	≥3	≥600
	保水堰、调节池、联结井、分流井 4.2	较大维修	—	≥1，＜3	≥100，＜400
		重大维修	—	≥3	≥400
PCCP管道 5	管身段 5.1	较大维修	—	≥1，＜3	≥400，＜600
		重大维修	—	≥3	≥600
	调节池、联通井 5.3	较大维修	—	≥1，＜3	≥400，＜600
		重大维修	—	≥3	≥600
输水建筑物进出口连接段 6	进出口连接段 6.1	较大维修	—	≥1，＜3	≥400，＜600
		重大维修	—	≥3	≥600
输水建筑物进出口连接段（裹头）7	进口连接段（裹头）7.1	较大维修	—	≥1，＜3	≥100，＜400
		重大维修	—	≥3	≥400
排水倒虹吸、排水涵洞 8	排水倒虹吸、排水涵洞管身段 8.1	较大维修	—	≥1	≥400
排水渡槽 9	槽身 9.1	较大维修	—	≥1	≥100
排水建筑物 10	排水建筑物进出口连接段 10.1	较大维修	—	≥1	≥100

表 2-1　南水北调中线干线土建工程维修项目分类表（试行）（续）

项目名称	子项名称	项目分类	规模	工期/月	投资金额/万元
泵站（含进出水建筑物及场区等）12	泵站建筑（含管理处）12.1	较大维修	—	≥1	≥100
渠首建筑物 13	坝体 13.1	较大维修	—	≥1	≥100
	坝基和坝肩 13.2	较大维修	—	≥1，＜3	≥100，＜600
		重大维修	—	≥3	≥600
	电站厂房 13.3	较大维修	—	≥1	≥100

说明：表中选项满足其中任一条件即可确定项目分类。

附件 3

开 工 准 备 样 表

表 3-1 合 同 开 工 申 请 表

（养护/维修［20××］开工   号）

合同名称：   合同编号：

致（三级机构或监理单位）： 我方承担的＿＿＿＿＿项目已完成了各项准备工作，具备了开工条件，现申请开工，请贵方审批。 附件：开工申请报告   维修养护单位：（现场机构名称及盖章） 项目经理：（签名） 日　　期：　年 月 日
审批意见。   三级机构（监理机构）：（名称及盖章） 签收人：（签名） 日　　期：　年 月 日

说明：本表一式＿份，由维修养护单位填写。三级机构（监理机构）签收后，维修养护单位＿份、监理机构＿份、
　　　三级机构＿份、二级机构＿份。

表3-2 合 同 开 工 通 知

（建管/监理〔20××〕开工　号）

合同名称：　　　　　　　　　　　　　　　　　　　　合同编号：

致（维修养护单位现场机构）：
　　贵方年月日报送的_____项目开工申请（维修〔　〕合开工　号）已经通过审核，同意贵方按施工进度计划组织施工。

　　批复意见：（可附页）

　　　　　　　　　　　　　　　　　　　　　　　　　三级机构（监理机构）：（名称及盖章）
　　　　　　　　　　　　　　　　　　　　　　　　　负责人（总监）：（签名）
　　　　　　　　　　　　　　　　　　　　　　　　　日　　期：　年 月 日

今已收到合同项目的开工批复表。

　　　　　　　　　　　　　　　　　　　　　　　　　维护单位：（现场机构名称及盖章）
　　　　　　　　　　　　　　　　　　　　　　　　　项目经理：（签名）
　　　　　　　　　　　　　　　　　　　　　　　　　日　　期：　年 月 日

　　说明：本表一式__份，由三级机构（监理机构）填写。维修养护单位签收后，维修养护单位__份、三级机构（监理机构）__份、二级机构__份。

附件 4

养 护 项 目 管 理 记 录

三级机构：

日期		年　月　　日	首页□　　续页□	
天气			气温	最高　　℃　　最低　　℃
养护管理工作				
存在问题				
	记录人		负责人	

说明：1. "现场养护工作"记录内容包括：维护部位、维护工作内容、投入资源（含人员、机械设备、主要材料）、完成的工程量（或形象面貌）、维护工作其他需要记录的内容。

　　　2. "存在问题"记录内容：维护工作中存在的问题和需要协调解决的事项、以前存在问题的落实情况。

　　　3. 本表三级机构填写，每周一次。

附件 5

工 程 计 量 确 认 单

（养护/维修［20××］计量　号）

合同名称：　　　　　　　　　　　　　　　　　　　　　合同编号：

现场情况简述：

（现场情况简述中应写明工作内容、工作时段、具体工作方法、所完成工程量等内容。）

附件：工程量计算资料

维修养护单位：（全称及盖章）

项目经理：（签名）

日　　期：　年 月 日

审核意见：

（需要写明具体意见，日期要填写）

三级机构（监理单位）：（全称及盖章）

负责人：（签字）

日　　期：　年 月 日

说明：本表一式＿份，由维修养护单位填写。维修养护单位＿份，项目部＿份，作为已完工程量汇总表的附件使用。

附件 6

土建工程维修养护项目合同台账

二级机构（或三级机构）：

序号	合同名称	合同编号	签约单位	主要维修养护内容	合同金额/元	合同签订时间	合同工期	采购方式	备注

说明：本表由合同管理单位填写。

附件7

认定（评定）样表

表7-1 养护项目质量认定表

（养护〔20××〕认定　　号）

养护项目名称：	
合同编号：	
清单项目第五级名称及编码：	
开工日期：　年　月　日	完工日期：　年　月　日
清单项目内容： 完成的主要工程量或工作量：	
认定结论	
附件： 　1. 养护前现场照片 　2. 养护后现场照片 　3. 质量资料 　4. 其他资料	
（养护单位意见） 　　　　　　　　　　　　　　　　现场负责人： 　　　　　　　　　　　　　　　　单位：（盖章） 　　　　　　　　　　　　　　　　日　期：　年　月　日	
（三级机构意见） 　　　　　　　　　　　　　　　　现场负责人： 　　　　　　　　　　　　　　　　单位：（盖章） 　　　　　　　　　　　　　　　　日　期：　年　月　日	

　　说明：本表一式__份，养护单位__份，三级机构__份。

表 7-2　单元工程质量评定表（不划分工序）（样表）

××××单元工程维修质量验收评定表（不划分工序）

（维修〔20××〕评定　　号）

项目名称			单元工程量		
			维修单位		
单元工程名称、部位			维修日期		年　月　日— 　年　月　日
项次		检验项目	质量要求	检查（测）记录	合格数	合格率
主控项目	1					
	2					
	3					
一般项目	1					
	2					
	3					
维修单位 自评意见	主控项目检验点＿＿％合格，一般项目逐项检验点的合格率＿＿％，不合格点不集中分布。 单元工程质量等级评定为： 评定人： 年　月　日					
复核单位意见	经复核，主控项目检验点＿＿％合格，一般项目逐项检验点的合格率＿＿％，不合格点不集中分布。 单元工程质量等级评定为： 复核人： 年　月　日					

说明：本表一式＿份，维修单位＿份，监理单位＿份，项目部＿份。

表 7-3 工序维修质量验收评定表（样表）

×××工序维修质量验收评定表

（维修〔20××〕评定　　号）

项目名称			工序名称		
			维修单位		
单元工程名称、部位			维修日期		年 月 日— 年 月 日
项次		检验项目	质量要求	检查（测）记录	合格数	合格率
主控项目	1					
	2					
	3					
一般项目	1					
	2					
	3					
维修单位 自评意见	主控项目检验点100％合格，一般项目逐项检验点的合格率不低于＿＿％，且不合格点不集中分布。 　　工序质量等级评定为： 　　　　　　　　　　　　　　　　　　　　　　　　　　　评定人： 　　　　　　　　　　　　　　　　　　　　　　　　　　　　年 月 日
复核单位意见	经复核，主控项目检验点100％合格，一般项目逐项检验点的合格率不低于＿＿％，且不合格点不集中分布。 　　工序质量等级评定为： 　　　　　　　　　　　　　　　　　　　　　　　　　　　复核人： 　　　　　　　　　　　　　　　　　　　　　　　　　　　　年 月 日

说明：本表一式＿＿份，维修单位＿＿份，监理单位＿＿份，项目部＿＿份。

表7-4 单元工程质量评定表（划分工序）（样表）

××××单元工程维修质量评定表（划分工序）

（维修〔20××〕评定　　号）

项目名称		单元工程量	
		维修单位	
单元工程名称、部位		维修日期	年 月 日— 年 月 日
项次	工序名称	工序质量验收评定等级	
1	△×××工序		
2	×××工序		
维修单位 自评意见	各工序相关检验资料符合本标准要求，工序质量　100%　合格。 单元工程质量等级评定为： 评定人： 年　月　日		
复核单位意见	经审查，各工序相关检验资料符合本标准要求，工序质量　　合格。 单元工程质量等级评定为： 复核人： 年　月　日		

说明：本表一式__份，维修单位__份，监理单位__份，项目部__份。

284

表 7－5　重要隐蔽（关键部位）单元工程质量等级签证表

（维修〔20××〕评定　　号）

项目名称		单元工程量	
		维修单位	
单元工程名称、部位		自评日期	年　月　日
维修单位自评意见	1. 自评意见： 2. 自评质量等级： 检查人：（签名）		
监理机构意见	抽查意见： 监理人：（签名）		
三级机构（或维修项目管理部）核定意见	1. 核定意见： 2. 质量等级： 年　月　日		
保留意见	 签　名：		
备查资料清单	1. 测量成果□ 2. 检测试验报告（结构强度等）□ 3. 影像资料□ 4. 其他□		

说明：本表一式__份，维修单位__份，监理单位__份，项目部__份。

附件 8

合 同 完 工 验 收 样 表

表 8-1　合同完工验收申请报告

南水北调中线干线

××项目合同完工验收

申请报告

（申请单位名称）

年　月　日

一、合同项目概况

二、合同完成情况

三、合同验收条件检查结果

表 8–2 合同完工验收鉴定表
（适用于养护项目）

合同名称：	
合同编号：	
养护内容：	
完成的主要工程量或工作量：	

合同金额/元		合同结算价款/元	
养护时段	××××年××月××日至××××年××月××日		

对养护质量、项目执行情况的评价：
一、养护质量评价

二、项目执行情况评价

三、遗留问题及处理意见

四、验收结论

（验收组成员签字）

验收组组长：
日　期：　　年　月　日

表 8 - 3　合同完工验收鉴定书

（适用于维修项目）

南水北调中线干线

××项目合同完工

验收鉴定书

（项目名称）验收工作组

年　月　日

填表说明：

1. 本证书由验收主持单位负责编写，应符合档案管理有关规定，可使用打印件。

2. 本表所填内容均为本维修项目验收数据。

前言（包括验收依据、组织机构、验收过程等）

一、开完工日期

二、主要维修内容、主要工程量及维修经过

三、项目质量情况（主要设计指标，维修单位自验统计结果，监理单位抽检统计结果）

四、存在（遗留）问题及处理意见

五、验收结论

六、保留意见：

保留意见人（签字）：

七、附件：

1. 验收工作组成员签字表
2. 备查资料清单
   （1）项目批复文件
   （2）招投标文件
   （3）合同管理文件
   （4）质量管理文件
   （5）相关影像资料

×××维修养护项目验收工作组签字表

序号	组长/成员	姓名	单位	职务/职称	签字

表 8-4　维修养护项目验收维修工作报告

南水北调中线干线

××项目合同完工验收

维修养护工作报告

（维修养护单位名称）

年　月　日

南水北调中线干线

××项目合同完工验收

维修养护工作报告

批准：

审核：

编写：

目　　录

表 8－5　维修养护项目验收维修管理工作报告

南水北调中线干线

××项目合同完工验收

维修养护管理工作报告

（项目部名称）

年　月　日

南水北调中线干线

××项目合同完工验收

维修养护管理工作报告

批准：

审核：

编写：

目　　录

表 8－6 维修养护项目验收设计工作报告

南水北调中线干线

╳╳项目合同完工验收

设计工作报告

（设计单位名称）

年 月 日

南水北调中线干线

××项目合同完工验收

设计工作报告

批准：

审核：

编写：

目　　录

表 8-7　维修养护项目验收监理工作报告

南水北调中线干线

××项目合同完工验收

监理工作报告

（监理机构名称）

年　月　日

南水北调中线干线

××项目合同完工验收

监理工作报告

批准：

审核：

编写：

目　　录

Q/NSBDZX

南水北调中线干线工程建设管理局企业标准

Q/NSBDZX 209.02—2018

工程防汛值班工作制度

2018－12－06发布　　　　　　　2018－12－06实施

南水北调中线干线工程建设管理局　发　布

工程防汛值班工作制度

第一章 总 则

第一条 为加强南水北调中线干线工程防汛值班管理，规范防汛值班工作，落实防汛岗位责任制，依据《中华人民共和国防洪法》《中华人民共和国防汛条例》《国家防总关于防汛抗旱值班规定》等法律法规和规章制度，结合中线工程防汛工作实际，制定本制度。

第二条 值班制度规定了南水北调中线干线工程各级运行管理单位的防汛值班职责、工作内容及工作要求。

第三条 本值班制度适用于南水北调中线干线工程各级运行管理单位的防汛值班工作。

第四条 各级运行管理单位防汛值班工作必须遵守"认真负责、及时主动、准确高效"的原则。

第二章 管 理 职 责

第五条 中线建管局负责全线防汛值班管理工作，局工程维护中心（局防汛办公室）为防汛业务归口管理部门，总调中心为防汛值班工作归口管理部门。

（一）工程维护中心防汛值班职责：

1. 传达落实上级部门有关防汛值班工作指示精神；

2. 参与编制、修订南水北调中线干线工程防汛值班制度；

3. 监督检查全线各级防汛值班工作；

4. 组织或参与开展防汛值班业务培训；

5. 组织保障防洪信息管理系统正常运行；

6. 负责组织协调和专业把关汛情、险情报告内容（向上级主管部门）；

7. 组织做好特殊时期防汛值班工作；

8. 完成领导交办的其他工作。

（二）总调中心防汛值班职责：

1. 负责归口管理全线各级防汛值班工作；

2. 承担中线建管局机关防汛值班工作；

3. 组织编制、修订南水北调中线干线工程防汛值班制度；

4. 组织防汛值班业务培训；

5. 检查指导全线各级防汛值班工作；

6. 完成领导交办的其他工作。

（三）专业职能部门负责协调和把关专业突发事件报告内容（向上级主管部门）。

第六条 二级运行管理单位负责传达落实上级部门有关防汛工作指示精神，执行上级部门防汛值班工作制度，编制、修订辖区工程防汛值班制度，组织做好辖区工程防汛值班工作，监督检查辖区内三级运行管理单位防汛值班情况，并完成上级单位交办的其他工作。

第七条 三级运行管理单位负责传达落实上级部门有关防汛工作指示精神，执行上级部门防汛值班工作制度，组织做好辖区工程防汛值班工作，并完成上级单位交办的其他工作。

第三章 值 班 管 理

第一节 值 班 时 间

第八条 中线干线工程汛期防汛值班时间：河南境内为 5 月 15 日至 9 月 30 日，河北、天津、北京境内为 6 月 1 日至 9 月 30 日。其他时间如发生洪涝灾害，事发地运行管理单位可根据实际情况安排值班。

第九条 防汛值班为全天 24 小时值班，原则上实行白班和夜班，每班时间与各级调度值班时间相同。

第二节 值 班 人 员

第十条 防汛值班实行领导带班和工作人员值班相结合的值班制度，每班带班领导 1 人，值班人员 1 人。如有启动防汛应急响应、预警或其他特殊情况，相关专业管理部门（处室）可增派人员参与值班。

第十一条 防汛值班带班领导由各级运行管理单位领导担任，值班人员为各级运行管理单位值班人员，带班领导可每周轮换 1 次。

第十二条 值班人员原则上按照值班表值班，因特殊情况不能按时值班的，经同意后可在值班人员之间调换。

第十三条 各级防汛值班人员调换班应办理工作手续。

第三节 值 班 职 责

第十四条 带班领导应及时掌握并处理突发事件，重要情况及时上报。

第十五条 值班人员应及时主动了解辖区内暴雨、洪水预警信息，实时雨情、水情、工情、灾情等信息。

第十六条 值班人员应认真做好值班期间各类值班信息的接收、登记和处理工作。

第十七条 值班人员应按规定填报防汛日报（见附录 A）和值班记录（见附录 B）。防汛日报与值班记录均通过防洪信息管理系统（以下简称"防洪系统"）报送，其中：防汛日报起止时间为前一天 7：00—当天 7：00，现地管理处于每天 7：20 前将防汛日报上报所属二级运行管理单位，二级运行管理单位于 7：50 前将防汛日报上报中线建管局，中线建管局于 8：30 前完成防汛日报填报工作；值班记录应于交接班前完成填报。

第十八条 值班人员应认真填写值班记录，包括值班情况、汛情和险情、工程突发事件、预警响应、应急处置、上游水库来水情况等，记录要求字迹工整、内容完整、文字简明扼要。

第十九条 值班人员在接到突发事件或重要信息后，应按照《南水北调中线干线工程突发事件信息报告规定》有关要求，立即向带班领导和上级单位值班室报告，密切跟踪了解事件发展及处置情况，及时做好续报工作（见附表C）。

第四节 值 守 要 求

第二十条 带班领导应保持全天24小时联系畅通，并在接到突发情况报告后及时安排处理。

第二十一条 值班人员必须坚守岗位，不得擅自脱岗，不得迟到早退，不得占用防汛设备办理与防汛无关事项，带班领导和值班人员应在电话铃响4声之内接听电话。

第二十二条 所辖区域内启动暴雨洪水预警、发生强降雨或突发事件等情况时，各级值班人员应保持高度警惕状态，随时跟踪、关注雨情、水情、工情和险情发展，接报传达信息。

第二十三条 防汛值班应配备必要的办公通信设备，通信设备应保证通信畅通和通话质量。

第二十四条 值班人员应遵守保密规定，不得向无关人员透露突发情况信息，值班记录不得交无关人员翻阅，不允许无关人员在值班室闲聊。

第五节 交 接 班 管 理

第二十五条 值班实行两班倒的单位，白班和夜班接班人员应提前15min到岗接班。

第二十六条 值班人员必须做到当面交接班。交接班内容包括：防汛日报报送情况、当班人员未办完事项，需要移交下班继续办理的事项和其他注意事项。

第二十七条 交班人员在交接班前完成当班值班记录填写、防汛日报编报及其他事项。

第二十八条 值班人员交接班时应认真检查防汛电话、传真等通信设备是否畅通，电话使用完毕，确认是否已挂妥，通信设备和办公设备发生故障，应及时报告处理。

第二十九条 交接班过程中发生突发事件时，由接班人员负责处理，交班人员协助处理。

第四章 检 查 与 考 核

第三十条 防汛值班实行值班抽查制度，中线建管局对全线进行抽查，二级运行管理单位对所辖管理处进行抽查，并将抽查情况填写在值班记录中。

第三十一条 对值班期间突发事件应急处置表现突出、措施得当，可给予相关单位和个人表彰奖励；因防汛值班人员擅离职守或工作失职造成较大损失和影响的，视情况严重程度，给予相关单位和个人责任追究。

第五章 附   则

第三十二条 本值班工作制度由南水北调中线建管局制定并负责解释。

第三十三条 本值班工作制度自印发之日起实施，原值班制度即行废止。

附　录　A

（规范性附录）

南水北调中线干线工程防汛日报

填报单位：××××局/×××管理处　　　　××年××月××日07：00—××月××日07：00

天气情况
填写二级运行管理单位所辖管理处所在区、县过去24小时的天气情况，包括晴、多云、阴、小雨、中雨、大雨、暴雨、大暴雨、特大暴雨、阴转小雨、小雨转大雨等，发生降雨时填报降雨量（mm），顺序为从上游到下游依次填写。降雨量可通过"冀汛通"、"豫汛通"、"工程防洪信息管理系统"、中国天气网、中央气象台网、河南雨量简明查询系统等途径查询，取总干渠两侧附近和交叉河流左岸上游流域范围内降雨量最大值。 例如： 邓州：大暴雨/130mm　　　镇平：阴转中雨/20mm　　　南阳：小雨/10mm 方城：阴转多云
巡查排险情况
填写防汛风险项目和重点部位巡查排险情况，如有无异常情况，有无汛情、险情及采取的措施等，包括所在管理处及汛情、险情具体部位，时间，地点，事件基本情况，采取的措施等。
未来3天降雨预报情况
填写工程沿线区域当天及未来3天天气预报降雨情况，区域无降雨时不填写。降雨预报包括日期、行政区域（管理处填写所在区、县，二级运行管理单位填写工程沿线地级市）及降雨预报信息，具体降雨预报信息可通过中线天气、"冀汛通""豫汛通"、中国天气网、中央气象台网、中央气象台台风网等途径查询。 例如： ×月××日—××日 郑州、焦作、新乡、安阳地区小雨； ×月××日—××日 平顶山、许昌、郑州地区中雨； ×月××日—××日 郑州、许昌、新乡、平顶山大雨，局部暴雨，鹤壁、安阳地区有中到大雨。

附 录 B

南水北调中线干线工程防汛值班记录表

值班时间	年 月 日 时— 年 月 日 时		
带班领导		值班人	
值班工作情况	填写值班情况，包括值班期间辖区内汛情和险情、工程突发事件、预警响应、应急处置、上游水库来水等情况。		

附 录 C

突发事件信息报告单

表C.1 突发事件信息快速报告单

（编号：××二级运行管理单位（管理处）—××年—××号）

突发事件信息名称			
二级运行管理单位		三级运行管理单位	
发现时间	年 月 日 时 分	发生地点	
事件情况描述			
人员伤亡及损失情况			
原因分析			
采取措施			
报告人及电话		报告时间	年 月 日 时 分
以下由信息接收部门填写			
接报部门		接报人	
接报时间	年 月 日 时 分	联系电话	

表 C.2 突发事件信息后续报告单

（编号：××二级运行管理单位（管理处）—××年—××号续××号）

突发事件信息 名称			
二级运行 管理单位		三级运行 管理单位	
事件进展 情况描述			
报告人 及电话		报告时间	年 月 日 时 分
以下由信息接收部门填写			
接报部门		接报人	
接报时间	年 月 日 时 分	联系电话	

附　录　D
中线建管局防汛值班电话及传真

单　位	值班电话	传　真
中线建管局局机关	010 – 88657423/010 – 88657428	010 – 88657525
渠首分局	0377 – 61998669	0377 – 61998620
河南分局	0371 – 55931800	0371 – 67801632
河北分局	0311 – 67100777	0311 – 67100888
天津分局	18526220910	022 – 23904069
北京分局	010 – 61372006	010 – 61372019
北京市南水北调干线管理处	010 – 88483908	010 – 88483928

附　录　E

中线干线工程沿线相关防汛机构联系方式

相 关 单 位		值班室电话	传　真
国家部委	水利部	010－63203069	010－63203070
	国家防总	010－63202492	010－63202510/63202498
河南省	南水北调办	0371－69156622（工作时间）/ 69156605（非工作时间）	0371－69156622
	水利厅	0371－65571001（工作时间）/ 65571003（非工作时间）	0371－65951296
	防汛指挥办公室	0371－65571045	0371－65930820
	河南省气象局	0371－65955491	
河北省	南水北调办	0311－85185603（工作时间）/ 86045654（非工作时间）	0311－86219738
	水利厅	0311－86045596（工作时间）/ 86045654（非工作时间）	0311－86060478（工作时间）/ 85185518（非工作时间）
	防汛指挥办公室	0311－86045740	0311－86218454
	河北省气象局	0311－85218800	
天津市	南水北调办	022－28408214（工作时间）/ 23333656（非工作时间）	022－28408214（工作时间）/ 23333644（非工作时间）
	水务局	022－23333605（工作时间）/ 23333656（非工作时间）	022－23333603（工作时间）/ 23333644（非工作时间）
	防汛指挥办公室	022－23333705/708/709	022－23333705/708/709
	天津市气象局	022－23512087	
北京市	水务局	010－68556618	010－68556648
	防汛指挥办公室	010－68556222	010－68556155
	北京市气象局	010－68419351	

Q/NSBDZX

南水北调中线干线工程建设管理局规章制度

Q/NSBDZX 410.02—2019

工程巡查人员考核办法

2019－04－10发布　　　　　　　　　　2019－04－10实施

南水北调中线干线工程建设管理局　发　布

工程巡查人员考核办法

第一章 总 则

第一条 为统一和规范工程巡查人员的管理，强化监督检查和考核，提升工作实效，制定本办法。

第二条 本办法规定了考核内容、考核实施、考核奖惩等内容。

第三条 本办法的考核结果是工程巡查人员浮动工资分配的主要依据。

第四条 本办法的考核工作由各分局现地管理处组织实施，考核对象为保安公司派驻到各现地管理处的工程巡查人员。

第五条 本办法依据《南水北调中线干线工程通水运行安全管理责任追究规定》等有关规章制定。

第二章 考 核 内 容

第六条 考核内容包括工程巡查人员业务能力、劳动纪律、安全生产三个方面。

第七条 业务能力

（一）巡查线路、频次及内容等符合规定。

（二）能及时发现《工程巡查技术标准》中规定的检查项目存在的问题。

（三）对发现的问题能判断问题性质，较重及以上问题及时报告管理人员。

（四）熟练使用南水北调中线干线工程巡查维护实时监管系统（以下简称"巡查系统"）手持终端开展工程巡查，发现的问题及时上传。

（五）上传的问题描述准确，相关照片拍摄满足要求。

（六）发现外来人员违规进入能及时制止、劝阻并上报。

（七）业务、安全等培训考试满足要求。

第八条 劳动纪律

（一）上岗时统一着装，携带必要的工器具。

（二）使用巡查系统按规定进行签到、签退。

（三）妥善保管手持终端，严禁对数据进行篡改、破坏，严禁将工程数据及照片擅自提供给他人，严禁上传到互联网上。

（四）在工程巡查过程中，不得使用手持终端从事与业务无关的操作。

（五）严禁酒后上岗，不得擅自顶岗、换岗、脱岗、漏岗等。

（六）遵守中线建管局、分局、现地管理处和保安公司的各项劳动纪律管理规章制度。

第九条 安全生产

（一）严禁触碰各类机械电气设备，严禁擅自进入渠道取水、洗手、游泳等，严禁擅自骑、驾各类车辆进行巡查。

（二）进入渠道临近水面等特殊部位巡查时，不得一人单独巡查，且应按要求采取安全防护措施。

（三）巡查进出入管理范围应及时关闭锁好门，严禁带无关车辆和人员进入。

（四）遵守中线建管局、分局、现地管理处和保安公司的各项安全生产管理规章制度。

第三章　考　核　实　施

第十条　考核方式

现地管理处成立考核组，采取每周考核和月度考核相结合的方式进行。

第十一条　考核组组成

考核组由现地管理处工程巡查工作主管领导担任组长，考核组成员由现地管理处工程科负责人和管理人员组成。

第十二条　考核实施

（一）每周考核一次，由考核组实施，通过日常现场检查和使用"巡查系统"及沿线监控视频对工程巡查人员的业务能力、劳动纪律、安全生产等情况进行考核并赋分（赋分表详见附件1）。

（二）月度考核每月底进行，由考核组组长组织实施。汇总每周考核结果和上级单位本月检查情况，对工程巡查人员进行考核并赋分，赋分结果为月度考核得分（赋分表详见附件2）。

第十三条　考核赋分

（一）考核实行100分制，业务能力占40分，劳动纪律占30分，安全生产占30分。

（二）每周考核，按附件中的违规行为发现一次逐项扣分，最高为各单项扣完为止。

（三）月度考核，累计每周考核扣分，上级单位检查发现的问题在月度考核中直接扣分。扣分原则如下：

分局检查发现工程巡查人员违规行为的，每发现1次在月度考核中扣5分；中线建管局及上级单位检查发现工程巡查人员违规行为的，每发现1次在月度考核中扣10分。如果当月发现的问题未及时下发的，该问题在下月考核中扣分。

第四章　考　核　奖　惩

第十四条　考核结果与工程巡查人员的浮动工资挂钩，每扣1分扣浮动工资20元，最高扣完为止。考核结果每月在现地管理处范围内通报。

第十五条　现地管理处每月5日之前将上月考勤表和考核结果提交保安公司，保安公司依据考核结果及考勤情况及时发放工程巡查人员工资。

第十六条　现场巡查过程中发现重大安全隐患、处置突发事件的给予适当奖励，原则上每发生一起，奖励现金200～1000元，具体奖励金额由现地管理处提出建议，分局审定后，由现地管理处造表提交保安公司在工程巡查人员月工资中一并发放。

第十七条　工程巡查人员违反中线建管局相关规定及合同约定的，除扣除浮动工资外，按相关规定进行责任追究。

第十八条　因现场工程巡查工作不到位或工程巡查人员玩忽职守直接造成工程重大损失或发生安全事故的，由现地管理处提出解聘建议，保安公司解除劳动合同，情节严重的将追究相关法律责任。

第五章 附 则

第十九条 本办法由南水北调中线建管局负责解释。

第二十条 本办法自颁布之日起实施。

附件：1.××管理处工程巡查人员周考核评分表

2.××管理处工程巡查人员月考核评分表

附件1

××管理处工程巡查人员周考核评分表

被考核人员姓名：　　　　　　　　　考核日期：　　　　　　　　　考核结果：

考核项目	具体考核内容	考 核 标 准	扣分	扣分原因说明	备注
业务能力（40分）	1. 巡查线路、频次及内容等符合规定	巡查线路、频次及内容1次不符合规定要求的，扣2分			最高扣完为止
	2. 能及时发现《工程巡查技术标准》中规定的检查项目存在的问题	对责任区域内工程存在的问题不能及时发现而被他人发现的，一般问题扣2分、较重问题扣5分、严重问题扣10分			
	3. 对发现的问题能判断问题性质，较重及以上问题及时报告管理人员	不能准确判断问题性质，出现1次扣2分；未上报较重及以上问题，出现1次扣3分			
	4. 熟练使用手持终端开展工程巡查，发现的问题及时上传	不能熟练使用手持终端的或发现问题未通过手持终端及时上传的，发现1次扣3分			
	5. 上传的问题描述准确，相关照片拍摄满足要求	问题描述不准确的，发现1次扣1分；问题照片拍摄不满足要求的，发现1次扣2分			
	6. 发现外来人员违规进入能及时制止、劝阻并上报	发现外来人员违规进入未及时制止、劝阻并上报的，发现1次扣2分			
	7. 业务、安全等培训考试满足要求	培训考试不合格的，每次扣2分并待岗；现场抽查不能熟练掌握业务知识的，每次扣3分			
劳动纪律（30分）	1. 上岗时统一着装，携带必要的工器具	不满足要求的，发现1次扣2分			最高扣完为止
	2. 使用"巡查系统"按规定进行签到、签退	旷工1次扣10分；迟到、早退发现1次扣2分			
	3. 妥善保管手持终端，严禁对数据进行篡改、破坏，严禁将工程数据及照片擅自提供给他人，严禁上传到互联网上	发现1次违规行为，扣10分			
	4. 在工程巡查过程中，不得使用手持终端从事与业务无关的操作	发现1次违规行为，扣2分			
	5. 严禁酒后上岗，不得擅自顶岗、换岗、脱岗、漏岗等	发现一次酒后上岗的，扣15分，擅自顶岗、换岗、脱岗、漏岗的，发现1次扣10分			
	6. 遵守中线建管局、分局、现地管理处和保安公司的各项劳动纪律管理规章制度	不满足要求的，发现一次扣2分			

××管理处工程巡查人员周考核评分表（续表）

考核项目	具体考核内容	考核标准	扣分	扣分原因说明	备注
安全生产（30分）	1. 严禁触碰各类机械电气设备，严禁擅自进入渠道取水、洗手、游泳等，严禁擅自骑、驾各类车辆进行巡查	发现1次相关违规行为扣10分			最高扣完为止
	2. 进入渠道临近水面等特殊部位巡查时，不得一人单独巡查，且应按要求采取安全防护措施	发现1次相关违规行为扣5分			
	3. 巡查进出入管理范围应及时关闭锁好门，严禁带无关车辆和人员进入	发现1次相关违规行为扣10分			
	4. 遵守中线建管局、分局、现地管理处和保安公司的各项安全生产管理规章制度	不满足要求的，发现一次扣2分			
合计扣分					

附件 2

××管理处工程巡查人员月考核评分表

被考核人员姓名：　　　　　　　　考核日期：　　　　　　　　考核结果：

项目	内容	第一周	第二周	第三周	第四周	合计扣分	备注	
周考核结果	业务能力						最高扣 40 分	
	劳动纪律						最高扣 30 分	
	安全生产						最高扣 30 分	
	合计扣分							
上级单位检查扣分	分局检查发现工程巡查人员违规行为，发现 1 次扣 5 分							扣分原因说明
	中线建管局及上级单位检查发现工程巡查人员违规行为，发现 1 次扣 10 分							
考核总扣分								
扣除浮动工资/元							每扣 1 分扣浮动工资 20 元	

Q/NSBDZX

南水北调中线干线工程建设管理局规章制度

Q/NSBDZX 409.01—2019

运行安全生产管理办法

2019－12－13发布　　　　　　　　　　2019－12－13实施

南水北调中线干线工程建设管理局　发　布

运行安全生产管理办法

第一章 总 则

第一条 为贯彻国家安全生产法律法规，加强南水北调中线干线工程运行安全管理，制定本办法。

第二条 本办法规定了安全方针与目标、安全生产机构和职责、安全生产管理、应急响应、事故调查和处理、安全培训、检查与考核等内容。

第三条 本办法适用于南水北调中线干线工程建设管理局（以下简称"中线建管局"）运行安全管理。

第四条 中线建管局实行"安全第一、预防为主、综合治理、以人为本、科学管理"的安全生产方针。

第五条 工程运行安全生产目标：杜绝重特大事故发生，避免较大事故发生，减少一般事故发生，力争实现责任事故死亡率"零"目标。确保工程安全、供水安全、人身安全。

第六条 本办法是依据《中华人民共和国安全生产法》《生产安全事故报告和调查处理条例》等国家有关安全生产的法律、法规和行业安全管理要求，结合南水北调中线干线工程实际制定。

第七条 本办法使用下列术语和定义

"四不放过"：事故原因没查清不放过、事故责任者没有严肃处理不放过、责任者和群众没有受到教育不放过、防范措施没有落实不放过。

"两票"制度：电气设备操作时实行操作票和工作票制度。

第二章 管 理 机 构 与 职 责

第八条 工程运行实行三级管理，中线建管局局机关为一级管理机构，渠首分局、河南分局、河北分局、天津分局、北京分局、委托运行管理单位为二级管理机构，现地管理处为三级管理机构。保安公司、实业发展公司和信息科技公司作为中线建管局直属公司，承担相应工作任务。

第九条 各级管理机构行政正职是安全生产的第一责任人，安全生产必须贯彻"管生产必须管安全"的原则，建立健全安全生产体系和落实各级安全生产责任制。

第十条 中线建管局（一级管理机构）对中线干线工程运行安全生产负总责，二级管理机构对所辖区域内运行安全生产负管理责任，三级管理机构对所辖区域内运行安全生产负直接责任。

第十一条 中线建管局建立完善的安全生产管理组织机构（如图1所示），配备必需的人员，明确相关机构及人员职责。

第十二条 中线建管局安全生产管理委员会（以下简称"安委会"）是安全生产管理

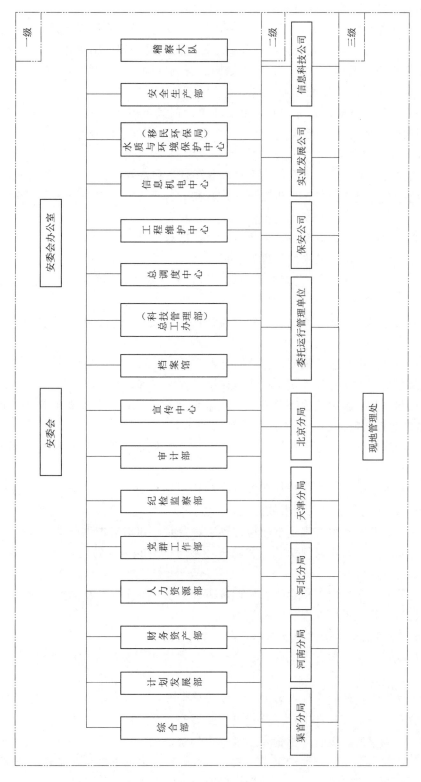

图 1　中线建管局安全生产管理机构图

的最高领导机构，负责工程运行的安全生产管理工作。

第十三条 安委会设主任一人、常务副主任一人、副主任和委员若干人。中线建管局局长任安委会主任，分管安全局领导任常务副主任，其他局领导任副主任，委员由局副总工程师、副总经济师、副总会计师、总法律顾问、总调度师、一级管理机构部门（中心）和二级管理机构、直属公司等负责人组成。

第十四条 安委会下设办公室，办公室由相关部门人员组成，负责安委会日常工作。办公室设在中线建管局安全生产部，办公室主任由安全生产部主任兼任。

第十五条 安委会职责

（一）贯彻执行国家、地方人民政府有关安全生产法律法规、标准和规章制度；

（二）定期召开安委会会议，分析安全生产形势，部署安全生产工作，协调解决重大安全问题；

（三）研究落实重大工程安全技术处理方案（或措施）以及费用；

（四）研究安全事故调查结果的处理和责任追究。

第十六条 中线建管局局长是安全生产第一责任人，对中线建管局安全生产工作负全面责任，承担以下安全生产职责：

（一）贯彻执行国家、地方人民政府安全生产法律法规、标准和中线建管局有关规章制度；

（二）建立、健全中线建管局安全生产责任制，并监督落实；

（三）组织制定中线建管局安全生产规章制度及操作规程；

（四）组织制定并实施中线建管局安全生产教育和培训计划，参加有关安全生产方面的培训，具备工程运行所需的安全生产知识和管理能力；

（五）保证中线建管局安全生产投入的有效实施，督促各级管理机构按规定提取和使用安全生产经费；

（六）批准年度安全生产工作计划以及安全生产工作总结；督促、检查中线建管局的安全生产工作，及时消除生产安全事故隐患；

（七）组织制定并实施生产安全事故应急预案，及时、如实报告生产安全事故；

（八）发生安全事故时积极组织处理和救援，参与事故的调查处理，落实事故"四不放过"原则；

（九）主持召开安全生产工作会议，协调解决安全生产工作中存在的重大问题；

（十）签订运行管理单位安全生产责任书。

第十七条 分管安全生产的局领导职责

（一）贯彻执行国家、地方人民政府安全生产法律法规、标准和中线建管局有关规章制度；

（二）对中线建管局的安全生产管理负主要领导责任；

（三）分管局安全生产管理工作，负责组织开展安委会的日常工作；

（四）负责组织落实各级管理机构安全生产责任制；

（五）参加有关安全生产方面的培训，具备工程运行所需的安全生产知识和管理能力；

（六）组织编制年度安全生产工作计划，以及年度安全生产工作总结；

（七）定期主持召开安全生产工作会议，听取有关安全生产工作的汇报，分析安全生产形势，及时总结、布置安全生产管理工作，解决安全生产中存在的问题；

（八）参加安全生产检查，参与或组织事故调查处理；

（九）组织对运行管理机构的安全生产考核。

第十八条 其他局领导职责

（一）按照"管生产必须管安全"的原则，中线建管局其他局领导对分管工作范围内的安全生产工作负领导责任，并督促分管部门履行其安全生产管理职责；

（二）将分管工作范围内的安全生产管理情况及时向局长汇报。

第十九条 局副总工程师、副总经济师、副总会计师、总法律顾问、总调度师职责

协助分管局领导做好相关业务有关安全生产管理工作。

第二十条 一级管理机构职责

（一）贯彻执行国家、地方人民政府安全生产法律法规、标准和中线建管局有关规章制度；

（二）建立健全工程运行管理的安全生产管理体系和制度；

（三）组织制定安全事故综合应急预案和专项应急预案，并组织实施；

（四）编制年度安全生产工作计划和总结；

（五）制定安全生产责任书，明确二级管理机构的安全生产责任和目标；

（六）监督管理二级管理机构的安全生产工作；

（七）教育和督促从业人员严格执行安全生产规章制度和安全操作规程；

（八）组织安全生产检查，对发现的问题限期整改并监督落实；

（九）定期召开安全例会、适时召开安全生产专题会议，对安全生产工作进行总结部署；

（十）为员工提供符合国家标准或者行业标准的劳动保护用品，并监督、教育员工按照规则佩戴、使用；

（十一）遇到突发事件，迅速启动应急预案，按应急处理流程采取措施进行处理；

（十二）制定安全生产培训计划，组织安全生产培训教育与经验交流；

（十三）组织开展事故调查及处理工作；

（十四）建立安全生产管理档案。

第二十一条 安全生产部（安委会办公室）职责

（一）贯彻执行国家、地方人民政府安全生产法律法规、标准和中线建管局有关规章制度；

（二）负责安全生产归口管理，组织建立健全安全生产管理体系，落实安全生产责任，承担局安全生产委员会办公室相关工作；

（三）组织或参与拟定安全生产规章制度、操作规程和生产安全事故应急救援预案；

（四）组织或参与安全生产教育和培训；

（五）负责重大危险源管理，督促落实有关安全管理措施；

（六）组织开展安全生产检查，认定安全问题责任并实施责任追究，督促问题整改；

（七）组织安全事故调查，认定事故责任并提出责任追究建议；

（八）负责冰期输水安全管理；

（九）负责职业健康和劳动防护工作的归口管理；

（十）组织安全生产考核，建立安全生产管理档案；

（十一）参与安全生产技术方案的制定，监督重大安全生产措施的实施。

第二十二条 综合部职责

（一）贯彻执行国家有关交通安全和食品安全的法律法规和规章制度；

（二）负责公务用车及驾驶人员的交通安全管理工作；

（三）负责机关的安全保卫管理工作；

（四）负责食堂的食品安全管理工作。

第二十三条 计划发展部职责

（一）组织审核中线建管局安全生产发展规划，评估规划实施效果；

（二）负责指导协调安全生产关键指标的统计分析工作；

（三）负责监督检查指导采购（招标）过程中涉及安全资格证书和安全业绩的审查工作；

（四）负责监督检查指导合同管理过程中涉及安全生产措施要求落实工作。

第二十四条 财务资产部职责

（一）落实安全生产经费；

（二）监督检查安全生产经费的管理和使用情况。

第二十五条 人力资源部职责

（一）组织制定员工安全生产教育培训计划，并组织实施；

（二）落实安全生产奖惩兑现，落实对相关责任人的行政处罚；

（三）参与安全事故调查处理工作，做好职工工伤认定和伤亡事故的善后处理工作；

（四）协助指导监督安全生产，做好职工的劳动保护工作。

第二十六条 党群工作部职责

（一）接受和处理职工反映的各种与安全生产有关的意见和建议，切实保障职工的合法权益；

（二）协助开展安全生产活动和合理化建议活动；

（三）贯彻执行《中华人民共和国工会法》赋予的安全生产监督职责；

（四）对安全设施"三同时"进行监督，提出意见；

（五）参与安全生产管理决策；

（六）对存在安全违规行为、事故隐患和危及从业人员生命的情况，有权要求纠正；

（七）负责督促做好职工安全生产、职业健康、劳动保护工作；

（八）参与安全事故的调查处理，协助做好职工伤亡事故的善后处理工作。

第二十七条 纪检监察部职责

（一）对安全生产管理工作开展党风政风监督检查；

（二）对反映的安全生产管理工作中直属机关党组织和党员干部的违规违纪行为进行调查处理并提出问责建议。

第二十八条 审计部职责

（一）对安全生产资金的使用情况进行审计；

（二）参与对安全问题的举报和安全事故的调查处理。

第二十九条　宣传中心职责

（一）负责安全生产先进单位及人物的宣传报道；

（二）负责安全生产对外信息发布的协调。

第三十条　档案馆职责

（一）负责档案资料的安全管理；

（二）负责档案设备的安全管理。

第三十一条　总工办（科技管理部）职责

（一）负责工程运行安全生产重大技术方案审批的管理工作；

（二）负责工程安全监测管理，组织制定安全监测的管理办法和技术标准；

（三）组织审查其他工程穿越、跨越、邻接南水北调中线工程项目（以下简称"穿越项目"）技术方案。

第三十二条　总调度中心职责

（一）负责输水调度有关安全管理工作，检查督导调度安全问题整改；

（二）制定输水调度有关安全操作管理制度和规程，并组织实施；

（三）组织输水调度人员的安全生产教育培训；

（四）负责应急及防汛值班管理；

（五）参与调度运行安全事故的调查处理。

第三十三条　工程维护中心职责

（一）负责土建（绿化）工程维修养护及新建、改建、扩建项目的安全生产管理，检查督导有关安全问题整改；

（二）组织建立健全应急管理体系，制定应急管理制度和应急预案并组织实施；

（三）组织工程维护人员、工程巡查人员的安全生产教育培训；

（四）组织建立应急保障队伍和储备应急物资，组织应急演练；

（五）负责工程防洪度汛管理工作；

（六）负责组织穿越项目施工过程安全监管；

（七）负责承担局突发事件应急管理领导小组办公室的相关工作；

（八）参与工程安全技术方案的制定；

（九）参与工程安全事故的调查处理。

第三十四条　信息机电中心（信息科技公司）职责

（一）负责信息机电、信息系统与通信网络、消防的安全管理工作，检查督导有关问题整改；

（二）组织编制信息机电、信息系统与通信网络、消防等专业的操作规程及应急预案，并组织实施；

（三）组织信息机电、信息系统与通信网络、消防等专业相关人员的安全生产教育培训；

（四）参与有关机电设备、自动化系统和消防事故的调查处理。

第三十五条 水质与环境保护中心（移民环保局）职责

（一）负责水质和环境保护、水质监测管理工作，检查督导有关安全问题整改；

（二）组织编制水质监测操作规程及水污染应急预案，并组织实施；

（三）组织水质和环境保护、水质监测等人员的安全生产教育培训；

（四）参与水污染安全事故的调查处理。

第三十六条 稽察大队职责

（一）对全局的安全生产工作监督检查；

（二）对安全问题的举报进行调查核实；

（三）对安全问题进行分析研判，建立问题信息档案。

第三十七条 各部门负责人安全职责

（一）对本部门业务范围内的安全生产负全面责任；

（二）组织领导本部门人员履行本部门安全生产职责；

（三）对本部门人员进行安全生产教育培训；

（四）发现安全生产问题及时向分管局领导报告。

第三十八条 二级管理机构职责

（一）贯彻执行国家、地方人民政府安全生产法律法规、标准和中线建管局有关规章制度；

（二）建立健全工程运行安全生产管理体系和制度；

（三）建立健全应急管理体系，编制应急管理制度和应急预案，组织应急演练；

（四）编制年度安全生产工作计划和总结；

（五）制定安全生产责任书，明确三级管理机构的安全生产责任和目标；

（六）监督管理三级管理机构的安全生产工作，定期报告安全生产情况；

（七）组织安全生产检查，对发现的问题限期整改并监督落实；

（八）定期召开安全例会、适时召开安全生产专题会议，对本单位的安全生产工作进行总结部署；

（九）遇到突发事件，迅速启动应急预案，按应急处理流程采取措施，及时报告；

（十）制定安全生产培训计划，组织安全生产培训教育与经验交流；

（十一）与地方人民政府有关部门建立联系，接受其对安全生产工作的行政监管；

（十二）监督检查维护单位、协作单位的安全生产工作，对穿越项目的安全进行监管；

（十三）协助事故调查及处理工作，或组织上级授权的事故调查及处理工作；

（十四）建立安全生产管理档案。

第三十九条 保安公司职责

（一）贯彻执行工程安防管理相关法律法规和制度；

（二）负责中线干线工程全线安全保卫工作；

（三）负责公司员工的安全管理及培训；

（四）配合开展安全保卫宣传工作；

（五）配合现地管理处做好安全保卫的外部沟通与协调。

第四十条 二级管理机构负责人安全职责

（一）对本单位工程运行安全生产工作负全面责任，严格履行安全生产责任书规定的安全生产责任；

（二）参加安全生产培训教育，具备工程运行所需的安全生产知识和管理能力；

（三）审定本单位年度安全生产工作计划，主持本单位安全工作例会，及时研究解决安全生产工作中存在的问题；

（四）组织开展安全生产检查和隐患排查，保证安全生产经费的使用；

（五）坚持"四不放过"的事故处理原则，协助安全生产事故的调查处理工作。

第四十一条 三级管理机构职责

（一）贯彻执行国家、地方人民政府安全生产法律法规、标准和中线建管局有关规章制度；

（二）建立健全工程运行安全生产管理制度；

（三）制定安全事故应急处置方案，并组织实施；

（四）编制年度安全生产工作计划和总结；

（五）制定安全生产责任书，明确运行和维护主要负责人的安全生产责任和管理目标；

（六）负责日常安全生产管理工作，定期报告安全生产情况；

（七）开展安全生产检查，分析安全生产中薄弱环节，建立专项检查制度和防治方案，发现问题及时整改；

（八）定期召开安全例会、适时召开安全生产专题会议，对安全生产工作进行总结部署；

（九）遇到突发事件，迅速启动应急处置，并及时上报；

（十）制定安全生产培训计划，组织安全生产教育培训与经验交流；

（十一）与地方人民政府有关部门建立联系，接受其对安全生产工作的行政监管；

（十二）对维护、协作等参与工程运行的单位进行安全生产监管，对穿越项目的安全进行检查和监管；

（十三）协助组织事故调查及处理工作；

（十四）建立安全生产管理档案。

第四十二条 三级管理机构负责人安全职责

（一）对本单位工程运行安全生产工作负全面责任，严格履行安全生产责任书规定的安全生产责任；

（二）参加安全生产培训教育，具备工程运行所需的安全生产知识和管理能力；

（三）审定本级单位年度安全生产工作计划，主持本单位安全生产工作例会，及时研究解决安全生产工作中存在的问题；

（四）开展安全生产检查和隐患排查，并及时整改；

（五）落实安全生产经费的使用；

（六）协助安全生产事故的调查处理工作。

第四十三条 各级安全生产管理人员职责

（一）参加安全生产管理培训考核，取得安全生产管理资格；

（二）参与拟定安全生产规章制度、操作规程和突发事件应急预案；

（三）熟悉了解工程运行管理过程中的安全知识和技能；

（四）做好本职工作范围内安全生产管理工作；

（五）根据运行管理特点，对安全生产进行检查，发现问题及时下发整改通知；

（六）制止和纠正违章指挥、强令冒险作业、违反操作规程的行为；

（七）督促落实安全生产整改措施；

（八）建立安全管理台账，定期进行总结分析；

（九）发生安全事故后，按照规定向本单位负责人报告。

第四十四条 其他从业人员安全生产职责

（一）自觉遵守安全生产规章制度，不违章作业，并制止他人违章作业；

（二）正确使用和爱护设备设施、安全用具和个人防护用品；

（三）积极参加安全生产各项活动，提出改进安全生产作业的建议和意见。

第三章 安全生产管理

第四十五条 输水调度安全管理

（一）输水调度部门应严格按照调度规程等相关要求进行调度指令拟发和操作；

（二）输水调度人员应严格按照各项管理制度，对系统的运行情况进行监视，分析水情、工情数据，发现异常及时报告；

（三）输水调度人员应严格执行调度指令，不得擅自越权使用他人的用户名和口令进入系统进行各种操作；

（四）输水调度人员应严格执行值班制度；

（五）输水过程中发生影响运行的突发事件，应及时按程序启动应急调度预案。

第四十六条 工程巡视及维护安全管理

（一）运行管理机构应按照工程巡视与维护有关规定，做好工程巡视和维护安全管理工作，发现安全隐患及时采取措施，重大问题及时报告；

（二）工程巡视应落实责任，巡视过程中如实记录，发现异常情况及时报告，发现设施损坏及时维修；

（三）做好安全监测的数据采集和分析工作，发现异常及时报告；

（四）工程维护时应采取安全防范措施，确保人员及设备安全；

（五）发现在工程管理范围和保护范围内实施影响工程安全行为，巡视人员及时制止并报告。

第四十七条 机电设备及金属结构安全管理

（一）运行管理机构应严格按照机电设备及金属结构操作规程进行操作；

（二）机电操作人员应严格按照"两票"制度进行相关操作；

（三）运行维护单位应严格执行日常保养和定期检验制度，保证设备安全运行；

（四）机电管理人员应严格按照检查制度定期进行安全生产检查，如实记录，及时整改；

（五）维护检修时，应采取安全防范措施，保证人员和设备安全；

（六）从事机电设备使用或维修的特种作业人员应持证上岗。

第四十八条　自动化系统设施安全管理

（一）运行管理机构应按照有关规定对自动化系统进行维护；

（二）自动化管理人员应对自动化系统进行巡视检查，发现问题及时报告和处理；

（三）自动化管理人员不得通过自动化系统通信网络登录不安全的网站或下载来历不明软件，影响通信网络安全；

（四）自动化系统进行维护时，应采取安全防范措施，保证系统和设备安全。

第四十九条　水质监测安全管理

（一）运行管理单位应按照水质监测有关规定对水质进行监测和分析；

（二）水质监测人员发现水质异常时及时报告；

（三）水质发生污染时，应按程序启动水污染事件应急预案；

（四）水质监测人员监测时，应采取安全防范措施，保证人员和设备安全。

第五十条　跨渠桥梁安全管理

（一）现地管理处与桥梁管理单位建立联络机制，双方检查发现安全隐患应相互通告，现地管理处应积极配合桥梁管理单位做好处理工作，并保证总干渠的安全；

（二）桥梁管理单位进行桥梁维护维修时，现地管理处应与桥梁管理单位签订安全生产管理协议，并设置安全生产管理人员进行安全检查和协调；

（三）由于桥梁坍塌或交通事故造成水质污染或损坏总干渠工程，现地管理处应立即报告，并启动相应处置方案。

第五十一条　穿越项目安全管理

（一）现地管理处应与穿越项目管理单位建立协调机制，按照有关规定对穿越项目进行安全监管；

（二）经中线建管局批准施工的穿越项目，现地管理处应与穿越项目管理单位签订安全生产管理协议，双方均指定人员进行安全检查和协调；

（三）根据批复穿越方案对穿越单位施工中的安全生产技术措施跟踪监督，避免对总干渠工程安全、供水安全、人身安全产生不利影响；

（四）穿越项目维护、检修应经现地管理处批准，不得影响总干渠设施安全和正常运行；

（五）在工程管理范围和保护范围内进行未经中线建管局审批的穿越项目施工，现地管理处发现后及时制止并报告。

第五十二条　工程度汛安全管理

（一）汛前各级管理机构应组织编制度汛方案和应急预案；

（二）各级管理机构应加强与沿线地方政府及防汛、气象部门的联系，及时掌握沿线水情、雨情等汛情，建立防汛联动机制；

（三）各级管理机构应落实防汛物资，组建应急队伍，并开展应急演练；

（四）认真落实汛期值班和领导带班制度，做到汛情畅通；

（五）汛期应开展度汛安全专项检查和巡查，发现险情立即采取抢修措施，并及时向上一级管理机构和防汛指挥机构报告；

（六）汛期抢险过程中，应制定安全防范措施，确保人员和设备安全；

（七）汛前实施的工程维护项目形象面貌必须满足度汛要求。

第四章 应 急 响 应

第五十三条 南水北调中线干线工程运行期间发生突发事件，按照《南水北调中线干线工程突发事件应急管理办法》相关规定开展应急管理工作，应急管理领导小组负责统一领导南水北调中线干线工程突发事件应急管理工作。

第五十四条 应急预案的制定必须符合实际情况，具备所需的应急指挥系统、应急装备和设施、通信系统、应急保障等，满足应急的要求，具备应急能力。

第五十五条 各级运行管理机构应加强应急预案的培训，并组织演练。

第五十六条 突发事件应急响应由高到低分为Ⅰ级、Ⅱ级、Ⅲ级、Ⅳ级。

第五十七条 对照事件分级发生Ⅰ级、Ⅱ级、Ⅲ级突发事件时，一级运行管理机构启动Ⅰ级、Ⅱ级、Ⅲ级响应；发生Ⅳ级突发事件时，二级运行管理机构启动Ⅳ级响应。超出本级应急处置能力时，及时报请上级单位启动相应预案。

当国家或地方启动突发事件总体预案和专项预案时，各级运行管理机构相应应急指挥机构接受统一领导。

第五十八条 应急管理领导小组办公室接到突发事件信息后，立即组织分析研判，及时向应急管理领导小组报告。应急管理领导小组启动应急响应，或授权专项应急指挥部，启动相应应急响应，实施应急行动。同时，向上级领导机构报告突发事件应急响应实施情况。

第五十九条 发生或确认即将发生突发事件，事发单位在向上级报告的同时，应立即启动相关应急预案，采取措施控制事态发展，组织开展先期处置工作。

第六十条 突发事件发生时，应急响应启动单位的领导必须迅速赶赴现场，成立现场指挥机构组织抢险或处理，防止事态扩大。根据事件对社会和企业的影响程度，或在自身处置发生困难时，应报告上级主管部门，请求上级主管部门或政府启动社会应急机制，在地方政府统一领导下，组织开展应急救援与处置工作。

第五章 事 故 调 查 和 处 理

第六十一条 工程运行安全事故分为六类四级：

通水运行安全事故种类主要有工程安全事故、调度运行安全事故、机电设备安全事故、自动化系统安全事故、水污染安全事故和其他安全事故等，按照对工程安全运行的影响、人身伤亡程度和经济损失大小，分为特别重大事故、重大事故、较大事故和一般事故4个级别。具体分类分级标准见附录1。

第六十二条 伤亡事故的报告、统计、调查和处理工作必须坚持实事求是、尊重科学的原则，严禁弄虚作假、谎报、瞒报。

第六十三条 事故发生后，事故现场有关人员应立即向本级管理机构负责人报告；负责人接到报告后，应于1h内向上级管理机构和一级管理机构安全生产部报告，并向事故发生地县级以上人民政府应急管理部门和负有应急管理职责的有关部门报告。

第六十四条 报告事故应当包括下列内容：事故发生单位概况、时间、地点、事故现场情况、事故的简要经过、伤亡人数、经济损失、已采取的应急措施以及其他应当报告的情况等。事故信息报告内容及格式见附录2。在报告的同时，应立即启动事故应急预案，按规定采取应急措施。

第六十五条　事故发生后，为迅速查明事故原因，处理事故责任者和教育群众，保证尽快恢复生产，应根据事故严重程度的不同，组成相应的事故调查组。

第六十六条　一般事故由一级管理机构或授权二级管理机构组织进行调查，较大或以上事故由一级管理机构组织进行调查，由地方人民政府或上级主管部门组织调查的安全事故，各级管理机构应做好配合工作。事故调查应形成调查报告。

第六十七条　事故调查报告主要包括如下内容：事故发生单位概况、事故发生经过和事故救援情况、事故造成的人员伤亡和直接经济损失、事故发生的原因和事故性质、事故责任的认定以及对事故责任者的处理建议、事故防范和整改措施。

第六十八条　事故的处理必须贯彻"四不放过"的原则。运行管理机构对发生的事故，应在查清原因，分清责任的基础上，按照有关规定对事故责任单位及责任人进行处理，落实整改措施，建立事故档案。

第六十九条　安全事故责任追究按照国家安全生产法、有关法律、法规和中线建管局有关安全管理责任追究规定执行。

第六章　安　全　培　训

第七十条　为提高员工安全意识和自我保护能力，掌握所需安全知识和安全生产技能，确保人身安全，杜绝事故发生，根据《中华人民共和国安全生产法》和有关规定要求，开展全员安全教育培训。

第七十一条　教育培训实施按照分析培训要求、制定培训计划、实施培训、考核、建立培训档案的程序进行，各级运行管理单位负责本单位人员的安全教育培训工作。

第七十二条　安全教育内容包括安全思想、安全技术知识、岗位安全知识、劳动卫生技术知识和安全技能等。

第七十三条　安全教育的形式包括三级安全教育、特种作业专业教育、定期安全教育、特殊情况安全教育和经常性安全教育等。

第七章　检　查　与　考　核

第七十四条　中线建管局安全生产检查按照有关标准执行。

第七十五条　中线建管局安全生产考核实行逐级考核：一级管理机构对二级管理机构考核；二级管理机构对三级管理机构考核。

第七十六条　考核内容包括安全生产体系制度运转情况和安全生产目标完成情况等。

第七十七条　分级考核和管理

（一）一级管理机构考核二级管理机构，每年进行一次；

（二）二级管理机构考核三级管理机构，每半年进行一次；

（三）考核结束后公布考核结果，并建立考核记录档案；

（四）考核中发现的问题及时采取措施，并监督检查整改。

第八章 附 则

第七十八条 本规定由中线建管局负责解释。

第七十九条 本规定自印发之日起执行。

附录 1 通水运行安全事故分类分级标准

安全事故分类	工程安全	调度运行	机电设备	自动化系统	水污染	其他安全事故
Ⅰ级（特别重大事故）	1. 渠堤内外坡失稳规模较大，直接导致渠水外泄或建筑物外填土边坡失稳且滑坡上缘在建筑物基础轮廓范围以内	1. 因调度失误造成漫堤事故，发生人员伤亡	1. 因闸门、启闭机等设备发生事故造成1省（直辖市）或7个及以上地级城市供水中断72h以上	1. 总调中心和备调中心自动化系统同时瘫痪5天以上	1. 发生水污染事故，因处置不当，造成1省（直辖市）或7个及以上地级城市供水中断72h以上	1. 造成30人以上死亡
	2. 建筑物基础发生管涌引起建筑垮塌或渠堤边坡发生管涌引起渠道溃口	2. 因调度失误造成1省（直辖市）或7个及以上地级城市供水中断72h以上	2. 全线供电系统非计划性停电72h以上	2. 总调中心或备调中心自动化系统瘫痪10天以上	2. 水体水质类别出现GB 3838—2002 标准中劣Ⅴ类的水污染事件	2. 造成100人以上重伤（包括急性工业中毒）
	3. 建筑物基础发生沉降引起渠堤溃口或PCCP管爆管		3. 惠南庄泵站机组发生事故造成北京供水中断		3. 造成特别重大影响的跨省（直辖市）界的水污染事件	3. 造成直接经济损失1亿元以上
	4. 建筑物地基失稳或抗滑失稳引起输水建筑物、控制建筑物垮塌或建筑物连接段溃口					
	5. 输水建筑物发生抗浮失稳，引起输水箱涵或明槽发生结构破坏，引起供水中断					
	6. 防洪堤漫顶或溃决引起渠堤漫顶					
	7. 河道冲刷引起岸坡垮塌导致控制建筑物垮塌或河道冲刷导致输水箱涵破坏、跨渠建筑物进出口溃口					

附录 1 通水运行安全事故分类分级标准（续）

安全事故分类	工程安全	调度运行	机电设备	自动化系统	水污染	其他安全事故
Ⅰ级（特别重大事故）	8. 排水建筑物淤积导致洪水期间渠堤外水漫顶					
	9. 节制闸发生事故导致其上游渠道漫顶或溃口					
	10. 渡槽下部结构发生破坏或输水渡槽结构破坏引起输水建筑物垮塌或跑水					
	11. 渠道出现大范围冰塞、冰坝险情，造成供水中断或结构破坏					
	12. 与以上类似的其他工程安全事故					
Ⅱ级（重大事故）	1. 渠堤内坡出现中等规模失稳，影响总干渠输水流量；建筑物外填土边坡失稳且滑坡上缘在建筑物基础轮廓范围以外且出现渠水外渗，并造成滑坡继续发展或总干渠管理道路中断	1. 因调度失误造成漫堤事故，但未发生人员伤亡	1. 因闸门、启闭机等设备发生事故造成 5 个及以上地级城市供水中断 72h 以上	1. 总调中心和备调中心自动化系统同时瘫痪	1. 发生水污染事故，因处置不当，造成 5 个及以上地级城市供水中断 72h 以上	1. 造成 10 人以上、30 人以下死亡
	2. 渠堤边坡发生较大范围集中渗漏、流土导致渠堤部分垮塌、管理道路中断，但渠水未外泄	2. 因调度失误造成 5 个及以上地级城市供水中断 72h 以上	2. 2 个以上省（直辖市）供电系统非计划性停电 72h 以上	2. 节制闸、退水闸、分水闸无法实现远程控制 20 天以上	2. 水体水质类别出现 GB 3838—2002 标准中 V 类的水污染事件	2. 造成 50 人以上 100 人以下重伤（包括急性工业中毒）
	3. 建筑物基础发生集中渗漏、流土，造成基础变形过大或建筑物结构破坏，需要降低流量运行		3. 惠南庄泵站机组 2 台以上 4 台以下发生事故，影响北京正常供水		3. 造成重大影响的跨地（市）界的水污染事件	3. 造成 5000 万元以上 1 亿元以下直接经济损失

附录 1 通水运行安全事故分类分级标准（续）

安全事故分类	工程安全	调度运行	机电设备	自动化系统	水污染	其他安全事故
II级（重大事故）	4. 局部沉降变形引起控制建筑物基础破坏影响正常输水或造成穿渠建筑物较大范围管涌破坏					
	5. 渠道衬砌体系发生大范围抗浮失稳和结构破坏，影响总干渠输水					
	6. 建筑物闸墩、牛腿、底板和启闭机排架结构破坏，影响总干渠正常输水					
	7. 输水箱涵和渡槽结构发生破坏，影响总干渠正常输水					
	8. 渠道出现范围较大冰塞、冰坝险情，造成结构破坏但未影响总干渠正常输水					
	9. 与以上类似的其他工程安全事故					
III级（较大事故）	1. 渠堤外坡出现中等规模失稳，滑坡上缘接近渠顶或出现渗水；建筑物外填土边坡失稳且滑坡上缘在建筑物基础轮廓范围以外未出现渠水外渗，未影响总干渠其他设施	1. 因调度失误造成退水闸应急退水	1. 因闸门、启闭机等设备发生事故造成3个及以上地级城市供水中断或严重影响总干渠正常输水48h以上	1. 分调中心自动化系统瘫痪5天以上	1. 发生水污染事故，因处置不当，造成3个及以上地级城市供水中断或严重影响总干渠正常输水48h以上	1. 造成3人以上、10人以下死亡
	2. 渠堤发生集中渗漏、流土导致渠堤变形开裂	2. 因调度失误造成3个及以上地级城市供水中断或严重影响总干渠正常输水48h以上	2. 1省（直辖市）供电系统非计划性停电72h以上	2. 节制闸、退水闸、分水闸无法实现远程控制10～20天	2. 水体水质类别出现GB 3838—2002标准中IV类的水污染事件	2. 造成10人以上50人以下重伤（包括急性工业中毒）

附录1 通水运行安全事故分类分级标准（续）

安全事故分类	工程安全	调度运行	机电设备	自动化系统	水污染	其他安全事故
Ⅲ级（较大事故）	3. 挖方渠段一级马道以上边坡失稳影响管理道路通行，未影响总干渠正常输水				3. 造成较大影响的跨县（区）界的水污染事件	3. 造成1000万元以上5000万元以下直接经济损失
	4. 河道冲刷引起岸坡垮塌但未导致建筑物垮塌或溃口，对其他设施未造成影响					
	5. 启闭机房结构发生破坏					
	6. 输水建筑物结构发生破坏，但未影响正常输水					
	7. 与以上类似的其他工程安全事故					
Ⅳ级（一般事故）	1. 渠堤外坡出现小规模失稳，滑坡上缘在渠堤中下部且未出现渗水；建筑物外填土边坡失稳且滑坡上缘在边坡中下部且未出现渗水	1. 因调度失误造成渠段水位降幅超标准，发生渠道衬砌板因水位骤降而破坏	1. 因闸门、启闭机等设备发生事故造成主要分水口门供水中断或严重影响总干渠正常输水24h以上	1. 分调中心自动化系统瘫痪2～5天	1. 发生水污染事故，因处置不当，造成主要分水口门供水中断或严重影响总干渠正常输水24h以上	1. 造成3人以下死亡
	2. 挖方渠段一级马道以上边坡失稳，但未影响总干渠正常输水和管理道路通行	2. 因调度失误造成主要分水口门供水中断或严重影响总干渠正常输水24h以上	2. 1个中心开关站供电范围非计划性停电72h以上	2. 管理处功能瘫痪7天以上	2. 水体水质类别出现GB 3838—2002标准中Ⅲ类的水污染事件	2. 造成10人以下重伤（包括急性工业中毒）

附录1 通水运行安全事故分类分级标准（续）

安全事故分类	工程安全	调度运行	机电设备	自动化系统	水污染	其他安全事故
Ⅳ级（一般事故）	3. 河道冲刷引起岸坡局部垮塌，垮塌上缘在岸坡中下部，未对其他设施造成影响			3. 节制闸、退水闸、分水闸无法实现远程控制5～10天	3. 造成一定影响的水污染事件	3. 造成1000万元以下直接经济损失
	4. 渠道衬砌体系发生局部抗浮失稳和结构破坏，未影响总干渠输水			4. 水质自动监测系统软件出现故障，无法自动采集及预警5天以上		
	5. 各类建筑物发生局部破坏，但不影响输水			5. 安全监测系统软件出现故障，无法自动采集及预警5天以上		
	6. 局部沉降引起渠堤堤身开裂或建筑物基础接缝渗漏、结构受损					
	7. 左排建筑物出现淤堵造成渠外淹没，危及工程安全					
	8. 渠道出现冰塞、冰坝险情，未造成结构破坏亦未影响总干渠正常输水					
	9. 与以上类似的其他工程安全事故					
	10. 因以上原因造成100万元以上1000万元以下工程直接经济损失					
注：表中所称的"以上"包括本数，"以下"不包括本数。						

附录 2 安全事故信息报告内容及格式

报告单位		报告人	
报告时间	年　月　日　时　分		

基本情况：

（一）事故发生单位概况；

（二）事故发生的时间、地点以及事故现场情况；

（三）事故的简要经过；

（四）事故已经造成或者可能造成的伤亡人数（包括下落不明的人数）和初步估算的直接经济损失；

（五）已经采取的措施；

（六）其他应当报告的情况。

现场指挥部及联系人、联系方式：

预计事态发展情况：

需要支援项目：

接收信息部门	
下次报告时间	年　月　日　时　分

Q/NSBDZX

南水北调中线干线工程建设管理局规章制度

Q/NSBDZX 409.02—2019

工程运行管理责任追究规定

2019－12－03发布　　　　　　　　　　2019－12－03实施

南水北调中线干线工程建设管理局　发　布

工程运行管理责任追究规定

第一章 总 则

第一条 为规范南水北调中线干线工程运行管理，落实运行管理责任，确保工程安全平稳运行，根据《中华人民共和国安全生产法》《生产安全事故报告和调查处理条例》《南水北调工程供用水管理条例》和《水利工程运行管理监督检查办法（试行）》等国家有关法律、法规和规章，结合工程运行管理实际，制定本规定。

第二条 本规定适用于南水北调中线干线工程运行过程中发生的管理违规行为、工程缺陷、安全事故的认定和责任追究。

第三条 运行管理责任追究按运行管理违规行为、工程缺陷和安全事故三类进行责任追究。

第四条 运行管理违规行为指有关工作人员违反或未严格执行工程运行管理有关法律、法规、规章、政策文件、技术标准和合同等各类行为。

工程缺陷指因正常损耗老化、维修养护缺失、运行管理不当或除险加固不及时等造成工程实体、设施设备等发生残破、损坏或失去应有效能，影响工程运行或构成隐患的问题。

安全事故是指违反或未严格执行工程运行管理规定、因运行管理不当、人为破坏等造成工程实体或设施设备发生严重损毁、人员伤亡，或者严重影响工程正常输水的事件。

第五条 南水北调中线干线工程建设管理局（以下简称"中线建管局"）负责问题认定、责任追究，追究对象为中线建管局、分局、现地管理处和参与运行管理及维护工作的信息科技公司、保安公司、实业发展公司等直属公司。

第二章 运行管理违规行为、工程缺陷和安全事故的分类

第六条 运行管理违规行为分一般运行管理违规行为、较重运行管理违规行为、严重运行管理违规行为、特别严重运行管理违规行为。

运行管理违规行为分类标准见附录一。

第七条 工程缺陷分一般工程缺陷、较重工程缺陷、严重工程缺陷。

工程缺陷分类标准见附录二。

第八条 根据事故的种类及对工程和人身造成的损害程度不同，以及对工程正常输水的影响，确定安全事故等级。

安全事故分工程安全事故、调度运行安全事故、机电设备安全事故、自动化系统安全事故、水污染安全事故和其他安全事故。

按照对工程运行的影响、人身伤亡程度和经济损失大小，分一般安全事故、较大安全事故、重大安全事故、特别重大安全事故。

安全事故分类标准见附录三。

第三章　问题认定与责任追究

第九条　现地管理处按照相关规定开展运行管理自查，对发现的问题按运行管理违规行为和工程缺陷相应分类标准进行认定。自查且上传至工程巡查维护实时监管系统的问题，或自查时未发生而被上级单位检查发现，但有证据能够证明该问题是在自查后新发生的，不再进行责任追究。

第十条　现地管理处自查未发现而被上级单位检查发现的问题，或自查发现未上传至工程巡查维护实时监管系统的问题，实施责任追究。

第十一条　直接负责运行业务的中线建管局、各分局相关职能部门自查未发现而被稽察大队或上级单位检查发现的问题，或自查发现未上传至工程巡查维护实时监管系统的问题，实施责任追究。

第十二条　信息科技公司、实业发展公司未按维护计划进行维护、设备设施运行缺陷未消除或维护过程中存在违规行为，实施责任追究。

第十三条　保安公司在安全保卫工作中存在违规行为或管理不当造成财产丢失或损失，实施责任追究。

第十四条　稽察大队对运行管理工作开展全面监督检查，对发现的问题按运行管理违规行为和工程缺陷相应分类标准进行认定。

第十五条　安全生产部对上级部门、局领导、稽察大队发现的问题进行责任认定，中线建管局实施责任追究。

第十六条　安全生产部负责组织安全事故内部调查，提出责任追究建议，中线建管局实施责任追究。

第十七条　责任追究

（一）发生运行管理违规行为、工程缺陷

责任单位的责任追究方式分为：经济处罚、约谈、通报批评、警告。

责任人的责任追究方式分为：经济处罚、通报批评、调岗。

（二）发生安全事故

责任单位的责任追究方式分为：经济处罚、通报批评、警告。

责任人的责任追究方式分为：经济处罚、警告、记过、记大过、降级、撤职、解除劳动合同。

运行管理违规行为和工程缺陷责任追究标准见附录四，安全事故责任追究标准见附录五〔对安全事故责任追究的经济处罚依据《南水北调中线干线工程建设管理局安全运行津贴发放管理规定（试行）》执行〕。

第十八条　根据运行管理违规行为、工程缺陷和安全事故的等级可对责任单位和责任人进行一项或多项追究方式实施责任追究，或对上级主管单位或部门实施连带追责。

第十九条　运行管理违规行为、工程缺陷一般实行按月责任追究，个别危及工程运行安全的运行管理违规行为和工程缺陷可实行即时责任追究；安全事故实行即时认定追究。

第四章　附　　则

第二十条　参与运行管理的外协单位的责任追究除按合同有关条款约定外，参照本规定实施责任追究，造成经济损失的，除承担损失赔偿外，参照《中华人民共和国安全生产法》给予一定经济处罚。

第二十一条　新建项目建设中发生质量管理违规行为、安全生产管理违规行为及质量缺陷，按水利部下发的《水利工程建设质量与安全生产监督检查办法（试行）》执行。

第二十二条　发生安全事故由政府部门组织调查处理的，按其处理意见执行。

第二十三条　本规定由中线建管局负责解释。

第二十四条　本规定自发布之日起实施。

附录一 运行管理违规行为分类标准

附表1 运行管理违规行为分类标准

问题序号	检查项目	具 体 问 题	问 题 等 级				责任单位/责任人		
			一般	较重	严重	特别严重	一级	二级	三级
一、安全管理									
1	体系建设	未明确安全生产年度目标、运行安全岗位责任制，未制定安全管理办法或实施细则			✓		✓	✓	✓
2		安全管理办法、实施细则等修订不及时	✓				✓	✓	✓
3		未定期召开运行安全会议或无运行安全会议记录		✓			✓	✓	✓
4		未编制年度安全生产工作计划和总结		✓			✓	✓	✓
5		未与维护单位签订安全生产协议书或未明确运行和维护主要负责人的安全生产责任和管理目标			✓		✓	✓	✓
6		未按规定对维护单位进行安全技术交底或对维护单位安全技术交底监督不到位			✓				✓
7		安全会议、安全交底内容空泛，或会议、交底记录、资料不全	✓					✓	✓
8		特种作业操作人员未按规定持证上岗		✓		影响安全运行		✓	✓
9	安全生产	人员、车辆未按规定办理出入证、通行证或履行登记手续等	✓						✓
10		存在故障车、超载车等进入渠道范围		✓					✓
11		在渠道范围内超速行驶等危险驾驶行为			✓				✓
12		酒后驾驶、无证驾驶等违反安全行驶规定的行为				✓			✓
13		违规跨越路缘石进入渠道临水面				✓			✓
14		临水作业未穿救生衣				✓			✓
15		未建立渠道大门钥匙保管人员台账，未明确钥匙持有人责任、使用范围		✓		造成恶劣影响			✓
16		未及时对违规使用渠道大门钥匙的单位或人员采取有效整改措施，未更换存在私配钥匙的锁具		✓		造成恶劣影响			✓
17		未及时发现和驱离进入工程管理范围内的外部无关人员或车辆的违规行为		✓		造成恶劣影响			✓
18		对外部人员违规进入工程管理范围的时间、地点及方式等情况刻意隐瞒、弄虚作假			✓	造成恶劣影响			✓
19		桥头钢大门、隔离网有效高度不足，网间间距或下部离地间隙过大，未采取处理措施		✓		造成恶劣影响			✓

附表1 运行管理违规行为分类标准（续）

问题序号	检查项目	具体问题	问题等级				责任单位/责任人		
			一般	较重	严重	特别严重	一级	二级	三级
20	安全生产	顶部刺丝滚笼间距或安装位置不符合要求，对隔离网易被翻越部位未采取有效加固防护措施		✓		造成恶劣影响			✓
21		未及时发现和报送安防视频监控设备故障问题，导致无法查明外部人员违规进入工程管理范围时间、地点及方式		✓		造成恶劣影响			✓
22		高空作业未正确使用安全带			✓				
23		未按照规定开展各类安全检查		✓			✓	✓	
24		安全生产检查无记录或记录不全	✓				✓	✓	
25		运行安全检查发现的问题整改不及时或整改不到位		✓			✓	✓	
26		未按要求开展安全生产教育、培训和演习		✓	影响安全运行		✓	✓	
27		未制止和纠正违反安全操作规程规定的行为			✓	造成恶劣影响	✓	✓	
28		未建立安全管理台账	✓				✓	✓	
29	安全隐患	未组织编制重大安全隐患处理方案或未及时审批下级工程管理单位上报的安全隐患处理方案			✓		✓	✓	
30		未及时发现安全隐患或发现安全隐患未按规定报告		一般安全隐患	重大安全隐患	造成恶劣影响	✓	✓	✓
31		发现的安全隐患未及时采取措施		一般安全隐患	重大安全隐患	造成恶劣影响	✓		✓
32		未按规定建立安全隐患、风险源等台账	✓				✓	✓	✓
33		对安全隐患采取的处理措施不当		✓	影响安全运行	造成恶劣影响	✓	✓	✓
34		未按规定对隐患处理结果进行检查、验收		✓			✓	✓	✓
35	安全防护	未按相关规定配备安全防护器材或安全防护措施不到位		✓	影响安全运行		✓	✓	✓
36		配备的安全防护器材及设施设备数量、质量和规格不满足安全生产要求		✓			✓	✓	✓
37		未按要求使用安全防护用具、器材		✓					✓
38		安全防护用具未定期检定、校验和报废		✓					✓
39		配备、使用的安全防护器材及设施设备损坏、损毁或丢失未及时发现并修复、增补		✓	影响安全运行		✓	✓	✓
40	安全保卫	未按照要求对安全保卫服务工作进行检查、考核		✓				✓	✓
41		重大节假日等活动未按要求组织开展安全保卫宣传		✓				✓	✓

附表 1　运行管理违规行为分类标准（续）

问题序号	检查项目	具 体 问 题	问 题 等 级				责任单位/责任人		
			一般	较重	严重	特别严重	一级	二级	三级
42	安全保卫	对在工程管理范围内从事钓鱼、游泳、私自取水、盗水等与工程管理无关的活动未采取有效措施进行制止或处置			√		保安公司		
43		未按要求对管理范围开展安全保卫巡查		√			保安公司		
44		安保人员未按规定的巡查范围、频次、路线等进行巡查		√			保安公司		
45		未按要求对安保人员进行培训		√			保安公司		
46		无关人员进入封闭管理范围内，未及时发现并制止、劝阻，对发现的围网破损等问题未临时修复		√			保安公司		
47		安保人员擅自脱岗			√	造成恶劣影响	保安公司		
48		填报虚假记录			√		保安公司		
49		安保工作无记录或记录不全	√				保安公司		
50	消防安全	未按规定进行消防安全检查、巡查和检测，或检查、巡查和检测不满足要求			√		√	√	√
51		消防维护人员未持证上岗		√			√	√	√
52		未按要求组织消防培训、演练，或培训、演练内容无针对性			√		√	√	√
53		未按要求启用消防设备、消防器材		√			√	√	√
54		未按规定配备或更换消防设备、器材，设备、器材存在的问题未及时发现或发现后未处理		√			√	√	√
55		消防器材的放置位置和标识不满足要求	√				√	√	√
56		消防设备、器材等被障碍物遮挡，消防通道被占用		√	发生火灾时影响使用	造成恶劣影响	√	√	√
57		未按规定配置火灾报警系统或配置后未及时投入使用		√			√	√	√
58		自动报警系统未与管理终端联网		√			√	√	√
59		未及时发现或处理报警信息		√			√	√	√
60		易燃易爆物品未按规定存放			√		√	√	√
61	网络安全	关键岗位人员未按规定签署岗位保密协议		√			√	√	√
62		未按照网络安全等级保护制度，履行安全保护义务			泄露敏感信息	执行恶意操作	√	√	√
63		故意破坏网络			√			√	√
64		未采取监测、记录网络运行状态、网络安全事件的技术措施，未按照规定留存相关的网络日志不少于 6 个月		√			√	√	√

附表 1　运行管理违规行为分类标准（续）

问题序号	检查项目	具 体 问 题	一般	较重	严重	特别严重	一级	二级	三级
							责任单位/责任人		
65	网络安全	未对数据分类、重要数据备份和加密			√		√	√	√
66		未制定网络安全事件应急预案或处置方案			√		√	√	√
67		关键信息基础设施的网络产品和服务，未按照规定与提供者签订安全保密协议，未明确安全和保密义务与责任			√		√	√	√
68		非法泄露敏感信息				√	√	√	√
69		未按规定将服务器操作系统补丁及时更新和维护、Web Server 软件版本补丁更新、服务器合理配置等			√		√	√	√
70		服务器故障未及时维护清除			√		√	√	√
71		网络安全管理人员未按规定进行专业技术培训	√				√	√	√
72		人员离职后未及时终止与原工作职责有关的网络访问权限、按规定签订离职保密协议		√			√	√	√
73		未按要求在各种终端安装统一杀毒软件、设定、使用密码及时锁定设备	√				√	√	√
74		未按规定要求设置各工作系统的账号密码		√			√	√	√
75	警务室管理	警务室工作记录表未填写或填写不规范	√				√		
76		警务室值班人员脱岗		√			√		
77		未按要求组织警务室开展工作		√			√		
78		未按要求对警务室工作开展情况进行检查、考核		√			√		
79	警示、标识	未按规定设置警示、标识，或标识内容、规格等不符合要求		√				√	√
80		未按要求对警示、标识进行修复、增补或更新	√						√
81		工程红线范围未按规定埋设界桩、隔离设施等		√				√	√
二、运行调度									
82	正常调度	未执行调度运行方案（计划）、规程规范、操作手册、规章制度等		√		影响安全运行或效益发挥	√	√	√
83		未将远程操作过程中存在的问题记录、建档、反馈相关部门			√			√	√
84		未按规定要求签收或记录调度指令		√				√	√
85		未及时发出指令或发出错误的指令			√	造成恶劣影响	√		

附表 1 运行管理违规行为分类标准（续）

问题序号	检查项目	具 体 问 题	问 题 等 级				责任单位/责任人		
			一般	较重	严重	特别严重	一级	二级	三级
86	正常调度	收到指令后未对指令进行核实，发现问题未及时反馈或未跟踪处理（反馈总调）		√				√	√
87		操作完毕后未按要求及时反馈指令执行结果	√					√	√
88		调度电话指令记录、调度工作日志、调度值班交接班记录等填写内容不完整、事项记录不完整		√			√	√	√
89		调度电话指令记录、调度工作日志、调度值班交接班记录等填写内容不真实			√		√	√	√
90		水情数据审核不及时，上报数据存在错误		√			√	√	√
91		对各类警情未及时开展响应		√			√	√	√
92		未能及时发现水情异常或不及时上报			√		√	√	√
93	应急调度	未制定应急调度现场处置方案		√			√	√	√
94		发现险情后未按规定报告			√		√	√	√
95		发现险情后未及时启动应急调度预案或处置方案			√		√	√	√
96	水量计量	未按规定计量		√					√
97		当水量计量发生问题或计量不准时未按规定向上级报告		√				√	√
98	值班值守	未制定值班制度或值班计划		√	防汛值班		√	√	√
99		值班人员未经业务培训，对工作职责、工作流程不熟悉		√				√	√
100		未经批准不得擅自调班或调班未按照要求填写换班申请表			√		√	√	√
101		值班人员发生迟到、早退、脱岗、离岗、睡岗情况		√			√	√	√
102		中控室值班人员未按照要求使用视频监控系统或发现的问题未及时汇报		√			√	√	√
103		外来人员进入中控室未履行登记或审批手续	√						√
104		值班期间违反值班纪律，从事与工作无关事项		√			√	√	√
105		未执行交接班制度	√				√	√	√
106		无值班记录或记录不全、填写不规范等		√			√	√	√
107		填写虚假值班记录			√		√	√	√
108		未按照规定对设备检修等进行跟踪或监督检查不到位		√					√

附表1 运行管理违规行为分类标准（续）

问题序号	检查项目	具 体 问 题	问 题 等 级				责任单位/责任人		
			一般	较重	严重	特别严重	一级	二级	三级
三、安全监测									
109	安全监测	安全监测记录填写不规范	√						√
110		未按规定频次或要求采集、备份监测数据		√					√
111		对超出警戒值、突变等异常情况未能及时发现、分析和处理		一般部位	重要部位			√	√
112		安全监测系统存在问题未及时发现或发现后未处理		√					√
113		安全监测数据、资料缺失		一般部位	重要部位				√
114		安全监测数据、报告造假			√	重要部位			√
115		未按规定开展安全监测工作或未对委托单位的安全监测工作进行检查		√			√	√	√
116		未按要求对监测数据进行整理分析或未督促委托单位对监测数据及时进行整理分析、上报		√	影响安全运行		√	√	√
117		对监测数据反映或预报的问题未及时发现或发现问题后未按规定报告或处理		√	影响安全运行		√	√	√
118		安全监测设施、测点等维护或保护不到位	√						√
119		未按规定对安全监测观测仪器设备进行保管、维护、检定和使用		√					√
120		安全监测报告不符合规范或合同要求	一般错误	较重错误	内容不实		√	√	√
121		未建立安全监测设备设施台账	√					√	√
四、工程巡查（不包括自动化、机电、金结、安全监测等专业设备和运行调度、水质监测、供电系统等专业的巡查）与维修养护									
122	工程巡查	未编制工程巡查手册或巡查手册缺少重点内容（如巡查范围、路线、频次、巡查重点、组织措施等）		√					√
123		工程巡查手册修订不及时	√						√
124		未按管理规定或方案要求的巡查范围、路线、频次和重点部位等进行巡查		√					√
125		工程巡查人员脱岗或请假后无人替班		√					√
126		巡查（巡检）过程中未及时发现各类工程养护缺陷，或发现后未按规定及时报告或未采取有效措施处理		√	影响安全运行				√
127		未明确巡查负责人、巡查管理人员、巡查人员及其职责	√						√
128		未携带必要的工具和仪器设备	√						√
129		未及时组织对工程巡查人员进行培训、考核	√						√

附表 1 运行管理违规行为分类标准（续）

问题序号	检查项目	具体问题	问题等级				责任单位/责任人		
			一般	较重	严重	特别严重	一级	二级	三级
130	工程巡查	工程巡查人员上传工程巡查维护实时监管系统的问题描述不清	✓						✓
131		工程巡查人员未配备服装、工具和仪器设备等	✓				安保公司		
132	工程维修、养护	未编制维修养护方案或维修养护方案不满足要求		✓				✓	✓
133		维修养护方案未落实或落实不到位		✓	影响安全运行			✓	✓
134		维修养护单位的现场组织机构、人员等不满足合同要求		✓				✓	✓
135		维修、养护等单位的现场人员未持证上岗或专业技能不满足要求		✓				✓	✓
136		未按要求配备常用检修、维修、养护的工、器具及设备		✓				✓	✓
137		原材料、中间产品未经核验或不合格品用于维修、养护项目			✓	重要部位		✓	✓
138		工程维修养护资料不完整，不符合要求	✓					✓	✓
139		未按规定的标准进行维修养护		✓	影响安全运行			✓	✓
140		未按合同、既定方案、规定程序、专业要求等开展维修、养护作业		✓				✓	✓
141		维修养护作业进度关键时间节点或合同工期不满足要求		✓	影响安全运行			✓	✓
142		工程缺陷的处理不满足要求		✓	影响安全运行			✓	✓
143		原材料、中间产品存放、管理维护等不符合要求	✓					✓	✓
144		原材料、中间产品采购、入账、领用等管理记录不规范或不完整	✓					✓	✓
145		原材料、中间产品台账、卡片与实物的数量或规格不一致	✓					✓	✓
146	维修养护监督、检查	未对合同履约情况进行监督、检查及有效的管理		✓				✓	✓
147		未对维修、养护等单位质量管理体系建立和实施情况进行监督检查	✓				✓	✓	✓
148		未按规定对维修、养护过程和质量进行监督检查或检查不满足要求	✓					✓	✓
149		未按规定对监理单位的监理行为和资料进行监督检查	✓					✓	✓

附表1 运行管理违规行为分类标准（续）

问题序号	检查项目	具 体 问 题	问 题 等 级				责任单位/责任人		
			一般	较重	严重	特别严重	一级	二级	三级
150	维修养护	对维修、养护单位的管理和考核不到位	√					√	√
151	监督、检查	签证不满足标准要求的维修养护项目			√			√	√
五、设施设备运行与维护									
152	设备运行	未明确各类机电设备操作规程		√			√	√	√
153		操作指令签发未按规定流程执行		√				√	√
154		无操作指令进行设备操作			√				√
155		设备操作人员或过程不符合规定要求		√					√
156		无操作记录或操作记录不规范	√						√
157		运行巡视频次或内容不符合规定	√						√
158		设备出现故障未按规定及时处置		√				√	√
159	设备维修与养护	未编制、核准或执行年度维修养护计划		√			√	√	√
160		未按规定对设备进行巡查、维护		√				√	√
161		设备巡查频次、内容或质量不符合规定	√						√
162		设备维护频次、内容或质量不满足规定		√					√
163		巡查、维护人员数量、业务能力不满足规定要求	√					√	√
164		未按规定对巡查、维护作业进行监督和考核	√					√	√
165		巡查、维护过程资料不规范或不符合规定	√						√
166		维护人员接到故障处理任务单后未按规定时限到达现场		√					√
167		未按规定的时限消除故障影响		√					√
168		维护人员未按规定持工作票进入维护检修现场		√			·		√
169		工作票的填写、签发不规范，或使用的表格不符合规定	√						√
六、供配电系统									
170	供配电系统	供电线路不畅通、事故性断电未及时按规定报告		√				√	√
171		运行维护单位配备的标准、规程不满足规定要求	√					√	√
172		采用的标准及规程已失效（废除）未及时淘汰、修正更新		√	关键设备		√	√	√
173		设备运行规程在设备发生变更投运前未及时修订		√			√	√	√

附表1 运行管理违规行为分类标准（续）

问题序号	检查项目	具体问题	一般	较重	严重	特别严重	一级	二级	三级
174	供配电系统	各种设备技术档案未建立或不健全	√					√	√
175		未遵守电力专业或设备的安全操作规定			√	带电作业			√
176		未按要求定期进行相关业务技术、专业技能培训		√			√	√	√
177		未按规定对巡查、维护作业进行监督和考核	√					√	√
178		签发的操作票、工作票未按规定备案	√					√	√
179		操作票、工作票的填写、签发不规范，或使用的表格不符合规定		√					√
180		工作票未及时收回、装订	√					√	√
181		未对工作票制度进行检查与考核或检查、考核不符合规定要求	√					√	√
七、水质监测与保护									
182	水质监测	未制定水质监测方案			√		√	√	
183		监测频次或项目不满足要求		√				√	
184		未按规定对自动水质监测设备进行定期检查、检定，或无检查、检定记录		√				√	
185		选择的监测样本不符合规定		√				√	
186		监测数据造假、报告造假			√	造成影响	√	√	
187		监测数据显示有水质问题但未及时发现或发现后未按规定报告或处理		√				√	
188		水质自动监测站未建立设备、仪器、试剂台账		√				√	
189		水质监测人员未经技能培训、持证上岗		√				√	
190		水质采样、保存、运输等过程序不符合要求		√				√	
191		药品采购、验收、保存、使用不符合规定		√				√	
192		未对自动化水质监测设备监测读数进行校核、复核		√				√	
193		水质自动监测站设备不洁净，影响检测结果		√				√	√
194		对运行维护单位的管理和考核不到位		√				√	
195	水质保护	未明确水质污染源或未建立污染源清单		√				√	
196		未按要求定期开展水质巡查或污染源检查			√				√
197		水质隐患未及时发现并报告			影响水质安全	造成恶劣影响		√	√
198		水质隐患未及时处理或处理不当			影响水质安全	造成恶劣影响		√	√

附表 1 运行管理违规行为分类标准（续）

问题序号	检查项目	具 体 问 题	问 题 等 级				责任单位/责任人		
			一般	较重	严重	特别严重	一级	二级	三级
199	水质保护	未及时发现并采取有效措施制止废水、污水等污染物排入受保护水体及水源保护范围		√	影响水质安全	造成恶劣影响		√	√
200		未按规定对受保护水体静水区域（如退水闸、未启用的分水口门）进行扰动或清理		√					√
201		水质保护处置记录资料不完整，不符合要求	√						√
202		工程管理范围内水体中有杂草、垃圾、腐烂物质、异物等漂浮物未及时清理		√		造成恶劣影响			√
八、防汛度汛与应急管理									
203	度汛准备	未编制度汛方案或度汛方案针对性不强，可操作性差，不满足度汛要求		√	影响工程运行安全		√	√	√
204		防汛应急预案未按要求进行备案		√			√	√	√
205		度汛方案未落实或落实不到位		√	影响工程运行安全			√	√
206		未与相关防汛部门建立沟通联络机制		√				√	√
207		工程养护（形象面貌）不满足度汛要求		√	影响工程运行安全			√	√
208		无防汛道路或道路不畅		√	影响工程运行安全				√
209		未在堤防、水闸、泵站、倒虹吸、渡槽等重要部位明显位置设置特征水位标识或标识受损	√						√
210		防汛物资数量、规格、质量、存放、管理维护等不满足要求		造成物资非正常损耗	发生险情时影响使用	造成恶劣影响		√	√
211		防汛物资台账记录不全或账物不符		√					√
212		未对应急抢险队伍进行检查或考核		√				√	√
213		应急抢险队伍素质、设备配置不满足度汛要求			√			√	√
214		未按要求进行防汛演练或防汛演练不满足要求、未做总结报告		√				√	√
215	汛期巡查与维护	未制定汛期巡查、维护方案或方案缺少必要内容，可操作性差		√	影响工程运行安全			√	√
216		未按规定进行度汛、防汛巡查与维护			√			√	√
217	汛期值班	未建立工程防汛值班制度和值班计划	√				√	√	√
218		防汛值班电话未保持畅通状态		√	影响工程运行安全			√	√
219		防汛隐患、险情、事故未及时发现并报告			√			√	√
220		值班人员脱岗，带班领导在规定时间内无法取得联系			√		√	√	√

附表 1　运行管理违规行为分类标准（续）

问题序号	检查项目	具 体 问 题	问 题 等 级				责任单位/责任人		
			一般	较重	严重	特别严重	一级	二级	三级
221	应急准备	未制定工程安全事故、洪涝、冰冻灾害、火灾、重大交通事故、突发性群体事件、水质污染等应急预案或现场应急处置方案，或制定的应急预案（方案）内容不全、不符合实际、可操作性差，不满足应急工作需要		√	影响工程运行安全		√	√	√
222		未制定应急队伍管理办法或制定的办法内容不全、不符合实际、可操作性差，不满足管理需要		√				√	√
223		未按规定考核应急抢险队伍，应急抢险队伍中人员数量和年龄，应急抢险设备数量和性能不满足合同要求	√	汛期、冰期				√	√
224		未按规定进行应急演练或应急演练不满足要求		√				√	√
225		应急演练过程中存在的不足未及时总结或整改		√				√	√
226	应急处置	发生突发事件未按规定报告，未及时采取应急处理措施或启动应急预案			√	造成恶劣影响	√	√	
227		发现险情后未及时启动应急响应程序		√		造成恶劣影响	√	√	
228		突发事件采取应急处理措施不当		√		造成恶劣影响	√	√	√
229		应急调度指令发出不及时或发出错误指令			√	造成恶劣影响	√		√
230	应急物资	应急物资、设备的数量、规格、质量、存放、管理维护等不符合要求		造成物资非正常损耗	发生险情时影响使用	造成恶劣影响		√	√
231		应急物资台账记录不全或账物不符		√					√
232		物资台账、卡片与实物的数量或规格不一致	√					√	√
九、穿（跨）越工程									
233	穿（跨）越工程	未对管理范围内涵闸、泵站、桥梁、埋设的管道、缆线和其他穿（跨）越工程定期开展巡查		√				√	√
234		对工程管理范围内的穿（跨）越工程未审核或开工前手续未完成即允许施工			√		√	√	√
235		发现跨渠桥梁长期超载运行未与管理单位进行沟通		√				√	√
236		未督促其他穿（跨）越工程业主单位设置警示标志和安全防护措施	√					√	√

附表 1　运行管理违规行为分类标准（续）

问题序号	检查项目	具 体 问 题	问 题 等 级				责任单位/责任人		
			一般	较重	严重	特别严重	一级	二级	三级
237	穿（跨）越工程	未及时发现穿、跨越工程等对渠道运行安全、水质造成影响的行为或隐患，或发现后未及时报告或制止			√	造成恶劣影响		√	√
238		未与其他穿（跨）越工程单位签订监管协议或运管协议		√				√	√
十、其他									
239	问题查改	未制定问题现场检查制度	√					√	√
240		未及时制定整改计划或方案，未明确整改责任单位（部门）、责任人、整改时限	√				√	√	√
241		对于检查发现的问题未按规定上报		√			√	√	√
242		对检查发现问题未按计划整改或整改不到位		√			√	√	√
243		对检查发现的问题拒不整改			√		√	√	√
244		整改材料造假			√		√	√	√
245		未组织开展本专业或本单位典型问题会商研判指导工作		√			√	√	√
246		未严格落实上级单位责任追究决定			√		√	√	√
247	督办事项	督办事项组织实施不力，未明确责任单位和责任人		√			√	√	√
248		未按规定或要求编制督办事项实施方案或工作计划	√				√	√	√
249		督办事项完成评价不及格			√		√	√	√
250		未在规定期限内按要求履行办结评价、延期或停办手续			√		√	√	√
251		督办事项办理或评价过程中存在弄虚作假情形			√		√	√	√
252		督办事项未按工作计划或工作节点推进实施		√			√	√	√
253		未按要求报送督办事项进展情况	√				√	√	√
254	工程环境	对征地红线内的工程永久用地、防护林带等被侵占行为未制止，或未按职责权限进行处理		√		影响安全运行	√	√	√
255		对侵占、损害输水河道（渠道、管道）、水库、堤防、护岸等行为未制止，或未按职责权限进行处理		√		影响安全运行	√	√	√
256		对工程管理范围内存在违规取土、爆破、采石、采砂、挖塘、挖沟、钻井、建房等行为未制止，或未按职责权限进行处理		√		影响安全运行			√

注：1. 一级责任单位指机关职能部门，直属公司总部；二级责任单位指分局，直属公司分部；三级责任单位指现地管理处，直属公司现地管理部门。

2. 一级责任单位行政正职指机关部门主任，行政副职指部门分管副主任，直属公司的总经理、副总经理。

3. 二级责任单位行政正职指分局局长，行政副职指分局分管副局长，相关责任人指分局各处处长，直属公司分部管理负责人和分管负责人。

4. 三级责任单位行政正职指管理处处长，行政副职指管理处副处长，相关责任人指具体负责人，直属公司现场管理负责人和分管负责人。

附录二 工程缺陷分类标准

附表2 工程缺陷分类标准

问题序号	检查项目	问题描述	问题等级 一般	问题等级 较重	问题等级 严重	责任单位/责任人 一级	二级	三级
一、渠道工程								
1	渠道内坡	衬砌板裂缝	设计水位以上	设计水位以下	影响安全平稳运行			√
2		衬砌板冻融剥蚀	单个面积<50m²，或深度<5mm	单个面积>50m²，或深度>5mm	影响安全平稳运行			√
3		衬砌板下滑、塌陷、拱起	挖方渠段	填方渠段（一块面板）	填方渠段（两块及以上面板）			√
4		衬砌板聚硫密封胶、聚脲等开裂、脱落	√					√
5		衬砌板伸缩缝部位长有杂草、异物等	√					√
6		逆止阀堵塞、损坏	√	3个≤连续<6个	连续≥6个			√
7		防洪堤坍塌、溃口			√			√
8		衬砌封顶板与路缘石（防浪墙）间嵌缝不饱满、开裂、脱落	√					√
9		一级马道以上坡面变形、沉陷、滑塌或存在纵向裂缝		单个面积<20m²，或裂缝宽度<2cm，且裂缝长度<5m	单个面积≥20m²，或裂缝宽度≥2cm，或裂缝长度≥5m			√
10		一级马道以上边坡或防洪堤存在雨淋沟、洞穴等	1处/50m且深度<50cm	2处（含）以上/50m，或最大深度≥50cm				√
11		一级马道以上边坡防护体损坏	√					√
12		一级马道以上边坡排水沟或截流沟淤堵、破损、排水不畅	非汛期	汛期				√
13		边坡加固结构（坡面梁、抗滑桩等）变形或失效		√	影响安全平稳运行			√
14	渠道外坡	边坡存在裂缝、沉陷、洞穴或土体滑塌等		√	影响安全平稳运行			√
15		边坡存在雨淋沟等	√					√
16		边坡防护体损坏	√					√
17		渠堤坡面或坡脚渗水	洇湿或有少量清水	连续流出清水	连续流出浑水			√

附表 2　工程缺陷分类标准（续）

问题序号	检查项目	问题描述	问题等级			责任单位/责任人		
			一般	较重	严重	一级	二级	三级
18	渠道外坡	坡脚隆起、开裂		√	影响安全平稳运行			√
19		坡脚积水、浸泡		√				√
20		排水管堵塞、损坏	√	高填方段				√
21		排水沟或截流沟淤堵、破损、排水不畅	＜20m	≥20m				√
22		反滤体塌陷、土体流失			√			√
23		穿渠建筑物与填土接触面土体冲刷、流失破坏			√			√
二、输水建筑物								
24	进、出口连接段及裹头	翼墙背后填土沉陷	深度＜10cm	深度≥10cm				√
25		翼墙不均匀沉降、位移超出允许值			√			√
26		翼墙滑塌、倾斜			√			√
27		翼墙混凝土裂缝、剥蚀、破损	√	露筋	影响安全平稳运行			√
28		翼墙伸缩缝渗水		√				√
29		翼墙密封胶开裂、脱落	√					√
30		闸墩倾斜、位移、沉降超出允许值			√			√
31		闸室及连接段沉降变形超出允许值			√			√
32		外坡存在雨淋沟等	√					√
33		外坡纵向裂缝、滑塌、变形或沉陷、塌坑、洞穴		√				√
34		裹头坡面及护坡存在雨淋沟、沉陷、塌坑、洞穴等		√				√
35		裹头坡面渗水	洇湿或有少量清水	连续流出清水	连续流出浑水			√
36		裹头坡面排水管、排水沟等堵塞、损坏		√				√
37		周边河岸防护设施损坏	√					√
38		拦冰索损坏		√				√
39		进口出现冰塞、冰坝			√			√
40	输水渡槽	墩柱基础周边回填土沉陷或空洞	√					√
41		墩柱基础裸露		√				√
42		墩、柱、台混凝土裂缝	缝宽＜0.3mm，缝深＜保护层，无扩大趋势	缝宽≥0.3mm、缝深≥保护层，且仍有扩大趋势	贯穿性裂缝			√

附表 2　工程缺陷分类标准（续）

问题序号	检查项目	问 题 描 述	问 题 等 级			责任单位/责任人		
			一般	较重	严重	一级	二级	三级
43	输水渡槽	支座损坏			√			√
44		槽身沉降、变形等超出允许值			√			√
45		槽身非贯穿性裂缝，槽底纵向非贯穿性裂缝	缝深<保护层	缝深≥保护层				√
46		槽身贯穿性裂缝，槽底横向裂缝			√			√
47		槽身、结构缝等部位洇湿、渗漏水		洇湿	渗漏水			√
48		槽身保温材料破损、脱落	√					√
49		槽内迎水面聚脲等防渗材料开裂、脱落		√				√
50		混凝土表面剥落、破损	0.1m²≤面积<1m²，且未露筋	面积≥1m²，或露筋	过水面以下，且露筋			√
51		伸缩缝中密封胶条开裂、脱落		√				√
52		连系梁存在裂缝、掉角等实体缺陷	√					√
53		槽身顶部防护栏杆局部锈蚀、破损	√					√
54		电缆沟槽盖板缺失、破损，或沟内有积水	√					√
55	输水倒虹吸、暗涵、箱涵、PCCP管	管（涵）顶防护设施局部沉陷、损坏		√				√
56		管（涵）顶防护设施严重沉陷、损坏、冲毁、顶部裸露			√			√
57		管（涵）身顶部堆积大量渣土、石堆等			√			√
58		管（涵）身附近填土出现洇湿，局部出现小面积塌陷		√				√
59		管（涵）身附近填土出现饱和状态，或出现大面积塌陷			√			√
60		管（涵）身及两侧50m范围内出现冲刷坑		深度<结构顶部的冲刷坑，并有增大趋势	深度≥结构顶部			√
61		管（涵）身段或结构缝渗水		√				√
62		相邻管（涵）节移动、错位变形超出允许值			√			√
63		管（涵）节之间聚脲、碳纤维布等防渗材料局部脱落、开裂		√				√
64		混凝土表面剥落、破损	0.1m²≤面积<1m²，且未露筋	面积≥1m²，或露筋	过水面以下，且露筋			√
65		混凝土裂缝	0.2mm≤缝宽<0.3mm，缝深≥结构厚度的1/4，无扩大趋势	缝宽≥0.3mm，缝深≥结构厚度的2/3，且仍在发展，有渗水				√

361

附表 2　工程缺陷分类标准（续）

问题序号	检查项目	问题描述	问题等级			责任单位/责任人		
			一般	较重	严重	一级	二级	三级
66	输水倒虹吸、暗涵、箱涵、PCCP管	PCCP管道断丝			√			√
67		暗涵、PCCP管等的通气孔、检修孔等损坏		√				√
68		保水堰、连接井、检修孔、通气孔等园区围墙破损、裂缝或隔离网缺失、锈蚀	√					√
69		保水堰、连接井、检修孔、通气孔等周边地面塌陷		√				√
70	隧洞	进出口边坡垮塌		√				√
71		进出口边坡不稳定（如防护结构松动脱落等）		√				√
72		渗漏量超出设计允许值		√				√
73		洞身混凝土裂缝		0.2mm≤缝宽<0.3mm，缝深≥结构厚度的1/4	缝宽≥0.3mm，缝深≥结构厚度的2/3			√
74	闸站、泵站、电站等管理用房	建筑物周边土体、防护体出现沉陷或裂缝		√				√
75		建筑物基础不均匀沉降、错台、裂缝	沉降量<5cm	5cm≤沉降量<10cm	沉降量≥10cm			√
76		墙体裂缝	装饰层或非承重结构墙体裂缝	其他浅表层裂缝	其他深层或贯穿性裂缝			√
77		内外墙装饰层（砖）开裂、空鼓、隆起、脱落或吊顶损坏	√					√
78		外墙施工孔洞（门、窗框周边）封堵不密实	√					√
79		屋顶漏雨、内墙洇湿	洇湿	漏雨				√
80		通风、空调设备存在故障或安装不牢固		√				√
81		防鼠板未安装或安装不满足要求	√					√
82		绝缘橡胶垫未铺设或铺设不满足要求	√					√
83		场区排水系统淤堵、破损、排水不畅	√					√
84		电缆沟、井内线缆被积水过深超过警戒线		√				√
85		闸门锁定装置基础损坏		√				√
86		水位尺、闸门开度尺损坏	√					√
87		扶梯、栏杆、门窗、盖板、照明等附属设施存在破损、缺失等	√					√
88	分水闸、退水闸	闸室或其周边基础出现沉陷或裂缝		√				√
89		闸墩倾斜、位移、沉降超出允许值		√	影响工程运行安全			√

附表 2　工程缺陷分类标准（续）

问题序号	检查项目	问题描述	问题等级			责任单位/责任人		
			一般	较重	严重	一级	二级	三级
90	分水闸、退水闸	闸室底板沉降		√	影响工程运行安全			√
91		混凝土裂缝、表面剥落、破损	√	露筋				√
92		上、下游渠底板渗水			√			√
93		分水渠护砌工程沉陷、坍塌		√				√
94		退水渠护砌工程沉陷、坍塌	√	影响工程运行安全				√
三、交叉建筑物								
95	下穿渠道建筑物	进出口翼墙沉降、位移、倾斜超出允许值		√				√
96		进出口翼墙及护砌工程坍塌		√	影响工程运行安全			√
97		进出口翼墙排水管堵塞	√					√
98		进出口平台沉陷、开裂	√					√
99		进出口与渠堤衔接部位出现冲刷掏空、塌陷			√			√
100		进出口连接段排水不畅	√					√
101		堵塞淤积		√	影响工程运行安全			√
102		管身内部渗漏水		一般渠段	高填方渠段			√
103		管身段相邻管节内部不均匀沉降	错台	有渗水	影响工程运行安全			√
104		混凝土裂缝、表面剥落、破损	√	露筋				√
105		管身段附近回填土塌陷			√			√
106	左岸排水渡槽	进出口堵塞杂物、过流不畅	√					√
107		渡槽进出口连接部位边坡、平台塌陷		√				√
108		渡槽内水外溢		√				√
109		渡槽渗漏水		√				√
110		渡槽混凝土裂缝、表面剥落、破损	√	有渗水				√
四、大坝								
111	坝体	混凝土结构有破损、水流侵蚀、脱落、露筋等情况		√	影响安全运行			√
112		基础岩体有挤压、错动、松动或鼓出等情况		√	影响安全运行			√
113		上下游坝面有裂缝，裂缝中漏水情况		√	危及堤防安全			√
114		坝顶、防浪墙有开裂、损坏情况		√	危及堤防安全			√
115		坝顶塌陷、积水等	√	影响交通				√

附表 2 工程缺陷分类标准（续）

问题序号	检查项目	问题描述	问题等级			责任单位/责任人		
			一般	较重	严重	一级	二级	三级
116	坝体	坝体裂缝、滑坡		√	影响安全运行			√
117		大坝倾斜、水平位移、垂直位移超出允许值			√			√
118		坝体、坝基、绕坝渗流等		√	影响安全运行，或水库不能蓄水			√
119		廊道壁、地面有裂缝、裂缝渗漏水、析出物等情况	√					√
120	结合部位	有错动、开裂、脱离及渗水等现象		√	影响安全运行			√
121		变形缝渗水或渗水量、颜色、浑浊度、钙质离析有变化		√	影响安全运行			√
122		结合部位渗漏		√	影响安全运行			√
123	排水、导渗设施	排水设施破坏、堵塞、排水不畅等		√	影响安全运行			√
124		截渗、减压设施破坏、穿透、淤塞等		√	影响安全运行			√
125		导渗设施渗水骤增、骤减和浑浊等		√	影响安全运行			√
126	其他	附属建筑物倾斜、水平位移、垂直位移超出允许值			√			√
127		拦河坝及近坝库岸等出现其他缺陷	√	√	影响安全运行			√
五、交通设施								
128	运行道路	运行道路沉陷，碾压破坏	5cm≤沉陷深度<10cm，或破坏面积<50m²	10cm≤沉陷深度<15cm，或破坏面积≥50m²	沉陷深度≥15cm，且破坏面积≥50m²			√
129		运行道路路面开裂	裂缝深度≤面层	裂缝深度≤路基层	裂缝深度>路基层			√
130		泥结石路面坑洼不平，雨后泥泞，杂草丛生	√					√
131		运行道路范围内积水	√					√
132		路缘石（防浪墙）、防撞护栏、界桩、界碑、警示柱、安全标志灯等缺失或损坏	√					√
133		混凝土衬砌封顶板与路缘石（防浪墙）间嵌缝不饱满、开裂、脱落	√					√
134		运行道路与路缘石之间、路缘石与封顶板之间缝隙滋生杂草	√					√
135		运行道路排水沟（管）损坏、淤堵		√				√
136	交通桥涵	跨渠桥梁未将桥面积水引至渠堤以外	√					√
137		跨渠桥梁伸缩缝损坏、失效	一般桥梁	重要交通桥				√
138		跨渠桥梁防抛网破损、封闭不严		√				√

附表 2 工程缺陷分类标准（续）

问题序号	检查项目	问题描述	问题等级			责任单位/责任人		
			一般	较重	严重	一级	二级	三级
139	交通桥涵	工程管理范围内桥台及引道护坡等不均匀沉降、坍塌等		√	影响交通安全			√
140		桥梁下部结构的墩柱、承台等混凝土表面剥落、破损	0.1m²≤面积<1m²，且未露筋	面积≥1m²，或露筋	过水面以下，且露筋			√
141		交通涵洞翼墙发生水平位移		√	影响交通安全			√
142		交通涵洞主体发生水平位移、垂直位移超出允许值，坍塌等		√	影响交通安全			√
六、设备设施								
143	闸门	闸门水封破损或对接处开裂	开裂	破损				√
144		闸门水封的紧固螺栓松动或缺失，固定不牢固	√					√
145		闸门止水装置密封不紧密，通过任意1m长度水封范围内漏水量超过0.1L/s	开启状态	关闭状态				√
146		闸门两侧水封存在裂纹或固定不牢固	√					√
147		闸门、埋件、构配件等锈蚀、破损	锈皮脱落	形成锈坑	破损			√
148		闸门构件损坏		√				√
149		闸门启闭时存在异响或爬行、抖动等运行不平稳现象		√				√
150		闸门在开启状态下左右偏差超过允许值		√				√
151		闸门在开启状态下异常下滑超过允许值			√			√
152		闸门不能正常启闭			√			√
153		闸门锁定销不能正常使用		√				√
154		闸门锁定梁变形、锈蚀	锈蚀	变形				√
155		闸门开度限位装置失效		√				√
156		闸门导向轮不能转动	√					√
157		闸门滑轮组不能正常使用		√				√
158		闸门吊耳板、吊座有裂纹			√			√
159		融冰装置损坏		√	影响工程运行安全			√
160	液压启闭机	机架固定不牢，地脚螺栓松动		√				√
161		设备构配件锈蚀	√					√
162		运行时存在异响等不正常现象		√				√
163		运行过程中，两侧油缸行程差超过设计要求值时，未能实现自动纠偏或超差后未停机保护		未自动纠偏	未停机保护			√

附表 2　工程缺陷分类标准（续）

问题序号	检查项目	问 题 描 述	问 题 等 级			责任单位/责任人		
			一般	较重	严重	一级	二级	三级
164	液压启闭机	液压站动力电机不能正常启动，存在异常发热、异常气味			√			√
165		液压站控制柜各种仪表、按钮、显示屏、指示灯显示不准确或失效		√				√
166		贮油箱、油泵、油缸、油管路系统漏油	渗油	滴油	流水状漏油			√
167		油缸活塞杆运动时有卡涩现象		√				√
168		弧门液压油缸安装错误		√				√
169		连接泵站油箱与油缸的高压软管、挠性橡胶接头有明显老化现象		√				√
170		油缸或输油管路局部掉漆、锈蚀	√					√
171		加热系统不能正常运行		√				√
172		液压站油箱液位不在正常范围内		√				√
173		液压启闭机空气滤清器失效，或空气滤清器外罩局部破损	√					√
174	固定式卷扬机、桥门式起重机、电动葫芦等	启闭机减速器、电力液压推动器等设备、设施或部位漏油	渗油	滴油	流水状漏油			√
175		启闭机设备锈蚀	锈蚀脱落	形成锈坑				√
176		启闭机油位计或油窗被遮挡	√					√
177		启闭机运行机柜电气显示屏、按钮、指示灯显示不准确或失效		√				√
178		启闭机开度或荷重仪表显示不正确	√					√
179		启闭机的传动机构链接不紧固，有松动		√				√
180		台车或电动葫芦自动抓梁转动轴不灵活，无法正常挂钩或脱钩		√				√
181		起重设备未按要求安装限位装置或装置失效		√				√
182		电动葫芦轨道两端未与端板焊接固定		√				√
183		电动葫芦轨道梁安装不牢固			√			√
184		电动葫芦滑触线安装不满足要求		√				√
185		电动葫芦工作时吊点不平衡，两侧吊点存在高差		√				√
186		电动葫芦故障，不能正常行走或起吊			√			√
187		钢丝绳末端固定不规范		√				√
188		钢丝绳存在表面干燥、端头松散等问题	√					√
189		钢丝绳固定圈松弛		√				√
190		钢丝绳缠绕杂乱无序或有跳槽		√				√
191		钢丝绳打绞、打结、机械折弯等		√				√

附表 2　工程缺陷分类标准（续）

问题序号	检查项目	问 题 描 述	问 题 等 级			责任单位/责任人		
			一般	较重	严重	一级	二级	三级
192	固定式卷扬机、桥门式起重机、电动葫芦等	钢丝绳磨损严重		√	达到报废标准			√
193		钢丝绳长度不满足闸门启闭要求或过度松弛		√				√
194		滑轮存在裂纹或轮缘断裂			√			√
195		滑轮倾斜、松动		√				√
196		滑轮系统个别滑轮不转动，轴承中缺油、有污垢或锈蚀等		√				√
197		制动器电磁铁发热或有响声		√				√
198		制动器不能正常打开或关闭			√			√
199		制动器无法制动		√	造成闸门下滑			√
200		制动器制动衬垫与制动轮接触面积不符合要求		√				√
201		制动轮与闸瓦间隙偏大、接触面积不符合要求		√				√
202		运转时制动闸瓦未能全部离开制动轮，出现摩擦、冒烟、焦味		√				√
203		制动闸瓦表面有污损、锈蚀	√					√
204		变速箱、减速器等设备油位不在正常范围、油质不满足要求		√				√
205		油液位尺损坏	√					√
206		减速器齿轮啮合时存在异响		√				√
207		带负荷运转时电机运行不平稳，三相电流不平衡		√				√
208		带负荷运转时电气设备有异常发热现象		√				√
209		带负荷运转时限位、保护、联锁装置动作不正确		√				√
210		带负荷运转时控制器接头烧毁		√				√
211		带负荷运转时钢丝绳有剐蹭、定、动滑轮运转不灵活，有卡阻		√				√
212		机械部件运转时，有冲击声或异常声响		√				√
213		大、小车行走不平稳，卡阻、跳动		√				√
214		大车机构桥架歪斜运行、啃轨			√			√
215		小车运行机构启动时车身扭摆或存在打滑现象			√			√
216		夹轨器不能有效固定大车		√				√
217		机械部件连接处有松动、裂纹等		√				√
218		联轴器键槽压溃、发生变形			√			√

附表 2　工程缺陷分类标准（续）

问题序号	检查项目	问题描述	问题等级			责任单位/责任人		
			一般	较重	严重	一级	二级	三级
219	固定式卷扬机、桥门式起重机、电动葫芦等	吊钩无防脱装置	✓					✓
220		吊钩表面出现疲劳性裂纹，开口部位和弯曲部位发生塑性变形			✓			✓
221		起重设备工作结束后未进行锚定		✓				✓
222	自动化系统	软、硬件系统功能或参数设置不符合要求，或不满足实际需要		✓	影响工程运行安全	✓	✓	✓
223		显示屏、指示灯报警功能不正常或失效		✓				✓
224		自动化系统数据显示异常或不反映实际情况		✓		✓	✓	✓
225		软件系统功能不完善、界面优化影响使用，不满足运行管理需要		✓	影响工程运行安全	✓	✓	
226		未按要求设置系统软件登录权限或权限设置不合理		✓		✓	✓	
227		未按要求将相关信息录入自动化系统或录入的信息错误、不满足要求		✓		✓	✓	✓
228		自动化系统故障、失效		✓	影响工程运行安全	✓	✓	✓
229		信息传输能力不满足运行调度、监测、控制等要求			✓	✓		
230		通信光缆断损			✓	✓	✓	✓
231		视频、水质、水量、安全等监控设备故障或损坏		✓		✓	✓	✓
232		水质自动监测站仪器间视频设备未接入分调中心、中控室视频监控系统，无法实现远程状态监控		✓		✓	✓	
233		自动化机柜或柜内设备未固定或固定不牢	✓			✓	✓	✓
234		蓄电池电压不满足要求		✓		✓	✓	✓
235		自动化系统误报率、数据有效性等指标不符合要求		✓		✓	✓	✓
236		设备损坏或安装不符合要求		✓		✓	✓	✓
237		机房内或设备上灰尘较多	✓			✓	✓	✓
238		柜体变形、损坏	✓			✓	✓	✓

附表 2　工程缺陷分类标准（续）

问题序号	检查项目	问题描述	问题等级			责任单位/责任人		
			一般	较重	严重	一级	二级	三级
七、供电系统								
239		电线离地安全高度不足，交叉线路安全间距不足		√				√
240		电线断裂、脱落			√			√
241		电杆、电塔等变形、破损、锈蚀		√				√
242		电杆、电塔倾斜或倒塌			√			√
243		高压线杆上有鸟窝或其他杂物	√					√
244		高压线杆两侧导线无防震锤或防震锤与导线不在同一垂直面		√				√
245		电缆保护钢管或角钢锈蚀、脱落，管口未封闭		√				√
246		高、低压配电柜柜面仪表显示不正确	√					√
247		高、低压配电柜故障		√	影响安全运行			√
248		显示装置指示灯异常	√					√
249		油浸式变压器本体、蝶阀等部位有渗油现象	√					√
250		油浸式变压器套管及本体油色、油位不正常，油温指示不准确		√				√
251	供电系统	油浸式变压器呼吸器内硅胶不足或存在变色超过规定要求	√					√
252		变压器运行时存在异常现象		异响异味	冒烟冒火			√
253		变压器母排、电缆与套管的电气连接部位松动，有发热现象			√			√
254		变压器瓦斯继电器内有气体			√			√
255		变压器吸湿器损坏、失效		√				√
256		变压器套管、瓷瓶有裂纹或破损，有放电痕迹			√			√
257		变压器电缆有破损、腐蚀现象		√				√
258		变压器引线接头有过热变色现象		√				√
259		变压器冷却散热装置工作不正常		√				√
260		变压器温度控制器显示屏黑屏或三相温度显示异常	√					√
261		柴油发电机散热通风不畅	√					√
262		柴油发电机散热导风罩未安装或安装不满足要求	√					√
263		柴油发电机排烟管与排烟口之间未安装波纹管等减振构件	√					√

附表2 工程缺陷分类标准（续）

问题序号	检查项目	问题描述	问题等级			责任单位/责任人		
			一般	较重	严重	一级	二级	三级
264	供电系统	柴油发电机仪表故障或显示信息与实际不符	√					√
265		柴油发电机渗油	√					√
266		柴油发电机故障，不能正常运行		√	系统断电时			√
八、泵站机组								
267	主电机	水泵电机运行故障		√				√
268		碳刷磨损较大，压力不合格，未按规范及时更换		√				√
269		轴瓦、定子温度异常		√				√
270	主水泵及传动装置	填料不密实，渗水量超标		√				√
271		叶片调节机构卡阻，叶片角度指示与实际情况相差较大		√				√
272		水泵顶盖排水不通畅，有积水		√				√
273	油气水辅机系统	抽排泵站水泵无法正常启动或使用			√			√
274		排水泵启动后不出水或出水不足		√				√
275		供水泵吸入口存在堵塞或叶轮卡涩现象，出力不足		√				√
276		压力容器安全阀未定期校验		√				√
277		供水泵密封处渗漏水	渗水	漏水	流水状			√
278		供水管路渗漏水						√
279	其他	仪器仪表显示不准确或失效	√					√
280		设备运行有异响、振动		√				√
281		设备存在锈蚀、脱漆或防腐层剥落	√					√
282		未按设计要求安装压力表或压力表数值与实际不符	√					√
283		水泵两侧柔性接头老化、破损	√					√
284		泵站配套管道、阀门、法兰密封不严，出现漏水	√					√
285		管路固定不牢固	√					√
286		水泵地脚螺栓松动	√					√
287		电缆、电线及其连接部位有发热、破损、松动现象		√				√
288		电动蝶阀无法正常启闭		√				√
289		测温系统、冷却系统、励磁系统或通风系统出现异常		不影响使用	影响使用			√
290		油色不正常、油位不在正常范围内	√					√
291		油箱、油管路等部位渗漏	渗油	滴油	流水状漏油			√

附表 2　工程缺陷分类标准（续）

问题序号	检查项目	问题描述	问题等级			责任单位/责任人		
			一般	较重	严重	一级	二级	三级
九、水电站机组								
292	水轮机	水轮机轴承的瓦温超过 70℃ 时，未发出机组事故跳闸信号或未跳闸		√				√
293		水轮机轴承冷却水工作不正常		√				√
294		水轮机轴承冷却水温度、压力不在允许范围内		√				√
295		运行中轴承内部有异常响声		√				√
296		停机时各轴承油面高程不在油位标准线附近，油质不符合标准		√				√
297		导叶、导叶拐臂、剪断销损坏，工作不正常		√	影响安全运行			√
298		导叶开度检测不均匀，立面和端面间隙不合格		√				√
299		主轴密封及导叶轴套有漏水现象	渗水	漏水				√
300		水轮机的桨叶不能正常调节		√				√
301		机组各部件摆度及振动值不在允许范围内		√	影响安全运行			√
302		机组自动化装置不正常		√	影响安全运行			√
303		机组轴电压、轴电流不正常		√				√
304		水轮机进水主阀和调压阀的操作机构及行程开关工作不正常		√	影响安全运行			√
305		水轮机迷宫间隙检测不合格		√				√
306		压力钢管、蜗壳等流道及补气管中有杂物；机组四周有杂物		√				√
307	发电机	定子绕组、转子绕组和铁芯的最高允许温升及温度超出制造厂规定		√				√
308		输出功率不变时，电压波动、最高电压、励磁电流、最低电压、定子电流等超过规定范围		√				√
309		当机组频率低于 49.5Hz 时，转子电流超过额定值		√				√
310		缺相运行次数、过负荷运行时间超过规定值		√				√
311		运行中功率因数不符合设计值，转子电流及定子电流高于允许值		√				√
312		三相定子电压不平衡		√				√
313		发电机转子回路、定子回路绝缘电阻不满足要求，接地线未拆除		√				√

附表 2 工程缺陷分类标准（续）

问题序号	检查项目	问 题 描 述	问 题 等 级			责任单位/责任人		
			一般	较重	严重	一级	二级	三级
314	发电机	发电机、励磁系统等转动部分的声响、振动、气味等异常		√	影响安全运行			√
315		一次回路、二次回路各连接处有发热、变色，电压、电流互感器有异常声响		√	影响安全运行			√
316		可控硅自励系统不能建压		√				√
317		发电机失去励磁		√				√
318		发电机定子、转子冒烟、着火或有焦臭味		√				√
319		滑环碳刷有强烈火花经过处理无效		√				√
320		金属性物件等异物掉入发电机内		√				√
321	调速系统	用于控制油泵停止的电接点压力表故障		√	影响安全运行			√
322		油泵故障		√	影响安全运行			√
323		安全阀故障		√	影响安全运行			√
324		电动机缺相运行		√	影响安全运行			√
325		压力油罐上的可视液位计故障		√	影响安全运行			√
326		调速器关机时间调节故障		√	影响安全运行			√
327		反馈断线		√	影响安全运行			√
328		机频故障		√	影响安全运行			√
329		液压阀四周渗油		√	影响安全运行			√
330	励磁系统	用调压阀的机组，调压阀与调速器联动工作不正常		√				√
331		装置或设备的温度明显升高，采取措施后仍然超过允许值		√	影响安全运行			√
332		系统绝缘下降，不能维持正常运行		√	影响安全运行			√
333		灭磁开关、磁场断路器或其他交、直流开关触头过热		√	影响安全运行			√
334		整流功率柜故障不能保证发电机带额定负荷和额定功率因数连续运行		√	影响安全运行			√
335		冷却系统故障，短时不能恢复		√	影响安全运行			√
336		励磁调节器自动单元故障，手动单元不能投入		√	影响安全运行			√
337		自动通道长期不能正常运行		√	影响安全运行			√
338	其他	进水主阀、调压阀、旁通阀、空气阀，液压操作的闸阀、蝴蝶阀，电（手）动操作的蝴蝶阀、闸阀等主阀不能正常工作		√	影响安全运行			√
339		进水主阀无后备保护功能		√				√
340		行程开关工作不正常，开度指示器位置不正确		√				√

附表 2 工程缺陷分类标准（续）

问题序号	检查项目	问题描述	问题等级			责任单位/责任人		
			一般	较重	严重	一级	二级	三级
341	其他	各信号装置工作不正常		√				√
342		机组制动装置工作不正常		√	影响安全运行			√
343		交直流操作电源、电气部分、线路发生故障		√	影响安全运行			√
344		油、气、水管路渗漏或阻塞		√				√
345		油、气、水系统运行不正常		√	影响安全运行			√
346		水电站机组其他缺陷	√	√	影响安全运行			√
十、其他设备								
347	消防设备	消防设备故障或损坏		√		√	√	√
348		灭火装置、防毒面具等消防器材失效		√		√	√	√
349		消防感烟器、声光报警器、手报按钮等未安装或失效	√			√	√	√
350		消防指示灯和应急照明设备未安装或损坏，应急照明时长不满足要求	√			√	√	√
351		消防系统联动控制功能不符合设计要求			√	√	√	√
352		未按规定设置防火隔层		√				√
353	安全监测设备	安全监测设施损坏、失效，未按规定进行处置			√			√
354		用于监测的仪器设备精度不符合规范要求		√				√
355		安全监测内观数据采集传输系统故障		√		√	√	√
256		安全监测线缆断损			√			√
357		安全监测数据采集设备仪器故障		√				√
358		安全监测线缆摆放凌乱	√					√
359		安全监测保护设施缺失、损坏	√					√
360	附属设备	接地和避雷设施不符合要求		一般设备	重要设备			√
361		避雷器套管有破损、裂缝，有放电痕迹		√				√
362		防雷装置引下线连接松动，有烧伤痕迹和断股现象		一般设备	重要设备			√
363		渠道、建筑物及闸站（泵站）防护围栏或围网缺失、破损、锈蚀、松动	√					√
364		管理范围内井盖丢失或破损	√					√
365		各类柜门锁具损坏，无法关闭	√			√	√	√
366		各类线缆、设备绝缘不满足要求		√		√	√	√
367		各类仪表、指示灯故障或显示异常	√			√	√	√
368		室外设备设施变形、受潮、锈蚀或损坏	√			√	√	√
369		室外设备漏油、漏液		√		√	√	√

附表 2 工程缺陷分类标准（续）

问题序号	检查项目	问 题 描 述	问 题 等 级			责任单位/责任人		
			一般	较重	严重	一级	二级	三级
370	附属设备	室外设备、设施未按要求固定或固定不牢固	√			√	√	√
371		重要设备、设施铭牌缺失	√			√	√	√
372		设备、设施的安装位置影响其功能作用	√			√	√	√
373		铅酸蓄电池电解液位不在正常范围内		√		√	√	√
374		发动机机油、冷却液面不在正常范围内		√			√	√
375		机械设备转动部位或钢丝绳等链接件润滑养护不到位	√					√
376		清污设备设施出现故障		√	影响工程运行安全			√
377		清污系统功能失效			√			√
十一、其他								
378	设备运行环境	自动化机房室内温度、湿度环境不满足规范要求	√			√	√	√
379		水质自动监测站室内温度、湿度环境不满足规范要求	√				√	√
380		设备温度、湿度环境不满足规范要求	√			√	√	√
381	工程运行环境	绿化成活率不满足合同要求	√				√	√
382		杂草未按要求及时清除	√					√

注：1. 检查中发现的分类标准未列的运行管理问题可参照类似问题进行认定。

2. 一级、二级、三级责任单位和责任人定义参见附表1注。

附录三 安全事故分类标准

附表3 安全事故分类标准

安全事故分类	工程安全	调度运行	机电设备	自动化系统	水污染	其他安全事故
Ⅰ级（特别重大事故）	1. 渠堤内外坡失稳规模较大，直接导致渠水外泄或建筑物外填土边坡失稳且滑坡上缘在建筑物基础轮廓范围以内	1. 因调度失误造成漫堤事故，发生渠道溃口	1. 因闸门、启闭机等设备发生事故造成1省或7个及以上地级城市供水中断72h以上	1. 总调中心和备调中心自动化系统同时瘫痪5天以上	1. 发生水污染事件，因处置不当，造成1省或7个及以上地级城市供水中断72h以上	1. 造成30人以上死亡
	2. 建筑物基础发生管涌引起建筑垮塌或渠堤边坡发生管涌引起渠道溃口	2. 因调度失误造成1省或7个及以上地级城市供水中断72h以上	2. 全线供电系统非计划性停电72h以上	2. 总调中心或备调中心自动化系统瘫痪10天以上	2. 水体水质类别出现GB 3838—2002标准中劣Ⅴ类的水污染事件	2. 造成100人以上重伤（包括急性工业中毒）
	3. 建筑物基础发生沉降引起渠堤溃口或PCCP管爆管		3. 惠南庄泵站机组发生事故造成北京供水中断72h以上		3. 造成特别重大影响的跨省（市）界的水污染事件	3. 造成直接经济损失1亿元以上
	4. 建筑物地基失稳或抗滑失稳引起输水建筑物、控制建筑物垮塌或建筑物连接段溃口					
	5. 输水建筑物发生抗浮失稳，引起输水箱涵或明槽发生结构破坏，引起供水中断					
	6. 防洪堤漫顶或溃决引起渠堤漫顶溃口					
	7. 河道冲刷引起岸坡垮塌导致控制建筑物垮塌或河道冲刷导致输水箱涵破坏、跨渠建筑物进出口溃口					
	8. 排水建筑物淤积导致洪水期间渠堤外水漫顶造成渠道溃口					
	9. 节制闸发生事故导致其上游渠道漫顶造成溃口					

附表3 安全事故分类标准（续）

安全事故分类	工程安全	调度运行	机电设备	自动化系统	水污染	其他安全事故
Ⅰ级（特别重大事故）	10. 渡槽下部结构发生破坏或输水渡槽结构破坏引起输水建筑物垮塌或跑水					
	11. 渠道出现大范围冰塞、冰坝险情，造成供水中断或结构破坏					
	12. 与以上类似的其他工程安全事故					
Ⅱ级（重大安全事故）	1. 渠堤内坡出现中等规模失稳，影响总干渠输水流量；建筑物外填土边坡失稳且滑坡上缘在建筑物基础轮廓范围以外且出现渠水外渗，并造成滑坡继续发展或总干渠管理道路中断	1. 因调度失误造成漫堤事故，但未发生人员伤亡	1. 因闸门、启闭机等设备发生事故造成5个及以上地级城市供水中断72h以上	1. 总调中心和备调中心自动化系统同时瘫痪	1. 发生水污染事件，因处置不当，造成5个及以上地级城市供水中断72h以上	1. 造成10人以上、30人以下死亡
	2. 渠堤边坡发生较大范围集中渗漏、流土导致渠部分垮塌、管理道路中断，但渠水未外泄	2. 因调度失误造成5个及以上地级城市供水中断72h以上	2. 2个以上省（直辖市）供电系统非计划性停电72h以上	2. 节制闸、退水闸、分水闸无法实现远程控制20天以上	2. 水体水质类别出现GB 3838—2002标准中Ⅴ类的水污染事件	2. 造成50人以上100人以下重伤（包括急性工业中毒）
	3. 建筑物基础发生集中渗漏、流土，造成基础变形过大或建筑物结构破坏，需要降低流量运行		3. 惠南庄泵站机组2台以上4台以下发生事故，严重影响北京正常供水48h以上		3. 造成重大影响的跨地（市）界的水污染事件	3. 造成5000万元以上1亿元以下直接经济损失
	4. 局部沉降变形引起控制建筑物基础破坏影响正常输水或造成穿渠建筑物较大范围管涌破坏					
	5. 渠道衬砌体系发生大范围抗浮失稳和结构破坏，影响总干渠输水					
	6. 建筑物闸墩、牛腿、底板和启闭机排架结构破坏，影响总干渠正常输水					

附表 3 安全事故分类标准（续）

安全事故分类	工程安全	调度运行	机电设备	自动化系统	水污染	其他安全事故
Ⅱ级（重大安全事故）	7. 输水箱涵和渡槽结构发生破坏，影响总干渠正常输水					
	8. 渠道出现范围较大冰塞、冰坝险情，造成结构破坏但未影响总干渠正常输水					
	9. 与以上类似的其他工程安全事故					
Ⅲ级（较大安全事故）	1. 渠堤外坡出现中等规模失稳，滑坡上缘接近渠顶或出现渗水；建筑物外填土边坡失稳且滑坡上缘在建筑物基础轮廓范围以外未出现渠水外渗，未影响总干渠其他设施	1. 因调度失误造成退水闸应急退水	1. 因闸门、启闭机等设备发生事故造成3个及以上地级城市供水中断或严重影响总干渠正常输水48h以上	1. 分调中心自动化系统瘫痪5天以上	1. 发生水污染事件，因处置不当，造成3个及以上地级城市供水中断或严重影响总干渠正常输水48h以上	1. 造成3人以上、10人以下死亡
	2. 渠堤发生集中渗漏、流土导致渠堤变形开裂	2. 因调度失误造成3个及以上地级城市供水中断或严重影响总干渠正常输水48h以上	2. 1个省（直辖市）供电系统非计划性停电72h以上	2. 节制闸、退水闸、分水闸无法实现远程控制10～20天	2. 水体水质类别出现GB 3838—2002标准中Ⅳ类的水污染事件	2. 造成10人以上50人以下重伤（包括急性工业中毒）
	3. 挖方渠段一级马道以上边坡失稳影响管理道路通行，未影响总干渠正常输水				3. 造成较大影响的跨地（市）界的水污染事件	3. 造成1000万元以上5000万元以下直接经济损失
	4. 河道冲刷引起岸坡垮塌但未导致建筑物垮塌或溃口，对其他设施未造成影响					
	5. 启闭机房结构发生破坏					
	6. 输水建筑物结构发生破坏，但未影响正常输水					
	7. 与以上类似的其他工程安全事故					

附表3 安全事故分类标准（续）

安全事故分类	工程安全	调度运行	机电设备	自动化系统	水污染	其他安全事故
Ⅳ级（一般安全事故）	1. 渠堤外坡出现小规模失稳，滑坡上缘在渠堤中下部且未出现渗水；建筑物外填土边坡失稳且滑坡上缘在边坡中下部且未出现渗水	1. 因调度失误造成渠段水位降幅超标准，发生渠道衬砌板因水位骤降而破坏	1. 因闸门、启闭机等设备发生事故造成主要分水口门供水中断或严重影响总干渠正常输水24h以上	1. 分调中心自动化系统瘫痪2~5天	1. 发生水污染事故，因处置不当，造成主要分水口门供水中断或严重影响总干渠正常输水24h以上	1. 造成3人以下死亡
	2. 挖方渠段一级马道以上边坡失稳，但未影响总干渠正常输水和管理道路通行	2. 因调度失误造成主要分水口门供水中断或严重影响总干渠正常输水24h以上	2. 1个中心开关站供电范围非计划性停电72h以上	2. 管理处功能瘫痪7天以上		2. 造成10人以下重伤（包括急性工业中毒）
	3. 河道冲刷引起岸坡局部垮塌，垮塌上缘在岸坡中下部，未对其他设施造成影响			3. 节制闸、退水闸、分水闸无法实现远程控制5~10天		3. 100万元以上1000万元以下直接经济损失
	4. 渠道衬砌体系发生局部抗浮失稳和结构破坏，未影响总干渠输水			4. 水质自动监测系统软件出现故障，无法自动采集及预警5天以上		
	5. 各类建筑物发生局部破坏，但不影响输水			5. 安全监测系统软件出现故障，无法自动采集及预警5天以上		
	6. 局部沉降引起渠堤堤身开裂或建筑物基础接缝渗漏、结构受损					
	7. 左排建筑物出现淤堵造成渠外淹没，危及工程安全					
	8. 渠道出现冰塞、冰坝险情，未造成结构破坏亦未影响总干渠正常输水					
	9. 与以上类似的其他工程安全事故					
	10. 因以上原因造成100万元以上1000万元以下工程直接经济损失					

注：表中所称的"以上"包括本数，"以下"不包括本数。

附录四 运行管理违规行为和工程缺陷责任追究标准

附表4 运行管理违规行为和工程缺陷责任单位责任追究标准

分类	经济处罚/(元/项)	约谈/项	通报批评/项	警告/项	连 带 责 任	
特别严重	2000		1	≥2	各分局所辖管理处当月累计被处罚金额达到以下标准时对相关分局进行约谈：河南分局、河北分局达到3万元进行约谈；渠首分局、天津分局、北京分局到1.5万元进行约谈	严重和特别严重问题罚款额达到2万元/月，相应的分局罚款1万元
严重	1000		≥2			
较重	500	≥5				
一般	200					

注：1. 责任单位根据附表1和附表2的相应标准认定。

2. 问题数量为运行管理违规行为和工程养护缺陷的合计数量。

附表5 运行管理违规行为和工程缺陷责任人及相关领导责任追究标准

运行管理违规行为与工程缺陷		通报批评/项			调岗/项		
		行政正职	行政副职	相关责任人	行政正职	行政副职	相关责任人
运行管理违规行为	特别严重	≥1	≥1	≥1			≥2
	严重		≥3	≥2			
	较重			≥3			
	一般						
工程缺陷	严重		≥3	≥2			≥3
	较重			≥3			
	一般						

注：1. 行政正职和行政副职分别指责任单位或部门的负责人和分管负责人。

2. 对行政正职、行政副职和相关责任人进行责任追究依据的问题数量为当月发生的相关责任问题总数。

附录五　安全事故责任追究标准

附表6　安全事故责任单位责任追究标准

事故分类		发生次数	通报批评			警告		
			一级运行管理单位	二级运行管理单位	三级运行管理单位	一级运行管理单位	二级运行管理单位	三级运行管理单位
特大、重大安全事故		≥1				☆/√	☆/√	√
较大安全事故		≥1,＜3	√	☆/√	√			
		≥3				☆/√	☆/√	√
一般安全事故	造成人员死亡，或影响工程正常供水，或直接经济损失100万元以上1000万元以下	≥1,＜3	√	√	√			
		≥3				√	☆/√	√
	除上述损失外的一般安全事故	≥1,＜5	√	√	√			
		≥5	√	☆/√	√			

注："√"为正常情况下可对发生事故单位采取的直接责任最高追究方式，"☆"为正常情况下可采取的对上级单位的连带责任最高追究方式。

附表 7 安全事故责任人及相关领导责任追究标准

事故分类	警告										记过										记大过										降级										撤职										解除劳动合同									
	分管副局长	一级运行管理单位行政正职	一级运行管理单位行政副职	一级运行管理单位相关责任人	二级运行管理单位行政正职	二级运行管理单位行政副职	二级运行管理单位相关责任人	三级运行管理单位行政正职	三级运行管理单位行政副职	三级运行管理单位相关责任人	分管副局长	一级运行管理单位行政正职	一级运行管理单位行政副职	一级运行管理单位相关责任人	二级运行管理单位行政正职	二级运行管理单位行政副职	二级运行管理单位相关责任人	三级运行管理单位行政正职	三级运行管理单位行政副职	三级运行管理单位相关责任人	分管副局长	一级运行管理单位行政正职	一级运行管理单位行政副职	一级运行管理单位相关责任人	二级运行管理单位行政正职	二级运行管理单位行政副职	二级运行管理单位相关责任人	三级运行管理单位行政正职	三级运行管理单位行政副职	三级运行管理单位相关责任人	分管副局长	一级运行管理单位行政正职	一级运行管理单位行政副职	一级运行管理单位相关责任人	二级运行管理单位行政正职	二级运行管理单位行政副职	二级运行管理单位相关责任人	三级运行管理单位行政正职	三级运行管理单位行政副职	三级运行管理单位相关责任人	分管副局长	一级运行管理单位行政正职	一级运行管理单位行政副职	一级运行管理单位相关责任人	二级运行管理单位行政正职	二级运行管理单位行政副职	二级运行管理单位相关责任人	三级运行管理单位行政正职	三级运行管理单位行政副职	三级运行管理单位相关责任人	一级运行管理单位行政正职	一级运行管理单位行政副职	一级运行管理单位相关责任人	二级运行管理单位行政正职	二级运行管理单位行政副职	二级运行管理单位相关责任人	三级运行管理单位行政正职	三级运行管理单位行政副职	三级运行管理单位相关责任人
特大安全事故																																									√	√									√						√		
重大安全事故		√																																	√	√						√	√		√	√		√	√		√						√		
较大安全事故	√													√	√							√	√		√	√	√					√	√		√	√																							
一般安全事故（有人员伤亡）		√			√			√				√	√		√			√																																									
一般安全事故（无人员伤亡）		√			√			√																																																			

注：
1. "√" 为正常情况下可采取的最高责任追究方式。
2. 一级运行管理单位行政正职指局机关相关部门主任，行政副职指部门分管副主任，直属公司的总经理、副总经理。
3. 二级运行管理单位行政正职指分局局长，行政副职指分局分管副局长、相关责任人指各分局分管副局长、相关责任人指各部门处长、直属公司分部管理负责人和分管负责人。
4. 三级运行管理单位行政正职指管理处处长、行政副职指管理处副处长、相关责任人指现场管理副处长，直属公司现场管理负责人和分管负责人。
5. 地方政府调查的事故，按要求进行处理和经济处罚。

Q/NSBDZX

南水北调中线干线工程建设管理局规章制度

Q/NSBDZX 409.03—2019

工程运行管理问题查改工作规定

2019 - 11 - 29 发布　　　　　　　2019 - 11 - 29 实施

南水北调中线干线工程建设管理局 发 布

工程运行管理问题查改工作规定

第一章 总 则

第一条 为进一步加强运行管理问题查改工作（以下简称"问题查改工作"），落实运行管理责任，规范程序，确保问题及时发现、快速整改，保障工程安全平稳运行，依据《中华人民共和国安全生产法》《南水北调工程供用水管理条例》等国家有关法律、法规和《水利工程运行管理监督检查办法（试行）》《运行安全生产管理办法（试行）》《南水北调中线干线工程运行管理责任追究规定》等规章，结合工程运行管理实际，制定本规定。

第二条 运行管理问题分为运行管理违规行为和工程缺陷两类。运行管理违规行为指有关工作人员违反或未严格执行工程运行管理有关法律、法规、规章、政策文件、技术标准和合同等各类行为。工程缺陷指因正常损耗老化、维修养护缺失、运行管理不当或除险加固不及时等造成工程实体、设施设备等发生残破、损坏或失去应有效能，影响工程运行或构成隐患的问题。

第三条 问题查改工作坚持以"监督检查、问题认定、问题整改、责任追究、考核评比"为工作机制，坚持以问题为导向，全面查改运行管理问题，实现所有人查所有问题。

第四条 本规定适用于南水北调中线干线工程运行管理问题查改工作。

第二章 责 任 分 工

第五条 问题查改工作由中线建管局、分局、现地管理处、直属公司（信息科技有限公司、保安服务有限公司、实业发展有限公司等）按职责分级负责。中线建管局生产业务主管部门、分局生产业务主管处室、现地管理处、直属公司按照"管业务必须管安全、管生产经营必须管安全、谁主管谁负责"的原则落实问题查改责任。

第六条 中线建管局负责统一组织全线问题查改工作，对现场问题查改工作进行监督检查和指导。

（一）局安全生产部是问题查改工作的归口管理部门和监督部门，按附件1所示的流程落实"查、认、改、罚、评"的监督工作。

1. 负责制定安全生产检查计划，组织开展综合性安全生产检查和特殊时段（期）安全生产检查。

2. 负责对中线建管局检查发现的问题进行责任认定并实施责任追究。

3. 负责组织各级单位对检查发现的问题上传工程巡查维护实时监管系统APP（以下简称"巡查系统"）。

4. 负责督促责任单位对检查发现的问题进行整改。

5. 每年对不具备整改条件的问题进行研判。

6. 牵头对接水利部有关司（中心）运行监管工作。

a. 组织局生产业务主管部门参加水利部有关司（中心）运行查改工作会、监督工作会、问题研判会等会议。

b. 组织落实水利部有关司（中心）的问题整改要求，接收水利部有关司（中心）运行监管发现的问题并向局生产业务主管部门和分局推送，收集汇总整改情况并向水利部有关司（中心）反馈。

c. 组织落实水利部有关司（中心）的责任追究决定。

d. 牵头水利部有关司（中心）运行监管发现的问题的整改销号和信息管理等工作。

（二）稽察大队主要负责问题的检查和认定工作。

1. 负责制定检查工作计划。

2. 负责对全局运行管理工作进行监督检查。

3. 负责对全线工程设施设备的运行及维护进行监督检查。

4. 负责将检查发现的问题与被检查单位沟通后及时上传巡查系统。

5. 负责对检查发现的问题类别和等级进行认定。

6. 负责编写监督检查报告并抄送安全生产部。

7. 对中线建管局及上级单位组织检查发现问题的整改情况进行复核。

8. 负责对工程安全问题进行分析研判，建立问题信息档案。

9. 负责对有关工程建设安全问题和运行安全问题的举报进行调查核实。

（三）局生产业务主管部门是本专业问题查改工作的组织管理部门和问题整改责任部门。

1. 组织开展本专业的问题查改工作，定期或不定期对现场运行管理工作进行业务指导和检查。

a. 组织并督促分局、现地管理处和直属公司开展检查并快速整改问题。

b. 负责解决或整改本专业应由中线建管局层面协调解决或整改的问题，对普遍性、共性问题和影响运行安全的重大问题、典型问题，研究提出整改意见和措施，指导下级单位整改。

c. 对需要上级单位协调解决的问题，及时提请上级单位解决。

d. 建立问题及整改信息台账，分析研判，举一反三，采取技术和管理性措施防范和减少问题，防止反复发生。

2. 配合对接水利部有关司（中心）运行监管工作。

a. 负责组织对水利部有关司（中心）运行监管发现的本专业问题的整改。

b. 按要求参加水利部有关司（中心）运行查改工作会、监督工作会、问题研判会等会议，配合做好相关工作。

c. 对接或承办上级单位组织的专项稽察和专业性监督检查。

第七条 分局负责组织现地管理处查改问题，落实上级单位的问题查改工作要求。

（一）分局应明确问题查改工作分管领导和牵头处室。

（二）分局牵头处室是分局问题查改工作的归口管理处室。

1. 负责问题查改信息管理。

2. 组织分局生产业务主管处室配合或参加上级单位的监督检查和举报调查工作。

3. 组织落实上级单位的责任追究决定，组织分局生产业务主管处室参加中线建管局的责任追究会议。

（三）分局生产业务主管处室是本专业问题查改工作的组织管理处室和问题整改责任处室。

1. 组织开展本专业的问题查改工作，定期或不定期对现场运行管理工作进行业务指导和检查。

a. 落实有关制度办法，组织并督促现地管理处开展检查。

b. 组织并督促现地管理处对问题整改情况进行复查，负责本专业的信息管理。

c. 负责解决或整改本专业应由分局层面协调解决或整改的问题，对普遍性、共性问题和影响运行安全的重大问题、典型问题，与上级单位充分沟通，研究提出整改意见和措施，指导现地管理处组织整改。

d. 对需要上级单位协调解决的问题，及时提请上级单位解决。

e. 负责对巡查系统中的问题信息台账进行分析研判，举一反三，采取技术和管理性措施防范和减少问题，防止反复发生。

2. 配合对接上级单位的监督检查工作。

a. 负责组织整改上级单位运行监管发现的问题，定期对问题查改信息统计分析。

b. 按要求参加中线建管局组织召开的有关本专业的责任追究会议。

c. 对接或承办上级单位组织的专项稽察和专业性监督检查。

第八条　现地管理处是现场问题查改责任主体，负责组织开展现场检查并督促运行维护单位落实问题整改，接受上级单位的监督检查并落实责任追究决定。

（一）现地管理处应明确问题查改工作分管领导和牵头科室。

（二）现地管理处牵头科室是现地管理处问题查改工作的归口管理科室。

1. 负责问题查改信息管理。

2. 组织现地管理处生产业务主管科室配合或参加上级单位的监督检查和举报调查工作。

3. 组织落实上级单位的责任追究决定。

（三）现地管理处生产业务主管科室是本专业问题查改工作的组织管理科室和问题整改责任科室。

1. 落实运行管理规章制度和上级单位的检查工作要求，结合工作实际建立现场检查制度，明确分工，落实责任，积极主动开展自查，并将自查发现的问题及时上传巡查系统。

2. 负责将自查和上级单位检查发现的问题的整改信息及时上传巡查系统。

3. 负责对问题进行分析研判，举一反三，采取技术和管理性措施防范和减少问题，防止反复发生。

4. 负责对管理范围内的普遍性、共性问题和影响运行安全的重大问题、典型问题，积极向上级单位反映；需上级单位协调解决的问题及时提请上级单位解决。

5. 配合上级单位的监督检查工作。

第九条　直属公司负责组织现场派出机构查改问题，贯彻落实上级单位的问题查改工作要求，负责对上级单位检查和自查发现的问题进行整改。

第三章 检 查 及 报 告

第十条 中线建管局、分局、现地管理处的负责人、分管负责人和生产业务主管部门等应定期或不定期进行现场检查。具体按照《安全生产检查管理标准》执行。

第十一条 现地管理处应强化自有人员的检查职责，按照"两个所有"的要求，制定工作方案，采取分片包干、专人负责、全员参与等方式明确分工、落实责任，定期对工程风险部位、闸站枢纽及信息机电设备等进行巡视检查，做到所有人查所有问题。

第十二条 现地管理处在组织工程巡查、安全保卫、设备维护等单位和人员做好巡视工作的同时，应安排自有人员做好监管。

第十三条 检查发现的问题应及时上传巡查系统，必要时按有关规定报告，需应急响应的问题按程序启动应急响应。

第四章 会 商 研 判

第十四条 各级运行管理单位应组织生产业务主管部门（处室、科室）定期会商，研判问题原因及危害，确定整改责任单位和责任人，明确整改要求。

（一）中线建管局月度会商。

1. 局安全生产部在认定问题责任时，视情况召集局生产业务主管部门会商，确定问题整改责任部门，明确责任追究意见。

2. 局生产业务主管部门按月分析研判当月问题，明确整改意见和要求，指导分局和现地管理处整改。

（二）分局月度会商。

1. 分管问题查改工作的局领导组织生产业务主管处室和现地管理处按月会商，通报当月各级检查发现的问题，确定整改责任处室和责任人，检查督导上月问题整改情况。会议应形成纪要并报中线建管局备案。

2. 分局生产业务主管处室按月分析研判当月问题，明确整改意见和要求，指导现地管理处整改。

（三）现地管理处月度会商。

现地管理处每月对各级单位检查发现的问题进行分析研判，落实上级整改要求，明确整改责任科室和责任人，制定整改方案和措施。

（四）直属公司应参照上述工作要求，建立本公司内部会商研判机制，进一步落实整改责任，加强管理。

第五章 问 题 整 改

第十五条 中线建管局生产业务主管部门、分局生产业务主管处室、现地管理处生产业务主管科室、直属公司生产业务部门，应通过问题研判找准共性、多发性问题和影响工程安全的典型问题，坚持"举一反三，以点带面，全面整改"的原则，从技术和管理两方面有针对性地制定整改措施，确保从根本上整改问题，防止问题查而不绝、反复发生。

第十六条 问题整改责任部门（单位）根据影响工程安全和水质安全的程度，明确整改责任人、整改措施、整改时限，限期完成整改。

问题整改应遵循原则如下：

（一）本级单位（部门）能够解决的问题，立即按要求整改。

（二）需上级单位解决的问题，一周内向上级单位报告，上级单位接到报告后10个工作日内明确处理意见。

（三）涉及对外协调的问题，一周内明确处理意见并开展对外协调，同时加强跟踪。每季度对未解决的问题进行梳理，再次明确处理意见。

第十七条 中线建管局、分局、直属公司结合现场运行管理工作实际，可适时组织开展问题专项整治，对共性、多发性问题和影响工程安全的典型问题进行集中限时整改。

第十八条 中线建管局、分局业务主管部门应加强对问题整改工作的组织管理，充分发挥指导作用，加强上下级沟通协调，确保整改标准和要求科学合理且统一，并督促落实到位。中线建管局生产业务主管部门应加强与安全生产部和稽察大队的联系沟通，提供本专业工作标准及问题整改要求。

第六章　信　息　管　理

第十九条 中线建管局业务主管部门、各分局、现地管理处应分级明确问题查改工作信息联系人。

第二十条 中线建管局生产业务主管部门、分局生产业务主管处室、现地管理处、直属公司应利用"巡查系统"分专业建立《运行管理问题信息台账》，本级单位的问题查改归口管理部门（处室、科室）做好信息管理，格式详见附件2。

（一）《运行管理问题信息台账》的问题来源主要包括分局及现地管理处自查、直属公司自查、中线建管稽察大队检查、水利部飞检等。

（二）按照"谁检查谁负责"的原则，问题检查单位负责使用"巡查系统"进行问题录入和推送。其中，水利部等上级单位检查发现问题由安全生产部负责录入和推送。所有被录入巡查系统的问题，各级单位和部门（处室、科室）一并纳入本单位台账专项管理。

（三）各级运行管理单位的生产业务主管部门（处室、科室）分别及时对所辖问题明确整改责任、整改计划、更新整改状态等，通过"巡查系统"对问题台账实行实时动态管理。各级问题查改归口管理部门（处室、科室）及时掌握情况，做好汇总、督促、协调等工作。

（四）台账以年度为单位编制，本年度未整改完成的问题作为遗留问题专项整改，不滚动计入下一年度台账。

（五）问题信息录入、推送、更新、汇总等严格按照"巡查系统"要求执行。

（六）达到应急和安全事故等级的问题按照相关规定进行报送。

第七章　奖　　惩

第二十一条 中线建管局年度考核和评比时，问题查改工作将作为考评依据之一。

第二十二条 依据《南水北调中线干线工程通水运行安全管理责任追究规定》等规章制度，对未认真落实问题查改工作规定，未及时发现各类运行安全问题，以及问题整改不及时、整改不到位、整改材料造假的责任单位和责任人实施责任追究。对推诿扯皮不履行问题整改责任的单位和个人加重责任追究。

第二十三条 经过专项整治的问题，在整改后仍发现类似问题的，或因问题整改不到位影响工程安全运行的，可视具体情况加重责任追究。

第二十四条 对因问题整改不到位造成工程重大损失或发生安全事故的，根据调查结果加重一个等级实施处罚。

第二十五条 对因发现重大安全隐患或处置突发事件避免安全事故发生的单位或个人按附件3进行奖励。奖励申报程序：由分局报安全生产部，安全生产部初选后报局安全委员会议定，奖励申报表详见附件4。

第八章　附　则

第二十六条 本办法由南水北调中线干线工程建设管理局负责解释。

第二十七条 本办法自印发之日起施行。

附件：1. 工程运行管理问题查改工作流程框图

　　　2. 南水北调中线干线工程运行管理问题信息台账

　　　3. 避免事故发生的单位或个人奖励标准

　　　4. 对个人奖励申报表

附件1

工程运行管理问题查改工作流程框图

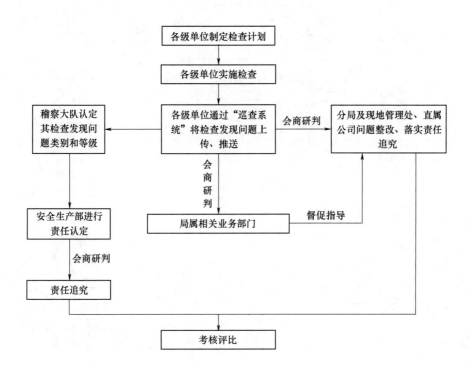

附件2

南水北调中线干线工程运行管理问题信息台账

序号	所属分局	所属管理处	问题信息照片编号	发现时间	问题来源/检查单位	问题类别	所属专业	分局主管处室	中线建管局主管部门	问题序号	问题等级	整改责任单位（处室、科室）	整改责任人	整改情况		整改状态	备 注
														计划整改完成时间	实际整改完成时间		
					水利部检查	运行管理违规行为	土建工程、防汛及应急、工程巡查		工程维护中心			责任部门（处室、科室）				已整改	问题具备整改条件，并已完成整改。
					稽察大队检查	工程缺陷	信息机电、消防		信息科技公司							正在整改	问题具备整改条件，目前尚未完成整改，包括已有整改方案正在实施中、系统确定整改方案后实施等情况。
					分局及发现地管理处自查		运行调度		总调度中心							暂不具备彻底整改条件	问题已采取临时措施，包括实施停水后需长期观察，自身整改主体已履行到位但需其他单位的外部协调问题等情况。
					直属公司自查		水质监测及保护		水质与环境保护中心							无法整改或可不整改	已无法整改或经论证可不整改的问题，包括即时发生的违规行为、建设期工程遗留问题等情况。
							安全监测 安全保卫		安全生产部 安全生产办								
							生产安全及其他		按"管业务必须管安全、管生产经营必须管安全"划归相应的职能部门								

填表说明：

1. 问题来源：（1）水利部检查（含飞检、监督检查、南水北调管理处自查、其他检查等）；（2）稽察大队检查；（3）分局反映地管理处自查；（4）直属公司自查。
2. 所属类别：（1）运行管理违规行为；（2）工程缺陷。
3. 所属专业：土建工程（含绿化）、防汛及应急、信息机电、消防、安全监测、运行调度、安全保卫、水质监测及保护、生产安全及其他。
4. 中线建管局主管部门：总工办（安全监测）、防汛、总调度中心（运行调度）、安全生产部（安全保卫）；工程维护中心（土建、防汛、应急、工程巡查）；信息科技公司（信息机电、消防）；水质与环境保护指挥中心（水质监测及保护）；安全生产部对应中线干线工程运行管理违规行为，暂不具备彻底整改条件或不可整改。
5. 问题序号、问题等级对应的《南水北调中线干线工程通水运行责任追究规定》附录一、附录二的序号二的序号和等级。
6. 整改状态：已整改、正在整改、暂不具备彻底整改条件、无法整改或不可整改。

附件 3

避免事故发生的单位或个人奖励标准

序号	评 选 条 件	对个人奖励标准	对单位奖励标准
1	发现并成功解救落水人员	每解救 1 名落水人员奖励 800～2000 元	视情况给予通报表扬
2	防止和避免安全事故发生或处置突发事件表现突出的	奖励 2000～10000 元	
3	及时发现并报告重大安全隐患	奖励 1000～2000 元	

注：由局安全委员会确认后进行奖励。

附件 4

对 个 人 奖 励 申 报 表

单位名称		申报人姓名	
申报奖金金额		申报日期	
申报理由			
申报单位意见		年　　月　　日　（盖章）	
分局（部门）审核意见		年　　月　　日　（盖章）	
安全生产部核实意见		年　　月　　日　（盖章）	
局安全委员会审定意见		（签字） 年　　月　　日	
备注			

Q/NSBDZX

南水北调中线干线工程建设管理局规章制度

Q/NSBDZX 409. 04—2019

警务室奖励办法

2019－10－28发布　　　　　　　　2019－10－28实施

南水北调中线干线工程建设管理局　发　布

警务室奖励办法

第一章 总 则

第一条 为褒奖在南水北调中线干线工程治安防控工作中做出突出贡献的集体和个人，推动构建良好的治安环境，促进安全保卫管理水平持续提高，制定本办法。

第二条 本办法规定了警务室奖励的奖项设置、评选条件、评选程序等内容。

第三条 本办法适用于南水北调中线干线工程警务室的奖励。

第四条 警务室奖励应坚持公开、公平、公正的原则。

第五条 本办法依据《企事业单位内部治安保卫条例》（中华人民共和国国务院令 第421号）、Q/NSBDZX 425.15—2018《南水北调中线干线工程建设管理局表彰奖励管理办法》等制定。

第二章 奖 项 设 置

第六条 奖项设置包括突出贡献个人和优秀警务室。

（一）突出贡献个人符合条件的可随时奖励，突出贡献个人指警务室干警、协警中的一人或多人。

（二）优秀警务室每年年终进行评选，奖励名额不宜超过全线警务室总数的20%，优秀警务室奖金人均1500～2000元。

第三章 评 选 条 件

第七条 突出贡献个人

（一）及时发现并采取有效措施，避免工程设备设施丢失或破坏、人员伤亡、水质污染等事件发生，做出突出贡献的。

（二）及时制止工程管理范围或工程保护范围影响工程安全的违法违规行为，做出突出贡献的。

（三）在处置突发事件中做出突出贡献的。

具体评选条件见附件1。

第八条 优秀警务室

（一）年度考核得分在90分以上，警务室未发生安全事故，未被各级管理单位责任追究。

（二）积极主动配合现地管理处工作。

具体考核标准见附件2。

第四章 评 选 程 序

第九条 突出贡献个人

（一）申报

对于符合附件1评选条件的个人，由现地管理处按照附件3格式向分局申报。

（二）审核

分局对现地管理处提交的申报材料进行审核，符合条件的及时兑现奖金。

第十条　优秀警务室

（一）申报

对于符合附件2评选条件的警务室，由现地管理处按照附件4格式向分局申报。

（二）推荐

分局对现地管理处申报的优秀警务室进行审核，按照中线建管局有关要求进行推荐。

（三）评选

中线建管局对各分局推荐的优秀警务室进行综合评选，确定优秀警务室并进行表彰。

（四）奖金发放

中线建管局表彰后，由分局按照标准及时兑现奖金。

第十一条　奖金来源

奖金由分局在年度预算中列支。

第五章　附　　则

第十二条　发现评选过程中存在弄虚作假等违规行为的，一经查实，取消相关单位或个人奖励资格，已发放的奖金应予以退还，并追究有关责任。

第十三条　本办法由安全生产部负责解释。

第十四条　本办法自印发之日起实施。

附件 1

突出贡献个人评选条件及奖励标准

序号	评 选 条 件	奖 励 标 准
1	发现并成功解救落水人员	每解救 1 名落水人员奖励 800～2000 元
2	发现并成功制止进入渠道自杀人员	奖励 200～800 元
3	发生偷盗、破坏工程设施等造成重大损失的事件时，提供有效线索或成功抓获嫌疑人	奖励 500～2000 元
4	发生扰乱现地管理处工作秩序或群体事件时，按照现地管理处要求及时有效处理	奖励 1000～2000 元
5	及时制止工程保护范围内造成或可能造成影响工程安全、水质安全的违法违规行为	奖励 500～2000 元
6	及时发现并报告重大安全隐患	奖励 1000～2000 元
7	现地管理处认可的其他重大事项	奖励 200～5000 元

附件 2

警务室考核赋分标准

序号	赋分项	赋分依据	赋 分 标 准	得分
1	基础项	月度考核得分	①月度考核得分均需大于 90 分； ②以本年度月度考核得分的平均分作为基础得分	
2	扣分项	本年度上级单位检查情况	发现较重以上问题每个扣 1 分，发现一般问题每个扣 0.5 分	
3	加分项	本年度获奖情况	受到上级单位表彰的，分局表彰每次加 1 分，中线建管局表彰每次加 2 分，水利部表彰每次加 5 分	
4	综合得分			

附件 3

突出贡献个人推荐表

警务室名称		推荐人数	
干警姓名		协警姓名	
推荐理由			
现地管理处 意见			年　　月　　日（盖章）
分局意见			年　　月　　日（盖章）
备注			

附件 4

优 秀 警 务 室 推 荐 表

警务室名称			
干警姓名		协警姓名	
推荐理由			
现地管理处意见			
分局意见			
中线建管局意见			
备注			

注：优秀警务室奖金为人均 1500～2000 元，可根据各人贡献进行调整分配。

附件：（＿＿警务室考核赋分表）

Q/NSBDZX

南水北调中线干线工程建设管理局规章制度

Q/NSBDZX 409.25—2019

安全运行津贴发放管理规定

2019－12－03发布　　　　　　　　2019－12－03实施

南水北调中线干线工程建设管理局　发　布

安全运行津贴发放管理规定

第一条 为贯彻落实"水利工程补短板、水利行业强监管"的工作总基调，激励全局员工增强安全生产意识，严防生产安全事故的发生，实现工程安全平稳运行目标，结合中线建管局薪酬管理制度，制定本规定。

第二条 本规定依据《中华人民共和国安全生产法》等法律法规和《南水北调中线干线工程建设管理局运行期薪酬管理办法（试行）》、《南水北调中线干线工程通水运行安全生产管理办法（试行）》制定。

第三条 本规定适用于中线建管局机关、分局及现地管理处职工。

第四条 安全运行津贴标准按照《南水北调中线干线工程建设管理局运行期薪酬管理办法（试行）》规定执行。

第五条 当发生生产安全事故时，各单位人员（不含安全生产管理系统人员）依据附表1的标准逐月扣发安全运行津贴；安全生产管理系统人员依据附表2的标准逐月扣发安全运行津贴。

全年未发生生产安全事故时，安全生产管理系统（是指现地管理处安全科、分局安全处和局安全生产部）人员按2个月的安全运行津贴标准进行奖励。

第六条 扣发的安全运行津贴在工资总额清算时按同等数额相应核减。

第七条 安全生产部根据认定的生产安全事故等级，按附表3将应扣发安全运行津贴的单位报人力资源部，由人力资源部通知相关单位及时扣发。

第八条 本规定不免除或减轻生产安全事故责任单位和责任人应承担的责任。

第九条 本规定由南水北调中线建管局安全生产部负责解释。

第十条 本规定自印发之日起施行。

附表：1. 安全事故责任追究经济处罚标准（不含安全生产管理系统人员）
      2. 安全生产管理系统人员安全事故责任追究经济处罚标准
      3. 安全运行津贴扣发明细表

附表1

安全事故责任追究经济处罚标准（不含安全生产管理系统人员）

序号	事故等级		经济处罚标准（按月扣发安全运行津贴）		
			事故发生单位	分局机关	局机关
1	非人员伤亡事故	一起一般事故	1个月	—	—
2		分局辖区内发生两起一般事故	1个月/起	1个月	—
3		分局辖区内发生三起及以上一般事故或一起较大事故	3个月/起	3个月	—
4		重大及以上事故	6个月/起	6个月/起	3个月/起
5	人员伤亡事故	一起一般事故	6个月	3个月	—
6		分局辖区内发生两起以上一般事故或一起较大事故	12个月	6个月	3个月
7		重大及以上事故	12个月	12个月	12个月

注：1. 事故发生单位是指发生事故所在地或场所的管理单位，如现地管理处或分局机关处室或局机关职能部门。

2. 分局机关和局机关的扣发是指因发生事故而导致的连带责任。

附表2

安全生产管理系统人员安全事故责任追究经济处罚标准

序号	事故等级		经济处罚标准（按月扣发安全运行津贴）		
			事故发生单位安全科	分局机关安全处	局机关安全生产部
1	非人员伤亡事故	一起一般事故	2个月	—	—
2		分局辖区内发生两起一般事故	2个月/起	2个月	—
3		分局辖区内发生三起及以上一般事故或一起较大事故	4个月/起	4个月	1个月
4		重大及以上事故	7个月/起	7个月/起	4个月/起
5	人员伤亡事故	一起一般事故	7个月	4个月	—
6		分局辖区内发生两起以上一般事故或一起较大事故	13个月	7个月	4个月
7		重大及以上事故	13个月	13个月	13个月

附表 3

安全运行津贴扣发明细表

填报单位：安全生产部（盖章）　　　　　　　　　　　填报日期：＿＿＿年＿＿＿＿月＿＿＿日

序号	事故发生时间	事故发生单位	事故等级	津贴扣发单位	津贴扣发起止时间	备注

说明：全线发生生产安全事故并经局安委会确认后填报。　　　　　　填报人：＿＿＿＿＿＿（签名）

南水北调中线干线工程运行管理标准

规章制度

Q/NSBDZX 4

第二分册

南水北调中线干线工程建设管理局　　发布

中国水利水电出版社
www.waterpub.com.cn
·北京·

内 容 提 要

本套标准中的规章制度是针对南水北调中线干线工程运行管理需要协调统一的管理事项所制定的办法、规定、预案等，是现阶段与管理标准共存的一种形式。规章制度共两个分册，本书为第二分册，包含 18 项办法、规定、预案。其主要内容包括了突发事件应急管理办法、信息报告规定、应急调度预案、水体藻类影响防控方案，以及综合、安全事故、防汛、穿越工程突发事件、火灾事故、交通事故、冰冻灾害、群体性事件、恐怖事件、地震灾害、涉外突发事件、水污染事件、突发社会舆情、网络安全事件等应急预案。

图书在版编目（ＣＩＰ）数据

南水北调中线干线工程运行管理标准. 规章制度 Q/
NSBDZX 4 / 南水北调中线干线工程建设管理局发布. --
北京：中国水利水电出版社，2020.6
ISBN 978-7-5170-8491-4

Ⅰ. ①南… Ⅱ. ①南… Ⅲ. ①南水北调－水利工程管理－规章制度 Ⅳ. ①TV68-65

中国版本图书馆CIP数据核字(2020)第051571号

书　　名	南水北调中线干线工程运行管理标准 （规章制度 Q/NSBDZX 4）第二分册 NANSHUIBEIDIAO ZHONGXIAN GANXIAN GONGCHENG YUNXING GUANLI BIAOZHUN （GUIZHANG ZHIDU Q/NSBDZX 4）
作　　者	南水北调中线干线工程建设管理局　发布
出版发行	中国水利水电出版社 （北京市海淀区玉渊潭南路 1 号 D 座　100038） 网址：www.waterpub.com.cn E-mail：sales@waterpub.com.cn 电话：(010) 68367658（营销中心）
经　　售	北京科水图书销售中心（零售） 电话：(010) 88383994、63202643、68545874 全国各地新华书店和相关出版物销售网点
排　　版	中国水利水电出版社微机排版中心
印　　刷	天津嘉恒印务有限公司
规　　格	184mm×260mm　16 开本　53 印张（总）　1290 千字（总）
版　　次	2020 年 6 月第 1 版　2020 年 6 月第 1 次印刷
印　　数	0001—2100 册
总 定 价	318.00 元（全二册）

《南水北调中线干线工程运行管理标准》 编 纂 委 员 会

主　任：于合群　刘春生　李开杰

副主任：刘宪亮　鞠连义　刘　杰　戴占强　曹洪波　程德虎
　　　　陈新忠　陈伟畅

委　员：李舜才　刘德雄　庞　敏　黄礼林　尚宇鸣　王以亮
　　　　王志文　刘　彬　秦　颖　丁　宁　戴　昆　张德华
　　　　汪　强　肖　军　胡兴华　韦耀国　曹玉升　陈晓楠
　　　　傅又群　张杰平　毛敏华　台德伟　陈志荣　胡金洲
　　　　田　勇　于澎涛　尹延飞　翟宜峰　杜元强　孙卫军

主　编：刘宪亮

副主编：李舜才　韦耀国　翟宜峰

《南水北调中线干线工程运行管理标准》 编 纂 委 员 会 办 公 室

主　任：韦耀国

副主任：苏　霞　左　丽

成　员：王　峰　高　森　郝泽嘉　唐靖壹　席清海　武铁钢
　　　　李　乔　高　林　李　玲　何　军　常　鹏　王松翊

南水北调中线干线工程运行管理标准
（规章制度 Q/NSBDZX 4）
第二分册编辑工作组

主　　　编：刘宪亮

副　主　编：李舜才　尚宇鸣　王以亮　傅又群　曹玉升　王志文

　　　　　　丁　宁　张杰平　肖　军　翟宜峰

执 行 主 编：槐先锋　刘　爽　梁　宇　陈晓楠　谈采田　孙维亚

主要编写人员：（按姓氏笔画排序）

　　　　　　马晓燕　马曼曼　朱文君　刘德环　李　萌　杨晓丹

　　　　　　余海燕　张立新　张佐成　张国锋　张爱静　陈　晖

　　　　　　陈　婷　陈晓璐　孟庆宇　赵莹莹　贾玉亮　梁建奎

　　　　　　樊少彪

序　一

我国水资源短缺，且时空分布不均。南水北调工程是实现我国水资源优化配置、促进经济社会可持续发展、保障和改善民生的重大战略性基础设施，同时也是迄今为止世界上最大的跨流域调水工程。历经半个世纪的论证和数十万大军10余年的建设，终于由构想变成现实，并且成为事关中华民族长远发展的国之命脉。

南水北调东、中线一期工程建成运行以来，发挥了巨大的经济、社会和生态效益，充分证明了党中央、国务院的决策是完全正确的，充分体现了中国的体制优势和强盛国力。南水北调中线一期工程作为南水北调工程的重要组成部分，已经累计调水300亿立方米，直接受益人口6000万人，居民饮用水水质明显改善，生产用水受到保障，生态环境得到恢复，人民群众的获得感、幸福感、安全感不断提升，为京津冀协同发展、雄安新区建设等国家重大战略实施提供了可靠的水资源支撑。

南水北调中线一期工程已由原规划的受水区城市补充水源，转变为供水地区的重要水源，成为这些地区的生命线。这些用水地区对中线工程的依赖性越来越大，一旦出现供水中断，必将引发严重后果。工程安全平稳运行是南水北调中线干线工程建设管理局工作的重中之重，必须依托科学完备的制度和技术体系。工程运行管理标准化、规范化建设即为安全供水提供了重要保障。

《南水北调中线干线工程运行管理标准》作为标准化、规范化建设的成果，是南水北调运行管理提质增效的有力见证，是南水北调中线干线工程建设管理局广大干部职工追求高质量发展的智慧结晶，凝结了工程运行管理的宝贵经验，并在通水以来工程安全平稳运行得到保障的成功实践中受到过检验。

这一套标准具有较高的推广应用价值，可为类似大型工程运行管理提供很好的借鉴。

新时期南水北调工程面临着新任务、新要求。相信南水北调中线干线工程建设管理局在习近平新时代中国特色社会主义思想指导下，一定能"管好中线"与"发展中线"，不断提升工程运行管理水平，打造大国重器品牌，推动南水北调中线工程的高质量发展，为实现中华民族伟大复兴的中国梦做出更大的贡献。

2020 年 6 月

序 二

南水北调中线工程自 2014 年 12 月 12 日通水至今，已从受水区的备用水源变为主力水源，成为京津冀协同发展、雄安新区、华北地下水综合治理等国家战略实施的重要保障，是名副其实的大国重器。南水北调中线干线工程管理局（以下简称"中线建管局"）作为南水北调中线干线工程的建设和运行管理单位，始终坚持以满足沿线人民群众对美好生活的需要、满足区域协调发展的需要、满足生态文明建设的需要为己任和使命，全体员工殚精竭虑、日夜奋战，为保障中线工程运行的"安全、优质、高效"做出了巨大的贡献。

由于工程特性，中线工程的运行管理面临战线长、设备设施复杂、人员多且分散等问题和挑战。为解决这些问题，在水利部、原国务院南水北调办的指导下，中线建管局践行"水利工程补短板、水利行业强监管"的总基调，持续开展了工程运行管理标准化规范化建设，着力推进工程运行管理的提档升级。

没有规矩，不成方圆。制度标准体系建设是中线建管局企业标准化规范化建设的重要基础工作，通过几年来的建设，初步形成了一套较为完整的工程运行管理制度标准体系，共涉及 19 个专业，基本涵盖了工程现场的设备设施、管理事项和工作岗位，为工程平稳、安全运行提供了有力支撑。中线建管局在较短时间内，倾力完成了技术标准、管理标准、岗位标准、规章制度"四大系列"共 9 个分册的标准出版，实属不易。这套标准具有很强的系统性、科学性和实用性，是南水北调工程运行管理一部里程碑式的出版物。相信它将推动中线建管局树立南水北调品牌形象，为国内外长距离调水工程提供了有益借鉴。

"路漫漫其修远兮，吾将上下而求索。"标准化、规范化建设不是一蹴而就的，它是伴随企业全生命周期的一项系统性工作，中线建管局标准化规范化建设工作尚处于初级阶段，后续工作任重而道远。希望中线建管局做好后续体系完善、运行和持续改进的工作规划，在推进南水北调事业迈入高质量发展阶段的道路上再接再厉，再战辉煌！

　　借此丛书出版之际，拟此序，以表达对中线建管局付出辛劳的慰问之情、勉励之意。

陈厚群

2020 年 6 月

前　言

南水北调属超长距离调水工程，如此庞大、复杂、伟大的工程在我国乃至全世界实属罕见，目前国内外水利行业尚无成熟配套的运行管理标准可以遵循，也缺少可借鉴的类似大型引调水工程现代化运行管理经验，因此南水北调中线工程运行管理工作中面临着前所未有的困难与挑战。

南水北调中线工程作为三条规划线路之一，承担着向北京、天津、河北、河南 24 个大中城市 130 余县提供城市生活、工业、生态用水的重要使命。要管理好、运用好如此重要、复杂的线性工程，树立现代化调水企业的标杆，打造"高标准样板"，必须建立一套完整的标准化、规范化管理体系作为支撑。自 2014 年 12 月 12 日正式通水以来，南水北调中线干线工程建设管理局（以下简称"中线建管局"）即着手开展中线工程运行管理标准化规范化建设。2017 年 6 月成立了规范化建设领导小组及办公室，在水利部和原国务院南水北调办的指导帮助下，持续系统、有序地推进各项工作。通过全体员工的共同努力，中线工程运行管理标准化规范化建设工作取得了很大进展。

中线工程运行管理制度标准体系建设是标准化规范化建设的重点工作之一。中线建管局在贯彻落实国家相关法律法规，国家、行业、地方、团体有关标准以及上级单位相关制度标准的基础上，不断探索和总结运行管理经验，以问题为导向，按照设备设施、管理事项、工作岗位全覆盖的原则，开展了技术标准、管理标准和岗位标准的编制和修订工作。目前已构建以技术标准、管理标准、岗位标准"三大标准"为支柱、其他制度办法为支撑的中线工程运行管理制度标准体系框架。基本实现了制度标准在设施设备、管理事项、工作岗位上的全覆盖，运行管理工作有据可依，为中线工程平稳高效运行奠定了坚实基础。

为系统总结工程运行管理成效，我们按照"技术标准""管理标准""岗位标准""规章制度"四大系列共 9 个分册，对中线建管局 2017—2019 年印发实施的 191 项标准汇编出版，作为标准化规范化建设成果的有效展示，并满足中线工程及其他调水工程技术人员运行管理的实际工作需要。

本书的编辑出版，得到了水利部领导和有关单位及专家的大力支持，特别是有关工作人员在审核校对过程中付出了辛勤的劳动，在此一并表示衷心的感谢。

由于编者水平有限，难免有疏漏和不妥之处，敬请各位读者批评指正。

编者

2020 年 6 月

总目录

管理标准 Q/NSBDZX 2

第 一 分 册

第 二 分 册

岗位标准 Q/NSBDZX 3

规章制度 Q/NSBDZX 4

第 一 分 册

第 二 分 册

本　册　目　录

Q/NSBDZX

南水北调中线干线工程建设管理局规章制度

Q/NSBDZX 409.06—2019

工程突发事件应急管理办法

2019－11－01发布　　　　　　　　　　2019－11－01实施

南水北调中线干线工程建设管理局　发　布

工程突发事件应急管理办法

第一章 总 则

第一条 为规范南水北调中线干线工程运行期间突发事件应急管理工作，明确各级运行管理单位应急管理责任，防止和减少突发事件引起的危害，保障工程安全、供水安全和人身安全，制定本办法。

第二条 本办法依据《中华人民共和国突发事件应对法》《南水北调工程供用水管理条例》《突发事件应急预案管理办法》《国家突发公共事件总体应急预案》等法律法规和规章制度制定。

第三条 本办法规定了南水北调中线干线工程运行期间突发事件应急组织机构与职责、应急准备、应急响应、应急处置和后期处置等内容。

第四条 本办法适用于南水北调中线干线工程运行期各级运行管理单位突发事件应急管理工作，中线建管局各直属公司根据业务经营范围可参照本办法制定相关应急管理制度、预案和现场处置方案。

第五条 本办法所称突发事件，指突然发生，造成或可能造成中线干线工程供水中断或严重影响总干渠正常输水、人员伤亡、重大经济损失和严重社会危害，需采取应急处置措施予以应对的自然灾害、事故灾难和社会安全事件。按照事件性质、严重程度和影响范围等因素，突发事件分为Ⅰ级（特别重大）、Ⅱ级（重大）、Ⅲ级（较大）和Ⅳ级（一般）四个级别。

第六条 南水北调中线干线工程应急管理工作坚持预防为主、预防与应急相结合的原则，实行统一领导、分类管理、分级负责的应急管理工作机制。

第二章 机构与职责

第一节 组织机构

第七条 南水北调中线干线工程突发事件应急管理组织体系（详见附件1）由一级运行管理单位（中线建管局）、二级运行管理单位（各分局、北京市南水北调干线管理处、信息科技公司、保安公司）、三级运行管理单位（现地管理处、陶岔电厂、大宁管理所、西四环管理所）组成。

第八条 一级运行管理单位成立突发事件应急管理领导小组（以下简称应急管理领导小组），统一领导中线干线工程应急管理工作，下设应急办公室（设在应急职能归口管理部门）、专业应急指挥部和专家组。

专业应急指挥部具体负责各类突发事件应急管理，下设专业办公室（设在专业职能归口管理部门）和专家组。

第九条 二级运行管理单位成立突发事件应急指挥部，具体负责所辖范围内突发事件应急管理工作，下设应急办公室和专家组。

第十条　三级运行管理单位成立突发事件应急处置小组，具体负责所辖范围突发事件先期处置工作。

第十一条　根据突发事件应急处置工作需要，依托相关应急指挥部，可临时成立现场抢险指挥部，具体负责突发事件现场指挥和处置等应对工作，下设职能工作组。

第二节　管理职责

第十二条　一级运行管理单位

（一）应急管理领导小组职责：

1. 贯彻落实国家和沿线地方政府有关突发事件的法规政策，执行上级部门和沿线省（直辖市）突发事件应急指挥机构的指令。

2. 研究部署中线干线工程突发事件应急管理工作。

3. 审批中线干线工程突发事件应急管理办法和应急预案。

4. 组织召开应急管理领导小组会商会，确定突发事件响应等级。

5. 研究确定中线干线工程突发事件应急预案启动和应对处置措施，部署启动专业应急指挥部。

6. 负责协调两个及以上专业应急指挥部应急处置工作。

7. 负责与上级单位及工程沿线省（直辖市）应急处置工作机构建立沟通联络和应急响应机制。

8. 协调配合上级单位和地方政府对中线干线工程重大突发事件开展应急抢险救援。

9. 完成上级单位交办的其他工作。

（二）应急办公室职责：

1. 执行落实应急管理领导小组安排的各项工作任务。

2. 负责建立健全中线干线工程突发事件应急管理组织体系。

3. 组织编制和完善应急管理办法及相关制度，建立和完善应急预案体系。

4. 负责对二级、三级运行管理单位上报的突发事件预警信息进行初步分析研判，提出预警应急响应级别建议，并及时向应急管理领导小组报告。

5. 负责应急管理领导小组会商会具体工作。

6. 跟踪了解已发生突发事件应急处置情况。

7. 负责突发事件应急处置综合协调工作。

8. 负责建立突发事件信息台账。

9. 参与突发事件调查评估工作。

10. 完成应急管理领导小组交办的其他工作。

（三）专业应急指挥部职责：

1. 执行落实应急管理领导小组各项决策意见。

2. 负责本专业突发事件应急预案的编制、修订和评审。

3. 负责本专业Ⅰ级、Ⅱ级、Ⅲ级突发事件预警和响应工作，组织召开应急会商会。

4. 研究确定本专业突发事件应急处置方案。

5. 对二级、三级运行管理单位应急管理工作进行专业指导。

6. 完成应急管理领导小组交办的其他工作。

（四）专家组职责：

1. 向应急指挥管理机构提出应急处置方案或为决策提供意见建议。

2. 研究、评估突发事件的发展趋势、灾害损失和现场恢复等情况，并提出相关建议。

3. 为突发事件相关应急处置工作提供科学有效的决策咨询方案。

第十三条 局机关职能部门分别负责各专业突发事件归口管理工作，包括应急预案编制，应急演练培训，应急保障，应急响应，应急处置，事后调查评估，检查指导二级、三级运行管理单位应急管理工作等，职能部门主要职责为：

（一）工程维护中心负责突发事件应急归口管理工作，承担应急办公室日常工作，负责洪涝灾害、土建工程安全事故、冰冻灾害、地震灾害、穿跨越突发事件的应急归口管理工作。

（二）总调度中心负责突发事件应急调度归口管理工作和全线应急值班工作。

（三）水质与环境保护中心负责水污染突发事件应急归口管理工作。

（四）信息机电中心（信息科技公司）负责信息自动化和金结机电设备安全事故、网络安全事件应急归口管理工作。

（五）综合部负责交通事故、群体性事件、恐怖事件应急归口管理工作。

（六）人力资源部负责涉外突发事件应急归口管理工作。

（七）宣传中心负责突发社会舆情应急归口管理工作。

（八）安全生产部负责火灾事故应急归口管理工作，组织或参与突发事件的调查、评估等工作。

第十四条 二级运行管理单位突发事件应急指挥部职责：

（一）贯彻落实应急管理领导小组各项决策意见。

（二）研究部署本单位所辖区段突发事件应急管理工作。

（三）审批本单位突发事件应急预案。

（四）负责所辖工程突发事件Ⅳ级预警和响应工作，对Ⅲ级及以上突发事件预警和响应提出初步意见。

（五）组织指挥或参与突发事件现场应急处置工作，服从上级部门或地方政府开展的应急处置工作。

（六）负责与工程沿线市（县）应急处置管理机构建立联络机制和应急响应机制。

（七）完成应急管理领导小组交办的其他工作。

第十五条 三级运行管理单位突发事件应急处置小组职责：

（一）贯彻落实上级单位和地方政府有关突发事件应急管理规章制度。

（二）负责编制本单位突发事件应急预案和现场应急处置方案。

（三）负责突发事件发生后现场的先期应急处置工作。

（四）负责辖区突发事件应急演练、培训工作。

（五）建立与属地政府的联络机制。

（六）完成上级应急指挥部交办的其他工作。

第十六条 现场抢险指挥部职责：

（一）执行落实应急管理领导小组各项决策意见。

（二）负责突发事件现场指挥和具体应对处置工作。

（三）完成应急管理领导小组和专业应急指挥部交办的其他工作。

第三章 应 急 准 备

第一节 风 险 管 控

第十七条 各级运行管理单位应做好危险源、危险区域的调查、登记、风险评估等工作。

第十八条 各级运行管理单位对排查发现的风险，应按风险分级，有针对性地做好管控措施，避免或降低突发事件发生的可能。

第二节 应 急 预 案

第十九条 南水北调中线干线工程突发事件应急预案是企业应急预案，服从国家、地方政府应急预案。南水北调中线干线工程应急预案体系由本办法、一级运行管理单位层级预案、二级运行管理单位层级预案和三级运行管理单位层级预案及现场处置方案组成（详见附件2）。

第二十条 各级运行管理单位应急预案包括：

一级运行管理单位层级应急预案包括综合应急预案和专项应急预案，专项应急预案涉及自然灾害、事故灾难和社会安全事件等。

二级运行管理单位层级应急预案一般包括综合应急预案、防汛应急预案和水污染事件应急预案，针对特殊情况可增加专项应急预案。

三级运行管理单位层级应急预案一般包括防汛应急预案、水污染事件应急预案和突发事件现场处置方案，针对特殊情况可增加专项现场处置方案。

第二十一条 综合应急预案主要内容包括各级运行管理单位的应急组织机构及职责、应急预案体系、事件风险描述、预警及信息报告、应急响应、保障措施、应急预案管理等。

专项应急预案主要内容包括事件风险分析、应急指挥机构及职责、处置程序和措施等内容。

现场处置方案主要内容包括事件风险分析、应急工作职责、应急处置和注意事项等内容。

第二十二条 各级运行管理单位应成立预案编制工作小组，由单位负责人担任组长，明确相关职能部门（处室）工作职责与任务分工，组织开展应急预案编制工作。

第二十三条 应急预案编制完成后应组织开展评审，评审合格后印发实施，并按规定及时向上级单位和地方有关部门备案。

第二十四条 各级运行管理单位应建立应急预案定期评估制度，分析评价预案内容的针对性、实用性和可操作性，对预案实行动态管理，及时修订完善预案。

第三节 应 急 保 障

第二十五条 各级运行管理单位应建立应急抢险保障队伍，充分依靠当地政府专业抢险队、驻地部队和社会抢险队伍资源。

第二十六条 各级运行管理单位结合工程运行实际情况，组织做好应急抢险物资和设备的储备管理工作。及时了解地方政府的应急物资储备管理情况，必要时可请求地方政府调拨。摸排调查沿线社会物资设备，建立联系，需要时可得到支援。部分物资可提前签订相关应急供应协议，保证及时供应。在应急抢险处置过程中，现场抢险指挥部可协调调配使用沿线抢险物资，未储备或储备不足的物资应直接采购。

第二十七条 各级运行管理单位应建立有线与无线相结合、基础电信网络与机动通信系统相配套的应急通信系统，确保通信畅通；定期对供电线路、发电机组等进行检查维护，保证电力供应可靠。

第二十八条 各级运行管理单位可结合实际安排应急值班，保证突发事件信息快速准确传递。

第二十九条 突发事件应急处置费用纳入工程管理运行预算，采取预留备用金方式，按照突发事件处置要求，及时下拨经费，实行专项拨付、专款专用。

第三十条 各级运行管理单位应与地方政府建立应急抢险救援联动保障机制，需要时可得到应急救援。

第三十一条 其他保障

（一）各级运行管理单位充分利用社会应急医疗救护资源，支援现场应急救治工作。

（二）各级运行管理单位充分发挥保险在突发事件预防、处置和恢复重建等方面的作用。

（三）应急救援人员应配备符合救援要求的人员安全职业防护装备，严格按照救援程序开展应急救援工作，确保人员安全。

（四）按照国家法律法规、标准规范的要求，在管理区域内建立紧急疏散地或应急避难场所，配合政府部门使受到突发事件影响的公众得到安置。

第四节 演 练 培 训

第三十二条 各级运行管理单位每年要制定演练计划，组织开展各类突发事件应急演练，可采取实战演练、桌面推演等方式进行，实战演练可结对分片区组织实施。

第三十三条 应急演练应达到检验预案、磨合联动机制、锻炼队伍、完善抢险准备、提高风险意识和突发事件应急处置能力的目的。

第三十四条 各级运行管理单位组织开展应急演练时，事前要制订演练方案，演练过程要保留相关影像记录资料，演练结束后要及时进行总结。

第三十五条 各级运行管理单位应定期组织开展应急管理培训，培训内容包括应急预案、工程抢险技术、抢险技能、应急抢险物资设备操作使用、应急抢险指挥管理等。

第四章 应 急 响 应

第三十六条 突发事件发生后，各级运行管理单位相关管理人员应按照《南水北调中线干线工程突发事件信息报告规定》有关要求，迅速上报突发事件情况。不得迟报、漏报、瞒报和谎报，紧急情况可越级上报。

第三十七条 突发事件应急响应分为四级，发生Ⅰ级、Ⅱ级、Ⅲ级突发事件时，一级运行管理单位启动Ⅰ级、Ⅱ级、Ⅲ级应急响应；发生Ⅳ级突发事件时，二级运行管理单位启动Ⅳ级应急响应。

第三十八条 突发事件发生后，三级运行管理单位立即启动本级预案或现场处置方案；二级运行管理单位接到突发事件信息报告后，经分析研判达到Ⅳ级突发事件，立即启动Ⅳ级响应；当突发事件超出二级运行管理单位应急处置能力时，及时报请上级单位启动相应预案。

第三十九条 一级运行管理单位接到突发事件信息报告后，经分析研判后达到Ⅰ级、Ⅱ级、Ⅲ级突发事件时，一级运行管理单位相关专业应急指挥部启动Ⅰ级、Ⅱ级、Ⅲ级应急响应；涉及两个及以上专业突发事件或者Ⅱ级及以上重大影响突发事件时，必要时由应急管理领导小组启动应急响应，启动综合应急预案。

第四十条 当突发事件超出一级运行管理单位应急处置能力时，及时报请上级主管部门和地方政府启动相应预案。

第四十一条 地方政府启动突发事件应急预案需属地单位配合时，相关运行管理单位须服从统一领导。

第五章 应 急 处 置

第四十二条 突发事件发生后，事发所在地三级运行管理单位，应立即组织开展先期处置，采取有效措施控制事态发展。

第四十三条 Ⅳ级突发事件发生后，二级运行管理单位负责人赶赴现场指挥抢险，必要时成立现场指挥机构，统一指挥应急抢险处置。

第四十四条 Ⅰ级、Ⅱ级、Ⅲ级突发事件发生后，一级运行管理单位领导赶赴现场并成立现场指挥机构，统一指挥应急抢险处置。

第四十五条 根据事件的危害程度和可能造成的社会影响，在超出一级运行管理单位处置能力时，请求上级主管部门或政府启动应急救援机制，在地方政府统一领导下，组织开展应急救援与处置工作。

第四十六条 突发事件的威胁或危害得到控制和消除后，现场抢险指挥部结合现场实际情况停止应急处置措施，同时采取必要措施，防止发生次生、衍生事件。

第四十七条 突发事件应急处置工作基本完成后，或者相关危险因素基本消除后，应急处置工作即告结束。应急结束按照"谁启动、谁结束"的原则，由启动应急响应的责任单位或现场抢险指挥部做出终止执行相关应急响应的决定，宣布解除应急状态，转入常态管理。

第四十八条 突发事件信息对外发布由一级运行管理单位负责，发布突发事件信息应遵循依法、及时、准确、客观、全面的原则。

第六章 后 期 处 置

第四十九条 应急处置物资和劳务的征用补偿，按照"先征用后结算、先垫支后核报"的原则进行。具体安置、补偿、物资和劳务的标准，按有关政策和规定执行。现场清理与处理的程序和要求，按政府主管部门的有关规定和要求执行。

第五十条 突发事件的调查与评估，采取自下而上的办法，分阶段、分层次完成调查报告，逐级审批上报。一级运行管理单位根据工作需要，可以直接派出由相关部门组成的调查组。调查报告的主要内容包括：突发事件的基本情况、造成事件的原因、应急处置情况、主要经验教训、存在问题及建议等。属于责任事件的，应提出整改措施和处理意见。

第五十一条 各级运行管理单位要做好在突发事件中被损害的生产、生活设施的恢复重建，尽快恢复正常的生产、生活秩序。

第五十二条 突发事件发生后，如已投保相关保险，应及时向承保公司报案。应急处置完毕，应及时向承保公司提出理赔申请，并配合保险理赔机构做好相关工作。

第七章 应急项目审批

第五十三条 应急项目按两种类型进行审批，第一类指在风险隐患排查中发现的危及工程安全和运行安全须立即采取工程措施进行应急处置的安全隐患处理项目，第二类指发生的各类突发事件已危及工程安全和运行安全，达到突发事件级别需立即启动应急响应的抢险项目。

第五十四条 对第一类应急项目应由二级运行管理单位在处理前报一级运行管理单位进行审批，对第二类应急项目在应急处置过程中或处置结束后应报一级运行管理单位审批确认。

第五十五条 应急项目依据国家有关法律法规，根据应急处置工作需要直接委托有关单位承担，相关合同由二级运行管理单位负责。

第五十六条 应急项目费用按照一级运行管理单位有关规定执行。

第八章 检查与考核

第五十七条 突发事件应急管理工作检查实行定期检查与不定期检查相结合的制度，一级运行管理单位对全线进行检查，二级运行管理单位对所辖三级运行管理单位进行检查。

第五十八条 突发事件应急管理工作实行奖惩制。对突发事件应急管理工作中做出突出贡献的先进集体和个人，按照有关规定给予物质和精神奖励，予以表彰；对迟报、漏报、瞒报、谎报突发事件重要情况或者应急管理工作中有其他失职、渎职行为的，依据有关规定对有关责任人给予责任追究；涉嫌犯罪的，移送司法机关处理。

第九章 附 则

第五十九条 本办法由南水北调中线建管局制定并负责解释。

第六十条 本办法自印发之日起实施。

附件1

突发事件应急管理组织体系

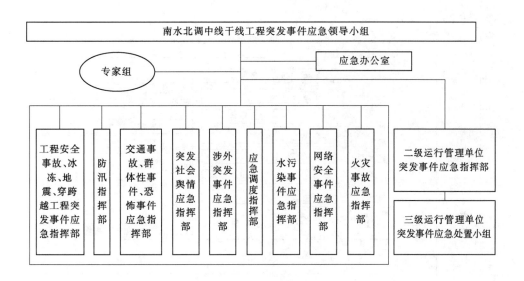

附件 2

突发事件应急预案体系

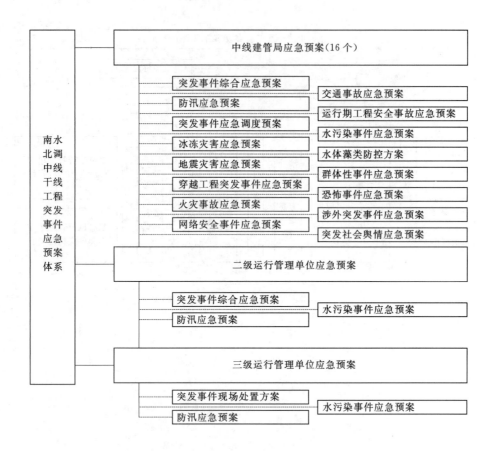

Q/NSBDZX

南水北调中线干线工程建设管理局规章制度

Q/NSBDZX 409.07—2019

工程突发事件综合应急预案

2019－09－09发布

2019－09－09实施

南水北调中线干线工程建设管理局 发 布

工程突发事件综合应急预案

1 总则

1.1 编制目的

为全面提高工程通水运行中防范和处置各类突发事件的能力，确保在发生各类突发事件时科学有序、高效迅速地组织开展应急抢险、救援工作，最大限度地减少人员伤亡和财产损失，确保工程安全、供水安全和人身安全，编制本预案。

1.2 编制依据

本预案依据《中华人民共和国突发事件应对法》《南水北调工程供用水管理条例》《国家突发公共事件总体应急预案》《生产安全事故应急预案管理办法》《突发事件应急预案管理办法》《生产经营单位生产安全事故应急预案编制导则》等国家法律法规和制度规定，《南水北调工程建设期运行管理阶段工程安全应急预案》《南水北调中线干线工程突发事件应急管理办法》等编制。

1.3 适用范围

本预案适用于南水北调中线干线工程运行期发生的各类突发事件的预防和应急处置。

1.4 与其他预案的关系

本预案是南水北调中线干线工程运行期突发事件的总体预案，专项应急预案、二级和三级运行管理单位的应急预案及现场处置方案均服从总体预案，并与其组成完整的应急预案体系。

1.5 工作原则

1.5.1 预防为主、科学应对的原则。高度重视应急管理工作，常抓不懈，防患于未然，坚持预防与应急相结合，依靠科技，充分发挥专家队伍和专业人员的作用，提高应对突发事件能力。

1.5.2 以人为本、减少危害的原则。在突发事件应急处置中，切实履行运行管理职能，把保障公众健康、生命财产安全和供水安全作为首要任务，最大程度地减少事件及其造成的人员伤亡和危害。

1.5.3 分级负责、先行处置的原则。建立健全分类管理、分级负责的应急管理体系，做到责任明确，处置及时。

1.5.4 快速反应、协同应对的原则。加强应急处置队伍建设，建立与地方的联动协调，形成统一指挥、反应灵敏、协调有序、运转高效的应急管理机制。

1.5.5 属地为主、依法处置的原则。在处理突发事件过程中，充分发挥地方政府主导作用，协助政府职能部门依法处置，禁止越权处置或替代有关部门的执法职能。

2 风险分析和分级

2.1 风险分析

南水北调中线干线工程自河南省淅川县陶岔渠首开始，沿线经过河南、河北、北京、天津4个省（直辖市），跨越长江、淮河、黄河、海河四大流域，全长1432km，全线布置各类建筑物2385座，沿线周边环境复杂，运行管理难度大。南水北调中线干线工程突发事件主要有自然灾害、事故灾难、社会安全事件等3大类、14种：

    a) 自然灾害主要包括：洪涝灾害、冰冻灾害、地震灾害等。

    b) 事故灾难主要包括：工程安全事故（如工程结构破坏、决口、堰塞、PCCP爆管、自动化调度系统失控；金结机电及供电系统瘫痪等）、水质污染事件、调度事件、火灾事故、交通事故、穿跨越突发事件、网络安全事件等。

    c) 社会安全事件主要包括：群体性事件、恐怖事件、涉外突发事件、网络舆情事件等。

2.2 突发事件分级

南水北调中线干线工程突发事件按照其性质、严重程度和影响范围等因素，分为4个级别：Ⅰ级（特别重大事件）、Ⅱ级（重大事件）、Ⅲ级（较大事件）、Ⅳ级（一般事件）。

    a) 凡符合下列情形之一的，为Ⅰ级：

        1) 造成或可能造成1省（直辖市）或7个及以上地级城市供水中断72小时以上的；

        2) 造成或可能造成30人（含）以上死亡，或者100人（含）以上重伤（包括急性中毒，下同）的事故；

        3) 造成或可能造成1亿元以上直接经济损失的事故；

        4) 其他可能造成特别重大影响的事件。

    b) 凡符合下列情形之一的，为Ⅱ级：

        1) 造成或可能造成5个及以上地级城市供水中断72h以上的；

        2) 造成或可能造成10人（含）以上30人以下死亡，或者50人（含）以上100人以下重伤的事故；

        3) 造成或可能造成5000万元以上1亿元以下直接经济损失的事故；

        4) 其他可能造成重大影响的事件。

    c) 凡符合下列情形之一的，为Ⅲ级：

        1) 造成或可能造成3个及以上地级城市供水中断或严重影响总干渠正常输水48h以上的；

        2) 造成或可能造成3人（含）以上10人以下死亡，或者10人（含）以上50人以下重伤的事故；

        3) 造成或可能造成1000万元以上5000万元以下直接经济损失的事故；

4）其他可能造成较大影响的事件。

d）凡符合下列情形之一的，为Ⅳ级：

1）造成或可能造成主要分水口门供水中断或严重影响总干渠正常输水24h以上的；

2）造成或可能造成3人以下死亡，或者10人以下重伤的事故；

3）造成或可能造成1000万元以下直接经济损失且影响较大的事故；

4）其他可能造成一般影响需要启动应急响应的事件。

3 组织机构与职责

3.1 组织机构

3.1.1 机构组成

南水北调中线干线工程突发事件应急管理组织体系由中线建管局（一级运行管理单位）、二级运行管理单位、三级运行管理单位组成。

3.1.2 中线建管局

3.1.2.1 中线建管局的应急管理组织包括突发事件应急管理领导小组、应急办公室、专业应急指挥部、现场抢险指挥部和专家组，中线建管局突发事件应急管理领导小组是应急管理的最高决策机构。

3.1.2.2 突发事件应急管理领导小组：

a）组长：中线建管局局长；

b）副组长：中线建管局党组书记、副局长、副书记及总师；

c）成员：中线建管局副总师、各职能部门负责人、二级运行管理单位负责人。

3.1.2.3 应急办公室：

中线建管局突发事件应急管理领导小组下设应急办公室（以下简称中线建管局应急办），设在应急归口管理职能部门，办公室主任由分管局领导担任，成员由副总师、相关职能部门负责人组成。

3.1.2.4 专业应急指挥部：

应急管理领导小组下设立各专业应急指挥部，指挥长由分管局领导担任，成员由副总师、相关职能部门负责人组成，专业应急指挥部下设办公室，设在相关专业归口职能部门。

3.1.2.5 现场抢险指挥部：

根据突发事件应急处置工作需要，依托相关专业应急指挥部，可临时成立现场抢险指挥部，由局领导担任指挥长和副指挥长，副总师、事件处置归口职能部门、相关职能部门、二级运行管理单位、三级运行管理单位有关人员组成，下设职能工作组，具体负责突发事件指挥和处置等应对工作。

3.1.2.6 专家组：

中线建管局成立突发事件应急抢险专家组，根据抢险需要参与突发事件应急处置工作。

3.1.3 二级运行管理单位

二级运行管理单位成立突发事件应急指挥部，指挥长由二级运行管理单位负责人担任，副指挥长由二级运行管理单位领导班子成员副职担任，成员由二级运行管理单位职能处室负责人及三级运行管理单位负责人组成。应急指挥部下设应急办公室和专家组。根据抢险需要，可临时成立现场抢险指挥机构。

3.1.4 三级运行管理单位

三级运行管理单位成立突发事件应急处置小组，组长由三级运行管理单位负责人担任，副组长由三级运行管理单位领导班子成员副职担任，成员由三级运行管理单位相关科室等有关人员组成。

3.2 职责

3.2.1 中线建管局

3.2.1.1 应急管理领导小组职责：

a) 贯彻落实国家和沿线地方政府有关突发事件的法规政策，执行上级和沿线省（直辖市）突发事件应急指挥机构的指令；

b) 研究部署中线干线工程突发事件应急管理工作；

c) 审批中线干线工程突发事件应急管理办法和应急预案；

d) 组织召开应急管理领导小组会商会，确定突发事件响应等级；

e) 研究确定中线干线工程突发事件应急预案启动和应对处置措施，部署启动专业应急指挥部；

f) 负责协调两个及以上专业应急指挥部应急处置工作；

g) 负责与上级单位及工程沿线省（直辖市）应急处置工作机构建立沟通联络和应急响应机制；

h) 协调配合上级单位和地方政府对中线干线工程重大突发事件开展应急抢险救援；

i) 完成上级单位交办的其他工作。

3.2.1.2 应急办公室职责：

a) 执行落实应急管理领导小组安排的各项工作任务；

b) 负责建立健全中线干线工程突发事件应急管理组织体系；

c) 组织编制和完善应急管理办法及相关制度，建立和完善应急预案体系；

d) 负责对二级、三级运行管理单位上报的突发事件预警信息进行初步分析研判，提出预警应急响应级别建议，并及时向应急管理领导小组报告；

e) 负责应急管理领导小组会商会具体工作；

f) 跟踪了解已发生突发事件应急处置情况；

g) 负责突发事件应急处置综合协调工作；

h) 负责建立突发事件信息台账；

    i) 参与突发事件调查评估工作；

    j) 完成应急管理领导小组交办的其他工作。

3.2.1.3 专业应急指挥部职责：

    a) 执行落实突发事件应急管理领导小组各项决策意见；

    b) 负责本专业突发事件应急预案的编制、修订和评审；

    c) 负责Ⅰ级、Ⅱ级、Ⅲ级突发事件预警和响应工作，组织召开应急会商会；

    d) 研究确定本专业突发事件应急抢险处置方案；

    e) 对二级、三级运行管理单位应急管理工作进行专业指导；

    f) 完成应急管理领导小组交办的其他工作。

3.2.1.4 局属相关职能部门职责：

局属相关职能部门分别按照各自职责和业务范围，在中线建管局突发事件应急管理领导小组的领导下，具体牵头负责相关专业突发事件预防和日常管理工作，组织或参与相关专业突发事件的应急处置等应对工作。

3.2.1.5 现场抢险指挥部职责：

    a) 执行落实突发事件应急管理领导小组各项决策意见；

    b) 负责突发事件现场指挥和具体应对处置工作；

    c) 完成应急管理领导小组和专业应急指挥部交办的其他工作。

3.2.1.6 专家组职责：

    a) 向应急指挥管理机构提出应急处置方案或为决策提供意见建议；

    b) 研究、评估突发事件的发展趋势、灾害损失和现场恢复等情况，并提出相关建议；

    c) 为突发事件相关应急处置工作提供科学有效的决策咨询方案。

3.2.2 二级运行管理单位

突发事件应急指挥部职责：

    a) 贯彻落实突发事件应急管理领导小组各项决策意见；

    b) 研究部署本单位所辖区段突发事件应急管理工作；

    c) 审批本单位所辖工程突发事件应急预案；

    d) 负责所辖工程突发事件Ⅳ级预警和响应工作，对Ⅲ级及以上突发事件预警和响应提出初步意见；

    e) 组织指挥或参与现场突发事件应急处置工作，服从上级部门或地方政府开展的应急处置工作；

    f) 负责与工程沿线市（县）应急处置管理机构建立联络和应急响应机制；

    g) 完成应急管理领导小组交办的其他工作。

3.2.3 三级运行管理单位

突发事件应急处置小组职责：

    a) 贯彻落实上级单位和地方政府有关突发事件应急管理规章制度；

b) 负责编制本单位突发事件应急预案或现场应急处置方案；

c) 负责突发事件发生后现场的先期应急处置工作；

d) 负责辖区突发事件应急演练、培训工作；

e) 建立与属地政府的联络机制；

f) 完成上级应急指挥部交办的其他工作。

4 应急响应

4.1 预防预警

4.1.1 风险监控

各级运行管理单位应做好危险源、危险区域的调查、登记、风险评估等工作，对不能消除或不能将风险降低到可接受程度的风险，应做好针对性监控措施，避免或降低突发事件发生的可能。

4.1.2 建立健全突发事件预警制度

中线建管局应急办牵头负责全线突发事件预警工作的监督和综合管理，专业应急指挥部办公室、局相关职能部门具体负责相关专业突发事件预警工作，各二级运行管理单位负责本单位突发事件预警管理工作。

4.1.3 预警分级

4.1.3.1 预警对象：自然灾害、事故灾难、社会安全事件等。

4.1.3.2 按照突发事件发生的紧急程度、发展势态和可能造成的危害程度，突发事件预警级别由高到低分别为Ⅰ级、Ⅱ级、Ⅲ级、Ⅳ级，依次用红色、橙色、黄色、蓝色标示：

a) Ⅰ级预警（红色）：情况危急，有可能发生或引发特别重大突发事件时；

b) Ⅱ级预警（橙色）：情况紧急，有可能发生或引发重大突发事件时；

c) Ⅲ级预警（黄色）：情况比较紧急，有可能发生或引发较大突发事件时；

d) Ⅳ级预警（蓝色）：存在重大隐患，有可能发生或引发一般突发事件时。

4.1.3.3 预警级别划分按相关专业应急预案标准执行，根据事态变化和采取措施的效果，预警可以升级、降级或解除。

4.1.4 预警发布

4.1.4.1 Ⅳ级预警由二级运行管理单位负责发布，可通过书面或电话等方式进行，并报中线建管局应急办和相关职能部门。

4.1.4.2 Ⅲ级预警由相关职能部门或专业应急指挥部办公室负责发布，并报中线建管局应急办。

4.1.4.3 Ⅰ级预警、Ⅱ级预警由局相关专业应急指挥部办公室或职能部门报分管局领导、局长批准后，由相关专业应急指挥部办公室或职能部门发布，并报中线建管局应急办。

4.1.4.4 涉及两个及以上专业突发事件需发布预警信息时，相关职能部门将有关预警信息内容报中线建管局应急办，由中线建管局应急办统一负责发布。

4.1.4.5 对于可能影响工程管理范围以外的预警信息，由中线建管局应急办或职能部门、二级运行管理单位按规定报水利部、沿线省市地方政府部门。

4.1.5 预警信息内容

预警信息包括突发事件的类别、预警级别、起始时间、可能影响范围、警示事项、应采取的措施和发布单位等。

4.1.6 预警行动

发布预警后，根据即将发生突发事件的特点和可能造成的危害，相关专业应急指挥部办公室、相关职能部门、中线建管局应急办应依据相关应急预案立即做出响应准备，可采取以下措施：

    a）中线建管局应急办和相关职能部门及时收集、报告有关信息；

    b）随时对突发事件信息进行分析评估，预测发生突发事件可能性的大小、影响范围和强度以及可能发生的突发事件的级别；

    c）加强对突发事件发生、发展情况的监测、预报和预警工作；

    d）二级运行管理单位和三级运行管理单位领导在现场值守，保持 24h 通信畅通，必要时中线建管局领导和职能部门人员赶赴一线进行督导；

    e）应急抢险队伍人员和设备进入临战备防待命状态。

4.1.7 预警级别调整

中线建管局应急办可依据突发事件的发展、变化情况和影响程度，调整各专业应急指挥部办公室、相关职能部门或二级运行管理单位提出的预警建议级别，并报请中线建管局应急领导小组批准。预警信息发布单位或部门应密切关注事件进展情况，并依据事态变化情况，适时调整预警级别，将调整结果及时通报中线建管局应急办和相关职能部门及二级运行管理单位。

4.1.8 预警解除

当确定突发事件不可能发生或危险已经解除时，由发布预警的职能部门或单位宣布解除预警。预警信息解除可通过电话或书面通知等方式进行。

4.2 信息报送

4.2.1 信息报告

4.2.1.1 突发事件信息一般应按规定逐级上报，紧急情况下可越级上报。信息报告先电话报告，随后书面报告。各单位或部门在发现或接到突发事件信息后，按照"接报即报、随时续报"的要求，立即进行上报，不得延误。中线建管局相关职能部门、政府部门及相关单位的联系方式见附录 A。

4.2.1.2 突发事件信息报告实行"双线"报告制度，即突发事件信息报告各级值班室的同时报告相关专业职能部门（处室）。突发事件报告包含以下内容：时间、地点、事件基本情况、人员伤亡及损失情况、已采取及建议采取的措施等。突发事件信息快速报告单内容及格式见附录 B。

4.2.1.3 在突发事件处置过程中，对突发事件动态情况、应急响应、应急处置后续进展情况、应急结束等，应及时按照电话、书面流程续报。事件处置进展视情况及时续报，直至应急处置结束。

4.2.2 信息报告流程

4.2.2.1 电话报告流程

4.2.2.1.1 现地管理处：

a) 现场人员发现或接到突发事件后，立即电话报告管理处负责人和中控室值班人员。火灾和交通事故应首先拨打 119、120 等急救电话；

b) 管理处负责人接到报告，经核实后 10min 之内电话报告分局领导，同时安排人员报分局分调度中心和相关专业职能处室；

c) 突发事件按规定需报地方政府相关部门时，经请示后及时报告地方政府。

4.2.2.1.2 分局：

a) 分局分调度中心值班人员发现或接到突发事件信息电话报告后，立即报告分局带班领导，并通知分局工程处和相关专业职能处室；

b) 分局工程处和专业职能处室接到突发事件信息电话报告后，立即报告分局专业分管领导，分局领导接到报告后立即报告分局局长；

c) 分局局长接到突发事件信息电话报告后，10min 之内报告中线建管局领导，同时安排人员电话报告中线建管局总调度中心和局机关专业职能部门；

d) 分局分调度中心值班人员或专业职能处室人员接到分局领导指示后及时进行传达，并继续跟踪事件处置进展，做好接报和续报工作。

4.2.2.1.3 中线建管局：

a) 总调度中心值班人员接到突发事件信息电话报告后，10min 之内报告局带班领导、局应急办和相关专业职能部门；

b) 局应急办和专业职能部门接到突发事件信息电话报告后，10min 之内报告局专业分管领导，局领导接到报告后立即报中线建管局局长和党组书记；

c) 中线建管局局长接到突发事件信息报告后，必要时报告水利部领导，安排总调度中心值班人员报告水利部值班室；

d) 总调度中心值班人员或专业职能部门接到领导指示后及时进行传达，并继续跟踪事件处置进展，做好接报和续报工作。

4.2.2.2 书面报告流程

4.2.2.2.1 现地管理处：

突发事件信息电话报告后 1h 内拟写管理处突发事件信息快速报告单（见附录 B 表 B.1）传真至分局分调度中心，根据需要可附现场相关图片影像资料等。

4.2.2.2.2 分局：

   a) 分局分调度中心值班人员收到突发事件信息快速报告单后，立即报告分局领导、分局工程处和相关专业职能处室；

   b) 分局分调度中心值班人员收到突发事件快速报告单 45min 内根据分局领导批示及突发事件处理情况，拟写分局突发事件信息快速报告单传真至总调度中心由分局专业职能处室提供并配合把关突发事件信息报告单内容；

   c) 分局分调度中心值班人员将分局领导批示及时进行传达。

4.2.2.2.3 中线建管局：

   a) 局总调度中心值班人员收到突发事件信息快速报告单后，立即报告局带班领导、局应急办和相关专业职能部门；

   b) 局应急办和专业职能部门接到突发事件信息快速报告单后，立即报告局专业分管领导，局领导接到报告后立即报中线建管局局长和党组书记；

   c) 局总调度中心值班人员将局领导批示及时进行传达；

   d) 局领导批示需上报水利部的突发事件，由总调度中心值班人员拟写南水北调中线干线工程突发事件信息后续报告单（见附录 B 表 B.2），传真至水利部值班室，由局相关专业职能部门提供突发事件信息报告内容并配合把关。

4.3 应急响应

4.3.1 响应分级

按照突发事件分级，将应急响应对应划为四个级别，由高到低分为：Ⅰ级应急响应、Ⅱ级应急响应、Ⅲ级应急响应和Ⅳ级应急响应。

4.3.2 应急响应启动

突发事件发生后，在先期处置的基础上，由相关责任主体按照基本响应程序，启动相关专业应急预案的响应措施进行处置。发生Ⅰ级、Ⅱ级、Ⅲ级突发事件时，中线建管局相关专业应急指挥部启动Ⅰ级、Ⅱ级、Ⅲ级应急响应，由相关专业应急指挥部办公室负责落实响应措施；涉及两个及以上专业突发事件或者是Ⅱ级及以上重大影响突发事件，必要时中线建管局突发事件应急领导小组启动综合应急预案，由中线建管局应急办负责落实综合应急预案响应措施；发生Ⅳ级突发事件时，二级运行管理单位突发事件应急指挥部启动Ⅳ级响应。超出本级应急处置能力时，及时报请上级单位启动相应应急预案。

4.3.3 响应程序

4.3.3.1 一般突发事件（Ⅳ级）：

由二级运行管理单位启动相关应急预案的Ⅳ级响应，负责指挥协调应急处置工作，根据实际需要，局相关职能部门参与协助做好相关工作，并跟踪事件进展情况。

4.3.3.2 较大突发事件（Ⅲ级）：

由中线建管局专业应急指挥部启动相关专业应急预案的Ⅲ级响应，负责指挥协调应急处置工作。分管局领导赶赴现场，协调有关职能部门配合开展工作。根据需要，由专业应急指挥部牵头组建现场抢险指挥部，由分管局领导指定现场抢险指挥部组成。

4.3.3.3 重大突发事件（Ⅱ级）：

由中线建管局专业应急指挥部启动相关应急预案的Ⅱ级响应，并负责具体指挥和处置。局领导赶赴现场，并成立由局副总师、相关专业应急指挥部办公室、相关职能部门、二级运行管理单位等组成的现场抢险指挥部。其中：局领导任指挥长，负责应急处置的决策和协调工作；局副总师、相关职能部门、二级运行管理单位负责人任副指挥长，负责事件的具体指挥和处置工作。根据事件的影响情况，必要时可由中线建管局启动综合应急Ⅱ级响应。

4.3.3.4 特别重大突发事件（Ⅰ级）：

由中线建管局专业应急指挥部启动相关应急预案的Ⅰ级响应，并负责具体指挥和处置，由局应急领导小组负责统一协调指挥应急处置工作。中线建管局局长、党组书记、分管局领导赶赴现场，并成立由局相关专业应急指挥部办公室、相关职能部门、二级运行管理单位等组成的现场抢险指挥部。其中：局长或党组书记任指挥长，负责应急处置的决策和协调工作；分管局领导任副指挥长，负责事件的具体指挥和处置工作。根据事件的影响情况，必要时可由中线建管局启动综合应急Ⅰ级响应。

4.3.4 应急领导小组决策机制

当两种及以上突发事件发生或者是Ⅱ级及以上重大影响突发事件时，根据需要，中线建管局突发事件应急领导小组启动综合应急预案，指挥或调度多个专业应急指挥部共同开展应急处置工作。中线建管局局长、党组书记、分管局领导赶赴现场，成立由局相关专业应急指挥部办公室、相关职能部门、二级运行管理单位等组成的现场抢险指挥部。其中：局长任指挥长，负责应急处置的决策和协调工作；分管局领导、局副总师、相关职能部门、二级运行管理单位负责人任副指挥长，负责事件的具体指挥和处置工作。相关职能部门人员进入抢险指挥部，履行值守应急、信息汇总和综合协调职责，发挥运转枢纽作用。

4.3.5 响应升级

当发生的突发事件程度十分严重，超出中线建管局自身控制能力范围，应及时报告上级主管部门和地方政府进行应急救援，由其统一指挥、调动各方面应急资源进行应急抢险。

5 应急处置

5.1 应急组织

5.1.1 应急资源调度。一级、二级、三级运行管理单位应立即调动有关人员赶赴现场，同时组织调动应急抢险队伍和设备到达现场。

5.1.2 研究确定现场处置方案。

5.1.3 实施现场交通管制和疏导工作。现场确定警戒隔离区，并设警示标志，专人负责警戒。对通往事发现场的道路实行交通管制，严禁无关车辆进入。

5.1.4 对事故可能危及区域有关人员的紧急疏散、撤离。

5.1.5 组织开展现场抢险救援。

5.2 先期处置

突发事件发生后，事发地的二级运行管理单位和三级运行管理单位在上报事件信息后，要立即组织开展先期处置，采取有效措施控制事态发展，及时上报现场情况。

5.3 处置措施（原则）

5.3.1 暴雨洪水造成工程设施破坏

暴雨引发洪水，可能造成以下后果：洪水直接冲毁渠道或输水建筑物；洪水造成供电或通信中断；洪水汇集造成地下水位过高引起渠道破坏；左岸排水沟汇集降雨行洪冲毁村庄或河道。应立即采取抢险措施，并采取防范措施防止次生灾害的发生，对输水调度造成影响的，应及时上报上级运行管理单位，并按照应急响应级别进行处置。

5.3.2 地质灾害、地震造成工程设施破坏

地质灾害、地震灾害一般会造成渠道、管道、输水建筑物破坏而引起输水阻塞或水量外泄、供电及通信中断等后果。按照相应级别的响应程序做出应急响应，必要时报告当地人民政府，请求支援，及时采取抢险措施防止次生灾害的发生。局部地质灾害引起的工程损坏应及时抢险，尽快恢复工程。

5.3.3 事故灾难造成工程设施破坏、人员伤亡

工程安全事故、火灾事故、交通事故、穿越工程突发事件、网络安全事件等一般会造成工程设施和设备破坏及人员伤亡等后果。如果发生人员伤亡，首先拨打 119 和 120 急救电话，并协助做好救援，最大限度地减少人员伤亡。按照相应级别的响应程序做出应急响应，立即组织工程抢险，必要时报告当地政府，请求支援；交通事故应报告地方交通主管部门负责处理，并协助打捞抢救；网络安全事件发生后立即采取隔离、保护、升级、恢复等应急处置措施。

5.3.4 事故灾难造成水质污染

水污染事件、工程安全事故、交通事故、穿越工程突发事件可能会造成明渠段水质污染，处置污染水体的原则是尽量避免污染水体进入明渠段下游暗渠、管涵。按照相应级别的响应程序做出应急响应，利用现有处理工艺可以去除污染物时，在不影响闸门正常输水调度条件下，可采用水净化常规处理（加药、混凝、沉淀和过滤等）和投加粉末活性炭吸

附深度处理技术，消除水中有毒有害物质。若水质污染程度较大，无法通过处理工艺解决，应及时采取应急调度措施进行弃水处理，并报告事故段沿线地方政府，采取合理措施，避免污水进入天然河道产生次生灾害。对于原因不明的水质污染事件，应高度重视，注意保护现场，报当地公安部门介入处理。

5.3.5 恐怖事件或群体事件造成工程设施破坏

恐怖事件、群体事件可能造成工程设施设备严重损害，甚至发生决堤、溃坝、输水管道断裂时，应立即报告地方政府。当发生盗抢输水设施、干扰运行秩序、破坏渠道偷水致使水量损失等事件，应同时报当地公安部门立案查处。按照相应级别的响应程序做出应急响应，立即组织工程抢险，尽快恢复工程运行，必要时请求地方政府支援，防止事态扩大；可采取闸站分段控制的办法进行抢修，尽量缩短停水时间；采取有效措施防止或减少次生灾害的发生；负责现场秩序维持，保护现场，稳定局势。

5.3.6 其他事件

上述未包含的突发事件，具体处置措施在制定相应现场处置方案时做出详细规定。

5.4 现场指挥与控制

5.4.1 二级、三级运行管理单位是突发事件先期处置的责任主体，承担突发事件的应对责任，对单位范围内的突发事件负有直接指挥权、处置权。在紧急情况下，可立即下达撤人命令，组织现场人员及时、有序地撤离到安全地点，减少人员伤亡。

5.4.2 在事件发生后，事发单位要立即启动应急响应，先期成立现场指挥机构，由事发现场最高职位者担任现场指挥机构指挥长，及时明确现场抢险指挥机构人员组成，在确保安全的前提下采取有效措施组织抢险救援。现场指挥机构负责统一指挥调度现场的应急抢险救援等工作，全面掌控现场情况。

5.4.3 在上级单位相关负责人赶到现场后，根据预案规定，事发单位应立即向上级单位现场抢险指挥部正式移交指挥权，并汇报事件情况、进展、风险以及影响控制事态的关键因素和问题。调动本单位所有应急资源，服从上级现场抢险指挥部的指挥，并切实做好应急处置全过程的后勤保障和生活服务工作。

5.5 应急结束

突发事件应急处置工作基本完成后，或者相关危险因素基本消除后，应急处置工作即告结束。应急结束按照"谁启动、谁结束"的原则，由启动应急响应的责任单位或现场抢险指挥部做出终止执行相关应急响应的决定，宣布解除应急状态，转入常态管理。

5.6 信息发布和宣传

突发事件信息发布和宣传工作，由中线建管局新闻宣传归口管理职能部门按有关规定负责突发事件的新闻发布组织、采访管理，及时、准确、客观、全面地发布突发事件信息，正确引导舆论导向，宣传报道先进事迹。对于社会安全事件，依照有关规定开展相应工作。各级运行管理单位及其人员不得随意或恶意传播有关信息。事件发生后，经上级同意后向社会发布相关信息。

5.7 后期处置

5.7.1 善后处置

组织人员进行现场清理。若因调查需要暂缓清理的，应组织保护好现场，待批准后再行清理。在清理过程中可能导致危险发生或清理工作有特殊要求的，由专业队伍进行清理。对突发事件中的伤亡人员、应急处置工作人员，以及紧急调集、征用有关单位及个人的物资，按照规定给予抚恤、补助或补偿。

5.7.2 保险

在突发事件发生后，应及时向承保公司报案。应急处置完毕，应及时向承保公司提出理赔申请，并配合保险理赔机构做好相关工作。

5.7.3 调查和总结

在突发事件应急处置工作结束后，由事件所在单位组织编写应急抢险工作总结报告，参与抢险的人员配合做好报告编写工作，在突发事件处置结束后30日内由二级运行管理单位报中线建管局。事件发生单位应配合上级或地方政府部门做好事件的调查处理工作。

6 应急保障

6.1 物资设备保障

二级、三级运行管理单位根据现场实际情况，组织对专用、急用物资和部分抢险设备进行现场储备，加强对物资和设备管理，及时予以补充和更新。二级运行管理单位与沿线省（直辖市）防汛部门建立防汛物资互调机制，三级运行管理单位对周边社会物资和设备进行摸排调查，建立联系，以在需要时可得到支援。

6.2 队伍保障

中线建管局组织二级运行管理单位在全线建立应急保障队伍，并与地方政府专业抢险队、驻地部队建立抢险救援协作机制；三级运行管理单位员工和工程现场维护队伍、安保队伍作为先期处置队伍。

6.3 通信电力保障

中线建管局与二级、三级运行管理单位建立有线、无线相结合的通信系统；与地方人民政府及有关部门建立应急电话联络机制，确保通信畅通。各级运行管理单位组织对所辖段内的供电线路和固定、移动发电机组进行定期检查维护，保证处于良好状态。

6.4 资金保障

突发事件处置经费纳入工程运行管理预算，实行专项拨付、专款专用。

6.5 演练培训

为提高突发事件风险防范意识和应急处置能力，各级运行管理单位应加强对运行管理人员和应急队伍培训，每年应结合实际情况有针对性地开展各类应急演练，演练结束后应开展总结评估，不断完善应急体系。

6.6 其他保障

6.6.1 各级运行管理单位充分利用社会应急医疗救护资源，支援现场应急救治工作。

6.6.2 各级运行管理单位充分发挥保险在突发事件预防、处置和恢复重建等方面的作用。

6.6.3 应急救援人员应配备符合救援要求的人员安全职业防护装备，严格按照救援程序开展应急救援工作，确保人员安全。

6.6.4 按照国家法律法规、标准、规范的要求，在管理区域内建立紧急疏散地或应急避难场所。配合政府部门使受到突发事件影响的公众得到安置。

7 附则

7.1 本预案应根据实际情况的变化及时修订，中线建管局负责预案的管理和修订等工作。

7.2 本预案由南水北调中线建管局制定并负责解释。

7.3 本预案自印发之日起实施。

附录 A

表 A.1 中线建管局相关职能部门联系方式

部门（中心）	电话	传真
总调大厅	010－88657423/88657428	010－88657525
应急办公室（工程维护中心）	010－88657436	010－88657430
综合管理部	010－88657136	010－88657158
人力资源部	010－88657227	010－88657200
宣传中心	010－88657520	010－88657540
总工办（科技管理部）	010－88657306	010－88657302
总调度中心	010－88657031/88657032/88657033/88657044	010－88657035
信息机电中心（信息科技公司）	010－88657356	010－88657180
水质与环境保护中心	010－88657378	010－88657383
安全生产部	010－88657255	010－88657250

表 A.2 政府部门及相关单位联系方式

相关单位		值班室电话	传真
国家部委	水利部	010－63203069	010－63203070
	应急管理部	010－83933200/83933210	010－83933117
	生态环境部	010－66556006/66556007	010－66556010
河南省	水利厅	0371－65571001	0371－65951296
	应急管理厅	0371－65919777	0371－65919800
河北省	水利厅	0311－86045596（工作时间）/86045654（非工作时间）	0311－86060478（工作时间）/85185518（非工作时间）
	应急管理厅	0311－87908255	0311－87905884
天津市	水务局	022－23333605（工作时间）/23333656（非工作时间）	022－23333603（工作时间）/23333644（非工作时间）
	应急管理局	022－28450303	022－28450301
北京市	水务局	010－68556111	010－68556155
	应急管理局	010－55573784	010－55573045

附录 B

表 B.1 突发事件信息快速报告单

（编号：××分局/××管理处—××年—××号）

突发事件信息名称			
二级运行管理单位		三级运行管理单位	
发现时间	年 月 日 时 分	发生地点	
事件情况描述			
人员伤亡及损失情况			
原因分析			
采取措施			
报告人及电话		报告时间	年 月 日 时 分
以下由信息接收部门填写			
接报部门		接报人	
接报时间	月 日 时 分	联系电话	

表 B.2 突发事件信息后续报告单

（编号：××分局/××管理处—××年—××号）

突发事件信息名称			
二级运行管理单位		三级运行管理单位	
事件进展情况描述			
报告人及电话		报告时间	年 月 日 时 分
以下由信息接收部门填写			
接报部门		接报人	
接报时间	月 日 时 分	联系电话	

Q/NSBDZX

南水北调中线干线工程建设管理局规章制度

Q/NSBDZX 409. 24—2019

工程突发事件信息报告规定

2019－09－09发布　　　　　　　　2019－09－09实施

南水北调中线干线工程建设管理局　发　布

工程突发事件信息报告规定

第一章 总 则

第一条 为加强南水北调中线干线工程运行期突发事件信息报告工作，提高突发事件应急处置能力，规范突发事件信息报告流程，特制定本规定。

第二条 南水北调中线干线工程可能发生的突发事件包括自然灾害（洪涝灾害、冰冻灾害、地震灾害等），事故灾难〔工程安全事故（如工程结构破坏、决口、堰塞、PCCP爆管、自动化调度系统失控、金结机电及供电系统瘫痪等）、水污染事件、应急调度突发事件、火灾事故、交通事故、穿越工程突发事件、网络安全事件等〕，社会安全事件（群体性事件、恐怖事件、涉外突发事件、突发社会舆情事件等）三大类14种。

第三条 本规定依据《南水北调中线干线工程突发事件应急管理办法》和《南水北调中线干线工程突发事件综合应急预案》等制定。

第四条 本规定明确了突发事件信息管理职责、报告流程、报告要求及检查考核等内容。

第五条 本规定适用于南水北调中线干线工程各级运行管理单位突发事件信息报告工作。中线建管局各直属公司根据业务经营范围和实际工作需要可参照本规定明确突发事件信息报告工作，参与运行和维护的直属公司现场机构除按本单位职责上报突发事件信息外，应第一时间报相关三级运行管理单位。

第二章 管 理 职 责

第六条 中线建管局（一级运行管理单位）职责

（一）中线建管局应急管理实行统一领导、分类管理、分级负责的管理体制。中线建管局应急办公室负责突发事件应急处置综合协调工作。

（二）总调度中心负责突发事件应急调度业务处理、局机关日常应急（防汛）值班工作和局机关突发事件信息上传下达工作。

（三）工程维护中心负责运行期工程安全事故、洪涝灾害、冰冻灾害、地震灾害和穿越工程突发事件的应急处置及事件专项报告工作。

（四）水质与环境保护中心负责水污染突发事件的应急处置及事件专项报告工作。

（五）信息机电中心（信息科技公司）负责信息自动化和机电金结工程安全事故、网络安全事件的应急处置及事件专项报告工作。

（六）综合部负责交通事故、群体性事件和恐怖事件的应急处置及事件专项报告工作。

（七）人力资源部负责涉外突发事件的应急处置及事件专项报告工作。

（八）宣传中心负责突发社会舆情事件的应急处置及事件专项报告工作。

（九）安全生产部负责火灾事故的应急处置及事件专项报告工作。

第七条 二级运行管理单位负责所辖范围内各类突发事件应急处置和信息报告工作，

分调度中心、工程处、相关专业职能处室突发事件应急管理职能根据职责分工参照局机关执行。

第八条 三级运行管理单位负责所辖范围内各类突发事件先期处置和信息报告工作。

第三章 突发事件信息报告流程

第九条 突发事件信息宜按规定逐级上报，紧急情况下可越级上报。信息报告先电话报告，随后书面报告。各单位或部门在发现或接到突发事件信息后，按照"接报即报、随时续报"的要求，立即进行上报，不得延误。

第十条 突发事件信息报告实行"双线"报告制度，即突发事件信息报告各级值班室的同时报告相关专业职能部门（处室）。突发事件报告包含以下内容：时间、地点、事件基本情况、人员伤亡及损失情况、已采取及建议采取的措施等。

第十一条 突发事件处置过程中，对突发事件动态情况、应急响应、应急处置后续进展情况、应急结束等，应及时按照电话、书面流程续报。事件处置进展视情况及时续报，直至应急处置结束。

第十二条 突发事件信息电话报告流程（流程图见附件1）：

（一）现地管理处：

1. 现场人员发现或接到突发事件后，立即电话报告管理处负责人和中控室值班人员。火灾和交通事故应首先拨打119、120等急救电话。

2. 管理处负责人接到报告，经核实后10min之内电话报告分局领导，同时安排人员报分局分调度中心和相关专业职能处室。

3. 突发事件按规定需报地方政府相关部门时，经请示后及时报告地方政府。

（二）分局：

1. 分局分调度中心值班人员发现或接到突发事件信息电话报告后，立即报告分局带班领导，并通知分局工程处和相关专业职能处室。

2. 分局工程处和专业职能处室接到突发事件信息电话报告后，立即报告分局专业分管领导，分局领导接到报告后立即报告分局局长。

3. 分局局长接到突发事件信息电话报告后，10min之内报告中线建管局领导，同时安排人员电话报告中线建管局总调度中心和局机关专业职能部门。

4. 分局分调度中心值班人员或专业职能处室人员接到分局领导指示后及时进行传达，并继续跟踪事件处置进展，做好接报和续报工作。

（三）中线建管局：

1. 总调度中心值班人员接到突发事件信息电话报告后，10min之内报告局带班领导、局应急办和相关专业职能部门。

2. 局应急办和专业职能部门接到突发事件信息电话报告后，10min之内报告局专业分管领导，局领导接到报告后立即报中线建管局局长和党组书记。

3. 中线建管局局长接到突发事件信息报告后，必要时报告水利部领导，安排总调度中心值班人员报告水利部值班室。

4. 总调度中心值班人员或专业职能部门接到领导指示后及时进行传达，并继续跟踪事件处置进展，做好接报和续报工作。

第十三条 书面报告流程（流程图见附件2）：

（一）现地管理处：

突发事件信息电话报告后1h内拟写管理处突发事件信息快速报告单（见附件3）传真至分局分调度中心，根据需要可附现场相关图片影像资料等。

（二）分局：

1. 分局分调度中心值班人员收到突发事件信息快速报告单后，立即报告分局领导、分局工程处和相关专业职能处室。

2. 分局分调度中心值班人员收到突发事件快速报告单45min内根据分局领导批示及突发事件处理情况，拟写分局突发事件信息快速报告单传真至总调度中心，由分局专业职能处室提供并配合把关突发事件信息报告单内容。

3. 分局分调度中心值班人员将分局领导批示及时进行传达。

（三）中线建管局：

1. 局总调度中心值班人员收到突发事件信息快速报告单后，立即报告局带班领导、局应急办和相关专业职能部门。

2. 局应急办和专业职能部门接到突发事件信息快速报告单后，立即报告局专业分管领导，局领导接到报告后立即报中线建管局局长和党组书记。

3. 局总调度中心值班人员将局领导批示及时进行传达。

4. 局领导批示需上报水利部的突发事件，由总调度中心值班人员拟写南水北调中线干线工程突发事件信息报告单（见附件4），传真至水利部值班室，由局相关专业职能部门提供突发事件信息报告内容并配合把关。

第四章 检查与考核

第十四条 各级运行管理单位应定期或不定期对突发事件信息报告工作进行检查。突发事件信息报告将纳入年终考核评比，并实行奖惩机制。

第十五条 发生突发事件后，对突发事件信息报告及时，反应迅速，判断准确，为突发事件应急处置争取有利时机的单位和个人将给予表彰奖励。

第十六条 突发事件信息超过3h未报送的即为迟报，超过24h的即为漏报，超过48h的为瞒报，与事实有较大出入的为错报，与事实基本不相符的为谎报。对迟报、漏报、瞒报和谎报的单位和个人将予以全线通报批评，对造成重大损失和不良社会影响的，将依据有关规定进行责任追究。

第五章 附 则

第十七条 局机关突发事件应急管理值班电话：010-88657423/7428，传真：010-88657525。

第十八条 各级机构联系方式详见附件5。

第十九条 本规定由南水北调中线建管局制定并负责解释。

第二十条 本规定自印发之日起实施。

附件 1

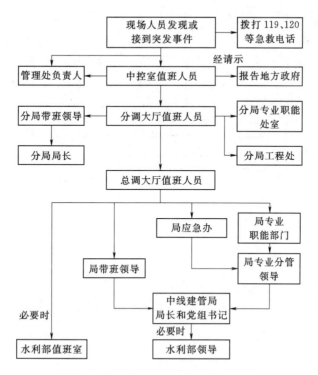

图 1-1 突发事件信息电话报告流程图

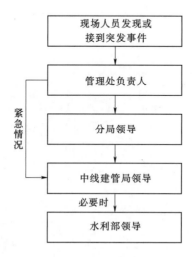

图 1-2 突发事件信息电话报告流程图

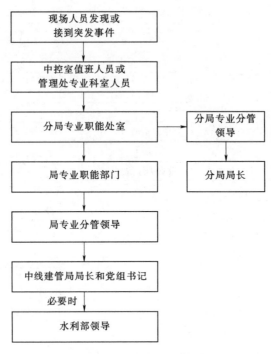

图1-3 突发事件信息电话报告流程图

附件 2

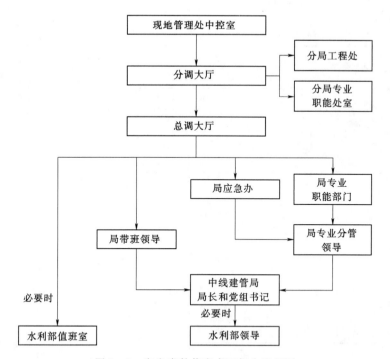

图 2-1 突发事件信息书面报告流程图

附件 3

表 3.1 突发事件信息快速报告单

（编号：××分局/××管理处—××年—××号）

突发事件信息名称			
二级运行管理单位		三级运行管理单位	
发现时间	年 月 日 时 分	发生地点	
事件情况描述			
人员伤亡及损失情况			
原因分析			
采取措施			
报告人及电话		报告时间	年 月 日 时 分
以下由信息接收部门填写			
接报部门		接报人	
接报时间	月 日 时 分	联系电话	

表 3.2 突发事件信息后续报告单

（编号：××分局/××管理处—××年—××号续××号）

突发事件信息名称			
二级运行管理单位		三级运行管理单位	
事件进展情况描述			
报告人及电话		报告时间	年　月　日　时　分
以下由信息接收部门填写			
接报部门		接报人	
接报时间	月　日　时　分	联系电话	

附件 4

表 4.1　南水北调中线干线工程突发事件信息报告单

（编号：中线局—20××年—××号）

突发事件信息报告：
（突发事件内容）   附件： 1. 突发事件信息快速报告单（编号：××分局—20××年—××号） 2. 突发事件信息后续报告单（编号：××分局—20××年—××号续××号）   南水北调中线建管局 20××年××月××日

联系人：×××　　　　　　　　　　　　　　　　　　　　　联系电话：×××

附件5

表5.1 各级机构联系方式

单 位		电 话	传 真
水利部总值班室		010 – 63203069	010 – 63203070
中线建管局	总调大厅	010 – 88657423/7428	010 – 88657525
	应急办公室（工程维护中心）	010 – 88657436	010 – 88657430
	综合管理部	010 – 88657136	010 – 88657158
	人力资源部	010 – 88657227	010 – 88657200
	宣传中心	010 – 88657520	010 – 88657540
	总工办（科技管理部）	010 – 88657306	010 – 88657302
	总调度中心	010 – 88657031/7032/7033/7034	010 – 88657035
	信息机电中心（信息科技公司）	010 – 88657356	010 – 88657180
	水质与环境保护中心	010 – 88657378	010 – 88657383
	安全生产部	010 – 88657255	010 – 88657250
渠首分局	分调大厅	0377 – 61998600	0377 – 61998620
	工程处	王　军 17637171616 0377 – 61998635	
	综合管理处	孙　甲 17637171771 0377 – 61998697	0377 – 61998638
	分调度中心	王　伟 17637171171 0377 – 61998641	0377 – 61998603
	水质监测中心（水质实验室）	高广灿 17637171521 0377 – 61998679	
河南分局	分调大厅	0371 – 67801110	0371 – 67801008
	工程处	杨旭辉 17637178881 0371 – 67801803	0371 – 67801632
	综合管理处	赵明勤 17637175599 0371 – 67801688	0371 – 67801001
	人力资源处	王晓燕 17637178999 0371 – 67801699	0371 – 67801820
	分调度中心	岳广贤 17637178800 0371 – 67801719	0371 – 67801730
	水质监测中心（水质实验室）	曹桂英 17637179777 0371 – 67801868	0371 – 67801822
河北分局	分调大厅	0311 – 67100777	0311 – 67100888
	工程处	杨明生 18533186577 0311 – 67100868	0311 – 67100855
	综合管理处	赵爱凤 18533186386	0311 – 67100666

表 5.1 各级机构联系方式（续）

单　位		电　话	传　真
河北分局	人力资源处	康莉莉 18533186061 0311 - 67100691	0311 - 67100696
	分调度中心	车传金 18533186180 0311 - 67100791	0311 - 67100930
	水质监测中心	周吉顺 18533186000 0311 - 67100828	0311 - 67100914
天津分局	分调大厅	022 - 23904024/4072	022 - 23904004/4069
	工程处	刘卫其 15522286088 022 - 23904086	—
	综合管理处	陈秀菊 18519086889 022 - 23904016	022 - 23904000
	人力资源处	宋晓蕾 15522286015 022 - 23904093	—
	分调度中心	肖智和 15522288969	—
	水质监测中心	付清凯 15522288000 022 - 23904055	—
北京分局	分调大厅	010 - 61372006	010 - 61372019
	人力资源处	蒋建伟 18519086268 010 - 88657351	—
	工程处	付军 17637178883 010 - 88657480	—
	综合处	冯正祥 18519086265 010 - 88657470	010 - 88657353
	分调度中心	分调值班 010 - 61372030/2289 李艳青 18519086388 010 - 88657421	—
北京市南水北调干线管理处		010 - 88483908	010 - 88483928

Q/NSBDZX

南水北调中线干线工程建设管理局规章制度

Q/NSBDZX 409.22—2019

工程突发事件应急调度预案

2019－11－01发布　　　　　2019－11－01实施

南水北调中线干线工程建设管理局　发　布

工程突发事件应急调度预案

1 总则

1.1 编制目的

为确保南水北调中线干线工程在输水运行过程中，遇突发事件需紧急调度时，能够采取及时、有效的应急调度措施，最大限度降低损失，减少事故造成的影响，制定本预案。

1.2 编制依据

本预案依据《中华人民共和国安全生产法》《中华人民共和国突发事件应对法》《国家突发公共事件总体应急预案》《生产安全事故应急预案管理办法》《突发事件应急预案管理办法》《南水北调工程供用水管理条例》《南水北调中线干线工程突发事件应急管理办法》《南水北调中线干线工程突发事件综合应急预案》等法律法规相关文件要求制订。

1.3 适用范围

本预案适用于南水北调中线干线工程输水运行期间发生各类突发事件时的应急调度处置。

1.4 工作原则

本预案的工作原则：
a) 尽可能减少供水中断的影响范围、时间的原则。
b) 尽可能减少次生灾害的原则。
c) 尽可能减少经济损失的原则。
d) 应急情况下可不受正常工况下水位变幅运行技术指标限制。

2 应急调度分级

2.1 导致应急调度的突发事件

可能造成应急调度的突发事件主要有：工程事故、水质污染、设备故障、人员工作失误以及自然灾害等：
a) 工程事故突发事件主要为工程结构发生破坏，如决口、渠道滑坡、堰塞、PCCP爆管等。
b) 水质污染突发事件主要为渠道沿线污染源渗入渠道污染水源，有毒有害化学品、污水等入渠造成水质污染，人为恶意投毒导致水质污染等。
c) 设备故障突发事件主要为机电、金结、供电系统、自动化系统设备故障等。
d) 人员工作失误主要为调度人员疏忽或操作人员失误导致后果等。

e) 自然灾害主要为洪涝灾害、冰害、地震灾害等。

f) 配套工程发生突发事件。

2.2 应急调度分级

南水北调中线干线工程突发事件分级按照《南水北调中线干线工程突发事件综合应急预案》有关规定。突发事件导致应急调度时，根据对供水的影响，按下列级别实施应急调度：Ⅰ级（特别重大应急调度）、Ⅱ级（重大应急调度）、Ⅲ级（较大应急调度）和Ⅳ级（一般应急调度）：

a) Ⅰ级：突发事件对供水造成重大影响，可能或者导致总干渠供水中断，须立即进行紧急调度。

b) Ⅱ级：突发事件对供水造成较大影响，可能或者导致总干渠输水流量减少 20％及以上，须立即进行紧急调度。

c) Ⅲ级：突发事件对供水影响较小，可能或导致总干渠输水流量减少 20％以内，须进行紧急调度。

d) Ⅳ级：突发事件对供水无影响，尚不需立即采取调度措施，但须紧急进入应急调度状态，密切关注险情发展。

3 组织机构与职责

3.1 组织机构

3.1.1 机构组成

南水北调中线干线工程突发事件应急调度指挥机构由一级运行管理单位（中线建管局）、二级运行管理单位突发事件应急指挥部、三级运行管理单位应急处置小组组成。

3.1.2 一级运行管理单位

3.1.2.1 一级运行管理单位应急调度指挥部

一级运行管理单位应急调度指挥部在局应急管理领导小组领导下，统一指挥南水北调中线干线工程应急调度工作。指挥长由分管调度的副局长担任，副组长由总调度师担任，成员由总调度中心负责人、各相关业务部门负责人组成。

a) 指挥长：分管局领导。

b) 副指挥长：总调度师。

c) 成员：相关职能部门负责人、二级运行管理单位负责人。

3.1.2.2 应急调度指挥部办公室

中线建管局应急调度指挥部下设办公室，负责应急调度指挥部的日常工作。办公室设在中线建管局调度主管部门，调度主管部门负责人兼任办公室主任。

3.1.3 二级运行管理单位

二级运行管理单位成立突发事件应急指挥部，指挥长由二级运行管理单位负责人担任，副指挥长由二级运行管理单位领导班子成员副职担任，成员由二级运行管理单位职能处室负责人及三级运行管理单位负责人组成。

3.1.4 三级运行管理单位

三级运行管理单位成立突发事件人员应急处置小组，组长由三级运行管理单位负责人担任，副组长由三级运行管理单位副职领导担任，成员由三级运行管理单位相关科室有关人员组成。

3.2 职责

3.2.1 一级运行管理单位

3.2.1.1 应急调度指挥部职责

a) 负责根据局应急管理领导小组指示，指挥全线应急调度有关工作。

b) 负责协调跨两个及以上分局管理范围的应急调度工作。

c) 负责向局应急管理领导小组提出应急调度级别、方案及相关建议供其决策。

3.2.1.2 应急调度指挥部办公室职责

a) 负责中线干线工程突发事件应急调度管理日常工作。

b) 负责中线干线工程突发事件应急调度预案及专项方案编制。

c) 组织应急响应、应急处置、应急演练和培训等工作。

d) 监督、检查、指导二级、三级运行管理单位应急调度相关工作。

e) 负责突发事件应急处置过程中与供用水单位的协调。

f) 参与突发事件的调查、评估工作。

g) 负责突发事件应急调度指挥部交办的各项工作。

3.2.2 二级运行管理单位

突发事件应急指挥部职责：

a) 参与分局辖区段工程突发事件综合应急预案编制、修订与完善工作。

b) 参与中线干线工程突发事件应急调度预案及专项方案编制。

c) 负责分局辖区段应急响应、应急处置、应急演练和培训等工作。

d) 负责分局辖区段工程应急调度管理日常工作。

e) 监督、检查、指导现地管理处工程应急调度突发事件现场处置方案的制定、演练等工作。

f) 负责突发事件应急处置过程中与辖区段供用水单位的协调。

g) 负责建立分局辖区段突发事件应急调度有关信息台账。

h) 完成分局突发事件应急指挥部交办的其他工作。

3.2.3 三级运行管理单位

突发事件处置小组职责：

a) 落实上级机构制定的方案或决策，或在授权范围内，开展辖区内应急调度相关工作。

b) 掌握现场突发事件发展及对供水的影响，并及时向分局应急调度指挥部报告。

4 应急响应

4.1 应急调度突发事件报告

4.1.1 应急调度突发事件信息宜按规定逐级上报，紧急情况下可越级上报。信息报告采用先电话报告、后书面报告的形式，电话报告后 2h 内提交书面报告。

4.1.2 中控室发现或接到现地人员、辖区内配套工程管理人员等有关应急调度突发事件报告后立即电话报告管理处负责人，快速核实，并与相关专业沟通联系，核实后 10min 内电话报告分局、分调度中心以及分局相关专业职能处室。

4.1.3 分调度中心发现或接到有关应急调度突发事件报告后立即电话报告分局带班领导，快速核实确认，并与相关专业保持沟通联系，核实后 10min 内电话报告局总调度中心。

4.1.4 总调度中心发现或接到有关应急调度突发事件报告后，10min 内电话报告局带班领导、局应急调度指挥部、局应急领导小组有关成员、应急办及局相关专业职能部门。

4.2 应急调度响应

4.2.1 Ⅰ级、Ⅱ级、Ⅲ级突发事件由应急调度指挥部启动应急响应，总调度中心负责制定应急调度方案或策略，开展应急调度工作。

4.2.2 Ⅳ级突发事件由应急调度指挥部启动应急响应，总调中心、相关分调度中心以及管理处中控室工作人员密切关注事态进展，进入应急调度状态。

4.2.3 应急调度过程中涉及其他专业应急响应时，总调度中心提出要求，由相关专业启动应急响应。

4.2.4 发生应急调度突发事件，需开启退水闸实施紧急退水时，紧急告知地方相关部门，开展退水协调工作。

4.2.5 发生应急调度突发事件，需减少或中断受水区分水量时，实施减少或关闭分水闸等调度措施，并立即告知相关配套工程管理单位和受水区地方政府。

4.2.6 需减少水源流量时，总调度中心通过远程控制，紧急联系协调操作陶岔闸门，减少入渠流量，并立即告知水源管理单位。

4.2.7 应急调度指挥部统一指挥组织开展应急调度和供水方面的对外协调。总调度中心、分调度中心和三级运行管理单位按照上级指令或指示，落实辖区内应急调度措施和当地对外协调等具体事宜，并及时向上级反馈情况。

4.2.8 对于闸门下滑、卡死、异动事件，管理处可视现场情况进行先期处置，及时调整闸门开度，控制闸门过流基本维持原状，同时逐级上报。

5 应急处置

5.1 事故段

5.1.1 突发事件可能发生在干线工程，也可能发生在配套工程。当干线工程发生险情或事故，事发地点称为突发事件发生处；当配套工程发生险情或事故，需要干线工程进行应急响应时，将其影响的干线工程的分水口门处称为突发事件发生处。

5.1.2 渠段指位于某上、下游两节制闸（控制建筑物）之间的工程部分。

5.1.3 事故段指包含突发事件发生处的上、下游两节制闸之间的渠段，两节制闸分别称为事故段的上节制闸和下节制闸。

5.1.4 事故段上节制闸上游附近，应具有退水闸，否则将事故段的上节制闸向上游延伸直至满足条件。

5.2 节制闸应急运用

5.2.1 节制闸液压启闭机操作的最大机械速率为 0.4m/min。

5.2.2 为防止次生灾害发生，紧急关闭时，当节制闸前壅水达到或超过加大水位之上 0.1m 时，该节制闸应暂停关闭。

5.2.3 为防止事故段的下节制闸反向挡水，当事故段水位大幅下降时，应及时关闭其闸后检修门。

5.3 退水闸应急运用

5.3.1 溃堤、决口、壅水等突发事件危及沿线周边安全时，应立即启动退水闸。

5.3.2 当节制闸前水位超过加大水位 0.3m 时，且水位涨幅难以遏止，开启退水闸。

5.3.3 对于水质污染事件，事故段应根据污染源严重性以及退水闸下游是否具有滞污能力等决定是否开启退水闸。

5.3.4 当节制闸前水位降至安全限度内，退水闸逐步关闭。

5.4 排冰闸应急运用

在冰期运行期间，因流冰造成渠道阻塞，影响正常过流 20% 及以上，或壅高水位达到加大水位，应开启排冰闸排冰。

5.5 分水闸应急运用

事故段分水闸随着事故段节制闸的关闭而逐步关闭。水质污染时，关闭过程应尽可能短。

5.6 事故闸应急运用

当发生突发事件时，事故发生处附近设有事故闸时，可在动水状态下快速启闭事故闸。

5.7 渠道土建工程事故

渠道土建工程事故指发生渠道决口、堰塞等工程事故:

a) 事故段:

1) 快速关闭事故段上节制闸,并关闭下节制闸。

2) 逐步关闭事故段内分水口门。

3) 视情况开启事故段内的退水闸。

4) 及时关闭事故段下节制闸的检修门,防止反向挡水破坏闸门。

b) 事故段上游:

1) 快速开启事故段上游紧邻的退水闸,并视流量等情况开启上游沿线退水闸。

2) 根据事故段发生位置和其上游段的分水流量,减少陶岔引水闸入总干渠流量至满足事故段上游分水需求。

3) 水位降至安全限度后,逐步关闭退水闸。

4) 根据当前水位和事故段上游分水流量,实时调整上游段各节制闸开度,尽量保证上游正常供水。

c) 事故段下游:

1) 根据事故段发生的位置,利用渠道存水进行小流量供水。

2) 根据事故段下游蓄水体积以及事故预计处理时间,实时调整分水流量,调整下游节制闸、分水口开度。

5.8 建筑物破坏

建筑物破坏指倒虹吸、渡槽、PCCP管道、暗涵等建筑物的单孔或多孔发生破坏等工程事故:

a) 可通过调度保持原过流的工况:

1) 发生建筑物破坏,应立即关闭建筑物相应工作闸(阀),同时调节其他孔闸门开度保障过流。

2) 关闭其上下游检修闸(阀),对破坏部位进行抢修。

b) 无法通过调度保持原过流的工况:

1) 发生建筑物破坏,应立即关闭建筑物相应工作闸(阀)。

2) 关闭其上下游检修闸(阀),对破坏部位进行抢修。

3) 上下游的应急调度参考渠道土建工程事故应急调度措施。

5.9 水质污染

水质污染指渠道输水中某渠段水体受到污染,达不到输水水质要求:

a) 事故段:

1) 快速关闭事故段内分水口门。

2) 快速关闭事故段上节制闸及下游相邻两座闸站(含节制闸、控制闸)。

3) 根据水质检测情况确定是否利用退水闸退水。

b) 事故段上游：应急调度同渠道土建工程事故应急调度措施。

c) 事故段下游：应急调度同渠道土建工程事故应急调度措施。

5.10 设备设施故障

设备设施故障指闸门发生下滑、异动等故障：

a) 可通过调度保持原过流的工况：

  1) 闸门出现异动、下滑，但未卡死，且引起的水位变幅在 15cm 以内，将闸门直接恢复至原开度。

  2) 出现闸门卡死无法恢复，且引起的水位变幅在 15cm 以内，快速调整其他孔闸门开度，保持原过流基本不变。

  3) 出现闸门卡死无法恢复，渠道水位变幅超过 15cm，先快速调整其他闸门开度，控制水位变化，再逐步调节恢复原过流量和水位。

b) 无法通过调度保持原过流的工况：

  1) 出现闸门卡死无法恢复，且影响过流，参考渠道土建工程事故应急调度。当节制闸前运行水位达到或超过退水闸启用水位，且水位涨幅难以遏止，开启退水闸退水。

  2) 上下游的应急调度参考渠道土建工程事故应急调度措施。

5.11 洪涝灾害威胁

洪涝灾害威胁指汛期沿线暴雨、洪水，威胁工程和调度安全：

a) 接到洪涝灾害预警，或发现险情苗头：

  1) 深挖方段渠道遇暴雨洪水可引发外水入渠、水质污染、地下水偏高导致衬砌板破坏、滑坡等险情时，提前调整运行水位，并做好随时启动应急调度预案的准备。

  2) 填方渠段遇暴雨洪水可引发边坡失稳等险情时，可提前降低运行水位，预留储蓄空间。

  3) 对渠道水位没有特殊要求的渠段，预留蓄水空间，防止短时降雨量过大，渠道水位超限。

b) 暴雨导致全线水位暴涨，危及工程安全：

  1) 现地管理处人员快速赴退水闸待命，检查机电设备，确保可随时启用。

  2) 紧急减少陶岔引水闸入总干渠流量，全线实施联调，缓解渠道水位上涨趋势。

  3) 若渠道水位达到或超过退水闸开启水位，且水位涨幅难以遏止时，启用退水闸应急退水。

5.12 冰塞事故

冰塞事故指工程冰期运行中，发生冰盖破损或冰屑集中等形成冰塞，阻挡水流的事故：

a) 事故段：

1) 关闭事故段上节制闸和下节制闸。

2) 根据现场冰塞情况，确定是否利用事故段内的退水闸或排冰闸排水（冰）。

3) 关闭事故段内分水口门。

b) 事故段上游：

1) 开启中断供水渠段上游紧邻的退水闸，并视流量等情况开启上游沿线退水闸。

2) 根据上游段的分水流量，减少陶岔引水闸入总干渠流量至满足上游分水需求。

3) 水位降至安全限度后，逐步关闭退水闸。

4) 根据水位和分水流量，调节上游段各节制闸开度，尽量保持正常供水。

c) 事故段下游：事故段下游各分水口、节制闸同步关闭，暂时中断供水。

5.13 惠南庄泵站机组事故停机

惠南庄泵站事故指泵站机组加压运行供水过程中，发生断电或机组故障导致机组突然停机：

a) 事故段：

1) 泵站单侧机组全部停机，启用备用机组或重启机组时，大宁调压池运行水位应保持在57m以上；若该侧机组均无法启动，立即开启该侧旁通管自流输水。

2) 泵站单侧一台或两台机组停机、但仍有一台或两台机组正常运行时，停机10min后启用该侧备用机组或重启机组，大宁调压池运行水位无须调整至57m以上。

3) 泵站单侧因故障停机，导致仅一台机组运行时，单机运行时间不超过30min，超过30min其他机组均无法启动时，立即将该侧运行机组停机，开启该侧旁通管自流输水。

4) 若泵站断电或其他事故，导致8台机组都无法正常启动，应快速调整为泵站旁通管自流输水，尽快调整至最大自流输水量。

b) 事故段上游：

1) 当北拒马河退水闸达到或超过退水闸启用水位，且水位涨幅难以遏止，开启北拒马河退水闸，并视流量、水位等情况确定是否开启上游沿线退水闸。

2) 水位降至安全限度后，关闭退水闸。

3) 若调整为泵站旁通管自流输水，向北京分水流量减少，则相应减少陶岔引水闸入总干渠流量至满足分水需求。

4) 根据水位和分水流量，调节上游段各节制闸开度，尽量保持正常供水。

c) 事故段下游：

1) 若调整为泵站旁通管自流输水，则应降低大宁调压池运行水位，至满足最大自流输水量要求。

2) 根据事故段下游蓄水体积以及事故预计处理时间，实时调整下游永定河控制闸开度、分水口分水流量。

5.14 自动化调度系统失效

自动化调度系统失效指由于通信、供电、金结等故障，导致无法利用自动化调度系统实施远程控制和信息采集。当自动化系统失效时，调度改由人工组织：

    a）总调中心根据沿线水情，制定调度策略，通过电话指令，组织开展调度。

    b）各分调中心按总调中心的指示或指令，组织相应管理处实施闸门人工操作。

    c）人工调度期间，各沿线闸站等水情信息（水位、流量、闸门开度等），按照总调中心要求，由管理处人员现场采集，分调中心汇总后，上报至总调中心。

5.15 总调度中心功能不能完全发挥

总调度中心功能不能完全发挥时，按照备调中心启用方案，立即启动备调中心。

5.16 临时启用非节制闸调度

节制闸发生故障或需蓄水平压等其他特殊工况下，临时启动其邻近控制闸等闸门参与调度，事件处理后恢复至原正常调度状态。

5.17 其他事故

其他事故，如配套工程发生突发事件，需紧急关闭干线分水口门、交通桥坠车落人落物、人员失误等，可参考上述相关的应急调度措施，根据现场情况进行应对。

5.18 应急调度结束

当突发事件应急处置工作结束，或者相关危险因素消除后，根据应急处置后的水情，编制恢复输水方案，恢复正常输水，应急调度结束。

6 应急保障

自动化、机电金结等设备设施及时维护，保障能正常使用；有关人员和单位应保证通信联系畅通；各级调度人员确保在岗，相关人员能及时赴调度现场支援；各级调度机构定期开业务培训和应急调度演练。

7 附则

7.1 本预案应根据实际运行情况及时修订。南水北调中线建管局具体负责预案的修订工作。

7.2 本预案由南水北调中线建管局制订并负责解释。

7.3 本预案自发布之日起实施。

附录 A

A.1 模拟典型案例应急调度策略

案例 1 渠道决口应急调度

事故类型：渠道土建工程事故。

事故位置：河北邯石段沁河倒虹吸节制闸上游处。

事故级别：Ⅰ级。

1 事故工况

邯石段沁河倒虹吸节制闸前（桩号 775＋116）渠道决口，上游邻近牤牛河节制闸（桩号 762＋144），下游邻近沁河节制闸（桩号 782＋395），事故段范围内有沁河退水闸（桩号 781＋949），正在分水的分水口为白村（桩号 762＋144）和下庄（桩号 776＋806）2 个分水口，上游最近退水闸为牤牛河南支退水闸（桩号 760＋959）。事故发生时渠道输水流量 100m³/s。

2 总体调度思路

快速关闭上游牤牛河节制闸、逐步关闭下游沁河节制闸，开启事故段沁河退水闸退水，开启牤牛河退水闸；逐步关闭白村和下庄两个分水口；同时减小陶岔入总干渠流量，减小下游节制闸过流量、分水流量，全线节制闸进行联调。

3 事故段调度

3.1 快速关闭牤牛河节制闸、沁河节制闸，及时关闭沁河节制闸后检修闸。

3.2 快速开启沁河退水闸。

3.3 根据情况，逐步关闭白村、下庄两个分水口。

4 事故段上游调度

4.1 根据关闭牤牛河的控制节奏，同步开启牤牛河退水闸退水，防止渠道壅水溢出。

4.2 根据事故段上游分水流量及损失率，逐步减小渠首入总干渠流量。

4.3 适时调整事故段上游节制闸开度，尽量满足事故段上游正常分水流量需求和保持运行水位稳定。

4.4 根据事故段上游水位和流量情况，逐步关闭牤牛河退水闸。

5 事故段下游调度

5.1 关闭沁河节制闸的同时，对下游各节制闸进行联调。

5.2 利用渠段槽蓄水量，按照北京、天津、省会城市、地级市优先顺序进行供水。

5.3 根据下游槽蓄水体情况，渠道水位尽量按照每天不超过 30cm 降幅控制，调整下游节制闸、分水口开度，尽量保持下游供水，需中断供水时，尽量留出切换水源时间。

6 恢复供水调度

6.1 根据事故处理时间及事故段下游调度计划，计算出剩余水体与目标水体之差，计算出渠首应增加入渠流量及持续时间。

6.2 可在工程修复前，根据流量推进速度，提前逐步增加渠首入渠道流量，同时调节沿线的各节制闸闸门开度，将增加流量依次向下游推进。

6.3 工程修复并具备恢复通水条件后，逐步开启牤牛河节制闸，恢复向下游供水，按照边充渠边恢复沿线分水的方式，逐步抬高水位恢复至原调度目标水位，同时逐步恢复各分水口门分水流量，全线恢复正常供水工况。

A.2 模拟典型案例应急调度策略

案例2 水质污染应急调度

事故类型：水质污染。

事故位置：河南新郑段沂水河控制闸至双洎河节制闸之间渠段。

事故级别：Ⅰ级。

1 事故工况

一辆载有有毒化学品的运输车，冲下总干渠河南新郑段十里铺东南公路桥（桩号363+265），掉入总干渠河道内，有毒化学品和车内柴油泄漏，总干渠水质被污染。事故发生地点上游邻近沂水河渠道倒虹吸控制闸（桩号359+939），下游邻近双洎河节制闸（桩号371+079），事故段范围内有双洎河退水闸（桩号366+838），无分水口门。事故发生时渠道输水流量90m³/s，水流流速约0.3m/s。

2 总体调度思路

经与水质污染应急指挥部会商，根据应急领导小组指示，紧急关闭上游沂水河控制闸、下游双洎河节制闸，阻止污染扩散，开启事故段上游沂水河退水闸；临时关闭下游李垌分水口、梅河节制闸，待检测本段水体未被污染后恢复分水；同时减小陶岔入总干渠流量，减小下游节制闸过流量、分水流量，全线节制闸进行联调。

3 事故段调度

3.1 事故段无分水口，不涉及分水口门紧急关闭，关闭沂水河控制闸、双洎河节制闸。

3.2 为确保供水安全，先临时关闭其下游邻近的李垌分水口和梅河节制闸，确认水质安全后，视下游水体、水位情况恢复开启。

3.3 在被污染水体处理达到排放要求后，开启事故段双洎河退水闸退水，视事故段水体处理状况及下游退水通道过流能力，可采取上游放水顶托，大流量退水方式排出污染水体，尽量缩短断水时间，尽快恢复下游正常供水。

4 事故段上游调度

4.1 按沂水河控制闸关闭节奏，同步开启沂水河退水闸防止渠道壅水溢出。

4.2 根据事故段上游分水流量及损失率，逐步减小渠首入总干渠流量。

4.3 适时调整事故段上游节制闸开度，尽量满足事故段上游正常分水流量需求和保持运行水位稳定。

4.4 根据事故段上游水位和流量情况，逐步关闭沂水河退水闸。

5 事故段下游调度

5.1 关闭双泊河节制闸及梅河节制闸的同时，对下游各节制闸进行联调。

5.2 利用渠段槽蓄水量，按照北京、天津、省会城市、地级市优先顺序进行供水。

5.3 根据下游槽蓄水体情况，渠道水位尽量按照每天不超过 30cm 降幅控制，调整下游节制闸、分水口开度，尽量保持下游供水，需中断供水时，尽量留出切换水源时间。

6 恢复供水调度

6.1 根据事故处理时间及事故段下游调度计划，计算出剩余水体与目标水体之差，计算出渠首应增加入渠流量及持续时间。

6.2 可在事故段污染水体排空前，根据流量推进速度，提前逐步增加渠首入渠道流量，同时调节沿线的各节制闸闸门开度，将增加流量依次向下游推进。

6.3 事故段污染水体排空后，逐步开启双泊河节制闸，恢复向下游供水，按照边充渠边恢复沿线分水的方式，逐步抬高水位恢复至原调度目标水位，同时逐步恢复各分水口门分水流量，全线恢复正常供水工况。

A.3 模拟典型案例应急调度策略

案例 3 PCCP 管道爆管应急调度

事故类型：建筑物破坏。

事故位置：北京段工程 PCCP 管道右线 1 号连通井前。

事故级别：Ⅰ级。

1 事故工况

北京段工程 PCCP 管道右线 1 号连通井前（桩号 1201＋130）爆管，上游邻近惠南庄泵站（桩号 1199＋382），下游邻近 1 号连通井（桩号 1205＋260），事故段范围内无分水口，事故发生时，惠南庄泵站双侧各 2 台机组运行，单侧管道输水流量为 $20m^3/s$，总输水流量为 $40m^3/s$。

2 总体调度思路

快速关闭惠南庄泵站右线机组、右线出口总阀及 PCCP 管道 1 号连通井右线 3 号蝶阀，开启事故段右线排空阀，开启上游北拒马河退水闸，减小下游控制闸过流量、分水流量；同时减小陶岔入总干渠流量，总干渠全线节制闸进行联调。

3 事故段调度

3.1 快速关闭惠南庄泵站右线机组、右线出口总阀，关闭 PCCP 管道 1 号连通井右线 3 号蝶阀，右线 1 号连通井前中断输水。

3.2 开启 PCCP 管道右线 1 号连通井前的 1 号排空阀，排除事故段管道内水体。

4 事故段上游调度

4.1 关闭惠南庄泵站右线机组的同时，同步开启北拒马河退水闸，防止渠道壅水溢出。

4.2 根据事故段上游分水流量及损失率，逐步减小渠首入总干渠流量。

4.3 适时调整事故段上游节制闸开度，尽量满足事故段上游正常分水流量需求和保持运行水位稳定。

4.4 根据事故段上游水位和流量情况，逐步关闭北拒马河退水闸。

5 事故段下游

5.1 关闭惠南庄泵站右线机组的同时，对下游各控制闸进行联调。

5.2 根据实际供水流量，调整各分水口供水量。

6 恢复供水调度

6.1 根据事故处理时间及事故段下游调度计划，计算出渠首应增加入渠流量及持续时间。

6.2 可在工程修复前，根据流量推进速度，提前逐步增加渠首入渠道流量，同时调节沿线的各节制闸闸门开度，将增加流量依次向下游推进。

6.3 工程修复并具备恢复通水条件后，在事故段充水后，开启惠南庄泵站右线机组，恢复向下游供水；对下游各控制闸进行调整，逐步恢复各分水口门分水流量，全线恢复正常供水工况。

A.4 模拟典型案例应急调度策略

案例 4 天津干线箱涵失稳破坏应急调度

事故类型：建筑物破坏。

事故位置：天津干线 5 号保水堰至 6 号保水堰之间。

事故级别：Ⅰ级。

1 事故工况

天津干线郑村排干西（5 号）保水堰（桩号 76＋060）至牤牛河东（6 号）保水堰（桩号 89＋900）间发生有压箱涵失稳事故，事故段范围内无分水口分水，事故发生时输水流量为 $20m^3/s$。

2 总体调度思路

快速关闭西黑山分水闸、5 号保水堰检修闸，增大西黑山节制闸开度，向下游泄水，开启瀑河退水闸退水，（6 号）保水堰内退水连通阀向下游退水，减小下游分水流量；同时减小陶岔入总干渠流量，总干渠全线节制闸进行联调。

3 事故段调度

3.1 在西黑山分水闸关闭后，快速关闭郑村排干西（5 号）保水堰检修闸。

3.2 快速开启牤牛河东（6 号）保水堰内退水连通阀，向下游箱涵自流退水，对自流无法排出的利用排水泵强排。

4 事故段上游调度

4.1 快速关闭西黑山分水闸，同时增大西黑山节制闸开度，相应增加 20 m³/s 过流量。

4.2 同步开启西黑山节制闸下游瀑河退水闸退水，防止渠道壅水溢出。

4.3 根据事故段上游分水流量及损失率，逐步减小渠首入总干渠流量。

4.4 适时调整事故段上游节制闸开度，尽量满足事故段上游正常分水流量需求和保持运行水位稳定。

4.5 根据事故段上游水位和流量情况，逐步关闭瀑河退水闸。

5 事故段下游调度

根据实际供水流量，调整各分水口供水量。

6 恢复供水调度

6.1 根据事故处理时间及事故段下游调度计划，计算出渠首应增加入渠流量及持续时间。

6.2 可在工程修复前，根据流量推进速度，提前逐步增加渠首入渠道流量，同时调节沿线的各节制闸闸门开度，将增加流量依次向下游推进。

6.3 工程修复并具备恢复通水条件后，在事故段充水后，开启西黑山分水闸至目标流量，恢复向下游供水；对下游各控制闸进行调整，逐步恢复各分水口门分水流量，全线恢复正常供水工况。

A.5 模拟典型案例应急调度策略

案例 5 渠道冰塞应急调度

事故类型：冰塞事故。

事故位置：岗头隧洞进口节制闸前。

事故级别：Ⅰ级。

1 事故工况

岗头隧洞进口节制闸前（桩号 1112＋070）渠道发生严重冰塞，导致冰塞段上游水位迅速升高，冰盖大面积破碎堆积，过流量大幅度减小，岗头隧洞进口节制闸无法关闭；事故段为蒲阳河节制闸（桩号1085＋024）至西黑山节制闸（桩号1121＋840），事故段范围内有漕河退水闸（桩号1110＋179），无分水口分水，事故发生时滹沱河节制闸（桩号1112＋070）以北渠段全部形成冰盖，岗头前渠道输水流量45m³/s，滹沱河节制闸过闸流量50m³/s。

2　总体调度思路

关闭蒲阳河节制闸至北拒马河节制闸所有节制闸、西黑山分水闸，以及惠南庄泵站，中止蒲阳河节制闸下游供水，开启事故段漕河退水闸退水，开启蒲阳河退水闸，关闭蒲阳河节制闸下游所有分水口，同时减小陶岔入总干渠流量，全线节制闸进行联调。

3　事故段调度

3.1　关闭蒲阳河节制闸。

3.2　开启漕河退水闸。

3.3　水位降至允许范围内后，关闭漕河退水闸。

4　事故段上游调度

4.1　同步开启蒲阳河退水闸退水，防止渠道冰盖破碎、壅水溢出。

4.2　根据蒲阳河节制闸上游分水流量及损失率，逐步减小渠首入总干渠流量。

4.3　适时调整蒲阳河节制闸上游节制闸开度，尽量满足事故段上游正常分水流量需求和保持运行水位稳定。

4.4　根据事故段上游水位和流量情况，逐步关闭蒲阳河退水闸。

5　事故段下游调度

5.1　快速关闭西黑山节制闸至北拒马河节制闸所有节制闸、惠南庄泵站。

5.2　关闭西黑山分水闸、下游沿线所有分水口，暂时中断供水。

6　恢复供水调度

6.1　根据事故处理时间及事故段下游调度计划，可在冰塞事故处理完成前，根据流量推进速度，提前分阶段增加渠首入渠道流量，同时调节沿线的各节制闸闸门开度，将增加流量依次向下游推进。

6.2　事故处理完成并具备恢复通水条件后，分阶段逐步开启蒲阳河节制闸，下游各节制闸同步分阶段逐步开启，恢复向下游供水，同时逐步恢复各分水口门分水流量，全线恢复正常供水工况。

A.6　模拟典型案例应急调度策略

案例6　惠南庄泵站机组事故停机应急调度

事故类型：惠南庄泵站机组事故停机。

事故位置：惠南庄泵站。

事故级别：Ⅱ级。

1 事故工况

惠南庄泵站机组加压运行供水过程中发生断电事故，机组突然停机，全部机组均无法启动，导致上游水位迅速升高；惠南庄泵站（桩号1199＋382），上游邻近北拒马河节制闸（桩号1197＋669），北拒马河节制闸前为北拒马河退水闸（桩号1197＋636），下游邻近大宁调压池（桩号1256＋119），事故段范围内无分水口分水，事故发生时，惠南庄泵站双侧各2台机组运行，单侧管道输水流量为$20m^3/s$，总输水流量为$40m^3/s$。

2 总体调度思路

快速开启惠南庄泵站两侧旁通管自流输水，快速开启上游北拒马河退水闸，降低大宁调压池运行水位，减小下游控制闸过流量、分水流量；同时减小陶岔入总干渠流量，总干渠全线节制闸进行联调。

3 事故段调度

3.1 快速开启惠南庄泵站两侧旁通管，调整为自流输水。

3.2 调节大宁调压池运行水位，使泵站达到最大自流输水量。

4 事故段上游调度

4.1 快速同步开启北拒马河退水闸，防止渠道壅水溢出。

4.2 根据事故段上游分水流量及损失率，逐步减小渠首入总干渠流量。

4.3 适时调整事故段上游节制闸开度，尽量满足事故段上游正常分水流量需求和保持运行水位稳定。

4.4 根据事故段上游水位和流量情况，逐步关闭北拒马河退水闸。

5 事故段下游调度

5.1 惠南庄泵站调整为自流输水的同时，对下游各控制闸进行联调。

5.2 根据实际供水流量，调整各分水口供水量。

6 恢复供水调度

6.1 根据事故处理时间及事故段下游调度计划，计算出渠首应增加入渠流量及持续时间。

6.2 可在供电修复，泵站机组做好随时启动的准备后，根据流量推进速度，提前逐步增加渠首入渠道流量，同时调节沿线的各节制闸闸门开度，将增加流量依次向下游推进。

6.3 调节大宁调压池运行水位，做好启动泵站机组的准备。

6.4 依次关闭泵站旁通管、开启泵站机组，恢复向北京加压供水；对下游各控制闸进行调整，逐步恢复各分水口门分水流量，全线恢复正常供水工况。

A.7 模拟典型案例应急调度策略

案例7 设备设施故障应急调度

事故类型：设备设施故障。

事故位置：河南黄河以北段峪河暗渠进口节制闸。

事故级别：Ⅲ级。

1 事故工况

河南黄河以北段峪河暗渠进口节制闸（桩号564＋667，设计水位102.82m，加大水位103.41m，3孔闸门，设计流量260m³/s）1号闸门发生下滑至全关，并卡死故障，上游邻近溃城寨节制闸（桩号551＋101），下游邻近黄水河支节制闸（桩号591＋274），峪河节制闸、溃城寨节制闸、黄水河支节制闸前均设有退水闸，正在分水的分水口为郭屯分水口（桩号561＋760），事故发现时峪河节制闸过闸流量87m³/s，闸门开度0mm/760mm/760mm，闸前水位已至103.30m（事故发生前峪河节制闸过闸流量97m³/s，闸门开度810mm/760mm/760mm，闸前水位102.80m左右），下游黄水河支节制闸前水位下降0.2m。

2 总体调度思路

快速适当增大峪河节制闸2号、3号闸门开度，缓解闸前水位上涨，适当减小溃城寨节制闸过闸流量，适当减小黄水河支节制闸过闸流量，必要时下游邻近节制闸进行联调，郭屯分水口保持正常分水，并调整各节制闸闸门开度，逐步恢复至原过流量和水位。

3 事故段调度

3.1 快速增大峪河节制闸2号、3号闸门开度至900mm，缓解水位上涨。

3.2 峪河节制闸水位逐步降至设计水位时，调整2号、3号闸门开度至1165mm，过闸流量恢复至97m³/s。

3.3 保持郭屯分水口正常分水口。

4 事故段上游调度

4.1 视情况，适当减小溃城寨节制闸过闸流量。

4.2 峪河节制闸水位降至设计水位左右，恢复溃城寨节制闸原过闸流量，尽量保持运行水位稳定。

5 事故段下游调度

5.1 视情况，适当减小黄水河支节制闸过闸流量。

5.2 必要时，黄水河支节制闸下游节制闸可进行联调，以符合水位降幅约束。

5.3 待黄水河支节制闸水位升至目标水位时，恢复黄水河支节制闸及下游原过闸流量，尽量保持运行水位稳定。

6 恢复供水调度

抢修完毕后，恢复各节制闸原开度，过程中尽量保持过流和水位稳定。

附录 B

表 B.1　应 急 调 度 通 讯 录

总 调 度 中 心			
姓名	职务	办公电话	移动电话
曹玉升	副主任	010－88657218	18518277666
陈晓楠	副主任	010－88657567	18519086810
冯国一	主任助理	010－88657257	18519086806
供水计划处			
李立群	处长	010－88657577	18519086818
调度管理处			
刘爽	处长	010－88657580	18519086819
调度生产处			
李景刚	处长	010－88657586	18519086837
总调度中心值班电话（24 小时）		010－88657031/32/33/34	010－88657035/36（传真）
备调度中心值班电话（24 小时）		0371－67801731/35/36/37	0371－67801730（传真）
应急办公室			
局应急办公室（工程维护中心）		010－88657436	010－88657430（传真）

附录 C

表 C.1 全线节制闸、控制闸、退水闸、分水口、事故闸、排冰特性表

编号	名 称	孔数	桩 号	设计流量/(m³/s)	加大流量/(m³/s)
1	陶岔渠首闸	3	0＋000	350	420
F1	肖楼分水口	1	4＋196	100.0	
T1	刁河退水闸	1	14＋538	175.0	
2	刁河渡槽进口节制闸	2	14＋620	350	420
F2	望成岗分水口	1	22＋283	6.0	
T2	湍河退水闸	1	36＋354	175.0	
3	湍河渡槽进口节制闸	3	36＋444	350	420
F3	彭家分水口	1	44＋505	1.0	
T3	严陵河退水闸	1	48＋695	170.0	
4	严陵河渡槽进口节制闸	2	48＋781	340	410
K1	西赵河渠倒虹出口控制闸	4	69＋872		
F4	谭寨分水口	1	70＋562	1.0	
5	淇河倒虹吸出口节制闸	4	74＋640	340	410
T4	潦河退水闸	1	87＋971	170.0	
F5	姜沟分水口	1	94＋902	2.5	
6	十二里河渡槽进口节制闸	2	97＋033	340	410
F6	田洼分水口	1	98＋737	5.0	
K2	娃娃河渠倒虹出口控制闸	4	102＋843		
K3	梅溪河渠倒虹出口控制闸	4	103＋616		
F7	大寨分水口	1	104＋287	2.0	
T5	白河退水闸	1	115＋240	165.0	
7	白河倒虹吸出口节制闸	4	116＋446	330	400
K4	白条河渠倒虹控制闸	4	120＋340		
F8	半坡店分水口	1	134＋910	4.0	
8	东赵河倒虹吸出口节制闸	4	137＋112	330	400
T6	清河退水闸	1	147＋560	165.0	
K5	清河渠倒虹出口控制闸	4	147＋911		
K6	潘河渠倒虹出口控制闸	4	150＋264		
F9	大营分水口	1	151＋414	1.0	
F10	十里庙分水口	1	156＋815	1.5	
9	黄金河倒虹吸出口节制闸	4	159＋894	330	400
K7	脱脚河渠倒虹出口控制闸	4	168＋755		
T7	贾河退水闸	1	177＋622	165.0	
10	草墩河渡槽进口节制闸	2	181＋736	330	400

表 C.1 全线节制闸、控制闸、退水闸、分水口、事故闸、排冰特性表（续）

编号	名称	孔数	桩号	设计流量 /(m³/s)	加大流量 /(m³/s)
F11	辛庄分水口	1	195＋477	9.0	
K8	府君庙河渠倒虹出口控制闸	4	207＋628		
T8	澧河退水闸	1	209＋339	160.0	
11	澧河渡槽进口节制闸	2	209＋433	320	380
K9	灰河倒虹吸出口控制闸	4	216＋978		
T9	澎河退水闸	1	231＋949	160.0	
F12	澎河分水口	1	231＋956	26.0	
12	澎河渡槽进口节制闸	2	232＋046	320	380
K10	沘河倒虹吸出口控制闸	4	238＋462		
T10	沙河退水闸	1	241＋710	160.0	
13	沙河渡槽进口节制闸	4	241＋935	320	380
F13	张村分水口	1	253＋372	1.0	
F14	马庄分水口	1	259＋053	3.0	
K11	应河倒虹吸出口控制闸	4	262＋110		
F15	高庄分水口	1	266＋288	1.5	
14	玉带河倒虹吸出口节制闸	4	266＋615	315	375
K12	净肠河出口控制闸	4	268＋424		
K13	石河倒虹吸出口控制闸	4	276＋972		
T11	北汝河退水闸	1	279＋251	157.5	
15	北汝河倒虹吸出口节制闸	4	280＋504	315	375
K14	青龙河倒虹吸出口控制闸	4	285＋404		
F16	赵庄分水口	1	286＋279	1.0	
T12	兰河退水闸	1	300＋612	157.5	
16	兰河渡槽进口节制闸	2	300＋645	315	375
F17	宴窑分水口	1	308＋844	1.0	
S1	禹州矿区事故闸	3	314＋271		
F18	任坡分水口	1	322＋924	2.0	
T13	颍河退水闸	1	326＋967	157.5	
17	颍河倒虹吸出口节制闸	4	327＋420	315	375
K15	小南河倒虹吸出口控制闸	2	337＋087		
F19	孟坡分水口	2	338＋150	8.0	
K16	石良河倒虹吸出口控制闸	4	343＋083		
18	小洪河倒虹吸出口节制闸	4	348＋361	305	365
F20	洼李分水口	1	352＋797	2.0	

表 C.1 全线节制闸、控制闸、退水闸、分水口、事故闸、排冰特性表（续）

编号	名 称	孔数	桩 号	设计流量 /(m³/s)	加大流量 /(m³/s)
T14	沂水河退水闸	1	359+198	152.5	
K17	沂水河倒虹吸出口控制闸	4	359+939		
K18	新商铁路倒虹吸出口控制闸	4	368+450		
T15	双洎河退水闸	1	370+938	152.5	
19	双洎河渡槽进口节制闸	4	371+079	305	365
K19	新密铁路倒虹吸出口控制闸	4	372+664		
F21	李垌分水口	1	375+297	4.0	
20	梅河倒虹吸出口节制闸	4	385+306	305	365
21	丈八沟倒虹吸出口节制闸	4	402+485	305	365
F22	小河刘分水口	1	405+472	6.0	
22	潮河倒虹吸出口节制闸	4	419+114	295	355
K20	魏河倒虹吸出口控制闸	4	424+694		
T16	十八里河退水闸	1	425+499	147.5	
K21	十八里河倒虹吸出口控制闸	4	426+699		
F23	刘湾分水口	1	426+934	5.0	
23	金水河倒虹吸出口节制闸	4	435+314	295	355
F24	密垌分水口	1	436+999	6.0	
T17	贾峪河退水闸	1	442+038	142.5	
F25	中原西路分水口	2	442+145	12.0	
24	须水河倒虹吸出口节制闸	4	447+090	265	320
F26	前蒋寨分水口	1	454+155	3.0	
T18	索河退水闸	1	459+767	132.5	
25	索河渡槽进口节制闸	2	459+837	265	320
K22	枯河倒虹吸控制闸	4	468+405		
F27	上街分水口	1	473+082	1.0	
T19	黄河退水闸	1	479+082	132.5	
26	穿黄隧洞出口节制闸	2	483+471	265	320
F28	北冷分水口	1	493+632	2.0	
27	济河倒虹吸出口节制闸	4	501+849	265	320
K23	沁河倒虹吸出口控制闸	3	503+965		
K24	蒋沟河倒虹吸出口控制闸	4	507+673		
F29	北石洞分水口	1	517+191	1.0	
K25	幸福河倒虹吸出口控制闸	4	518+731		
K26	大沙河倒虹吸出口控制闸	4	521+319		

表 C.1 全线节制闸、控制闸、退水闸、分水口、事故闸、排冰特性表（续）

编号	名 称	孔数	桩 号	设计流量 /(m³/s)	加大流量 /(m³/s)
F30	府城分水口	1	524+197	4.0	
K27	白马门倒虹吸出口控制闸	4	525+271	265	320
S2	普济河倒虹吸进口事故闸	4	527+382		
K28	普济河倒虹吸出口控制闸	4	527+672	265	320
T20	闫河退水闸	1	530+060	132.5	
S3	闫河倒虹吸进口事故闸	4	530+139		
28	闫河倒虹吸出口节制闸	4	530+507	265	320
S4	翁涧河倒虹吸进口事故闸	4	532+915		
K29	翁涧河倒虹吸出口控制闸	4	533+278		
T21	李河退水闸	1	534416	132.5	
S5	李河倒虹吸进口事故闸	4	534+495		
K30	李河倒虹吸出口控制闸	4	534+851		
F31	苏蔺分水口	1	536+422	5.0	
S6	山门河暗渠进口事故闸	2	540+661		
T22	溃城寨河退水闸	1	550+292	130.0	
29	溃城寨河倒虹吸出口节制闸	4	551+101	260	310
F32	白庄分水口	1	553+310	1.0	
K31	纸坊河倒虹吸出口控制闸	4	560+396		
F33	郭屯分水口	1	561+760	3.0	
T23	峪河退水闸	1	563+156	130.0	
30	峪河暗渠进口节制闸	3	564+667	260	310
K32	午峪河倒虹吸出口控制闸	4	576+108		
K33	早生河倒虹吸出口控制闸	4	577+031		
K34	王村河倒虹吸出口控制闸	4	579+456		
K35	小凹沟倒虹吸出口控制闸	3	581+023		
K36	石门河倒虹吸出口控制闸	3	586+526		
K37	黄水河倒虹吸出口控制闸	4	587+920		
T24	黄水河支退水闸	1	590+919	130.0	
31	黄水河支倒虹吸出口节制闸	4	591+274	260	310
F34	路固分水口	1	603+479	2.0	
K38	小蒲河倒虹吸出口控制闸	4	607+043		
T25	孟坟河退水闸	1	609+017	130.0	
32	孟坟河倒虹吸出口节制闸	4	609+316	260	310

表C.1 全线节制闸、控制闸、退水闸、分水口、事故闸、排冰特性表（续）

编号	名 称	孔数	桩 号	设计流量 /(m³/s)	加大流量 /(m³/s)
F35	老道井分水口	2	611+414	12.0	
K39	山庄河倒虹吸出口控制闸	3	620+119		
K40	十里河倒虹吸出口控制闸	3	623+648		
F36	温寺门分水口	1	626+211	2.0	
T26	香泉河退水闸	1	633+188	125.0	
33	香泉河倒虹吸出口节制闸	3	633+521	250	300
K41	沧河出口控制闸	3	637+964		
F37	袁庄分水口	1	648+288	2.0	
K42	赵家渠倒虹吸出口控制闸	3	650+516		
K43	思德河渠倒虹出口控制闸	3	653+380		
F38	三里屯分水口	2	658+725	13.0	
K44	魏庄河倒虹吸出口控制闸	3	661+678		
T27	淇河退水闸	1	663+274	122.5	
34	淇河倒虹吸出口节制闸	3	663+771	245	280
F39	鹤壁刘庄分水口	1	664+835	3.0	
K45	永通河倒虹吸出口控制闸	3	673+481		
F40	董庄分水口	1	686+496	3.0	
T28	汤河退水闸	1	688+079	122.5	
35	汤河涵洞式渡槽进口节制闸	2	688+186	245	280
K46	羑河倒虹吸出口控制闸	3	690+324		
F41	小营分水口	2	698+050	8.0	
K47	洪河倒虹吸出口控制闸	4	705+834		
F42	南流寺分水口	1	712+866	7.0	
T29	安阳河退水闸	1	716+600	117.5	
36	安阳河倒虹吸出口节制闸	3	717+045	235	265
T30	漳河退水闸	1	730+599	117.5	
P1	漳河排冰闸	1	730+599		
37	漳河倒虹吸出口节制闸	3	731+366	235	265
T31	滏阳河退水闸	1	747+175	120.0	
P2	滏阳河排冰闸	1	747+175		
F43	于家店分水口	1	750+649	2.0	
P3	李家岗排冰闸	1	756+544		
T32	牤牛河南支退水闸	1	760+959	120.0	
38	牤牛河南支渡槽进口节制闸	3	761+038	235	265
F44	白村分水口	1	762+144	6.0	

表 C.1　全线节制闸、控制闸、退水闸、分水口、事故闸、排冰特性表（续）

编号	名　称	孔数	桩　号	设计流量 /(m³/s)	加大流量 /(m³/s)
F45	下庄分水口	1	776＋806	5.0	
F46	郭河分水口	1	781＋930	8.0	
T33	沁河退水闸	1	781＋949	120.0	
P4	沁河排冰闸	1	781＋960		
39	沁河倒虹吸出口节制闸	3	782＋461	230	250
F47	三陵分水口	1	788＋031	0.5	
F48	吴庄分水口	1	796＋411	2.0	
T34	洺河退水闸	1	808＋332	115.0	
P5	洺河排冰闸	1	808＋341		
40	洺河渡槽进口节制闸	3	808＋437	230	250
F49	赞善分水口	1	824＋958	10.0	
41	南沙河倒虹吸出口节制闸	3	829＋685	230	250
F50	邓家庄分水口	1	829＋820	2.0	
T35	七里河退水闸	1	834＋191	115.0	
P6	七里河排冰闸	1	834＋223		
42	七里河倒虹吸出口节制闸	3	835＋151	230	250
F51	南大郭分水口	1	841＋655	8.0	
P7	白马河排冰闸	1	849＋660		
T36	白马河退水闸	1	849＋667	110.0	
43	白马河倒虹吸出口节制闸	3	850＋337	220	240
K48	小马河渠道倒虹吸出口控制闸	3	863＋179		
F52	刘家庄分水口	1	866＋945	1.0	
P8	李阳河排冰闸	1	867＋892		
T37	李阳河退水闸	1	867＋896	110.0	
44	李阳河倒虹吸出口节制闸	3	868＋402	220	240
P9	小马河排冰闸	1	862＋537		
T38	泜河退水闸	1	882＋061	110.0	
P10	泜河排冰闸	1	882＋085		
F53	北盘石分水口	1	886＋558	0.5	
F54	黑沙村分水口	1	886＋848	2.0	
T39	午河退水闸	1	899＋006	110.0	
P11	午河排冰闸	1	899＋015		
45	午河渡槽进口节制闸	3	899＋246	220	240
F55	沣河分水口	1	905＋879	1.0	
F56	北马分水口	1	916＋200	0.5	

表 C.1 全线节制闸、控制闸、退水闸、分水口、事故闸、排冰特性表（续）

编号	名　　　称	孔数	桩　　号	设计流量 /(m³/s)	加大流量 /(m³/s)
T40	槐河（一）退水闸	1	919＋721	110.0	
P12	槐河（一）排冰闸	1	919＋731		
46	槐河（一）倒虹吸出口节制闸	3	920＋700	220	240
K49	槐河（二）渠道倒虹吸控制闸	3	923＋656		
F57	赵同分水口	1	928＋088	3.0	
K50	潴龙河渠道倒虹吸控制闸	3	929＋192		
K51	北沙河渠道倒虹吸控制闸	3	939＋785		
F58	万年分水口	1	940＋292	2.0	
T41	洨河退水闸	1	949＋223	110.0	
P13	洨河排冰闸	1	949＋232		
47	洨河倒虹吸出口节制闸	3	949＋602	220	240
K52	金河渠道倒虹吸控制闸	3	953＋515		
F59	上庄分水口	1	956＋292	5.0	
F60	新增上庄分水口	1	956＋292	1.3	
K53	台头沟渠道倒虹吸控制闸	3	957＋943		
F61	南新城分水口	1	966＋263	1.5	
F62	田庄分水口	1	970＋263	63.7	
48	古运河暗渠进口节制闸	3	970＋379	170	200
T42	滹沱河退水闸	1	977＋801	85.0	
49	滹沱河倒虹吸进口节制闸	3	980＋116	170	200
F63	永安分水口	1	983＋866	5.0	
T43	磁河古道退水闸	1	993＋346	82.5	
50	磁河倒虹吸出口节制闸	3	1002＋209	165	190
F64	西名分水口	1	1007＋535	2.0	
T44	沙河（北）退水闸	1	1015＋165	82.5	
51	沙河（北）倒虹吸出口节制闸	3	1017＋385	165	190
F65	留营分水口	1	1030＋808	2.0	
K54	孟良河渠道倒虹吸控制闸	3	1035＋788		
F66	中管头分水口	1	1036＋062	20.0	
52	漠道沟倒虹吸出口节制闸	3	1036＋879	135	160
T45	唐河退水闸	1	1044＋822	67.5	
53	唐河倒虹吸出口节制闸	3	1045＋684	135	160
F67	大寺城涧分水口	1	1061＋371	2.0	
F68	高昌分水口	1	1070＋370	3.0	
54	放水河渡槽进口节制闸	3	1071＋847	135	160

表 C.1　全线节制闸、控制闸、退水闸、分水口、事故闸、排冰特性表（续）

编号	名　　称	孔数	桩　　号	设计流量/(m³/s)	加大流量/(m³/s)
T46	曲逆中支退水闸	1	1077+305	67.5	
F69	塔坡分水口	1	1079+525	1.0	
T47	蒲阳河退水闸	1	1084+584	67.5	
55	蒲阳河倒虹吸出口节制闸	3	1085+024	135	160
T48	界河退水闸	2	1096+976	67.5	
K55	界河渠道倒虹吸控制闸	2	1097+616		
F70	郑家佐分水口	1	1104+313	12.0	
T49	漕河退水闸	1	1111+334	62.5	
56	岗头隧洞进口节制闸	2	1112+074	125	150
F71	徐水刘庄分水口	1	1117+631	0.5	
57	西黑山节制闸	3	1121+840	100	120
T50	瀑河退水闸	1	1135+088	50.0	
58	瀑河倒虹吸出口节制闸	2	1136+841	60	70
K56	中易水渠道倒虹吸控制闸	2	1147+507		
F72	荆柯山分水口	1	1156+414	2.0	
T51	北易水退水闸	1	1157+002	30.0	
59	北易水倒虹吸出口节制闸	2	1157+652	60	70
K57	厂城渠道倒虹吸控制闸	2	1158+218		
K58	七里庄沟渠道倒虹吸控制闸	2	1163+418		
K59	马头沟渠道倒虹吸控制闸	2	1170+160		
60	坟庄河倒虹吸出口节制闸	2	1172+412	60	70
F73	下车亭分水口	1	1180+745	3	
T52	水北沟退水闸	1	1184+762	30	
K60	南拒马河渠道倒虹吸控制闸	2	1191+865	60	70
K61	北拒马河南支渠道倒虹吸控制闸	2	1194+774	60	70
F74	三岔沟分水口	1	1195+724	11.0	
T53	北拒马河退水闸	1	1197+636	25.0	
61	北拒马河暗渠进口节制闸	2	1197+669	50	60
P14	北拒马河排冰闸	1	1197+636		
62	惠南庄泵站	—	1199+382	60	
F75	燕化分水口	2	1229+849	5.0	
F76	房山分水口	2	1229+849	2.0	
F77	良乡分水口	2	1243+544	3.5	
F78	王佐分水口	2	1246+634	1.0	

表 C.1　全线节制闸、控制闸、退水闸、分水口、事故闸、排冰特性表（续）

编号	名　称	孔数	桩　号	设计流量 /(m³/s)	加大流量 /(m³/s)
F79	长辛店分水口	2	1252+909	2.7	
T54	永定河退水闸	1	1256+111	25.0	
F80	南干渠分水口	2	1256+119	35.0	
63	永定河控制闸	4	1256+119	30	35
F81	新开渠左分水口	1	1267+793	5.0	
F82	永引渠左分水口	1	1270+458	10.0	
F83	永引渠右分水口	1	1270+543	10.0	
F84	水源三厂分水口	1	1272+925	1.8	
64	团城湖节制闸（分水口）	2	1277+338	30	35
P15	西黑山排冰闸	1	XW0+86		
F85	郎五庄南分水口	1	XW19+197.5	1.0	
F86	北城南分水口	1	XW40+515	1.0	
F87	白沟分水口	1	XW57+802	0.7	
F88	口头分水口	1	XW63+588	0.5	
F89	王铺头分水口	1	XW78+941.5	0.1	
F90	三号渠东分水口	1	XW84+792.5	2.1	
F91	西辛庄西分水口	1	XW100+30	0.1	
F92	信安分水口	1	XW113+840.5	1.9	
F93	得胜口分水口	1	XW122+017	0.1	
F94	王庆坨连接井	2	XW132+26.5	45	55
F95	子牙河北分流井西河泵站方向	2	XW148+722.641	27	
F96	外环河出口闸（曹庄泵站方向）	2	XW155+170.417	18	28

Q/NSBDZX

南水北调中线干线工程建设管理局规章制度

Q/NSBDZX 409.08—2019

工程运行期工程安全事故
应急预案

2019－11－01发布 2019－11－01实施

南水北调中线干线工程建设管理局 发 布

工程运行期工程安全事故应急预案

1 总则

1.1 编制目的

为规范工程安全事故的应急管理和应急响应程序，全面提高运行期工程安全事故防范和处置能力，确保在发生事件时科学有序、高效迅速地组织开展应急抢险、救援工作，最大限度地减少人员伤亡和财产损失，确保工程安全、供水安全和人身安全，制定本预案。

1.2 编制依据

本预案依据《中华人民共和国安全生产法》《中华人民共和国突发事件应对法》《南水北调工程供用水管理条例》《生产安全事故应急预案管理办法》《突发事件应急预案管理办法》《国家突发公共事件总体应急预案》《生产经营单位生产安全事故应急预案编制导则》等国家法律法规和制度规定以及《南水北调工程建设期运行管理阶段工程安全应急预案》《南水北调中线干线工程突发事件应急管理办法》《南水北调中线干线工程突发事件综合应急预案》等编制。

1.3 适用范围

本预案适用于南水北调中线干线工程运行期所辖范围内发生的各类工程安全事故的预防和应急处置。

1.4 工作原则

1.4.1 预防为主、科学应对的原则。各级运行管理单位应逐步建立突发事件风险评估体系，预防突发事件的发生，通过科学研究和技术开发，提高应急处置能力。

1.4.2 以人为本、减少危害的原则。在突发事件应急处置中，切实履行全线输水运行调度的管理职能，最大限度地减少事故危害，把保障公众健康和生命财产安全作为首要任务。

1.4.3 分级负责、先行处置的原则。建立健全分类管理、分级负责的应急管理机制，做到责任明确，处置及时。

1.4.4 快速反应、协同应对的原则。加强应急处置队伍建设，建立与地方的联动协调制度，形成统一指挥、反应灵敏、协调有序、运转高效的应急管理机制。

1.4.5 属地为主、依法处置的原则。在处理突发事件过程中，充分发挥地方政府主导作用，协助政府职能部门依法处置，不得越权处置或替代有关部门的执法职能。

2　风险分析与分级

2.1　工程基本情况

南水北调中线一期工程总干渠自陶岔渠首至北京团城湖全长约 1277.212km，天津干线自西黑山分水闸引出，至天津外环河出口闸长约 155.273km，总长 1432.485km。总干渠陶岔至北拒马河中支渠段采用明渠输水方式，线路总长 1197.368km，其中，渠道长 1103.213km，建筑物累计长 94.155km，布置各类建筑物共计 2385 座。

2.2　工程安全事故风险分析

2.2.1　引发总干渠工程损毁的风险因素主要包括：洪水、冰冻、地震、穿越工程事件、人为破坏、尚未发现的地质缺陷、其他施工影响等诸多因素，根据不同的工程特性，需要分别对渠道工程、输水建筑物、穿（跨）渠建筑物进行风险源分析。

2.2.2　渠道工程风险分析

2.2.2.1　基本概况

陶岔至北拒马河中支总干渠渠道中挖方渠段累计长 486.208km，最大挖深达 60m，全填方渠段累计长 82.519km，最大填高达 22m，半挖半填渠段累计长 534.486km。渠道沿线所经过的特殊地质渠段包括膨胀性（岩）土渠段、饱和砂土渠段、湿陷性黄土渠段、河滩地以及煤矿采空区渠段，其中膨胀土渠段累计长约 369.051km，渠坡、渠底为中—强透水岩（土）体的渠段累计长 248.773km，饱和砂土渠段特殊渠段累计长 41.536km，湿陷性黄土渠段累计长 181.631km，通过煤矿区渠段累计长 51.706km（其中采空区 3.11km）。

2.2.2.2　挖方渠段

2.2.2.2.1　渠坡滑坡：

a）边坡稳定问题是挖方渠段的主要安全隐患，深挖方渠段和特殊土地基渠段风险更大，渠坡的稳定主要取决于坡体内地质构造、渠坡土（岩）层的性状、岩土物理力学特性、地下水位等因素，挖方渠道边坡设计主要依据设计阶段地勘成果和施工图阶段渠道开挖揭示的工程地质条件进行。以下几方面原因可能导致渠坡滑坡：

1）坡体内可能存在尚未发现的工程地质缺陷；

2）运行期间由于长时间强暴雨等原因导致地下水位超过设计水位；

3）工程运行期间坡面坡顶加载；

4）坡面保护措施损坏；

5）膨胀土渠段地质条件复杂、设计理论有待完善和工程实际运行的检验等。

b）挖方渠道发生滑坡主要危害包括以下几方面：

1）大规模滑坡堵塞或局部堵塞渠道，导致上游填方渠道发生漫溢或溃决；

2）输水断面局部小规模滑坡或过大变形将减少过水断面，导致渠道输水能力下降，影响渠道正常运行，严重时亦可能导致渠道堵塞；

3）滑坡土体造成下游临近渠段或渠道倒虹吸（或输水涵管等）发生淤积，导致输水能力大幅度下降，严重时亦可能导致临近填方渠道发生漫溢或溃决。

2.2.2.2.2 坡顶防洪堤损毁：

a) 挖方渠段的渠道坡顶设置防洪堤以防止洪水入渠，一般防洪堤高度为1m，部分防洪堤堤顶高程按照所在河流（或河沟）洪水位加一定安全超高确定。当发生以下几方面的原因时，均有可能导致挖方渠道渠顶防洪堤损毁，造成工程安全事故：

   1) 汛期连续暴雨或遭遇超标洪水；

   2) 防洪堤外地形条件或排洪通道发生不利于行洪的变化；

   3) 其他原因导致防洪堤挡水标准下降。

b) 对于挖方渠道渠顶地形较为平坦且汇水面积较大、地形相对较低的垭口部位、与大型河流连通的汇水区域，发生防洪堤或截流埝损毁的风险相对较大。当挖方渠道堤顶防洪堤在洪水期间发生溃决事件时，可能导致以下几方面后果：

   1) 大量洪水涌入渠道，导致渠道输水流量急增，上下游临近填方渠道发生漫溢或溃决；

   2) 导致局部渠道边坡严重冲刷，产生泥石流，造成下游临近渠段或渠道倒虹吸（或输水涵管）发生淤积，导致输水能力大幅度下降，严重时亦可能导致临近填方渠道发生漫溢或溃决；

   3) 导致局部渠道边坡失稳，引发渠坡滑坡；

   4) 洪水期间不符合标准的水体大量进入渠道，导致渠道水质污染。

2.2.2.2.3 泥石流引发的渠道破坏。对于深挖方渠道，在强降水暴雨期间，可能导致坡面严重水土流失，引发泥石流。对于粗颗粒材料构成的密实度较差的深挖方渠道边坡，强降雨期间坡面产生泥石流风险较大。当挖方渠道坡面发生泥石流时，可能导致以下几方面后果：

a) 造成下游临近渠段或渠道倒虹吸（或输水涵管）发生淤积，渠道输水能力大幅度下降，严重时亦可能导致临近填方渠道发生漫溢或溃决；

b) 导致局部渠道边坡失稳，引发渠坡滑坡；

c) 导致渠道水质污染。

2.2.2.3 填方渠段

2.2.2.3.1 渠堤内坡失稳：

a) 渠道工程运行后，渠堤成为挡水建筑物，位于渠道运行水位以下的渠堤内坡坡体土，遇渠道水位急剧下降、局部坡体填筑体的抗剪强度偏低等情况时，渠道存在内坡失稳的可能性。渠道内坡失稳后，可能导致以下几方面的后果：

   1) 滑坡体所在部位渠堤溃决，渠水外泄，严重威胁当地居民的生命和财产安全；

   2) 堵塞或局部淤塞渠道，导致上游填方渠道发生漫溢或溃决；

   3) 滑坡体顺渠道水流流向渠道下游，淤塞渠道下游输水倒虹吸；

   4) 减少过水断面尺寸，导致渠道输水能力下降，影响渠道正常运行。

b) 渠道运行初期由于局部坡体的抗剪强度偏低而导致内坡失稳的可能性较大；渠道正常运行期间，水位急剧下降导致内坡失稳的可能性较大；相对而言，渠堤设有防渗墙的高填方渠段内坡失稳风险较其他渠段大。

2.2.2.3.2 渠堤外坡失稳：

  a）渠道工程运行后，渠堤将承受渠道水压力，渠堤外坡失稳引发的原因有：

    1）局部坡体填筑体抗剪强度偏低；

    2）渠堤渗漏；

    3）坡脚泡水软化；

    4）地面高程下降；

    5）坡面雨水冲刷。

  b）渠堤外坡失稳后，可能导致以下几方面的后果：

    1）滑坡体所在部位渠堤溃决，渠水外泄，严重威胁当地居民的生命和财产安全；

    2）局部变形过大，导致渠堤下沉，渠道防渗系统破坏，最终发展到渠堤溃决。

  c）在渠道运行初期由于局部坡体抗剪强度偏低、坡面雨水冲刷导致外坡失稳的可能性较大；渠道正常运行期间，渠堤渗流影响、坡脚软化、局部地面下降导致外坡失稳的可能性较大；相对而言，渠堤设有防渗墙的高填方渠段外坡失稳风险较其他渠段小。

2.2.2.3.3 渠水漫顶破坏：

  a）填方渠道堤顶按一定超高设计，由于以下几方面的原因均有可能导致渠道水位超过渠堤允许的挡水高度：

    1）由于大范围强降水、防洪堤溃决等方面的原因，导致局部渠段实际流量大幅度超过调度流量；

    2）渠道下游由于其他原因堵塞或大幅度减小过流能力；

    3）局部渠段因特殊地质条件导致渠堤突然下沉；

    4）由于节制闸闸门操作系统失灵或误操作，导致上游渠段严重壅水；

    5）冰期输水渠道或建筑物输水通道形成冰塞冰坝。

  b）从事件引发特点看：a）项1）、2）在所有渠段均有可能发生，3）在煤矿采空区、未处理好的湿陷性黄土渠段等特殊土地基渠段风险较大，4）、5）主要影响节制闸上游渠段。

  c）发生渠水漫顶外溢事件时，可能导致的后果主要有：渠堤溃决，渠水外泄，严重威胁当地居民的生命和财产安全；渠堤外坡失稳，最终发展到渠堤溃决；闸室段周边漫水，导致闸门启闭机体系、安全监测系统、机电设备失灵。

2.2.2.3.4 渠堤或渠基渗漏破坏：

  a）渠堤堤身或渠基存在以下问题时，将可能发生渗漏破坏：

    1）堤身中下部存在连通渠道防渗土工膜下方排水体系的强透水夹层或局部强透水体，而临近的渠道防渗土工膜存在质量缺陷，渠堤外坡脚排水反滤存在功能性缺陷；

    2）砂性土填筑的渠堤，渠道防渗土工膜存在严重质量缺陷，坡脚排水反滤体存在功能性缺陷；

    3）渠道地基存在未发现或处理不善的强透水夹层，且与渠道排水体系连通、渠道防渗土工膜存在质量缺陷，渗流出逸区域排水反滤措施不到位。

b) 当填方渠道的渠堤或渠基发生渗漏破坏时，可能导致以下几方面后果：由于堤身土体流失，导致渠堤发生沉降变形；渠堤坡脚或临近地基软化，导致渠道外坡失稳；对于砂性土渠堤的管涌、流沙可能直接导致渠堤溃口。

c) 一般条件下，高填方渠道和砂性土填筑的渠堤发生渗漏破坏风险较大，砂性土地基、位于古河道或河滩地上渠堤的地基、穿渠建筑物渠段发生地基渗透破坏风险较大。

2.2.3 输水建筑物风险分析

2.2.3.1 建筑物主要类型和结构形式

2.2.3.1.1 输水建筑物的类型主要有梁式渡槽、涵洞式渡槽、渠道倒虹吸、暗渠、隧洞等。输水建筑物一般包括进出口渐变段、控制性建筑物（节制闸、退水闸等）、槽身或管身段；其中进出口渐变段及闸室布置于河道两岸岸坡上，岸坡采取防护措施，保护进出口建筑物；槽身或管身段则位于河道上，与河道立体交叉，将总干渠水输送过河道。

2.2.3.1.2 梁式渡槽槽身段的结构形式一般为：上部结构为预应力简支梁输水槽身，槽身跨度之间布置止水；下部结构包括盖梁、槽墩、承台和桩基。涵洞式渡槽则为上部槽身输水、下部涵洞河道过流的建筑物型式。倒虹吸采用有压箱涵穿越，暗渠则采用无压箱涵或隧洞穿越河道或铁路线等。

2.2.3.1.3 总干渠几乎所有输水建筑物的进出口均布置有节制闸或控制闸或检修闸，闸前布置有渐变段，渠道防渗土工膜通常在渐变段前与渐变段混凝土结构相接，渐变段、进出口各类闸、输水建筑物之间结构缝均埋设止水；部分控制闸前还布置有退水闸。

2.2.3.2 进、出口建筑物

2.2.3.2.1 输水建筑物进出口挡墙、闸室可能出现的险情主要有：建筑物地基失稳破坏、建筑物抗滑或抗浮失稳、止水失效导致集中渗漏、挡土墙或闸室外侧填土滑塌、建筑物所在的河道因洪水冲刷导致建筑物进出口岸坡严重冲刷等。

2.2.3.2.2 建筑物地基失稳破坏：

a) 南水北调中线工程输水建筑物中部分渡槽或倒虹吸的进出口修建在填土地基或软基上，一般情况下对承载力不足的地基均进行了地基处理，使其满足承载能力要求；以下几方面原因均有可能导致输水建筑物进出口设施的地基失稳或建筑物结构发生过大变形：

　　1）地基中存在未发现的软弱地层；

　　2）地基处理存在质量缺陷；

　　3）由于其他原因改变了地基周边地形条件；

　　4）地基发生渗漏破坏。

b) 从发生地基失稳的原因方面分析，运行初期 a）项的第 1）、第 2）项可能性较大，洪水期间 a）项的第 3）项可能性较大，运行期间 a）项的第 4）项可能性较大。

c) 输水建筑物进出口设施地基失稳或产生过大变形引发的工程安全事故主要有：进出口挡土墙倒塌，渠水外泄；进出口闸严重倾斜移位，渠水外泄或渠道无法输水；进出口建筑物防渗体系破坏，继发结构外侧填筑体失稳或地基渗漏破坏。

2.2.3.2.3 建筑物抗滑失稳：

a) 输水建筑物抗滑失稳会出现进出口渐变段向两侧滑移或进出口节制闸顺渠道水流方向滑移。抗滑失稳事件引发因素主要有：

    1）闸前水位超过抗滑稳定设计或校核工况；

    2）闸室结构混凝土与地基土之间摩擦系数严重不足；

    3）渐变段挡土墙外侧填土失稳，丧失抗滑力；

    4）地下水位上升，导致建筑物结构有效重量大幅度下降。

b) 输水建筑物进出口设施抗滑失稳引发的工程安全事故主要有：进出口挡土墙倒塌，渠水外泄；进出口建筑物防渗体系破坏，继发结构外侧填筑体失稳或地基渗漏破坏。

2.2.3.2.4 建筑物抗浮失稳：

a) 部分挖方渠道输水建筑物进出口所在渠段的地下水位较高，进出口建筑物存在抗浮失稳的可能。抗浮失稳引发因素主要有：

    1）地下水位（基底扬压力）超过设计允许值；

    2）进出口挡墙和底板布置的逆止阀、排水管等排水设施堵塞，排水不畅；

    3）运行期渠道水位较低或检修期未有效控制地下水位。

b) 输水建筑物进出口设施抗浮失稳引发的工程安全事故主要有：引发建筑物失稳；破坏防渗体系，继发结构外侧填筑体失稳或地基渗漏破坏。

2.2.3.2.5 止水失效导致渠坡渗漏破坏。进出口建筑物与渠道、建筑物结构体永久缝之间均设有止水，当止水施工存在质量问题或某种原因导致建筑物发生过大的位移时，均有可能导致结构缝渗漏，渗漏严重且建筑物外围填土或天然地基不满足排水反滤要求时，可能引发以下几方面事件：

a) 地基土软化，导致建筑物过大变形。

b) 建筑物地基渗漏破坏导致地基失稳。

c) 建筑物外侧填筑体边坡失稳。

d) 建筑物地基扬压力升高，继发抗浮或抗滑失稳。

2.2.3.2.6 洪水冲刷导致建筑物进出口岸坡破坏。由于输水建筑物交叉断面大多缩窄了河道过流宽度，在一定程度上改变了天然河道的局部水流条件，建筑物进出口岸坡在汛期更易受洪水冲刷。当局部河岸防护设施损坏、河道附近的水流条件发生较大变化、发生洪水时，有可能导致局部河岸防护设施或裹头水毁，可能引发以下几方面事件：

a) 进出口岸坡水流条件恶化，导致护坡局部坍塌，甚至危及建筑物。

b) 进出口裹头产生过大变形，导致洪水漫溢溃堤。

c) 进出口裹头发生渗漏、管涌，直至溃堤。

2.2.3.3 梁式渡槽槽身段

梁式渡槽槽身可能出现的险情主要有：

a) 洪水冲刷导致槽墩基础破坏。洪水期槽墩局部冲刷较大，如槽墩承台周围回填土不符合要求、填筑不密实等均可能导致桩基冲刷出露、承载力不够，引起槽身失稳破坏。

b) 大型漂浮物对槽墩的撞击导致槽身失稳破坏。洪水期河道上游可能存在大型漂浮物，如冲毁的房屋建筑、桥梁设施等；部分建筑物所在河段存在采砂现象，交叉断面附近有大型的采砂船及采砂设备等，这些大型漂浮物和采砂船等均可能对渡槽槽墩造成撞击，导致槽身失稳破坏。

2.2.3.4 涵洞式渡槽槽身段

涵洞式渡槽槽身可能出现的险情主要有：

a) 洪水冲刷导致渡槽基础破坏。涵洞式渡槽的基础埋深较浅，其上下游河底一般需采取防护措施。如防护措施施工质量不满足要求或遇洪水时，有可能在防护措施冲刷破坏后进一步冲刷涵洞基础，导致渡槽失稳破坏。

b) 河道漂浮物堵塞涵洞导致上游水位壅高。由于涵洞单孔宽度较小，洪水期可能发生大型漂浮物堵塞涵洞的现象，导致河道行洪不畅、上游水位壅高，加大了槽身两侧上下游水位差，可能进一步导致涵洞式渡槽抗滑失稳破坏。

2.2.3.5 倒虹吸或暗渠涵管

倒虹吸或暗渠可能出现的险情主要有：箱涵地基失稳破坏；穿越河道的倒虹吸或暗渠可能因洪水冲刷导致箱涵失稳破坏；穿越铁路的倒虹吸或暗渠一方面可能因结构破坏影响铁路运行安全，另一方面也可能因铁路事故导致建筑物损毁性破坏。

a) 箱涵地基失稳破坏。倒虹吸或暗渠可能因地质原因、地基处理达不到要求等引起箱涵地基失稳破坏，箱涵漏水，可能进一步导致岸坡滑塌和地面塌陷。

b) 河道冲刷导致箱涵失稳破坏。遇洪水时，可能导致箱涵局部冲刷较大或冲刷出露等情况，进一步导致箱涵失稳破坏。

c) 铁路交叉建筑物破坏影响铁路运行安全。铁路交叉建筑物，如倒虹吸、暗渠等，可能因地震、建筑物地基不均匀沉降、箱涵地基失稳破坏等影响铁路运行安全。

d) 铁路事故导致建筑物破坏。穿越铁路的倒虹吸或暗渠，尤其是暗渠，可能因铁路交通事故导致建筑物坍塌、损毁破坏。

2.2.3.6 压力管涵

2.2.3.6.1 北京段PCCP输水管道为有压管涵，输水涵管通常在较高内水压力条件下运行。输水运行期间可能发生的工程安全事故主要有：管道爆裂和接头发生严重渗漏。引发工程安全事故的原因是多方面的，主要包括：

a) 管道存在质量问题。

b) 管道上方大规模加载。

c) 由于地基渗漏或其他原因导致管道地基失稳。

d) 由于其他原因导致管道发生地基沉降变形。

e) 接头止水失效。

f) 运行调度不当，导致内水压超过设计允许值。

2.2.3.6.2 管道爆裂和接头严重渗漏事件发生的后果主要包括：中断供水，高压射水危及临近建筑物安全和临近人群的生命财产安全，造成局部区域地面沉降变形等。

2.2.3.7 低压箱涵

2.2.3.7.1 天津干线工程以低压箱涵为主，输水箱涵通常在低内水压力条件下运行，箱涵沿线采用保水堰保证运行期间箱涵始终处于有压状态运行。输水运行期间可能发生的工程安全事故主要有：输水箱涵结构破坏、箱涵混凝土严重开裂、局部地基变形、箱涵上浮等。引发工程安全事故的原因是多方面的，主要包括：

    a）箱涵存在质量问题。

    b）箱涵上方大规模加载或地面高程大幅度下降。

    c）由于地基渗漏或其他原因导致箱涵地基失稳。

    d）由于其他原因导致箱涵发生地基沉降变形。

    e）接头止水失效。

    f）检修期间地下水位上升，导致箱涵上浮。

2.2.3.7.2　箱涵工程安全事故发生的后果主要包括：中断供水，水体外泄淹没当地建筑物或农作物、造成局部区域地面沉降变形等；严重时危及临近人群及建筑物安全。

2.2.3.8　输水明槽

2.2.3.8.1　天津干线工程陡坡段位输水明槽、总干渠沙河落地输水明槽为修建在软土地基上的输水明槽，输水运行期间可能发生的工程安全事故主要有：槽体结构破坏、地基失稳、混凝土严重开裂或结构缝止水失效、挖方地基上明槽上浮等。引发工程安全事故的原因是多方面的，主要包括：

    a）明槽地基存在未查明的地质缺陷或地基处理存在质量缺陷。

    b）明槽地基发生不均匀沉降变形。

    c）修建在填土地基上的明槽地基边坡失稳。

    d）明槽外侧填土高程大幅度抬高或下降。

    e）接头止水失效。

    f）位于挖方地基上的明槽检修期间地下水位上升，导致明槽上浮。

2.2.3.8.2　输水明槽工程安全事故发生的后果主要包括：中断供水；水体外泄淹没当地建筑物或农作物，造成局部区域地面沉降变形等；严重时危及临近人群及建筑物安全。

2.2.4　穿（跨）渠建筑物风险分析

    总干渠与河流交叉大体上分为以输水建筑物穿（跨）过河流和以穿（跨）渠建筑物穿（跨）过渠道或渠道一侧渠堤（填方渠道上的分水闸）两大类。

2.2.4.1　穿渠建筑物

2.2.4.1.1　管身结构破坏：

    a）穿渠建筑物涵管埋于渠道下方，承受上覆渠道填土压力和水体重量，涵管结构设计不当、涵管混凝土施工质量问题、涵管两侧回填土侧向土压力严重不足、渠道水位大幅度升高超过设计允许水位等方面原因均有可能导致穿渠建筑物涵管破坏、坍塌或严重开裂，可能引发的工程安全事故主要有：

        1）涵管上方渠道底板或渠堤坍塌，渠水外泄；

        2）涵管临近渠道衬砌结构严重变形，防水、排水体系破坏，导致渠道发生管涌等形式的渗透破坏；

        3）涵管贯穿性裂缝在涵管外高地下水位作用下，淘刷涵管外侧填土，导致临近渠道基础发生严重变形，引发渠道基础渗漏破坏；

    4) 导致穿渠涵管局部区域地下水位升高，穿渠建筑物进出口挡土墙、底板、局部涵管设计荷载发生变化，影响结构安全。

  b) 由于涵管结构设计不当、涵管混凝土施工质量问题、涵管两侧回填土侧向土压力严重不足而引发的涵管结构破坏事件发生在工程完建期可能性较大，渠道水位大幅度升高主要在运行期间存在可能性。

2.2.4.1.2 管涵外侧回填体发生严重变形。大部分穿渠涵管施工均应先进行基坑开挖，涵管混凝土浇筑后再回填施工基坑，然后施工其上方的输水渠道。若基坑回填体施工质量不能满足设计要求或变形尚未稳定，均有可能导致后续施工的渠道工程在施工及运行期间产生危害性沉降变形，可能引发的工程安全事故主要包括：

  a) 堤身由于基础不均匀沉降变形，导致堤身开裂发生渗漏破坏。

  b) 涵管附近衬砌板基础与衬砌板之间脱空，导致衬砌板下的防渗土工膜破坏，沿涵管集中渗漏，产生大量水土流失，造成渠堤溃决。

  c) 涵管两侧侧压力与涵管结构设计模型偏离过大，导致涵管结构破坏。

  d) 穿渠涵管局部区域地下水位升高，穿渠建筑物进出口挡土墙、底板、局部涵管设计荷载发生变化，影响结构安全。

2.2.4.1.3 建筑物与围土结合部发生接触渗漏破坏。为防止穿渠建筑物与回填土之间接触面发生接触渗漏，设计一般要求在穿渠建筑物混凝土结构与回填土之间应设置截水墙，箱涵填筑时在箱涵表面应涂刷黏土泥浆，在箱涵进出口应设置排水反滤体。当上述措施存在施工质量缺陷或排水反滤材料不能满足其功能要求，或由于其他原因导致穿渠建筑物一定区域范围内发生沉降或不均匀沉降变形，使得穿渠涵管与围土脱开，均有可能导致沿穿渠涵管发生接触渗漏破坏，可能引发的工程安全事故包括：

  a) 渠道地基水土流失，导致渠道发生危害性变形。

  b) 穿渠涵管进出口渗流出逸区土体软化，渠堤发生局部变形或滑塌。

  c) 穿渠建筑物进出口涵管与外侧填土结合部产生管涌破坏，危及渠堤安全。

  d) 导致涵管周围外水压力与设计值差别较大，影响涵管结构安全。

  e) 导致穿渠涵管局部区域地下水位升高，穿渠建筑物进出口挡土墙、底板、局部涵管设计荷载发生变化，影响结构安全。

2.2.4.1.4 进出口建筑物破坏：

  a) 穿渠建筑物进出口建筑物一般包括进出口翼墙、进出口喇叭段底板、进出口局部涵管段。穿渠建筑物进出口设施破坏形式主要包括进出口翼墙失稳或变形过大、进出口底板抗浮失稳、进出口涵管段发生过大位移或结构破坏。引起破坏的主要原因包括：

    1) 进出口建筑物翼墙或底板排水孔失效或作用下降，导致地基扬压力升高，其抗浮稳定或抗滑稳定性不足；

    2) 由于其他方面原因，渠道水外渗或穿渠箱涵外侧接触渗漏，导致穿渠建筑物进出口翼墙后填土水压力上升，进出口翼墙抗滑稳定性不足；

    3) 墙后填土或地基处理存在质量问题，导致进出口翼墙地基失稳或发生危害性变形；

4) 由于其他方面原因产生的堤身渗漏软化进出口翼墙、进出口局部箱涵端部挡土墙后土体，导致水土压力增加，使进出口翼墙或进出口局部箱涵失稳；

5) 进出口水流条件较差，洪水期间穿渠涵管进出口翼墙或底板地基受洪水淘刷，导致地基失稳。

b) 穿渠建筑物进出口破坏引发的工程安全事故主要包括：导致临近渠堤外坡局部失稳，引发渠堤溃口；对于左岸排水建筑物，当进出口建筑物破坏时，将大幅度减少或丧失排洪能力，导致排水建筑物上游严重壅水。

2.2.4.1.5 箱涵淤积。穿渠建筑物大多为左岸排水建筑物，且直接排放天然河道洪水，运行期间排洪建筑物输水涵管容易产生不同程度的淤积，导致排洪能力下降。排水涵管淤积导致洪水期间其上游发生较大壅水，可能诱发的安全问题主要有：

a) 壅水将在当地一定区域内造成淹没，严重时关系到当地居民生命财产安全。

b) 壅水高度较大，超过临近区域渠堤外坡脚防护高度，风浪作用将可能导致渠堤坡脚淘刷。

c) 壅水将抬高渠堤浸润线高度，一定程度上降低渠堤坡体土的抗剪强度，退水时可能导致渠堤外坡失稳。

d) 对于挖方渠道，壅水将导致渠外地下水位上升，不仅影响渠道边坡稳定性，长时间壅水还可能影响渠道衬砌体系的稳定性。

2.2.4.2 跨渠渡槽

2.2.4.2.1 跨渠渡槽进出口破坏因素主要包括：

a) 排洪渡槽相关河道发生洪水，导致进出口建筑物或临近渠道坡顶发生漫顶。

b) 渡槽进出口建筑物与两侧渠道边坡结合部防渗体系失效，发生渗漏破坏。

c) 渡槽进出口建筑物与渠道结合部填土质量缺陷或地下水位上升，导致进出口建筑物失稳。

d) 由于其他原因导致进出口建筑物临近地面加载。

2.2.4.2.2 跨渠渡槽进出口破坏形式主要包括：

a) 进出口建筑物外侧土体溃口。

b) 进出口建筑物发生严重变形，防渗体系破坏，导致严重渗漏，继发溃口。

c) 进出口建筑物垮塌。

2.2.4.2.3 无论哪种破坏形式，都将导致天然河道外水进入渠道，造成渠道流量增加，若运行调度不当将引发渠堤漫顶；外水进入渠道亦有可能导致渠道水质污染；外水沿渠道边坡泄入总干渠冲刷渠坡，可能导致渠坡失稳，坡体土进入渠道产生淤积，导致渠道输水能力下降。

2.2.4.3 跨渠桥梁

跨渠桥梁可能发生的工程安全事故大多为突发事件，引发原因多为交通事故或车辆严重超载等，工程安全事故后果主要包括：

a) 交通事故导致车辆坠入渠道，可能造成水质污染，可能使渠道衬砌结构及防渗排水体系损坏。

b) 桥梁垮塌，导致渠道衬砌结构及防渗排水体系损坏，严重干扰渠道输水。

2.2.5 工程风险点排查

经排查统计，中线干线工程风险点共计 865 项，其中渠段风险点 571 项，建筑物风险点 294 项。南水北调中线总干渠渠道、建筑物风险点统计表见附录 E、附录 F。

2.3 工程安全事故分级

南水北调中线干线工程安全事故指与工程结构损坏、破坏相关的安全事故。南水北调中线干线工程安全事故按照其性质、可控性、严重程度和影响范围等因素，分为 4 个级别，由高到低分为 Ⅰ 级（特别重大）、Ⅱ 级（重大）、Ⅲ 级（较大）和 Ⅳ 级（一般）。

a) 凡符合下列条件之一时，工程发生结构破坏并造成供水中断，为 Ⅰ 级：

1) 渠堤内外坡失稳规模较大，直接导致渠水外泄或建筑物外填土边坡失稳且滑坡上缘在建筑物基础轮廓范围以内；

2) 建筑物基础发生管涌引起建筑垮塌或渠堤边坡发生管涌引起渠道溃口；

3) 建筑物基础发生沉降引起渠堤溃口或 PCCP 管爆管；

4) 建筑物地基失稳或抗滑失稳引起输水建筑物、控制建筑物垮塌或建筑物连接段溃口；

5) 输水建筑物发生抗浮失稳，引起输水箱涵或渡槽发生结构破坏，引起供水中断；

6) 防洪堤漫顶或溃决引起渠堤漫顶溃口；

7) 河道冲刷引起岸坡或裹头垮塌导致控制建筑物垮塌或河道冲刷导致输水箱涵破坏、跨渠建筑物进出口溃口；

8) 排水建筑物淤积导致洪水期间渠堤外水漫顶溃口；

9) 节制闸发生事故导致其上游渠道漫顶或溃口；

10) 渡槽下部结构发生破坏或输水渡槽结构破坏引起输水建筑物垮塌或跑水；

11) 渠道出现大范围冰塞、冰坝险情，造成供水中断或结构破坏；

12) 与以上类似的其他工程安全事故。

b) 凡符合下列条件之一时，工程发生结构破坏并影响正常输水，为 Ⅱ 级：

1) 渠堤内坡出现中等规模失稳，影响总干渠输水流量；建筑物外填土边坡失稳且滑坡上缘在建筑物基础轮廓范围以外且出现渠水外渗，并造成滑坡继续发展或总干渠管理道路中断；

2) 渠堤边坡发生较大范围集中渗漏、流土导致渠堤部分垮塌、管理道路中断，但渠水未外泄；

3) 建筑物基础发生集中渗漏、流土，造成基础变形过大或建筑物结构破坏，需要降低流量运行；

4) 局部沉降变形引起控制建筑物基础破坏影响正常输水或造成穿渠建筑物较大范围的管涌破坏；

5) 渠道衬砌体系发生大范围抗浮失稳和结构破坏，影响总干渠输水；

6) 建筑物闸墩、牛腿、底板和启闭机排架结构破坏，影响总干渠正常输水；

7) 输水箱涵和渡槽结构发生破坏，影响总干渠正常输水；

8) 渠道出现较大范围冰塞、冰坝险情，造成结构破坏但未影响总干渠正常输水；

9）与以上类似的其他工程安全事故。

　　c）凡符合下列条件之一时，工程发生结构破坏但尚未影响正常输水，为Ⅲ级：

1）渠堤外坡出现中等规模失稳，滑坡上缘接近渠顶或出现渗水；建筑物外填土边坡失稳且滑坡上缘在建筑物基础轮廓范围以外未出现渠水外渗，未影响总干渠其他设施；

2）渠堤边坡发生集中渗漏、流土导致渠堤变形开裂；

3）挖方渠段一级马道以上边坡失稳影响管理道路通行，未影响总干渠正常输水；

4）河道冲刷引起岸坡垮塌但未导致建筑物垮塌或溃口，对其他设施未造成影响；

5）启闭机房结构发生破坏需立即采取处理措施，但未影响正常输水；

6）输水建筑物结构发生破坏需立即采取处理措施，但未影响正常输水；

7）与以上类似的其他工程安全事故。

　　d）凡符合下列条件之一时，工程发生局部破坏或即将破坏，为Ⅳ级：

1）渠堤外坡出现小规模失稳，滑坡上缘在渠堤中下部且未出现渗水；建筑物外填土边坡失稳且滑坡上缘在边坡中下部且未出现渗水；

2）挖方渠段一级马道以上边坡失稳，影响范围在管理道路以上；

3）河道冲刷引起岸坡局部垮塌，垮塌上缘在岸坡中下部，未对其他设施造成影响；

4）渠道衬砌体系发生局部抗浮失稳和结构破坏，未影响总干渠输水；

5）各类建筑物发生局部破坏，但不影响输水；

6）局部沉降引起渠堤堤身开裂或建筑物基础接缝渗漏、结构受损；

7）左排建筑物出现淤堵造成渠外淹没，危及工程安全；

8）渠道出现冰塞、冰坝险情，未造成结构破坏亦未影响总干渠正常输水；

9）与以上类似的其他工程安全事故。

3　组织机构及职责

3.1　组织机构

3.1.1　机构组成

　　南水北调中线干线工程安全事故应急指挥机构由一级运行管理单位（中线建管局）、二级运行管理单位（各分局、北京市南水北调干线管理处）、三级运行管理单位（各现地管理处、陶岔电厂、大宁管理所、西四环管理所）组成。

3.1.2　一级运行管理单位

3.1.2.1　一级运行管理单位工程安全事故应急指挥部：

　　为加强中线干线工程安全事故应急处置工作，确保工程安全供水，成立一级运行管理单位工程安全事故应急指挥部，工程安全事故应急指挥部在南水北调中线干线工程突发事件应急管理领导小组领导下开展工作。

　　a）指挥长：分管局领导。

　　b）成员：副总师、相关职能部门负责人、二级运行管理单位负责人。

3.1.2.2 工程安全事故应急指挥部办公室：

一级运行管理单位工程安全事故应急指挥部下设办公室，办公室设在一级运行管理单位工程维护主管部门，工程维护主管部门负责人兼任办公室主任。

3.1.2.3 现场抢险指挥部：

当发生重大及以上工程安全事故时，根据应急处置工作需要，一级运行管理单位工程安全事故应急指挥部应设现场抢险指挥部，由局领导担任指挥长和副指挥长，副总师、工程安全事故归口职能部门、相关职能部门、二级运行管理单位、三级运行管理单位有关人员组成，下设工作职能组，具体负责突发事件指挥和处置等应对工作。

3.1.3 二级运行管理单位

二级运行管理单位成立突发事件应急指挥部，指挥长由二级运行管理单位负责人担任，副指挥长由二级运行管理单位副职担任，成员由二级运行管理单位职能处室负责人及三级运行管理单位负责人组成。

3.1.4 三级运行管理单位

三级运行管理单位成立突发事件应急处置小组，组长由三级运行管理单位负责人担任，副组长由三级运行管理单位副职担任，成员由三级运行管理单位相关科室有关人员组成。

3.2 工作职责

3.2.1 一级运行管理单位

3.2.1.1 工程安全事故应急指挥部职责：

a）执行落实突发事件应急管理领导小组各项决策意见。

b）审查工程安全事故专项应急预案。

c）负责Ⅰ级、Ⅱ级、Ⅲ级工程安全事故预警和响应工作，组织召开应急会商会。

d）分析研判突发事件，提出相关应急响应意见，并及时报告应急管理领导小组。

e）根据突发事件发展演变情况，提出应急处置措施供应急管理领导小组决策。

f）开展工程安全事故处置的组织指挥，负责现场内、外协调工作，当工程安全事故超出一级运行管理单位处置能力时，依程序请求上级单位和地方政府支援。

g）分析总结工程安全事故应对工作。

h）负责完成突发事件应急管理领导小组交办的其他工作。

3.2.1.2 工程安全事故应急指挥部办公室职责：

a）负责一级运行管理单位工程安全事故应急指挥部的日常工作，组织、协调、检查、指导各级运行管理单位工程安全事故应急处置工作。

b）组织修订、完善本应急预案，监督检查各级运行管理单位现场应急预案和处置方案的制定、演练和培训等工作。

c）负责或参与工程安全事故预警响应工作，并及时向工程安全事故应急指挥部报告。

3.2.1.3 现场抢险指挥部职责：

a）执行落实突发事件应急管理领导小组各项决策意见。

b）具体负责工程安全事故现场抢险指挥和处置应对工作。

c）负责完成突发事件应急管理领导小组交办的其他工作。

3.2.2 二级运行管理单位

突发事件应急指挥部职责：

a）贯彻落实突发事件应急管理领导小组各项决策意见。

b）研究部署本单位所辖区段工程安全事故应急管理工作。

c）审批本单位所辖工程突发事件综合应急预案。

d）负责所辖区段工程安全事故Ⅳ级预警和响应的发布和解除，对Ⅲ级及以上工程安全事故预警和响应提出初步意见。

e）组织指挥或参与工程安全事故现场应急处置工作，服从上级部门或地方政府开展的应急处置工作。

f）负责与工程沿线市（县）应急处置机构建立联络和应急响应机制。

g）完成突发事件应急管理领导小组交办的其他工作。

3.2.3 三级运行管理单位

突发事件现场处置小组职责：

a）贯彻落实上级单位和地方政府有关突发事件应急管理规章制度。

b）负责编制本单位所辖工程现场应急处置方案。

c）负责工程安全事故险情先期应急处置工作。

d）负责辖区工程安全事故应急演练、培训工作。

e）建立与属地政府的联络机制。

f）完成上级应急指挥部交办的其他工作。

4 应急响应

4.1 预防预警

4.1.1 预警信息

4.1.1.1 针对南水北调中线工程水文、地质、工程布置和社会环境等情况，确定工程安全监测的主要预防预警信息，建立工程信息管理系统，对工程的安全状态、运行、维护情况进行监控。与地方水利、水文、防汛、气象、地质灾害、地震、应急管理等部门建立信息共享机制，同时通过气象网、地震网、防汛网等及时获取信息。

4.1.1.2 工程安全监测单位和分管部门收集整理与工程安全预防预警有关的数据资料和相关信息，评价工程安全情况，建立工程安全监测、预报、预警等资料数据库，实现各部门间信息的共享，并及时向一级运行管理单位应急指挥机构汇报可能出现的工程安全风险。

4.1.1.3 运行管理单位应定期组织对重要工程（包括其他行业穿越南水北调总干渠的重要工程）及部位进行工程的安全评价。工程安全评价工作以运行调度记录、工程安全监测资料和巡查记录为基础，根据相关规范规程要求，对工程安全进行评价，并提出可能影响工程安全有关问题的处置措施和建议。

4.1.2 预警分级

按照工程安全事故发生的紧急程度、发展势态和可能造成的危害程度，突发事件预警级别由高到低分别为Ⅰ级、Ⅱ级、Ⅲ级、Ⅳ级，Ⅰ级为最高级别，依次用红色、橙色、黄色、蓝色标示：

a) Ⅰ级预警（红色）：情况危急，有可能发生或引发特别重大工程安全事故时。

b) Ⅱ级预警（橙色）：情况紧急，有可能发生或引发重大工程安全事故时。

c) Ⅲ级预警（黄色）：情况比较紧急，有可能发生或引发较大工程安全事故时。

d) Ⅳ级预警（蓝色）：存在重大隐患，有可能发生或引发一般工程安全事故时。

4.1.3 预警发布、调整、解除

Ⅰ级、Ⅱ级、Ⅲ级预警由一级运行管理单位工程安全事故应急指挥部办公室负责发布、调整和解除。Ⅳ级预警由二级运行管理单位负责发布和解除，并报一级运行管理单位工程安全事故应急指挥部办公室备案。根据工程安全事故发展、变化情况和影响程度，可适时调整预警级别。当确定工程安全事故不可能发生或工程安全事故风险已经解除时，由发布单位宣布解除预警。预警信息的发布、调整和解除可通过电话或书面通知等方式进行。

4.1.4 预警行动

在预警发出后，一级运行管理单位工程安全事故应急指挥部办公室和相关二级、三级运行管理单位应立即做出响应，可采取以下措施：

a) 二级、三级运行管理单位负责人应在现场值守，靠前指挥，保持24h通信畅通。

b) 二级运行管理单位组织做好应急抢险准备工作，应急抢险队伍人员和设备处于临战状态，通知抢险队伍后方总部做好相关抢险资源准备，提前布防抢险物资和设备。三级运行管理单位日常维护队伍做好先期处置准备工作。

c) 做好工程巡查和安全监测工作，对险情可能发生部位进行监控，发现险情、突发事件应于第一时间上报。

4.2 信息报送

4.2.1 信息报告

4.2.1.1 工程安全事故信息宜按规定逐级上报，紧急情况下可越级上报。信息报告先电话报告，随后书面报告。各单位或部门在发现或接到突发事件信息后，按照"接报即报、随时续报"的要求，立即进行上报，不得延误。

4.2.1.2 工程安全事故信息报告实行"双线"报告制度，即突发事件信息报告各级值班室的同时报告相关专业职能部门（处室）。工程安全事故报告包含以下内容：时间、地点、事件基本情况、人员伤亡及损失情况、已采取及建议采取的措施等。突发事件信息快速报告单内容及格式见附录 C。

4.2.1.3 在工程安全事故处置过程中，对突发事件动态情况、应急响应、应急处置后续进展情况、应急结束等，应及时按照电话、书面流程续报。事件处置进展视情况及时续报，直至应急处置结束。

4.2.2 信息报告流程

4.2.2.1 电话报告流程

4.2.2.1.1 三级运行管理单位：

 a）现场人员发现或接到突发事件后，立即电话报告负责人和中控室值班人员。

 b）负责人接到报告，经核实后 10min 之内电话报告二级运行管理单位领导，同时安排人员报分调度中心和二级运行管理单位相关专业职能处室。

 c）突发事件按规定需报地方政府相关部门时，经请示后及时报告地方政府。

4.2.2.1.2 二级运行管理单位：

 a）分调度中心值班人员发现或接到突发事件信息电话报告后，立即报告带班领导，并通知工程处和相关专业职能处室。

 b）工程处和专业职能处室接到突发事件信息电话报告后，立即报告专业分管领导，分管领导接到报告后立即报告二级运行管理单位负责人。

 c）负责人接到突发事件信息电话报告后，10min 之内报告一级运行管理单位领导，同时安排人员电话报告总调度中心和局机关专业职能部门。

 d）分调度中心值班人员或专业职能处室人员接到领导指示后及时进行传达，并继续跟踪事件处置进展，做好接报和续报工作。

4.2.2.1.3 一级运行管理单位：

 a）总调度中心值班人员接到突发事件信息电话报告后，10min 之内报告带班领导、应急办和相关专业职能部门。

 b）应急办和专业职能部门接到突发事件信息电话报告后，10min 之内报告专业分管领导，分管领导接到报告后立即报一级运行管理单位负责人和党组书记。

 c）负责人接到突发事件信息报告后，必要时报告水利部领导，安排总调度中心值班人员报告水利部值班室。

 d）总调度中心值班人员或专业职能部门接到领导指示后及时进行传达，并继续跟踪事件处置进展，做好接报和续报工作。

4.2.2.2 书面报告流程

4.2.2.2.1 三级运行管理单位：突发事件信息电话报告后 1h 内拟写突发事件信息快速报告单传真至分调度中心，根据需要可附现场相关图片影像资料等。

4.2.2.2.2 二级运行管理单位：

 a）分调度中心值班人员收到突发事件信息快速报告单后，立即报告二级运行管理单位领导、工程处和相关专业职能处室。

b) 分调度中心值班人员收到突发事件快速报告单 45min 内根据领导批示及突发事件处理情况，拟写突发事件信息快速报告单传真至总调度中心，由专业职能处室提供并配合把关突发事件信息报告单内容。

c) 分调度中心值班人员将二级运行管理单位领导批示及时进行传达。

4.2.2.2.3 一级运行管理单位：

a) 总调度中心值班人员收到突发事件信息快速报告单后，立即报告带班领导、应急办和相关专业职能部门。

b) 应急办和专业职能部门接到突发事件信息快速报告单后，立即报告专业分管领导，分管领导接到报告后立即报一级运行管理单位负责人和党组书记。

c) 总调度中心值班人员将领导批示及时进行传达。

d) 领导批示需上报水利部的突发事件，由总调度中心值班人员拟写南水北调中线干线工程突发事件信息报告单，传真至水利部值班室，由相关专业职能部门提供突发事件信息报告内容并配合把关。

4.3 应急响应

4.3.1 响应分级

按照工程安全事故分级，将应急响应对应划为 4 个级别，由高到低分为Ⅰ级应急响应、Ⅱ级应急响应、Ⅲ级应急响应和Ⅳ级应急响应。

4.3.2 响应启动

工程安全事故发生后，在先期处置的基础上，各级运行管理单位根据事故情况需及时启动本级应急预案（或处置方案）的响应措施进行处置。发生Ⅰ级、Ⅱ级、Ⅲ级工程安全事故时，一级运行管理单位工程安全事故应急指挥部启动Ⅰ级、Ⅱ级、Ⅲ级应急响应，由工程安全事故应急指挥部办公室负责落实响应措施；发生Ⅳ级突发事件时，二级运行管理单位突发事件应急指挥部启动Ⅳ级响应，并报一级运行管理单位工程安全事故应急指挥部办公室办备案。超出本级应急处置能力时，及时报请上级单位启动相应应急预案。

4.3.3 响应程序

4.3.3.1 一般工程安全事故突发事件（Ⅳ级）：

a) 二级运行管理单位接到三级运行管理单位报告后，立即启动Ⅳ级应急响应，负责指挥协调应急处置工作，并上报一级运行管理单位。一级运行管理单位工程安全事故应急指挥部办公室、相关职能部门根据实际需要，参与协助做好相关工作。三级运行管理单位进入Ⅳ级应急响应状态，按指示进一步做好先期处置工作。若需属地应急救援时，二级运行管理单位突发事件应急指挥部应向相关市（县）级地方政府报告，并根据需要提出工程联动抢险救援请求。

b) 二级运行管理单位突发事件应急指挥部指挥长主持召开会商会，研究确定应急抢险处置方案，并报告一级运行管理单位。

c）二级运行管理单位突发事件应急指挥部根据需要成立现场抢险指挥部，组织资源进行抢险。

d）工程安全事故险情超出本级应急救援处置能力时，二级运行管理单位突发事件应急指挥部应及时报请一级运行管理单位工程安全事故应急指挥部启动上一级应急预案。

e）工程安全事故险情应急处置结束后，由二级运行管理单位将应急处置结果报一级运行管理单位备案。

4.3.3.2 较大工程安全事故突发事件（Ⅲ级）：

a）一级运行管理单位接到二级运行管理单位报告后，一级运行管理单位工程安全事故应急指挥部立即启动Ⅲ级应急响应，负责指挥协调应急处置工作。二级运行管理单位突发事件应急指挥部、三级运行管理单位进入Ⅲ级应急响应状态。若工程安全事故险情需属地应急救援时，一级运行管理单位工程安全事故应急指挥部应向地方政府部门报告，根据需要提出工程联动抢险救援请求。

b）一级运行管理单位工程安全事故应急指挥部副指挥长主持召开会商会，研究确定应急调度决策及应急处置方案，并报告工程安全事故应急指挥部指挥长。

c）按照研究确定的调度决策，总调度中心向全线发出应急调度指令，并向二级运行管理单位突发事件应急指挥部传达应急响应指令。二级运行管理单位突发事件应急指挥部接到应急响应指令后，应立即向三级运行管理单位下达应急响应指令。二级运行管理单位突发事件应急指挥部、三级运行管理单位按照一级运行管理单位工程安全事故应急指挥部的指示进一步做好先期处置工作。

d）分管局领导，局工程安全事故应急办公室、相关职能部门有关人员赶赴现场，指挥开展应急抢险工作。必要时，一级运行管理单位工程安全事故指挥部成立现场抢险指挥部，分管局领导担任指挥长，一级运行管理单位工程安全事故应急指挥部办公室、相关职能部门、二级运行管理单位、三级运行管理单位有关人员参与组成，组织资源进行抢险或抢险准备。

e）工程安全事故工程险情应急处置结束后，由一级运行管理单位向上级单位报告。

4.3.3.3 Ⅰ级、Ⅱ级应急响应程序：

a）一级运行管理单位接到二级运行管理单位报告后，一级运行管理单位工程安全事故应急指挥部立即启动Ⅰ级、Ⅱ级应急响应，并报上级单位。二级运行管理单位突发事件应急指挥部、三级运行管理单位进入Ⅰ级、Ⅱ级应急响应状态。若工程安全事故工程险情需属地应急救援时，一级运行管理单位工程安全事故应急指挥部应向地方政府部门报告，提出工程联动抢险救援请求。

b）一级运行管理单位工程安全事故应急指挥部指挥长主持召开会商会，研究确定应急调度决策及应急处置方案。

c）按照研究确定的调度决策，总调度中心向全线发出应急调度指令，并向二级运行管理单位突发事件应急指挥部传达应急响应指令。二级运行管理单位突发事件应急指挥部接到应急响应指令后，应立即向三级运行管理单位下达应急响应指令。

二级运行管理单位突发事件应急指挥部、三级运行管理单位按照一级运行管理单位工程安全事故应急指挥部的指示进一步做好先期处置工作。

    d) 一级运行管理单位工程安全事故应急指挥部成立现场抢险指挥部，一级运行管理单位局长、党组书记或分管局领导担任指挥长，负责应急处置的决策和协调工作；分管局领导、局副总师、相关职能部门、二级运行管理单位负责同志任副指挥长，局工程安全事故应急办公室、相关职能部门、二级运行管理单位、三级运行管理单位有关人员参与组成，组织资源进行抢险或抢险准备。

    e) 工程安全事故工程险情应急处置结束后，由一级运行管理单位向上级单位报告。

4.3.4 响应升级

当发生的工程安全事故突发事件程度十分严重，超出一级运行管理单位自身控制能力范围，应及时报告上级主管部门和地方政府进行应急救援，由其统一指挥、调动各方面应急资源进行应急抢险。工程安全事故应急响应处置程序流程详见附录D。

5 应急处置

5.1 处置要求

5.1.1 管理范围内突发工程安全事故后，若需属地应急救援时，事故所属三级运行管理单位应向上级单位和相关市（县）级应急指挥机构报告，根据需要提出工程联动抢险救援请求。

5.1.2 按调度要求，对渠段进行应急调度，不间断监视险情变化。

5.1.3 事态发展可能对周边环境和居民造成影响时，应协调地方政府对受影响的居民进行疏散。

5.1.4 根据工程安全事故严重程度和现场配置的人员、物质情况，在确保人员安全的情况下采取应急处置措施，控制险情的发展。

5.2 先期处置

三级运行管理单位应根据所辖渠段特点制定应急处置方案，发生工程安全事故后，所属三级运行管理单位根据具体情况并制定应急处置措施，迅速组织本单位人员开展现场先期处置工作，控制险情的发展。典型工程安全事故的先期处置措施如下：

    a) 挖方渠道过水断面以上渠坡失稳，边坡失稳形成的滑塌体位于坡顶附近时，在坡顶稳定区域建截留埝，滑塌体以上边坡按临时边坡削坡并对上部开挖减载，减载后的滑塌体顶沿滑裂面采用黏土齿墙进行封闭防渗处理，滑塌体表面和减载暴露的坡面即坡顶采用防水膜覆盖，滑塌体位于渠坡中部或一级马道附近时，滑塌体顶沿滑裂面采用黏土齿墙进行封闭防渗处理，滑塌体表面采用防水膜覆盖。

    b) 渠道过水断面内坡失稳，滑塌体顶沿滑裂面采用黏土齿墙进行封闭防渗处理。

    c) 填方渠道外坡失稳，滑塌体顶沿滑裂面采用黏土齿墙进行封闭防渗处理；外露区域采用防水膜覆盖，渠堤外坡脚压脚。

d) 建筑物填土地基边坡失稳，滑塌体顶沿滑裂面采用黏土齿墙进行封闭防渗处理；外露区域采用防水膜覆盖，渠堤外坡脚采用块石或土工袋压脚。

e) 集中渗漏，在集中渗漏出口处用砂砾石设置压浸平台。

f) 管涌，在涌水口处及周边采用砂砾石填压。

g) 建筑物地基失稳或沉降，有条件时，消除引起地基失稳或沉降的诱导因素。

h) 渠道衬砌抗浮失稳，采取措施降排地下水位。

i) 建筑物抗浮失稳，采取措施降排地下水位，在建筑物上方进行填土或抛石加重。

j) 防洪堤（埝）漫顶，加高截流土埝和防洪堤。

k) 防洪堤溃决，采用大块物料进行抢堵。

l) 涵管淤堵，尽可能打捞聚集在水面的漂浮物。

5.3 处置措施

5.3.1 一级运行管理单位工程安全事故应急指挥部或工程安全事故所属二级工程安全事故应急指挥部赶赴现场，成立现场抢险指挥部，组织调动应急抢险队伍、物资和设备到达现场，实施现场交通管制和交通疏导，根据技术专家组现场查勘情况，结合先期处置成果制定进一步抢险处置方案，经批准同意后，组织开展现场抢险。

5.3.2 现场应急处置的总原则为避免或减少人员伤亡、控制险情发展。必要时，按调度要求对渠段进行应急调度。事态发展可能对周边环境和居民造成影响时，应协调配合地方政府对受影响的居民进行疏散。

5.4 现场指挥与控制

5.4.1 二级、三级运行管理单位是突发事件先期处置的责任主体，承担突发事件的应对责任，对单位范围内的突发事件负有直接指挥权、处置权。在紧急情况下，可立即下达撤人命令，组织现场人员及时、有序撤离到安全地点，减少人员伤亡。

5.4.2 事件发生后，事发单位应立即启动应急预案，先期成立现场指挥机构，由事发现场最高职位者担任现场指挥机构指挥长，及时明确现场抢险指挥机构人员组成，在确保安全的前提下采取有效措施组织抢险救援。现场指挥机构负责统一指挥调度现场的应急抢险救援等工作，全面掌控现场情况。

5.4.3 在上级单位相关负责人赶到现场后，根据预案规定事发单位应立即向上级单位现场抢险指挥部正式移交指挥权，并汇报事件情况、进展、风险以及影响控制事态的关键因素和问题。调动本单位所有应急资源，服从上级现场抢险指挥部的指挥，并切实做好应急处置全过程的后勤保障和生活服务工作。

5.5 应急结束

5.5.1 工程安全事故应急处置工作基本完成后，或者相关危险因素基本消除后，应急处置工作即告结束。应急结束按照"谁启动、谁结束"的原则，由相关单位或现场抢险指挥部做出终止执行相关应急响应的决定，宣布解除应急状态，转入常态管理。

5.5.2 Ⅰ级、Ⅱ级、Ⅲ级工程安全事故应急处置工作由一级运行管理单位宣布应急状态结束；Ⅳ级工程安全事故应急处置工作由二级运行管理单位宣布应急状态结束。应急状态宣布结束后，应急救援队伍撤离现场。

6 应急保障

6.1 物资设备保障

二级、三级运行管理单位根据现场实际情况，组织对专用、急用物资和部分抢险设备进行现场储备，加强对物资和设备管理，及时予以补充和更新。二级运行管理单位与沿线省市地方政府部门建立应急抢险物资互调机制，三级运行管理单位对周边社会物资和设备进行摸排调查，建立联系，需要时可得到支援。

6.2 队伍保障

一级运行管理单位组织二级运行管理单位在全线建立应急抢险保障队伍，应急抢险保障队伍按合同承诺应配备工程设备、车辆和人员，每个队伍特殊时期根据抢险需要安排一定数量的人员和设备在现场24小时驻守，以备发生工程安全事故险情后能够快速反应处置。三级运行管理单位以现场土建维护施工单位作为先期处置队伍，也作为二级运行管理单位应急抢险保障队伍的有效补充。同时二级运行管理单位与地方政府抢险队、驻地部队建立抢险救援协作机制，三级运行管理单位与地方乡镇建立联防联动机制，必要时作为后备抢险力量。

6.3 通信电力保障

一级运行管理单位与二级、三级运行管理单位建立有线、无线相结合的应急通信系统；与地方人民政府及有关部门建立应急电话联络机制，确保通信畅通。各级运行管理单位组织对所辖段内的供电线路和固定、移动发电机组进行定期检查维护，保证处于良好状态。

6.4 抢险道路

二级运行管理单位组织三级运行管理单位根据工程安全事故风险点部位现场实际情况，规划工程管理范围内应急抢险道路，摸排调查渠道周边社会道路交通情况，在发生险情时，便于各类抢险资源能够快速到达险情现场。

6.5 资金保障

应急抢险物资储备、抢险队伍建设、演练培训、信息化建设、应急值守、抢险救灾、修复等所需经费纳入工程运行管理预算，实行专项拨付、专款专用。

6.6 演练培训

为提高工程安全事故突发事件风险防范意识和应急处置能力，各级运行管理单位应加强对运行管理人员和应急队伍培训，每年应结合实际情况有针对性地开展各类应急演练，演练结束后要开展总结评估，不断完善应急体系。

7 附则

7.1 本预案应根据实际情况的变化及时修订，中线建管局负责预案的管理和修订等工作。

7.2 本预案由中线建管局制定并负责解释。

7.3 本预案自印发之日起实施。

附录 A

表 A.1 南水北调中线干线工程安全事故分级表

序号	Ⅰ级	Ⅱ级	Ⅲ级	Ⅳ级	影响类别
1	渠堤内外坡失稳规模较大，直接到渠水外泄；建筑物边坡失稳且滑坡上缘在建筑物基础轮廓范围内	渠道内坡中等规模失稳，影响总干渠输水流量；建筑物外填土边坡失稳且滑坡上缘在建筑物基础轮廓范围以外，且出现渠水外渗，并造成滑坡继续发展或总干渠管理道路中断	渠堤外坡中等规模失稳，滑坡上缘接近渠顶或出现渗漏；建筑物外填土边坡失稳且滑坡上缘在建筑物基础轮廓范围以外未出现渠水外渗，未影响总干渠其他设施	渠堤外坡小规模失稳，滑坡上缘在渠堤中下部且未出现渗水；建筑物外填土边坡失稳且滑坡上缘在边坡中下部且未出现渗水	边坡失稳
2	引起建筑垮塌或渠堤边坡发生管涌引起渠道溃口	边坡发生较大范围集中渗漏、流土导致渠堤部分垮塌、管理道路中断，但渠水未外泄	渠堤边坡发生集中渗漏、流土导致渠堤变形开裂	挖方渠段一级马道以上边坡失稳，影响范围在管理道路以上	基础（或边坡）管涌
3	基础沉降引起渠堤溃口或PCCP管爆管	局部沉降引起控制建筑物基础破坏影响正常输水或造成穿渠建筑物较大范围的管涌破坏	挖方渠段一级马道以上边坡失稳影响管理道路通行，未影响总干渠正常输水		沉降
4	引起输水建筑物、控制建筑物垮塌或建筑物连接段溃口		引起岸坡垮塌但未导致建筑物垮塌或溃口，对其他设施未造成影响	引起岸坡局部垮塌，垮塌上缘在岸坡中下部，未对其他设施造成影响	地基失稳或抗滑失稳
5	输水建筑物结构破坏，引起供水中断	渠道衬砌发生大范围抗浮失稳和结构破坏，影响输水		渠道衬砌局部抗浮失稳和结构破坏，未影响输水	抗浮失稳
6	防洪堤漫顶或溃决引起渠堤漫顶		启闭机房结构发生破坏需立即采取处理措施，但未影响正常输水	衬砌体系发生局部抗浮失稳和结构破坏，未影响总干渠输水	漫顶
7	引起岸坡或裹头垮塌导致控制建筑物垮塌或导致输水箱涵破坏、跨渠建筑物进出口溃口	建筑物基础发生集中渗漏、流土造成基础变形过大，或建筑物结构破坏需要降低流量运行	输水建筑物破坏需立即采取处理措施，但未影响正常输水	各类建筑发生局部破坏，但不影响输水	河道冲刷
8	导致洪水期间渠堤外水漫顶	衬砌体系发生大范围抗浮失稳和结构破坏，影响总干渠输水		局部沉降引起渠堤身开裂或建筑物基础接缝渗漏、结构受损	排水建筑物淤积
9	导致上游渠道漫顶或溃口	建筑物闸墩、牛腿、底板和启闭机排架结构破坏，影响总干渠正常输水		左排建筑物出现淤堵造成渠external淹没，危及工程安全	节制闸事故
10	引起输水建筑物垮塌或跑水	输水箱涵或渡槽结构破坏，影响总干渠正常输水		冰塞、冰坝险情未造成结构破坏且未影响总干渠正常输水	渡槽结构破坏
11	造成供水中断或结构破坏	造成结构破坏但未影响总干渠正常输水			冰塞、冰坝险情
12	与以上类似的其他工程安全事故	与以上类似的其他工程安全事故	与以上类似的其他工程安全事故	与以上类似的其他工程安全事故	其他

附录 B

表 B.1　一级运行管理单位相关职能部门联系方式

部门（中心）	电 话	传 真
总调大厅	010－88657423/88657428	010－88657525
应急办公室（工程维护中心）	010－88657436	010－88657430
综合部	010－88657136	010－88657158
人力资源部	010－88657227	010－88657200
宣传中心	010－88657520	010－88657540
总工办（科技管理部）	010－88657306	010－88657302
总调度中心	010－88657031/88657032/88657033/88657044	010－88657035
信息机电中心（信息科技公司）	010－88657356	010－88657180
水质与环境保护中心	010－88657378	010－88657383
安全生产部	010－88657255	010－88657250

表 B.2　二级运行管理单位联系方式

单 位	值班电话	传 真
渠首分局（分调大厅）	0377－61998600	0377－61998620
河南分局（分调大厅）	0371－67801110	0371－67801008
河北分局（分调大厅）	0311－67100777	0311－67100888
天津分局（分调大厅）	022－23904024/4072	022－23904004/4069
北京分局（分调大厅）	010－61372006	010－61372019
北京市南水北调干线管理处	010－88483908	010－88483928

表 B.3　政府部门及相关单位联系方式

相 关 单 位		值班室电话	传 真
国家部委	水利部	010－63203069	010－63203070
	应急管理部	010－83933200/83933210	010－83933117
	生态环境部	010－66556006/66556007	010－66556010
河南省	水利厅	0371－65571001	0371－65951296
	应急管理厅	0371－65919777	0371－65919800
河北省	水利厅	0311－86045596（工作时间）/86045654（非工作时间）	0311－86060478（工作时间）/85185518（非工作时间）
	应急管理厅	0311－87908255	0311－87905884
天津市	水务局	022－23333605（工作时间）/23333656（非工作时间）	022－23333603（工作时间）/23333644（非工作时间）
	应急管理局	022－28450303	022－28450301
北京市	水务局	010－68556111	010－68556155
	应急管理局	010－55573784	010－55573045

附录 C

C.1 突发事件信息快速报告单

（编号：××分局/××管理处—××年—××号）

突发事件信息名称			
二级运行管理单位		三级运行管理单位	
发现时间	年 月 日 时 分	发生地点	
事件情况描述			
人员伤亡及损失情况			
原因分析			
采取措施			
报告人及电话		报告时间	年 月 日 时 分
以下由信息接收部门填写			
接报部门		接报人	
接报时间	月 日 时 分	联系电话	

C.2 突发事件信息后续报告单

（编号：××分局/××管理处—××年—××号）

突发事件信息名称			
二级运行管理单位		三级运行管理单位	
事件进展情况描述			
报告人及电话		报告时间	年　月　日　时　分
以下由信息接收部门填写			
接报部门		接报人	
接报时间	月　日　时　分	联系电话	

附录 D

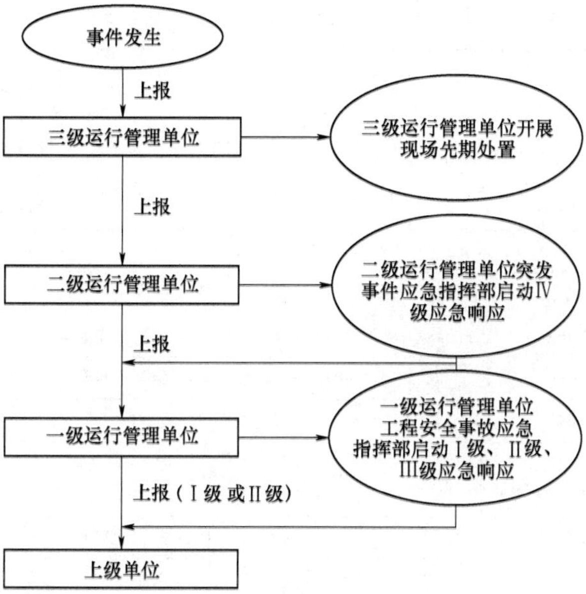

图 D.1 工程安全事故应急响应处置程序流程图

附录 E

表 E.1 南水北调中线总干渠工程渠道风险点统计表

序号	管理处	起点桩号	终点桩号	渠段长度/m	渠段类型	可能或已出现的风险					
						漫顶	渠坡、渠基渗漏破坏	边坡失稳、渠堤溃决	防洪堤破坏	滑坡	其他类型问题
渠 首 分 局											
1	邓州管理处	0+267	4+250	3983	挖深大于 15m 膨胀土渠段					√	
2	邓州管理处	4+600	5+205	605	挖深大于 15m 膨胀土渠段					√	
3	邓州管理处	5+320	14+170	8850	挖深大于 15m 膨胀土渠段					√	
4	邓州管理处	15+121	16+140	1019	刁河渡槽出口填方段		√	√			
5	邓州管理处	18+380	19+400	1020	填方渠段，段内有 1 座排水倒虹吸	√					
6	邓州管理处	19+550	19+975	425	挖深大于 15m 膨胀土渠段					√	
7	邓州管理处	20+250	21+050	800	挖深大于 15m 膨胀土渠段					√	
8	邓州管理处	21+140	21+320	180	填方渠段，段内有排水倒虹吸 1 座		√				
9	邓州管理处	23+475	26+290	2815	填方渠段，段内有排水涵洞 1 座		√				
10	邓州管理处	27+150	28+160	1010	挖深大于 15m 膨胀土渠段					√	
11	邓州管理处	28+530	36+289	7759	湍河节制闸前填方段，最近距节制闸 154m	√					
12	邓州管理处	37+319	40+565	3246	填方渠段，段内有排水涵洞 2 座，排洪涵洞 2 座，排水倒虹吸 1 座		√				
13	邓州管理处	41+630	46+360	4730	挖深大于 15m 膨胀土渠段					√	
14	邓州管理处	47+050	48+740	1690	严陵河节制闸前填方段，最近距节制闸 149m	√	√				
15	邓州管理处	49+161	50+370	1209	严陵河渡槽出口填方段		√	√			
16	邓州管理处	12+503	12+608	105	挖方渠段					√	
17	邓州管理处	16+520	16+580	60	半挖半填						边坡局部滑塌
18	邓州管理处	19+144	19+335	191	挖方渠段					√	
19	邓州管理处	8+740	8+860	120	左岸，挖深大于 15m 膨胀土渠段					√	
20	邓州管理处	9+100	9+480	380	左岸，挖深大于 15m 膨胀土渠段					√	
21	邓州管理处	8+230	8+369	139	右岸，挖深大于 15m 膨胀土渠段					√	

表E.1 南水北调中线总干渠工程渠道风险点统计表(续)

序号	管理处	起点桩号	终点桩号	渠段长度/m	渠 段 类 型	漫顶	渠坡、渠基渗漏破坏	边坡失稳、渠堤溃决	防洪堤破坏	滑坡	其他类型问题
											可能或已出现的风险
22	邓州管理处	9+100	9+200	100	右岸,挖深大于15m膨胀土渠段						
23	邓州管理处	9+244	9+454	210	右岸,挖深大于15m膨胀土渠段					√	
24	邓州管理处	11+762			右岸,挖深大于15m膨胀土渠段						安全监测数据异常
25	镇平管理处	54+950	65+149	10199	太山庙东沟—菜河河道倒虹吸半挖半填外水控制渠段,强透水渠基,段内有河道倒虹吸3座、排水倒虹吸4座		√		√		
26	镇平管理处	66+700	67+400	700	外水控制挖方渠段,强透水渠基,段内有排水倒虹吸1座		√		√		
27	镇平管理处	69+335	69+521	186	西赵河渠道倒虹吸进口强透水渠基渠段		√		√		
28	镇平管理处	69+872	70+010	138	西赵河渠道倒虹吸出口强透水渠基渠段		√		√		
29	镇平管理处	71+585	73+212	1627	半挖半填外水控制渠段,北洼西沟、北洼沟倒虹吸	√					
30	镇平管理处	73+212	74+367	1155	淇河节制闸前填方段,最近距节制闸271m	√	√				
31	镇平管理处	85+365	85+690	325	填方渠段,段内有排水倒虹吸1座		√				
32	镇平管理处	78+350			中膨胀土渠段						衬砌面板隆起
33	镇平管理处	78+110			中膨胀土渠段						衬砌面板隆起
34	镇平管理处	78+050			中膨胀土渠段						衬砌面板隆起
35	镇平管理处	79+142			中膨胀土渠段						衬砌面板隆起
36	镇平管理处	79+268			中膨胀土渠段						衬砌面板隆起
37	镇平管理处	81+374			中膨胀土渠段						衬砌面板隆起
38	镇平管理处	54+950			高地下水渠段						安全监测异常

表E.1 南水北调中线总干渠工程渠道风险点统计表(续)

序号	管理处	起点桩号	终点桩号	渠段长度/m	渠 段 类 型	可能或已出现的风险					
						漫顶	渠坡、渠基渗漏破坏	边坡失稳、渠堤溃决	防洪堤破坏	滑坡	其他类型问题
39	镇平管理处	74+830			高地下水渠段						安全监测数据异常
40	镇平管理处	77+960			高地下水渠段						安全监测异常
41	镇平管理处	80+300			中膨胀土渠段						安全监测异常
42	南阳管理处	88+377	90+682	2305	高填方段		√	√		√	
43	南阳管理处	90+682	91+235	553	高填方段		√	√		√	
44	南阳管理处	93+030	93+115	85	高填方段		√	√			
45	南阳管理处	93+710	94+270	560	高填方段		√	√			
46	南阳管理处	95+330	95+940	610	高填方段		√	√			
47	南阳管理处	97+184	97+850	666	高填方段		√	√		√	
48	南阳管理处	99+665	99+850	185	高填方段		√	√			
49	南阳管理处	108+415	108+525	110	高填方段		√	√			
50	南阳管理处	110+600	111+600	1000	高填方段		√	√			
51	南阳管理处	111+845	112+190	345	高填方段		√	√			
52	南阳管理处	112+810	112+880	70	高填方段		√	√			
53	南阳管理处	113+370	114+865	1495	高填方段		√	√			
54	南阳管理处	116+527	117+600	1073	高填方段		√	√			
55	南阳管理处	118+080	118+480	400	高填方段		√	√			
56	南阳管理处	119+930	119+985	65	高填方段		√	√			
57	南阳管理处	92+216	92+606	390	深挖方段	√			√	√	
58	南阳管理处	98+890	99+567	677	深挖方段	√			√	√	
59	南阳管理处	101+200	102+671	1471	深挖方段	√			√	√	
60	南阳管理处	104+285	104+905	620	深挖方段	√			√	√	
61	南阳管理处	105+260	106+480	1220	深挖方段	√			√	√	
62	南阳管理处	106+576	106+584	18	半挖半填						衬砌面板隆起
63	南阳管理处	92+000			挖方段						安全监测数据异常
64	南阳管理处	95+850			高填方段						安全监测数据异常
65	南阳管理处	95+640	95+850	210	高填方段						安全监测数据异常

表E.1 南水北调中线总干渠工程渠道风险点统计表(续)

序号	管理处	起点桩号	终点桩号	渠段长度/m	渠段类型	漫顶	渠坡渠基渗漏破坏	边坡失稳渠堤溃决	防洪堤破坏	滑坡	其他类型问题
66	南阳管理处	98+865	99+350	485	高填方段						安全监测数据异常
67	南阳管理处	97+500			高填方段						安全监测数据异常
68	南阳管理处	99+350			深挖方段						安全监测数据异常
69	南阳管理处	101+700			深挖方段						安全监测数据异常
70	南阳管理处	101+500			深挖方段						安全监测数据异常
71	南阳管理处	102+400			深挖方段						安全监测数据异常
72	南阳管理处	116+600			高填方段						安全监测数据异常
73	南阳管理处	98+605			半挖半填段						施工期已完成穿跨越工程
74	南阳管理处	99+987			高填方段						施工期已完成穿跨越工程
75	南阳管理处	109+700			半挖半填段						施工期已完成穿跨越工程
76	方城管理处	125+575	125+640	65	填方渠段，段内有河道倒虹吸1座		√	√			
77	方城管理处	129+705		36	挖方渠段	√			√	√	衬砌板隆起
78	方城管理处	136+630	136+818	188	东赵河节制闸前填方段，最近距节制闸292m	√	√				
79	方城管理处	140+930	142+500	1570	半挖半填外水控制渠段，部分渠段强透水渠基，段内有排水倒虹吸1座		√		√		
80	方城管理处	145+870	145+960	90	填方渠段，段内有排水倒虹吸1座，最大填高7.1m		√	√			
81	方城管理处	149+155	149+190	35	填方渠段，段内有排水倒虹吸1座，最大填高8.3m		√	√			
82	方城管理处	150+264	153+781	3517	C类透水渠基，段内有渠渠倒虹吸1座		√	√			

表E.1　南水北调中线总干渠工程渠道风险点统计表（续）

序号	管理处	起点桩号	终点桩号	渠段长度/m	渠段类型	可能或已出现的风险					
						漫顶	渠坡、渠基渗漏破坏	边坡失稳、渠堤溃决	防洪堤破坏	滑坡	其他类型问题
83	方城管理处	154+300	162+346	8046	高地下水位段	√	√	√	√	√	衬砌板隆起
84	方城管理处	155+000			挖方渠段	√	√		√	√	安全监测异常
85	方城管理处	163+000			挖方渠段	√	√		√	√	安全监测异常
86	方城管理处	165+330	165+820	490	填方渠段，段内有排水倒虹吸1座，最大填高13m		√	√			
87	方城管理处	168+060	168+428	368	脱脚河渠道倒虹吸进口填方渠段，最大填高8.1m		○	√			脱脚河上游100～200m左右岸截流沟多处被顶起破坏
88	方城管理处	168+755	168+880	125	脱脚河渠道倒虹吸出口填方渠段，最大填高6m		√	√			
89	方城管理处	169+375	169+430	55	填方渠段，段内有排水倒虹吸1座，最大填高7.2m		√	√			
90	方城管理处	170+000			填方渠段		√	√			安全监测异常
91	方城管理处	171+300	171+515	215	填方渠段，段内有排水倒虹吸1座，最大填高6.7m		√	√			
92	方城管理处	173+800			挖方渠段	√			√	√	安全监测异常
93	方城管理处	173+850			挖方渠段	√			√	√	衬砌板隆起
94	方城管理处	174+251	174+808	557	挖深大于15m膨胀土渠段	√			√	√	
95	方城管理处	175+350	176+000	650	填方渠段，段内有排水倒虹吸1座，最大填高7.5m		√	√			
96	方城管理处	176+750	177+554	804	贾河渡槽进口填方渠段，最大填高13.7m		√	√			
97	方城管理处	178+034	180+590	2556	贾河渡槽出口填方渠段，段内有排水倒虹吸1座，最大填高13.7m		○	√			
98	方城管理处	182+024	183+415	1391	草墩河渡槽出口填方渠段，最大填高13m		○	√			

表E.1 南水北调中线总干渠工程渠道风险点统计表(续)

序号	管理处	起点桩号	终点桩号	渠段长度/m	渠 段 类 型	可能或已出现的风险					
						漫顶	渠坡、渠基渗漏破坏	边坡失稳、渠堤溃决	防洪堤破坏	滑坡	其他类型问题
99	方城管理处	184+875	185+545	670	填方渠段,部分渠段强透水渠基,段内有排水倒虹吸1座,最大填高8.1m		√	√			
				河 南 分 局							
100	叶县管理处	K185+545	K185+635	90	强膨胀土、填方渠段,部分渠段强透水渠基		√				
101	叶县管理处	K187+615	K188+075	460	填方渠段,段内有排水涵洞1座		√				
102	叶县管理处	K186+611	K187+061	450	强膨胀土、全挖方渠段			√			
103	叶县管理处	K189+230	K189+375	145	填方渠段,段内有排水倒虹吸1座		√				
104	叶县管理处	K189+800	K190+635	835	填方渠段,最大填高10.1m		√	√			
105	叶县管理处	K190+800	K193+000	2200	高地下水位		√				安全监测异常
106	叶县管理处	K195+850	K198+205	2295	填方渠段,段内有排水涵洞2座,渠渠倒虹吸2座		√				
107	叶县管理处	K198+930	K199+515	585	外水控制填方渠段,段内有排水倒虹吸1座		√		√		
108	叶县管理处	K199+830	K200+255	425	挖深大于15m膨胀岩渠段					√	
109	叶县管理处	K201+200	K201+800	600	外水控制填方渠段,C类渠基,段内有排水倒虹吸1座		√		√		
110	叶县管理处	K202+780	K203+255	475	填方渠段,段内有排水倒虹吸1座		√				
111	叶县管理处	K203+420	K204+000	580	挖深大于15m中膨胀岩渠段					√	
112	叶县管理处	K204+475	K204+860	385	填方渠段,段内有排水倒虹吸1座		√		√		
113	叶县管理处	K206+400	K207+065	665	挖方过渡到填方渠段,C型透水渠基,段内有排水倒虹吸1座		√		√		
114	叶县管理处	K207+065	K207+337	K272	府君庙河渠道倒虹吸进口填方渠段,C型透水渠基,段内有渠渠倒虹吸1座		√				
115	叶县管理处	K207+687	K209+270	1583	府君庙河渠道倒虹吸出口至澧河渡槽进口填方渠段,段内有排水倒虹吸1座、渠渠倒虹吸1座	√	√	√			

表E.1 南水北调中线总干渠工程渠道风险点统计表（续）

序号	管理处	起点桩号	终点桩号	渠段长度/m	渠段类型	漫顶	渠坡、渠基渗漏破坏	边坡失稳、渠堤溃决	防洪堤破坏	滑坡	其他类型问题
					可能或已出现的风险						
116	叶县管理处	K210+130	K212+350	2220	澧河渡槽出口填方渠段，段内有排水倒虹吸1座			✓			安全监测异常
117	叶县管理处	K212+740	K213+000	260	填方渠段，段内有排水涵洞1座、渠渠倒虹吸1座		✓				
118	叶县管理处	K213+261	K215+210	1949	挖深大于15m中膨胀岩渠段					✓	
119	鲁山管理处	K254+388	K254+398	10	挖方渠段		✓	✓		✓	衬砌板隆起
120	鲁山管理处	K251+247	K251+257	10	高填方渠段挖方渠段	✓	✓	✓		✓	衬砌板沉陷
121	鲁山管理处	K215+811	K216+461	650	强膨胀土全挖方渠段			✓	✓	✓	
122	鲁山管理处	K220+170	K220+800	630	高地下水位渠段		✓				
123	鲁山管理处	K217+050	K217+300	160	灰河渠道倒虹吸出口填方渠段，段内有渠渠倒虹吸1座		✓				
124	鲁山管理处	K218+600	K219+000	400	填方渠段，段内有排水倒虹吸1座、渠渠倒虹吸2座		✓				
125	鲁山管理处	K221+290	K222+000	710	填方渠段，段内有排水倒虹吸2座		✓				
126	鲁山管理处	K225+600	K225+750	150	填方渠段，段内有排水倒虹吸1座		✓				
127	鲁山管理处	K226+900	K229+262	2362	填方渠段，段内有排水倒虹吸1座、渠渠倒虹吸2座		✓				
128	鲁山管理处	K231+711	K232+002	291	澎河渡槽节制闸前填方段，段内有分水口门1座	✓	✓				
129	鲁山管理处	K232+312	K232+461	149	澎河渡槽出口填方渠段，段内有渠渠倒虹吸1座		✓				
130	鲁山管理处	K238+539	K238+570	31	沘河渠道倒虹吸出口填方段		✓				
131	鲁山管理处	K240+147.09	K241+885.09	1738	沙河渡槽节制闸前进口填方段，段内有排水倒虹吸1座	✓	✓				
132	鲁山管理处	K250+960.48	K251+010.48	50	沙河渡槽出口填方渠段		✓				
133	鲁山管理处	K251+010.48	K251+597.48	587	沙河渡槽（鲁山坡落地槽）出口填方渠段，段内有渠渠倒虹吸3座		✓	✓			

表E.1 南水北调中线总干渠工程渠道风险点统计表(续)

序号	管理处	起点桩号	终点桩号	渠段长度/m	渠段类型	可能或已出现的风险					
						漫顶	渠坡、渠基渗漏破坏	边坡失稳、渠堤溃决	防洪堤破坏	滑坡	其他类型问题
134	鲁山管理处	K232+880	K232+880	—	郑万铁路（穿越南水北调鲁山段）						水质安全 工程安全
135	鲁山管理处	K255+055.94	K255+055.94	—	郑尧高速南水北调特大桥（跨越鲁山段）						水质安全 工程安全
136	鲁山管理处	K225+002	K225+062	60	西气东输二线管道工程						管道破裂 工程安全
137	鲁山管理处	K253+480.72	K253+480.72	—	平顶山市穿越南水北调河天然气管道工程						管道破裂 工程安全
138	宝丰管理处	K258+997.66	K259+550.46	553	高填方渠段		√				
139	宝丰管理处	K263+907.66	K264+570.68	663	深挖方渠段				√	√	
140	宝丰管理处	K269+182.66	K270+278.66	1096	半挖半填外水控制渠段		√			√	
141	宝丰管理处	K275+347.66	K279+225.86	3521	高填方渠段		√				
142	宝丰管理处	K279+225.86	K280+707.86	200	北汝河倒虹吸工程（高填方渠段）	√	√				
143	郏县管理处	K280+708	K283+448	2740	填方		√				
144	郏县管理处	K287+049	K288+158	1109	半挖半填		√		√		
145	郏县管理处	K288+651	K292+047	3396	半挖半填		√		√		
146	郏县管理处	K293+448	K293+948	500	填方		√				
147	郏县管理处	K295+548	K297+948	2150	填方		√				
148	郏县管理处	K300+198	K301+005	548	填方	√	√				
149	禹州管理处	K300+648.7	K301+600.0	951	填方渠段，最大填高7m，段内有排水倒虹吸1座		√	√			
150	禹州管理处	K302+226.5	K304+369.0	2143	挖深大于15m中膨胀土渠段，最大挖深41m					√	
151	禹州管理处	K306+268.0	K307+517.0	1249	挖深大于15m深中膨胀土渠段，最大挖深18.5m					√	
152	禹州管理处	K312+400.0	K313+750.0	1350	禹州矿区事故控制闸前填方段，最近距节制闸152m，段内有排水倒虹吸1座	√	√				
153	禹州管理处	K312+302.0	K314+152.0	1850	填方高度大于6m渠段，最大填高8.5m		√	√			
154	禹州管理处	K313+436.0	K313+448.0	12	填方高度大于6m渠段						○
155	禹州管理处	K315+860.0	K316+300.0	440	填方高度大于6m渠段，最大填高7.7m		√	√			

表E.1 南水北调中线总干渠工程渠道风险点统计表(续)

序号	管理处	起点桩号	终点桩号	渠段长度/m	渠段类型	可能或已出现的风险					
						漫顶	渠坡、渠基渗漏破坏	边坡失稳、渠堤溃决	防洪堤破坏	滑坡	其他类型问题
156	禹州管理处	K316+100.0	K316+906.1	806	采空区填方渠段,段内有排水倒虹吸1座	√	√	√			
157	禹州管理处	K316+422.2	K317+552.0	1129.8	采空区						安全监测数据异常
158	禹州管理处	K318+180.6	K319+830.3	1650	挖深大于15m深挖方渠段,最大挖深25m					√	
159	禹州管理处	K323+257.0	K323+261.0	4	半挖半填						○
160	禹州管理处	K340+500.0	K341+308.0	808	半挖半填外水控制渠段,段内有河道倒虹吸1座		√		√		
161	禹州管理处	K321+570	K321+570		禹州电厂二期厂外中水供水管道穿越南水北调中线总干渠工程(半挖半填)		√				
162	禹州管理处	K322+543.3	K322+543.3		河南省南水北调受水区供水配套工程(半挖半填)		√				
163	禹州管理处	K321+570	K321+570		董村店天然气管道穿越南水北调中线总干渠工程(半挖半填)		√				
164	禹州管理处	K331+973.5	K331+973.5		禹州市药王制药有限公司排污管道穿越南水北调中线总干渠工程(挖方)		√				
165	禹州管理处	K332+011	K332+011		八里营天然气管道穿越南水北调中线总干渠工程(挖方)		√				
166	长葛管理处	K345+081.79	K345+081.79	—	半挖半填渠段					√	
167	长葛管理处	K346+746.89	K346+746.89	—	挖方渠段					√	
168	长葛管理处	K347+884.99	K347+884.99	—	弱膨胀土渠段					√	
169	长葛管理处	K350+003.09	K350+003.09	—	弱膨胀土渠段					√	
170	长葛管理处	K351+341.59	K351+341.59	—	弱膨胀土渠段					√	
171	长葛管理处	K351+982.39	K351+982.39	—	弱膨胀土渠段					√	
172	长葛管理处	K345+081.79	K350+003.09	4920	高地下水位渠段					√	
173	长葛管理处	K346+128.69	K346+128.69	—	挖方渠段						√
174	长葛管理处	K347+780	K347+780	—	西气东输二线平顶山—泰安支干线天然气管道穿越工程	√					
175	长葛管理处	K343+800	K345+400	1600	半挖半填渠段						安全监测异常

表E.1　南水北调中线总干渠工程渠道风险点统计表(续)

序号	管理处	起点桩号	终点桩号	渠段长度/m	渠段类型	漫顶	渠坡渠基渗漏破坏	边坡失稳、渠堤溃决	防洪堤破坏	滑坡	其他类型问题
176	长葛管理处	K348+361.09	K348+361.09	—	半挖半填渠段						安全监测异常
177	新郑管理处	K363+683	K366+677	2994	高填方渠段		√				
178	新郑管理处	K367+002	K367+936	935	高填方渠段			√			
179	新郑管理处	K368+203	K368+433	230	高填方渠段			√			
180	新郑管理处	K369+333	K370+864	1531	高填方渠段		√	√			
181	新郑管理处	K370+864	K371+014	150	高填方渠段	√	√				
182	新郑管理处	K371+824	K372+714	622	高填方渠段			√			
183	新郑管理处	K372+714	K373+433	719	高填方渠段		√	√			
184	新郑管理处	K375+623	K375+733	110	高填方渠段			√			
185	新郑管理处	K376+533	K376+723	190	高填方渠段			√			
186	新郑管理处	K378+033	K378+983	950	高填方渠段		√	√			
187	新郑管理处	K379+903	K384+591	4688	深挖方渠段	√			√	√	
188	新郑管理处	K363+053	K363+053	—	输油管道（半挖半填）		√				
189	新郑管理处	K374+292	K374+292	—	污水管道穿越工程（挖方）		√				
190	新郑管理处	K378+636	K378+636	—	污水管道穿越工程（高填方）		√				
191	新郑管理处	K380+618	K380+618	—	污水管道穿越工程（深挖方）		√				
192	新郑管理处	K383+194	K383+194	—	污水管道穿越工程（挖方）		√				
193	新郑管理处	K374+132	K374+132	—	G107天然气中压干管（挖方）		√				
194	新郑管理处	K390+328	K390+328	—	西气东输主干线（挖方）		√				
195	新郑管理处	K381+592	K381+592	—	西气东输豫南支线（深挖方）		√				
196	新郑管理处	K376+127	K376+127	—	城区输水主干线（半挖半填）		√				
197	航空港区管理处	K399+592.71	K399+600.71	8	半挖半填						衬砌板局部错台
198	航空港区管理处	K401+316.31	K401+324.31	8	全挖方						衬砌板局部错台
199	航空港区管理处	K401+589.31	K402+330.31	741	全挖方					√	
200	航空港区管理处	K402+584.31	K403+133.31	549	全挖方					√	

表E.1 南水北调中线总干渠工程渠道风险点统计表(续)

序号	管理处	起点桩号	终点桩号	渠段长度/m	渠 段 类 型	可能或已出现的风险					
						漫顶	渠坡渠基渗漏破坏	边坡失稳、渠堤溃决	防洪堤破坏	滑坡	其他类型问题
201	航空港区管理处	K391+806.65	K392+806.65	1000	高地下水位渠段		√				
202	航空港区管理处	K415+656.94	K417+688.31	2031	高地下水位渠段		√				
203	航空港区管理处	K405+516	K405+616	100	河南省南水北调受水区配套工程输水管线穿越工程		√				
204	航空港区管理处	K406+834	K406+934	100	郑州航空城郑港三路综合廊道穿越工程		√				
205	航空港区管理处	K415+985 K415+000	K416+085 K416+100	200	中原油田—开封—薛店输气管道穿越工程		√				
206	航空港区管理处	K411+886	K411+986	100	西气东输二线郑州支线穿越工程		√				
207	郑州管理处	K440+701	K441+352	651	填方渠道		√	√			
208	郑州管理处	K441+651	K442+031	380	填方渠段		√	√			
209	郑州管理处	K449+431	K450+304	873	中膨胀土挖方渠段					√	
210	郑州管理处	K436+150	K436+174	24	王庄污水廊道穿越工程		√				
211	郑州管理处	K428+163	K428+263	100	挖方渠段					√	积水浸泡防护堤
212	郑州管理处	K432+228	K432+328	100	挖方渠段					√	积水浸泡防护堤
213	郑州管理处	SK434+508	SK434+608	100	挖方渠段					√	积水浸泡防护堤
214	郑州管理处	K442+217	K442+257	40	河南省南水北调受水区供水配套工程线路穿越工程		√				
215	郑州管理处	K432+596	K432+636	40	河南省南水北调受水区供水配套工程线路穿越工程		√				
216	郑州管理处	K446+317	K446+357	40	郑州市罗垌水厂中原西路输水管线穿越工程		√				
217	郑州管理处	K441+593	K441+633	40	郑州市水态输水工程穿越工程		√				
218	郑州管理处	K432+948	K432+988	40	郑州市水态输水工程穿越工程		√				
219	郑州管理处	K421+322	KK421+362	40	郑州—汤阴成品油管道工程穿越工程		√				
220	郑州管理处	K427+262	K427+302	40	新密电厂二七中水供水管道穿越工程		√				

表E.1 南水北调中线总干渠工程渠道风险点统计表(续)

序号	管理处	起点桩号	终点桩号	渠段长度/m	渠段类型	漫顶	渠坡渠基渗漏破坏	边坡失稳渠堤溃决	防洪堤破坏	滑坡	其他类型问题
221	郑州管理处	K446+449	K446+489	40	郑州市中原西路中压天然气管道工程穿越工程		√				
222	郑州管理处	K427+783	K427+823	40	郑州市刘湾水厂穿越中州大道输水管线		√				
223	郑州管理处	K430+989	K431+029	40	郑州市刘湾水厂穿越京广路输水管线		√				
224	郑州管理处	K430+979	K431+019	40	郑州京广路污水管道穿越工程		√				
225	郑州管理处	K427+753	K427+793	40	郑州中州大道污水管道穿越工程		√				
226	郑州管理处	K444+571	K444+611	40	郑州新力燃煤供热机组项目中水管道穿越南水北调工程		√				
227	郑州管理处	K427+011	K427+051	40	汪垌村排污廊道穿越工程		√				
228	郑州管理处	K429+526	K429+566	40	柴郭村排污廊道穿越工程		√				
229	郑州管理处	K430+268	K430+308	40	京广路排污廊道穿越工程		√				
230	郑州管理处	K431+561	K431+601	40	郑平路排污廊道穿越工程		√				
231	郑州管理处	K432+096	K432+136	40	大学路排污廊道穿越工程		√				
232	郑州管理处	K433+745	K433+785	40	嵩山南路排污廊道穿越工程		√				
233	郑州管理处	K435+581	K435+621	40	郑密路排污廊道穿越工程		√				
234	郑州管理处	K435+513	K435+553	40	郭厂北排污廊道穿越工程		√				
235	郑州管理处	K440+298	K440+338	40	冯湾排污廊道穿越工程		√				
236	郑州管理处	K442+611	K442+651	40	常庄排污廊道穿越工程		√				
237	郑州管理处	K443+487	K443+527	40	大李庄排污廊道穿越工程		√				
238	郑州管理处	K445+341	K445+381	40	三王庄排污廊道穿越工程		√				
239	郑州管理处	K447+511	K447+551	40	西工贸园区排污廊道穿越工程		√				
240	郑州管理处	K448+411	K448+451	40	小李庄排污廊道穿越工程		√				
241	荥阳管理处	K450+304.49	K452+704.49	2400	全挖方中膨胀土（其中1550m属于深挖方）	√		√	○	√	
242	荥阳管理处	K453+059.49	K456+269.49	3210	挖深大于15m深挖方渠段					√	
243	荥阳管理处	K472+299.49	K474+277.55	1978	挖深大于15m深挖方渠段					√	
244	穿黄管理处	K483+614.02	K489+705.55	6091.53	单侧填筑高度大于6m高填方渠段	√	√				

表E.1 南水北调中线总干渠工程渠道风险点统计表(续)

序号	管理处	起点桩号	终点桩号	渠段长度/m	渠 段 类 型	漫顶	渠坡渠基渗漏破坏	边坡失稳渠堤溃决	防洪堤破坏	滑坡	其他类型问题
						\multicolumn{6}{c}{可能或已出现的风险}					
245	穿黄管理处	K492+176.55	K493+582.29	1405.74	单侧填筑高度大于6m高填方渠段		√	√			
246	穿黄管理处	K474+277.55	K478+906.12	4628.57	挖深大于15m深挖方渠段	√	√		√	√	
247	穿黄管理处	K474+277.55	K478+906.12	4628.57	高地下水位渠段		√				衬砌面板裂缝
248	穿黄管理处	K489+659.55	K489+707.55	—	温县段天然气管道穿越南水北调中线穿黄北岸渠道		√				
249	穿黄管理处	K489+627.55	—	—	石油管道南水北调中线穿黄北岸渠道		√				
250	穿黄管理处	K477+977.55		—	S314后穿越跨渠桥			√			
251	穿黄管理处	K491+625.55	—	—	呼和浩特至北海国防光缆		√				
252	温博管理处	K518+971.39	K520+890.09	1918.7	高地下水位渠段		√				
253	温博管理处	K521+380.49	K522+082.29	701.8	高地下水位渠段		√				
254	温博管理处	K500+710.29	K501+689.59	979.3	济河渠道倒虹吸进口前填方渠段,紧邻节制闸	√	√				
255	温博管理处	K507+714.59	K511+382.29	3667.7	蒋沟河渠道倒虹吸出口填方渠段,段内有排水倒虹吸1座		√				
256	焦作管理处	K522+082	K527+381	5299	高地下水位渠段		√				
257	焦作管理处	K527+714.7	K530+139	2424.3	普济河渠道倒虹吸出口至闫河渠道倒虹吸进口前填方渠段紧邻节制闸	√	√				
258	焦作管理处	K530+580.1	K532+888	2288.9	闫河渠道倒虹吸出口至翁涧河渠道倒虹吸进口前填方渠段,焦作市区		√				
259	焦作管理处	K534+334	K534+495.2	1160.2	翁涧河渠道倒虹吸出口至李河渠虹进口前填方渠段,焦作市区		√				沉陷、裂缝
260	焦作管理处	K534+894	K534+983	89	李河渠道倒虹吸出口填方渠段,焦作市区		√				
261	焦作管理处	K534+983	K537+083	2100	填方渠段,段内有分水闸1座,最大填高13m,渠基下粗砂层		√	√			
262	焦作管理处	K546+372.3	K546+462.8	90.5	全挖方渠段,最大挖深26m					√	边坡纵向裂缝
263	焦作管理处	K529+052.88	K529+052.88		民主路排污廊道穿越工程(半挖半填)		√				

表E.1 南水北调中线总干渠工程渠道风险点统计表(续)

序号	管理处	起点桩号	终点桩号	渠段长度/m	渠段类型	漫顶	渠坡、渠基渗漏破坏	边坡失稳、渠堤溃决	防洪堤破坏	滑坡	其他类型问题
						\multicolumn{6}{c}{可能或已出现的风险}					
264	焦作管理处	K537+270.88	K537+270.88		建设路排水管线穿越工程(半挖半填)		√				
265	辉县管理处	K572+733.3	K572+790	56.7	单侧填筑高度大于6m高填方渠段		√	√			
266	辉县管理处	K572+790	K572+840	50	单侧填筑高度大于6m高填方渠段						安全监测
267	辉县管理处	K572+840	K573+283.3	443.3	单侧填筑高度大于6m高填方渠段		√	√			
268	辉县管理处	K587+963.1	K590+067	2104	高地下水位渠段	√	√				
269	辉县管理处	K590+067	K590+067		辉县市百泉湖引水管道复建项目穿越工程		√				
270	辉县管理处	K590+067	K590+986.6	920	高地下水位渠段	√	√				
271	辉县管理处	K594+075.3	K594+237.9	163	刘店干河暗渠进口外水控制挖方渠段				√		
272	辉县管理处	K594+720.9	K595+790.9	1070	刘店干河暗渠出口外水控制挖方渠段				√		
273	辉县管理处	K567+091.24	K567+095.24	4	挖方渠段,渠坡土岩性由黄土状壤土和卵石组成。渠底板主要位于卵石层中		√				○
274	辉县管理处	K574+011.752	K574+015.752	4	高地下水位渠段		√				○
275	辉县管理处	K574+381	K574+385	4	高地下水位渠段		√				○
276	辉县管理处	K574+037.77	K574+041.77	4	高地下水位渠段		√				○
277	辉县管理处	K577+165	K577+215	50	高地下水位渠段		√				安全监测
278	辉县管理处	K586+970	K587+020	50	高地下水位渠段		√				安全监测
279	辉县管理处	K598+083.5	K599+083.5	1000	挖深大于15m深挖方渠段、高地下水位渠段		√				○
280	辉县管理处	K599+880	K600+280	400	挖深大于15m深挖方渠段、高地下水位渠段		√				安全监测
281	辉县管理处	K600+280	K600+285.35	5	挖深大于15m深挖方渠段、高地下水位渠段		√				○
282	辉县管理处	K601+245.44	K601+265.44	20	挖深大于15m深挖方渠段、高地下水位渠段		√				○
283	辉县管理处	K602+385.73	K602+389.73	4	挖方渠段,渠坡土岩性由黄土状重粉质壤土、重粉质壤土和粉质黏土组成。渠底板主要位于重粉质壤土中,局部位于卵石中		√				○

表E.1 南水北调中线总干渠工程渠道风险点统计表(续)

序号	管理处	起点桩号	终点桩号	渠段长度/m	渠 段 类 型	漫顶	渠坡、渠基渗漏破坏	边坡失稳、渠堤溃决	防洪堤破坏	滑坡	其他类型问题
284	辉县管理处	K602+555.73	K602+559.73	4	挖方渠段,渠坡土岩性由黄土状重粉质壤土、重粉质壤土和粉质黏土组成。渠底板主要位于重粉质壤土中,局部位于卵石中		✓				○
285	辉县管理处	K605+884	K605+884		辉县市排污管道穿越工程		✓				
286	辉县管理处	K607+329.54	K607+329.54		新乡牧野区—辉县市常村镇天然气管道穿越工程		✓				
287	卫辉管理处	K611+568.7	K612+859.7	1291	半挖半填外水控制渠段,渠段内有排水倒虹吸1座		✓			✓	○
288	卫辉管理处	K613+012.7	k614+082.0	1069	挖深大于15m强膨胀岩渠段					✓	○ 安全监测异常
289	卫辉管理处	k614+082.0	K614+874.7	793	挖深大于15m中—强膨胀岩渠段					✓	○
290	卫辉管理处	K634+884.2	K636+134	1250	填方渠段,渠基下砂卵石层,最大填高9m	✓	✓				
291	卫辉管理处	K636+584.2	K637+170	586	沧河渠道倒虹吸进口外水控制半挖半填渠段	✓		✓			
292	卫辉管理处	K638+028.8	K638+184	155	沧河渠道倒虹吸出口外水控制半挖半填渠段	✓		✓			
293	鹤壁管理处	K643+708.51	K643+708.51		半挖半填渠段,跨渠桥梁部位						混凝土面板沉陷破坏
294	鹤壁管理处	K644+276.66	K644+276.66		半挖半填渠段,跨渠桥梁部位						混凝土面板沉陷破坏
295	鹤壁管理处	K645+154.29	K645+154.29		半挖半填渠段,跨渠桥梁部位						混凝土面板沉陷破坏
296	鹤壁管理处	K646+004.75	K646+004.75		半挖半填渠段,跨渠桥梁部位						混凝土面板沉陷破坏
297	鹤壁管理处	K646+372.45	K646+372.45		半挖半填渠段,跨渠桥梁部位						混凝土面板沉陷破坏
298	鹤壁管理处	K648+730.15	K648+730.15		半挖半填渠段,跨渠桥梁部位						混凝土面板沉陷破坏

表E.1 南水北调中线总干渠工程渠道风险点统计表(续)

序号	管理处	起点桩号	终点桩号	渠段长度/m	渠段类型	漫顶	渠坡、渠基渗漏破坏	边坡失稳、渠堤溃决	防洪堤破坏	滑坡	其他类型问题
						可能或已出现的风险					
299	鹤壁管理处	K649+514.64	K649+514.64		半挖半填渠段，跨渠桥梁部位						混凝土面板沉陷破坏
300	鹤壁管理处	K653+440	K654+784	1344	思德河渠倒虹进口填方渠段，表层黄土中等—强湿陷性		✓	✓			
301	鹤壁管理处	K657+806	K659+024	1218	半挖半填外水控制渠段，段内有排水倒虹吸2座		✓		✓		
302	鹤壁管理处	k665+767.85	k665+767.85		挖方段，跨渠桥梁部位						衬砌面板顶托错台
303	鹤壁管理处	k664+835.01	k664+835.01		挖方段						衬砌面板断裂隆起
304	鹤壁管理处	K666+484	K667+434	950	挖深大于15m中膨胀土渠段					✓	
305	鹤壁管理处	K667.524	K669.008	1484	挖深大于15m中膨胀土渠段					✓	
306	汤阴管理处	K669+008.58	K669+774.78	766	挖深大于15m中膨胀土渠段					✓	
307	汤阴管理处	K674+884.78	K676+184.78	1300	中膨胀土渠段					✓	
308	汤阴管理处	K675+312.08	K676+798.88	1486.8	深挖方渠段					○	
309	汤阴管理处	K678+064.78	K678+284.78	220	中膨胀土渠段					✓	
310	汤阴管理处	K679+209.98	K679+800.18	590	淤泥河渡槽进口填方渠段，表层黄土轻微—中等湿陷性		✓	✓			
311	汤阴管理处	K680+003.78	K680+284.78	281	淤泥河渡槽出口填方渠段，表层黄土轻微—中等湿陷性		✓	✓			
312	汤阴管理处	K681+084.78	K682+584.78	1500	挖深大于15m中膨胀土渠段					✓	
313	汤阴管理处	K682+584.78	K684+284.78	1700	中强膨胀土渠段					✓	
314	汤阴管理处	K685+434.78	K687+234.78	1800	中膨胀土半挖半填渠段					○	
315	汤阴管理处	K687+684.78	K688+136.08	451	汤河渡槽进口填方渠段，表层黄土轻微—中等湿陷性，紧邻节制闸	✓	✓	✓			
316	汤阴管理处	K688+439.38	K689+847.78	1408	汤河渡槽出口至羑河倒虹吸进口填方渠段，表层黄土轻微—中等湿陷性，最大填高11.5m，段内有渠渠倒虹吸1座		✓	✓		○	

表E.1 南水北调中线总干渠工程渠道风险点统计表(续)

序号	管理处	起点桩号	终点桩号	渠段长度/m	渠段类型	可能或已出现的风险					
						漫顶	渠坡渠基渗漏破坏	边坡失稳、渠堤溃决	防洪堤破坏	滑坡	其他类型问题
317	汤阴管理处	K690+323.78	K690+333.78	10	羑河渠道倒虹吸出口填方渠段，表层黄土轻微—中等湿陷性		√	√			
318	汤阴管理处	K674+391.08	K675+928.08	1537	高地下水位渠段						√
319	安阳管理处	K690+334	K690+734	400	羑河渠倒虹吸出口填方渠段，表层黄土轻微—中等湿陷性		√	√			
320	安阳管理处	K695+634	K695+834	200	填方渠段，段内有排水倒虹吸1座，表层黄土中等湿陷性		√	√			
321	安阳管理处	K699+384	K700+784	1400	挖深大于15m中膨胀土渠段				○	○	
322	安阳管理处	K701+734	K701+984	250	填方渠段，段内有排水倒虹吸1座，表层黄土中等湿陷性			√			
323	安阳管理处	K715+634	K716+660.5	1027	安阳河倒虹吸进口填方渠段，表层黄土中等湿陷性，下层砂卵石，紧邻节制闸，段内有渠渠倒虹吸1座	√	√	√			冰塞
324	安阳管理处	K717+126.9	K717+534	407	安阳河倒虹吸出口填方渠段，表层黄土中等湿陷性，下层砂卵石		√	√			
325	安阳管理处	K724+334	K724+834	500	挖深大于15m中膨胀土渠段						
326	安阳管理处	K729+984	K730+656.1	672	漳河倒虹吸进口填方渠段，表层粗砂具地震液化性，最大填高12m	√	√	√		○	
327	安阳管理处	K724+899.4	K724+899.4	—	挖方渠段						新建桥梁横跨干渠
328	安阳管理处	K709+343.6	K709+343.6	—	挖方渠段						新建桥梁横跨干渠
329	安阳管理处	K694+377.3	K694+377.3	—	半挖半填渠段						新建桥梁横跨干渠
330	安阳管理处	K726+354	K726+354	—	半挖半填渠段						衬砌板沉陷
331	安阳管理处	K722+406.8	K722+406.8	—	半挖半填渠段						衬砌板沉陷

表E.1 南水北调中线总干渠工程渠道风险点统计表(续)

序号	管理处	起点桩号	终点桩号	渠段长度/m	渠段类型	可能或已出现的风险					
						漫顶	渠坡、渠基渗漏破坏	边坡失稳、渠堤溃决	防洪堤破坏	滑坡	其他类型问题
332	安阳管理处	K719+874	K719+890	16	半挖半填渠段						衬砌板隆起
333	安阳管理处	K720+074	K720+122	48	半挖半填渠段						衬砌板隆起
334	安阳管理处	K719+489	K719+489	—	半挖半填渠段						衬砌板隆起
335	安阳管理处	K714+682	K714+690	8	挖方渠段						衬砌板沉陷
336	安阳管理处	K713+496	K713+496	—	挖方渠段						衬砌板沉陷
337	安阳管理处	K712+799	K712+799	—	挖方渠段						衬砌板沉陷
338	安阳管理处	K711+700.4	K711+700.4	—	挖方渠段						衬砌板沉陷
339	安阳管理处	K710+174.4	K710+174.4	—	挖方渠段						衬砌板沉陷
340	安阳管理处	K700+058	K700+062	4	挖方渠段						衬砌板沉陷
341	穿漳管理处	K730+640	K730+733	93	漳河倒虹吸进口填方渠段,表层粗砂具地震液化性,最大填高12m	√	√	√		○	冰塞
342	穿漳管理处	K731+499	K731+722	223	漳河倒虹吸出口填方渠段,表层粗砂具地震液化性,最大填高16.5m	√	√	√			
河 北 分 局											
343	磁县管理处	0+000	1+270	1270	漳河倒虹吸出口填方渠段,表层粗砂具地震液化性,最大填高16.5m,段内有渠渠倒虹吸1座	√	√	√			
344	磁县管理处	1+270	1+270	—							安全监测异常
345	磁县管理处	1+270	1+851	581	漳河倒虹吸出口填方渠段,表层粗砂具地震液化性,最大填高16.5m,段内有渠渠倒虹吸1座						
346	磁县管理处	3+625	3+625	—	讲岳铁路倒虹吸进口上游,填方渠段	○					

表E.1 南水北调中线总干渠工程渠道风险点统计表(续)

序号	管理处	起点桩号	终点桩号	渠段长度/m	渠 段 类 型	可能或已出现的风险					
						漫顶	渠坡、渠基渗漏破坏	边坡失稳、渠堤溃决	防洪堤破坏	滑坡	其他类型问题
347	磁县管理处	4+790	5+507	717	填方渠段,段内有河道倒虹吸1座		√	√			
348	磁县管理处	12+650	13+340	690	弱膨胀土挖方渠段,最大挖深23m					○	
349	磁县管理处	14+440	15+686	1246	滏阳河渡槽进口填方渠段		√				
350	磁县管理处	15+988	16+900	912	滏阳河渡槽出口填方渠段,渠基黄土具强湿陷性		√	√			
351	磁县管理处	18+500	18+600	100	填方渠段,最大填高9.15m			√			
352	磁县管理处	18+950	19+100	150	填方渠段,段内有排水涵洞1座,分水闸1座		√				
353	磁县管理处	20+880	21+370	490	填方渠段,段内有排水倒虹吸1座		√				
354	磁县管理处	22+480	26+972	4492	填方渠段,段内有排水倒虹吸4座		√				
355	磁县管理处	27+570	28+680	1110	深挖方中膨胀渠段,最大挖深27m			√		√	
356	磁县管理处	29+052	29+304	252	马磁铁路渠道倒虹吸出口至牤牛河渡槽进口填方渠段,紧邻节制闸	√	√				
357	磁县管理处	29+728	30+486	758	牤牛河渡槽出口填方渠段,渠基为中膨胀土		√	√			
358	磁县管理处	32+050	32+600	550	弱膨胀土深挖方渠段,最大挖深20m		√			√	
359	磁县管理处	32+600	32+600	—	弱膨胀土挖方渠段		○				
360	磁县管理处	33+143	33+286	143	填方渠段,段内有河道倒虹吸1座		√				
361	磁县管理处	34+576	35+287	711	填方渠段,段内有排水倒虹吸1座,最大填高9.6m,渠基为中(强)膨胀土		√	√			
362	磁县管理处	37+400	37+800	400	填方渠段,段内有排水倒虹吸1座,最大填高6.5m,渠基为中膨胀土		√				
363	邯郸管理处	40+056	41+000	944	全挖方中膨胀土渠段,最大挖深9m					√	
364	邯郸管理处	41+285	41+485	200	全挖方强膨胀土渠段,最大挖深20m					○	

表E.1 南水北调中线总干渠工程渠道风险点统计表（续）

序号	管理处	起点桩号	终点桩号	渠段长度/m	渠段类型	漫顶	渠坡、渠基渗漏破坏	边坡失稳、渠堤溃决	防洪堤破坏	滑坡	其他类型问题
365	邯郸管理处	42+086	42+925	839	填方渠段，段内有排洪涵洞1座，最大填高9.67m		√	√			
366	邯郸管理处	44+225	44+225	—							安全监测异常
367	邯郸管理处	44+975	45+085	110	填方渠段，段内有排水倒虹吸1座			√			
368	邯郸管理处	46+132	47+252	1120	填方渠段，段内有排水倒虹吸1座，渠基为中膨胀土			√			
369	邯郸管理处	50+322	50+388	66	沁河倒虹吸进口填方渠段			√			
370	邯郸管理处	52+585	52+803	218	填方渠段，段内有排水倒虹吸1座			√			
371	邯郸管理处	54+439	55+278	839	填方渠段，段内有排水涵洞2座，渠基为中膨胀土		√	√			
372	邯郸管理处	56+212	56+212								安全监测异常
373	邯郸管理处	56+709	56+813	104	填方渠段，段内有排水涵洞1座，渠基为中膨胀土		√	√			
374	邯郸管理处	57+153	57+432	279	填方渠段，段内有排水涵洞1座，渠基为强/中膨胀土		√	√			
375	邯郸管理处	58+412	58+412	—							安全监测异常
376	邯郸管理处	59+052	59+052	—							安全监测异常
377	邯郸管理处	59+800	59+963	163	填方渠段，段内有排水涵洞1座，渠基为强/中膨胀土		√	√			
378	永年管理处	61+220	61+717	497	填方渠段，段内有排水涵洞1座，渠基为中膨胀土		√	√			
379	永年管理处	62+300	62+463	163	填方渠段，段内有排水倒虹吸1座，渠基为中膨胀土		√	√			
380	永年管理处	64+663	64+895	232	填方渠段，段内有排水涵洞1座，渠基为中膨胀土		√	√			
381	永年管理处	66+765	69+663	2898	填方渠段，段内有排水涵洞1座，渠基为强/弱膨胀土		√	√			
382	永年管理处	73+813	75+671	1858	填方渠段，段内有排水涵洞1座、排水倒虹吸1座，渠基黄土具湿陷性		√	√			
383	永年管理处	76+416	76+669	253	洺河渡槽进口填方渠段，紧邻节制闸	√	√				

表E.1 南水北调中线总干渠工程渠道风险点统计表(续)

序号	管理处	起点桩号	终点桩号	渠段长度/m	渠段类型	漫顶	渠坡渠基渗漏破坏	边坡失稳、渠堤溃决	防洪堤破坏	滑坡	其他类型问题
384	永年管理处	77+528	79+075	1547	洺河渡槽出口填方渠段，段内有排水倒虹吸1座		√				
385	永年管理处	72+513	72+513	—	石渠段高地下水						安全监测异常
386	沙河管理处	79+360	98+016	18656	高地下水位渠段		√				
387	沙河管理处	82+420	82+448	28	高地下水位渠段、挖方渠段					○	
388	沙河管理处	83+235	83+307	72	高地下水位渠段、挖方渠段					○	
389	沙河管理处	82+426	82+478	52	高地下水位渠段、挖方渠段					○	
390	沙河管理处	80+561	80+561	—	高地下水位渠段、挖方渠段		√				
391	沙河管理处	82+061	82+061	—	高地下水位渠段、挖方渠段		√				
392	沙河管理处	82+755	82+755	—	高地下水位渠段、挖方渠段		√				
393	沙河管理处	84+291	84+291	—	高地下水位渠段、挖方渠段		√				
394	沙河管理处	91+610	91+610	—	高地下水位渠段、挖方渠段		√				安全监测数据超过警戒值
395	沙河管理处	92+360	92+360	—	高地下水位渠段、挖方渠段		√				
396	沙河管理处	95+010	95+010	—	高地下水位渠段、挖方渠段		√				
397	沙河管理处	95+740	95+740	—	高地下水位渠段、挖方渠段		√				
398	沙河管理处	96+740	96+740	—	高地下水位渠段、挖方渠段		√				
399	邢台管理处	98+016	98+319	303	挖深大于15m深挖方、高地下水渠段	○				√	安全监测异常
400	邢台管理处	99+600	99+800	200	高地下水渠段					○	
401	邢台管理处	106+800	106+800	—		○	√				
402	邢台管理处	107+688	107+688	—		○	√			√	
403	邢台管理处	120+710	120+710	—				√			安全监测异常

表E.1　南水北调中线总干渠工程渠道风险点统计表（续）

序号	管理处	起点桩号	终点桩号	渠段长度/m	渠段类型	漫顶	渠坡、渠基渗漏破坏	边坡失稳、渠堤溃决	防洪堤破坏	滑坡	其他类型问题
404	邢台管理处	121+389	121+389	—			○	√			
405	邢台管理处	127+281	127+281	—			○	√			
406	邢台管理处	143+949	143+949	—				√		√	安全监测异常
407	邢台管理处	144+235	145+580	1345	深挖方段，最大挖深达37.46m			√		○	
408	临城管理处	145+530	145+620	90	挖深大于15m深挖方渠段					○	
409	临城管理处	146+797	148+360	1563	挖深大于15m深挖方渠段						○
410	临城管理处	164+632	164+892	260	膨胀土渠段					○	
411	临城管理处	164+632	164+892	260							
412	临城管理处	155+360	155+360	—	挖方渠段	○					
413	临城管理处	153+658	153+673	15	挖深大于15m深挖方渠段					○	
414	临城管理处	154+305	154+305	—	挖深大于15m深挖方渠段		○	√			
415	临城管理处	150+509	150+541	32	泜河渠道渡槽进口填方渠段，最大填高9m	√	√				
416	临城管理处	150+999	151+779	780	泜河渠道渡槽出口填方渠段，最大填高10.75m	√	√				
417	临城管理处	152+579	152+729	150	填方渠段，段内有排水倒虹吸1座（北盘石沟排水倒虹吸）	√					
418	临城管理处	156+729	157+279	550	填方渠段，段内有排洪涵洞1座（小槐河排洪涵洞）	√					
419	临城管理处	166+329	167+497	1168	午河渡槽进口填方渠段，紧邻节制闸，最大填高12m，渠基黄土具湿陷性	√	√	√			
420	临城管理处	167+831	168+869	1038	午河渡槽出口填方渠段，最大填高16m，渠基黄土具湿陷性，段内有排洪涵洞1座	√	√	√			
421	临城管理处	171+679	171+850	171	填方渠段，段内有排水倒虹吸1座（东渎北沟排水倒虹吸）	√					
422	高邑元氏管理处	1+900	3+710	1810	沛河渠道渡槽进口填方渠段，段内有排洪涵洞3座，部分渠基为卵石、泥砾，最大填高15.4m		√	√			

表E.1 南水北调中线总干渠工程渠道风险点统计表(续)

序号	管理处	起点桩号	终点桩号	渠段长度/m	渠段类型	可能或已出现的风险					
						漫顶	渠坡渠基渗漏破坏	边坡失稳、渠堤溃决	防洪堤破坏	滑坡	其他类型问题
423	高邑元氏管理处	4+150	5+500	1350	沛河渠道渡槽出口填方渠段		√				
424	高邑元氏管理处	11+670	12+900	1200	深挖方渠道					√	
425	高邑元氏管理处	16+926	18+726	1800	外水控制半挖半填渠段,段内1座排水倒虹吸(南白楼)				√	√	
426	高邑元氏管理处	28+152	29+975	1823	外水控制半挖半填渠段,段内1座排水倒虹吸(故城)			√			
427	高邑元氏管理处	30+558	32+758	2200	外水控制半挖半填渠段,段内1座排水倒虹吸(殷村沟)			√			
428	石家庄管理处	212+180	215+280	3100	外水控制半挖半填渠段,段内2座排水倒虹吸		√		√		
429	石家庄管理处	218+010	220+040	2030	金河渠道倒虹吸进口外水控制半挖半填渠段,段内1座排水倒虹吸		√		√		
430	石家庄管理处	220+538	224+500	3962	金河渠道倒虹吸出口至台头沟倒虹吸进口外水控制半挖半填渠段,段内1座排水倒虹吸		√		√		
431	石家庄管理处	224+966	226+996	2030	台头沟倒虹吸出口外水控制半挖半填渠段,段内1座排水倒虹吸		√		√		
432	石家庄管理处	248+392	251+200	2818	滹沱河渠道倒虹吸出口外水控制半挖半填渠段,段内2座排水倒虹吸		√		√		
433	石家庄管理处	252+397	256+125	3728	外水控制半挖半填渠段,段内1座排水倒虹吸				√		
434	石家庄管理处	256+125	261+800	5675	外水控制填方渠段,段内有排水倒虹吸3座,渠基粗砂,最大填高12.2m		√	√	√		
435	石家庄管理处	212+180	224+500	12320	高地下水位段,段内13座强排泵站		√				
436	石家庄管理处	226+230	234+500	8270	高地下水位段,段内8座强排泵站		√				
437	石家庄管理处	227+588	230+392	2804	挖深大于15m的深挖方渠段		√			√	

表E.1　南水北调中线总干渠工程渠道风险点统计表(续)

序号	管理处	起点桩号	终点桩号	渠段长度/m	渠段类型	漫顶	渠坡、渠基渗漏破坏	边坡失稳、渠堤溃决	防洪堤破坏	滑坡	其他类型问题
							可能或已出现的风险				
438	石家庄管理处	230+704	231+265	561	挖深大于15m的深挖方渠段		✓			✓	
439	石家庄管理处	231+730	233+123	1393	挖深大于15m的深挖方渠段		✓			✓	
440	石家庄管理处	233+450	236+975	3525	挖深大于15m的深挖方渠段		✓			✓	
441	石家庄管理处	237+593	238+319	726	挖深大于15m的深挖方渠段		✓			✓	
442	石家庄管理处	238+589	240+448	1859	挖深大于15m的深挖方渠段		✓			✓	
443	石家庄管理处	240+500	243+881	3381	砂土筑堤渠段		✓				
444	石家庄管理处	260+389	260+600	211	单侧填筑高度大于6m高填方渠段		✓				
445	石家庄管理处	261+580	261+800	220	单侧填筑高度大于6m高填方渠段		✓				
446	石家庄管理处	237+020	237+020	—	挖深大于15m的深挖方渠段		✓				
447	石家庄管理处	235+894	235+894	—	挖深大于15m的深挖方渠段		✓				
448	石家庄管理处	225+004	225+004	—	挖方渠段		✓				
449	石家庄管理处	235+196	235+196	—	挖深大于15m的深挖方渠段		✓				
450	石家庄管理处	238+980	238+980	—	挖深大于15m的深挖方渠段		✓				
451	石家庄管理处	239+050	239+050	—	挖深大于15m的深挖方渠段		✓				
452	石家庄管理处	239+060	239+060	—	挖深大于15m的深挖方渠段		✓				
453	石家庄管理处	236+350	236+350	—	挖深大于15m的深挖方渠段		✓				
454	石家庄管理处	228+228	228+228	—	挖深大于15m的深挖方渠段		✓				
455	石家庄管理处	229+550	229+550	—	挖深大于15m的深挖方渠段		✓				

表E.1 南水北调中线总干渠工程渠道风险点统计表(续)

序号	管理处	起点桩号	终点桩号	渠段长度/m	渠段类型	可能或已出现的风险					
						漫顶渠坡渠基渗漏破坏	边坡失稳、渠堤溃决	防洪堤破坏	滑坡	其他类型问题
456	石家庄管理处	235+624	235+624	—	挖深大于15m的深挖方渠段	√				
457	石家庄管理处	243+814	243+814	—	半挖半填渠段	√				
458	石家庄管理处	236+584	236+584	—	挖深大于15m的深挖方渠段	√				
459	石家庄管理处	233+450	233+450	—	挖深大于15m的深挖方渠段	√				
460	石家庄管理处	231+820	231+820	—	挖深大于15m的深挖方渠段	√				
461	石家庄管理处	236+372	236+372	—	挖深大于15m的深挖方渠段	√				
462	石家庄管理处	230+270	230+270	—	挖深大于15m的深挖方渠段	√				
463	石家庄管理处	230+935	230+935	—	挖深大于15m的深挖方渠段	√				
464	石家庄管理处	256+280	256+280	—	挖深大于15m的深挖方渠段	√				
465	石家庄管理处	228+203	228+203	—	挖深大于15m的深挖方渠段	√				
466	石家庄管理处	226+800	226+800	—	挖方渠段	√				
467	石家庄管理处	229+980	229+980	—	挖深大于15m的深挖方渠段	√				
468	石家庄管理处	214+890	214+890	—	挖方渠段,高地下水位渠段	√				
469	石家庄管理处	232+180	232+180	—	挖深大于15m的深挖方渠段,监测断面					安全监测异常
470	石家庄管理处	212+260	212+260	—	平赞高速跨南水北调总干渠工程					穿跨工程
471	石家庄管理处	216+751	216+751	—	石家庄市南绕城高速公路					穿跨工程
472	石家庄管理处	铜冶镇南张庄青银高速公路南侧	铜冶镇南张庄青银高速公路南侧	—	石家庄—太原成品油管道					穿跨工程
473	石家庄管理处	219+000	219+000	—	青银高速公路桥					穿跨工程

表E.1 南水北调中线总干渠工程渠道风险点统计表(续)

序号	管理处	起点桩号	终点桩号	渠段长度/m	渠段类型	可能或已出现的风险					
						漫顶	渠坡渠基渗漏破坏	边坡失稳、渠堤溃决	防洪堤破坏	滑坡	其他类型问题
474	石家庄管理处	金河倒虹吸	金河倒虹吸	—	青银高速公路铜冶连接线						穿跨工程
475	石家庄管理处	221+100	221+100	—	石太高速铁路桥						穿跨工程
476	石家庄管理处	221+508	221+508	—	石家庄枢纽货运系统迁建工程大宋楼桥						穿跨工程
477	石家庄管理处	222+346.41	222+346.41	—	石家庄枢纽货运系统迁建工程西良厢桥						穿跨工程
478	石家庄管理处	223+381.123	223+381.123	—	石家庄南二环东延西拓工程						穿跨工程
479	石家庄管理处	223+400	223+400	—	石家庄枢纽货运系统迁建工程南杜村西桥						穿跨工程
480	石家庄管理处	224+250	224+250	—	石家庄枢纽货运系统迁建工程台头村东桥						穿跨工程
481	石家庄管理处	约228+010	约228+010	—	110kV铜中高压供电线路						穿跨工程
482	石家庄管理处	228+233.289	228+233.289	—	石家庄市国宾馆路桥(翠屏路)						穿跨工程
483	石家庄管理处	229+731	229+731	—	石家庄市石环公路辅道						穿跨工程
484	石家庄管理处	约230+260	约230+260	—	雨水管道						穿跨工程
485	石家庄管理处	230+418	230+418	—	石家庄枢纽货运系统迁建工程京广货运右线						穿跨工程
486	石家庄管理处	237+622	237+622	—	石家庄枢纽货运系统迁建工程石太高速公路						穿跨工程
487	石家庄管理处	约237+700	约237+700	—	石家庄枢纽货运系统迁建工程石太铁路						穿跨工程
488	石家庄管理处	约237+856	约237+856	—	西柏坡高速公路二环路至霍寨段工程						穿跨工程
489	石家庄管理处	约238+319	约238+319	—	南水北调总干渠穿越石家庄市引岗黄输水管线						穿跨工程
490	石家庄管理处	约238+420	约238+420	—	西柏坡电厂废热利用入市管道穿越南水北调中线干线石津渠暗渠工程						穿跨工程
491	石家庄管理处	约239+050	约239+050	—	杜北大街穿越南水北调总干渠污水管道工程						穿跨工程

表E.1 南水北调中线总干渠工程渠道风险点统计表(续)

序号	管理处	起点桩号	终点桩号	渠段长度/m	渠段类型	可能或已出现的风险					
						漫顶	渠坡、渠基渗漏破坏	边坡失稳、渠堤溃决	防洪堤破坏	滑坡	其他类型问题
492	石家庄管理处	240+514	240+514	—	友谊大街穿越南水北调总干渠污水管道工程						穿跨工程
493	石家庄管理处	240+573.20	240+573.20	—	友谊北大街新奥燃气有限公司穿越南水北调总干渠天然气管道工程						穿跨工程
494	石家庄管理处	约240+618	约240+618	—	南水北调工程友谊大街桥电缆隧道						穿跨工程
495	石家庄管理处	243+000	243+000	—	学府路新奥燃气有限公司穿越南水北调总干渠天然气管道工程						穿跨工程
496	石家庄管理处	约243+100	约243+100	—	学府路穿越南水北调总干渠污水管道工程						穿跨工程
497	石家庄管理处	约243+225	约243+225	—	南水北调工程果树研究所桥电缆隧道						穿跨工程
498	石家庄管理处	247+581.5	247+581.5	—	张石高速公路石家庄北出口支线工程						穿跨工程
499	石家庄管理处	滹沱河防洪堤及裹头		—	滹沱河防洪综合整治工程(黄壁庄水库至藁城东界段)						穿跨工程
500	石家庄管理处	约248+182	约248+182	—	正定县大孙村天然气管道穿越南水北调总干渠工程						穿跨工程
501	石家庄管理处	256+280	256+280	—	于家庄绕城高速跨越南水北调中线总干渠工程						穿跨工程
502	石家庄管理处	256+573.74	256+573.74	—	陕京三线输气管道穿越南水北调总干渠工程						穿跨工程
503	新乐管理处	23+422	26+000	2578	填方、半挖半填渠段		√	√	√		
504	新乐管理处	26+000	31+444	5444	半挖半填渠段	√	√		√		
505	新乐管理处	32+023	35+222	3199	半挖半填渠段		√		√		
506	新乐管理处	42+622	44+987	2365	填方、半挖半填渠段		√		√		
507	新乐管理处	47+217	57+005	9788	半挖半填渠段		√		√		
508	新乐管理处	57+187	57+401	214	半挖半填渠段		√		√		
509	定州管理处	57+401	65+287	7886	半挖半填		√		√		
510	定州管理处	70+999	73+843	2844	半挖半填		√		√		
511	定州管理处	75+998	76+298	300	半挖半填		√		√		

表E.1 南水北调中线总干渠工程渠道风险点统计表（续）

序号	管理处	起点桩号	终点桩号	渠段长度/m	渠 段 类 型	漫顶	渠坡、渠基渗漏破坏	边坡失稳、渠堤溃决	防洪堤破坏	滑坡	其他类型问题
							可能或已出现的风险				
512	唐县管理处	340+217	340+218	201	放水河渡槽出口填方渠段，最大填高9.69m，渠基黄土状壤土		√	√			
513	唐县管理处	343+285	343+700	415	填方渠段，段内有排水涵洞1座，渠基黄土状壤土，最大填高10.78m		√	√			
514	唐县管理处	329+716	332+338	2622	全挖方渠段，最大挖方深度19.52m，渠基黑云斜长片麻岩土	√		√		√	
515	唐县管理处	320+280	321+255	975	半挖半填渠段，渠基黄土状壤土						√
516	唐县管理处	337+550	338+450	900	半挖半填渠段，渠基黄土状壤土						√
517	顺平管理处	106+750.0	108+333.0	1583	填方渠段		√	√			
518	顺平管理处	110+600.0	111+500.0	900	填方渠段		√				
519	顺平管理处	114+890.3	115+700.0	810	填方渠段		√				
520	保定管理处	125+551.7	126+231.1	679	填方渠段，渠基黄土状壤土，最大填高9.6m			√			
521	保定管理处	133+460.0	133+800.0	340	填方渠段，段内有排水倒虹吸1座，渠基黄土状壤土，最大填高10.2m		√	√			
522	保定管理处	138+207.7	138+804.3	597	漕河渡槽进口填方渠段		√				
523	保定管理处	129+345.78	129+595.78	250	深挖方段					√	
524	保定管理处	131+948.6	131+948.6	20	深挖方段					√	
525	保定管理处	141+104.255	141+849.5	745	石渠段						冰塞
北 京 分 局											
526	易县管理处	1140+743.54	1141+908.54	1165.0	外水控制半挖半填渠段，段内1座排水倒虹吸		√		√		
527	易县管理处	1145+963.54	1146+903.44	939.9	中易水倒虹吸进口填方渠段，中砂、砂卵石渠基，段内渠渠倒虹吸1座		√				
528	易县管理处	1147+545.44	1148+092.44	547.0	中易水倒虹吸出口填方渠段，中、粗砂、砂砾渠基，最大填高8.9m		√	√			安全监测异常
529	易县管理处	1156+463.54	1157+105.44	641.9	北易水倒虹吸进口填方渠段，上黄土下卵石渠基，最大填高9m	√	√	√			

表E.1 南水北调中线总干渠工程渠道风险点统计表（续）

序号	管理处	起点桩号	终点桩号	渠段长度/m	渠 段 类 型	可能或已出现的风险					
						漫顶	渠坡、渠基渗漏破坏	边坡失稳、渠堤溃决	防洪堤破坏	滑坡	其他类型问题
530	易县管理处	1157+690.44	1157+964.44	274.0	北易水倒虹吸出口至厂城倒虹吸进口填方渠段，上黄土下卵石渠基		√				安全监测异常
531	易县管理处	1158+256.44	1159+055.54	799.1	厂城倒虹吸出口外水控制填方渠段，上黄土下卵石渠基，最大填高9.8m		√	√	√		
532	易县管理处	1171+496.54	1171+816.61	320.1	坟庄倒虹吸进口河滩地填方渠段		√				
533	易县管理处	1131+326.54	1132+736.64	1410.1	挖方渠段，东楼山南沟排水倒虹吸出口至东楼山西沟排水倒虹吸进口					√	
534	易县管理处	1143+214.54	1143+352.54	138.0	挖方渠段，裴山西桥—裴山西沟排水渡槽					√	
535	易县管理处	1149+627.74	1149+777.74	150.0	挖方渠段，中高村沟排水渡槽下游、干渠右岸						衬砌板滑塌
536	易县管理处	1153+381.34	1153+995.54	614.2	挖方渠段，西市隧洞出口至黑塔山沟排水渡槽、干渠右岸						衬砌板滑塌
537	易县管理处	1167+097.34	1167+107.34	100.0	挖方渠段，南留召桥上游、干渠右岸						衬砌板滑塌
538	易县管理处	1146+903.44	1146+953.44	50.0	小罗村倒虹吸穿越工程		√				
539	易县管理处	1168+085.34	1168+185.34	100.0	东留召排水涵洞穿越工程		√				
540	易县管理处	1171+696.64	1171+716.64	20.0	西支干渠穿越工程		○				
541	涞涿管理处	1171+816	1172+068	252	高子坨桥至坟庄河进口，单侧填筑高度大于6m高填方渠段	√	√	√		√	
542	涞涿管理处	1172+412.84	1174+106.26	1694	坟庄河出口至东垒子桥，单侧填筑高度大于6m高填方渠段	√	√	√		√	
543	涞涿管理处	1177+740.68	1178+186.06	446	北果园桥至七二六厂桥，单侧填筑高度大于6m高填方渠段	√	○	√		○	
544	涞涿管理处	1180+839.12	1181+619.10	780	西车亭桥至东车亭排水涵洞，单侧填筑高度大于6m高填方渠段	√	√	√		√	
545	涞涿管理处	1184+815	1184+915.14	100	西水北南桥下游至水北沟渡槽进口，单侧填筑高度大于6m高填方渠段	√	√	√		√	

表E.1 南水北调中线总干渠工程渠道风险点统计表(续)

序号	管理处	起点桩号	终点桩号	渠段长度/m	渠 段 类 型	可能或已出现的风险					
						漫顶	渠坡渠基渗漏破坏	边坡失稳、渠堤溃决	防洪堤破坏	滑坡	其他类型问题
546	涞涿管理处	1184+915.14	1185+781.71	866	水北沟渡槽进口至西水北公路桥,单侧填筑高度大于6m高填方渠段	√	√	√		√	
547	涞涿管理处	1174+106.26	1175+352.14	1245	东垒子公路桥至南七山公路桥,挖深大于15m深挖方渠段				√	√	
548	涞涿管理处	1175+595.04	1177+740.68	2145	南七山沟排水倒虹吸至北果园桥,挖深大于15m深挖方渠段				√	√	
549	涞涿管理处	1178+875.72	1179+081.94	206	西武山桥至下车亭是隧洞进口,挖深大于15m深挖方渠段				√	√	
550	涞涿管理处	1179+941.94	1180+745.24	803	下车亭隧洞出口至下车亭分水口,挖深大于15m深挖方渠段				√	√	
551	涞涿管理处	1182+858.57	1183+058	200	魏村南桥至魏村南桥下游,挖深大于15m深挖方渠段				√	√	
552	涞涿管理处	1190+757.86	1191+057.86	300	南拒马河倒虹吸进口上游至南拒马河倒虹吸进口,挖深大于15m深挖方渠段				√	√	
553	涞涿管理处	1172+804			通信下穿工程（西垒子桥上游110m）				√		
554	涞涿管理处	1172+824			通信下穿工程（西垒子桥上游90m）				√		
555	涞涿管理处	1178+151			通信下穿工程（七二六厂桥上游35m）				√		
556	涞涿管理处	1178+166			通信下穿工程（七二六厂桥上游20m）				√		
557	涞涿管理处	1181+569			通信下穿工程（东车亭桥上游60m）				√		
558	涞涿管理处	1185+731			通信下穿工程（西水北公路桥上游50m）				√		
559	北京市南水北调干线管理处	YT8+325	YT10+529	2204（暗涵）	地铁12号线穿跨域				√		
560	北京市南水北调干线管理处	HD12+300	HD14+100	1800m	西甘池隧洞,挖深大于15m深挖方渠段					○	

表E.1 南水北调中线总干渠工程渠道风险点统计表（续）

序号	管理处	起点桩号	终点桩号	渠段长度/m	渠 段 类 型	漫顶	渠坡渠基渗漏破坏	边坡失稳、渠堤溃决	防洪堤破坏	滑坡	其他类型问题
					可能或已出现的风险						
561	北京市南水北调干线管理处	HD37+980	HD38+360	480m	崇青隧洞，挖深大于15m深挖方渠段					○	
天 津 分 局											
562	西黑山管理处	进口闸前	进口闸后		易产生冰塞等工程安全事故的渠段						√
563	西黑山管理处	1116+210	1118+869	2659	挖深大于15m深挖方渠段					√	
564	西黑山管理处	1119+868	1121+075	1207	单侧填筑高度大于6m高填方渠段				√	√	
565	西黑山管理处	1124+717	1126+817	2100	单侧填筑高度大于6m高填方渠段				√	√	
566	容雄管理处	XW61+700	XW61+730	30	高铁站连接路跨越箱涵工程						穿跨越工程
567	霸州管理处	XW96+381	XW96+381		港清三线输气管道工程定向钻下穿箱涵						穿跨越工程
568	霸州管理处	XW97+500	XW97+500		箱涵						箱涵上方渗水
569	霸州管理处	XW118+000	XW118+300	300	堂二里大坑						
570	天津管理处	XW135+920	XW135+940	20	箱涵						箱涵上方渗水
571	天津管理处	XW150+049	XW150+060	11	箱涵						箱涵上方渗水

注：○表示已发生，√表示可能发生。

附录 F

表 F.1 南水北调中线总干渠工程建筑物风险点统计表

序号	管理处	建筑物名称	填土地基边坡失稳	渗漏破坏	不均匀沉降	地基失稳	抗滑失稳	抗浮失稳	河道冲刷	箱涵堵塞	槽墩撞击	其他类型问题	问题情况简述
			可能或已出现的风险										
渠首分局													
1	邓州管理处	刁河渡槽		✓	✓	✓	✓	✓	✓		✓		
2	邓州管理处	湍河渡槽		✓	✓	✓	✓	✓	✓		✓		
3	邓州管理处	严陵河渡槽	✓	✓	✓	✓	✓	✓	✓		✓		
4	镇平管理处	西赵河倒虹吸		✓	✓	✓	✓	✓					
5	镇平管理处	淇河倒虹吸		✓	✓	✓	✓	✓					
6	镇平管理处	太山庙排水倒虹吸										出口排水不畅	出口为马庄乡，沟道断面极小，无法正常排水，不能保证太山庙倒虹吸正常过水
7	镇平管理处	马庄沟排水倒虹吸										无排水通道	出口原排水通道被桥梁引道占压，无排水通道，不能保证马庄沟倒虹吸安全过水
8	南阳管理处	潦河渡槽	✓	✓	✓	✓		✓			✓	安全监测数据异常	出口闸室、出口渐变段、出口连接段沉降量较其他部位沉降量大，且有发展趋势；退水闸测斜管各测点目前位移变化范围0.2～19.8mm
9	南阳管理处	十二里河渡槽	✓	✓	✓	✓		✓			✓		
10	南阳管理处	宁西铁路西南线暗涵	✓	✓	✓	✓		✓		✓			
11	南阳管理处	宁西铁路正线暗涵		✓	✓	✓		✓		✓		安全监测数据异常	3号管身渗压计监测渗压水位与渠道运行水位基本一致甚至高出渠道运行水位，可能存在渗漏通道，应引起注意
12	南阳管理处	娃娃河倒虹吸	✓	✓	✓	✓		✓	✓			安全监测数据异常	进出口裹头沉降量较其他部位沉降量特别大，且有发展趋势
13	南阳管理处	梅溪河倒虹吸	✓	✓	✓	✓		✓	✓			安全监测数据异常	出口裹头及闸室沉降量较其他部位沉降量特别大，且有发展趋势

表 F.1　南水北调中线总干渠工程建筑物风险点统计表（续）

序号	管理处	建筑物名称	填土地基边坡失稳	渗漏破坏	不均匀沉降	地基失稳	抗滑失稳	抗浮失稳	河道冲刷	箱涵堵塞	槽墩撞击	其他类型问题	问题情况简述
												可能或已出现的风险	
14	南阳管理处	白河倒虹吸	√	√	√	√	√	√	√				
15	南阳管理处	白条河倒虹吸	√	√		√	√		√				
16	南阳管理处	十二里河西支排水涵洞	√	√	√	√	√					安全监测数据异常	渠道左右岸一级马道沉降量较其他部位沉降大，且有发展趋势
17	南阳管理处	鸭东一分干左排渡槽										外水入渠	渡槽断面面积及设计流量较小，强降雨等情况下可能造成漫槽后外水入渠
18	南阳管理处	司勇河倒虹吸										安全监测数据异常	渠道左岸渠坡沉降量较其他部位沉降量大
19	南阳管理处	贾庄南沟倒虹吸										安全监测数据异常	渠道左岸渠坡沉降量较其他部位沉降量大
20	南阳管理处	白条河东支倒虹吸										安全监测数据异常	渠道右岸一级马道沉降量较其他部位沉降量大
21	方城管理处	小清河河道倒虹吸		√	√	√	√	√	√			安全监测异常	个别测点渗压水位超过警戒值
22	方城管理处	珍珠河排水倒虹吸		√	√	√	√	√				出口排水通道不畅	出口河道收窄
23	方城管理处	东赵河倒虹吸	√	√	√	√	√	√					
24	方城管理处	清河倒虹吸		√	√	√	√	√	√				
25	方城管理处	清河退水闸										退水不畅	退水闸下游退水通道存在河道收窄的情况
26	方城管理处	潘河倒虹吸	√	√	√		√	√	√				
27	方城管理处	齐庄南沟排水倒虹吸		√	√		√	√	√			排水不畅	上游汇水面积大，下游河道收窄，导致暴雨后排水不畅，进出口均超过警戒水位
28	方城管理处	黄金河倒虹吸		√	√		√	√	√				
29	方城管理处	脱脚河倒虹吸		√	√		√	√	√			安全监测异常	6 号管身部位渗压水位接近地表水位
30	方城管理处	万米长塘渡槽	√	○									渡槽左岸底部有渗水，全面整治期间处理后发现仍有绕渗现象，目前正在施工截渗墙

表 F.1　南水北调中线总干渠工程建筑物风险点统计表（续）

序号	管理处	建筑物名称	可能或已出现的风险										
			填土地基边坡失稳	渗漏破坏	不均匀沉降	地基失稳	抗滑失稳	抗浮失稳	河道冲刷	箱涵堵塞	槽墩撞击	其他类型问题	问题情况简述
31	方城管理处	贾河渡槽	✓	✓	✓	✓	✓	✓	✓		✓	安全监测异常	渡槽出口渐变段沉降变形超过警戒值
32	方城管理处	草墩河渡槽	✓	○	✓	✓	✓	✓	✓		✓	伸缩缝漏水	渡槽第 1 跨与第 2 跨右幅伸缩缝、0 号桥台、5 号桥台伸缩缝存在滴水渗漏缺陷，暂时无法整改，需停水后处理
						河　南　分　局							
33	叶县管理处	府君庙河倒虹吸			✓				✓				
34	鲁山管理处	澎河涵洞式渡槽	✓		✓		✓				✓	裹头护坡与河道浆砌石挡墙错台	2016 年 7 月 5 日，发现澎河渡槽进口裹头浆砌石护坡与澎河河道右岸浆砌石挡墙顶部存在局部错台，距离挡墙顶部约 0.5m，错台宽度范围上游约 17m，向外错台 1～2cm；下游约 48m，向外错台 2～5cm。裹头顶部路面未发现异常
35	鲁山管理处	沙河梁式渡槽		✓	✓	✓	✓		✓		✓	安全监测异常	2012 年 4 月 18 日，沙河梁式渡槽 33 跨 4 支钢筋计（编号：R33-4、R33-11、R33-13、R33-20）钢筋计钢筋应力实测物理量超量程
36	鲁山管理处	沙河—大浪河箱基渡槽		✓	✓				✓	✓	✓		
37	鲁山管理处	大浪河梁式渡槽	✓	✓	✓	✓			✓		✓		
38	鲁山管理处	大浪河—鲁山坡箱基渡槽		✓	✓		✓			✓			
39	鲁山管理处	鲁山坡落地槽	✓	✓	✓	✓							
40	鲁山管理处	灰河倒虹吸	✓		✓				✓				
41	鲁山管理处	沁河倒虹吸	✓	✓	✓				✓				
42	宝丰管理处	应河渠道倒虹吸		✓	✓	✓	✓		✓				

表 F.1 南水北调中线总干渠工程建筑物风险点统计表（续）

序号	管理处	建筑物名称	可能或已出现的风险										问题情况简述
			填土地基边坡失稳	渗漏破坏	不均匀沉降	地基失稳	抗滑失稳	抗浮失稳	河道冲刷	箱涵堵塞	槽墩撞击	其他类型问题	
43	宝丰管理处	宝丰铁路暗渠	√	√	√	√							
44	宝丰管理处	玉带河渠道倒虹吸		√	√	√	√	√	√				
45	宝丰管理处	净肠河渠道倒虹吸		√	√		√	√	√				
46	郏县管理处	青龙河渠道倒虹吸		√	√		√	√	√				—
47	郏县管理处	肖河涵洞式渡槽		√	√		√	√	√	√			—
48	郏县管理处	兰河涵洞式渡槽		√	√		√			√			—
49	禹州管理处	颍河倒虹吸	√										
50	禹州管理处	小南河倒虹吸		√	√	√	√	√	√				
51	禹州管理处	十字河倒虹吸										○	2016 年 10 月 4 日十字河倒虹吸出口管身段左孔、中孔及出口渐变段底板洇湿部位发展为渗水（9 月 21 日工巡人员发现洇湿后逐步演变为渗水）
52	禹州管理处	石良河倒虹吸		√	√	√	√	√	√				
53	长葛管理处	小洪河渠道倒虹吸							√				小洪河渠道倒虹吸所穿越的小洪河河底为土质回填，山洪暴发时，河道易受冲刷，可能引起倒虹吸露顶、河道边坡坍塌破坏，威胁防洪堤裹头安全
54	长葛管理处	山头刘沟排水倒虹吸								√			山头刘沟排水倒虹吸进口围网外，排水沟边坡、农田边坡陡峭，易坍塌，洪水携带泥石流、杂草、树木等堵塞进口，进口水位迅猛壅高，上游连接段渠道坡脚被洪水淘刷，总干渠渠堤有滑坡危险

表 F.1 南水北调中线总干渠工程建筑物风险点统计表（续）

序号	管理处	建筑物名称	可能或已出现的风险										
			填土地基边坡失稳	渗漏破坏	不均匀沉降	地基失稳	抗滑失稳	抗浮失稳	河道冲刷	箱涵堵塞	槽墩撞击	其他类型问题	问题情况简述
55	长葛管理处	水磨河南公路桥										√	桥面频繁通行装载石子、砂子、水泥等建筑材料的重型运输车辆，对桥梁结构安全和使用寿命构成威胁，可能影响干渠运行安全
56	长葛管理处	张史马西公路桥										√	桥面频繁通行装载石子、砂子、水泥等建筑材料的重型运输车辆，对桥梁结构安全和使用寿命构成威胁，可能影响干渠运行安全
57	长葛管理处	芝芳北公路桥										√	桥面频繁通行装载石子、砂子、水泥等建筑材料的重型运输车辆，对桥梁结构安全和使用寿命构成威胁，可能影响干渠运行安全
58	新郑管理处	沂水河倒虹吸		√	√	√	√	√	√				
59	新郑管理处	双洎河支渡槽	√	√	√		√	√		√			
60	新郑管理处	新商铁路倒虹吸	√	√	√	√							
61	新郑管理处	双洎河渡槽	√	√	√	√							
62	新郑管理处	新密铁路倒虹吸	√	√	√	√				√			
63	新郑管理处	梅河倒虹吸		√	√	√		√	√				
64	新郑管理处	王老庄沟排水涵洞	√	√	√	√							
65	新郑管理处	冯庄沟排水涵洞	√	√	√	√							
66	新郑管理处	吴陈沟排水倒虹吸		√	√					√			
67	新郑管理处	黄水河倒虹吸		√	√					√			

表 F.1　南水北调中线总干渠工程建筑物风险点统计表（续）

序号	管理处	建筑物名称	可能或已出现的风险										
			填土地基边坡失稳	渗漏破坏	不均匀沉降	地基失稳	抗滑失稳	抗浮失稳	河道冲刷	箱涵堵塞	槽墩撞击	其他类型问题	问题情况简述
68	新郑管理处	庙后唐沟排水倒虹吸		✓	✓					✓			
69	新郑管理处	梅河支沟排水倒虹吸		✓	✓					✓			
70	航空港区管理处	丈八沟渠道倒虹吸		✓	✓	✓	✓	✓	✓				
71	郑州管理处	潮河渠道倒虹吸		✓	✓	✓	✓		✓				
72	郑州管理处	魏河渠道倒虹吸		✓	✓	✓	✓		✓				
73	郑州管理处	十八里河渠道倒虹吸		✓	✓	✓	✓		✓				
74	郑州管理处	金水河渠道倒虹吸		✓	✓	✓	✓						
75	郑州管理处	须水河渠道倒虹吸		✓	✓	✓	✓						
76	郑州管理处	刘村沟左岸排水渡槽		✓	✓	✓							下游排水通道行洪能力不足
77	郑州管理处	荆胡沟左岸排水渡槽		✓	✓								
78	郑州管理处	杏园西北沟左岸排水渡槽		✓	✓	✓							2016年7月19日下午，郑州市区普降暴雨，因受地方市政绿化建设影响，渡槽下游排水不畅，导致渡槽内水位急剧上升，从渡槽槽身下游段两侧漫溢，对渠道右岸渡槽两侧的土质边坡造成冲刷
79	郑州管理处	站马屯左岸排水倒虹吸		✓									
80	郑州管理处	贾寨沟左岸排水倒虹吸		✓									
81	郑州管理处	水泉沟左岸排水渡槽		✓	✓	✓							渡槽下游排洪通道被大量建筑垃圾堵塞，且下游地面高程高于渡槽槽顶2.5m
82	郑州管理处	大李庄沟左岸排水渡槽		✓	✓	✓							下游排水通道行洪能力不足
83	郑州管理处	河西台沟左岸排水渡槽		✓	✓	✓							
84	郑州管理处	付庄沟左岸排水渡槽		✓	✓	✓							

表 F.1 南水北调中线总干渠工程建筑物风险点统计表（续）

序号	管理处	建筑物名称	可能或已出现的风险										问题情况简述
			填土地基边坡失稳	渗漏破坏	不均匀沉降	地基失稳	抗滑失稳	抗浮失稳	河道冲刷	箱涵堵塞	槽墩撞击	其他类型问题	
85	郑州管理处	贾鲁河河道倒虹吸		✓									
86	郑州管理处	贾峪河河道倒虹吸		✓									
87	郑州管理处	十八里河退水闸		✓									由于工程建设期征迁实施困难，该退水闸尾水渠末端临近十八里河处有多处民房和道路未拆迁，导致退水闸不能正常实施退水功能
88	荥阳管理处	索河渡槽			✓				✓		✓	防汛风险	索河上游约350m处有地方违法填河修筑的道路，汛期影响行洪，填筑道路有溃决风险，形成瞬时洪峰
89	荥阳管理处	枯河倒虹吸							✓			防汛风险	目前正在实施枯河治理工程邻接南水北调中线总干渠工程，与裹头有衔接工程，汛前完工压力大，可能造成裹头冲刷破坏
90	穿黄管理处	新蟒河倒虹吸	✓	✓	✓	✓	✓	✓	✓				
91	穿黄管理处	老蟒河倒虹吸	✓	✓	✓	✓	✓	✓	✓				
92	穿黄管理处	南北张羌排涝倒虹吸	✓	✓	✓	✓	✓	✓	✓				
93	穿黄管理处	穿黄隧洞		✓	✓	✓	✓					1.隧洞出口弯管段、竖井洇湿；2.2015年隧洞检修期间，部分仓号混凝土有裂缝	2015年7月，检查发现穿黄工程ⅡA、ⅡB标北岸竖井内壁和出口隧洞竖直管身段、竖弯段存在多处洇湿或渗漏，已组织相关单位连续进行了多次防渗、止渗处理，但处理后运行一段时间又出现洇湿或局部渗漏。目前分局正在组织进行竖井整治专项项目招标工作，正编制标书；2015年隧洞检修期间发现部分隧洞内衬存在裂缝，检修过程中已处理完毕；2016年A洞有一只渗压计值接近警戒值，很快恢复正常值，后来未发生此现象

表 F.1　南水北调中线总干渠工程建筑物风险点统计表（续）

序号	管理处	建筑物名称	可能或已出现的风险										问题情况简述
			填土地基边坡失稳	渗漏破坏	不均匀沉降	地基失稳	抗滑失稳	抗浮失稳	河道冲刷	箱涵堵塞	槽墩撞击	其他类型问题	
94	穿黄管理处	穿黄退水洞										退水不畅	退水洞下游退水通道不畅
95	温博管理处	济河渠道倒虹吸		√	√	√	√	√	√				—
96	温博管理处	沁河渠道倒虹吸		√	√	√	√	√	√	√			—
97	温博管理处	蒋沟河渠道倒虹吸		√	√	√	√		√	√			—
98	温博管理处	幸福河渠道倒虹吸		√	√	√	√		√				—
99	温博管理处	大沙河渠道倒虹吸		√	√	√	√		√	√		√	地方河道内设置有两道景观坝，河道行洪易冲刷裹头，且未采取工程保护加固措施，威胁倒虹吸安全
100	焦作管理处	白马门河渠道倒虹吸		√	√	√	√	√	√				
101	焦作管理处	普济河倒虹吸		√	√	√	√		√				
102	焦作管理处	閤河倒虹吸		√	√	√	√		√				
103	焦作管理处	翁涧河倒虹吸		√	○	√	√		√			安全监测异常	翁涧河渠道倒虹吸出口渐变段沉降最大测点绝对沉降量及相对沉降量均接近设计指标
104	焦作管理处	李河倒虹吸		√	○	√	√		√			安全监测异常	李河渠道倒虹吸进出口渐变段及进出口闸均有部分沉降测点绝对沉降量超过设计指标
105	焦作管理处	山门河暗渠		√	√	√	√		√				
106	焦作管理处	聰城寨河渠道倒虹吸		√	√	√	√		√				
107	焦作管理处	纸坊河渠道倒虹吸		√	√	√	√	√	○				管身段下游侧 35m 处河道内（倒虹吸结构顶部回填层）存在冲刷坑并有增大趋势；河道冲刷面宽约 30m，冲刷坑最大深度 2.5m。管理处已对冲刷部位进行平整

表 F.1　南水北调中线总干渠工程建筑物风险点统计表（续）

序号	管理处	建筑物名称	可能或已出现的风险										
			填土地基边坡失稳	渗漏破坏	不均匀沉降	地基失稳	抗滑失稳	抗浮失稳	河道冲刷	箱涵堵塞	槽墩撞击	其他类型问题	问题情况简述
108	焦作管理处	闫河退水闸										退水不畅	退水闸下游退水通道不能满足最大退水流量 $132.5m^3/s$ 的要求；无法保证退水闸安全退水
109	焦作管理处	李河退水闸										退水不畅	李河现状河道宽 1～2m、深 1～2m，远不能满足最大退水流量 $132.5m^3/s$ 过流需求，且现状河床比退水渠底板高程高 3m，无法保证退水闸安全退水
110	焦作管理处	聩城寨退水闸										退水不畅	退水闸下游退水通道下游为农田，退水通道不畅，无法保证退水闸安全退水
111	辉县管理处	峪河暗渠		√	√	√	√	√	○				受 2016 年 7 月 19 日暴雨及峪河上游宝泉水库泄洪影响，峪河暗渠出口裹头边坡冲刷严重，出口边坡 1 号闸门后坡脚位置发现一处管涌。主要措施包括：在出口裹头上游侧开始采用土袋填筑调流丁坝；在裹头两侧修建临时道路；对疑似管涌部位实施加固处理；采用混凝土四面体和钢丝石笼对管身段下游冲坑进行回填和对裹头外坡脚采取抛石回填和石笼防护。目前，峪河暗渠穿河段永久防护加固工程已于 2017 年 3 月 17 日完成招标，施工单位已进场，并开始施工

表 F.1 南水北调中线总干渠工程建筑物风险点统计表（续）

序号	管理处	建筑物名称	可能或已出现的风险										问题情况简述
			填土地基边坡失稳	渗漏破坏	不均匀沉降	地基失稳	抗滑失稳	抗浮失稳	河道冲刷	箱涵堵塞	槽墩撞击	其他类型问题	
112	辉县管理处	午峪河渠道倒虹吸		√	√	√	√	√	○			安全监测	2016 年汛期，监测到埋设于午峪河倒虹吸进口闸的渗压计 P_{j-2}、P_{j-3}、P_{j-4}、P_{j-5} 及埋设于进口渐变段与渠道交接处的渗压计 P_{a-4} 渗压水位呈直线上升趋势，未超出渠内水位；埋设于出口闸的渗压计 P_{c-7} 渗压水位持续直线上升，截至 2017 年 3 月 27 日，渗压计 P_{c-7} 渗压水位为 101.39m，渠内水位 100.09m，渗压水位超出渠内水位 1.30m。2016 年 7 月 19 日特大暴雨过后，午峪河河道过流造成河道与建筑物交叉部位上游侧边坡冲刷
113	辉县管理处	早生河渠道倒虹吸		√	√	√	√	√				安全监测	2016 年汛期，早生河倒虹吸渗压计 P_{1-1}、P_{1-2}、P_{1-3}、P_{2-1}、P_{2-3}、P_{c-2}、P_{c-10}、P_{j-3}、P_{j-5}、P_{j-7}、P_{b-1} 渗压水位上升较为明显，未超出渠内水位；渗压计 P_{a-4} 渗压水位上升超出渠内水位，截至 2017 年 3 月 27 日，渗压计 P_{a-4} 渗压水位为 101.22m，渠内水位 100.08m，渗压水位超出渠内水位 1.14m
114	辉县管理处	王村河渠道倒虹吸		√	√	√	√	√				安全监测	2016 年 9 月开始，王村河倒虹吸渗压计 P_{1-1}、P_{j-6} 渗压水位有明显的上升趋势，未超出渠内水位；渗压计 P_{a-5}，2016 年 9 月至 2016 年底，渗压水位呈直线上升趋势，2017 年年初渗压水位超出渠内水位，截至 2017 年 3 月 28 日，该仪器渗压水位 99.86m，渠内水位 100.10m，低于渠内水位 0.24m

表 F.1 南水北调中线总干渠工程建筑物风险点统计表（续）

序号	管理处	建筑物名称	可能或已出现的风险										问题情况简述
			填土地基边坡失稳	渗漏破坏	不均匀沉降	地基失稳	抗滑失稳	抗浮失稳	河道冲刷	箱涵堵塞	槽墩撞击	其他类型问题	
115	辉县管理处	小凹沟渠道倒虹吸		√	√	√	√	√				安全监测	2016 年汛期，小凹沟倒虹吸 P₂、P₃、P₅、P₈、P₉、P₁₆、P₁₇、P₁₈、P₂₂、P₂₆、P₂₉ 等多支渗压计监测到渗压水位呈不断上升趋势，现阶段渗压水位趋于稳定或不断下降，未超出渠内水位
116	辉县管理处	石门河渠道倒虹吸		√	√	√	√	√	○				上游采砂严重，河势发生改变，行洪不稳定，造成裹头部位淘刷，箱涵顶及下游冲刷，未采取工程防护加固措施
117	辉县管理处	黄水河渠道倒虹吸		√	√	√	√						
118	辉县管理处	黄水河支渠道倒虹吸		√	√	√	√						
119	辉县管理处	刘店干河暗渠		√	√	√	√						
120	辉县管理处	辉县东河暗渠		√	√	√	√						
121	辉县管理处	小蒲河渠道倒虹吸		√	√	√	√						
122	辉县管理处	孟坟河渠道倒虹吸		√	√	√	√						
123	辉县管理处	孟坟河退水闸										退水不畅	退水闸下游退水通道存在村庄、企业的情况，无法保证退水闸安全退水
124	卫辉管理处	山庄河渠道倒虹吸		√	√	√	√	√	√				山庄河河道下游与致富路交叉口过流能力不足，且致富路高程高于山庄河进口裹头，存在上游来水过大，外水漫过山庄河进口裹头进入渠道风险
125	卫辉管理处	十里河渠道倒虹吸		√	√	√	√	√	√				
126	卫辉管理处	香泉河渠道倒虹吸		√	√	√	√	√	√				

表 F.1　南水北调中线总干渠工程建筑物风险点统计表（续）

序号	管理处	建筑物名称	填土地基边坡失稳	渗漏破坏	不均匀沉降	地基失稳	抗滑失稳	抗浮失稳	河道冲刷	箱涵堵塞	槽墩撞击	其他类型问题	问题情况简述
			可能或已出现的风险										
127	卫辉管理处	沧河渠道倒虹吸		√	√	√	√	√	√				
128	鹤壁管理处	赵家渠渠道倒虹吸		√	√		√	√	√				
129	鹤壁管理处	思德河渠道倒虹吸	√	√	√		√	√	√				
130	鹤壁管理处	魏庄河渠道倒虹吸		√	√		√	√	√				
131	鹤壁管理处	淇河渠道倒虹吸		√	√		√	√	√				
132	鹤壁管理处	刘庄沟排水倒虹吸										倒虹吸管身淤积	2016 年 7 月 18—20 日鹤壁暴雨，造成刘庄沟上游水土流失严重，水流携带大量泥沙进入左排管身，致使倒虹吸淤堵严重，管理处采取紧急抽排。一是针对下游地势较高，倒虹吸出口排洪不畅，下游河道整治已列为地方防洪影响处理项目，但工程暂未实施。二是针对上游水土流失严重，洪水所含泥沙较多，易形成淤积，管理处已在倒虹吸上游增设 1m 高挡水坎拦截泥沙
133	鹤壁管理处	杨庄沟排水倒虹吸										出口对村庄	出口正对村庄，大洪水影响村庄部分村民安全
134	鹤壁管理处	袁庄沟排水渡槽										出口对村庄	出口正对村庄，大洪水影响村庄部分村民安全
135	汤阴管理处	永通河渠道倒虹吸		√	√	√	√	√	√				
136	汤阴管理处	淤泥河涵洞式渡槽	√	√	√	√	√	√	√	√			
137	汤阴管理处	汤河涵洞式渡槽	√	√	√	√	√	√	√	√			
138	汤阴管理处	羑河渠道倒虹吸	√	√	√	√	√		√				

表 F.1　南水北调中线总干渠工程建筑物风险点统计表（续）

序号	管理处	建筑物名称	可能或已出现的风险											问题情况简述
			填土地基边坡失稳	渗漏破坏	不均匀沉降	地基失稳	抗滑失稳	抗浮失稳	河道冲刷	箱涵堵塞	槽墩撞击	其他类型问题		
139	安阳管理处	洪河渠道倒虹吸		√	√	√	√	√	√				
140	安阳管理处	张北河暗渠		√	√	√	√	√					
141	安阳管理处	安阳河倒虹吸	√	√	√	√	√	√					
142	穿漳管理处	穿漳河工程	√	√	√	√	√	√					
143	穿漳管理处	漳河进口退水闸										退水不畅	退水闸至漳河河道间有农田，退水将淹没农田
河 北 分 局													
144	磁县管理处	讲武城—岳城水库铁路交叉倒虹吸		√	√	√	√					安全监测异常	1. 进口段最大累计沉降量为117.3mm，出口段最大累计沉降量为50mm，再设计安全限值（150mm）范围内。当前，进沉降量仍在持续缓慢增大，对该部位仍需持续关注（2017年1月安全监测月报）2. 进口渐变段渗压计T01JKPJ－6本月测值比上月增大较多，本月渗透压力测值有所减小，最小值减小到25.5kPa左右，对该部位仍需持续关注（2017年1月安全监测月报）
145	磁县管理处	马磁铁路倒虹吸		√	√	√	√					安全监测异常	出口可能存在渗水情况（2017年1月安全监测月报）
146	磁县管理处	滏阳河渡槽	√	√	√	√	√	√	√		√		
147	磁县管理处	牤牛河南支渡槽	√	√	√	√	√	√			√		
148	磁县管理处	牤牛河北支河道倒虹吸		√	√	√	√	√				安全监测异常	7号管节顶板HO4GSIG2的测值上月增大较多，本月变化趋于平稳，建议该部位予以关注（2017年1月安全监测月报）

表 F.1　南水北调中线总干渠工程建筑物风险点统计表（续）

序号	管理处	建筑物名称	可能或已出现的风险										问题情况简述
			填土地基边坡失稳	渗漏破坏	不均匀沉降	地基失稳	抗滑失稳	抗浮失稳	河道冲刷	箱涵堵塞	槽墩撞击	其他类型问题	
149	邯郸管理处	青兰高速连接线交叉工程											
150	邯郸管理处	邯长铁路暗渠		✓	✓	✓	✓						
151	邯郸管理处	沁河渠道倒虹吸		✓	✓		✓	✓	✓				
152	邯郸管理处	林村北沟排水倒虹吸										○	2016 年 7 月 19 日，邯郸市突降特大暴雨，林村北沟排水倒虹吸出口由于下游河道土堆阻塞无法顺畅下排，造成倒虹吸进出口水位快速上涨漫过翼墙浸泡渠堤险情发生，管理处及时发现，迅速反应，于当晚 21 时将倒虹吸出口阻塞河道土堆开挖疏通，使洪水下泄（倒虹吸出口水位最高时涨至距离堤顶约 1.5m），避免了一次洪水漫堤入渠的重大事故的发生。为了消除隐患，计划采用将林村北沟排水倒虹吸下游部分沟道疏通、建过水坝和导流涵管的方案。目前施工已完成主体工程
153	永年管理处	洺河渡槽		✓	✓	✓	✓	✓	✓		✓	安全监测异常；渡槽进出口裹头有受冲刷风险	洺河渡槽 13 号槽身加固段、14 号槽身加固段混凝土应变计微应变出现较大拉力；渡槽进出口裹头洪水时有受冲刷风险
154	永年管理处	洺河退水闸										不具备退水条件	退水闸下游存在养殖场、采沙场，不具备退水条件
155	沙河管理处	沙午铁路暗涵		✓	✓	✓	✓						
156	沙河管理处	南沙河渠道南段倒虹吸		✓	✓	✓	✓		✓				

表 F.1 南水北调中线总干渠工程建筑物风险点统计表（续）

序号	管理处	建筑物名称	可能或已出现的风险										问题情况简述
			填土地基边坡失稳	渗漏破坏	不均匀沉降	地基失稳	抗滑失稳	抗浮失稳	河道冲刷	箱涵堵塞	槽墩撞击	其他类型问题	
157	沙河管理处	南沙河渠道北段倒虹吸		√	√	√	√	√	√				
158	沙河管理处	南沙河渠道南段倒虹吸进口检修闸										安全监测数据超过警戒值	监测断面外水水头比渠道内水水位高，差值超过警戒值10cm；监测值无突变异常现象，呈季节性变化
159	沙河管理处	南沙河渠道南段倒虹吸出口检修闸											
160	沙河管理处	南沙河渠道北段倒虹吸进口渐变段											
161	沙河管理处	南沙河渠道北段倒虹吸进口检修闸											
162	邢台管理处	张东村沟排水渡槽		√	√	√						堵塞或溢出	滨江路拓宽，旧桥拆除建新桥，在渡槽出口挡围堰，雨水大排水不畅，水易溢出槽顶，督促滨江路施工单加快施工进度
163	邢台管理处	沙窝沟河道倒虹吸		○	√								117＋525沙窝沟倒虹吸进口北洞、南洞上游斜坡段与水平段顶部伸缩缝滴水，已进行处理，但效果不太明显
164	邢台管理处	小孟村河排洪渡槽							√				出口排水通道随乡村公路漫排，可能浸泡附近房屋
165	邢台管理处	中宅阳左岸排水倒虹吸							√				出口直对农田、民居住房
166	邢台管理处	五郭店倒虹吸		√	√	√		√				出口不畅	地下水位高，进口水位长期接近警戒水位
167	邢台管理处	七里河倒虹吸		√	√		√	√	√				
168	邢台管理处	七里河排冰闸		√	○	√	√	√	√			安全监测异常	七里河倒虹吸进口排冰闸U型槽发生沉降变形，最大沉降量38.4mm，排冰闸楼梯间发生不均匀沉降，最大8.1cm

表 F.1 南水北调中线总干渠工程建筑物风险点统计表（续）

序号	管理处	建筑物名称	可能或已出现的风险										问题情况简述
			填土地基边坡失稳	渗漏破坏	不均匀沉降	地基失稳	抗滑失稳	抗浮失稳	河道冲刷	箱涵堵塞	槽墩撞击	其他类型问题	
169	邢台管理处	白马河倒虹吸		√	√	√	√	√	○				2016年"7·19"特大暴雨对管身顶部河道局部冲坑，最深达3.4m
170	邢台管理处	小马河倒虹吸		√	√	√	√	√	√				
171	邢台管理处	李阳河倒虹吸管身段	○	√	√								管身段左侧9号和10号关节伸缩缝疑似渗水
172	邢台管理处	内膜铁路倒虹吸		√	○	√	√	√					内磨铁路渠道倒虹吸进出口裹头沉降，混凝土护坡下淘蚀冲出泥沙，正在按设计方案处理
173	临城管理处	薛家庄倒虹吸	√		√	√	√					出口行洪不畅	巡查发现出口外侧有一条地方通行道路阻挡，影响左排正常行洪，采取给地方发函处理，去年汛前采取临时处理措施
174	临城管理处	西赵村沟排水倒虹吸	√		√		√					积水无法正常引排	进口积水无法正常引排至倒虹吸内，积蓄在进口处浸泡农田
175	临城管理处	李家韩排水涵洞	√		√		√					出口行洪不畅	出口有一个塘坝阻碍，塘坝外为村庄
176	临城管理处	泜河渡槽	√		○	√						楼梯间倾斜	泜河渡槽进口节制闸闸室两侧楼梯间出现不同程度倾斜，墙面下部瓷砖出现部分破损开裂，闸门槽与楼梯间连接处较大程度沉陷，最大沉陷约10cm；楼梯间与闸室最大位移约7.5cm。采取临时围挡禁止靠近警示，加强观测及观察等措施。目前已开始对楼梯间的拆除工作
177	临城管理处	午河渡槽	√	√	○	√	√	√	√		√	基础不均匀沉降	午河渡槽退水闸，退水闸室楼梯间周边散水及退水门槽右侧回填平台混凝土面板有不同程度开裂、沉降，退水闸室楼梯间周边散水最大沉降约5cm，回填平台混凝土面板最大沉降约6cm。采取临时围挡禁止靠近警示，加强观测及观察等措施。目前计划于2017年4月10日前开始永久处理

表 F.1　南水北调中线总干渠工程建筑物风险点统计表（续）

序号	管理处	建筑物名称	填土地基边坡失稳	渗漏破坏	不均匀沉降	地基失稳	抗滑失稳	抗浮失稳	河道冲刷	箱涵堵塞	槽墩撞击	其他类型问题	问题情况简述
178	临城管理处	午河退水闸										退水不畅	退水闸下游退水通道存在地方通行道路，无法保证退水闸安全退水
179	高邑元氏管理处	沛河渡槽（梁式）	✓	✓	✓	✓	✓	✓	○		✓		2016年11月12日沛河渡槽槽身结构缝洇湿；2017年1月12日沛河渡槽墩柱裂缝，已经按照设计方案进行了裂缝灌浆和防碳化处理；2017年2月16日沛河渡槽进口发现右侧门库积水，进过连续观察，已经上报，等设计院设定方案后进行处理
180	高邑元氏管理处	槐河（一）渠道倒虹吸		✓	✓	✓	✓	✓	○			进口易产生冰塞、冰坝等工程安全事故	2016年7月19日槐河（一）倒虹吸管身段过流，形成宽100m，深2～4m水沟。目前正在进行槐河（一）防洪加固工程处理
181	高邑元氏管理处	槐河（二）渠道倒虹吸		✓	✓	✓	✓	✓	○			进口易产生冰塞、冰坝等工程安全事故	
182	高邑元氏管理处	潴龙河渠道倒虹吸		✓	✓	✓	✓	✓	○				
183	高邑元氏管理处	北沙河渠道倒虹吸		✓	✓	✓	✓	✓	○				
184	石家庄管理处	汶河渠道倒虹吸		✓	✓	✓	✓	✓	✓				
185	石家庄管理处	金河渠道倒虹吸		✓	✓	✓	✓	✓	✓				
186	石家庄管理处	台头沟渠道倒虹吸		✓	✓	✓	✓	✓	✓				
187	石家庄管理处	华柴暗渠		✓	✓	✓	✓						
188	石家庄管理处	石太（一）暗渠		✓	✓	✓	✓						
189	石家庄管理处	石太（二）暗渠		✓	✓	✓	✓						

表 F.1　南水北调中线总干渠工程建筑物风险点统计表（续）

序号	管理处	建筑物名称	可能或已出现的风险										
			填土地基边坡失稳	渗漏破坏	不均匀沉降	地基失稳	抗滑失稳	抗浮失稳	河道冲刷	箱涵堵塞	槽墩撞击	其他类型问题	问题情况简述
190	石家庄管理处	康庄暗渠		✓	✓	✓	✓						
191	石家庄管理处	岳村暗渠		✓	✓	✓	✓						
192	石家庄管理处	古运河暗渠		✓	✓	✓		✓	✓				
193	石家庄管理处	石津暗渠		✓	✓	✓	✓						
194	石家庄管理处	滹沱河倒渠道虹吸		✓	✓	✓	✓	✓	✓				
195	石家庄管理处	老磁河南坡水区排水倒虹吸	○										每年冬季老磁河左排2号、3号管身顶部渗水，天气转暖后渗水现象自动消失
196	石家庄管理处	洨河退水闸										退水不畅	退水闸下游河道被侵占严重，无法保证退水闸安全退水
197	石家庄管理处	磁河古道退水闸										退水不畅	退水闸下游河道内为村庄和农田，无法保证退水闸安全退水
198	石家庄管理处	康庄暗渠出口										安全监测异常	BM12-KZ沉降点自2016年7月19日暴雨后沉降严重，目前累计下沉112.4mm，已超过警戒值。现阶段正在继续加强监测
199	石家庄管理处	岳村暗渠进口										安全监测异常	BM3、BM4沉降点自2016年7月19日暴雨后沉降严重，目前累计下沉分别为81.3mm和81.2mm，已接近警戒值。现阶段正在继续加强监测
200	新乐管理处	磁河渠道倒虹吸		✓	✓	✓	✓	✓	✓				河道行洪可能导致河道右侧裹头外部土方坍塌，进而影响甚至发生裹头滑坡、坍塌险情

表 F.1 南水北调中线总干渠工程建筑物风险点统计表（续）

序号	管理处	建筑物名称	可能或已出现的风险										问题情况简述
			填土地基边坡失稳	渗漏破坏	不均匀沉降	地基失稳	抗滑失稳	抗浮失稳	河道冲刷	箱涵堵塞	槽墩撞击	其他类型问题	
201	新乐管理处	沙河（北）渠道倒虹吸		√	√	√	√	√	○				2012年7月23日至8月11日，上游王快水库向沙河（北）泄水（最大出库流量为370m³/s），由于2012年汛期行洪形成的水毁段未修复，在倒虹吸管身上部形成了一个宽100～180m，最深5.1m的过水通道。2015年汛前沙河（北）倒虹吸主河道段管身实施了防洪加固项目，目前情况完好
202	新乐管理处	沙河（北）渠道倒虹吸		√	√	√	√	√	○				2013年7月6—23日，上游王快水库向沙河（北）泄水（最大出库流量为370m³/s），由于2012年汛期行洪形成的水毁段未修复，在倒虹吸管身上部形成了一个宽100～180m，最深5.1m的过水通道。2015年汛前沙河（北）倒虹吸主河道段管身实施了防洪加固项目，目前情况完好
203	新乐管理处	朔黄铁路涵		√	√	√	√	√	√				
204	新乐管理处	磁河渠道倒虹吸										√	倒虹吸进口易产生冰塞、冰坝等工程安全事故
205	新乐管理处	沙河（北）渠道倒虹吸										√	
206	定州管理处	唐河渠道倒虹吸工程		√	√	√	√	√	○	√			2013年7月6日，河道上游水库泄洪，致使倒虹吸管顶的防护石笼部分损毁，随后应急抢险临时加固石笼。2013年汛后经专家论证确定水平铅丝石笼防护和垂直钢筋混凝土透水防冲墙防护永久措施处理，2015年4—7月唐河倒虹吸防护工程实施完成

表 F.1　南水北调中线总干渠工程建筑物风险点统计表（续）

序号	管理处	建筑物名称	可能或已出现的风险										问题情况简述
			填土地基边坡失稳	渗漏破坏	不均匀沉降	地基失稳	抗滑失稳	抗浮失稳	河道冲刷	箱涵堵塞	槽墩撞击	其他类型问题	
207	定州管理处	孟良河渠道倒虹吸		✓	✓	✓	✓	✓	✓	✓			
208	定州管理处	漠道沟渠道倒虹吸		✓	✓	✓	✓	✓	✓	✓			
209	定州管理处	一支20斗渠排水倒虹吸	✓	✓	✓							水位壅高外水入渠	进口水位接近警戒水位时，洪水不能顺利下泄
210	唐县管理处	曲逆南支涵洞		○									涵洞渗漏：第3孔7处、第4孔5处、第6孔3处、第7孔5处
211	唐县管理处	唐河三支干渡槽									○		灌溉时因下游需提高水位，易造成溢槽
212	唐县管理处	放水河渡槽	✓	○	✓	✓	✓	✓	✓		✓		1号墩左右孔2处滴漏。3号墩左孔3处滴漏，右孔1处洇湿，右孔1处洇湿。5号墩右孔外侧1处洇湿。7号墩中孔3处滴漏、1处洇湿。出口连接处，左孔外侧1处洇湿，左孔2处洇湿，中孔1处洇湿，右孔外侧1处洇湿
213	唐县管理处	33座跨渠桥梁									✓		桥梁支座未解锁
214	唐县管理处	挖方段5座跨渠桥梁									✓		桥头部位雨水可能流入渠道内坡，存在水质安全隐患
215	顺平管理处	蒲阳河渠道倒虹吸		✓	✓		✓		✓	✓			出现过流冰、碎冰，可能产生冰塞
216	顺平管理处	雾山（一）隧洞		✓	✓	✓			✓	✓			出现过流冰、碎冰，可能产生冰塞
217	顺平管理处	曲逆中支退水闸										退水不畅	下游退水通道被村民占用
218	保定管理处	吴庄隧洞		✓	✓	✓	✓						
219	保定管理处	漕河渡槽（梁式）		✓	✓	✓	✓		✓		✓		
220	保定管理处	岗头隧洞		✓	✓	✓	✓						
221	保定管理处	雾山（一）隧洞		✓	✓		✓						

表 F.1　南水北调中线总干渠工程建筑物风险点统计表（续）

序号	管理处	建筑物名称	可能或已出现的风险										问题情况简述
			填土地基边坡失稳	渗漏破坏	不均匀沉降	地基失稳	抗滑失稳	抗浮失稳	河道冲刷	箱涵堵塞	槽墩撞击	其他类型问题	
222	保定管理处	雾山（二）隧洞		√	√	√	√						
223	保定管理处	界河渠道倒虹吸		√	√	√	√	√	√				
北 京 分 局													
224	易县管理处	釜山隧洞		√	√	√	√					冰期进口流冰、碎冰较多	
225	易县管理处	瀑河渠道倒虹吸		√	√	√	√*	√	√			冰期进口流冰、碎冰较多	
226	易县管理处	中易水渠道倒虹吸	√	√	√	√	√	√				冰期进口流冰、碎冰较多	
227	易县管理处	西市隧洞		√	√	√	√					冰期进口流冰、碎冰较多	
228	易县管理处	北易水渠道倒虹吸	√	√	√	√	√	√	√			冰期进口流冰、碎冰较多	
229	易县管理处	厂城渠道倒虹吸	√	√	√	√	√	√	√			冰期进口流冰、碎冰较多	
230	易县管理处	七里庄沟渠道倒虹吸		√	√	√	√	√	√			冰期进口流冰、碎冰较多	
231	易县管理处	马头沟渠道倒虹吸		√	√	√	√	√	√			冰期进口流冰、碎冰较多	
232	易县管理处	潦水西沟排水倒虹吸			○							安全监测异常	安全监测数据显示：左堤顶内侧护肩自2014年第三季度开始下沉，沉降速率为5mm/季度。2017年2月安全监测月报最新结论：沉降速率降低至1mm/季度，沉降趋于稳定

表 F.1 南水北调中线总干渠工程建筑物风险点统计表（续）

序号	管理处	建筑物名称	可能或已出现的风险										问题情况简述
			填土地基边坡失稳	渗漏破坏	不均匀沉降	地基失稳	抗滑失稳	抗浮失稳	河道冲刷	箱涵堵塞	槽墩撞击	其他类型问题	
233	涞涿管理处	长虎山沟排水涵洞		✓	✓								全线通水前，已对渗水部位结构缝进行了化灌处理，短时间未出现渗水现象；但后期仍出现1处结构缝渗水
234	涞涿管理处	西车亭排水涵洞		✓	✓								全线通水前，已对1处渗水部位结构缝进行了化灌处理，短时间未出现渗水现象；但后期仍出现结构缝渗水
235	涞涿管理处	东车亭排水涵洞		✓	✓								全线通水前，已对渗水部位结构缝进行了化灌处理，短时间未出现渗水现象；但后期仍有2处出现结构缝渗水
236	涞涿管理处	坟庄河倒虹吸		✓	✓	✓	✓	✓	✓				
237	涞涿管理处	南拒马河倒虹吸		✓	✓	✓	✓	✓	○				2012年7月21日由于河道发生洪水，发现倒虹吸顶部河道冲刷，2015年6月进行专项河道整治，采用桩基、铅丝石笼等加固措施
238	涞涿管理处	北拒马河南支倒虹吸		✓	✓	✓	✓	✓	○				2012年7月21日由于河道发生洪水，发现倒虹吸顶部河道冲刷，2015年6月进行专项河道整治，采用桩基、铅丝石笼等加固措施
239	涞涿管理处	下车亭隧洞		✓	✓	✓	✓					安全监测问题	出口闸室基础实测渗压力为57.32kPa，换算成扬压力为48.32kPa，低于警戒值60kPa。每年冬季渗压力增大，春季天气回暖渗压力减小
240	涞涿管理处	水北沟渡槽	✓	✓	✓	✓	✓		✓		✓		
241	惠南庄管理处	北拒马河暗渠渠首退水闸			✓	✓	✓		✓			退水渠渠道破坏，退水不畅	退水渠下游存在多处大型砂石坑，河道原貌改变，退水通道存在退水不畅风险，无法保证退水闸安全退水

表 F.1 南水北调中线总干渠工程建筑物风险点统计表（续）

序号	管理处	建筑物名称	可能或已出现的风险										
			填土地基边坡失稳	渗漏破坏	不均匀沉降	地基失稳	抗滑失稳	抗浮失稳	河道冲刷	箱涵堵塞	槽墩撞击	其他类型问题	问题情况简述
242	惠南庄管理处	北拒马河暗渠		√	√	√	√	√	○			北拒暗渠裹头处冲刷，可能造成防洪堤破坏	2012 年 7 月，北拒暗渠中支下游砂石坑土坡失稳并向上游溯源冲刷，导致北拒马河中支暗渠下游结构外露，面临失稳的重大险情，2014 年 6 月已完成防护加固工程。北拒暗渠北支穿河段已完成防护加固工程，2016 年经北京市河道治理后，现已形成一道宽约 290m、高约 22m 的拦河坝，存在不均匀沉降和地基失稳风险
243	惠南庄管理处	惠南庄泵站			√	√	√	√				爆管及汛期厂房进水可能会、造成水淹厂房	
244	惠南庄管理处	北拒节制闸和惠南庄泵站进口闸										易发生冰塞等工程安全事故	2016 年 2 月 14 日凌晨融化后的冰块堵塞泵站拦污栅，造成泵站前池水位下降至 57.50m，较正常运行水位低了 2m 多。经清污机捞冰处理后恢复正常
245	北京市南水北调干线管理处	PCCP										断丝	通过安全预警监测系统（AFO）的监测数据发现并与电磁法专利技术检测对比，39－10、39－13、39－15 右线管节断丝数目超过警戒值，已于 2017 年 1 月 25 日至 4 月 7 日，采取粘贴碳纤维布方案进行加固处理

表 F.1 南水北调中线总干渠工程建筑物风险点统计表（续）

序号	管理处	建筑物名称	可能或已出现的风险										问题情况简述
			填土地基边坡失稳	渗漏破坏	不均匀沉降	地基失稳	抗滑失稳	抗浮失稳	河道冲刷	箱涵堵塞	槽墩撞击	其他类型问题	
			天 津 分 局										
246	西黑山管理处	刘庄公路桥										√	刘庄公路桥于2008年1月22日开始通车，目前已运行8年多，该桥长期运行超载车辆，已出现桥面、栏杆局部破损、伸缩缝堵塞、桥台局部破损剥落、每孔空腹拱跨中出现开裂等破损情况，桥梁存在较大安全隐患。2015年12月8日，中线局委托国家建筑工程质量监督检验中心对该桥进行检验，检验报告结论为：建议对桥面破损部位进行及时修补，及时清理伸缩缝中杂物，部分破损栏杆进行及时修复；桥台处砂浆剥落处，及时进行修补；对拱上结构立柱、空腹拱板采取相应加固措施。目前设计方案已编制完成，待招标进场后实施
247	徐水管理处	曲水河倒虹吸	√	√	√	√	√	√	√				
248	徐水管理处	中瀑河倒虹吸	√	√	√	√	√	√	√				
249	徐水管理处	屯庄河到虹吸	√	√		√			√				
250	徐水管理处	郎五庄二排干倒虹吸	√	√		√	√		√				
251	徐水管理处	鸡爪河倒虹吸	√	√		√	√		√				
252	徐水管理处	萍河倒虹吸	√	√		√			√				
253	徐水管理处	陈梁庄西排干倒虹吸	√	√		√	√		√				
254	徐水管理处	陈梁庄东排干倒虹吸	√	√	√	√	√	√	√				

表 F.1 南水北调中线总干渠工程建筑物风险点统计表（续）

序号	管理处	建筑物名称	可能或已出现的风险										
			填土地基边坡失稳	渗漏破坏	不均匀沉降	地基失稳	抗滑失稳	抗浮失稳	河道冲刷	箱涵堵塞	槽墩撞击	其他类型问题	问题情况简述
255	容雄管理处	三岔河倒虹吸	√	√	√	√	√	√	√				
256	容雄管理处	大碱厂倒虹吸	√	√	√	√	√	√	√				
257	容雄管理处	野桥排干倒虹吸	√	√	√	√	√	√					
258	容雄管理处	龙王跑排干倒虹吸	√	√	√	√	√	√					
259	容雄管理处	田沟河倒虹吸	√	√	√	√	√	√					
260	容雄管理处	大八于排干倒虹吸	√	√	√	√	√	√	√				
261	容雄管理处	兰沟倒虹吸河	√	√	√	√	√	√	√				
262	容雄管理处	大清河倒虹吸	√	√	√	√	√	√	√				
263	容雄管理处	津保公路北倒虹吸	√	√	√	√	√	√					
264	容雄管理处	雄固霸沟倒虹吸	√	√	√	√	√	√					
265	容雄管理处	大庄排干倒虹吸	√	√	√	√	√	√					
266	霸州管理处	郑村排干倒虹吸	√	√	√	√	√	√	√				
267	霸州管理处	牤牛河倒虹吸	√	√	√	√	√	√	√				
268	霸州管理处	王泊排干倒虹吸	√	√	√	√	√	√	√				
269	霸州管理处	独流排干倒虹吸	√	√	√	√	√	√	√				
270	霸州管理处	固霸排干倒虹吸	√	√	√	√	√	√	√				
271	霸州管理处	龙门口三支渠倒虹吸	√	√	√	√	√	√	√				
272	霸州管理处	高家庄灌渠倒虹吸	√	√	√	√	√	√	√				

表 F.1 南水北调中线总干渠工程建筑物风险点统计表（续）

序号	管理处	建筑物名称	填土地基边坡失稳	渗漏破坏	不均匀沉降	地基失稳	抗滑失稳	抗浮失稳	河道冲刷	箱涵堵塞	槽墩撞击	其他类型问题	问题情况简述
			可能或已出现的风险										
273	霸州管理处	龙门口二支渠倒虹吸	√	√	√	√	√	√	√				
274	霸州管理处	龙门口一支渠倒虹吸	√	√	√	√	√	√	√				
275	霸州管理处	百米一支渠倒虹吸	√	√	√	√	√		√				
276	霸州管理处	百米三支渠穿越	√	√	√	√	√		√				
277	霸州管理处	百米四支渠倒虹吸	√	√	√	√	√		√				
278	霸州管理处	百米渠倒虹吸	√	√	√	√	√		√				
279	霸州管理处	西排干倒虹吸	√	√	√	√	√		√				
280	霸州管理处	老四沟灌渠倒虹吸	√	√	√	√	√		√				
281	霸州管理处	中排干倒虹吸	√	√	√	√	√		√				
282	霸州管理处	东排干倒虹吸	√	√	√	√	√		√				
283	霸州管理处	龙头港灌渠倒虹吸	√	√	√	√	√		√				
284	霸州管理处	堂澜干渠倒虹吸	√	√	√	√	√		√				
285	霸州管理处	小庙干渠倒虹吸	√	√	√	√	√		√				
286	霸州管理处	46号通气孔											46号通气孔被永清县胜兴养殖场包围，导致工程巡视和沉降观测长期不能正常进行。目前正在和养殖场人员在协调每次进入的费用问题，暂未解决
287	霸州管理处	6号保水堰退水闸										下游退水不畅	6号保水堰退水闸设计为向牤牛河退水，牤牛河下游现为公园，退水不畅
288	天津管理处	清北排干倒虹吸	√	√	√	√	√	√	√				

表 F. 1   南水北调中线总干渠工程建筑物风险点统计表（续）

序号	管理处	建筑物名称	可能或已出现的风险										
			填土地基边坡失稳	渗漏破坏	不均匀沉降	地基失稳	抗滑失稳	抗浮失稳	河道冲刷	箱涵堵塞	槽墩撞击	其他类型问题	问题情况简述
289	天津管理处	王家村一大柳滩村路涵	√	√	√	√	√	√	√				
290	天津管理处	卫河倒虹吸	√	√	√	√	√	√	√				
291	天津管理处	杨河村第五排干倒虹吸	√	√	√	√	√	√	√				
292	天津管理处	子牙河倒虹吸	√	√	√	√	√	√	√				
293	天津管理处	北排干倒虹吸	√	√	√	√	√	√	√				
294	天津管理处	曹庄排干倒虹吸	√	√	√	√	√	√	√				

注：○表示已发生，√表示可能发生。

Q/NSBDZX

南水北调中线干线工程建设管理局规章制度

Q/NSBDZX 409.10—2019

工 程 防 汛 应 急 预 案

2019－04－20修订 2019－04－20实施

南水北调中线干线工程建设管理局 发 布

工程防汛应急预案

1 总则

1.1 编制目的

为有效应对南水北调中线干线工程范围内发生的洪涝灾害，提高突发事件防范与处置能力，保证抗洪抢险工作有力有效有序进行，最大限度地减少人员伤亡和财产损失，确保工程安全度汛和供水安全，制定本预案。

1.2 编制依据

依据《中华人民共和国突发事件应对法》《中华人民共和国防洪法》《中华人民共和国防汛条例》《中华人民共和国河道管理条例》《南水北调工程供用水管理条例》《国家防汛抗旱应急预案》《国家气象灾害应急预案》《生产经营单位生产安全事故应急预案编制导则》等国家法律法规和制度规定以及《南水北调中线干线工程突发事件应急管理办法》以及《南水北调中线干线工程突发事件综合应急预案》等编制。

1.3 适用范围

本预案适用于南水北调中线干线工程运行期间工程范围内洪涝灾害的预防和应急处置工作。洪涝灾害包括：暴雨、洪水引发的渠堤溃决、建筑物损毁及上游水库泄洪冲毁工程设施等次生衍生灾害。

1.4 工作原则

1.4.1 坚持以人为本、安全第一，始终把确保人民生命安全和工程安全放在首要位置。

1.4.2 实行局长负总责，统一指挥，分级分部门负责。

1.4.3 坚持以防为主、常备不懈、全力抢险。

1.4.4 坚持属地为主、依法防汛抗洪。

2 风险分析与分级

2.1 工程概况

2.1.1 工程基本情况

2.1.1.1 南水北调中线干线工程跨越长江流域、淮河流域、黄河流域、海河流域，沿线经过河南、河北、北京、天津4省（直辖市）。总干渠自陶岔渠首至北京团城湖全长约1277km，天津干线自西黑山分水闸引出，至天津外环河出口闸长约155km，总长1432km。总干渠陶岔至北拒马河中支渠段采用明渠输水方式，线路总长1197km，其中，渠道长1103km，建筑物累计长94km，布置各类建筑物共计2385座。

2.1.1.2 总干渠全挖方渠段长498km，填方渠段长605km，其中全填方82km，半挖半填523km。总干渠与集水面积大于20km²河流交叉的河渠交叉建筑物共176座，总干渠与集水面积小于20km²河流或低洼地交叉的左岸排水建筑物共459座。

2.1.2 水文气象情况

总干渠沿线区域属于东亚季风气候区，受季风进退影响，四季分明。自南至北分属湿润、半湿润、半干旱地区，全线多年平均降水653.8mm，但各地区间差别较大，具有从南向北、从山区向平原及山间盆地递减的趋势。水面蒸发的地区分布规律与降水相反，呈南低北高趋势。多年平均气温从南部14.8℃向北部11.8℃递减。年平均风速的地区分布和时程变化规律性不明显，多数地区的年平均风速在2m/s左右。降雨量多集中汛期，尤其是"七下八上"关键期，降雨频繁、雨量大，易发生洪水灾害；部分山前地区也是形成暴雨的中心地带，易暴发山洪灾害。北京市、天津市和河北省的汛期为每年6月1日—9月30日，河南省的汛期为每年5月15日—9月30日。

2.1.3 自然地理概况

总干渠通过平原、岗地、丘陵沙丘沙地，沿线交叉河流的河道特征随着集流面积和地形、地貌的变化各有不同，地形总体呈西高东低、南高北低之势。渠线西部伏牛山、箕山、嵩山和太行山脉的山顶高程一般为500～2000m。东南部唐白河平原地面高程120～147m；东侧淮、黄、海平原地面高程一般在100m以下；天津干线沿线地面高程1.5～65m。

2.1.4 暴雨洪水特性

南水北调中线工程总干渠西侧之伏牛山、太行山山前地带是我国主要的暴雨区之一，其中最大24h、3d暴雨均值都比同纬度地区大。沿线具有雨季集中、暴雨历时不长、强度大等特点。沿线交叉河流的洪水均由暴雨形成，洪水发生时间与暴雨一致。交叉河流洪水具有洪水过程陡涨陡落、峰形较尖瘦的山区河流洪水特性。一次洪水过程历时一般不足3d，历时较长的特大暴雨，历时可延长至3～7d。洪水洪量集中，3d洪量可占7d洪量的80%左右，中小河流可超过90%以上。黄河以南从6月中下旬开始至9月中旬结束，黄河以北从7月开始至9月中旬结束，主要发生在7月和8月。

2.1.5 河流情况

总干渠从丹江口水库陶岔枢纽引水，跨长江、淮河、黄河、海河四大流域，途经53个市县，穿过大小河流655条，至终点北京团城湖。天津干线从河北省徐水县西黑山村，途经徐水、容城等7市县，至天津外环河，穿越大小河流48条。

2.1.6 工程防洪标准

2.1.6.1 南水北调中线工程是特大型输水建筑物，根据SL 252—2014《水利水电工程等级划分及洪水标准》，中线一期工程为Ⅰ等工程，总干渠渠道及河渠交叉、左岸排水、渠渠交叉、铁路交叉、公路交叉建筑物和控制工程等主要建筑物按1级建筑物设计；附属建筑物与河道护岸工程，以及河穿渠工程的上下游连接段等次要构筑物按 3 级建筑物设计。

2.1.6.2 南水北调中线干线工程总干渠渠道的防洪标准与相应的各类河渠交叉、左岸排水建筑物洪水标准一致；与总干渠交叉断面以上集水面积大于等于 20km² 河流的河渠交叉建筑物防洪标准按 100 年一遇洪水设计，300 年一遇洪水校核；集水面积小于 20km² 的左岸排水建筑物防洪标准按 50 年一遇洪水设计，200 年一遇洪水校核；总干渠与河渠交叉及左岸排水建筑物连接段的防洪标准与相应建筑物防洪标准相同。

2.1.6.3 穿黄工程过河建筑物（含隧洞及隧洞进、出口建筑物）按黄河 300 年一遇洪水设计，按千年一遇洪水校核，北岸河滩明渠及新、老蟒河交叉建筑物按 100 年一遇洪水设计，按 300 年一遇洪水校核。清北排干倒虹吸至外环河出口闸段，位于天津市防洪圈内，按 200 年一遇标准设防，天津干线该段箱涵和沿线建筑物防洪标准与天津市区防洪标准一致，为 200 年一遇。

2.2 洪涝灾害风险分析

2.2.1 总干渠防洪堤和左岸排水建筑物是南水北调中线干线工程的主要防洪排导设施。总干渠左岸洪涝水汇入排水沟渠，通过左岸排水建筑物，从总干渠左侧流向右侧。左岸排水建筑物的过流能力受建筑物孔口尺寸和下游排水沟渠控制，如果孔口尺寸过小或排水不畅，设计暴雨范围内的涝水将不能及时排除，造成总干渠左岸外水位升高超过设计洪水位，直接影响防洪堤和左岸排水建筑物的防洪安全。河渠交叉建筑物的交叉断面水位受所在河道过流能力制约，如果河道行洪不畅，标准洪水将导致上游水位壅高超过设计洪水位，直接影响交叉建筑物的防洪安全。另外，河渠交叉建筑物的梁式渡槽、涵洞式渡槽和渠道倒虹吸受洪水淘刷，若实际冲刷深度超过设计冲刷深度，建筑物将可能发生失稳破坏。

2.2.2 中线干线工程范围内洪涝灾害风险因素主要包括持续降雨和洪水，防汛风险项目主要有以下 5 类：

a）河渠交叉建筑物。建筑物下游附近存在大砂坑、河势发生严重改变（如因上、下游河道局部缩窄严重等）、上游地形地貌发生较大改变等，河道行洪易冲刷裹头、槽墩桩基、管身，洪峰流量增加较多，威胁建筑物和渠道安全。

b）左排建筑物。下游出口无排水通道、淤积严重、排水不畅、出口直接对村庄企业，进口管身淤堵，上游地形地貌发生较大改变，河道行洪时行洪能力严重不足，威胁渠道、建筑物和村庄企业安全。

c）全挖方渠道。中强膨胀土（岩）挖方渠段和其他地质条件挖方渠段，左右岸地形地貌与原设计发生较大改变导致工程防洪标准降低的渠段，左右岸存在较大集中汇流区域的渠段，长时间强降雨或洪水可能造成渠坡滑坡、深大冲沟或洪水漫顶。

d）全填方渠道。穿城区、乡镇、村的渠段、砂土渠段，存在裂缝、发生较大沉降变形、坡脚渗漏水洇湿隐患的渠段，其他土质渠段，渠道边坡可能发生暴雨洪水淘刷、浸泡失稳、滑塌或深大冲沟。

e）其他工程。总干渠左右岸较大弃土弃渣场，已发生过险情且未采取永久处理措施的渠段，其他穿（跨）越总干渠建筑物等，威胁建筑物和渠道安全。

f) 经排查统计，中线干线工程防汛风险项目共有 158 个，其中河渠交叉建筑物 47 个，左岸排水建筑物 36 个，全填方渠段 27 个，全挖方渠段 43 个，其他项目 5 个。每类按风险严重程度分为 3 级。南水北调中线干线工程防汛风险项目分类分级汇总见附录 B。

2.3 洪涝灾害分级

南水北调中线干线工程洪涝灾害指由于洪涝原因造成工程受损、供水中断、人身伤亡及经济损失等事故。按照洪涝灾害可能造成的严重程度和范围，将洪涝灾害分为 4 级，由高到低分为：Ⅰ级（特别重大）、Ⅱ级（重大）、Ⅲ级（较大）和Ⅳ级（一般）。

a) 当发生的洪涝灾害可能造成供水中断，为Ⅰ级：

1) 河渠交叉建筑物与河道交叉处上游侧，河道水位达到 100 年一遇，且继续上涨，洪水冲刷建筑物裹头、倒虹吸管身、渡槽槽墩及渠道边坡，或渡槽墩台或槽身遭到大型漂浮物冲撞，出现险情严重威胁建筑物和渠道安全。

2) 交叉河流上游水库大坝出现可能溃坝险情，严重威胁建筑物和渠道安全。

3) 因暴雨洪水造成工程严重受损（如决口、堰塞湖），或外水入渠造成水质污染严重，可能发生供水中断险情。

4) 其他经中线建管局防汛指挥部认定的特别重大洪涝灾害。

b) 当发生的洪涝灾害可能影响总干渠正常输水，为Ⅱ级：

1) 河渠交叉建筑物与河道交叉处上游侧，河道水位达到 50 年一遇，且继续上涨，冲刷建筑物裹头、倒虹吸管身、渡槽槽墩及渠道边坡，出现险情威胁建筑物和渠道安全。

2) 交叉河流上游水库大坝出现重大险情，威胁建筑物和渠道安全。

3) 左排渡槽发生洪水漫槽，左排倒虹吸涵洞进口洪水入渠，威胁建筑物和渠道安全及下游村庄企业人员生命安全。

4) 因暴雨洪水造成工程受损（如渠道边坡大面积滑塌），可能造成供水量减少的险情。

5) 其他经中线建管局防汛指挥部认定的重大洪涝灾害。

c) 当发生的洪涝灾害可能造成工程发生结构破坏但尚未影响正常输水，进一步发展可能导致更大险情，为Ⅲ级：

1) 河渠交叉建筑物与河道交叉处上游侧，河道水位达到 20 年一遇，且继续上涨，冲刷建筑物裹头、倒虹吸管身、渡槽槽墩及渠道边坡，可能威胁建筑物和渠道安全。

2) 交叉河流上游水库大坝出现较大险情，可能威胁建筑物和渠道安全。

3) 左排建筑物进口处河（沟）道水位达到 50 年一遇，且继续上涨，可能威胁建筑物和渠道安全及下游村庄企业人员生命安全。

4) 其他经中线建管局防汛指挥部认定的较大洪涝灾害。

d) 当发生的洪涝灾害可能造成工程发生局部破坏或即将破坏，且在发展中，为Ⅳ级：

1) 河渠交叉建筑物与河道交叉处上游侧，河道水位达到 10 年一遇，且继续上涨，冲刷建筑物裹头、倒虹吸管身、渡槽槽墩及渠道边坡，或涵洞式渡槽上游侧发生漂浮物聚积堵塞，对建筑物和渠道安全有一定影响。

2）交叉河流上游水库大坝出现一般险情，对建筑物和渠道安全有一定影响。

3）左排建筑物进口河（沟）道水位达到 20 年一遇，且继续上涨，对建筑物和渠道安全有一定影响。

4）二级运行管理单位防汛指挥部认定的一般洪涝灾害。

3 组织机构与职责

3.1 组织机构

3.1.1 机构组成

南水北调中线干线工程防洪度汛组织体系由中线建管局（一级运行管理单位）、二级运行管理单位和三级运行管理单位组成。

3.1.2 中线建管局

3.1.2.1 中线建管局防汛指挥部

为加强中线干线工程防汛度汛和应急处置工作，确保工程安全度汛，成立中线建管局防汛指挥部，在突发事件应急领导小组领导下，负责全线防汛抗洪抢险工作：

a）指挥长：中线建管局局长。

b）副指挥长：中线建管局党组书记、副局长、副书记及总师。

c）成员：中线建管局副总师、各职能部门负责人及各二级运行管理单位负责人。

3.1.2.2 中线建管局防汛指挥部办公室

中线建管局防汛指挥部下设工程防汛办公室，负责中线建管局防汛指挥部的日常工作。办公室设在中线建管局防汛主管部门，由防汛主管部门主要负责人兼任办公室主任。

3.1.2.3 职能工作组

中线建管局防汛指挥部下设综合协调组、现场抢险组、技术保障组、物资设备组、后勤保障组、信息发布组共 6 个职能工作组。各职能工作组组长由局领导、副总师、相关部门和二级运行管理单位负责人担任，各职能工作组成员根据实际情况由相关部门和单位有关人员组成。

3.1.2.4 现场抢险指挥部

当发生重大及以上洪涝灾害时，根据突发事件应对处置工作需要，中线建管局防汛指挥部应设现场抢险指挥部，由局领导担任指挥长和副指挥长，副总师、防汛归口职能部门、相关职能部门、二级运行管理单位、三级运行管理单位有关人员组成，下设工作职能组，具体负责突发事件指挥和处置等应对工作。

3.1.2.5 专家组

根据现场抢险工作需要，组成应急抢险专家组，为防汛抢险提供决策咨询和工作建议，必要时参与防汛抢险处置工作。

3.1.3 二级运行管理单位

3.1.3.1 二级运行管理单位防汛指挥部

为做好所辖工程防洪度汛工作，二级运行管理单位成立相应的防汛指挥部，指挥长由二级运行管理单位负责人担任，副指挥长由二级运行管理单位领导班子成员副职担任，成员由二级运行管理单位职能处室负责人及三级运行管理单位负责人组成。

3.1.3.2 二级运行管理单位防汛指挥部防汛办公室

二级运行管理单位防汛指挥部下设防汛办公室，办公室主任由防汛管理处室负责人兼任。

3.1.4 三级运行管理单位

为做好所辖工程防洪度汛工作，三级运行管理单位成立安全度汛工作小组，组长由级运行管理单位负责人担任，副组长由三级运行管理单位领导副职担任，成员由各科室有关人员组成。

3.2 工作职责

3.2.1 中线建管局

3.2.1.1 防汛指挥部职责：

a) 贯彻落实国家和地方政府有关工程防汛的法规政策，执行上级和沿线省（直辖市）防汛指挥机构的指令。

b) 审查中线干线工程度汛方案及应急预案。

c) 负责Ⅰ级、Ⅱ级、Ⅲ级汛情预警和响应工作，组织召开防汛会商会。

d) 研究部署中线干线工程防汛抢险工作。

e) 研究确定中线干线工程重大汛情、险情应对处置措施。

f) 协调配合上级单位和地方政府对中线干线工程重大汛情、险情开展应急抢险救援。

3.2.1.2 防汛办公室职责：

a) 负责建立健全中线干线工程防洪度汛安全管理体系。

b) 负责编制中线干线工程度汛方案及防汛应急预案。

c) 负责防汛会商会具体工作，负责或参与汛期预警响应工作。

d) 组织建立中线干线工程应急抢险队伍。

e) 组织开展中线干线工程防汛物资储备和调配工作。

f) 组织开展中线干线工程防汛风险项目排查工作。

g) 监督检查各有关单位防汛工作落实情况，组织开展中线干线工程汛期防汛值班工作。

h) 及时掌握中线干线工程汛期雨情、水情和工情等信息。

i) 组织开展中线干线工程防汛演练、培训工作。

j) 负责防汛相关协调工作，组织防汛专项项目和水毁项目实施工作。

k) 完成防汛有关其他工作。

3.2.1.3 职能工作组职责：

a) 综合协调组负责贯彻落实上级及省防指防汛抢险指示，负责人员调配，各类信息上传下达和内外协调工作。

b) 现场抢险组负责组织实施现场应急抢险等工作。

c) 技术保障组负责应急抢险技术方案的制定等工作。

d) 物资设备组负责组织应急救援物资、设备的保障和调配等工作。

e) 后勤保障组负责保障抢险人员的生活和医疗应急服务、现场安全警戒、维护现场秩序、保障交通畅通等工作。

f) 信息发布组负责应急救援工作的宣传报道及信息发布等工作。

3.2.1.4 现场抢险指挥部职责：

a) 执行落实防汛指挥部各项决策意见。

b) 具体负责防汛抢险指挥和处置应对工作。

c) 负责完成防汛指挥部交办的其他工作。

3.2.1.5 专家组职责：

a) 负责向防汛指挥部提出应急处置方案或为决策提供意见和建议。

b) 负责对汛情、险情的发生和发展趋势、灾害损失和恢复等进行研究、评估，并提出相关建议。

c) 为防汛抢险相关应急处置工作提供科学有效的决策咨询方案。

3.2.2 二级运行管理单位

二级运行管理单位防汛指挥部职责：

a) 贯彻落实国家和地方政府有关工程防汛的法规政策，执行上级和地方防汛指挥机构的指令。

b) 研究部署分局所辖工程防汛抢险工作。

c) 研究确定分局所辖工程重大汛情、险情应对处置措施。

d) 审查分局所辖工程度汛方案及应急预案。

e) 负责所辖工程汛期Ⅳ级预警和响应的发布和解除，对Ⅲ级及以上汛期预警和响应提出初步意见。

f) 协调配合上级单位和地方政府对分局所辖工程重大险情、汛情开展应急救援。

g) 完成上级交办的其他工作。

3.2.3 三级运行管理单位

安全度汛工作小组职责：

a) 贯彻落实上级单位和地方防汛指挥机构的指令。

b) 负责组织编制度汛方案及应急预案。

c) 负责防汛风险项目排查、物资及设备检查工作。

d) 负责落实防洪度汛各项措施。

　　e) 负责防汛工作信息的收集、报送、做好上传下达。

　　f) 负责工程险情的先期处置工作。

　　g) 负责防汛应急、培训工作。

　　h) 完成上级交办的其他工作。

4　应急响应

4.1　预防预警

4.1.1　预警信息

4.1.1.1 汛期建立水文、气象、地质灾害监测制度和信息共享工作机制，密切关注天气预报，多途径监控实时雨水情，实现对暴雨、地质灾害、洪水、上游水库信息等动态监测，为预警预报和防汛决策提供技术支撑。通过省市防汛抗旱指挥系统信息平台和防汛APP、中线工程防洪信息管理系统、中央气象台网、中国天气、各类气象水利网站等，查看天气预报、实时雨水情信息、左排建筑物水位信息等。同时加强与沿线省（直辖市）、市（县）防汛、水文、气象部门、水库管理单位联系和信息沟通，及时掌握沿线气象水文及洪涝灾害预警响应信息。发现汛情险情信息后，各级运行管理机构于第一时间上报。

4.1.1.2 工程安全监测单位和三级运行管理单位收集整理与工程安全预防预警有关的数据资料和相关信息，评价工程安全情况，建立工程安全监测、巡查、预报和预警等资料数据库，实现各部门间信息的共享，并及时向上级防汛指挥机构报告可能出现的工程安全风险。

4.1.2　预警分级

　　当国家或沿线省（直辖市）有关部门发布工程沿线区域预警响应信息时，根据对工程的影响程度，视情况应及时发布汛情预警通知。汛情预警包括暴雨预警、地质灾害气象风险预警、洪水预警，按照洪涝灾害发生的紧急程度、发展势态和可能造成的危害程度，预警级别由高到低分别为Ⅰ级、Ⅱ级、Ⅲ级和Ⅳ级，依次用红色、橙色、黄色和蓝色标示：

　　a) Ⅰ级预警（红色）：国家防总或省防办发布汛期Ⅰ级预警信息时，沿线气象部门发布暴雨红色预警，或水文部门发布洪水红色预警，或国土部门和气象部门联合发布地质灾害气象风险红色预警，有可能发生或引发特别重大汛情突发事件。

　　b) Ⅱ级预警（橙色）：国家防总或省防办发布汛期Ⅱ级预警信息时，沿线气象部门发布暴雨橙色预警，或水文部门发布洪水橙色预警，或国土部门和气象部门联合发布地质灾害气象风险橙色预警，有可能发生或引发重大汛情突发事件。

　　c) Ⅲ级预警（黄色）：国家防总或省防办发布汛期Ⅲ级预警信息时，沿线气象部门发布暴雨黄色预警，或水文部门发布洪水黄色预警，或国土部门和气象部门联合发布地质灾害气象风险黄色预警，有可能发生或引发较大汛情突发事件。

　　d) Ⅳ级预警（蓝色）：国家防总或省防办发布汛期Ⅳ级预警信息时，沿线气象部门发布暴雨蓝色预警，或水文部门发布洪水蓝色预警，或国土部门和气象部门联合发布地质灾害气象风险蓝色预警，有可能发生或引发一般汛情突发事件。

4.1.3 预警发布、调整和解除

Ⅰ级、Ⅱ级、Ⅲ级汛情预警由中线建管局防汛办公室负责发布、调整和解除。Ⅳ级预警由二级运行管理单位负责发布和解除，并报中线建管局防汛办公室备案。根据汛情发展、变化情况和影响程度，可适时调整预警级别。当确定洪涝灾害不可能发生或汛情已经解除时，由发布单位宣布解除预警。预警信息的发布、调整和解除可通过电话或书面通知等方式进行。

4.1.4 预警信息内容

预警信息包括汛情突发事件的预警级别、起始时间、可能影响范围、警示事项、应采取的措施和发布单位等。

4.1.5 预警行动

4.1.5.1 在预警发出后，中线建管局防汛办公室和相关二级、三级运行管理单位应立即做出响应，可采取以下措施：

   a) 二级、三级运行管理单位负责人应在现场值守，靠前指挥，保持 24 小时通信畅通。
   b) 二级运行管理单位组织做好应急抢险准备工作，应急抢险队伍人员和设备处于临战状态，通知抢险队伍后方总部做好相关抢险资源准备，提前布防抢险物资和设备。三级运行管理单位日常维护队伍做好先期处置准备工作。
   c) 做好工程巡查和防汛值班工作，密切关注天气情况，加密监测巡查频次，对险情可能发生部位进行监控，发现汛情、险情、突发事件应于第一时间上报。

4.1.5.2 暴雨预警监控及巡查工作内容包括：
   a) 沿线降雨量和持续时间等。
   b) 全填方外坡是否有排水系统淤堵、渠坡冲沟、滑坡迹象、纵向裂缝等。
   c) 全挖方内坡是否有排水系统淤堵、边坡冲沟、滑坡迹象、纵向裂缝等。

4.1.5.3 洪水预警监控及巡查工作内容包括：
   a) 上游汇流区域降雨量、上游河道（沟）来水情况、上游水库情况等。
   b) 渠道倒虹吸河道水位、裹头、河床及采砂坑是否冲刷等。
   c) 左排进出口水位、进口及管身是否淤堵、进出口建筑物及渠堤坡脚是否淘刷等。
   d) 全填方外坡脚是否淘刷或浸泡等。
   e) 全挖方防洪堤外坡脚是否淘刷或浸泡等。

4.2 信息报送

4.2.1 信息报告

4.2.1.1 汛情、险情、灾情等洪涝灾害突发事件信息宜按规定逐级上报，紧急情况下可越级上报。报告先采用电话报告，随后再以书面形式及时报告。各单位或部门在发现和接

到突发事件信息后，按照"接报即报、随时续报"的要求，立即进行上报，不得延误。

4.2.1.2 洪涝灾害突发事件信息报告实行"双线"报告制度，即突发事件信息报告中线建管局防汛办公室（应急办公室）的同时报告相关专业职能部门。突发事件报告包含以下内容：时间、地点、事件基本情况、人员伤亡及损失情况、已采取及建议采取的措施等。突发事件信息快速报告单内容及格式见附录 D。

4.2.1.3 突发事件处置过程中，对突发事件动态情况、应急响应、应急处置后续进展情况、应急结束等，应及时按照电话、书面流程续报。

4.2.2 信息报告流程

4.2.2.1 电话报告流程

4.2.2.1.1 现地管理处（三级运行管理单位）：

a）现场人员发现或接到洪涝灾害突发事件后，立即电话报告现地管理处负责人和中控室值班人员。火灾和交通事故应首先拨打 119、120 等急救电话。

b）现地管理处负责人接到报告，经核实后 10min 之内电话报告分局领导，同时安排人员报分局分调中心和相关专业职能处室。

c）洪涝灾害突发事件按规定需报地方政府相关部门时，经请示后及时报告地方政府。

4.2.2.1.2 分局（二级运行管理单位）：

a）分局分调中心值班人员发现或接到洪涝灾害突发事件信息电话报告后，立即报告二级运行管理单位带班领导，并通知分局防汛与应急办和相关专业职能处室。

b）分局防汛与应急办和专业职能处室接到洪涝灾害突发事件信息电话报告后，立即报告分局专业分管领导，分局领导接到报告后立即报告分局专业主要负责人。

c）分局主要负责人接到洪涝灾害突发事件信息电话报告后，10min 之内报告中线建管局领导，同时安排人员电话报告中线建管局总调中心和局机关专业职能部门。

d）分局分调中心值班人员或专业职能处室人员接到分局领导指示后及时进行传达，并继续跟踪事件处置进展，做好接报和续报工作。

4.2.2.1.3 中线建管局：

a）总调中心值班人员接到洪涝灾害突发事件信息电话报告后，10min 之内报告局带班领导、局应急办和相关专业职能部门。

b）局应急办和专业职能部门接到洪涝灾害突发事件信息电话报告后，10min 之内报告局专业分管领导，局领导接到报告后立即报中线建管局局长。

c）中线建管局局长接到突发事件信息报告后，必要时报告水利部领导，安排总调中心值班人员报告水利部值班室。

d）总调中心值班人员或专业职能部门接到领导指示后及时进行传达，并继续跟踪事件处置进展，做好接报和续报工作。

4.2.2.2 书面报告流程

4.2.2.2.1 现地管理处（三级运行管理单位）：

洪涝灾害突发事件信息电话报告后 1h 内拟写现地管理处突发事件信息快速报告单传真至分局分调中心，根据需要可附现场相关图片影像资料等。

4.2.2.2.2 分局（二级运行管理单位）：

a) 分局分调中心值班人员收到洪涝灾害突发事件信息快速报告单后，立即报告二级运行管理单位领导、分局防汛与应急办和相关专业职能处室。

b) 分局分调中心值班人员收到突发事件快速报告单45min内根据分局领导批示及洪涝灾害突发事件处理情况，拟写分局突发事件信息快速报告单传真至总调中心由分局专业职能处室提供并配合把关突发事件信息报告单内容。

c) 分局分调中心值班人员将分局领导批示及时进行传达。

4.2.2.2.3 中线建管局：

a) 局总调中心值班人员收到洪涝灾害突发事件信息快速报告单后，立即报告局带班领导、局应急办和相关专业职能部门。

b) 局总调中心值班人员将局领导批示及时进行传达。

c) 局领导批示需上报水利部的突发事件，由总调中心值班人员拟写南水北调中线干线工程突发事件信息报告单，传真至水利部值班室，由局相关专业职能部门提供突发事件信息报告内容并配合把关。

4.3 应急响应

4.3.1 响应分级

按照洪涝灾害分级，将应急响应对应划为4个级别，由高到低分为Ⅰ级应急响应、Ⅱ级应急响应、Ⅲ级应急响应和Ⅳ级应急响应。

4.3.2 应急响应启动

洪涝灾害发生后，各级运行管理单位根据事件情况需及时启动本级防汛应急预案进行处置。发生Ⅰ级、Ⅱ级、Ⅲ级防汛突发事件时，中线建管局防汛指挥部启动Ⅰ级、Ⅱ级、Ⅲ级响应，由防汛指挥部办公室负责落实响应措施；发生Ⅳ级防汛突发事件时，二级运行管理单位防汛指挥部启动Ⅳ级响应，并报中线建管局防汛办备案。超出本级应急处置能力时，及时报请上级单位启动相应应急预案。

4.3.3 响应程序

4.3.3.1 一般洪涝灾害突发事件（Ⅳ级）：

a) 二级运行管理单位接到三级运行单位报告后，立即启动Ⅳ级应急响应，负责指挥协调应急处置工作，并上报中线建管局。中线建管局防汛办公室、相关职能部门根据实际需要，参与协助做好相关工作。三级运行管理单位进入Ⅳ级应急响应状态，按指示进一步做好先期处置工作。若需属地应急救援时，应及时向相关市（县）防汛指挥机构报告，提出工程联动抢险救援请求。

b) 二级运行管理单位防汛指挥部指挥长主持召开会商会，研究确定应急抢险处置方案，并报告中线建管局。

c) 二级运行管理单位防汛指挥部根据需要成立现场抢险指挥部，组织资源进行抢险。

    d）汛情超出本级应急救援处置能力时，二级运行管理单位防汛指挥部应及时报请中线建管局防汛指挥部启动应急预案。

    e）汛情应急处置结束后，由二级运行管理单位将应急处置结果报中线建管局备案。

4.3.3.2 较大洪涝灾害突发事件（Ⅲ级）：

    a）中线建管局接到二级运行管理单位报告后，中线建管局防汛指挥部立即启动Ⅲ级应急响应，负责指挥协调应急处置工作。二级运行管理单位防汛指挥部、三级运行管理单位进入Ⅲ级应急响应状态。若需属地应急救援时，应及时向相关市（县）防汛指挥机构报告，提出工程联动抢险救援请求。

    b）中线建管局防汛指挥部副指挥长主持召开会商会，研究确定应急调度决策及应急处置方案，并报告防汛指挥部指挥长。

    c）按照研究确定的调度决策，总调中心向全线发出应急调度指令，并向二级运行管理单位防汛指挥部传达应急响应指令。二级运行管理单位防汛指挥部接到应急响应指令后，应立即向三级运行管理单位下达应急响应指令。二级运行管理单位防汛指挥部、三级运行管理单位按照中线建管局防汛指挥部的指示进一步做好先期处置工作。

    d）分管局领导或副总师带领局防汛办公室、相关职能部门有关人员赶赴现场，指挥开展应急抢险工作。必要时，中线建管局防汛指挥部成立现场抢险指挥部，分管局领导或副总师担任指挥长，局防汛办公室、相关职能部门、二级运行管理单位、三级运行管理单位有关人员参与组成，组织资源进行抢险或抢险准备。

    e）汛情应急处置结束后，由中线建管局向上级单位报告。

4.3.3.3 Ⅰ级、Ⅱ级应急响应程序：

    a）中线建管局接到二级运行管理单位报告后，中线建管局防汛指挥部立即启动Ⅰ级、Ⅱ级应急响应，负责指挥协调应急处置工作。二级运行管理单位防汛指挥部、三级运行管理单位进入Ⅰ级、Ⅱ级应急响应状态。若需属地应急救援时，应及时向相关省（直辖市）防汛指挥机构报告，提出工程联动抢险救援请求。

    b）中线建管局防汛指挥部指挥长主持召开会商会，研究确定应急调度决策及应急处置方案。

    c）按照研究确定的调度决策，总调中心向全线发出应急调度指令，并向各分局防汛指挥部传达应急响应指令。二级运行管理单位防汛指挥部接到应急响应指令后，应立即向三级运行管理单位下达应急响应指令。二级运行管理单位防汛指挥部、三级运行管理单位按照中线建管局防汛指挥部的指示进一步做好先期处置工作。

    d）中线建管局防汛指挥部成立现场抢险指挥部，中线建管局局长、党组书记或分管局领导担任指挥长，负责应急处置的决策和协调工作；分管局领导、局副总师、相关职能部门、二级运行管理单位负责同志任副指挥长，局防汛办公室、相关职能部门、二级运行管理单位、三级运行管理单位有关人员参与组成，组织资源进行抢险或抢险准备。

    e）汛情应急处置结束后，由中线建管局向上级单位报告。

4.3.4 应急领导小组决策机制

当洪涝灾害突发事件应对需要调度多个专业应急指挥部共同开展应急处置时，启动局应急领导小组决策机制，由中线建管局应急办启动综合应急预案响应措施，由应急领导小组统一组织协调应对工作。

4.3.5 响应升级

当发生的洪涝灾害突发事件程度十分严重，超出中线建管局自身控制能力范围，应及时报告上级主管部门和地方政府进行应急救援，由其统一指挥、调动各方面应急资源进行应急抢险。

4.3.6 疏散撤离

当发生的洪涝灾害可能对周围居民的生命和财产安全造成威胁时，应立即报告地方政府，由地方政府组织周围村民及企业进行疏散撤离。

5 应急处置

5.1 先期处置

5.1.1 在发现洪涝灾害征兆或苗头后，应以"抢早、抢小"、减少人员伤亡、控制险情发展为原则，立即采取相应的应急处置措施。发生险情后，三级运行管理单位按照防洪度汛应急预案迅速开展现场先期处置，控制险情发展。

5.1.2 防洪堤外坡脚受洪水淘刷，可能导致坡脚失稳，采用抛投块石、铅丝石笼或碎石袋等固脚防冲，若引起边坡局部滑坡，采用黏土齿墙沿滑裂面进行封闭防渗处理，用防水膜覆盖滑塌体表面，抛投块石、铅丝石笼或碎石袋等固脚；若引起防洪堤损毁，采用大体积料物进行抢堵。超标准洪水可能导致防洪堤漫顶，采用土袋加高加厚防洪堤。

5.1.3 洪水淘刷梁式渡槽槽墩承台，可能发生桩基外露，采用抛投袋装砂砾石固基抗冲。大型漂浮物冲撞槽墩，可能导致渡槽失稳破坏，采取措施拦截清除大型漂浮物。

5.1.4 洪水淘刷涵洞式渡槽基础，可能导致渡槽基础破坏，在防护工程末端或下游，采用抛填块石或土工膜袋抢筑潜坝缓冲。河道漂浮物堵塞涵洞，采取措施打捞清除漂浮物。

5.1.5 超标准洪水可能从排洪渡槽的槽顶漫溢，对总干渠产生冲刷，引起渠道失稳，严重时导致渡槽整体倒塌，有条件时，加强对河渠交叉处总干渠的防护，消除渡槽倒塌的诱因。

5.1.6 洪水冲刷河床，可能导致渠道倒虹吸箱涵或涵管顶部出露，采用抛投块石或铅丝石笼回填冲坑。在渠道倒虹吸上下游 800 m 内存在采砂坑，泄洪时可能导致箱涵或涵管基础失稳破坏，采用块石或铅丝石笼对采砂坑边坡进行防护。非汛期对可能危害建筑物的采砂坑进行处理。

5.1.7 排洪渡槽、河道倒虹吸、排洪涵洞的进出口翼墙或底板基础受洪水淘刷，可能导致地基失稳，采用土工包或土工膜袋墙后压重。排洪渡槽、河道倒虹吸、排洪涵洞发生淤塞，可能导致上游水位壅高超过设计水位，采用袋装土加高加固建筑物或邻近防洪堤。必要时清除淤塞。

5.1.8 排水倒虹、排水渡槽、排水涵洞发生淤堵，或出口下游排水不畅，可能发生上游壅水超过临近防洪堤外坡脚防护高度，风浪作用将可能导致防洪堤坡脚淘刷，采用抛投块石或土工膜袋护脚，必要时清除淤堵。

5.2 处置措施

5.2.1 中线建管局防汛指挥部或汛情所属二级防汛指挥部赶赴现场，成立现场抢险指挥部，组织调动应急抢险队伍、物资和设备到达现场，实施现场交通管制和交通疏导，根据技术专家组现场查勘情况，结合先期处置成果制定进一步抢险处置方案，组织开展现场抢险。

5.2.2 根据应急抢险需要，必要时按调度要求进行应急调度，不间断监视险情变化。如有污染物进入渠道，应立即启动水污染事件应急预案。

5.2.3 事态发展可能对周边环境和居民造成影响时，应协调地方政府对受影响的居民进行疏散。

5.3 现场指挥与控制

5.3.1 二级、三级运行管理单位是突发事件先期处置的责任主体，承担突发事件的应对责任，对单位范围内的突发事件负有直接指挥权、处置权。在紧急情况下，可立即下达撤人命令，组织现场人员及时、有序撤离到安全地点，减少人员伤亡。

5.3.2 事件发生后，事发单位要立即启动应急预案，先期成立现场指挥机构，由事发现场最高职位者担任现场指挥机构指挥长，及时明确现场抢险指挥机构人员组成，在确保安全的前提下采取有效措施组织抢险救援。现场指挥机构负责统一指挥调度现场的应急抢险救援等工作，全面掌控现场情况。

5.3.3 在上级单位相关负责人赶到现场后，根据预案规定事发单位应立即向上级单位现场抢险指挥部正式移交指挥权，并汇报事件情况、进展、风险以及影响控制事态的关键因素和问题。调动本单位所有应急资源，服从上级现场抢险指挥部的指挥，并切实做好应急处置全过程的后勤保障和生活服务工作。

5.4 社会力量动员与参与

5.4.1 出现汛情后，中线建管局防汛指挥部根据灾害的严重程度，报经当地人民政府批准，对重点区域和重点部位实施紧急控制，防止事态及其危害的进一步扩大。

5.4.2 中线建管局防汛指挥部必要时可通过当地人民政府广泛调动社会力量积极参与应急处置，紧急情况下可依法征用、调用车辆、物资、人员等，全力投入防汛抢险与救灾工作。

5.4.3 各三级运行管理单位根据所辖区域防汛特点，制定应急撤离方案，明确撤离路线，在出现超标准洪水等重大险情时，能够与周边百姓及时安全撤离。

5.5 应急结束

洪涝灾害应急处置工作基本完成后，或者相关危险因素基本消除后，应急处置工作即告结束。应急结束按照"谁启动、谁结束"的原则，由启动应急响应的责任单位或现场抢险指挥部做出终止执行相关应急响应的决定，宣布解除应急状态，转入常态管理。

5.6 信息发布

洪涝灾害突发事件预警响应信息按有关规定由局防汛办公室或二级运行管理单位发布，新闻发布和宣传工作，由局新闻宣传归口管理职能部门按有关规定具体负责突发事件的新闻发布组织、现场采访管理，正确引导舆论导向。突发事件发生后，信息发布应当及时、准确、客观、全面。各级运行管理单位及其人员不得随意或恶意传播有关信息。事件发生的第一时间要向社会发布简要信息，随后发布初步的核实情况、应对措施和公众防范措施等，并根据事件处置情况做好后续发布工作。

6 应急保障

6.1 物资设备保障

目前中线工程储备的主要防汛物资包括：块石、砂砾石反滤料、编织袋、复合土工膜、土工布、铅丝笼、钢管、螺旋锚杆、铁锹、电缆、救生衣、头戴式抢险灯、投光灯、伞型锚杆、装配式围井等。此外，沿线分局与河南省、河北省防汛部门建立了防汛物资互调机制，同时三级运行管理单位对周边社会物资进行了调查，建立了联系。储备主要抢险设备包括：应急电源车、移动式发电机、水泵、蛙夯、小型冲击夯、便携式升降平台、手动翻斗车、对讲机、橡皮艇/冲锋舟、高压水枪、应急照明灯、无人机等。在应急抢险队伍配置时委托应急抢险队伍提供一定数量的大型抢险设备，同时三级运行管理单位对周边社会施工设备资源进行调查，建立联系。

6.2 队伍保障

中线建管局组织二级运行管理单位在全线建立应急抢险保障队伍，应急抢险保障队伍按合同承诺需配备工程设备、车辆和人员，每个队伍汛期安排一定数量的人员和设备在现场 24 小时驻守，以备发生险情后能够快速反应处置。三级运行管理单位以现场土建维护施工单位作为先期处置队伍，也作为二级运行管理单位应急抢险保障队伍的有效补充。同时二级运行管理单位与地方政府抢险队、驻地部队建立抢险救援协作机制，三级运行管理单位与地方乡镇建立联防联动机制，必要时作为后备抢险力量。

6.3 通信电力保障

中线建管局、二级运行管理单位和三级运行管理单位在汛期对防汛值班电话、办公电话、传真、网络等通信系统进行检查维护，保障通信畅通。各级运行管理单位和应急抢险队伍的防汛负责人和工作联系人的手机保持 24 小时畅通。各三级运行管理单位配备了对讲机，保证抢险需要。汛期各三级运行管理单位，运维单位对所辖段内的供电线路和固定、移动发电机组进行定期检查维护，保证处于良好状态。

6.4 抢险道路

二级运行管理单位组织三级运行管理单位根据工程防汛风险重点部位及现场备料点位置等情况，规划修筑工程管理范围内防汛抢险道路，摸排调查渠道周边社会道路交通情况，在防汛平面布置图标识行车路线图，发生险情时，各类抢险资源能够快速到达险情现场。

6.5 资金保障

防汛物资储备、抢险队伍建设、防汛演练培训、信息化建设、应急值守、抗洪抢险救灾、水毁修复等所需经费纳入运行管理预算，防汛应急经费实行专项拨付、专款专用。

6.6 演练培训

为提高防汛风险防范意识和应急处置能力，各级运行管理单位应加强对运行管理人员和应急队伍培训，每年应结合实际情况有针对性地开展各类应急演练，演练结束后要开展总结评估，不断完善应急体系。

6.7 其他保障

6.7.1 制度保障和联动协调机制

建立健全防汛值班、雨中雨后巡查、汛情会商、监督检查和责任追究等制度。各级运行管理单位建立与沿线省市县南水北调办、防汛部门、气象部门、水库管理等单位协调联动机制，加强沟通联系，共享信息，在应急抢险物资和队伍上互为保障、相互支援。

6.7.2 技术保障

中线建管局建立完善防汛应急指挥技术支撑体系，包括防洪信息管理系统、气象服务保障系统、应急指挥和会商系统等。建立专家组，为防汛抗洪抢险工作提出建议。

6.7.3 宣传教育

南水北调网站开辟专题，编发手机报、微信宣传专题，派发传单、张贴标语等形式，宣传告知建筑物附近村庄、学校、企业，介绍南水北调工程设施保护、防洪和汛期人身安全知识，防止人员溺水情况发生，全力以赴做好安全度汛宣传工作，为工程营造良好的安全度汛舆论氛围。

7 事后处置

7.1 水毁工程修复

对影响防洪度汛安全和供水安全的水毁工程，由二级运行管理单位组织尽快修复。防洪工程应力争在下次洪水到来之前恢复主体功能，投入正常使用。

7.2 抢险物资补充

针对当年防汛抢险物资消耗情况，二级运行管理单位要及时组织进行采购补充。

7.3 抢险补偿

对防汛抗洪抢险期间调征用的有关单位及个人的物资、设备、交通运输工具等应及时归还，并按照规定给予合理补偿。

7.4 总结评估

洪涝灾害突发事件应急处置工作结束后，由事件所在单位收集整理相关资料，组织编写应急抢险工作总结报告，参与抢险的人员配合做好报告编写工作，在突发事件处置结束后 30 日内由二级运行管理单位报中线建管局。

8 附则

8.1 名词术语定义

8.1.1 降雨

根据国家防办《防汛手册》规定，凡 24h 的累积降雨量超过 50mm 为暴雨，按 12h 降雨强度和 24h 降雨强度划分的降雨等级见表1。

表 1　降　雨　等　级　表

等级	强　度		等级	强　度	
	12h 累积降雨量/mm	24h 累积降雨量/mm		12h 累积降雨量/mm	24h 累积降雨量/mm
小雨	0.2～5	<10	暴雨	30～70	50～100
中雨	5～15	10～25	大暴雨	70～140	100～250
大雨	15～30	25～50	特大暴雨	>140	>250

8.1.2 洪水

根据 GB/T 22482—2008《水文情报预报规范》，按洪水要素重现期小于 5 年、5～20 年、20～50 年、大于 50 年，将洪水分为小洪水、中洪水、大洪水和特大洪水 4 个等级。

8.1.3 防汛特征水位

8.1.3.1 防汛特征水位作为应急响应启动条件之一，南水北调中线干线防汛特征水位分为两级，即保证水位和警戒水位。保证水位是工程安全运行的上限水位；警戒水位是工程可能发生险情，需要加强防守的起始水位。保证水位和警戒水位由二级运行管理单位根据工程实际情况确定。

8.1.3.2 河渠交叉建筑物：

    a）大型河渠交叉建筑物（交叉河流上游流域面积大于 $100km^2$）：

        ——保证水位一般采用建筑物 100 年一遇洪水位；

        ——警戒水位一般采用建筑物 10 年一遇洪水位。

    b）一般河渠交叉建筑物（交叉河流上游流域面积小于 $100km^2$）：

        ——保证水位一般采用交叉建筑物 100 年一遇洪水位；

        ——警戒水位一般采用建筑物 20 年一遇洪水位。

    c）左岸排水建筑物：

        ——保证水位一般采用建筑物 50 年一遇洪水位；

        ——警戒水位一般采用建筑物 20 年一遇洪水位。

8.2 本预案要根据实际情况的变化及时修订，中线建管局负责预案的管理和修订等工作。

8.3 本预案由南水北调中线建管局制定并负责解释。

8.4 本预案自印发之日起实施。

附录 A

表 A.1 南水北调中线工程防洪设施基本情况表

工程类别		单位	数量	设防标准	泄洪规模	主要泄洪设施	主要防洪风险	备注
输水渠道		km	1103					
	全挖方渠段	km	498	与相应的各类防洪堤、左岸排水建筑物一致	一般防洪堤高度为1m，部分按设计洪水位超高；截流沟底宽1m、深1m	渠道左岸堤顶防洪堤，外坡脚外侧开挖截流沟	防洪堤（包括左岸渠堤）外坡脚受洪水淘刷，可能导致防洪堤损失。超标准洪水可能导致防洪堤漫顶，引发溃决	最大挖深40m
	全填方渠段	km	82	河渠交叉、左岸排水建筑物一致	渠堤按设计洪水位超高；截流沟底宽1m、深1m	渠堤外坡脚外侧开挖截流沟		最大填高22m
	半挖半填渠段	km	523					
河渠交叉建筑物		座	176					
渡槽	梁式渡槽	座	19	设计标准100年一遇、校核标准300年一遇	一般采用防洪规划的成果；若无规划，一般按20年一遇洪水流量	河道泄洪、槽墩阻水	洪水淘刷槽墩承台，可能发生桩基外露，大型漂浮物导致槽墩基础破坏，可能导致槽身失稳破坏	大型漂浮物包括采砂船、活动房等
	涵洞式渡槽	座	7			河道泄洪、槽身挡水	洪水淘刷渡槽基础，可能导致渡槽基础破坏。河道漂浮物堵塞涵洞，可能导致渡槽上游水位壅高，引发建筑物抗滑失稳	河道漂浮物包括水草、树木、垃圾等
	排洪渡槽	座	6			渡槽泄洪	超标准洪水可能从排洪渡槽的槽顶漫溢，引起渠道失稳，严重时对总干渠产生冲刷，渡槽进出口地基失稳或底板基础受洪水淘刷，可能导致槽体倒塌，渡槽发生堵塞，可能导致上游水位壅高超过设计水位，引起建筑物抗滑失稳	

表 A.1 南水北调中线工程防洪设施基本情况表（续）

工程类别		单位	数量	设防标准	泄洪规模	主要泄洪设施	主要防洪风险	备注
倒虹吸	渠道倒虹吸	座	119	设计标准100年一遇，校核标准300年一遇	一般采用防洪规划的成果；若无规划，一般洪水20年一遇流量	河道泄洪	洪水冲刷河床，可能导致箱涵或涵管顶部出露；引发建筑物失稳破坏。上下游800m内存在采砂坑，泄洪时可能导致箱涵或涵管基础失稳破坏	含暗渠7座
	河道倒虹吸	座	17			倒虹吸泄洪	进出口翼墙或底板基础受洪水淘刷，可能导致地基失稳破坏。倒虹吸，可能导致上游水位壅塞，可能导致上游壅高超过设计水位，引起建筑物抗滑失稳	
涵洞	排洪涵洞	座	8			涵洞泄洪		
	左岸排水建筑物	座	459					不包括河道改道
排水倒虹吸		座	328	设计标准50年一遇，校核标准200年一遇	一般采用当地水文图集算的洪水成果，考虑调蓄作用	倒虹吸排水	倒虹吸、渡槽、涵洞发生淤堵，可能排洪水不畅，可能发生壅水超过临近防洪堤，或出口下游坡脚防护，外坡脚防护高度，风浪作用将可能导致防洪堤坡脚淘刷	
排水渡槽		座	74			渡槽排水		
排水涵洞		座	57			涵洞排水		

附录 B

表 B.1 全线防汛风险项目分类统计汇总表

序号	风险类型	单位	1级	2级	3级	合计
1	大型河渠交叉建筑物	座	1	6	40	47
2	左排建筑物	座	—	6	30	36
3	全填方渠段	段	—	4	23	27
4	全挖方渠段	段	2	7	34	43
5	其他项目	处	—	1	4	5
合　计			3	24	131	158

表 B.2 大型河渠交叉建筑物防汛风险项目分类统计表

序号	分局	现地管理处	建筑物名称	桩号	等级划分原因	防汛重点部位	可能造成的危害	采取的主要应急措施	现场备料点抢险物资情况	风险等级
1	河南分局	温博管理处	大沙河渠道倒虹吸	K520+889.49~K521+380.49	1. 大沙河左岸堤防和右岸混凝土道路束窄行洪断面。2. 大沙河与总干渠交叉断面位置建丁两道景观坝，抬高河道水位。3. 大沙河右堤存在约305m缺口，直对大沙河渠道倒虹吸进口裹头、存在冲刷裹头的风险。	进出口裹头、倒虹吸管身	裹头部位或河床冲刷	1. 在倒虹吸进口裹头左侧保证水位之上填筑平台，储备块石、反滤料等物资仓库。2. 进口建立一个临时防汛物资石笼；3. 进出口外坡脚码头放两排石笼；4. 进口裹头坡脚外侧修筑防汛物资运输道路，进口裹头顶部修筑防汛抢险道路；5. 排查左岸防洪堤坡边及渠道排水系统、确保排水畅通；6. 开展防汛培训及防汛演练；7. 做好汛期巡查；8. 与上游群英水库管理单位建立联动机制	块石 1535m³，土料 1000m³，反滤料 594m³，编织袋 10000 个	1
2	河南分局	叶县管理处	澧河渡槽	K209+274~K210+134	河道行洪易冲刷桩基或裹头，可能威胁渡槽安全	渡槽裹头、河床	冲刷桩基或裹头	1. 现场储备防汛物料；2. 汛期加强巡查；3. 与地方机构建立联络机制；4. 发现问题及时上报和应急抢险队伍做好抢险准备	块石 750m³	2
3	河南分局	卫辉管理处	山庄河倒虹吸	K619+986~K620+177	河势发生较大改变（下游缩窄），上游右岸有窑洞，河道行洪易冲刷裹头	裹头、下游河道疏通及倒虹吸进口防护和清理、上游冲刷坍塌	裹头部位冲刷、外水进入渠道	1. 协调疏通下游阻水道路；2. 加高裹头进口挡墙下游致护堤；3. 疏通下游河道及打捞下游窖路涵洞进口垃圾等；4. 现场补充无水防汛物资；5. 派驻分局应急抢险队和设备；6. 汛期加强巡查，发现险情，及时处置	进口块石 127m³，出口块石 536m³，反滤料 207m³	2

表B.2 大型河渠交叉建筑物防汛风险项目分类统计表（续）

序号	分局	现地管理处	建筑物名称	桩号	等级划分原因	防汛重点部位	可能造成的危害	采取的主要应对措施	现场备料点抢险物资情况	风险等级
4	河北分局	沙河管理处	南沙河渠道倒虹吸	93+671~94+921，97+036~98+006	大沙河南汉河道内飞龙牧业场区正在拆除，但场区尚未清理干净，行洪时将拾高襄水位，可能冲刷高襄头；侧襄头已经采取渗漏静态注浆加固措施，地方政府已开展大沙河河道疏通治理行动，飞龙牧业下游河道已清理，两岸河堤已拾高；符合分级标准大型河渠交叉建筑物—倒虹吸/暗渠—第2级—①②条	南段进口襄头、北段出口襄段襄头及明渠段襄头内坡	襄头冲刷破坏、局部滑塌、渗漏、洪水淹没园区、倒灌渠道	加大下雨期间襄头位置巡查力度，并于南沙河4个襄头位置储备充足防汛物料	块石7507.7m³，反滤料1018.2m³；四面体4襄头各100个，铅丝石笼共500个	2
5	北京分局	涞涿管理处	南拒马河倒虹吸	1191+057.86~1191+865.86	下游600m内存在较大砂坑，已采取工程防护加固措施	倒虹吸河道及襄头	下游侧砂坑可能对倒虹吸管身造成淘刷破坏	倒虹吸下游灌注桩加固，顶面铅丝石笼防护	进口块石1374m³，碎石142m³，砂子166m³，四面体133个；出口块石1252m³，碎石122m³，砂子100m³，四面体133个，反滤料320m³	2

表 B.2 大型河渠交叉建筑物防汛风险项目分类统计表（续）

序号	分局	现地管理处	建筑物名称	桩号	等级划分原因	防汛重点部位	可能造成的危害	采取的主要应对措施	现场备料点抢险物资情况	风险等级
6	北京分局	涞涿管理处	北拒马河南支倒虹吸	1193+959.74～1194+774.74	下游600m内存在较大采砂坑，已采取工程防护加固措施	倒虹吸河道及襄头	下游侧砂坑可能对倒虹吸管身造成淘刷破坏	倒虹吸下游灌注桩加固，顶面铅丝石笼防护	进口块石1042m³，碎石109m³，砂子145m³，四面体166个；出口块石1282m³，碎石180m³，砂子131m³，四面体166个	2
7	北京分局	惠南庄管理处	北拒马河暗渠工程	1197+695.55～1199+381.60	上游地形地貌发生较大改变，导致洪峰流量增加较多，可能威胁暗渠安全；襄头暗渠高程高于北拒马河道高程节制闸处地面高程0.5m左右，可能会冲刷襄头和导流堤	北拒马河暗渠中襄头和导流堤	可能冲刷导流堤和襄头	加固北马河暗渠工程导流堤	块石：539m³四面体：3109个	2
8	渠首分局	邓州管理处	刁河渡槽	14+465～15+15+125	河势发生改变	下部桩基和进口襄头	河道发生超标准洪水时可能发生渡槽桩基冲刷和进口襄头坡脚淘刷险情	对槽墩采用块石防护，对襄头坡脚采用格宾石笼防护	块石3183m³，反滤料977m³	3
9	渠首分局	邓州管理处	湍河渡槽	36+488～37+210	下游800m内河道河势发生改变，800m处在施工期有采砂活动	下部桩基和进口襄头	河道发生超标准洪水时可能发生渡槽桩基冲刷和进口襄头坡脚淘刷险情	对右岸槽墩采用块石防护，对襄头坡脚采用格宾石笼防护	块石3183m³，砾料500m³，铅丝石笼200m³，混凝土四面体30个，铁丝笼500个，土工布400m²，编织袋5000条	3

表 B.2 大型河渠交叉建筑物防汛风险项目分类统计表（续）

序号	分局	现地管理处	建筑物名称	桩号	等级划分原因	防汛重点部位	可能造成的危害	采取的主要应对措施	现场备料点抢险物资情况	风险等级
10	渠首分局	镇平管理处	西赵河渠道倒虹吸	69+521～69+872	河道行洪易冲刷裹头，对倒虹吸安全有一定影响	进出口裹头	进出口裹头及管身段河床冲刷	2017 年已在裹头水流顶冲部位布设铅丝石笼 200m³	西赵河进口储备块石 1000m³，反滤料 500m³，下游 2.036km 的北洼沟倒虹吸出口储备块石 2205m³，反滤料 1322m³	3
11	渠首分局	镇平管理处	淇河渠道倒虹吸	74+367～74+721	河道行洪易冲刷裹头，且未采取工程防护加固措施，对倒虹吸安全有一定影响	进出口裹头	进出口裹头及管身段河床冲刷	借助淇河河倒虹吸上下游水质处理，在进出口裹头坡脚堆土防护，2018 年 4 月底前完成	淇河出口储备块石 1405m³，下游 2.921km 的中沙河倒虹吸进口储备块石 963m³，反滤料 562m³，上游 1.155km 的马庄倒虹吸进口储备块石 489m³，反滤料 296m³	3
12	渠首分局	南阳管理处	白河倒虹吸	115+190～116+527	下游 1000m 内前期采取私自采砂问题，但砂坑已被水淹没，目前无法统计大小数目	倒虹吸涵体及裹头	洪水淘刷上下游河道，涵体失稳；洪水淘刷裹头，威胁建筑物安全	汛期加强巡查，在倒虹吸进口储备铅丝石笼、块石等抢险物资	块石 2360m³，反滤石 943m³，碎石 223m³，铅丝笼 202m³	3
13	渠首分局	南阳管理处	白条河倒虹吸	120+160～120+423	河道行洪可能冲刷裹头和涵体	倒虹吸涵体及裹头	洪水淘刷上下游河道，涵体失稳；洪水淘刷裹头，威胁建筑物安全	汛期加强巡查，在倒虹吸进口储备块石等抢险物资	块石 1836m³，反滤料 801m³，碎石 325m³	3

表 B.2 大型河渠交叉建筑物防汛风险项目分类统计表（续）

序号	分局	现地管理处	建筑物名称	桩号	等级划分原因	防汛重点部位	可能造成的危害	采取的主要应对措施	现场备料点抢险物资情况	风险等级
14	渠首分局	方城管理处	小清河河道倒虹吸	125+598	因建设期堆土、河势发生改变、上下游河道局部缩窄	倒虹吸管身及进出口	进出口防洪堤漫堤	加强巡查、已备防块石、反滤料防汛物资	块石307m³，反滤料293.11m³	3
15	渠首分局	方城管理处	东赵河渠道倒虹吸	136+818~136+193	上游在建郑万高铁、河势发生改变、上下河道局部缩窄	倒虹吸管身及进出口	进出口裹头冲刷、倒虹吸管身局部裸露	进出口已备防铅丝石笼300m³，进口裹头备防30个四面体	块石1212.05m³，反滤料801.18m³，铅丝石笼300m³，四面体30个	3
16	渠首分局	方城管理处	清河渠道倒虹吸	147+537~147+911	上下游河道局部缩窄	倒虹吸管身及进出口	进出口裹头冲刷、倒虹吸管身淘刷裸露	加强巡查、已备块石、反滤料	块石536m³，反滤料939m³	3
17	渠首分局	方城管理处	潘河渠道倒虹吸	149+955~150+264	上下游河道局部缩窄	倒虹吸管身及进出口	进出口裹头冲刷、倒虹吸管身淘刷裸露	加强巡查、已备防块石、反滤料、进口左岸备料点连接道路	块石484m³，反滤料967m³	3
18	渠首分局	方城管理处	黄金河渠道倒虹吸	159+720~159+982	上下游河道局部缩窄	倒虹吸管身及进出口	进出口裹头冲刷、倒虹吸管身淘刷裸露	已增加出口裹头浆砌石防护、进出口下游增设了铅丝石笼护脚	块石760m³，反滤料816m³	3
19	渠首分局	方城管理处	脱脚河渠道倒虹吸	168+428~168+755	上下游河道局部缩窄	倒虹吸管身及进出口	进出口裹头冲刷、倒虹吸管身淘刷裸露	加强巡查、已备防块石、反滤料、进出口备料点连接道路	块石2456m³，碎石215m³，反滤料524m³	3
20	渠首分局	方城管理处	贾河渡槽	177+554~178+034	距水源地伏牛山余脉小顶山西南麓距离约10km，上下游河道局部缩窄	渡槽桩基和进出口连接渠道	进出口裹头冲刷、槽墩刷裸露	增加了铅丝石笼护脚、出口左岸备料点修建了连接道路	块石1151m³，碎石655m³，反滤料262m³	3
21	渠首分局	方城管理处	草墩河渡槽	181+693~182+024	进口裹头坡脚无防护、上下游河道局部缩窄	渡槽桩基和进出口连接渠道	进口裹头冲刷、槽墩承台淘刷裸露	对裸露台增设了铅丝石笼防护、已备防块石、反滤料	块石1472m³，反滤料662m³	3

表 B.2 大型河渠交叉建筑物防汛风险项目分类统计表（续）

序号	分局	现地管理处	建筑物名称	桩号	等级划分原因	防汛重点部位	可能造成的危害	采取的主要应对措施	现场备料点抢险物资情况	风险等级
22	河南分局	鲁山管理处	沙河渠武渡槽	K241+885.26～K243+551.26	梁式渡槽上游1.3km修建橡胶坝，河道中心存在导流沟，可能导致汛期洪水时流速加快，对渡槽墩柱和襄头有一定影响	梁式渡槽墩柱和襄头	遇较大洪水对墩柱产生冲刷	1.汛前采用抛投铅丝石笼覆盖较深的冲刷坑；2.汛期与气象、水利部门保持联系，密切关注天气及河道水位变化，加强建筑物巡查	块石3073m³，砂砾石882m³	3
23	河南分局	宝丰管理处	玉带河倒虹吸	K266+410.42～K266+729.43	下游河道局部缩窄，对倒虹吸和渠道安全有一定影响；交叉河流上游陈河水库存在非正常泄洪风险，对总干渠工程安全有一定影响	襄头、河床	倒虹吸淹位；河道壅水；倒虹吸襄头冲刷破坏	1.汛前对玉带河下游河道进行开挖防护；2.汛期密切与地方政府、水文气象、水库管理等部门联系，建立联动机制；3.现场堆存防汛物资、视情况储备抢险设备；4.加强雨中、雨后巡查，必要时安排专人值守，发现险情及时发出预警并开展先期处置	块石1100m³	3
24	河南分局	宝丰管理处	石河倒虹吸	K276+640.07～K276+997.08	交叉河流上游龙兴寺水库存在非正常泄洪风险，对总干渠工程安全有一定影响	襄头、河床	倒虹吸襄头冲刷破坏；河床及边坡局部冲刷	1.汛前对石河土质河道进行防护；2.汛期密切与地方政府、水文气象、水库管理等部门联系，建立联动机制；3.现场堆存防汛物资、视情况储备抢险设备；4.加强雨中、雨后巡查，必要时安排专人值守，发现险情及时发出预警并开展先期处置	块石4792m³，反滤料838m³	3

表 B.2 大型河渠交叉建筑物防汛风险项目分类统计表（续）

序号	分局	现地管理处	建筑物名称	桩号	等级划分原因	防汛重点部位	可能造成的危害	采取的主要应对措施	现场备料点抢险物资情况	风险等级
25	河南分局	宝丰管理处	北汝河倒虹吸	K279+326.23～K280+608.26	河道行洪易冲刷襄头，对倒虹吸襄头和渠道安全有一定影响；交叉河流上游前坪水库存在非正常泄洪风险，对总干渠工程安全有一定影响	襄头、河床	倒虹吸襄头；河床局部冲刷	1. 汛期密切与地方政府、水文气象、水库管理等部门门联系、建立联动机制；2. 现场堆存防汛物资、视情况现场驻守抢险设备；3. 加强雨中、雨后巡查、必要时安排专人值守、发现险情及时发出预警并开展开先期处置	块石 2119m³，反滤料 748m³，砂子 668m³	3
26	河南分局	郑县管理处	青龙河渠道倒虹吸	K285+117.2～K285+404.2	上下游河局部缩窄	倒虹吸襄头；冲刷河床局部冲刷	倒虹吸破坏；河床局部冲刷	1. 制定应急处置措施；2. 现场放置防汛物料；3. 汛期加强防汛巡查；4. 与地方机构建立联络机制，加强预警机制；5. 发现问题及时上报、管理处和应急抢险队伍做好应急抢险准备	块石 3414m³，反滤料 1020m³，碎石 64m³	3
27	河南分局	禹州管理处	小南河倒虹吸	K336+380.2	河道高程高于襄头内总干渠一级马道高程的，发生渗漏及管涌造成水入干渠	两岸襄头部位	襄头渗漏及管涌	汛期做好巡查工作，发现襄头润湿及时处置	碎石 1235m³，块石 83m³	3
28	河南分局	新郑管理处	双泪河渡槽	K371+014～K372+824	河床内存在活动房屋等行洪障碍物，且主河床走势易发生改变，河道行洪对渡槽进口襄头及渡槽身槽基具有一定的影响	渡槽进口襄头及槽身桩基	襄头冲刷破坏或桩基撞击破坏	异常天气或河道大流量行洪时，加强巡视、发现隐患及时采取处理措施	块石 3856m³，反滤料 608m³	3
29	河南分局	航空港区	丈八沟渠道倒虹吸	K402+330.73～K402+584.74	存在上下游河道局部缩窄	襄头、坡脚	冲刷防护堤襄头	石块铝丝笼护脚，浆砌石护坡	块石 464.4m³，反滤料 100m³，砂 555m³	3

表 B.2 大型河渠交叉建筑物防汛风险项目分类统计表（续）

序号	分局	现地管理处	建筑物名称	桩号	等级划分原因	防汛重点部位	可能造成的危害	采取的主要应对措施	现场备料点抢险物资情况	风险等级
30	河南分局	郑州管理处	金水河倒虹吸	K435+064～K435+314	金水河河道下游施工、施工便道使河床抬升	襄头	倒虹吸襄头部位被冲刷，威胁总干渠安全	加强汛期巡查，第一时间发现险情，及时处置；储备防汛物资；汛前检查襄头部位进行处理	备料点在金水河倒虹吸出口，块石175m³	3
31	河南分局	荥阳管理处	索河涵洞渡槽	K459+742.63～K460+142.63	索河上游约350m地方违法填河修筑的道路	进出口襄头、河床内涵洞基础	进出口襄头冲刷破坏，涵洞基础冲刷破坏	协调地方拆除非法填筑的过河道路，拟对上游襄头采用钢丝石笼护脚，就近在汛前实施完成；汛前实施完成；汛前储备防汛物资；加强汛期巡查和安全监测	反滤料 698m³，块石 1771m³	3
32	河南分局	焦作管理处	白马门河倒虹吸	K524+982～K525+318	交叉河道过流断面内存在地方规划河堤阻碍行洪	襄头管身、河道河床	襄头管身、冲刷破坏	1. 汛期密切与地方政府、水文气象等部门联系，建立联防机制；2. 现场堆存防汛物资、现场驻守抢险设备；3. 加强雨中、雨后巡查，发现险情及时发出预警并开展先期处置	进口块石 186.6m³，出口块石 795.8m³	3
33	河南分局	焦作管理处	山门河暗渠	K540+661～K541+406	河道高程高于总干渠一级马道高程	襄头	襄头冲刷破坏	1. 汛期密切与地方政府、水文气象、水库管理等部门联系，建立防汛机制；2. 现场堆存防汛物资、现场驻守抢险设备；3. 加强雨中、雨后巡查，必要时安排专人值守，发现险情及时发出预警并开展先期处置	块石 122.5m³	3

表 B.2 大型河渠交叉建筑物防汛风险项目分类统计表（续）

序号	分局	现地管理处	建筑物名称	桩号	等级划分原因	防汛重点部位	可能造成的危害	采取的主要应对措施	现场备料点抢险物资情况	风险等级
34	河南分局	辉县管理处	峪河暗渠	K564+534.66～K565+145.65	防洪加固工程已完工，未经洪水考验。	裹头、倒虹吸管顶	裹头部位冲刷	1. 实施倒虹吸进口裹头坡脚及主行洪河道格宾石笼加固工程及遗留河道治理河道采砂； 3. 储备防汛物资； 4. 汛期加强巡查和监控，做好上游水牢联动，发现险情，及时处置	块石 1999.9m³，反滤料 622m³	3
35	河南分局	辉县管理处	王村河倒虹吸	K579+167～K579+498	上游100m在深约10m深砂坑，采砂导致倒虹吸高于河床2.3m，2016年经洪水造成河道下切	倒虹吸管顶及裹头	裹头部位冲刷、涵体破坏	1. 协调地方政府治理河道采砂； 2. 储备防汛物资； 3. 汛期加强巡查和监控	块石 2173.61m³，反滤料 200m³，四面体 600 个	3
36	河南分局	辉县管理处	石门河倒虹吸	K585+412～K586+588	下游500m存在4m深猎台，上游河势改变严重	裹头、倒虹吸管顶	裹头部位冲刷、涵体破坏	1. 实施倒虹吸进口裹头坡脚及主行洪河道格宾石笼加固工程及遗留河道治理河道采砂； 3. 储备防汛物资； 4. 汛期加强巡查和监控，做好上游水牢联动，发现险情，及时处置	块石 3532m³，反滤料 771m³，四面体 500 个	3
37	河南分局	辉县管理处	东河暗渠	K600+507.35～K600+780.36	下游河道300m有急弯目局部缩窄，行洪能力不足	裹头坡脚易造成淘刷	裹头部位冲刷	1. 储备防汛物资； 2. 汛期加强巡查和监控	块石 1144m³，反滤料 456m³	3
38	河南分局	卫辉管理处	十里河倒虹吸	K623+415～K623+706	上游地形地貌发生改变，洪峰流量增加，对倒虹吸安全有一定影响	裹头及下游涵洞进口防护	裹头部位冲刷、涵洞水进入渠道	1. 现场补充无防汛物资设备； 2. 派驻分局应急抢险队伍和设备； 3. 汛期加强巡查、发现险情及时处置	进口块石 470m³；出口块石 329m³，反滤料 667m³，滤料 155m³	3

表 B.2 大型河渠交叉建筑物防汛风险项目分类统计表（续）

序号	分局	现地管理处	建筑物名称	桩号	等级划分原因	防汛重点部位	可能造成的危害	采取的主要应对措施	现场备料点抢险物资情况	风险等级
39	河南分局	卫辉管理处	沧河渠道倒虹吸	K637+170～K638+029	上下游有采砂坑	裹头	裹头部位冲刷	1. 协调地方政府治理河道采砂及遗留采砂坑；2. 现场补充防汛物资，发现险情，及时处置；3. 汛期加强巡查，做好上游水库联动工作。	进出口裹头块石265m³；出口裹头块石760m³、格宾石笼250个	3
40	河南分局	鹤壁管理处	赵家渠道倒虹吸	K650+419.33	下游河道中堆砌建筑垃圾、侵占河道	裹头坡脚	裹头部位冲刷	建筑物顶面防护、护岸裹头防护；内做反滤压坡；进出口修建应急道路	块石600m³，反滤料400m³，四面体40个	3
41	河南分局	鹤壁管理处	淇河渠道倒虹吸	K663+616.07	大型河渠交叉且常年有水，交叉处未经大的浆砌石防护的洪水考研，交叉河道内有建筑物	裹头坡脚	裹头部位冲刷	建筑物顶面防护；护岸裹头防护；进出口修建应急道路	块石740m³，反滤料200m³	3
42	河南分局	安阳穿漳管理处	安阳河渠道倒虹吸	K716+661～K717+127	上游有大中型水库，历史过流水位与设计不符流量曲线与设计不符	倒虹吸进出口裹头	上游水库泄洪流量漫流冲毁倒虹吸裹头部位	1. 在倒虹吸进出口裹头与渠道路之间已分别修筑抢险道路；2. 定期巡查，并开展雨中、雨后巡查；3. 与上游水库管理单位做好沟通联系；4. 在暴雨等不良天气预警期，提前驻守挖掘机、装载机等抢险设备；5. 工程部出现险情及时报告地方防汛部门及上级主管单位，组织人员做好先期现场处置工作，同时安排专人24小时盯守	裹头处块石600m³，铝丝笼1303个，附近反滤料402m³，块石3186m³，碎石844m³，铝丝笼2000个	3
43	河北分局	邢台管理处	白马河渠道倒虹吸	118+084～118+769	上游地形地貌发生改变，对倒虹吸安全有一定影响	下游裹头冲刷	下游裹头冲刷	裹头已经防护	会宁生产桥上游右岸(117+470)，白马河渠道倒虹吸进出口左岸共反滤料1893m³，块石1955m³	3

表 B.2 大型河渠交叉建筑物防汛风险项目分类统计表（续）

序号	分局	现地管理处	建筑物名称	桩号	等级划分原因	防汛重点部位	可能造成的危害	采取的主要应对措施	现场备料点抢险物资情况	风险等级
44	河北分局	高元管理处	槐河二渠道倒虹吸	190+725.7～190+910	下游 250m 外有大坑，深度约 8m，边坡较陡、土岩条件较差、易冲刷，且未采取工程防护加固措施，可能威胁倒虹吸安全	涵体、进出口襄头	倒虹吸涵体冲刷、襄头跨塌	1.重点加强对襄头及沙坑刷源淘刷情况的监控；2.对襄头淘刷主要用铅丝石笼固脚、护坡；3.对沙坑溯源淘刷达到管身下游侧100m、河道水位下降具备条件时，采取投放铅丝石笼等加固防护措施	块石 637m³	3
45	河北分局	顺平管理处	曲逆北支排洪涵洞	346+543	下游出口地势较高、有林地、遇洪水不易排出，威胁渠道安全，且未采和渠道倒虹吸采取工程防护加固措施	总干渠与建筑物交叉部位及附近总干渠外坡	总干渠建筑物交叉部位总干渠外坡泡失稳	汛期加强巡查、就近储备防汛物资、协调地方加快河道清理	块石 668m³，反滤料 2291m³	3
46	北京分局	涞涿管理处	水北沟渡槽	1184+853.14～1185+064.14	渠道左侧 600m 堆放尾矿弃查，存在安全隐患	渡槽河道及襄头、桩基础	尾矿产生泥石流造成槽身及基础的破坏	进出口襄头格宾石笼防护	进口左岸块石 654m³，反滤料 2517m³	3
47	干线管理处	大宁管理所	永定河倒虹吸	HD30+000.00	下游河道内存在大坑影响行洪	边坡护砌	洪水冲刷、暴露方涵	汛期加强巡查、有险情及时上报		3

统计说明：大型河渠交叉建筑物防汛风险项目共 47 座。其中 1 级 1 座、2 级 6 座、3 级 40 座。

表 B.3 左排建筑物防汛风险项目分类统计表

序号	分局	现地管理处	建筑物名称	桩号	等级划分原因	防汛重点部位	可能造成的危害	采取的主要应对措施	现场备料点险抢险物资情况	风险等级
1	河南分局	禹州管理处	河西沟排水渡槽	K318+036	渡槽出口与红线外排水渠连接处有两孔涵洞，过流断面约为渡槽过流断面约1/3，造成排水通道行洪能力不足	渡槽出口排水	外水入渠	汛前做好清淤工作，协调地方政府及时清理下游河道	—	2
2	河南分局	郑州管理处	杏园西北沟排水渡槽	K433+085.07	防洪影响工程未完成，下游出口排水通道行洪能力不足	渡槽出口边坡	漫槽、冲刷边坡	1. 对渡槽两侧边坡进行硬化；2. 加强汛期巡查，及时处置现险情，及时处置；3. 汛期预警期间现场布防沟机械设备，可及时开挖导流沟分流	反滤料650m³，块石750m³	2
3	河南分局	郑州管理处	付庄沟排水渡槽	K449+392	渡槽下游出口无排水通道，来水直接漫流村道	渡槽出口边坡	漫槽、冲刷边坡	1. 加强汛期巡查，及时处置现险情，及时处置；2. 附近储备防汛物资	块石290m³	2
4	河北分局	邯郸管理处	林村北沟排水倒虹吸	49+675	下游出口排水通道不畅	倒虹吸进出口及相应干渠	左右堤坡脚浸泡	加快防洪防护应急工程建设	反滤料593m³，块石1387m³	2
5	河北分局	保定管理处	韩庄西沟排水倒虹吸	131+309	下游出口排水不畅，河道行洪时可能发生洪水进入总干渠	左岸防洪堤和右岸防护堤	外水入渠	增设防护堤	块石535m³，反滤料46.71m³，砂50.34m³	2
6	北京分局	易县管理处	卓家庄沟排水倒虹吸	1152+069	下游出口排水不畅	下游村庄、企业	冲淹村庄、企业	疏通进口行洪通道	上游4km储备反滤料711m³，块石661m³	2
7	渠首分局	邓州管理处	甘庄西沟排水涵洞	34+640	下游出口排水通道不畅	进出口附近坡脚	坡脚失稳、边坡大冲沟	协调地方政府，力争在出口开挖一条临时排水沟泄洪	块石300m³，砂砾料300m³	3

表 B.3 左排建筑物防汛风险项目分类统计表（续）

序号	分局	现地管理处	建筑物名称	桩号	等级划分原因	防汛重点部位	可能造成的危害	采取的主要应对措施	现场备料点险物资情况	风险等级
8	渠首分局	邓州管理处	王家西沟排水渡槽	10+104	下游出口排水通道不畅	渡槽及槽下边坡	漫槽冲刷边坡	为防止漫槽冲刷，2017年对渡槽下部进行了硬化	下游4.5km刁河进口储备块石3183m³，反滤料977m³	3
9	渠首分局	南阳管理处	大徐营南沟排水倒虹吸	91+204	下游出口排水通道不畅，且紧邻村庄，已列入地方防洪项目，但未完工，且地方入排洪渠直接排人截流沟、强降雨会造成洪水满溢、淘刷坡脚	建筑物进出口坡脚	洪水浸泡淘刷坡脚	汛期加强巡查、现场储备防汛物料	块石1202m³，反滤料698m³	3
10	渠首分局	南阳管理处	程沟排水涵洞	94+19+7	下游出口排水通道不畅	建筑物进出口坡脚	洪水浸泡淘刷坡脚	汛期加强巡查、现场储备防汛物料	块石1065m³，反滤料1340m³	3
11	渠首分局	南阳管理处	鸭东一分干渡槽	122+588	本身为灌溉渠道，现状功能发生改变，成为地方排污、排水通道，且上游村庄生活垃圾杂物多，汛期易造成渡槽淤堵，从而造成外水人渠	槽身及进出口渠道是否通畅	渡槽淤堵	汛期加强巡查、渡槽进口引水渠与截流沟交汇处设溢流管、进口设拦污栅	块石426m³，反滤料502m³	3
12	渠首分局	方城管理处	珍珠河排水倒虹吸	131+592	出口排水通道不畅	进出口防洪堤	进出口洪水漫堤	加高防洪堤	从珍珠河、鸭东三分干备料点调运物质	3

表 B.3 左排建筑物防汛风险项目分类统计表（续）

序号	分局	现地管理处	建筑物名称	桩号	等级划分原因	防汛重点部位	可能造成的危害	采取的主要应对措施	现场备料点抢险物资情况	风险等级
13	河南分局	叶县管理处	凹照南沟排水涵洞	K197+069	交叉河流上游水库（距离50km内）存在非正常泄洪风险，可能威胁总干渠工程安全	上下游连接段坡脚及渠道坡脚	存在非正常泄洪风险，可能威胁总干渠工程安全	1. 在李庄北沟左岸储备防汛物料；2. 汛期加强巡查；3. 与地方机构建立联络机制；4. 发现问题及时上报并做好应急抢险准备	块石 754m³，反滤料 477m³	3
14	河南分局	鲁山管理处	白虎涧沟排水涵洞	K250+154.44	上游修建桥梁时部分弃渣堆存于河道，遭遇强降雨时可能导致边坡失稳堵塞倒虹吸进口	进口防淤堵	进口、管身淤塞造成水位壅高；上下游连接段边坡脚水沟刷破坏	1. 协调地方消除隐患；2. 加强日间巡查和夜间巡视，关注洪水发展趋势，如遇暴雨天气，安排专人昼夜盯守；3. 储备防汛物资	块石 602m³	3
15	河南分局	禹州管理处	冀村沟沟水倒虹吸	K301+506.70	倒虹吸出口地方堤设的排水管道不满足行洪要求，造成下游排水不畅	渠道右岸边坡	浸泡渠堤	汛前做好清淤工作，协调地方政府及时清理下游河道	块石 1259m³，反滤料 527m³	3
16	河南分局	禹州管理处	矿务局沟排水倒虹吸	K316+198.7	左岸防洪影响工程未与左排出口对接，且出口地方堤设其他汇流管道	渠道右岸边坡	浸泡渠堤	汛前做好清淤工作，协调地方政府及时清理下游河道	块石 53m³，碎石 98m³	3
17	河南分局	禹州管理处	新庄西沟排水倒虹吸	K324+141	倒虹吸出口建设期遗留一小型渣土堆，造成下游排水不畅	渠道右岸边坡	浸泡渠堤	汛前做好清淤工作，协调地方政府及时清理下游河道	—	3
18	河南分局	新郑管理处	吴陈沟排水倒虹吸	K374+426	出口排水不畅通	左排出口	积水浸泡坡脚、防洪影响	疏通下游通道	块石 1654m³，反滤料 236m³	3

表 B.3 左排建筑物防汛风险项目分类统计表（续）

序号	分局	现地管理处	建筑物名称	桩号	等级划分原因	防汛重点部位	可能造成的危害	采取的主要应对措施	现场备料点危险物资情况	风险等级
19	河南分局	郑州管理处	贾寨沟排水倒虹吸	K430+763	防洪影响工程未完成，下游出口排水通道行洪能力不足	上下游连接段边坡	上下游连接坡脚被洪水淘刷	1. 加强汛期巡查，第一时间发现险情，及时处置；2. 附近储备防汛物资	块石 410m³	3
20	河南分局	郑州管理处	大李庄沟排水渡槽	K444+243.46	防洪影响工程未完成，出口无排水直接漫流中原路；渡槽内供暖管道，影响洪水过流	渡槽出口边坡	漫槽，冲刷边坡	1. 督促施工单位汛前将渡槽内架设的供暖管道全部拆除，计划4月底前管道全部拆除完毕；2. 对渡槽两侧边坡进行硬化；3. 加强汛期巡查，第一时间发现险情，及时处置	碎石 200m³	3
21	河南分局	郑州管理处	站马屯沟左岸排水倒虹吸	K428+433	防洪影响工程未完成，下游出口排水通道行洪能力不足	上下游连接段边坡	上下游连接坡脚被洪水淘刷	1. 加强汛期巡查，第一时间发现险情，及时处置；2. 附近储备防汛物资	块石 2120m³	3
22	河南分局	荥阳管理处	关帝庙沟左排渡槽	K451+884	防洪影响工程受穿越文物保护影响，暂停实施，出口排水通道不畅	进出口襄头、渡槽下边坡	漫槽、冲刷边坡	进出口襄头增加浆砌石硬化长度；汛期储备防汛物资；就近巡查加强巡查	碎石 698m³，块石 550m³	3
23	河南分局	荥阳管理处	马金岭沟左排渡槽	K452+775	防洪影响工程受穿越文物保护实施，暂停防堤防，出口排水通道不畅	进出口襄头、渡槽及堤防下边坡	漫槽、冲刷边坡	进出口襄头增加浆砌石硬化长度；汛期储备防汛物资；就近巡查加强巡查	碎石 698m³，块石 600m³	3

表 B.3 左排建筑物防汛风险项目分类统计表（续）

序号	分局	现地管理处	建筑物名称	桩号	等级划分原因	防汛重点部位	可能造成的危害	采取的主要应对措施	现场备料点抢险物资情况	风险等级
24	河南分局	荥阳管理处	前蒋寨沟左排渡槽	K454+565	出口排水通道不畅，流域内面排改为集中排放，瞬时流量增加	进出口裹头及堤防、渡槽下边坡	漫槽、冲刷边坡	1. 2018年协调地方临时疏通了下游沟道；2. 预警安排机械和人员进驻现场；3. 进出口裹头增加浆砌石硬化长度；4. 就近储备防汛物资；5. 汛期加强巡查	698m³，块石1600m³	3
25	河南分局	焦作管理处	小宫庄沟排水渡槽	K556+958	出口排水通道不畅，排水通道行洪能力不足	进口护坡，排水通道	进口渠道坡脚洪水淘刷，出口排水不畅导致水位壅高	渡槽槽身加高，出口防洪堤加高，出口通道清理	—	3
26	河南分局	辉县管理处	三里庄沟渡槽	K602+385.73	下游出口为市政道路，高于渡槽底0.65m（渡槽深2.7m），且出口有部分建筑垃圾影响行洪	槽身	渡槽漫槽	1. 已完成两岸护坡硬化；2. 汛前渡槽顶部加设挡板；3. 在进口配置600m³/h污泥泵1台，物资备库储备潜水泵；4. 汛期加强巡查和监控	与杨庄沟并用	3
27	河南分局	辉县管理处	五里电沟倒虹吸	K604+574.65	下游防洪影响工程未完工，周围有村庄	出口右岸渠堤、村庄	出口村庄受淹、渠堤浸泡	出口渠堤已作浆砌石护坡，协调防洪影响工程加快进度	块石1063m³，反滤料398m³	3
28	河南分局	卫辉管理处	老道井排水倒虹吸	K612+150.81	出口为地方苗圃和交通道路，通道不畅	进出口渠堤、出口苗圃和村庄	洪水可能淘刷渠堤、淹没出口苗圃和村庄	汛期加强巡查和监控	反滤料1045m³	3
29	河北分局	磁县管理处	南坡西沟排水倒虹吸	31+969	下游出口排水通道不畅或淤积较多，对渠道安全有一定影响	下游出口排水不畅	浸泡坡脚	加强汛期工程巡查，发现问题及时上报	块石1816m³，反滤料931m³	3

表 B.3 左排建筑物防汛风险项目分类统计表（续）

序号	分局	现地管理处	建筑物名称	桩号	等级划分原因	防汛重点部位	可能造成的危害	采取的主要应对措施	现场备料点抢险物资情况	风险等级
30	河北分局	沙河管理处	上郝沟排水倒虹吸	88+969	进口上部未设置防洪堤	倒虹吸进口部位	洪水漫溢进入渠道，衬砌面板滑塌	强降雨期间加大巡查力度，填筑临时防洪堤	块石793.37m³	3
31	河北分局	邢台管理处	中宅阳左岸排水倒虹吸	134+220	出口连接的河道内有民居房屋	出口村庄	洪水进入村庄	进出口坡脚有砌石护砌	李阳河倒虹吸出口右岸136+816备反滤料2033m³，块石942m³	3
32	河北分局	定州管理处	燕赵西沟排水倒虹吸	301+804	曲阳县供热管道临时穿越左排倒虹吸2孔管身段（共计6个），影响洪水下泄	排水倒虹吸交叉部位附近总干渠外坡、总干渠与左排倒虹吸结合部位	洪水下泄不畅，在左岸堤前壅高，导致工程损坏，外水入渠，洪水淹没损失等	协调临时穿越管道建管单位主汛期安排人员，机械设备驻守，在左排进口位置储备防汛物资	反滤料333m³，块石112m³	3
33	天津分局	西黑山管理处	西黑山沟排水涵洞	XW0+271	出口无排水通道，直接对西黑山村，地方政府已采取部分防护措施	箱涵左岸坡脚、出口右岸坡脚	箱涵左岸坡脚、出口右岸坡脚坡脚淘刷	进出口坡脚护砌	西黑山公路桥下游已存放块石2676.68m³，反滤料4746.32m³	3
34	天津分局	西黑山管理处	枣园沟左岸排水倒虹吸	1119+391	上游汇水面积改变，汛期行洪超警戒水位，对渠道和建筑物安全有一定影响	倒虹吸进出口坡脚、堤防左岸坡脚	倒虹吸进出口坡脚淘刷，进出口堵塞洪水漫顶入渠	进出口坡脚护砌	西黑山公路桥下游已存放块石2676.68m³，反滤料4746.32m³	3
35	天津分局	西黑山管理处	西釜山沟北排水涵洞	1126+189.04	出口排水通道不畅，对渠道和建筑物安全有一定影响	右堤坡脚及出口村庄	右堤坡脚淘刷，出口村受冲	进出口坡脚护砌	西釜山西岸下游200m右岸，块石213.12m³，反滤料367.3m³	3
36	天津分局	西黑山管理处	曲水沟排水涵洞	1126+652.44	出口排水通道不畅，对渠道和建筑物安全有一定影响	右堤坡脚及出口村庄	右堤坡脚淘刷，出口村受冲	进出口坡脚护砌	西釜山西岸下游200m右岸，块石213.12m³，反滤料367.3m³	3

统计说明：左排建筑物防汛风险项目共36座。其中2级6座，3级30座。

表 B.4 全填方渠段防汛风险项目分类统计表

序号	分局	现地管理处	建筑物名称	桩号	等级划分原因	防汛重点部位	可能造成的危害	采取的主要应对措施	现场备料点抢险物资情况	风险等级
1	河南分局	叶县管理处	澧河渡槽至楼庄全填方渠段 K210＋134～K211＋816左岸	K210＋134～K211＋816	渠道边坡存在裂缝，虽已加固处理但目前在观测期，遭遇强降雨时可能造成边坡失稳	渠堤、渠堤外坡	渠坡失稳滑塌	1. 对截流沟和排水沟进行清淤；2. 加强外坡坡面防护，在坡脚铺设块石、提高边坡稳定性；3. 加强巡查，及时发现险情；4. 与地方机构建立联络机制，加强预警；5. 发现险情及时现场处置并上报	块石 375m³，反滤料195m³	2
2	河南分局	叶县管理处	澧河渡槽至楼庄全填方渠段 K210＋134～K211＋816右岸	K210＋134～K211＋816	渠道边坡存在裂缝，虽已加固处理但目前在观测期，遭遇强降雨时可能造成边坡失稳	渠堤、渠堤外坡	渠坡失稳滑塌	1. 对截流沟和排水沟进行清淤；2. 加强外坡坡面防护，在坡脚铺设块石、提高边坡稳定性；3. 加强巡查，及时发现险情；4. 与地方机构建立联络机制，加强预警；5. 发现险情及时现场处置并上报	块石 386m³，反滤料195m³	2
3	北京分局	易县管理处	北易水上下游高填方渠段 1156＋293.22～1158＋567.96左岸	1156＋293.22～1158＋567.96	穿村	渠坡防护	滑坡	削坡减载，彩条布覆盖土袋反压重	下游 4.0km储备块石 146m³	2
4	北京分局	易县管理处	北易水上下游高填方渠段 1156＋293.22～1158＋567.96右岸	1156＋293.22～1158＋567.96	穿村	渠坡防护	滑坡	削坡减载，彩条布覆盖土袋反压重	下游 4.8km储备块石 391m³	2

表 B.4 全填方渠段防汛风险项目分类统计表（续）

序号	分局	现地管理处	建筑物名称	桩号	等级划分原因	防汛重点部位	可能造成的危害	采取的主要应对措施	现场备料点抢险物资情况	风险等级
5	渠首分局	邓州管理处	全填方渠段 23+500~24+980 右岸	23+500~24+980	其他土质渠段，可能发生暴雨洪水淘刷、深大冲沟	坡脚	坡脚失稳、边坡大冲沟	巡查和监测	块石 1475m³，砂砾料 472m³	3
6	河南分局	郑县管理处	北汝河倒虹吸至十里铺西公路桥全填方渠段 K280+708~K283+703 左岸	K280+708~K283+703	全填方渠段，可能发生暴雨洪水淘刷、浸泡失稳或深大冲沟	渠堤、渠堤外坡	渠堤外坡淘刷或浸泡失稳，渠堤冲刷	1. 对截流沟和排水沟进行清淤；2. 加强巡查，及时发现险情；3. 与地方机构建立联络机制，加强预警预报机制；4. 发现险情及时现场处置并上报	块石 1261m³，反滤料 522m³	3
7	河南分局	禹州管理处	标头至秦村东高填方渠段 K300+648.7~K301+500 左岸	K300+648.7~K301+500	其他土质渠堤，可能发生暴雨洪水淘刷、浸泡失稳或深大冲沟	全断面	渠堤外坡淘刷或浸泡失稳，渠堤冲刷	汛期做好暴雨后的巡查工作，发现险情立即上报，做好前期抢险工作	块石 1259m³，反滤料 527m³	3
8	河南分局	禹州管理处	标头至秦村东高填方渠段 K300+648.7~K301+500 右岸	K300+648.7~K301+500	其他土质渠堤，可能发生暴雨洪水淘刷、浸泡失稳或深大冲沟	全断面	渠堤外坡淘刷或浸泡失稳，渠堤冲刷	汛期做好暴雨后的巡查工作，发现险情立即上报，做好前期抢险工作	块石 1259m³，反滤料 527m³	3
9	河南分局	禹州管理处	事故闸上游段高填方渠段 K312+302~K313+444 左岸	K312+302~K313+444	其他土质渠堤，可能发生暴雨洪水淘刷、浸泡失稳或深大冲沟	全断面	渠堤外坡淘刷或浸泡失稳，渠堤冲刷	汛期做好暴雨后的巡查工作，发现险情立即上报，做好前期抢险工作	块石 1575m³，反滤料 252m³	3
10	河南分局	禹州管理处	事故闸上游段高填方渠段 K312+302~K313+444 右岸	K312+302~K313+444	其他土质渠堤，可能发生暴雨洪水淘刷、浸泡失稳或深大冲沟	全断面	渠堤外坡淘刷或浸泡失稳，渠堤冲刷	汛期做好暴雨后的巡查工作，发现险情立即上报，做好前期抢险工作	块石 1575m³，反滤料 252m³	3

表 B.4 全填方渠段防汛风险项目分类统计表（续）

序号	分局	现地管理处	建筑物名称	桩号	等级划分原因	防汛重点部位	可能造成对的危害	采取的主要应对措施	现场备料点抢险物资情况	风险等级
11	河南分局	焦作管理处	穿城区全填方渠段K531+983～K536+383左岸	K531+983～K536+383	全填方穿城区可能发生暴雨洪水淘刷、浸泡失稳或深大冲沟	高填方渠坡、坡脚	暴雨洪水淘刷、浸泡失稳、深大冲沟	1. 对排水沟、截流沟清淤，保证畅通；2. 加强巡查，发现险情及时处置	块石 3944m³，反滤料 1637m³	3
12	河北分局	磁县	全填方渠段0+000～2+400左岸	0+000～2+400	其他土质渠堤，可能发生暴雨洪水淘刷、浸泡失稳或深大冲沟	汛期渠堤保护、工程防护	可能发生暴雨洪水淘刷、浸泡失稳或深大冲沟	加强汛期工程巡查，发现问题及时上报，及时修复雨淋沟	块石 5225.3m³，反滤料 1890m³	3
13	河北分局	磁县	全填方渠段0+000～2+400右岸	0+000～2+400	其他土质渠堤，可能发生暴雨洪水淘刷、浸泡失稳或深大冲沟	汛期渠堤保护、工程防护	可能发生暴雨洪水淘刷、浸泡失稳或深大冲沟	加强汛期工程巡查，发现问题及时上报，及时修复雨淋沟	块石 5225.3m³，反滤料 1890m³	3
14	天津分局	西黑山管理处	西黑山公路桥上下游高填方段1119+868～1121+075左岸	1119+868～1121+075	可能发生暴雨洪水淘刷	右堤外有西黑山村	①渠堤外坡淘刷或浸泡失稳；②渠堤冲刷破坏、塌陷	左岸设有截流沟进行导流，右岸设构造沟进行导流	西黑山公路桥下游右岸已存放块石 2676.68m³，反滤料 4746.32m³	3
15	天津分局	西黑山管理处	西黑山公路桥上下游高填方段1119+868～1121+075右岸	1119+868～1121+075	可能发生暴雨洪水淘刷	右堤外有西黑山村	①渠堤外坡淘刷或浸泡失稳；②渠堤冲刷破坏、塌陷	左岸设有截流沟进行导流，右岸设构造沟进行导流	西黑山公路桥下游右岸已存放块石 2676.68m³，反滤料 4746.32m³	3
16	天津分局	西黑山管理处	小西庄公路桥上下游高填方段1124+717～1126+817左岸	1124+717～1126+817	可能发生暴雨洪水淘刷	右堤外为西釜山村庄	①渠堤外坡淘刷或浸泡失稳；②渠堤冲刷破坏、塌陷	左岸设有截流沟进行导流，右岸设构造沟进行导流	西釜山西桥下游200m 右岸，已存放块石 213.12m³，反滤料 367.3m³	3

表 B.4 全填方渠段防汛风险项目分类统计表（续）

序号	分局	现地管理处	建筑物名称	桩号	等级划分原因	防汛重点部位	可能造成的危害	采取的主要应对措施	现场备料点抢险物资情况	风险等级
17	天津分局	西黑山管理处	小西庄公路桥上下游高填方渠段 1124+717~1126+817 右岸	1124+717~1126+817	可能发生暴雨洪水淘刷	右岸外为西釜山等村庄	①渠堤外坡淘刷或浸泡失稳；②渠堤冲刷破坏、塌陷	左岸设有截流沟进行导流右岸设构造沟进行导流	西釜山西桥下游200m右岸，已存放块石213.12m³，反滤料367.3m³	3
18	北京分局	涞涿管理处	坟庄河进口全填方渠段 1171+816.61~1172+068.84 左岸	1171+816.61~1172+068.84	壤土填筑，最大填高8m，遇强降雨时可能产生失稳滑坡	渠堤防护	暴雨洪水淘刷、浸泡失稳或深大冲沟	在日常巡视的基础上，汛期加强巡视，发现隐患及时采取处理措施	块石986m³，碎石49m³，砂反滤料800m³	3
19	北京分局	涞涿管理处	坟庄河进口全填方渠段 1171+816.61~1172+068.84 右岸	1171+816.61~1172+068.84	壤土填筑，最大填高8m，遇强降雨时可能产生失稳滑坡	渠堤防护	暴雨洪水淘刷、浸泡失稳或深大冲沟	在日常巡视的基础上，汛期加强巡视，发现隐患及时采取处理措施	块石986m³，碎石49m³，砂反滤料800m³	3
20	北京分局	涞涿管理处	坟庄河出口全填方渠段 1172+412.84~1174+106.26 左岸	1172+412.84~1174+106.26	壤土填筑，最大填高15m，遇强降雨产生滑坡，左侧500m为垒子水库，如遇大流量泄洪时可能会浸泡边皮	紧邻村庄	暴雨洪水淘刷、浸泡失稳或深大冲沟	在日常巡视的基础上，汛期加强巡视，发现隐患及时采取处理措施	块石244m³，反滤料708m³	3
21	北京分局	涞涿管理处	坟庄河出口全填方渠段 1172+412.84~1174+106.26 右岸	1172+412.84~1174+106.26	壤土填筑，最大填高15m，遇强降雨时可能产生失稳滑坡	紧邻村庄	暴雨洪水淘刷、浸泡失稳或深大冲沟	在日常巡视的基础上，汛期加强巡视，发现隐患及时采取处理措施	块石244m³，反滤料708m³	3

表 B.4 全填方渠段防汛风险项目分类统计表（续）

序号	分局	现地管理处	建筑物名称	桩号	等级划分原因	防汛重点部位	可能造成的危害	采取的主要应对措施	现场备料点抢险物资情况	风险等级
22	北京分局	涞涿管理处	杨树西沟全填方渠段 1177＋740.68~1178＋186.06 左岸	1177＋740.68~1178＋186.06	填土填筑，最大填高 10m，遇强降雨时可能产生失稳滑坡	渠堤防护	暴雨洪水淘刷、浸泡失稳或深大冲沟	在日常巡视的基础上，汛期加强巡视、发现隐患及时采取处理措施	块石 396m³，碎石 70m³，反滤料 1144m³	3
23	北京分局	涞涿管理处	杨树西沟全填方渠段 1177＋740.68~1178＋186.06 右岸	1177＋740.68~1178＋186.06	填土填筑，最大填高 10m，遇强降雨时可能产生失稳滑坡	渠堤防护	暴雨洪水淘刷、浸泡失稳或深大冲沟	在日常巡视的基础上，汛期加强巡视、发现隐患及时采取处理措施	块石 396m³，碎石 70m³，反滤料 1144m³	3
24	北京分局	涞涿管理处	东西车亭全填方渠段 1180＋839.12~1181＋960.24 左岸	1180＋839.12~1181＋960.24	填土填筑，最大填高 12m，遇强降雨时可能产生失稳滑坡	渠堤防护	暴雨洪水淘刷、浸泡失稳或深大冲沟	在日常巡视的基础上，汛期加强巡视、发现隐患及时采取处理措施	块石 219m³，碎石 92m³，反滤料 581m³	3
25	北京分局	涞涿管理处	东西车亭全填方渠段 1180＋839.12~1181＋960.24 右岸	1180＋839.12~1181＋960.24	填土填筑，最大填高 12m，遇强降雨时可能产生失稳滑坡	渠堤防护	暴雨洪水淘刷、浸泡失稳或深大冲沟	在日常巡视的基础上，汛期加强巡视、发现隐患及时采取处理措施	块石 219m³，碎石 92m³，反滤料 581m³	3
26	北京分局	涞涿管理处	水北沟渡槽出口全填方渠段 1185＋064.14~1185＋781.71 左岸	1185＋064.14~1185＋781.71	填土填筑，最大填高 15m，遇强降雨时可能产生失稳滑坡，左侧 500m 为蔡家井水库，存在洪水浸泡或冲刷的风险	紧邻村庄	暴雨洪水淘刷、浸泡失稳或深大冲沟	在日常巡视的基础上，汛期加强巡视、发现隐患及时采取处理措施	块石 93.2m³，反滤料 338.7m³	3
27	北京分局	涞涿管理处	水北沟渡槽出口全填方渠段 1185＋064.14~1185＋781.71 右岸	1185＋064.14~1185＋781.71	填土填筑，最大填高 15m，遇强降雨时可能产生失稳滑坡	紧邻村庄	暴雨洪水淘刷、浸泡失稳或深大冲沟	在日常巡视的基础上，汛期加强巡视、发现隐患及时采取处理措施	块石 93.2m³，反滤料 338.7m³	3

统计说明：全填方渠段防汛风险项目共 27 座。其中 2 级 4 座、3 级 23 座。

表 B.5 全挖方渠段防汛风险项目分类统计表

序号	分局	现地管理处	建筑物名称	桩号	等级划分原因	防汛重点部位	可能造成的危害	采取的主要应对措施	现场备料点抢险物资情况	风险等级
1	渠首分局	邓州管理处	全挖方渠段4+200~12+500左岸	4+200~12+500	段内有曾滑坡渠段，未设抗滑桩、疑似变形渠段	边坡、坡顶	滑坡、深大冲沟或漫顶	定期定时专人监测	砂石料可在3km内不限量供应	1
2	渠首分局	邓州管理处	全挖方渠段4+200~12+800右岸	4+200~12+800	段内有曾滑坡渠段，未设抗滑桩、疑似变形渠段	边坡、坡顶	滑坡、深大冲沟或漫顶	定期定时专人监测	砂石料可在3km内不限量供应	1
3	河南分局	禹州管理处	许楼南生产桥上下游全挖方渠段K303+045~K304+100左岸	K303+045~K304+100	挖方中膨胀土渠段，设有二级以上马道	各级边坡	渠堤严重冲刷；坡面积水，造成护坡滑塌、坡面失稳	1.及时对截流沟和排水沟进行清淤、保持排水系统畅通 2.加强巡查、发现问题及时上报和处置	块石1259m³，反滤料527m³	2
4	河南分局	禹州管理处	许楼南生产桥上下游全挖方渠段K303+045~K304+100右岸	K303+045~K304+100	挖方中膨胀土渠段，设有二级以上马道	各级边坡	渠堤严重冲刷；坡面积水，造成护坡滑塌、坡面失稳	1.及时对排水沟进行清淤、保持排水系统畅通 2.加强巡查、发现问题及时上报和处置	块石1259m³，反滤料527m³	2
5	河南分局	卫辉管理处	潞王坟试验段全挖方渠段K614+083~K616+203左岸	K614+083~K616+203	中膨胀设四级以上马道、强降雨可能造成渠坡滑坡或洪水漫顶	边坡稳定	渠坡滑坡、深大冲沟	加强巡查和监控。汛前清理内外坡排水设施，确保排水通畅	1号备料点反滤料1045m³，两渠路、备水泥料桥土料分别为1090m³和858m³	2
6	河北分局	磁县	全挖方渠段27+570~28+680左岸	27+570~28+680	中膨胀土（岩）渠段，最高三级，挖深27m，长时间强降雨或洪水可能造成渠坡滑坡、深大冲沟或洪水漫顶	汛期边坡防护	渠坡滑坡、深大冲沟或洪水漫顶	加强汛期工程巡查、发现问题及时上报，及时修复雨淋沟	块石799m³，反滤料1403.4m³	2

表 B.5 全挖方渠段防汛风险项目分类统计表（续）

序号	分局	现地管理处	建筑物名称	桩号	等级划分原因	防汛重点部位	可能造成的危害	采取的主要应对措施	现场备料点抢险物资情况	风险等级
7	河北分局	磁县	全挖方渠段 27+570～28+680 右岸	27+570～28+680	挖方中膨胀土(岩)渠段，设有二级以上马道，长时间强降雨或挖降雨水可能造成渠坡滑坡、深大冲沟或洪水漫顶	汛期边坡防护	渠坡滑坡、深大冲沟或洪水漫顶	加强汛期工程巡查，发现问题及时上报，及时修复雨淋沟	块石 465m³，反滤料 1228.4m³	2
8	河北分局	邯郸管理处	全挖方渠段（中强膨胀土段） 40+300～41+740 左岸	左岸（全挖方中强膨胀土段） 40+300～41+740	全挖方中强膨胀土段，设二级马道	渠坡及一级马道以上边坡	渠坡滑坡、深大冲沟或洪水漫顶	加强汛期工程巡查，发现问题及时上报，及时修复雨淋沟	菁兰渡槽北侧 左岸 43+500。反滤料 320m³，块石 364m³	2
9	河北分局	邯郸管理处	全挖方渠段（中强膨胀土段） 40+560～41+740 右岸	右岸（全挖方中强膨胀土段） 40+560～41+740	全挖方中强膨胀土段，设二级以下马道	渠坡及一级马道以下边坡	渠坡滑坡、深大冲沟或洪水漫顶	加强汛期工程巡查，发现问题及时上报，及时修复雨淋沟	菁兰渡槽北侧 左岸 43+500。反滤料 320m³，块石 364m³	2
10	渠首分局	邓州管理处	全挖方渠段 42+000～46+700 右岸	42+000～46+700	深挖方渠道，二级以上马道	边坡、坡顶	深大冲沟或漫顶	定期定时专人监测	块石 3491m³，砂砾料 1125m³	3
11	渠首分局	南阳管理处	全挖方渠段 92+216～92+606 左岸	92+216～92+606	中膨胀土、施工期发生过滑坡	渠道一级马道以上边坡	渠道滑坡堵塞渠道	汛期加强巡查，定期定时专人监测和设立警示标识，现场储备防汛物料	块石 51.62m³，碎石 101.92m³	3
12	渠首分局	南阳管理处	全挖方渠段 98+890～99+350 右岸	98+890～99+350	强降雨可能造成洪水漫堤	渠道一级马道以上边坡	洪水漫堤，冲毁渠道边坡，一级马道以上村庄隆起	汛期加强巡查，后田佳公路桥桥梁两侧马道下一级马道以上边坡已硬化，现场储备防汛料等备汛物料	块石 878m³，反滤料 242m³，碎石 853m³，黏土 86m³	3

表 B.5 全挖方渠段防汛风险项目分类统计表（续）

序号	分局	现地管理处	建筑物名称	桩号	等级划分原因	防汛重点部位	可能造成的危害	采取的主要应对措施	现场备料点抢险物资情况	风险等级
13	河南分局	鲁山管理处	马场东北生产桥下游高地下水位全挖方渠段 K220＋170～220＋800左岸	K220＋170～220＋800	强降雨地下水位可能较高	渠道边坡	该段地下水位长时间遇强降雨后偏高，可能造成渠道地板和边坡顶托破坏	1. 制定应急处置措施；2. 加强汛期巡查。汛期发现地下水位升高立即抽排	块石763m³，反滤料136m³	3
14	河南分局	鲁山管理处	马场东北生产桥下游高地下水位全挖方渠段 K220＋170～220＋801右岸	K220＋170～220＋800	强降雨地下水位可能较高	渠道边坡	该段地下水位长时间遇强降雨后偏高，可能造成渠道地板和边坡顶托破坏	1. 制定应急处置措施；2. 加强汛期巡查。汛期发现地下水位升高立即抽排	块石763m³，反滤料136m³	3
15	河南分局	鲁山管理处	白杨路桥至孙路桥高地下水位全挖方渠段 K223＋344.93～225＋496.52左岸	K223＋344.93～225＋496.52	强降雨地下水位可能较高	渠道边坡	该段地下水位长时间遇强降雨后偏高，可能造成渠道地板和边坡顶托破坏	1. 制定应急处置措施；2. 加强汛期巡查。汛期发现地下水位升高立即抽排	块石726m³，反滤料146m³	3
16	河南分局	宝丰管理处	宝丰铁路编组站暗渠上游全挖方渠段 K263＋907.66～K264＋570.68	K263＋907.66～K264＋570.68	全挖方渠段，设有二级（含二级）以上马道，长时间强降雨或洪水可能造成渠坡滑坡，深大冲沟或洪水漫顶	全挖方渠坡、防护堤	渠坡滑塌；严重冲刷；防洪堤外坡脚淘刷受损、漫顶	1. 对截流沟和排水沟进行清淤；2. 密切与地方政府、水文气象、村庄等联系、建立联防机制；3. 现场堆存防汛物资；4. 加强雨中、雨后巡查，发现险及时发出预警并开展先期处置	块石1104m³，砂砾料984m³	3

表 B.5　全挖方渠段防汛风险项目分类统计表（续）

序号	分局	现地管理处	建筑物名称	桩号	等级划分原因	防汛重点部位	可能造成的危害	采取的主要应对措施	现场备料点抢险物资情况	风险等级
17	河南分局	郏县管理处	鲁庄东公路至西村西北生产桥全挖方渠段 K298+185～K299+720左岸	K298+185～K299+720	设有二级马道，长时间强降雨或洪水可能造成渠坡滑坡、深大冲沟或洪水漫顶	渠坡、防洪堤	长时间强降雨或洪水可能造成渠坡滑坡、深大冲沟或洪水漫顶	1.对截流沟和排水沟进行清淤；2.在内坡坡面设置排水管，排出坡面渗水；3.加强巡查，及时发现险情；4.与地方机构建立联络机制，加强预警机制；5.发现险情及时现场处置并上报	石块 737m³，碎石 138m³	3
18	河南分局	郏县管理处	鲁庄东公路至西村西北生产桥全挖方渠段 K298+185～K299+720右岸	K298+185～K299+720	设有二级马道，长时间强降雨或洪水可能造成渠坡滑坡、深大冲沟或洪水漫顶	渠坡、防洪堤	长时间强降雨或洪水可能造成渠坡滑坡、深大冲沟或洪水漫顶	1.对截流沟和排水沟进行清淤；2.在内坡坡面设置排水管，排出坡面渗水；3.加强巡查，及时发现险情；4.与地方机构建立联络机制，加强预警机制；5.发现险情及时现场处置并上报	石块 737m³，碎石 138m³	3
19	河南分局	禹州管理处	孔楼西公路桥上下游全挖方渠段 K306+289～307+509左岸	K306+289～307+509	挖方中膨胀土渠段，设有二级以下马道	各级边坡	渠堤严重积水，坡面冲刷，造成护坡滑塌，坡面失稳	1.及时对排水沟系统进行清淤，保持排水系统畅通；2.加强巡查，发现问题及时上报和处置	块石 1575m³，反滤料 252m³	3
20	河南分局	禹州管理处	孔楼西公路桥上下游全挖方渠段 K306+289～307+509右岸	K306+289～307+509	挖方中膨胀土渠段，设有二级以下马道	各级边坡	渠堤严重积水，坡面冲刷，造成护坡滑塌，坡面失稳	1.及时对排水沟进行清淤，保持排水系统畅通；2.加强巡查，发现问题及时上报和处置	块石 1575m³，反滤料 252m³	3

表 B.5 全挖方渠段防汛风险项目分类统计表（续）

序号	分局	现地管理处	建筑物名称	桩号	等级划分原因	防汛重点部位	可能造成的危害	采取的主要应对措施	现场备料点抢险物资情况	风险等级
21	河南分局	禹州管理处	杨村西南公路桥至秦村南公路桥全挖方渠段 K318＋100～319＋460 左岸	K318＋100～K319＋460	其他全挖方渠段，设有二级以上马道	各级边坡	长时间强降雨或暴洪水可能造成渠坡滑坡、深大冲沟或洪水漫顶	1. 及时对截流沟和排水沟系统进行清淤，保持排水系统畅通；2. 加强巡查，发现问题及时上报和处置	块石 1192m³，反滤料 533m³	3
22	河南分局	禹州管理处	杨村西南公路桥至秦村南公路桥全挖方渠段 K318＋100～319＋460 右岸	K318＋100～K319＋460	其他全挖方渠段，设有二级以上马道	各级边坡	长时间强降雨或暴洪水可能造成渠坡滑坡、深大冲沟或洪水漫顶	1. 及时对截流沟和排水沟系统进行清淤，保持排水系统畅通；2. 加强巡查，发现问题及时上报和处置	块石 1192m³，反滤料 533m³	3
23	河南分局	新郑管理处	京广铁路全挖方渠段 K379＋903～K384＋590 左岸	K379＋903～K384＋590	总干渠设有二级以上马道，且左右岸地形地貌与原设计发生改变，未采取工程防护加固措施，导致工程防洪标准降低；汛期局部地下水位、低水位运行在渠道边坡位托破坏的风险；同时，长时间降雨或洪水可能造成渠坡滑坡、深大冲沟或洪水漫顶	渠道边坡及渠顶防洪堤	暴雨、洪水造成渠坡滑坡、深大冲沟或积水漫顶	1. 对截流沟和排水沟进行清淤；2. 加强巡视，发现隐患及时采取处理措施	块石 1253m³，碎石 272m³，反滤料 878m³	3

表 B.5 全挖方渠段防汛风险项目分类统计表（续）

序号	分局	现地管理处	建筑物名称	桩号	等级划分原因	防汛重点部位	可能造成的危害	采取的主要应对措施	现场备料点抢险物资情况	风险等级
24	河南分局	新郑管理处	京广铁路全挖方渠段 K379＋903～K384＋590 右岸	K379＋903～K384＋590	总干渠设有二级马上马道，且左右岸地形地貌与原设计发生改变，未采取工程防护加固措施，导致工程防洪期部地下水位高于渠道运行水位，低水位运行存在地板或边坡顶托破坏的风险，汛期存在运行边坡或渠坡滑坡的风险；同时，长时间降雨可能造成渠坡滑坡、深大冲沟或渠顶漫顶	渠道边坡及渠顶防洪堤	暴雨、洪水造成渠坡滑坡、深大冲沟或积水漫顶	1. 对截流沟和排水沟进行清淤； 2. 加强巡视，发现隐患及时采取处理措施	块石 1253m³，碎石 272m³，反滤料 878m³	3
25	河南分局	郑州管理处	付庄沟排水渡槽下游至红松路公路桥下游全挖方渠段 K449＋431.56～K450＋304.53 左岸	K449＋431.56～K450＋304.53	全挖方中膨胀土渠道，设有二级马道	防洪（护）堤和边坡	长时间强降雨可能造成渠坡滑坡、深大冲沟或渠洪水漫顶，弃渣滑坡可能会堵塞渠道左岸截流沟，影响排水	1. 组织对截流排水沟进行清淤； 2. 储备防汛物资； 3. 加强日常巡查，发现险情，及时处置	木桩 8m³，复合土工膜 180m²，土工膜 2100m²	3
26	河南分局	荥阳管理处	荥阳段起点至关帝庙沟左排水渡槽全挖方渠段 K450＋304.49～K451＋644.49 左岸	K450＋304.49～K451＋644.49	全挖方中膨胀土段，外部地形改变，强降雨或洪水可能造成渠道坡滑坡或渠洪水漫顶	防洪堤、边坡稳定	渠坡滑坡、严重冲刷、防洪堤外坡脚淘刷受损、漫顶	1. 在二级马道布置抗滑桩； 2. 在一级马道布置排水孔，加密监测； 3. 局部加高防护堤； 5. 预警安排机械和人员进驻现场； 6. 及时对截流沟和排水沟进行清淤； 7. 就近储备防汛物资	反滤料 698m³，块石 2240m³	3

表 B.5 全挖方渠段防汛风险项目分类统计表（续）

序号	分局	现地管理处	建筑物名称	桩号	等级划分原因	防汛重点部位	可能造成的危害	采取的主要应对措施	现场备料点抢险物资情况	风险等级
27	河南分局	荥阳管理处	关帝庙沟左排至建设路公路桥全挖方渠段 K451＋644.49～K456＋269.49左岸	K451＋644.49～K456＋269.49	深挖方段，设有二级以上马道，外部地形改变，强降雨或洪水可能造成渠坡滑坡或渠顶漫顶	防洪堤、边坡稳定	渠坡滑坡、严重冲刷、防洪堤外坡脚淘刷受损、漫顶	1. 局部加高防护堤；2. 预警安排机械和人员进驻现场；3. 及时对截流沟和排水沟进行清淤；4. 就近储备防汛物资	反滤料 698m³，块石 2240m³	3
28	河南分局	荥阳管理处	蒋头东后新庄北生产桥至新庄北生产桥全挖方渠段左岸 K471＋153～K472＋013 左岸	K471＋153～K472＋013	全挖方段，自蒋头东公路桥至穿黄石化工程段为东至西走向，地势西高东低，截流沟至蒋头东南高速公路桥截断，该区南高速公路桥蒸发池内，不能有效泄洪，造成截流沟内积水，该段防护堤外坡脚淘刷易坡滑或渠顶坡滑坡或渠漫顶	防洪堤、边坡稳定	渠坡滑坡、严重冲刷、防洪堤外坡脚淘刷受损、漫顶	1. 2019 年汛前加高蒋头村东南公路桥至辛庄管理防护堤；2. 预警安排机械和人员进驻现场；3. 及时对截流沟和排水沟进行清淤；4. 就近储备防汛物资	反滤料 283m³，块石 1188m³	3
29	河南分局	卫辉管理处	潞王坟试验段全挖方渠段 K614＋083 ～ K616＋203 右岸	K614＋083～K616＋203	中膨胀设二级以上马道，强降雨或洪水可能造成渠坡滑坡或洪水漫顶	边坡稳定	渠坡滑坡、深大冲沟	加强巡查和监控，汛前清理内外坡排水设施，确保排水通畅	1 号备料点反滤料 1045m³，省水泥厂、省公路桥土料分别为1090m³ 和 858m³	3
30	河南分局	鹤壁管理处	快速通道公路桥全挖方生产段 K664＋284.75～K667 ＋ 552.44 左岸	K664＋284.75～K667＋552.44	遭遇强降雨时可能发生渠坡滑坡、深大冲沟或洪水漫顶	渠坡坡脚	渠坡滑坡、严重冲刷、防洪堤外坡脚淘刷受损；防洪堤漫顶	疏通坡面及纵向排水设施、及时修复雨淋沟、排水设施、高地下水渠段增设排水孔等	编织袋 18600个、土工布 1803m²，块石 740m³	3

表 B.5 全挖方渠段防汛风险项目分类统计表（续）

序号	分局	现地管理处	建筑物名称	桩号	等级划分原因	防汛重点部位	可能造成的危害	采取的主要应对措施	现场备料点抢险物资情况	风险等级
31	河北分局	邯郸管理处	全挖方渠段（弱膨胀土段）44+000~45+000左岸	左岸（全挖方弱膨胀土段）44+000~45+000	全挖方弱膨胀土段，设一级马道	渠坡及一级马道以上边坡	渠坡滑坡，深大冲沟或洪水漫顶	加强汛期工程巡查，发现问题及时上报，及时修复雨淋沟	邯钢路桥右岸上游侧45+009。反滤料103m³，块石252m³	3
32	河北分局	邯郸管理处	全挖方渠段51+190~52+424左岸	左岸（全挖方弱膨胀土段）51+190~52+424	全挖方弱膨胀土段，设一级马道	渠坡及一级马道以上边坡	渠坡滑坡，深大冲沟或洪水漫顶	加强汛期工程巡查，发现问题及时上报，及时修复雨淋沟	沁河河倒虹吸出口右岸50+900。反滤料134m³，块石715m³	3
33	河北分局	邯郸管理处	全挖方渠段51+200~52+150右岸	右岸（全挖方弱膨胀土段）51+200~52+150	全挖方弱膨胀土段，设二级以下马道	渠坡及一级马道以下边坡	渠坡滑坡，深大冲沟或洪水漫顶	加强汛期工程巡查，发现问题及时上报，及时修复雨淋沟	沁河河倒虹吸出口右岸50+900。反滤料134m³，块石715m³	3
34	河北分局	永年管理处	全挖方渠段71+997~73+562左岸	71+997~73+562	五级马道，易发生垮塌，滑坡	渠堤防护	易出现坡面或坡脚崩塌，滑脱等险情	汛期加大巡查力度，根据险情采取不同措施		3
35	河北分局	永年管理处	全挖方渠段71+997~73+562右岸	71+997~73+562	五级马道，易发生垮塌，滑坡	渠堤防护	易出现坡面或坡脚崩塌，滑脱等险情	汛期加大巡查力度，根据险情采取不同措施		3

表 B.5 全挖方渠段防汛风险项目分类统计表（续）

序号	分局	现地管理处	建筑物名称	桩号	等级划分原因	防汛重点部位	可能造成的危害	采取的主要应对措施	现场备料点抢险物资情况	风险等级
36	河北分局	邢台管理处	全挖方渠段144+235~145+580左岸	左岸144+235~145+580	渠道最大挖深约34m，设有5级马道，长时间强降雨或洪水可能造成渠坡滑坡	渠坡主要由黄土状壤土、强风化砂岩、泥岩页岩及灰岩组成，岩性复杂，稳定性差	强降雨或洪水可能造成渠坡滑坡	施工期已进行喷锚支护，汛期加强安全监测，加大巡查力度，排水管不通处重新钻孔排水，喷锚混凝土损坏部位修复，边坡局部滑塌及时清理并削坡卸荷	干渠左岸曹驾沟渡槽进口（143+501）备块石598m³，反滤料524m³	3
37	河北分局	邢台管理处	全挖方渠段144+235~145+580右岸	右岸144+235~145+580	渠道最大挖深约34m，设有5级马道，长时间强降雨或洪水可能造成渠坡滑坡	渠坡主要由黄土状壤土、强风化砂岩、泥岩页岩及灰岩组成，岩性复杂，稳定性差	强降雨或洪水可能造成渠坡滑坡	施工期已进行喷锚支护，汛期加强安全监测，加大巡查力度，排水管不通处重新钻孔排水，喷锚混凝土损坏部位修复，边坡局部滑塌及时清理并削坡卸荷	干渠左岸曹驾沟渡槽进口（143+501）备块石598m³，反滤料524m³	3
38	河北分局	临城管理处	上沟村桥下游全挖方渠段146+750~146+850左岸	146+750~146+850左岸	设有五级马道，长时间强降雨可能造成渠坡滑坡	深挖方边坡	轻微滑塌可能造成堵塞排水沟，影响排水	加强巡视，疏通排水沟	汛期就近备抢险设备	3
39	河北分局	石家庄管理处	全挖方渠段229+677~230+270左岸	229+677~230+270	高边坡、设有二级马道，长时间强降雨或洪水可能造成渠坡滑坡，深挖冲沟或洪水漫顶	高边坡	防止垮塌、滑坡	顶部卸载，坡脚加固	华柴暗渠出口：反滤料1986m³，块石3459m³，石子200m³，砂子670m³	3

表 B.5 全挖方渠段防汛风险项目分类统计表（续）

序号	分局	现地管理处	建筑物名称	桩号	等级划分原因	防汛重点部位	可能造成的危害	采取的主要应对措施	现场备料点抢险物资情况	风险等级
40	天津分局	西黑山管理处	白堡桥上游全挖方渠段1113+912～1114+240左岸	白堡桥上游左岸1113+912～1114+240	可能发生长时间强暴雨，洪水造成渠道滑坡，深大冲沟	岩质高边坡	①渠坡滑坡；②严重冲坡；③防洪堤外坡脚淘刷受损；④防洪堤漫顶	设有横向、纵向排水沟，局部进行喷锚和混凝土框格处理	西黑山公路桥下游右岸已存放块石2676.68m³，反滤料4746.32m³	3
41	天津分局	西黑山管理处	白堡桥上游全挖方渠段1113+912～1114+240右岸	白堡桥上游右岸1113+912～1114+240	可能发生长时间强暴雨，洪水造成渠道滑坡，深大冲沟	岩质高边坡	①渠坡滑坡；②严重冲坡；③防洪堤外坡脚淘刷受损；④防洪堤漫顶	设有横向、纵向排水沟，局部进行喷锚和混凝土框格处理	西黑山公路桥下游右岸已存放块石2676.68m³，反滤料4746.32m³	3
42	天津分局	西黑山管理处	刘庄分水口上下游全挖方渠段1116+210～1118+869左岸	刘庄分水口上下游左岸1116+210～1118+869	可能发生长时间强暴雨，洪水造成渠道滑坡，深大冲沟	岩质高边坡	①渠坡滑坡；②严重冲坡；③防洪堤外坡脚淘刷受损；④防洪堤漫顶	设有横向、纵向排水沟，局部进行喷锚和混凝土框格处理	西黑山公路桥下游右岸已存放块石2676.68m³，反滤料4746.32m³	3
43	天津分局	西黑山管理处	刘庄分水口上下游全挖方渠段1116+210～1118+869右岸	刘庄分水口上下游右岸1116+210～1118+869	可能发生长时间强暴雨，洪水造成渠道滑坡，深大冲沟	岩质高边坡	①渠坡滑坡；②严重冲坡；③防洪堤外坡脚淘刷受损；④防洪堤漫顶	设有横向、纵向排水沟，局部进行喷锚和混凝土框格处理	西黑山公路桥下游右岸已存放块石2676.68m³，反滤料4746.32m³	3

统计说明：全挖方渠段防汛风险项目共43座。其中1级2座，2级7座，3级34座。

表 B.6 其他项目防汛风险项目分类统计表

序号	分局	现地管理处	建筑物名称	桩号	等级划分原因	可能造成的危害	采取的主要应对措施	现场备料点抢险物资情况	风险等级
1	河南分局	郑县管理处	K292+685~K293+590左岸红线外鱼塘	K292+685~K293+590左岸	鱼塘距离渠道左岸较近，鱼塘水位高于渠道防洪堤	如果洪水、鱼塘决口、洪水直接冲刷渠堤、造成渠堤失稳	1.加强巡查，确保及时发现险情。2.与地方防汛部门建立联系机制，信息共享，提前预警。3.发现险情及时现场处置并上报	石块112m³，碎石169m³	3
2	河南分局	禹州管理处	禹州煤矿采空区 K314+600~K316+300	K314+600~K316+300	工程结构较为特殊，存在渠堤沉陷，衬砌面板变形风险	渠堤变形、塌陷	做好工程巡查与安全监测工作，密切观察采空区段渠道变化情况；准确记录各类数据为决策提供依据	块石1192m³，反滤料507m³	3
3	河南分局	禹州管理处	冀村东茅渣场 K301+982.3~K302+800左岸	K301+982.3~K302+800左岸	总干渠左岸存在较大茅渣场，对渠道和建筑物安全有一定影响	汛期暴雨致渣场滑坡、土体进入总干渠截流造沟造排水不畅	汛期做好暴雨后的巡查工作，发现险情立即清理渠道红线内土体，并通知地方防指	块石1259m³，反滤料527m³	3
4	河南分局	长葛管理处	半挖半填渠段 K351+782~K351+662左岸	K351+782~K351+662	总干渠左岸存在集中汇流区域，长时间降雨集中汇流，可能造成渠坡滑塌、深大冲沟或洪水漫顶	被暴雨洪水冲刷，可能造成渠坡滑塌、深大冲沟或洪水漫顶	1.填筑防洪堤缺口；2.加固防护防洪堤外边及坡脚	块石41m³，碎石84m³，编织袋19950个，土工布720m³，彩条布1000m³	3
5	河南分局	穿黄管理处	孤柏咀控导工程 K479+936	K479+936	地方山体滑坡、控导导号桩被损坏200m	冲刷控导导桩、退水洞出口建筑物	加强巡查，及时关注上游水情		3

统计说明：其他项目防汛风险项目共 5 座。其中 3 级 4 座。

附录 C

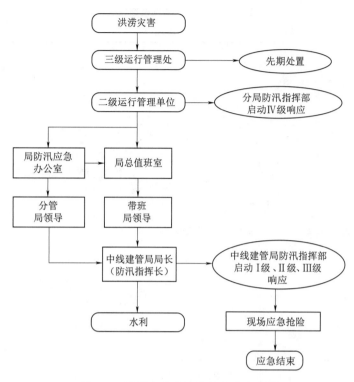

图 C.1　防汛应急响应处置程序流程图

附录 D

表 D.1 突发事件信息快速报告单

（编号：××分局/××管理处—××年—××号）

突发事件信息名称				
二级运行管理单位			三级运行管理单位	
发现时间	年 月 日 时 分		发生地点	
事件情况描述				
人员伤亡及损失情况				
原因分析				
采取措施				
报告人及电话			报告时间	年 月 日 时 分
以下由信息接收部门填写				
接报部门			接报人	
接报时间	月 日 时 分		联系电话	

212

表 D.2 突发事件信息后续报告单

（编号：××分局/××管理处—××年—××号）

突发事件信息名称			
二级运行管理单位		三级运行管理单位	
事件进展情况描述			
报告人及电话		报告时间	年 月 日 时 分
以下由信息接收部门填写			
接报部门		接报人	
接报时间	月 日 时 分	联系电话	

附录 E

表 E.1　中线建管局及二级运行管理单位防汛值班联系方式

序号	单 位 名 称	防汛值班电话	防汛值班传真
1	中线建管局	010 – 88657423	010 – 88657525
2	渠首分局	0377 – 61998669	0377 – 61998620
3	河南分局	0371 – 67801110	0371 – 67801622
4	河北分局	0311 – 67100777	0311 – 67100888
5	天津分局	18526220910	022 – 23904069
6	北京分局	010 – 61372006	010 – 61372019
7	北京市南水北调干线管理处	010 – 88483908	010 – 88483928

表 E.2　中线建管局相关职能部门联系方式

部门（中心）	电　　话	传　　真
工程维护中心（防汛办公室）	010 – 88657436	010 – 88657430
综合管理部	010 – 88657151	010 – 88657158
人力资源部	010 – 88657518	010 – 88657200
宣传中心	010 – 88657520	010 – 88657540
总调中心	010 – 88657031/7032/7033/7044	010 – 88657035
信息机电中心	010 – 88657332	010 – 88657180
水质保护中心	010 – 88657318	010 – 88657383
质量安全监督中心	010 – 88657238	010 – 88657250

附录 F

表 F.1 相关单位防汛机构联系方式

相 关 单 位		值 班 室 电 话	传 真
水利部		010 – 63203069	010 – 63203070
河南省	防汛指挥办公室	0371 – 65571045/65571041/65952315	0371 – 65950820/65950830
	应急管理厅	0371 – 65919777	0371 – 65919800
河北省	防汛指挥办公室	0311 – 86045740	0311 – 86218454
	水利厅	0311 – 86045596（工作时间） 0311 – 86045654（非工作时间）	0311 – 86060478（工作时间） 0311 – 85185518（非工作时间）
	应急管理厅	0311 – 87908255	0311 – 87803095（值班室） 0311 – 87905884（办公室）
天津市	防汛指挥办公室	022 – 23333708	022 – 23333708
	水务局	022 – 23333656	022 – 23333644
	应急管理局	022 – 28450345（工作时间） 022 – 28450303（非工作时间）	022 – 28450308（工作时间） 022 – 28450301（非工作时间）
北京市	防汛指挥办公室	010 – 68556222	010 – 68556155
	水务局	010 – 68556618	010 – 68556648
	应急管理局	全天：010 – 55573784 工作时间：010 – 55579802	010 – 5579804

Q/NSBDZX

南水北调中线干线工程建设管理局规章制度

Q/NSBDZX 409.11—2019

穿越工程突发事件应急预案

2019－11－01发布　　　　　　　　　　2019－11－01实施

南水北调中线干线工程建设管理局　发　布

穿越工程突发事件应急预案

1 总则

1.1 编制目的

为规范其他工程穿越、跨越、邻接南水北调中线干线工程（以下简称"穿越工程"）的突发事件应急管理和应急响应程序，确保在发生事件时科学有序、高效迅速地组织开展应急抢险、救援工作，最大限度地减少人员伤亡和财产损失，确保工程安全、供水安全和人身安全，制定本预案。

1.2 编制依据

本应急预案依据《中华人民共和国安全生产法》《中华人民共和国突发事件应对法》《南水北调工程供用水管理条例》《生产安全事故应急预案管理办法》《突发事件应急预案管理办法》《国家突发公共事件总体应急预案》《生产经营单位生产安全事故应急预案编制导则》等国家法律法规和制度规定以及《其他工程穿越或跨越南水北调中线干线工程管理规定》《南水北调中线干线工程突发事件应急管理办法》《南水北调中线干线工程突发事件综合应急预案》等编制。

1.3 适用范围

本预案适用于南水北调中线干线工程运行期间所辖范围内穿越工程发生的各类涉及南水北调工程安全的突发事件的预防和应急处置。

1.4 工作原则

1.4.1 预防为主、预防与应急管理相结合的原则。各级运行管理单位应逐步建立穿越工程突发事件的风险评估体系，对可能发生的事故的风险进行综合性评估，结合南水北调中线干线工程应急预防体系，做好工程设施管理和保护、物资储备和应急演练等工作，减少次生事故的发生几率。

1.4.2 以人为本，减少危害的原则。在穿越工程突发事件应急处置中，切实履行运行管理职能，把保障公众健康、生命财产安全和供水安全作为首要任务，最大限度地减少事件及其造成的人员伤亡和危害。

1.4.3 条块结合、及时通报的原则。发生穿越工程突发事件时，按照应急响应等级协调调动各级应急机构，及时通报地方政府和穿越工程突发事件业主单位或管理单位。

1.4.4 分级负责，先行处置的原则。建立健全分类管理、分级负责的应急管理体制，做到责任明确，处置及时。

1.4.5 快速反应，协同应对的原则。加强应急处置队伍建设，建立与地方的联动协调，形成统一指挥、反应灵敏、协调有序、运转高效的应急管理机制。

1.4.6 注重证据、依法处置原则。在事件处理过程中，应做好各类证据的收集工作，协助政府职能部门依法处置。

2 风险分析与分级

2.1 穿越工程基本情况

南水北调中线干线工程沿线各类交叉和并行的工程众多，穿越、跨越、邻接工程是指在南水北调中线干线工程管理范围和保护范围内建设的桥梁、公路、铁路、地铁、船闸、码头、管道、缆线、取水、排水等工程。其中，穿越工程是指在南水北调中线干线工程管理范围内采用下部穿越方式建设的工程。跨越工程是指在南水北调中线干线工程管理范围内采用上部跨越方式建设的工程。邻接工程是指在南水北调中线干线工程管理范围外、保护范围内建设的工程。

2.2 穿越工程突发事件风险分析

2.2.1 穿越工程

2.2.1.1 穿渠廊道：

a) 管身结构破坏。穿渠廊道管身破坏、坍塌或破裂可能引发的事件主要包括：
   1）廊道上方渠道底板或渠堤坍塌，渠水外泄；
   2）廊道临近渠道衬砌结构严重变形，防水、排水体系破坏，导致渠道发生管涌等形式的渗透破坏；
   3）廊道贯穿性裂缝在涵管外高地下水位作用下，淘刷廊道管外侧填土，导致临近渠道基础发生严重变形，继发渠道基础渗漏破坏。

b) 廊道外侧回填体发生严重变形可能引发的安全事件主要包括：
   1）堤身由于基础不均匀沉降变形，导致堤身开裂发生渗漏破坏；
   2）廊道附近衬砌板基础与衬砌板之间脱空，导致衬砌板下的防渗土工膜破坏，沿涵管集中渗漏，产生大量水土流失，造成渠堤溃决；
   3）廊道两侧侧压力与廊道结构设计模型偏离过大，导致廊道结构破坏；
   4）廊道局部区域地下水位升高，穿渠建筑物进出口挡土墙、底板、局部涵管设计荷载发生变化，影响结构安全。

c) 廊道与围土结合部发生接触渗漏破坏。发生接触渗漏可能引发的事件主要包括：
   1）渠道地基水土流失，导致渠道发生危害性变形；
   2）穿渠廊道进出口渗流出逸区土体软化，渠堤发生局部变形或滑塌；
   3）穿渠廊道进出口管与外侧填土结合部产生管涌破坏，危及渠堤安全；
   4）廊道周围外水压力与设计值差别较大，影响廊道结构安全。

d) 廊道进出口建筑物破坏导致临近渠堤外坡局部失稳，引发渠堤溃口。

e) 廊道内置管道发生爆管、爆炸等引起廊道及渠道工程破坏。

f) 廊道内振动等引起廊道及渠道工程破坏。

2.2.1.2 定向钻穿越的管道：

a）管道破裂，可能引发的事件主要包括：

1）管道上方渠道底板或渠堤坍塌，渠水外泄；

2）管道临近渠道衬砌结构严重变形，防水、排水体系破坏，导致渠道发生管涌等形式的渗透破坏；

3）管道上部箱涵或管道止水破坏，导致箱涵或管道漏水；

4）管道贯穿性裂缝在涵管外高地下水位作用下，淘刷廊道管外侧填土，导致临近渠道基础发生严重变形，继发渠道基础渗漏破坏。

b）管道与围土结合部发生接触渗漏破坏，可能引发渠道地基水土流失，导致渠道发生危害性变形。

c）管道爆炸或爆管引起总干渠破坏。

2.2.2 跨越工程

2.2.2.1 跨渠桥梁：

a）交通事故导致车辆坠入渠道，渠道水质污染，渠道衬砌结构及防渗排水体系损坏；

b）车辆超载导致输水箱涵或管道漏水；

c）桥梁垮塌，导致渠道衬砌结构及防渗排水体系损坏，严重干扰渠道输水；

d）桥墩回填局部变形不协调，造成渠堤渗漏；

e）过桥车辆侧翻、遗撒等造成有害物质进入渠道，渠道水质污染、渠道淤堵、干扰渠道输水，威胁渠道安全；

f）桥面排水系统淤堵、破坏等造成桥面积水直接进入渠道，渠道水质污染，或冲刷渠坡，渠坡或防护堤等损坏。

2.2.2.2 输物廊道：

a）堆料超重或突发机械事故导致运送物质坠入渠道，渠道水质污染，渠道衬砌结构及防渗排水体系损坏；

b）廊道垮塌，导致渠道衬砌结构及防渗排水体系损坏，严重干扰渠道输水；

c）廊道或输物机械检修维护人员操作失误导致器械或人员坠入渠道，渠道水质污染，渠道衬砌结构及防渗排水体系损坏。

2.2.2.3 输送液体或气体管道桥或渡槽：

a）输送管道破坏导致输送液体坠入渠道，渠道水质污染；

b）管道桥梁垮塌，导致渠道衬砌结构及防渗排水体系损坏，严重干扰渠道输水；

c）检修维护人员操作失误导致器械或人员坠入渠道，渠道水质污染，渠道衬砌结构及防渗排水体系损坏；

d）输送管道爆管或输送的易燃物质发生爆炸，管道桥梁垮塌，影响临近建筑物损坏，导致渠道衬砌结构及防渗排水体系损坏；

e）渡槽漫溢导致防洪堤或渠坡破坏。

2.2.3 邻接工程

输送液体或气体管道桥可能发生的事件及后果主要包括：

a) 影响南水北调左岸洪水的排洪，产生壅水、淹没，威胁渠堤安全。

b) 易燃易爆管道发生爆炸，导致渠道破坏。

c) 管道发生泄漏，渠道水质污染。

d) 其他邻接工程发生危及渠道边坡失稳等导致渠道破坏。

2.3 突发事件分级

穿越工程突发事件指由于穿越工程发生事故继而使南水北调中线干线工程或运行受到影响的突发事件。穿越工程突发事件按照其性质、严重程度和影响范围等因素，分为4个级别，由高到低分为：Ⅰ级（特别重大）、Ⅱ级（重大）、Ⅲ级（较大）和Ⅳ级（一般）。

a) 凡符合下列情形之一时，南水北调工程发生结构破坏或水质遭受严重污染，并造成供水中断，为Ⅰ级：

1) 因穿越工程破坏影响南水北调中线干线工程，符合《南水北调中线干线工程运行期工程安全事故应急预案》中认定为Ⅰ级的；

2) 因坠物或遗洒，大量有毒有害物质进入渠道，造成水质严重污染，符合《南水北调中线干线工程水污染事件应急预案》中认定为Ⅰ级的；

3) 因坠物引起渠道大范围堵塞，造成供水中断或结构破坏；

4) 与以上类似的其他穿越工程突发事件。

b) 凡符合下列情形之一的，南水北调工程发生结构破坏或水质遭受污染，并影响正常输水，为Ⅱ级：

1) 因穿越工程破坏影响南水北调中线干线工程，符合《南水北调中线干线工程通水运行工程安全事故应急预案》中认定为Ⅱ级的；

2) 因坠物或遗洒，部分有毒有害物质进入渠道，造成水质污染，符合《南水北调中线干线工程水污染事件应急预案》中认定为Ⅱ级的；

3) 因坠物引起渠道较大范围堵塞，供水能力受到严重影响的；

4) 与以上类似的其他穿越工程突发事件。

c) 凡符合下列情形之一的，南水北调工程发生结构破坏或水质受到影响但尚未影响正常输水，进一步发展可能导致更大险情，为Ⅲ级：

1) 因穿越工程破坏影响南水北调中线干线工程，符合《南水北调中线干线工程运行期工程安全事故应急预案》中认定为Ⅲ级的；

2) 因坠物或遗洒，对水质造成影响，符合《南水北调中线干线工程水污染事件应急预案》中认定为Ⅲ级的；

3) 与以上类似的其他穿越工程突发事件。

d) 凡符合下列情形之一的，南水北调工程发生局部破坏或即将破坏，水质有被污染的可能，且在发展中，为Ⅳ级：

1) 因穿越工程破坏影响南水北调中线干线工程，符合《南水北调中线干线工程运行期工程安全事故应急预案》中认定Ⅳ级的；

2) 因坠物或遗洒，对水质造成影响，符合《南水北调中线干线工程水污染事件应急预案》中认定为Ⅳ级的；

3）与以上类似的其他穿越工程突发事件。

3 组织机构与职责

3.1 组织机构

3.1.1 机构组成

南水北调中线干线穿越工程突发事件应急指挥机构由一级运行管理单位（中线建管局）、二级运行管理单位（各分局、北京市南水北调干线管理处）、三级运行管理单位（各现地管理处、陶岔电厂、大宁管理所、西四环管理所）组成。

3.1.2 一级运行管理单位

3.1.2.1 一级运行管理单位穿越工程突发事件应急指挥部

为加强中线干线工程穿越工程突发事件应急处置工作，确保工程安全供水，成立一级运行管理单位穿越工程突发事件应急指挥部，穿越工程突发事件应急指挥部在南水北调中线干线工程突发事件应急领导小组领导下开展工作，组成人员如下：

a）指挥长：分管局领导。

b）成员：副总师、相关职能部门负责人、二级运行管理单位负责人。

3.1.2.2 穿越工程突发事件应急指挥部办公室

一级运行管理单位穿越工程突发事件应急指挥部下设办公室，办公室设在一级运行管理单位工程维护主管部门，工程维护主管部门负责人兼任办公室主任。

3.1.3 二级运行管理单位

二级运行管理单位成立突发事件应急指挥部，指挥长由二级运行管理单位负责人担任，副指挥长由二级运行管理单位副职担任，成员由二级运行管理单位职能处室负责人及三级运行管理单位负责人组成。

3.1.4 三级运行管理单位

三级运行管理单位成立突发事件应急处置小组，组长由三级运行管理单位负责人担任，副组长由三级运行管理单位副职担任，成员由三级运行管理单位相关科室有关人员组成。

3.2 工作职责

3.2.1 一级运行管理单位

3.2.1.1 穿越工程突发事件应急指挥部职责：

a）执行落实突发事件应急管理领导小组各项决策意见。

b）审查穿越工程突发事件专项应急预案。

c）负责Ⅰ级、Ⅱ级、Ⅲ级突发事件预警和响应工作，组织召开应急会商会。

d) 分析研判突发事件，研究确定应急处理方案，并及时报告应急管理领导小组。

e) 根据突发事件发展演变情况，提出应急处置措施供应急管理领导小组决策。

f) 开展穿越工程突发事件处置的组织指挥，负责现场应急指挥内、外协调工作。

g) 对于穿越工程突发事件超出一级运行管理单位能力时，依程序请求上级单位和地方政府支援。

h) 负责完成突发事件应急管理领导小组交办的其他工作。

3.2.1.2 穿越工程突发事件应急指挥部办公室职责：

a) 负责中线干线穿越工程突发事件应急指挥部的日常工作，组织、协调、检查、指导各级运行管理单位穿越工程突发事件应急处置工作。

b) 组织修订、完善穿越工程突发事件应急预案，监督检查各级运行管理单位现场应急预案和处置方案的制订，演练和培训等工作。

c) 组织定期（每年）了解穿越工程运行（含建设）情况。

d) 接收穿越工程突发事件报告，并根据情况及时向穿越工程突发事件应急指挥部报告或做好应急准备工作，负责会商具体工作。

e) 穿越工程突发事件发生后，负责与穿越工程业主单位或管理单位联络，通知其采取应急措施。

f) 负责协调穿越工程配合开展南水北调工程应急抢险处置工作。

g) 负责协调穿越工程突发事件应急处置后的补偿和索赔等工作。

h) 如南水北调中线干线工程发生事故可能影响穿越工程时，负责通知穿越工程业主单位或管理单位。

3.2.2 二级运行管理单位

突发事件应急指挥部职责：

a) 贯彻落实一级运行管理单位穿越工程突发事件应急指挥部各项决策意见。

b) 研究部署本辖区内穿越工程突发事件应急管理工作。

c) 组织编制本辖区段工程突发事件综合应急预案。

d) 负责与本辖区内穿越工程业主单位或管理单位、工程沿线市（县）应急处置管理机构建立联络和应急响应机制。

e) 负责本辖区穿越工程突发事件Ⅳ级预警和响应工作，对Ⅲ级及以上突发事件预警和响应提出初步意见。

f) 穿越工程突发事件发生后，负责与穿越工程业主单位或管理单位联络，并做好有关协调工作。

g) 配合完成一级运行管理单位穿越工程突发事件应急指挥部布置的有关工作。

h) 完成突发事件应急管理领导小组交办的其他工作。

3.2.3 三级运行管理单位

突发事件现场处置小组职责：

a) 贯彻落实上级单位和地方政府有关穿越工程突发事件应急决策意见。

b) 负责编制本辖区内穿越工程突发事件应急预案和现场应急处置方案。

c) 及时上报穿越工程突发事件和掌握的事故发生发展情况。

d) 对可能引发或已经发生的穿越工程突发事件，及时通知穿越工程业主或管理单位，并配合做好先期处置工作。

e) 建立与穿越工程业主单位或管理单位、属地政府的应急联络机制。

f) 完成上级应急指挥部交办的其他工作。

4 应急响应

4.1 预防预警

4.1.1 预警信息

4.1.1.1 各级运行管理单位对穿越工程的状态、运行、维护情况及在建穿越工程的施工信息进行了解和跟踪。工程安全监测单位和分管部门收集整理有关的数据资料和相关信息，评价穿越工程对总干渠安全的影响，实现各部门间信息的共享，并及时向一级运行管理单位应急指挥机构汇报可能出现的安全风险。

4.1.1.2 根据二级运行管理单位与穿越工程业主单位或管理单位签订的运行管理协议或施工监管协议，及时跟踪收集穿越工程相关信息。

4.1.1.3 运行管理单位应了解穿越工程业主单位或管理单位对工程进行的安全评价，收集与总干渠相关信息。

4.1.1.4 运行管理单位应加强穿越工程巡查管理工作，对发现的问题收集整理，建立台账。

4.1.2 预警分级

按照穿越工程突发事件发生的紧急程度、发展势态和可能造成的危害程度，预警级别由高到低分别为Ⅰ级、Ⅱ级、Ⅲ级、Ⅳ级，依次用红色、橙色、黄色、蓝色标示：

a) Ⅰ级预警（红色）：情况危急，有可能发生或引发特别重大穿越工程突发事件时。

b) Ⅱ级预警（橙色）：情况紧急，有可能发生或引发重大穿越工程突发事件时。

c) Ⅲ级预警（黄色）：情况比较紧急，有可能发生或引发较大穿越工程突发事件时。

d) Ⅳ级预警（蓝色）：存在重大隐患，有可能发生或引发一般穿越工程突发事件。

4.1.3 预警发布、调整、解除

Ⅰ级、Ⅱ级、Ⅲ级预警由一级运行管理单位穿越工程突发事件应急指挥部办公室负责发布、调整和解除。Ⅳ级预警由二级运行管理单位负责发布、调整和解除，并报一级运行管理单位穿越工程突发事件应急指挥部办公室备案。根据突发事件发展、变化情况和影响程度，可适时调整预警级别。当确定穿越工程突发事件风险已经解除时，由发布单位宣布解除预警。预警信息的发布、调整和解除可通过电话或书面通知等方式进行。

4.1.4 预警信息内容

预警信息包括穿越工程突发事件的预警级别、起始时间、可能影响范围、警示事项、

应采取的措施和发布单位等。

4.1.5 预警行动

在预警发出后，一级运行管理单位穿越工程突发事件应急指挥部办公室和相关二级、三级运行管理单位应立即做出响应，可采取以下措施：

a) 立即通知穿越工程业主单位或管理单位，要求立即开展排查，并做好应急抢险准备工作。

b) 二级、三级运行管理单位应做好现场值守，保持 24 小时通信畅通。

c) 二级运行管理单位组织做好应急抢险准备工作，应急抢险队伍人员和设备处于临战状态。三级运行管理单位日常维护队伍做好先期处置准备工作。

d) 做好工程巡查和安全监测工作，对险情可能发生部位进行监控，发现险情、突发事件应于第一时间上报。

4.2 信息报送

4.2.1 信息报告

4.2.1.1 穿越工程突发事件信息宜按规定逐级上报，紧急情况下可越级上报。信息报告先电话报告，随后书面报告。各单位或部门在发现或接到突发事件信息后，按照"接报即报、随时续报"的要求，立即进行上报，不得延误。

4.2.1.2 穿越工程突发事件信息报告各级值班室的同时报告相关专业职能部门（处室），并通知穿越工程项目业主或管理单位。突发事件报告包含以下内容：时间、地点、事件基本情况、人员伤亡及损失情况、已采取及建议采取的措施等。

4.2.1.3 穿越工程突发事件处置过程中，对突发事件动态情况、应急响应、应急处置后续进展情况、应急结束等，应及时按照电话、书面流程续报。事件处置进展视情况及时续报，直至应急处置结束。

4.2.2 信息报告流程

4.2.2.1 电话报告流程

4.2.2.1.1 三级运行管理单位：

a) 现场人员发现或接到突发事件后，立即电话报告负责人和中控室值班人员。

b) 负责人接到报告，经核实后 10min 之内电话报告二级运行管理单位领导，同时安排人员报分调度中心和二级运行管理单位相关专业职能处室。

c) 突发事件按规定需报地方政府相关部门时，经请示后及时报告地方政府。

4.2.2.1.2 二级运行管理单位：

a) 分调度中心值班人员发现或接到突发事件信息电话报告后，立即报告带班领导，并通知工程处和相关专业职能处室。

b) 工程处和专业职能处室接到突发事件信息电话报告后，立即报告专业分管领导，分管领导接到报告后立即报告二级运行管理单位负责人。

c) 负责人接到突发事件信息电话报告后，10min之内报告一级运行管理单位领导，同时安排人员电话报告总调度中心和局机关专业职能部门。

d) 分调度中心值班人员或专业职能处室人员接到领导指示后及时进行传达，并继续跟踪事件处置进展，做好接报和续报工作。

4.2.2.1.3 一级运行管理单位：

a) 总调度中心值班人员接到突发事件信息电话报告后，10min之内报告带班领导、应急办和相关专业职能部门。

b) 应急办和专业职能部门接到突发事件信息电话报告后，10min之内报告专业分管领导，分管领导接到报告后立即报一级运行管理单位负责人和党组书记。

c) 负责人接到突发事件信息报告后，必要时报告水利部领导，安排总调度中心值班人员报告水利部值班室。

d) 总调度中心值班人员或专业职能部门接到领导指示后及时进行传达，并继续跟踪事件处置进展，做好接报和续报工作。

4.2.2.2 书面报告流程

4.2.2.2.1 三级运行管理单位：

突发事件信息电话报告后1h内拟写突发事件信息快速报告单传真至分调度中心，根据需要可附现场相关图片影像资料等。

4.2.2.2.2 二级运行管理单位：

a) 分调度中心值班人员收到突发事件信息快速报告单后，立即报告二级运行管理单位领导、工程处和相关专业职能处室。

b) 分调度中心值班人员收到突发事件快速报告单45min内根据领导批示及突发事件处理情况，拟写突发事件信息快速报告单传真至总调度中心，由专业职能处室提供并配合把关突发事件信息报告单内容。

c) 分调度中心值班人员将二级运行管理单位领导批示及时进行传达。

4.2.2.2.3 一级运行管理单位：

a) 总调度中心值班人员收到突发事件信息快速报告单后，立即报告带班领导、应急办和相关专业职能部门。

b) 应急办和专业职能部门接到突发事件信息快速报告单后，立即报告专业分管领导，分管领导接到报告后立即报一级运行管理单位负责人和党组书记。

c) 总调度中心值班人员将领导批示及时进行传达。

d) 领导批示需上报水利部的突发事件，由总调度中心值班人员拟写南水北调中线干线工程突发事件信息报告单，传真至水利部值班室，由相关专业职能部门提供突发事件信息报告内容并配合把关。

4.3 应急响应

4.3.1 响应分级

按照穿越工程突发事件分级将应急响应对应划为4个级别，由高到低分为：Ⅰ级应急响应、Ⅱ级应急响应、Ⅲ级应急响应、Ⅳ级应急响应。

4.3.2 应急响应程序

4.3.2.1 Ⅳ级应急响应程序：

　　a）接到三级运行管理单位报告后，穿越工程突发事件所属二级运行管理单位应急指挥部立即启动相应的Ⅳ级应急预案，同时上报一级运行管理单位。

　　b）三级运行管理单位应急指挥机构进入Ⅳ级应急响应状态，同时通知穿越工程业主或管理单位，进入工程联动应急状态。

　　c）二级运行管理单位应急指挥部参与研究确定应急处理方案，并报告一级运行管理单位。

　　d）二级运行管理单位穿越工程应急指挥部按照研究确定的应急处理方案和一级运行管理单位穿越工程突发事件应急指挥部的指示，协调穿越工程业主或管理单位，采取措施，协助处理方案实施。

　　e）突发事件超出本级协调能力时，应及时报请一级运行管理单位启动上一级应急预案。

　　f）突发事件处理结束后，由事故所属二级运行管理单位应急指挥部将事故处理结果报一级运行管理单位备案。

　　g）当穿越工程突发事件造成总干渠工程安全事故或水污染安全事件，及时启动相关专业应急预案。

4.3.2.2 Ⅰ级、Ⅱ级和Ⅲ级应急响应程序：

　　a）一级运行管理单位接到二级运行管理单位报告后，穿越工程突发事件应急指挥部启动相应的Ⅰ级、Ⅱ级和Ⅲ级应急响应。二级、三级运行管理单位应急指挥机构进入Ⅰ级、Ⅱ级和Ⅲ级应急响应状态。

　　b）二级、三级运行管理单位通知穿越工程业主单位或管理单位，进入工程应急状态。

　　c）一级运行管理单位穿越工程突发事件应急指挥部参与研究确定应急处置方案。

　　d）按照应急处置方案和指挥长指示，一级运行管理单位穿越工程突发事件应急指挥部协调穿越工程业主或管理单位，采取措施，协助处理方案实施。

　　e）突发事件处理结束后，由一级运行管理单位向上级单位报告。

　　f）当穿越工程突发事件造成总干渠工程安全事故或水污染安全事件，及时启动相关专业应急预案。

5 应急处置

5.1 处置措施

5.1.1 管理范围内突发穿越工程突发事件后，事故所属三级运行管理单位应及时通知穿越工程业主或管理单位，进入工程联动应急状态，穿越工程应采取相应措施，尽可能控制事故发展。

5.1.2 发生穿越工程突发事件后，如危及南水北调工程安全、水质安全、运行调度、信息通信等，应在南水北调中线干线工程突发事件应急领导小组的统一指挥下，根据事故类别和分级情况，迅速启动对应的应急预案及开展应急处置工作。

5.1.3 一级运行管理单位或二级运行管理单位突发事件应急指挥机构应积极协调穿越或跨越项目业主或管理单位，配合处置方案实施，提出处置要求。

5.2 应急结束

5.2.1 穿越工程突发事件应急处置工作基本完成后，或者相关危险因素基本消除后，应急处置工作即告结束。应急结束按照"谁启动、谁结束"的原则，由相关单位或现场抢险指挥部做出终止执行相关应急响应的决定，宣布解除应急状态，转入常态管理。

5.2.2 Ⅰ级、Ⅱ级、Ⅲ级突发事件应急处置工作由一级运行管理单位宣布应急状态结束；Ⅳ级事故应急处置工作由二级运行管理单位宣布应急状态结束。应急状态宣布结束后，应急救援队伍撤离现场。

6 演练培训

为提高穿越工程突发事件风险防范意识和应急处置能力，各级运行管理单位应加强对运行管理人员和应急队伍的培训，每年应结合实际情况有针对性地开展应急演练，应急演练尽可能联合穿越工程业主单位或管理单位、地方政府有关部门、驻地部队等开展演练，演练结束后要开展总结评估，不断完善应急体系。

7 附则

7.1 本预案应根据实际情况的变化及时修订，中线建管局负责预案的管理和修订等工作。

7.2 本预案由中线建管局制定并负责解释。

7.3 本预案自印发之日起实施。

附录 A

表 A.1 一级运行管理单位相关职能部门联系方式

部门（中心）	电　话	传　真
总调大厅	010 – 88657423/88657428	010 – 88657525
应急办公室 （工程维护中心）	010 – 88657436	010 – 88657430
综合部	010 – 88657136	010 – 88657158
人力资源部	010 – 88657227	010 – 88657200
宣传中心	010 – 88657520	010 – 88657540
总工办（科技管理部）	010 – 88657306	010 – 88657302
总调度中心	010 – 88657031/88657032/88657033/88657044	010 – 88657035
信息机电中心 （信息科技公司）	010 – 88657356	010 – 88657180
水质与环境保护中心	010 – 88657378	010 – 88657383
安全生产部	010 – 88657255	010 – 88657250

表 A.2 二级运行管理单位联系方式

单　位	值班电话	传　真
渠首分局（分调大厅）	0377 – 61998600	0377 – 61998620
河南分局（分调大厅）	0371 – 67801110	0371 – 67801008
河北分局（分调大厅）	0311 – 67100777	0311 – 67100888
天津分局（分调大厅）	022 – 23904024/4072	022 – 23904004/4069
北京分局（分调大厅）	010 – 61372006	010 – 61372019
北京市南水北调干线管理处	010 – 88483908	010 – 88483928

表 A.3　政府部门及相关单位联系方式

相 关 单 位		值 班 电 话	传　真
国家部委	水利部	010－63203069	010－63203070
	应急管理部	010－83933200/83933210	010－83933117
	生态环境部	010－66556006/66556007	010－66556010
河南省	水利厅	0371－65571001	0371－65951296
	应急管理厅	0371－65919777	0371－65919800
河北省	水利厅	0311－86045596（工作时间）/ 86045654（非工作时间）	0311－86060478（工作时间）/ 85185518（非工作时间）
	应急管理厅	0311－87908255	0311－87905884
天津市	水务局	022－23333605（工作时间）/ 23333656（非工作时间）	022－23333603（工作时间）/ 23333644（非工作时间）
	应急管理局	022－28450303	022－28450301
北京市	水务局	010－68556111	010－68556155
	应急管理局	010－55573784	010－55573045

附录 B

表 B.1 突发事件信息快速报告单

（编号：××分局/××管理处—××年—××号）

突发事件信息名称			
二级运行管理单位		三级运行管理单位	
发现时间	年 月 日 时 分	发生地点	
事件情况描述			
人员伤亡及损失情况			
原因分析			
采取措施			
报告人及电话		报告时间	年 月 日 时 分
以下由信息接收部门填写			
接报部门		接报人	
接报时间	月 日 时 分	联系电话	

表 B.2 突发事件信息后续报告单

（编号：××分局/××管理处—××年—××号）

突发事件信息名称			
二级运行管理单位		三级运行管理单位	
事件进展情况描述			
报告人及电话		报告时间	年 月 日 时 分
以下由信息接收部门填写			
接报部门		接报人	
接报时间	月 日 时 分	联系电话	

Q/NSBDZX

南水北调中线干线工程建设管理局规章制度

Q/NSBDZX 409.12—2019

工程火灾事故应急预案

2019－11－05发布　　　　　　　2019－11－05实施

南水北调中线干线工程建设管理局　发　布

工程火灾事故应急预案

1 总则

1.1 编制目的

为规范火灾事故的应急管理和应急响应程序，提高火灾事故救援的综合管理水平和应急处置能力，及时有效地实施应急措施和救援工作，最大限度地减少火灾事故造成的人员伤亡和财产损失，保证工程运行安全，制定本预案。

1.2 编制依据

本预案依据《中华人民共和国突发事件应对法》《中华人民共和国安全生产法》《中华人民共和国消防法》《生产安全事故报告和调查处理条例》《南水北调工程供用水管理条例》《国家突发公共事件总体应急预案》《生产经营单位生产安全事故应急预案编制导则》等法律法规和制度规定，以及《突发事件应急管理办法》《突发事件综合应急预案》《突发事件信息报告规定》等编制。

1.3 适用范围

本预案适用于南水北调中线干线工程管理范围，以及一级运行管理单位（中线建管局）、二级运行管理单位（各分局、北京市南水北调干线管理处）、三级运行管理单位（各现地管理处、陶岔电厂、大宁管理所、西四环管理所）办公场所、仓库、宿舍、食堂等所辖范围内因火灾事故对工程设备设施、办公生活设施及人身安全造成影响的预防和应急处置。

1.4 工作原则

1.4.1 预防为主、防消结合的原则。各级运行管理单位应切实履行安全管理岗位职责，树立常备不懈的消防安全观念，防患于未然，预防与应急相结合。

1.4.2 以人为本、群防群控的原则。将保障员工和群众的生命财产和身体健康作为首要任务，建立健全群防群控机制，提高火灾事故的自防自救能力，最大限度地减少火灾事故造成的危害。

1.4.3 分级负责、先行处置的原则。建立健全分类管理、分级负责的应急管理体制，做到责任明确，处置及时。

1.4.4 快速反应、协同应对的原则。加强应急处置队伍建设，建立与地方消防、医疗等应急部门的联动协调制度，形成统一指挥、反应灵敏、协调有序、运转高效的应急管理机制。

1.4.5 属地为主、依法处置的原则。在处理突发事件的过程中，充分发挥地方政府的主导作用，协助政府职能部门依法处置。

2 风险分析与分级

2.1 火灾事故风险分析

2.1.1 一级运行管理单位、二级运行管理单位及三级运行管理单位办公场所、仓库、宿舍、食堂等有可能发生人为或者自然原因引起的火灾，办公、生活等设备设施发生火灾可能对人员生命和财产安全造成影响。

2.1.2 可能引起火灾事故的主要原因包括：

　　a）设备安装不规范、操作失误、使用或维护不当。

　　b）维护施工作业用电、用火等违规。

　　c）易燃易爆化学物品燃烧爆炸。

　　d）办公、生活区用电、用气不慎起火。

　　e）静电放电、雷击起火。

　　f）外界火灾蔓延。

2.2 火灾事故分级

　　南水北调中线干线工程火灾事故是指各级运行管理单位办公场所、宿舍、食堂发生的火灾事故，工程管理范围内各类生产及生活设施、设备发生的火灾事故。根据国家有关规定和标准要求，结合南水北调中线干线工程特点，按照造成火灾事故的性质、可控性、严重程度和影响范围等因素，分为4个级别：Ⅰ级、Ⅱ级、Ⅲ级和Ⅳ级（由重到轻）。

　　a）凡符合下列情形之一的，为Ⅰ级：

　　　　1）造成或可能造成30人以上（含）死亡，或者100人以上（含）重伤的火灾事故；

　　　　2）造成或可能造成1亿元以上（含）直接经济损失的火灾事故。

　　b）凡符合下列情形之一的，为Ⅱ级：

　　　　1）造成或可能造成10人以上（含）30人以下死亡，或者50人以上（含）100人以下重伤的火灾事故；

　　　　2）造成或可能造成5000万元以上（含）1亿元以下直接经济损失的火灾事故。

　　c）凡符合下列情形之一的，为Ⅲ级：

　　　　1）造成或可能造成3人以上（含）10人以下死亡，或者10人以上（含）50人以下重伤的火灾事故；

　　　　2）造成或可能造成1000万元以上（含）5000万元以下直接经济损失的火灾事故。

　　d）凡符合下列情形之一的，为Ⅳ级：

　　　　1）造成或可能造成3人以下死亡，或者10人以下重伤的火灾事故；

　　　　2）造成或可能造成1000万元以下直接经济损失且影响较大的火灾事故。

3 组织机构与职责

3.1 组织机构

3.1.1 机构组成

南水北调中线干线工程火灾事故应急指挥机构由一级运行管理单位、二级运行管理单位、三级运行管理单位组成。

3.1.2 一级运行管理单位

3.1.2.1 火灾事故应急指挥部：

火灾事故应急指挥部在南水北调中线干线工程突发事件应急领导小组领导下开展工作，组成人员如下：

a）指挥长：一级运行管理单位分管副职。

b）成员：一级运行管理单位有关副总师、部门负责人、二级运行管理单位负责人。

3.1.2.2 火灾事故应急指挥部办公室：

一级运行管理单位火灾事故应急指挥部下设办公室，办公室设在一级运行管理单位消防安全主管部门，消防安全主管部门负责人兼任办公室主任。

3.1.2.3 现场抢险指挥部：

当发生火灾事故时，根据突发事件应对处置工作需要，一级运行管理单位火灾事故应急指挥部可设现场抢险指挥部，由一级运行管理单位负责人和分管副职担任指挥长和副指挥长，副总师、火灾事故归口职能部门、相关职能部门、二级运行管理单位、三级运行管理单位有关人员组成，下设工作职能组，具体负责突发事件指挥和处置等应对工作。

3.1.3 二级运行管理单位

二级运行管理单位成立突发事件应急指挥部，指挥长由二级运行管理单位负责人担任，副指挥长由二级运行管理单位分管副职担任，成员由二级运行管理单位职能处室负责人及三级运行管理单位负责人组成。

3.1.4 三级运行管理单位

三级运行管理单位成立突发事件应急处置小组，组长由三级运行管理单位负责人担任，副组长由三级运行管理单位副职担任，成员由三级运行管理单位相关科室有关人员组成。

3.2 工作职责

3.2.1 一级运行管理单位

3.2.1.1 火灾事故应急指挥部职责：

a）执行落实突发事件应急管理领导小组各项决策意见。

b）审查火灾事故专项应急预案。

c）分析研判突发事件，提出相关应急响应意见，并及时报告应急管理领导小组。

d）根据突发事件发展演变情况，提出应急处置措施供应急管理领导小组决策。

e）统一指挥突发事件现场应急处置工作。

f）负责突发事件现场应急指挥内、外部协调工作。

g）负责完成突发事件应急管理领导小组交办的其他工作。

3.2.1.2 火灾事故应急指挥部办公室职责：

a）落实一级运行管理单位火灾事故应急指挥部部署的各项任务。

b）负责一级运行管理单位火灾事故应急指挥部的日常工作，组织、协调、检查、指导各级运行管理单位火灾事故应急处置工作。

c）组织修订、完善火灾事故应急预案，监督各级运行管理单位现场消防安全制度的制定、实施及消防演练等工作。

3.2.1.3 现场抢险指挥部职责：

a）执行落实突发事件应急管理领导小组各项决策意见。

b）具体负责火灾现场抢险指挥和处置应对工作。

c）负责完成突发事件应急管理领导小组交办的其他工作。

3.2.2 二级运行管理单位

突发事件应急指挥部职责：

a）贯彻落实突发事件应急管理领导小组各项决策意见。

b）研究部署单位辖区段火灾事故应急管理工作。

c）审批单位辖区段工程突发事件综合应急预案。

d）负责所辖区段本预案规定级别火灾事故预警和响应的发布和解除，对Ⅲ级及以上火灾事故预警和响应提出初步意见。

e）组织指挥或参与火灾事故现场应急处置工作，服从上级部门或地方政府开展的应急处置工作。

f）负责与工程沿线市（县）应急处置机构建立联络和应急响应机制。

g）完成突发事件应急管理领导小组交办的其他工作。

3.2.3 三级运行管理单位

突发事件现场处置小组职责：

a）贯彻落实上级单位和地方政府有关突发事件应急管理规章制度。

b）负责编制管理处辖区段现场应急处置方案。

c）负责火灾事故先期处置工作。

d）负责火灾事故应急演练、培训工作。

e）建立与属地政府的联络机制。

f）完成上级应急指挥部交办的其他工作。

4 应急响应

4.1 信息收集

各级运行管理单位应急指挥机构通过各种途径收集预警信息:

a) 根据运行管理特点、重点,结合恶劣环境条件、气象因素、自然灾害等可预测信息,对火灾预警相关信息进行收集。

b) 运行值班员通过火灾自动报警系统监测到的消防报警信息,或现场其他工作人员报告的火灾信息。

c) 下级单位上报的应急信息,以及灾害现场的动态信息。

4.2 信息报送

4.2.1 信息报告

4.2.1.1 火灾事故突发事件信息一般应按规定逐级上报,紧急情况下可越级上报。报告先采用电话报告,随后再以书面形式及时报告。各单位或部门在发现和接到突发事件信息后,按照"接报即报、随时续报"的要求,立即进行上报,不得延误。一级运行管理单位及二级运行管理单位值班电话见附录A。

4.2.1.2 突发事件信息报告各级值班室的同时报告相关专业职能部门(处室)。突发事件报告包含以下内容:时间、地点、事件基本情况、人员伤亡及损失情况、已采取及建议采取的措施等。突发事件信息快速报告单内容及格式见附录B。

4.2.1.3 在突发事件处置过程中,对突发事件动态情况、应急响应、应急处置后续进展情况、应急结束等,应及时按照电话、书面流程续报。事件处置进展视情况及时续报,直至应急处置结束。

4.2.2 信息报告流程

4.2.2.1 电话报告流程

4.2.2.1.1 三级运行管理单位:

a) 现场人员发现或接到突发事件后,立即电话报告负责人和中控室值班人员。

b) 负责人接到报告,经核实后应视情况拨打119报警,并在10min之内电话报告二级运行管理单位领导,同时安排人员报分调度中心和二级运行管理单位相关专业职能处室。

c) 突发事件按规定需报地方政府相关部门时,经请示后及时报告地方政府。

4.2.2.1.2 二级运行管理单位:

a) 分调中心值班人员发现或接到火灾事故突发事件信息电话报告后,立即报告二级运行管理单位带班领导,并通知相关专业职能处室。

b) 专业职能处室接到突发事件信息电话报告后,立即报告专业分管领导,领导接到报告后立即报告二级运行管理单位负责人。

c) 负责人接到突发事件信息电话报告后,10min之内报告一级运行管理单位领导,同时安排人员电话报告总调度中心和二级运行管理单位专业职能部门；

    d) 分调度中心值班人员或专业职能处室人员接到二级运行管理单位负责人指示后及时进行传达，并继续跟踪事件处置进展，做好接报和续报工作。

4.2.2.1.3 一级运行管理单位：

    a) 总调度中心值班人员接到突发事件信息电话报告后，10min 之内报告带班领导、应急办和相关专业职能部门。

    b) 应急办和专业职能部门接到突发事件信息电话报告后，10min 之内报告专业分管领导，分管领导接到报告后立即报一级运行管理单位负责人和党组书记。

    c) 负责人接到突发事件信息报告后，必要时报告水利部领导，安排总调度中心值班人员报告水利部值班室。

    d) 总调度中心值班人员或专业职能部门接到领导指示后及时进行传达，并继续跟踪事件处置进展，做好接报和续报工作。

4.2.2.2 书面报告流程

4.2.2.2.1 三级运行管理单位：

突发事件信息电话报告后 1h 内拟写突发事件信息快速报告单传真至分调度中心，根据需要可附现场相关图片影像资料等。

4.2.2.2.2 二级运行管理单位：

    a) 分调度中心值班人员收到突发事件信息快速报告单后，立即报告二级运行管理单位领导、工程处和相关专业职能处室。

    b) 分调度中心值班人员收到突发事件快速报告单 45min 内根据领导批示及突发事件处理情况，拟写突发事件信息快速报告单传真至总调度中心，由专业职能处室提供并配合把关突发事件信息报告单内容。

    c) 分调度中心值班人员将二级运行管理单位领导批示及时进行传达。

4.2.2.2.3 一级运行管理单位：

    a) 总调度中心值班人员收到突发事件信息快速报告单后，立即报告带班领导、应急办和相关专业职能部门。

    b) 应急办和专业职能部门接到突发事件信息快速报告单后，立即报告专业分管领导，分管领导接到报告后立即报一级运行管理单位负责人和党组书记。

    c) 总调度中心值班人员将领导批示及时进行传达。

    d) 领导批示需上报水利部的突发事件，由总调度中心值班人员拟写南水北调中线干线工程突发事件信息报告单，传真至水利部值班室，由相关专业职能部门提供突发事件信息报告内容并配合把关。

4.3 应急响应

4.3.1 响应分级

按照火灾事故分级，将应急响应对应划分为 4 个级别，由高到低分为：Ⅰ级应急响应、Ⅱ级应急响应、Ⅲ级应急响应和Ⅳ级应急响应。

4.3.2 响应启动

火灾事故突发事件发生后，各级运行管理单位根据事件情况需及时启动本级火灾事故应急预案（或处置方案）进行处置。发生Ⅲ级或以上火灾事故突发事件时，通过二级运行管理单位及时向一级运行管理单位报告，一级运行管理单位火灾事故应急指挥部启动相应级别响应，由火灾事故应急指挥部办公室负责组织落实响应措施；发生Ⅳ级突发事件时，事发地运行管理单位应立即启动Ⅳ级响应，并报一级运行管理单位火灾事故应急指挥部办公室备案。事发地为一级运行管理单位的，一级运行管理单位应立即启动相应级别的应急响应。超出本级应急处置能力时，及时报请上级单位启动相应应急预案。

4.3.3 响应程序

4.3.3.1 各级运行管理单位或现场巡视、值班人员发现火灾事故后应立即按照火灾事故应急处置方案采取扑救等处置措施，并视情况严重程度请求事发地消防、医疗部门援助，同时向上级运行管理单位火灾事故应急指挥部办公室报告。

4.3.3.2 一级运行管理单位火灾事故应急指挥部办公室接到相关报告后，立即会同相关部门，了解相关信息，分析研判，根据影响范围和严重程度提出对事故的定级建议，报一级运行管理单位火灾事故应急指挥部指挥长。

4.3.3.3 发生Ⅳ级火灾事故突发事件：

事发单位火灾事故应急指挥部启动Ⅳ级应急响应，并立即报告一级运行管理单位。按照火灾事故应急处置的要求和上级单位火灾事故应急指挥部的指示，事发单位根据需要组成现场抢险组，立即组织资源进行抢险。根据火灾事故对自动化调度系统造成的实际影响，由一级运行管理单位总调度中心决定是否转由人工组织调度。

4.3.3.4 发生Ⅲ级火灾事故突发事件：

一级运行管理单位火灾事故应急指挥部启动Ⅲ级应急响应，按照应急处置方案和指挥长指示，一级运行管理单位火灾事故应急指挥部成员根据各自分工组织和指导事发运行管理单位开展应急处置工作，同时协助消防部门开展现场应急救援工作。根据火灾事故对自动化调度系统造成的实际影响，由一级运行管理单位总调度中心决定是否转由人工组织调度。

4.3.3.5 发生Ⅰ级、Ⅱ级火灾事故突发事件：

一级运行管理单位火灾事故应急指挥部启动Ⅰ级、Ⅱ级应急响应，并立即报告上级单位。按照应急处置方案和指挥长指示，一级运行管理单位火灾事故应急指挥部成员根据各自分工组织和指导事发运行管理单位开展应急处置工作，同时协助消防部门开展现场应急救援工作。根据火灾事故对自动化调度系统造成的实际影响，由一级运行管理单位总调度中心决定是否转由人工组织调度。火灾事故应急响应处置程序流程图见附录C。

4.3.4 应急领导小组决策机制

当火灾事故突发事件应对需要调度多个专业应急指挥部共同开展应急处置时，启动局应急领导小组决策机制，由一级运行管理单位应急办启动综合应急预案响应措施，由应急领导小组统一组织协调应对工作。

4.3.5 响应升级

当发生的火灾事故突发事件程度十分严重，超出一级运行管理单位自身控制能力范围，应及时报告上级主管部门和地方政府进行应急救援，由其统一指挥、调动各方面应急资源进行应急抢险。应急响应级别变化后，原级别的响应自行终止。

4.3.6 疏散撤离

当发生的火灾事故可能对周围居民的生命和财产安全造成威胁时，应立即报告地方政府，由地方政府组织周围民众及企业进行疏散撤离。

5 应急处置

5.1 先期处置

5.1.1 现场应急处置的总原则为减少人员伤亡、控制险情发展，具体要求如下：
- a) 初步判断火灾事故的可控性。发现险情者应迅速了解现场情况，根据起火范围、可燃物类型等判定是否具备自行扑救的能力。若判定超出扑救能力时，应立即拨打 119 报警电话，提出抢险救援请求。
- b) 紧急疏散。闸站、房屋等有人居住的构筑物发生火灾后，各区域人员应根据紧急疏散线路展开有秩序的疏散和撤离。火灾时不得乘电梯撤离，低层建筑着火时可利用消防水带等从窗口逃生。
- c) 抢救伤员。将伤者转移至安全地点，向事发地医疗部门提出救援请求，根据人员伤情进行抢救。
- d) 保证应急人员安全。火灾事故的应急救援工作危险性大，施救期间必须保证应急人员自身安全，防止被火烧伤，防止因燃烧所产生的气体而导致中毒、窒息，对电气设备灭火时还应防止触电。对采用气体消防等特殊消防手段的部位，应在启动强制通风后，在专业人员的指导下进入。

5.1.2 各级运行管理单位应根据所辖管理范围火灾风险源特点制定应急抢险处置方案，发生火灾事故后，所属各级运行管理单位根据具体情况采取应急处置措施，迅速组织本单位人员开展现场先期处置工作，控制险情的发展。

5.2 处置措施

5.2.1 现场火灾事故应急指挥机构负责应急处置中的决策和指挥，明确参与事故救援人员的责任，合理调配资源，确保救援工作高效、有序开展。
- a) 根据事故的具体情况，对事故发生的原因进行初步判断，了解事故有无进一步扩大的可能。
- b) 及时组织救援力量实施救援，迅速展开救护，将尽最大可能挽救生命放在一切工作的中心，并及时求助附近医院或政府应急部门的救援力量。

c) 在应急救援过程中对火灾事故的发展态势及影响及时进行动态监测，收集、整理应急救援情况的信息，明确人员的伤亡情况及伤亡数目有无进一步增加的可能。重要信息及时向上级单位火灾事故应急指挥部报告，为制定抢险措施、扩大应急等提供决策依据。

d) 服从消防、医疗及其他专业应急救援部门的指挥，积极做好相关应急处置配合工作。

5.2.2 专业救援部门未到现场之前，事发单位火灾事故应急指挥部立即前往现场组织开展人员搜救、处置工作，并应注意如下事项：

a) 救援工作开展时应首先确保救援人员安全，救援组成员应备有必需的安全技术装备，如防毒面具、呼吸器、手电等；进入密闭空间开展救援时应做好通风、照明措施，在确保安全的情况下才可开展工作。

b) 进入现场施救前应了解现场情况、受困人员位置、已采取的措施，了解现场安全状况，应确保相关故障设备已被隔离，现场的电源、水源、气源已关闭，不得在现场情况不明的情况下盲目进入事故现场。

c) 根据受伤人员症状采取适当的急救措施，不盲目处理，及时将伤员送至附近医院，伤员转移时，应密切关注并及时报告伤情。

5.2.3 做好与专业应急救援队伍的沟通协调等工作：

a) 派专人负责联系事发地消防、医疗等专业应急救援部门，报告事故情况，指引通往事发地点的道路。

b) 消防人员到场后，简明介绍火灾情况，并引导消防人员利用消防通道和消防设施、水源等进行扑救。

c) 协助救援人员做好火灾现场的秩序维持工作，现场设置隔离带，防止无关人员进入，避免出现二次伤害或干扰救援的情况。

5.2.4 机电、电力及自动化专业人员应及时检查火灾对设备设施造成的影响，尤其对重点设备设施应认真检查，避免因处置不当造成设备设施进一步损坏，并及时向中线建管局相关部门报告受损情况。

5.3 现场指挥与控制

5.3.1 各级运行管理单位是突发事件先期处置的责任主体，承担突发事件的应对责任，对单位范围内的突发事件负有直接指挥权、处置权。在紧急情况下，可立即下达撤人命令，组织现场人员及时、有序撤离到安全地点，减少人员伤亡。

5.3.2 事件发生后，立即拨打119、120报警，同时事发单位应立即启动应急预案，先期成立现场指挥机构，由事发现场最高职位者担任现场指挥机构指挥长，及时明确现场抢险指挥机构人员组成，在确保安全的前提下采取有效措施组织抢险救援。现场指挥机构负责统一指挥调度现场的应急抢险救援等工作，全面掌控现场情况。

5.3.3 消防、医疗及其他专业救援队伍抵达现场后，火灾事故救援应以其为主导，一级运行管理单位或二级、三级运行管理单位火灾事故应急指挥机构组织配合专业救援队伍进行现场处置。

5.3.4 各级运行管理单位根据所辖区域特点，制定应急撤离方案，明确撤离路线，在出现火灾事故时，能够与周边民众及时安全撤离。

政府部门及相关单位联系方式见附录D。

5.4 应急结束

5.4.1 火灾事故应急抢险与救援活动完成并确认危害因素消除、后续工作安排妥当后，应急处置工作即告结束。应急结束按照"谁启动、谁结束"的原则，由启动应急响应的责任单位或现场抢险指挥部做出终止执行相关应急响应的决定，宣布解除应急状态，转入常态管理。

5.4.2 火灾事故应急响应结束后，一级运行管理单位或二级运行管理单位应组织技术部门通过现场查勘等手段对火灾事故的后果进行评估，并进一步确定恢复生产的方案。

5.5 信息发布

火灾事故突发事件信息按有关规定由一级运行管理单位火灾事故应急指挥部办公室或二级运行管理单位发布。新闻发布和宣传工作由一级运行管理单位新闻宣传归口管理职能部门具体负责，按有关规定进行突发事件的新闻发布组织、现场采访管理，及时、准确、客观、全面地发布突发事件信息，正确引导舆论导向。各级运行管理单位及其人员不得随意或恶意传播有关信息。

6 应急保障

6.1 物资设备保障

根据现场实际情况，组织对专用物资和设备管理，指定专人负责，定期检查或检测，及时予以补充、更换或保养。

6.2 队伍保障

各级运行管理单位应与地方政府公安、消防等部门建立抢险救援协作机制；三级运行管理单位将自有人员、安保队伍作为先期处置队伍。

6.3 资金保障

消防专用器材设备维修保养、抢险队伍建设、消防演练培训、信息化建设和突发事件处置经费纳入工程运行管理预算，应急经费实行专项拨付、专款专用。

6.4 培训和演练

各级运行管理单位应加强对各级管理人员和应急队伍的培训，每年应结合实际情况开展火灾事故应急演练，通过演练及时总结和完善应急体系，进一步提升火灾事故突发事件风险防范意识和应急处置能力。

6.5 其他保障

6.5.1 各级运行管理单位充分利用社会应急医疗救护资源，支援现场应急救治工作。

6.5.2 各级运行管理单位充分发挥保险在突发事件预防、处置和恢复重建等方面的作用。

6.5.3 应急救援人员应配备符合救援要求的人员安全职业防护装备，严格按照救援程序开展应急救援工作，确保人员安全。

7 附则

7.1 本预案将根据实际情况的变化及时修订，中线建管局负责预案的管理工作。

7.2 本预案由中线建管局制定并负责解释。

7.3 本预案自印发之日起实施。

附录 A

表 A.1 一级运行管理单位相关职能部门联系方式

部门（中心）	电 话	传 真
总调大厅	010－88657423/88657428	010－88657525
应急办公室 （工程维护中心）	010－88657436	010－88657430
综合部	010－88657136	010－88657158
人力资源部	010－88657227	010－88657200
宣传中心	010－88657520	010－88657540
总工办（科技管理部）	010－88657306	010－88657302
总调度中心	010－88657031/88657032/88657033/88657044	010－88657035
信息机电中心 （信息科技公司）	010－88657356	010－88657180
水质与环境保护中心	010－88657378	010－88657383
安全生产部	010－88657255	010－88657250

表 A.2 二级运行管理单位联系方式

单 位	值班电话	传 真
渠首分局（分调大厅）	0377－61998600	0377－61998620
河南分局（分调大厅）	0371－67801110	0371－67801008
河北分局（分调大厅）	0311－67100777	0311－67100888
天津分局（分调大厅）	022－23904024/4072	022－23904004/4069
北京分局（分调大厅）	010－61372006	010－61372019
北京市南水北调干线管理处	010－88483908	010－88483928

附录 B

表 B.1 突发事件信息快速报告单

（编号：××分局/××管理处—××年—××号）

突发事件信息名称			
二级运行管理单位		三级运行管理单位	
发现时间	年 月 日 时 分	发生地点	
事件情况描述			
人员伤亡及损失情况			
原因分析			
采取措施			
报告人及电话		报告时间	年 月 日 时 分
以下由信息接收部门填写			
接报部门		接报人	
接报时间	月 日 时 分	联系电话	

表 B.2　突发事件信息后续报告单

（编号：××分局/××管理处—××年—××号）

突发事件信息名称			
二级运行管理单位		三级运行管理单位	
事件进展情况描述			
报告人及电话		报告时间	年　月　日　时　分
以下由信息接收部门填写			
接报部门		接报人	
接报时间	月　日　时　分	联系电话	

附录 C

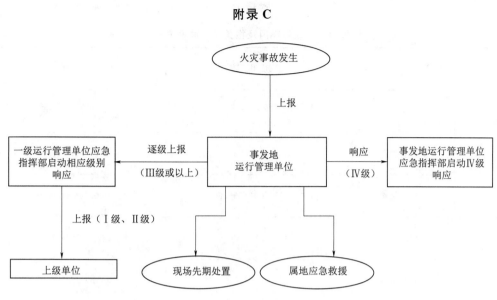

图 C.1 火灾事故应急响应处置程序流程图

附录 D

表 D.1 政府部门及相关单位联系方式

相 关 单 位		值 班 电 话	传 真
国家部委	水利部	010-63203069	010-63203070
	应急管理部	010-83933200/83933210	010-83933117
	生态环境部	010-66556006/66556007	010-66556010
河南省	水利厅	0371-65571001	0371-65951296
	应急管理厅	0371-65919777	0371-65919800
河北省	水利厅	0311-86045596（工作时间）/86045654（非工作时间）	0311-86060478（工作时间）/85185518（非工作时间）
	应急管理厅	0311-87908255	0311-87905884
天津市	水务局	022-23333605（工作时间）/23333656（非工作时间）	022-23333603（工作时间）/23333644（非工作时间）
	应急管理局	022-28450303	022-28450301
北京市	水务局	010-68556111	010-68556155
	应急管理局	010-55573784	010-55573045

Q/NSBDZX

南水北调中线干线工程建设管理局规章制度

Q/NSBDZX 409.13—2019

工程交通事故应急预案

2019－11－01发布　　　　　　　　　2019－11－01实施

南水北调中线干线工程建设管理局　发　布

工程交通事故应急预案

1 总则

1.1 编制目的

为规范南水北调中线干线工程总干渠沿线交通事故的应急管理和应急响应程序，进一步提高交通事故救援的综合管理水平和应急处置能力，及时有效地实施应急措施和救援工作，最大限度地减少交通事故造成的人员伤亡和财产损失，确保工程安全、供水安全和人身安全，制定本预案。

1.2 编制依据

本预案依据《中华人民共和国突发事件应对法》《中华人民共和国道路交通安全法》《道路交通安全法实施条例》《南水北调工程供用水管理条例》《国家突发公共事件总体应急预案》《生产安全事故应急预案管理办法》《突发事件应急预案管理办法》《生产经营单位生产安全事故应急预案编制导则》等国家法律法规和制度规定以及《南水北调工程建设期运行管理阶段工程安全应急预案》《南水北调中线干线工程突发事件应急管理办法》等编制。

1.3 适用范围

南水北调中线干线工程交通事故是指工程管理范围内路面通行车辆发生的交通安全事故，以及跨渠桥梁、交通涵洞等通行车辆造成的桥梁、渠道等其他工程设施受损的交通事故。本预案适用于南水北调中线干线工程运行期间沿线所辖范围内因车辆交通事故对运行安全和人员安全造成影响的预防和应急处置。

1.4 工作原则

工作原则：

    a) 以人为本、减少危害的原则。将保障员工和群众的生命财产和身体健康作为首要任务，提高交通安全事故的自防自救能力，最大限度地减少交通事故造成的危害。

    b) 分级负责、先行处置的原则。建立健全分类管理、分级负责的应急管理体系，做到责任明确，处置及时。

    c) 快速反应、协同应对的原则。建立与地方路政、交管部门的联动协调机制，形成统一指挥、反应灵敏、协调有序、运转高效的应急管理体系。

    d) 属地为主、依法处置的原则。在处理突发事件过程中，充分发挥地方政府的主导作用，协助政府职能部门依法处置，禁止越权处置或替代有关部门的执法职能。

2 风险分析和分级

2.1 风险分析

2.1.1 基本情况

a）南水北调中线干线工程总干渠沿线跨渠桥梁1238座，其中公路桥766座，生产桥472座，随着今后地方道路建设的发展，跨渠桥梁数量将进一步增加。跨渠桥梁与地方道路连接，存在发生交通事故的风险，部分事故还可能会对跨渠桥梁或渠道造成破坏。

b）南水北调中线干线工程总干渠部分渡槽、涵洞等结构与地面道路交通形成立体交叉，交叉部位的路面存在发生交通事故的风险，部分事故可能会对总干渠交叉建筑物结构造成破坏。

c）南水北调中线干线工程总干渠左右岸铺设有运行维护道路，沿线各管理处、闸站一般也铺设对外连接道路，日常工程巡查或维护车辆通行频繁；因此也存在发生交通安全事故的风险。

2.1.2 危险源

根据工程运行与工程巡查或维护等各个环节的实际特点，通过对危险源辨识和评价的方法进行事故风险分析，存在的交通事故危险源主要包括：

a）驾驶人违反交通规则、酒驾、疲劳驾驶等原因，或由于载货车辆超载、超宽、超高等原因，容易引发交通事故。

b）车辆自身缺陷或未按规定保养及检修，存在安全隐患，容易引发交通事故。

c）天气原因等影响造成路况不良，容易引发交通事故。

d）道路警示标识不全或没有警示标识，容易引发交通事故。

e）道路破损未及时修复，或有障碍物，容易引发交通事故。

2.1.3 危害分析

通过对道路交通危险源辨识和评价，上述危险源均可对人员和设备造成伤害和损失，跨渠桥梁发生交通事故还可能导致桥梁结构受损、车辆坠落渠道、影响水质等严重后果，尤其是载客车辆发生交通事故时，危害更加严重。

2.2 交通事故分级

根据国家有关规定和标准要求，结合南水北调中线干线工程特点，按照造成交通事故的性质、可控性、严重程度和影响范围等因素，分为4个级别：Ⅰ级、Ⅱ级、Ⅲ级和Ⅳ级（由重到轻）。

a）凡符合下列情形之一的，为Ⅰ级：

1）造成或可能造成30人（含）以上死亡，或100人（含）以上重伤的交通事故。

2）视交通事故对工程安全、供水安全及社会影响等综合因素，可能造成特别重大损失或影响的交通事故。

b）凡符合下列情形之一的，为Ⅱ级：

1）造成或可能造成10人（含）以上30人以下死亡，或50人（含）以上100人以下重伤的交通事故。

2）视交通事故对工程安全、供水安全及社会影响等综合因素，可能造成重大损失或影响的交通事故。

c）凡符合下列情形之一的，为Ⅲ级：

1）造成或可能造成3人（含）以上10人以下死亡，或10人（含）以上50人以下重伤的交通事故。

2）视交通事故对工程安全、供水安全及社会影响等综合因素，可能造成较大损失或影响的交通事故。

d）凡符合下列情形之一的，为Ⅳ级：

1）造成或可能造成3人以下死亡，或3人以上、10人（含）以下重伤的交通事故。

2）视交通事故对工程安全、供水安全及社会影响等综合因素，可能造成一定影响的交通事故。

3 组织机构与职责

3.1 组织机构

3.1.1 机构组成

一级运行管理单位交通事故应急指挥机构在南水北调中线干线工程突发事件应急领导小组领导下开展工作。一级运行管理单位交通事故应急指挥机构由一级运行管理单位（中线建管局）、二级运行管理单位（各分局、北京市南水北调干线管理处）、三级运行管理单位（各现地管理处、陶岔电厂、大宁管理所、西四环管理所）。一级、二级运行管理单位联系方式见附录A。

3.1.2 一级运行管理单位

3.1.2.1 一级运行管理单位交通事故应急指挥部：

为加强中线干线工程交通事故应急处置工作，确保工程安全，成立一级运行管理单位交通事故应急指挥部，组成人员如下：

a）指挥长：分管局领导。

b）成员：副总师、有关部门负责人、二级运行管理单位负责人。

3.1.2.2 交通事故应急指挥部办公室：

交通事故应急指挥部办公室设在一级运行管理单位交通安全管理部门，交通安全管理部门负责人兼任办公室主任。

3.1.3 二级运行管理单位

二级运行管理单位成立突发事件应急指挥部，指挥长由二级运行管理单位负责人担任，副指挥长由二级运行管理单位副职担任，成员由二级运行管理单位职能处室负责人及三级运行管理单位负责人组成。应急指挥部下设应急办公室。根据抢险需要，可临时成立现场抢险指挥机构。

3.1.4　三级运行管理单位

三级运行管理单位成立突发事件应急处置小组，组长由三级运行管理单位负责人担任，副组长由三级运行管理单位副职担任，成员由三级运行管理单位相关科室等有关人员组成。

3.2　职责

3.2.1　一级运行管理单位

3.2.1.1　交通事故应急指挥部职责：
- a）审定交通事故应急预案。
- b）组织检查交通事故应急预案的落实情况。
- c）研究确定应急处理方案，负责统一指挥交通事故应急处置工作，当交通事故超出一级运行管理单位处置能力时，依程序请求上级单位和事发地公安、交通及消防部门支援。
- d）分析总结交通事故应对工作。
- e）完成应急管理领导小组交办的其他工作。

3.2.1.2　交通事故应急指挥部办公室职责：
- a）落实交通事故应急指挥部部署的各项任务。
- b）负责交通事故应急指挥部的日常工作，组织、协调、检查、指导各级运行管理单位交通事故应急处置工作。
- c）组织修订、完善本应急预案，监督检查各级运行管理单位现场应急处置方案的制定、演练等工作。
- d）完成应急管理领导小组交办的其他工作。

3.2.2　二级运行管理单位

突发事件应急指挥部职责：
- a）贯彻执行交通事故应急指挥部指示，开展本单位所辖区段交通事故应急抢险工作。
- b）及时启动本预案规定级别的交通事故应急预案。
- c）配合做好一级运行管理单位交通事故应急指挥部布置的有关工作。
- d）适时组织三级运行管理单位开展交通事故应急演练。
- e）完成上级单位交办的其他工作。

3.2.3　三级运行管理单位

突发事件应急处置小组职责：
- a）及时联系事发地交管、医疗等部门参与交通事故应急抢险工作，及时组织对交通事故进行先期处置。

    b) 及时掌握和上报交通事故发生发展情况。

    c) 配合事发地交管等部门对交通事故的原因进行调查取证。

    d) 落实各项交通安全规定，做好上级单位布置的交通事故演练等有关工作。

    e) 完成上级单位交办的其他工作。

4 应急响应

4.1 事故预防

各级运行管理单位通过交通风险辨识和风险评价，对交通风险开展监测和监控，开展针对性治理。对不能消除或不能降低到可接受程度的风险，及时报告一级运行管理单位交通事故应急指挥部办公室，并应做好针对性监控措施，避免或降低交通事故发生的可能。

4.1.1 风险监控

4.1.1.1 内部车辆安全监控措施：

    a) 强化、细化安全行车规定，约束驾驶人违章、违法驾驶车辆的行为，落实驾驶人交通安全责任制，车辆不得超速、超载行驶。

    b) 在每次行车前、后，车辆驾驶人应对所驾驶的车辆例行安全检查工作。

    c) 运行维护路面应有专人维护，及时清理路面杂物。

    d) 保证运行管理范围内场区的对外交通畅通，夜间行车路段应保证照明亮度，事故多发路段应安装监控录像设备。

4.1.1.2 跨渠桥梁及与总干渠交叉道路交通安全监控措施：

    a) 各级运行管理单位所辖渠段的跨渠桥梁应正式移交当地交通管理部门进行管理及维护。

    b) 桥梁通行车辆的交通安全管理按照属地原则，由当地交管部门负责。

    c) 跨渠桥梁及连接路应按照有关交通规定，设置交通安全设施，通行车辆须按照标识限速、限载行驶。

    d) 配合地方交管部门，采取有效监督手段，尽量避免超载车辆在跨渠桥梁上通行。

4.1.2 完善预防机制

各级运行管理单位应针对可能发生的道路交通事故，完善预防机制，开展风险分析，做到早发现、早报告、早处置。根据天气预报或实际天气情况，对雷电、暴雨、大风、雨雪、道路结冰、大雾等恶劣天气对道路交通可能带来的不利影响进行防范，并在管理范围内的主要交通道路及对外专用公路出入口处树立警示牌。如遇施工、维修、塌方或其他意外险情时，管理人员必须设置警示线、警示牌。

4.2 信息报送

4.2.1 交通事故信息报送程序

4.2.1.1 交通事故发生后，现场有关人员应立即采取应急处置措施并报告所属三级运行管理单位，三级运行管理单位应立即向所属二级运行管理单位报告。

4.2.1.2 二级运行管理单位接到交通事故报告后，按以下方式处理：

a）若符合Ⅳ级交通事故条件，应立即启动Ⅳ级响应，并及时向一级运行管理单位报告。

b）若符合Ⅲ级或以上交通事故条件，应立即向一级运行管理单位报告，按一级运行管理单位指示开展应急响应工作。

4.2.1.3 一级运行管理单位接到交通事故报告后，按以下方式处理：

a）若符合Ⅳ级交通事故条件，实行日报跟踪指导。

b）若符合Ⅲ级交通事故条件，应立即组织相应级别的响应。

c）若符合Ⅰ级、Ⅱ级交通事故条件，应立即组织相应级别的响应，并及时向上级单位报告。

4.2.1.4 各级运行管理单位应快速、准确、翔实地报告交通事故的信息。报告方式可先采用电话口头报告，2h内提交书面报告。特别紧急的情况下，由现场人员或所属三级运行管理单位直接向一级运行管理单位报告。

4.2.2 报告内容

交通事故信息书面报告应包括：灾害发生的时间、地点、影响范围、工程运行情况、人员伤亡情况、原因初步分析、采取的应急措施和发布机构等。交通事故信息报告应简明扼要。对于当前无法做出分析或判断的内容可不写入报告。突发事件信息快速报告单见附录B。

4.3 响应程序

4.3.1 发生Ⅰ级、Ⅱ级交通事故，一级运行管理单位交通事故应急指挥部启动相应Ⅰ级、Ⅱ级应急响应，并立即报告上级单位。交通事故应急指挥部指挥长带领相关人员赶赴现场，配合事发地交管、医疗等部门开展应急救援工作。对于因交通事故造成工程受损并影响供水的，还应及时启动工程安全事故应急预案和突发事件应急调度预案；对于造成总干渠水体污染的，还应及时启动水污染事件应急预案。

4.3.2 发生Ⅲ级交通事故，一级运行管理单位交通事故应急指挥部启动Ⅲ级应急响应，交通事故应急指挥部派出相关人员赶赴现场，配合事发地交管、医疗等部门开展应急救援工作。对于因交通事故造成工程受损并影响供水的，还应及时启动工程安全事故应急预案和突发事件应急调度预案；对于造成总干渠水体污染的，还应及时启动水污染事件应急预案。

4.3.3 发生Ⅳ级交通事故，二级运行管理单位突发事件应急指挥部启动Ⅳ级应急响应，并立即报告一级运行管理单位。二级运行管理单位指挥长（或副指挥长）带领相关人员赶赴现场组织开展应急救援，一级运行管理单位视情况派人员赶赴现场。对于因交通事故造成工程受损并影响供水的，还应由其他专业启动相应的应急预案。

4.3.4 未危及人员生命安全或经济损失较小，且不需要启动其他应急预案的，则不启动应急响应，由三级运行管理单位配合地方交管部门或自行处置。

4.3.5 发生交通事故后，各级交通事故应急指挥部根据灾害的严重程度，通过联络始发地交通管理部门、医疗部门或其他社会力量参与交通事故的应急处置工作。

4.3.6 交通事故应急抢险与救援活动完成并确认危害因素消除、后续工作安排妥当后，按照"谁启动、谁结束"的原则，由启动应急预案的交通事故应急指挥部指挥长宣布应急结束，并通知运行管理单位。应急响应级别变化后，原级别的响应自行终止。交通事故应急响应处置程序流程图见附录C。

5 应急处置

5.1 应急处置措施

5.1.1 现场交通事故应急指挥机构负责应急处置的决策和指挥，明确参与事故救援人员的责任，合理调配资源，确保救援工作高效、有序开展。

  a) 根据事故的具体情况，对事故发生的原因进行初步判断，分析事故有无进一步扩大的可能。

  b) 及时组织救援力量实施救援，迅速展开医疗救护，将尽最大可能挽救生命放在一切工作的中心，并及时求助附近医院或政府应急部门的救援力量。

  c) 在应急救援过程中对交通事故的发展态势及影响及时进行动态监测，收集、整理应急救援情况的信息，明确人员的伤亡情况、预判伤亡数目有无进一步增加的可能。重要信息及时向上级单位交通事故应急指挥部报告，为制定抢险措施、扩大应急等提供决策依据。

  d) 服从交管、医疗及其他专业应急救援部门的指挥，积极做好相关应急处置配合工作。

5.1.2 对于跨渠桥梁或管理范围以外的交通事故，应在第一时间报警并通知事发地交管部门赶到现场进行处置。事故调查应由辖区交管部门负责对事故现场勘察，对事故原因等进行调查取证处理工作，现场运行管理单位应积极配合交通事故调查处理。

5.1.3 对于管理范围内的交通事故，发现者应立即向三级运行管理单位负责人报告，三级运行管理单位派人赶赴现场，根据现场应急处置方案开展救援工作，并根据严重情况决定是否启动应急预案。若需属地应急救援时，应立即联络事发地交管、消防、医疗等部门，提出抢险救援请求。

5.1.4 保证应急人员安全。交通事故的应急救援工作危险性大，施救期间必须保证应急人员自身安全，应意识到已发生事故的车辆存在燃烧、爆炸的可能，故应及时报警，尽可能由专业救援人员进行处置。

5.2 注意事项

5.2.1 救援工作开展时应首先确保救援人员安全，救援人员应备有必要的救援技术装备，如消防、破拆器材等；必要时请求事发地交管、消防部门组织消防车辆、特种救援器材设备，如大型清障车、吊车等及时到达现场。

5.2.2 进入事故现场施救前应了解现场情况、受困人员位置、已采取的措施，禁止在现场情况不明的情况下盲目进入事故现场。

5.2.3 根据受伤人员症状采取适当的急救措施，及时将伤员送至附近医院，伤员转移时，应密切关注并及时报告伤情。

5.2.4 做好与专业应急救援队伍的沟通协调等工作：

 a）派专人负责联系事发地交管、医疗等专业应急救援部门，报告事故情况，指引通往事发地点的道路。

 b）协助救援人员做好交通事故救援现场的秩序维持工作，疏导通行车辆、人员，避免出现围观或其他干扰救援的情况。

5.2.5 三级运行管理单位应根据辖区的"风险清单"和"应急资源"情况制定应急现场处置方案，发生交通事故后所属三级运行管理单位根据具体情况并参照应急现场处置方案制定应急处置措施，迅速组织本单位人员开展现场先期处置工作，控制险情的发展。

5.3 现场指挥与控制

交管、医疗及其他专业救援队伍抵达现场后，交通事故救援应以其为主导，一级或二级、三级运行管理单位交通事故应急指挥部组织配合专业救援队伍进行现场处置。

政府部门及相关单位联系方式见附录 D。

5.4 应急结束

交通事故应急响应基本结束后，一级或二级运行管理单位应组织技术部门通过现场查勘等手段对交通事故的后果进行评估，并进一步确定恢复正常运行的方案。

6 应急保障

6.1 通信与信息保障

一级运行管理单位与二级、三级运行管理单位建立有线、无线相结合的应急通信系统；与地方人民政府及有关部门建立应急电话联络机制，确保通信畅通。

6.2 物资保障

二级、三级运行管理单位根据现场实际情况，组织对专用、急用物资和部分应急设备进行现场储备，加强对物资和设备管理，及时予以补充和更新。二级运行管理单位与沿线省市交通部门建立互调机制，三级运行管理单位对周边社会物资和设备进行摸排调查，建立联系，需要时可得到支援。

6.3 资金保障

突发事件处置经费纳入工程运行管理预算，实行专项拨付、专款专用。

6.4 其他保障

6.4.1 各级运行管理单位充分利用社会应急医疗救护资源，支援现场应急救治工作。

6.4.2 各级运行管理单位充分发挥保险在突发事件预防、处置和恢复重建等方面的作用。

6.4.3 应急救援人员应配备符合救援要求的人员安全职业防护装备，严格按照救援程序开展应急救援工作，确保人员安全。

6.4.4 按照国家法律法规、标准、规范的要求，在管理区域内建立紧急疏散地或应急避难场所。配合政府部门使受到突发事件影响的公众得到安置。

6.5 培训和演练

各级运行管理单位应加强对各级管理人员和应急队伍的培训，每年应结合实际情况开展应急演练，通过演练及时总结和完善相关应急体系。

7 附则

7.1 本预案应根据实际情况的变化及时修订，中线建管局负责预案的管理和修订等工作。

7.2 本预案由中线建管局制定并负责解释。

7.3 本预案自印发之日起实施。

附录 A

表 A.1 一级运行管理单位相关职能部门联系方式

部门（中心）	电 话	传 真
总调大厅	010－88657423/88657428	010－88657525
应急办公室（工程维护中心）	010－88657436	010－88657430
综合部	010－88657136	010－88657158
人力资源部	010－88657227	010－88657200
宣传中心	010－88657520	010－88657540
总工办（科技管理部）	010－88657306	010－88657302
总调度中心	010－88657031/88657032/88657033/88657044	010－88657035
信息机电中心（信息科技公司）	010－88657356	010－88657180
水质与环境保护中心	010－88657378	010－88657383
安全生产部	010－88657255	010－88657250

表 A.2 二级运行管理单位联系方式

单 位	值班电话	传 真
渠首分局（分调大厅）	0377－61998600	0377－61998620
河南分局（分调大厅）	0371－67801110	0371－67801008
河北分局（分调大厅）	0311－67100777	0311－67100888
天津分局（分调大厅）	022－23904024/4072	022－23904004/4069
北京分局（分调大厅）	010－61372006	010－61372019
北京市南水北调干线管理处	010－88483908	010－88483928

附录 B

表 B.1 突发事件信息快速报告单

（编号：××分局/××管理处—××年—××号）

突发事件 信息名称	

二级运行 管理单位		三级运行 管理单位	

发现时间	年 月 日 时 分	发生地点	

事件 情况描述	

人员伤亡及 损失情况	

原因分析	

采取措施	

报告人 及电话		报告时间	年 月 日 时 分

以下由信息接收部门填写

接报部门		接报人	

接报时间	月 日 时 分	联系电话	

表 B.2 突发事件信息后续报告单

（编号：××分局/××管理处—××年—××号）

突发事件信息名称			
二级运行管理单位		三级运行管理单位	
事件进展情况描述			
报告人及电话		报告时间	年 月 日 时 分
以下由信息接收部门填写			
接报部门		接报人	
接报时间	月 日 时 分	联系电话	

附录 C

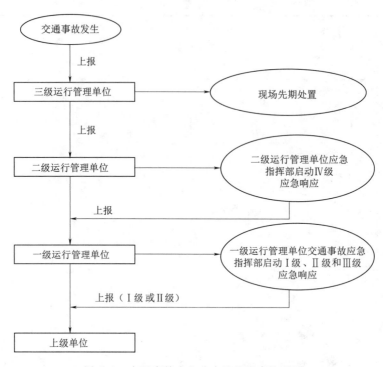

图 C.1　交通事故应急响应处置程序流程图

附录 D

表 D.1 政府部门及相关单位联系方式

相 关 单 位		值 班 电 话	传 真
国家部委	水利部	010 – 63203069	010 – 63203070
	应急管理部	010 – 83933200/83933210	010 – 83933117
	生态环境部	010 – 66556006/66556007	010 – 66556010
河南省	水利厅	0371 – 65571001	0371 – 65951296
	应急管理厅	0371 – 65919777	0371 – 65919800
河北省	水利厅	0311 – 86045596（工作时间）/ 86045654（非工作时间）	0311 – 86060478（工作时间）/ 85185518（非工作时间）
	应急管理厅	0311 – 87908255	0311 – 87905884
天津市	水务局	022 – 23333605（工作时间）/ 23333656（非工作时间）	022 – 23333603（工作时间）/ 23333644（非工作时间）
	应急管理局	022 – 28450303	022 – 28450301
北京市	水务局	010 – 68556111	010 – 68556155
	应急管理局	010 – 55573784	010 – 55573045

Q/NSBDZX

南水北调中线干线工程建设管理局规章制度

Q/NSBDZX 409.14—2019

工程冰冻灾害应急预案

2019－11－01发布　　　　　　　2019－11－01实施

南水北调中线干线工程建设管理局　发　布

工程冰冻灾害应急预案

1 总则

1.1 编制目的

为规范南水北调中线干线工程冰冻灾害的应急管理和应急响应程序，提高冰冻灾害的综合防御和应急处置能力，最大限度地减少人员伤亡和财产损失，确保工程安全和供水安全，制定本预案。

1.2 编制依据

本预案依据《中华人民共和国突发事件应对法》《南水北调工程供用水管理条例》《生产安全事故应急预案管理办法》《突发事件应急预案管理办法》《国家突发公共事件总体应急预案》《国家气象灾害应急预案》《生产经营单位生产安全事故应急预案编制导则》等国家法律法规和制度规定以及《南水北调中线干线工程突发事件应急管理办法》《南水北调中线干线工程突发事件综合应急预案》等编制。

1.3 适用范围

本预案适用于南水北调中线干线工程运行期间所辖范围内发生冰冻灾害的预防和应急处置工作。

1.4 工作原则

1.4.1 预防为主、科学应对的原则。做好冬季工程设施管理和维护、物资储备、队伍建设演练等工作，减少冰冻灾害造成危害的发生概率。依靠科技，充分发挥专家队伍和专业人员的作用，提高应对突发事件能力。

1.4.2 以人为本，减少危害的原则。在冰冻灾害应急处置中，切实履行运行管理职能，把人民生命财产安全和供水安全作为首要任务，最大限度地减少冰冻灾害造成的人员伤亡和危害。

1.4.3 分级负责，先行处置的原则。建立健全分类管理、分级负责的应急管理机制，做到早发现早处置，结合现场条件采取处置措施尽量控制工程险情的发展。

1.4.4 快速反应，协同应对的原则。加强应急处置队伍建设，建立与地方政府联动协调制度，依靠社会力量，形成统一指挥、反应灵敏、协调有序、运转高效的应急管理机制。

1.4.5 依法处置，及时通报的原则。发生冰冻灾害时，如涉及地方，应及时通报并协助政府职能部门依法处置，禁止越权处置或替代有关部门的执法职能。

2 风险分析和分级

2.1 工程基本情况

南水北调中线干线工程自河南省淅川县陶岔渠首开始，沿线经过河南、河北、北京、天津 4 个省（直辖市），跨越长江、淮河、黄河、海河四大流域，全长 1432km，水流由低纬度流向高纬度，冰期输水不可避免，南北冻、融情况不同造成冰期运行控制难度大。南水北调中线干线工程安阳河以北渠段将可能受到不同程度冰冻影响，在结冰期和融冰期，有可能诱发渠道冰塞、冰坝等灾害，导致水位骤升，水流漫溢，严重时造成堤坝决口、供水中断和水工建筑物破坏。冰期通常为每年 12 月上旬到次年 3 月下旬，冰冻期为90d 左右。

2.2　冰冻灾害风险分析

南水北调中线干线工程冰期运行渠段存在冰塞、冰坝、设备故障、工程破坏突发事件等冰冻灾害风险：

　　a）冰塞、冰坝突发事件主要由于冰冻原因，在总干渠弯道、桥下、断面突然扩大或收缩处、渡槽前后、倒虹吸进口、拦污栅前、暗涵及 PCCP 进口等位置，出现冰花、碎冰临时堆积，形成冰塞、冰坝，减少渠道过水断面，造成上游水位壅高，从而威胁工程和运行安全。

　　b）设备故障突发事件主要由于冰冻原因，造成供电系统、自动化调度系统、金结、机电（如退水闸受冰冻影响无法开启）等设备故障。

　　c）冻胀破坏突发事件主要由于冰冻原因，造成渠道衬砌板断裂、变形，混凝土表面剥蚀等工程损坏。

2.3　冰冻灾害分级

南水北调中线干线工程冰冻灾害突发事件指由于冰冻原因造成工程受损、供水中断、人身伤亡及经济损失等事故，按照其性质、可控性、严重程度和影响范围等因素，分为 4个级别：Ⅰ级、Ⅱ级、Ⅲ级和Ⅳ级（由重到轻）。

　　a）凡符合下列情形之一的，为Ⅰ级：

　　　　1）总干渠过水断面出现严重冰塞、冰坝等险情，造成渠道供水中断。

　　　　2）总干渠过水断面受到冰塞、冰坝等影响，造成渠水漫溢。

　　　　3）冰冻造成工程发生破坏，符合《南水北调中线干线工程运行期工程安全事故应急预案》中认定为Ⅰ级的。

　　b）凡符合下列情形之一的，为Ⅱ级：

　　　　1）总干渠过水断面受到冰塞、冰坝等影响，造成总干渠水位达到或超过预警水位（加大水位＋0.1m）。

　　　　2）总干渠过水断面发生冰塞、冰坝等险情，造成供水流量大面积减少。

　　　　3）冰冻造成工程发生破坏，符合《南水北调中线干线工程运行期工程安全事故应急预案》中认定为Ⅱ级的。

　　c）凡符合下列情形之一的，为Ⅲ级：

　　　　1）总干渠过水断面受到冰塞、冰坝等影响，造成总干渠水位达到或超过加大水位。

　　　　2）总干渠过水断面发生冰塞、冰坝等险情，造成供水流量局部减少。

　　　　3）冰冻造成工程发生破坏，符合《南水北调中线干线工程运行期工程安全事故应急预案》中认定为Ⅲ级的。

d) 凡符合下列情形之一的，为Ⅳ级：

1) 总干渠过水断面受到冰塞、冰坝等影响，造成总干渠水位超过设计水位。

2) 总干渠过水断面发生冰塞、冰坝等险情，暂不对供水流量造成影响。

3) 冰冻造成工程发生破坏，符合《南水北调中线干线工程运行期工程安全事故应急预案》中认定为Ⅳ级的。

3 组织机构及职责

3.1 组织机构

3.1.1 机构组成

南水北调中线干线工程冰冻灾害应急指挥机构由一级运行管理单位（中线建管局）、二级运行管理单位（各分局、北京市南水北调干线管理处）、三级运行管理单位（各现地管理处、陶岔电厂、大宁管理所、西四环管理所）组成。

3.1.2 一级运行管理单位

3.1.2.1 一级运行管理单位冰冻灾害应急指挥部：

为加强中线干线工程冰冻灾害应急处置工作，确保工程安全供水，成立一级运行管理单位冰冻灾害应急指挥部，冰冻灾害应急指挥部在南水北调中线干线工程突发事件应急管理领导小组领导下开展工作。

a) 指挥长：分管局领导。

b) 成员：副总师、相关职能部门负责人、二级运行管理单位负责人。

3.1.2.2 冰冻灾害应急指挥部办公室：

一级运行管理单位冰冻灾害应急指挥部下设办公室，办公室设在一级运行管理单位冰冻灾害归口管理职能部门，部门负责人兼任办公室主任。

3.1.2.3 现场抢险指挥部：

当发生重大及以上冰冻灾害时，根据应急处置工作需要，一级运行管理单位冰冻灾害应急指挥部应设现场抢险指挥部，由局领导担任指挥长和副指挥长，副总师、冰冻灾害归口管理职能部门、相关职能部门、二级运行管理单位、三级运行管理单位有关人员组成，下设工作职能组，具体负责突发事件指挥和处置等应对工作。

3.1.3 二级运行管理单位

二级运行管理单位成立突发事件应急指挥部，指挥长由二级运行管理单位负责人担任，副指挥长由二级运行管理单位副职担任，成员由二级运行管理单位职能处室负责人及三级运行管理单位负责人组成。

3.1.4 三级运行管理单位

三级运行管理单位成立突发事件应急处置小组，组长由三级运行管理单位负责人担任，副组长由三级运行管理单位副职担任，成员由三级运行管理单位相关科室有关人员组成。

3.2 工作职责

3.2.1 一级运行管理单位

3.2.1.1 冰冻灾害应急指挥部职责：
   a) 执行落实突发事件应急管理领导小组各项决策意见。
   b) 审查冰冻灾害专项应急预案。
   c) 负责Ⅰ级、Ⅱ级、Ⅲ级冰冻灾害预警和响应工作，组织召开应急会商会。
   d) 分析研判突发事件，提出相关应急响应意见，并及时报告应急管理领导小组。
   e) 根据突发事件发展演变情况，提出应急处置措施供应急管理领导小组决策。
   f) 组织研究冰冻灾害研究处置方案，统一指挥突发事件现场应急处置工作。
   g) 负责突发事件现场应急指挥内、外部协调工作。
   h) 负责完成突发事件应急管理领导小组交办的其他工作。

3.2.1.2 冰冻灾害应急指挥部办公室职责：
   a) 负责一级运行管理单位冰冻灾害应急指挥部的日常工作，组织、协调、检查、指导各级运行管理单位冰冻灾害应急处置工作。
   b) 组织修订、完善冰冻灾害应急预案，监督检查各级运行管理单位现场应急预案和处置方案的制订、演练和培训等工作。
   c) 负责或参与冰冻灾害预警响应工作，并及时向冰冻灾害应急指挥部报告。

3.2.1.3 现场抢险指挥部职责：
   a) 执行落实突发事件应急管理领导小组各项决策意见。
   b) 具体负责冰冻灾害现场抢险指挥和处置应对工作。
   c) 负责完成突发事件应急管理领导小组交办的其他工作。

3.2.2 二级运行管理单位

突发事件应急指挥部职责：
   a) 贯彻落实突发事件应急管理领导小组各项决策意见。
   b) 研究部署本单位所辖区段冰冻灾害应急管理工作。
   c) 审批本单位所辖工程突发事件综合应急预案。
   d) 负责所辖区段冰冻灾害Ⅳ级预警和响应的发布和解除，对Ⅲ级及以上冰冻灾害预警和响应提出初步意见。
   e) 组织指挥或参与冰冻灾害现场应急处置工作，服从上级部门或地方政府开展的应急处置工作。
   f) 负责与工程沿线市（县）应急处置机构建立联络和应急响应机制。
   g) 完成突发事件应急管理领导小组交办的其他工作。

3.2.3 三级运行管理单位

突发事件现场处置小组职责：

a) 贯彻落实上级单位和地方政府有关突发事件应急管理规章制度。

b) 负责编制三级运行管理单位辖区段现场应急处置方案。

c) 负责所辖区段冰冻灾害风险排查、冰期巡查、监测等。

d) 负责冰冻灾害工程险情先期处置工作。

e) 负责冰冻灾害应急演练、培训工作。

f) 建立与属地政府的联络机制。

g) 完成上级应急指挥部交办的其他工作。

4 应急响应

4.1 预防预警

4.1.1 预警信息

4.1.1.1 冰期建立气象、冰情监测制度和信息共享工作机制，密切关注天气预报，多途径实时监控，实现对暴雪、冰冻、寒潮等天气动态监测，为预警预报和冰冻灾害预防决策提供技术支撑。通过中线工程防洪信息管理系统、中线天气 APP、中央气象台网、中国天气、各类气象网站等，查看天气预报、实时气温信息、水温信息、暴雪信息、寒潮信息等。同时加强与沿线省（直辖市）、市（县）气象部门单位联系和信息沟通，及时掌握沿线低温、寒潮及冰冻灾害预警响应信息。发现冰情险情信息后，各级运行管理机构于第一时间上报。

4.1.1.2 工程安全监测单位和三级运行管理单位收集整理与冰冻灾害预防预警有关的数据资料和相关信息，评价冰冻灾害情况和应对措施建议，建立冰情监测、预报、预警等资料数据库，实现各部门间信息的共享，并及时向上级冰冻灾害应急指挥机构报告可能出现的冰冻灾害安全风险。

4.1.1.3 运行管理单位应定期组织对重要工程（包括其他行业穿越南水北调总干渠的重要工程）及部位进行冰冻灾害的安全评价。冰冻灾害安全评价工作以运行调度记录、冰情监测资料和巡查记录为基础，根据相关规范规程要求，对工程安全进行评价，并提出可能影响工程安全有关问题的处置措施和建议。

4.1.2 预警分级

当国家或沿线省（直辖市）有关部门发布工程沿线区域预警响应信息时，根据对工程的影响程度结合总干渠水温、流态等情况，视情况需及时发布冰冻灾害预警通知。冰冻灾害预警包括暴雪、冰冻、寒潮等，按照冰冻灾害发生的紧急程度、发展势态和可能造成的危害程度，预警级别由高到低分别为Ⅰ级、Ⅱ级、Ⅲ级和Ⅳ级，Ⅰ级为最高级别，依次用红色、橙色、黄色、蓝色标示：

a) Ⅰ级预警（红色）：国家气象部门发布暴雪、冰冻、寒潮等红色预警信息时。沿线气象部门发布低温、雨雪灾害气象风险、冰冻、寒潮红色预警。

b) Ⅱ级预警（橙色）：沿线气象部门发布暴雪、冰冻、寒潮橙色预警。

c) Ⅲ级预警（黄色）：沿线气象部门发布暴雪、冰冻、寒潮黄色预警。

d) Ⅳ级预警（蓝色）：沿线气象部门发布暴雪、冰冻、寒潮蓝色预警。

4.1.3 预警发布、调整和解除

Ⅰ级、Ⅱ级和Ⅲ级预警由一级运行管理单位冰冻灾害应急指挥部办公室负责发布、调整和解除。Ⅳ级预警由二级运行管理单位负责发布和解除，并报一级运行管理单位冰冻灾害指挥部办公室备案。根据冰情发展、变化情况和影响程度，可适时调整预警级别。当确定冰冻灾害不可能发生或冰情已经解除时，由发布单位宣布解除预警。预警信息的发布、调整和解除可通过电话或书面通知等方式进行。

4.1.4 预警信息内容

预警信息包括冰冻灾害突发事件的预警级别、起始时间、可能影响范围、气温、总干渠水位、流速、冰情、警示事项、应采取的措施和发布单位等。

4.1.5 预警行动

4.1.5.1 在预警发出后，一级运行管理单位冰冻灾害应急指挥部办公室和相关二级、三级运行管理单位应立即做出响应，可采取以下措施：

a) 二级、三级运行管理单位负责人应在现场值守，靠前指挥，保持 24 小时通信畅通。

b) 一级运行管理单位发布预警后应派相关人员到现场进行督导，二级运行管理单位组织做好应急抢险准备工作，应急抢险队伍人员和设备处于临战状态，通知抢险队伍后方总部做好相关抢险资源准备，提前布防抢险物资和设备。三级运行管理单位日常维护队伍做好先期处置准备工作。

c) 做好工程巡查和应急值班工作，密切关注天气、气温和水温变化情况，加密监测巡查频次，对险情可能发生部位进行监控，发现冰情、险情、突发事件应于第一时间上报。

4.1.5.2 冰冻灾害预警监控及巡查工作内容包括：

a) 巡查总干渠弯道、桥下、断面突然扩大或收缩处、渡槽前后、倒虹吸进口、拦污栅前等位置，是否有冰花、碎冰临时堆积，是否形成冰塞、冰坝。

b) 供电系统、自动化调度系统、金结、机电（如退水闸受冰冻影响无法开启）等设备是否正常运行使用。

c) 对融冰、拦冰、扰冰、排冰设备设施进行巡视检查，保证完好和正常使用。

d) 巡查渠道内结冰情况，结冰厚度、长度、面积，渠道衬砌板断裂、变形，混凝土表面剥蚀等工程损坏情况。

4.2 信息报送

4.2.1 信息报告

4.2.1.1 冰冻灾害突发事件信息宜按规定逐级上报，紧急情况下可越级上报。信息报告

先电话报告，随后书面报告。各单位或部门在发现和接到突发事件信息后，按照"接报即报、随时续报"的要求，立即进行上报，不得延误。

4.2.1.2 突发事件信息报告实行"双线"报告制度，即突发事件信息报告各级值班室的同时报告相关专业职能部门（处室）。突发事件报告包含以下内容：时间、地点、事件基本情况、人员伤亡及损失情况、已采取及建议采取的措施等。突发事件信息快速报告单内容及格式见附录 B。

4.2.1.3 突发事件处置过程中，对突发事件动态情况、应急响应、应急处置后续进展情况、应急结束等，应及时按照电话、书面流程续报。事件处置进展视情况及时续报，直至应急处置结束。

4.2.2 信息报告流程

4.2.2.1 电话报告流程
4.2.2.1.1 三级运行管理单位：

a) 现场人员发现或接到突发事件后，立即电话报告负责人和中控室值班人员。

b) 负责人接到报告，经核实后 10min 之内电话报告二级运行管理单位领导，同时安排人员报分调度中心和二级运行管理单位相关专业职能处室。

c) 突发事件按规定需报地方政府相关部门时，经请示后及时报告地方政府。

4.2.2.1.2 二级运行管理单位：

a) 分调度中心值班人员发现或接到突发事件信息电话报告后，立即报告带班领导，并通知工程处和相关专业职能处室。

b) 工程处和专业职能处室接到突发事件信息电话报告后，立即报告专业分管领导，分管领导接到报告后立即报告二级运行管理单位负责人。

c) 负责人接到突发事件信息电话报告后，10min 之内报告一级运行管理单位领导，同时安排人员电话报告总调度中心和局机关专业职能部门。

d) 分调度中心值班人员或专业职能处室人员接到领导指示后及时进行传达，并继续跟踪事件处置进展，做好接报和续报工作。

4.2.2.1.3 一级运行管理单位：

a) 总调度中心值班人员接到突发事件信息电话报告后，10min 之内报告带班领导、应急办和相关专业职能部门。

b) 应急办和专业职能部门接到突发事件信息电话报告后，10min 之内报告专业分管领导，分管领导接到报告后立即报一级运行管理单位负责人和党组书记。

c) 负责人接到突发事件信息报告后，必要时报告水利部领导，安排总调度中心值班人员报告水利部值班室。

d) 总调度中心值班人员或专业职能部门接到领导指示后及时进行传达，并继续跟踪事件处置进展，做好接报和续报工作。

4.2.2.2 书面报告流程
4.2.2.2.1 三级运行管理单位：

突发事件信息电话报告后 1h 内拟写突发事件信息快速报告单传真至分调度中心，根据需要可附现场相关图片影像资料等。

4.2.2.2.2 二级运行管理单位：

a) 分调度中心值班人员收到突发事件信息快速报告单后，立即报告二级运行管理单位领导、工程处和相关专业职能处室。

b) 分调度中心值班人员收到突发事件快速报告单 45min 内根据领导批示及突发事件处理情况，拟写突发事件信息快速报告单传真至总调度中心，由专业职能处室提供并配合把关突发事件信息报告单内容。

c) 分调度中心值班人员将二级运行管理单位领导批示及时进行传达。

4.2.2.2.3 一级运行管理单位：

a) 总调度中心值班人员收到突发事件信息快速报告单后，立即报告带班领导、应急办和相关专业职能部门。

b) 应急办和专业职能部门接到突发事件信息快速报告单后，立即报告专业分管领导，分管领导接到报告后立即报一级运行管理单位负责人和党组书记。

c) 总调度中心值班人员将领导批示及时进行传达。

d) 领导批示需上报水利部的突发事件，由总调度中心值班人员拟写南水北调中线干线工程突发事件信息报告单，传真至水利部值班室，由相关专业职能部门提供突发事件信息报告内容并配合把关。

4.3 应急响应

4.3.1 响应分级

按照冰冻灾害分级，将应急响应对应划为 4 个级别，由高到低分为：Ⅰ级应急响应、Ⅱ级应急响应、Ⅲ级应急响应和Ⅳ级应急响应。

4.3.2 应急响应启动

冰冻灾害突发事件发生后，在先期处置的基础上，各级运行管理单位根据事件情况应及时启动本级应急预案（或处置方案）的响应措施进行处置。发生Ⅰ级、Ⅱ级和Ⅲ级冰冻灾害突发事件时，一级运行管理单位冰冻灾害应急指挥部启动Ⅰ级、Ⅱ级和Ⅲ级应急响应，由冰冻灾害应急指挥部办公室负责落实响应措施；发生Ⅳ级突发事件时，二级运行管理单位突发事件应急指挥部启动Ⅳ级应急响应，并报一级运行管理单位冰冻灾害应急指挥部办公室办备案。超出本级应急处置能力时，及时报请上级单位启动相应应急预案。

4.3.3 响应程序

4.3.3.1 一般冰冻灾害突发事件（Ⅳ级）：

a) 二级运行管理单位接到三级运行管理单位报告后，立即启动Ⅳ级应急响应，负责指挥协调应急处置工作，并上报一级运行管理单位。一级运行管理单位冰冻灾害应急指挥部办公室、相关职能部门根据实际需要，参与协助做好相关工作。三级运行管理单位进入Ⅳ级应急响应状态，按指示进一步做好先期处置工作。若需属

地应急救援时，二级运行管理单位突发事件应急指挥部应向相关市（县）级地方
政府报告，并根据需要提出工程联动抢险救援请求。

b) 二级运行管理单位突发事件应急指挥部指挥长主持召开会商会，研究确定应急抢
险处置方案，并报告一级运行管理单位。

c) 二级运行管理单位突发事件应急指挥部根据需要成立现场抢险指挥部，组织资源
进行抢险。

d) 冰冻灾害工程险情超出本级应急救援处置能力时，二级运行管理单位突发事件应
急指挥部应及时报请一级运行管理单位冰冻灾害应急指挥部启动上一级应急预案。

e) 冰冻灾害工程险情应急处置结束后，由二级运行管理单位将应急处置结果报一级
运行管理单位备案。

4.3.3.2 较大冰冻灾害突发事件（Ⅲ级）：

a) 一级运行管理单位接到二级运行管理单位报告后，一级运行管理单位冰冻灾害应
急指挥部立即启动Ⅲ级应急响应，负责指挥协调应急处置工作。二级运行管理单
位突发事件应急指挥部、三级运行管理单位进入Ⅲ级应急响应状态，若冰冻灾害
工程险情需属地应急救援时，一级运行管理单位冰冻灾害应急指挥部应向地方政
府部门报告，根据需要提出工程联动抢险救援请求。

b) 一级运行管理单位冰冻灾害应急指挥部副指挥长主持召开会商会，研究确定应急
调度决策及应急处置方案，并报告冰冻灾害应急指挥部指挥长。

c) 按照研究确定的调度决策，总调度中心向全线发出应急调度指令，并向二级运行
管理单位突发事件应急指挥部传达应急响应指令。二级运行管理单位突发事件应
急指挥部接到应急响应指令后，应立即向三级运行管理单位下达应急响应指令。
二级运行管理单位突发事件应急指挥部、三级运行管理单位按照一级运行管理单
位冰冻灾害应急指挥部的指示进一步做好先期处置工作。

d) 分管局领导，局冰冻灾害应急办公室、相关职能部门有关人员赶赴现场，指挥开
展应急抢险工作。必要时，一级运行管理单位冰冻灾害指挥部成立现场抢险指挥
部，分管局领导担任指挥长，一级运行管理单位冰冻灾害应急指挥部办公室、相
关职能部门、二级运行管理单位、三级运行管理单位有关人员参与组成，组织资
源进行抢险或抢险准备。

e) 冰冻灾害工程险情应急处置结束后，由一级运行管理单位向上级单位报告。

4.3.3.3 Ⅰ级、Ⅱ级应急响应程序：

a) 一级运行管理单位接到二级运行管理单位报告后，一级运行管理单位冰冻灾害应
急指挥部立即启动Ⅰ级、Ⅱ级应急响应，并报上级单位。二级运行管理单位突发
事件应急指挥部、三级运行管理单位进入Ⅰ级、Ⅱ级应急响应状态。若冰冻灾害
工程险情需属地应急救援时，一级运行管理单位冰冻灾害应急指挥部应向地方政
府部门报告，提出工程联动抢险救援请求。

b) 一级运行管理单位冰冻灾害应急指挥部指挥长主持召开会商会，研究确定应急调
度决策及应急处置方案。

c) 按照研究确定的调度决策，总调度中心向全线发出应急调度指令，并向二级运行

管理单位突发事件应急指挥部传达应急响应指令。二级运行管理单位突发事件应急指挥部接到应急响应指令后，应立即向三级运行管理单位下达应急响应指令。二级运行管理单位突发事件应急指挥部、三级运行管理单位按照一级运行管理单位冰冻灾害应急指挥部的指示进一步做好先期处置工作。

    d）一级运行管理单位冰冻灾害应急指挥部成立现场抢险指挥部，一级运行管理单位局长、党组书记或分管局领导担任指挥长，负责应急处置的决策和协调工作；分管局领导、局副总师、相关职能部门、二级运行管理单位负责同志任副指挥长，局冰冻灾害应急办公室、相关职能部门、二级运行管理单位、三级运行管理单位有关人员参与组成，组织资源进行抢险或抢险准备。

    e）冰冻灾害工程险情应急处置结束后，由一级运行管理单位向上级单位报告。

4.3.4 响应升级

当发生的冰冻灾害突发事件程度十分严重，超出一级运行管理单位自身控制能力范围，应及时报告上级主管部门和地方政府进行应急救援，由其统一指挥、调动各方面应急资源进行应急抢险。

5 应急处置

5.1 先期处置

5.1.1 三级运行管理单位应根据所辖渠段特点制定冰冻灾害应急处置方案，发生冰冻灾害后，三级运行管理单位根据具体情况并参照冰冻灾害应急处置方案中的应急处置措施，迅速组织本单位人员开展现场先期处置工作，控制险情的发展。

5.1.2 发生冰塞、冰坝。根据冰塞严重程度，使用破冰设备进行人工或机械（如长臂反铲）破冰，尽快完成碎冰打捞工作；冰冻灾害引起工程安全事故，应立即启动工程安全事故应急预案，现场先期处置参见《南水北调中线干线工程通水运行工程安全事故应急预案》相关条款。

5.1.3 各类扰冰、融冰、拦冰设施损坏，应及时修复或采取替代措施，如拦冰索断裂，应马上使用储备的钢丝绳、木块和配套卡扣等相关配件进行快速组装，采取吊车配合挖掘机对断裂的拦冰索进行更换。

5.2 处置措施

5.2.1 一级运行管理单位冰冻灾害指挥部或二级运行管理单位突发事件应急指挥部赶赴现场，成立现场抢险指挥部，组织调动应急抢险队伍、物资和设备到达现场，实施现场交通管制和交通疏导，根据技术专家组现场查勘情况，结合先期处置成果制定进一步抢险处置方案，组织开展现场抢险。

5.2.2 根据应急抢险需要，当渠道内流冰、浮冰较多，且在闸前堆积一定程度危及工程安全时，应及时启动排冰闸进行排冰，排冰闸的启动条件和运行方式具体见《南水北调中线干线工程突发事件应急调度预案》，必要时按调度要求启动退水闸、节制闸对渠段进行应急调度，不间断监视险情变化。

5.3 现场指挥与控制

5.3.1 二级、三级运行管理单位是突发事件先期处置的责任主体，承担突发事件的应对责任，对单位范围内的突发事件负有直接指挥权、处置权。在紧急情况下，可立即下达撤人命令，组织现场人员及时、有序撤离到安全地点，避免或减少人员伤亡。

5.3.2 事件发生后，事发单位应立即启动应急预案，先期成立现场指挥机构，由事发现场最高职位者担任现场指挥机构指挥长，及时明确现场抢险指挥机构人员组成，在确保安全的前提下采取有效措施组织抢险救援。现场指挥机构负责统一指挥调度现场的应急抢险救援等工作，全面掌控现场情况。

5.3.3 在上级单位相关负责人赶到现场后，根据预案规定，事发单位应立即向上级单位现场抢险指挥部正式移交指挥权，并汇报事件情况、进展、风险以及影响控制事态的关键因素和问题。调动本单位所有应急资源，服从上级现场抢险指挥部的指挥，并切实做好应急处置全过程的后勤保障和生活服务工作。

5.4 应急结束

冰冻灾害应急处置基本完成后，或者相关危险因素消除后，应急处置工作即告结束。应急结束按照"谁启动，谁结束"的原则，由启动应急响应的责任单位或现场抢险指挥部做出终止执行相关应急响应的决定，宣布解除应急状态，转入常态管理。

6 应急保障

6.1 物资设备保障

二级、三级运行管理单位根据现场实际情况，组织对专用、急用物资和部分抢险设备进行现场储备，加强对物资和设备管理，及时予以补充和更新。二级运行管理单位与沿线省市地方政府部门应建立应急抢险物资互调机制，三级运行管理单位对周边社会物资和设备进行了摸排调查，建立联系，需要时可得到支援。

6.2 队伍保障

一级运行管理单位组织二级运行管理单位在全线建立应急抢险保障队伍，应急抢险保障队伍按合同承诺需配备工程设备、车辆和人员，每个队伍冰期根据抢险需要安排一定数量的人员和设备在现场24小时驻守，以备发生冰冻灾害险情后能够快速反应处置。三级运行管理单位以现场土建维护施工单位作为先期处置队伍，也作为二级运行管理单位应急抢险保障队伍的有效补充。同时二级运行管理单位与地方政府抢险队、驻地部队建立抢险救援协作机制，三级运行管理单位与地方乡镇建立联防联动机制，必要时作为后备抢险力量。

6.3 通信电力保障

一级运行管理单位与二级、三级运行管理单位建立有线、无线相结合的应急通信系

统；在冰期对值班电话、办公电话、传真、网络等通信系统进行检查维护，保障通信畅通；与地方人民政府及有关部门建立应急电话联络机制，确保通信畅通。各级运行管理单位组织对所辖段内的供电线路和固定、移动发电机组进行定期检查维护，保证处于良好状态。

6.4 抢险道路

二级运行管理单位组织三级运行管理单位根据工程冰冻灾害风险点部位现场实际情况，规划工程管理范围内应急抢险道路，摸排调查了渠道周边社会道路交通情况，在发生险情时，便于各类抢险资源能够快速到达险情现场。

6.5 资金保障

应急抢险物资储备、抢险队伍建设、演练培训、信息化建设、应急值守、抢险救灾、修复等所需经费纳入工程运行管理预算，实行专项拨付、专款专用。

6.6 演练培训

为提高冰冻灾害突发事件风险防范意识和应急处置能力，各级运行管理单位应加强对运行管理人员和应急队伍的培训，每年应结合实际情况，有针对性地开展各类应急演练，演练结束后应开展总结评估，不断完善应急体系。

7 附则

7.1 本预案应根据实际情况的变化及时修订，中线建管局负责预案的管理和修订等工作。

7.2 本预案由中线建管局制定并负责解释。

7.3 本预案自印发之日起实施。

附录 A

表 A.1 一级运行管理单位相关职能部门联系方式

部门（中心）	电 话	传 真
总调大厅	010－88657423/88657428	010－88657525
应急办公室 （工程维护中心）	010－88657436	010－88657430
综合部	010－88657136	010－88657158
人力资源部	010－88657227	010－88657200
宣传中心	010－88657520	010－88657540
总工办（科技管理部）	010－88657306	010－88657302
总调度中心	010－88657031/88657032/88657033/88657044	010－88657035
信息机电中心 （信息科技公司）	010－88657356	010－88657180
水质与环境保护中心	010－88657378	010－88657383
安全生产部	010－88657255	010－88657250

表 A.2 二级运行管理单位联系方式

单 位	值班电话	传 真
渠首分局（分调大厅）	0377－61998600	0377－61998620
河南分局（分调大厅）	0371－67801110	0371－67801008
河北分局（分调大厅）	0311－67100777	0311－67100888
天津分局（分调大厅）	022－23904024/4072	022－23904004/4069
北京分局（分调大厅）	010－61372006	010－61372019
北京市南水北调干线管理处	010－88483908	010－88483928

表 A.3 政府部门及相关单位联系方式

相 关 单 位		值 班 电 话	传 真
国家部委	水利部	010 – 63203069	010 – 63203070
	应急管理部	010 – 83933200/83933210	010 – 83933117
	生态环境部	010 – 66556006/66556007	010 – 66556010
河南省	水利厅	0371 – 65571001	0371 – 65951296
	应急管理厅	0371 – 65919777	0371 – 65919800
河北省	水利厅	0311 – 86045596（工作时间）/ 86045654（非工作时间）	0311 – 86060478（工作时间）/ 85185518（非工作时间）
	应急管理厅	0311 – 87908255	0311 – 87905884
天津市	水务局	022 – 23333605（工作时间）/ 23333656（非工作时间）	022 – 23333603（工作时间）/ 23333644（非工作时间）
	应急管理局	022 – 28450303	022 – 28450301
北京市	水务局	010 – 68556111	010 – 68556155
	应急管理局	010 – 55573784	010 – 55573045

附录 B

表 B.1 突发事件信息快速报告单

（编号：××分局/××管理处—××年—××号）

突发事件 信息名称			
二级运行 管理单位		三级运行 管理单位	
发现时间	年 月 日 时 分	发生地点	
事件 情况描述			
人员伤亡及 损失情况			
原因分析			
采取措施			
报告人 及电话		报告时间	年 月 日 时 分
以下由信息接收部门填写			
接报部门		接报人	
接报时间	月 日 时 分	联系电话	

表 B.2 突发事件信息后续报告单

（编号：××分局/××管理处—××年—××号）

突发事件 信息名称			
二级运行 管理单位		三级运行 管理单位	
事件进展 情况描述			
报告人 及电话		报告时间	年 月 日 时 分
以下由信息接收部门填写			
接报部门		接报人	
接报时间	月 日 时 分	联系电话	

附录 C

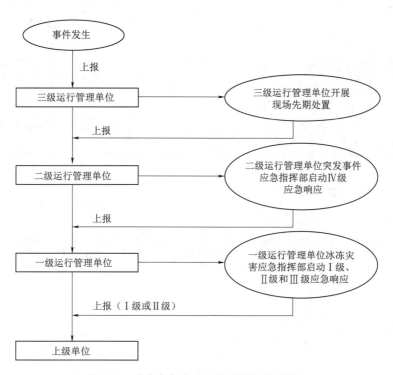

图 C.1 冰冻灾害应急响应处置程序流程图

Q/NSBDZX

南水北调中线干线工程建设管理局规章制度

Q/NSBDZX 409.15—2019

工程群体性事件应急预案

2019－11－01发布　　　　　　　　　　2019－11－01实施

南水北调中线干线工程建设管理局　发　布

工程群体性事件应急预案

1 总则

1.1 编制目的

为明确各级管理单位在群体性事件中的应急处置权责，有效预防、及时控制和妥善处理与南水北调中线干线工程有关的群体性事件，提高快速反应和应急处理能力，确保工程安全、供水安全和人身安全，制定本预案。

1.2 编制依据

本预案依据《中华人民共和国突发事件应对法》《中华人民共和国治安管理处罚法》《国务院信访条例》《南水北调工程供用水管理条例》《国家突发公共事件总体应急预案》《生产安全事故应急预案管理办法》《突发事件应急预案管理办法》《生产经营单位生产安全事故应急预案编制导则》等国家法律法规和制度规定，以及《南水北调工程建设期运行管理阶段工程安全应急预案》和《南水北调中线干线工程突发事件应急管理办法》等编制。

1.3 适用范围

本预案适用于南水北调中线干线工程所辖范围内群体性事件的预防、预警和应急处置工作。群体性事件包括：管辖范围内发生的具有一定规模的各种非法集会、游行示威、上访请愿、聚众闹事等事件。

1.4 工作原则

a) 预防为主、群防群控的原则。高度重视群体性事件的防控工作，常抓不懈，防患于未然，坚持预防与应急相结合，依靠群众，提高应对群体性事件能力。

b) 以人为本、减少危害的原则。在群体性事件应急处置中，切实履行运行管理职能，把保障公众健康、生命财产安全和供水安全作为首要任务，最大限度地减少事件及其造成的人员伤亡和危害。

c) 分级负责、先行处置的原则。建立健全分类管理、分级负责的应急管理体系，做到各级责任明确，处置及时。

d) 快速反应、协同应对的原则。建立与地方的联动协调机制，形成统一指挥、反应灵敏、协调有序、运转高效的应急管理体系。

e) 属地为主、依法处置的原则。在处理群体性事件过程中，充分发挥地方政府的主导作用，协助政府职能部门依法处置，不得越权处置或替代有关部门的执法职能。

2 风险分析和分级

2.1 风险分析

2.1.1 南水北调中线干线工程全长1432km，途经河南、河北、北京、天津4个省（直辖市），与沿线居民的生产生活息息相关，工程在提升沿线居民用水质量、改善其生活条件的同时，难免会影响少数居民的利益，如果其利益诉求难以得到满足，容易引起群体性事件。包括以下4类风险：移民稳定风险、水事纠纷风险、人员溺亡风险和建筑物行洪风险。

2.1.2 南水北调中线工程建设期涉及大量人口征迁和征用土地，随着经济社会的发展和"以人为本"理念的深入，广大沿线群众维权意识增强，利益诉求也呈多元化趋势，对此类诉求如果处理不当，可能引发群体性事件。工程沿途经过19个大中城市、100多个县（县级市），面临非法取水、用水的风险，一旦双方发生水事纠纷，事态得不到有效控制，容易引发群体性事件。工程以明渠为主，虽然有防护网等封闭措施，仍存在沿线居民在总干渠擅自进入、私自下水游泳的行为，可能发生人员坠渠甚至溺亡的事件，一旦处理不当，事态得不到有效控制，容易引发群体性事件。工程穿越较多河渠且设有左排建筑物，汛期行洪时可能会冲淹周边的民房、耕地等，对沿线人民群众的生命财产造成损失，处理此类事件时，双方在责权认识上的差异也容易引发群体性事件。

2.2 突发事件分级

南水北调中线干线工程群体性事件按照紧迫程度、规模、行为、可能造成的危害和影响、发展的趋势等由高到低分为：Ⅰ级、Ⅱ级、Ⅲ级和Ⅳ级。

    a）凡符合下列情形之一的，为Ⅰ级：

        1）在南水北调中线干线工程管辖范围内，非正常上访、聚集人员在90人以上；

        2）造成3人以上死亡，或10人以上受伤的群体性事件；

        3）冲击、围堵工程运行管理场所持续时间168h以上；

        4）其他视情况需要作为Ⅰ级事件对待的事件。

    b）凡符合下列情形之一的，为Ⅱ级：

        1）在南水北调中线干线工程管辖范围内，非正常上访、聚集人员在50～89人；

        2）造成3人以下死亡或10人以下受伤的群体性事件；

        3）冲击、围堵工程运行管理场所持续时间72h以上、168h及以下；

        4）其他视情况需要作为Ⅱ级事件对待的事件。

    c）凡符合下列情形之一的，为Ⅲ级：

        1）在南水北调中线干线工程管辖范围内，非正常上访、聚集人员在11～49人；

        2）冲击、围堵工程运行管理场所持续时间24h以上、72h及以下；

        3）其他视情况需要作为Ⅲ级事件对待的事件。

    d）凡符合下列情形之一的，为Ⅳ级：

        1）在南水北调中线干线工程管辖范围内，非正常上访、聚集人员在10人及以下；

2）冲击、围堵工程运行管理场所持续时间 24h 及以下；

3）其他视情况需要作为Ⅳ级事件对待的事件。

3 组织机构与职责

3.1 组织机构

3.1.1 机构组成

南水北调中线干线工程群体性事件应急指挥机构由一级运行管理单位（中线建管局）、二级运行管理单位（各分局、北京市南水北调干线管理处）、三级运行管理单位（各现地管理处、陶岔电厂、大宁管理所、西四环管理所）组成。一级、二级运行管理单位联系方式详见附录 A。

3.1.2 一级运行管理单位

3.1.2.1 一级运行管理单位群体性事件应急指挥部：

a）指挥长：分管局领导。

b）成员：副总师、有关部门负责人、二级运行管理单位负责人。

3.1.2.2 群体性事件应急指挥部办公室：

一级运行管理单位群体性事件应急指挥部下设办公室，办公室设在一级运行管理单位群体性事件归口管理职能部门，部门负责人兼任办公室主任。

3.1.3 二级运行管理单位

二级运行管理单位成立突发事件应急指挥部，指挥长由二级运行管理单位负责人担任，副指挥长由二级运行管理单位副职担任，成员由二级运行管理单位职能处室负责人及三级运行管理单位负责人组成。根据抢险需要，可临时成立现场抢险指挥机构。

3.1.4 三级运行管理单位

三级运行管理单位成立突发事件应急处置小组，组长由三级运行管理单位负责人担任，副组长由三级运行管理单位副职担任，成员由三级运行管理单位相关科室等有关人员组成。

3.2 职责

3.2.1 一级运行管理单位

3.2.1.1 群体性事件应急指挥部职责：

a）组织开展群体性事件应急管理活动，协调部门关系，统一落实应急行动。针对预案实施中存在的问题，适时进行调整、补充和完善应急处置措施。

b）当群体性事件超出一级运行管理单位处置能力时，依程序请求上级单位和当地政府支援，做好职责范围内的应急处理有关工作。

c）完成应急管理领导小组交办的其他工作。

3.2.1.2 群体性事件应急指挥部办公室职责：

    a）贯彻执行群体性事件应急指挥部的决定。

    b）负责群体性事件应急指挥部的日常工作，组织、协调、检查、指导各级运行管理
单位群体性事件应急处置工作。

    c）及时向上级单位报告群体性事件的进展情况，协助地方政府有关部门做好事件的
处置工作。

    d）对群体性事件结果进行评估和经验教训总结，修订完善相关应急预案。

    e）完成应急管理领导小组交办的其他工作。

3.2.2 二级运行管理单位

    a）贯彻执行一级运行管理单位群体性事件应急指挥部指示，开展本单位所辖区段群
体性事件的应急管理和处置工作。

    b）配合做好地方政府和一级运行管理单位群体性事件应急指挥部布置的有关工作。

    c）完成上级单位交办的其他工作。

3.2.3 三级运行管理单位

    a）及时上报群体性事件和事件发生发展情况。

    b）所辖范围内发生群体性事件时，组织调度应急处置资源，进行先期处置，防止事
态进一步扩大。

    c）配合做好地方政府和上级群体性事件应急指挥部布置的有关工作。

    d）完成上级单位交办的其他工作。

4 应急响应

4.1 预防和预警

4.1.1 风险监控

    认真落实维稳信访工作责任制，及时处理各类信访事项，提高初信初访办结率，防止
形成信访积案，努力把矛盾解决在基层，将隐患消除在萌芽状态。在日常巡查工作中发现
有拦车告状、聚众闹事等苗头时，应提前进行预警，并及时报告地方政府开展调解处置工
作，防止事态进一步扩大。

4.1.2 预警分级

    按照突发事件发生的紧急程度、发展势态和可能造成的危害程度，突发事件预警级别
由高到低分别为Ⅰ级、Ⅱ级、Ⅲ级和Ⅳ级，依次用红色、橙色、黄色、蓝色标示。根据事
态变化和采取措施的效果，预警可以升级、降级或解除。

    a）Ⅰ级预警（红色）：情况危急，有可能发生或引发特别重大突发事件时。

    b）Ⅱ级预警（橙色）：情况紧急，有可能发生或引发重大以上突发事件时。

    c）Ⅲ级预警（黄色）：情况比较紧急，有可能发生或引发较大以上突发事件时。

d) Ⅳ级预警（蓝色）：存在重大安全隐患，有可能发生或引发一般突发事件时。

4.1.3 预警发布、调整和解除

Ⅰ级、Ⅱ级、Ⅲ级预警由一级运行管理单位群体性事件应急指挥部办公室负责发布、调整和解除。Ⅳ级预警由二级运行管理单位负责发布和解除，并报一级运行管理单位群体性事件应急指挥部办公室备案。根据群体性事件的发展、变化情况和影响程度，可适时调整预警级别。当确定群体性事件不可能发生或已经解除时，由发布单位宣布解除预警。预警信息的发布、调整和解除可通过电话或书面通知等方式进行。

4.1.4 预警信息内容

预警信息包括突发事件的类别、预警级别、起始时间、可能影响范围、警示事项、应采取的措施和发布单位等。

4.1.5 预警行动

发布预警后，根据即将发生突发事件的特点和可能造成的危害，群体性事件应急指挥部办公室和相关二级、三级运行管理单位应立即做出响应，可采取以下措施：
a) 群体性事件应急指挥部办公室及时收集、报告有关信息。
b) 随时对突发事件信息进行分析评估，预测发生突发事件可能性的大小、影响范围和强度以及可能发生的突发事件的级别。
c) 加强对突发事件发生、发展情况的监测、预报和预警工作。
d) 二级运行管理单位和三级运行管理单位领导在现场值守，保持 24 小时通信畅通，必要时一级运行管理单位领导和职能部门人员在一线值守。

4.2 信息报送

4.2.1 信息报告

4.2.1.1 突发事件信息宜按规定逐级上报，紧急情况下可越级上报。信息报告先电话报告，随后书面报告。各单位或部门在发现和接到突发事件信息后，按照"接报即报、随时续报"的要求，立即进行上报，不得延误。突发事件报告包含以下内容：时间、地点、事件基本情况、人员伤亡及损失情况、已采取及建议采取的措施等。突发事件处置过程中，对突发事件动态情况、应急响应、应急处置后续进展情况、应急结束等，应及时按照电话、书面流程续报。

4.2.1.2 突发事件信息报告实行"双线"报告制度，即突发事件信息报告各级值班室的同时报告相关专业职能部门（处室）。突发事件报告包含以下内容：时间、地点、事件基本情况、人员伤亡及损失情况、已采取及建议采取的措施等。突发事件信息快速报告单内容及格式见附录 B。

4.2.1.3 突发事件处置过程中，对突发事件动态情况、应急响应、应急处置后续进展情况、应急结束等，应及时按照电话、书面流程续报。事件处置进展视情况及时续报，直至

应急处置结束。

应急响应处置程序流程图见附录 C。

4.2.2 信息报告流程

4.2.2.1 电话报告流程

4.2.2.1.1 三级运行管理单位：

   a) 现场人员发现或接到突发事件后，立即电话报告负责人和中控室值班人员，必要时拨打 110 报警。

   b) 负责人接到报告，经核实后 10min 之内电话报告二级运行管理单位领导，同时安排人员报分调度中心和二级运行管理单位相关专业职能处室。

   c) 突发事件按规定需报地方政府相关部门时，经请示后及时报告地方政府。

4.2.2.1.2 二级运行管理单位：

   a) 分调度中心值班人员发现或接到突发事件信息电话报告后，立即报告带班领导，并通知相关专业职能处室。

   b) 专业职能处室接到突发事件信息电话报告后，立即报告专业分管领导，分管领导接到报告后立即报告二级运行管理单位负责人。

   c) 负责人接到突发事件信息电话报告后，10min 之内报告一级运行管理单位领导，同时安排人员电话报告总调度中心和局机关专业职能部门。

   d) 分调度中心值班人员或专业职能处室人员接到领导指示后及时进行传达，并继续跟踪事件处置进展，做好接报和续报工作。

4.2.2.1.3 一级运行管理单位：

   a) 总调度中心值班人员接到突发事件信息电话报告后，10min 之内报告带班领导、应急办和相关专业职能部门。

   b) 应急办和专业职能部门接到突发事件信息电话报告后，10min 之内报告专业分管领导，分管领导接到报告后立即报一级运行管理单位负责人和党组书记。

   c) 负责人接到突发事件信息报告后，必要时报告水利部领导，安排总调度中心值班人员报告水利部值班室。

   d) 总调度中心值班人员或专业职能部门接到领导指示后及时进行传达，并继续跟踪事件处置进展，做好接报和续报工作。

4.2.2.2 书面报告流程

4.2.2.2.1 三级运行管理单位：

突发事件信息电话报告后 1h 内拟写突发事件信息快速报告单传真至分调度中心，根据需要可附现场相关图片影像资料等。

4.2.2.2.2 二级运行管理单位：

   a) 分调度中心值班人员收到突发事件信息快速报告单后，立即报告二级运行管理单位领导、相关专业职能处室。

   b) 分调度中心值班人员收到突发事件快速报告单 45min 内根据领导批示及突发事件处理情况，拟写突发事件信息快速报告单传真至总调度中心，由专业职能处室提供并配合把关突发事件信息报告单内容。

c) 分调度中心值班人员将二级运行管理单位领导批示及时进行传达。

4.2.2.2.3 一级运行管理单位：

a) 总调度中心值班人员收到突发事件信息快速报告单后，立即报告带班领导、应急办和相关专业职能部门。

b) 应急办和专业职能部门接到突发事件信息快速报告单后，立即报告专业分管领导，分管领导接到报告后立即报一级运行管理单位负责人和党组书记。

c) 总调度中心值班人员将领导批示及时进行传达。

d) 领导批示需上报水利部的突发事件，由总调度中心值班人员拟写南水北调中线干线工程突发事件信息报告单，传真至水利部值班室，由相关专业职能部门提供突发事件信息报告内容并配合把关。

4.3 应急响应

4.3.1 响应分级

按照突发事件分级，将应急响应对应划为 4 个级别，由高到低分为：Ⅰ级应急响应、Ⅱ级应急响应、Ⅲ级应急响应和Ⅳ级应急响应。

4.3.2 Ⅰ级、Ⅱ级应急响应程序

4.3.2.1 一级运行管理单位接到报告后，群体性事件应急指挥部立即启动Ⅰ级、Ⅱ级应急预案，并报上级单位。事件所属单位进入Ⅰ级、Ⅱ级应急响应状态。本级群体性事件应急指挥部应向事件所属省（直辖市）级地方政府报告，提出应急救援请求。

4.3.2.2 本级群体性事件应急指挥部指挥长主持召开会商会，研究确定应急决策及应急处理方案。

4.3.2.3 按照研究确定的决策，向事件所属单位传达应急响应指令。事件所属单位按照群体性事件应急指挥部的指示进一步做好先期处置工作。

4.3.2.4 按照应急处理方案和指挥长指示，本级群体性事件应急指挥部办公室组织应急力量成立协调工作组，配合、协助地方政府做好现场协调工作。

4.3.2.5 群体性事件应急处置结束后，由一级运行管理单位向上级单位报告。

4.3.3 Ⅲ级应急响应程序

4.3.3.1 事件发生在二级、三级运行管理单位。二级运行管理单位接到报告后，本级群体性事件应急指挥部立即启动Ⅲ级应急预案，并报一级运行管理单位。事件所属单位进入Ⅲ级应急响应状态。二级运行管理单位群体性事件应急指挥部应向事件所属市（县）级地方政府报告，提出应急救援请求。二级运行管理单位群体性事件应急指挥部指挥长主持召开会商会，研究确定应急处理方案。按照研究确定的决策，向事件所属单位传达应急响应指令。事件所属单位按照二级运行管理单位群体性事件应急指挥部的指示进一步做好先期处置工作。按照应急处理方案和指挥长指示，二级运行管理单位群体性事件应急指挥部办

公室组织应急力量成立协调工作组，配合、协助地方政府做好现场协调工作。群体性事件应急处置结束后，二级运行管理单位将应急处理结果报一级运行管理单位备案。

4.3.3.2 事件发生在一级运行管理单位。一级运行管理单位接到报告后，群体性事件应急指挥部立即启动Ⅲ级应急预案，视情况报上级单位。一级运行管理单位进入Ⅲ级应急响应状态。群体性事件应急指挥部视情况向事件所属市（县）级地方政府报告，提出应急救援请求。群体性事件应急指挥部指挥长主持召开会商会，研究确定应急调度决策及应急处理方案。按照研究确定的调度决策，向事件所属单位传达应急响应指令。事件所属单位按照群体性事件应急指挥部的指示进一步做好先期处置工作。按照应急处理方案和指挥长指示，群体性事件应急指挥部办公室组织应急力量成立协调工作组，配合、协助地方政府做好现场协调工作。

4.3.4 Ⅳ级应急响应程序

4.3.4.1 事件发生在三级运行管理单位。事件所属三级运行管理单位接到现场人员报告后，本级群体性事件应急指挥部立即启动Ⅳ级应急预案，并上报二级运行管理单位。三级运行管理单位群体性事件应急指挥部应向事件所属市（县）级地方政府报告，提出应急救援请求。三级运行管理单位群体性事件应急指挥部指挥长主持召开会商会，研究确定应急处理方案，并报告二级运行管理单位。按照研究确定的应急处理方案和三级运行管理单位群体性事件应急指挥部的指示，三级运行管理单位群体性事件应急指挥部办公室根据需要成立协调工作组，立即赶赴现场配合地方政府做好协调工作，维持事态稳定。群体性事件超出本级应急处置能力时，责任单位应及时报请二级运行管理单位群体性事件应急指挥部启动上一级应急预案。群体性事件应急处置结束后，三级运行管理单位将应急处理结果报二级运行管理单位备案。

4.3.4.2 事件发生在一级、二级运行管理单位。事件所属单位接到现场人员报告后，本级群体性事件应急指挥部立即启动Ⅳ级应急预案。事件所属单位群体性事件应急指挥部视情况向事件所属市（县）级地方政府报告，提出应急救援请求。事件所属单位群体性事件应急指挥部指挥长主持召开会商会，研究确定应急处理方案。按照研究确定的应急处理方案和事件所属单位群体性事件应急指挥部的指示，事件所属单位群体性事件应急指挥部办公室根据需要成立协调工作组，立即赶赴现场配合地方政府做好协调工作，维持事态稳定。

5 应急处置

5.1 现场应急处置原则

   a) 防止影响面扩大、减少人员伤亡、控制险情发展。

   b) 管辖范围内发生群体性事件后，事件所属单位群体性事件应急指挥部视情况向上级单位和事件所属地方政府报告，并及时开展说服、调解工作。

   c) 事态发展可能对周边环境和居民造成影响时，应配合地方政府对受影响的居民进行疏散。

   d) 根据群体性事件严重程度和现场配置的人员、物质情况，在确保人员安全的情况下采取应急处置措施，尽最大可能维护和保障工程安全，控制险情的发展。

5.2 一般围堵、上访事件处置

一般围堵、上访事件对参与人员提出的要求，符合法律法规和政策规定的，当场表明解决问题的态度；无法当场明确表态解决的，责成有关职能部门限期研究解决；对确因决策失误或工作不力造成的，据实说明情况，公开承认失误；对参与人员提出的不合理要求，应做好解释说明，争取参与者的理解和支持；有针对性地开展法制宣传，引导和教育参与人员知法守法。

5.3 异地聚集事件的处置

对异地聚集事件，应立即通知参与人员来源地的管理单位及时派有关负责人赶赴现场，开展疏导、化解和接返工作。事件发生所在地相关单位配合做好教育和送返工作。

5.4 围堵、冲击办公楼事件的处置

对围堵、冲击办公楼、推打谩骂接待人员，阻碍交通、打横幅、写标语散发传单、进行煽动性演讲等违法违规行为时，由内保人员对事发现场的办公楼进行封闭，防止参与人员冲入办公楼，现场处置人员应现场拍照留证，及时请求公安机关给予协助处理，公安机关到达现场后，协助公安机关做好处置工作。

5.5 暴力事件的处置

对携带凶器、爆炸物，以破坏公共财物或危害他人生命安全的打砸抢或自杀式暴力事件，首先动用内部保卫力量疏散围观人员，并稳定参与人员情绪，在确保现场处置人员自身安全的基础上可采取必要的处置措施，并立即请求公安机关给予支持，公安机关到达现场后，协助公安机关做好处理工作。

5.6 后期处置

5.6.1 群体性事件所属单位协助地方医疗机构对事件中的受伤人员进行救治。

5.6.2 相关责任单位或部门应继续做好参与者的安抚工作，尽快兑现承诺事项，并加强跟踪和督办，消除可能导致事件反复的不安定因素。

5.6.3 群体性事件所属单位应认真剖析引发事件的原因和责任，总结经验教训，形成书面材料报上级单位。

5.6.4 一级运行管理单位群体性事件应急指挥部办公室牵头对应急预案在事件处置过程中暴露出来的问题提出整改措施，修改完善。

6 应急保障

6.1 通信与信息保障

一级运行管理单位与二级、三级运行管理单位建立有线、无线相结合的应急通信系

统；与地方人民政府及有关部门建立应急电话联络机制，确保通信畅通。

6.2 经费保障

突发事件处置经费纳入通水运行预算，应急经费实行专项拨付、专款专用。

6.3 其他保障

6.3.1 各级运行管理单位充分利用社会应急医疗救护资源，支援现场应急救治工作。

6.3.2 各级运行管理单位充分发挥保险在突发事件预防、处置和恢复重建等方面的作用。

6.3.3 应急救援人员应配备符合救援要求的人员安全职业防护装备，严格按照救援程序开展应急救援工作，确保人员安全。

6.3.4 按照国家法律法规、标准、规范的要求，在管理区域内建立紧急疏散地或应急避难场所。配合政府部门使受到突发事件影响的公众得到安置。

6.4 培训和演练

各级运行管理单位应加强对各级管理人员培训，每年应结合实际情况开展应急演练，通过演练及时总结和完善相关应急体系。

7 附则

7.1 本预案应根据实际情况的变化及时修订，中线建管局负责预案的管理和修订等工作。

7.2 本预案由中线建管局制定并负责解释。

7.3 本预案自印发之日起实施。

附录 A

表 A.1 一级运行管理单位相关职能部门联系方式

部门（中心）	电 话	传 真
总调大厅	010 – 88657423/88657428	010 – 88657525
应急办公室（工程维护中心）	010 – 88657436	010 – 88657430
综合部	010 – 88657136	010 – 88657158
人力资源部	010 – 88657227	010 – 88657200
宣传中心	010 – 88657520	010 – 88657540
总工办（科技管理部）	010 – 88657306	010 – 88657302
总调度中心	010 – 88657031/88657032/88657033/88657044	010 – 88657035
信息机电中心（信息科技公司）	010 – 88657356	010 – 88657180
水质与环境保护中心	010 – 88657378	010 – 88657383
安全生产部	010 – 88657255	010 – 88657250

表 A.2 二级运行管理单位联系方式

单 位	值 班 电 话	传 真
渠首分局（分调大厅）	0377 – 61998600	0377 – 61998620
河南分局（分调大厅）	0371 – 67801110	0371 – 67801008
河北分局（分调大厅）	0311 – 67100777	0311 – 67100888
天津分局（分调大厅）	022 – 23904024/4072	022 – 23904004/4069
北京分局（分调大厅）	010 – 61372006	010 – 61372019
北京市南水北调干线管理处	010 – 88483908	010 – 88483928

附录 B

表 B.1 突发事件信息快速报告单

（编号：××分局/××管理处—××年—××号）

突发事件信息名称	

二级运行管理单位		三级运行管理单位	
发现时间	年 月 日 时 分	发生地点	

事件情况描述	
人员伤亡及损失情况	
原因分析	
采取措施	

报告人及电话		报告时间	年 月 日 时 分

以下由信息接收部门填写

接报部门		接报人	
接报时间	月 日 时 分	联系电话	

表 B.2 突发事件信息后续报告单

（编号：××分局/××管理处—××年—××号）

突发事件信息名称			
二级运行管理单位		三级运行管理单位	
事件进展情况描述			
报告人及电话		报告时间	年 月 日 时 分
以下由信息接收部门填写			
接报部门		接报人	
接报时间	月 日 时 分	联系电话	

附录 C

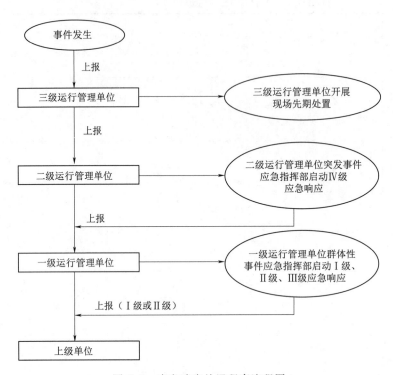

图 C.1 应急响应处置程序流程图

Q/NSBDZX

南水北调中线干线工程建设管理局规章制度

Q/NSBDZX 409. 16—2019

工程恐怖事件应急预案

2019－11－01发布　　　　　　2019－11－01实施

南水北调中线干线工程建设管理局　发　布

工程恐怖事件应急预案

1 总则

1.1 编制目的

为明确各级管理单位在恐怖事件中的应急处置权责，有效预防、及时控制和妥善处理恐怖事件对南水北调中线干线工程的破坏，提高防范、快速反应和应急处理能力，确保工程安全、供水安全和人身安全，制定本预案。

1.2 编制依据

本预案依据《中华人民共和国反恐怖主义法》《中华人民共和国突发事件应对法》《南水北调工程供用水管理条例》《国家突发公共事件总体应急预案》《生产安全事故应急预案管理办法》《突发事件应急预案管理办法》《生产经营单位生产安全事故应急预案编制导则》等国家法律法规和制度规定，以及《南水北调工程建设期运行管理阶段工程安全应急预案》和《南水北调中线干线工程突发事件应急管理办法》等编制。

1.3 适用范围

本预案适用于南水北调中线干线工程运行期间所辖范围内恐怖事件的预防、预警和应急处置工作。

1.4 工作原则

a) 预防为主、科学应对的原则。高度重视应急管理工作，常抓不懈，防患于未然，坚持预防与应急相结合，依靠科技，充分发挥专家队伍和专业人员的作用，提高应对突发事件能力。

b) 以人为本、减少危害的原则。在突发事件应急处置中，切实履行运行管理职能，把保障公众健康、生命财产安全和供水安全作为首要任务，最大限度地减少事件及其造成的人员伤亡和危害。

c) 分级负责、先行处置的原则。建立健全分类管理、分级负责的应急管理体系，做到各级责任明确，处置及时。

d) 快速反应、协同应对的原则。加强应急处置队伍建设，建立与地方的联动协调机制，形成统一指挥、反应灵敏、协调有序、运转高效的应急管理机制。

e) 属地为主、依法处置的原则。在处理突发事件过程中，充分发挥地方政府主导作用，协助政府职能部门依法处置，禁止越权处置或替代有关部门的执法职能。

2 风险分析

2.1 南水北调中线干线工程作为国家重点基础工程，担负着向河南、河北、北京、天津 4

个省（直辖市）人民输送生产、生活用水的重要职责，工程设施和水质的安全关系人民群众生命财产安全和社会稳定，存在遭受恐怖袭击的风险。初步总结出三类需要重点防范的恐怖袭击事件：一是利用爆炸等破坏性手段，袭击渠道、闸站、渡槽、箱涵、泵站、桥梁等设施的恐怖袭击事件；二是向输水渠道中投放化学毒剂、放射性物质、致病致命微生物以及其他蓄意污染总干渠水源的恐怖袭击事件；三是利用黑客攻击、远程操纵等网络技术手段，恶意攻击或操纵南水北调中线干线自动化调度系统并造成严重后果的恐怖袭击事件。

2.2 南水北调中线干线工程总长 1432km，沿线布置各类建筑物 2385 座，工程线长点多，任何一段渠道或者建筑物遭受爆炸袭击都有可能导致输水中断，引发严重后果，因此成为恐怖袭击目标的风险较大。工程沿途经过 19 个大中城市，100 多个县（县级市），渠道以明渠为主，遭到投毒恐怖袭击的风险较大。工程的自动化程度较高，日常运行调度基本通过自动化调度系统进行控制，一旦调度系统遭受恐怖分子恶意攻击或操纵，可能会对工程的正常调度运行造成严重影响。

3 组织机构与职责

3.1 组织机构

3.1.1 机构组成

南水北调中线干线工程恐怖事件应急指挥机构由一级运行管理单位（中线建管局）、二级运行管理单位（各分局、北京市南水北调干线管理处）、三级运行管理单位（各现地管理处、陶岔电厂、大宁管理所、西四环管理所）组成。一级、二级运行管理单位联系方式详见附录 A。

3.1.2 一级运行管理单位

3.1.2.1 一级运行管理单位恐怖事件应急指挥部：

a）指挥长：分管局领导。

b）成员：副总师、有关部门负责人、二级运行管理单位负责人。

3.1.2.2 恐怖事件应急指挥部办公室：

一级运行管理单位恐怖事件应急指挥部下设办公室，办公室设在一级运行管理单位恐怖事件归口管理职能部门，部门负责人兼任办公室主任。

3.1.3 二级运行管理单位

二级运行管理单位成立突发事件应急指挥部，指挥长由二级运行管理单位负责人担任，副指挥长由二级运行管理单位副职担任，成员由二级运行管理单位职能处室负责人及三级运行管理单位负责人组成。

3.1.4 三级运行管理单位

三级运行管理单位成立突发事件应急处置小组，组长由三级运行管理单位负责人担任，副组长由三级运行管理单位副职担任，成员由三级运行管理单位相关科室等有关人员组成。

3.2 职责

3.2.1 一级运行管理单位

3.2.1.1 恐怖事件应急指挥部职责：

  a）审定恐怖事件应急预案，并检查应急预案落实情况。

  b）配合地方政府做好恐怖事件的应急处置工作，指导所属单位恐怖事件应对工作。

  c）制定各项防控措施，组织落实。

  d）当南水北调中线干线工程管辖范围内发生恐怖事件时，及时报告当地政府和上级单位，并依程序请求支援，做好职责范围内的应急处理有关工作。

  e）完成应急管理领导小组交办的其他工作。

3.2.1.2 恐怖事件应急指挥部办公室职责：

  a）落实恐怖事件应急指挥部部署的各项任务。

  b）收集并及时向恐怖事件应急指挥部汇报具体恐怖袭击事件相关信息。

  c）负责与当地政府进行沟通协调，配合政府相关部门做好应急处置工作。

  d）完成应急管理领导小组交办的其他工作。

3.2.2 二级运行管理单位

  a）贯彻执行一级运行管理单位恐怖事件应急指挥部指示，开展本单位所辖区段恐怖事件应急管理工作。

  b）配合做好当地政府和一级运行管理单位恐怖事件应急指挥部布置的有关工作。

  c）完成上级单位交办的其他工作。

3.2.3 三级运行管理单位

  a）根据上级部署，落实各项防控措施。

  b）所辖范围内发生恐怖事件时，第一时间报告当地公安部门，并请求警力支援。

  c）及时上报恐怖事件和事件发生发展情况。

  d）在保证安全的前提下，组织调度应急处置资源，进行先期处置，防止事态进一步扩大。

  e）配合做好当地政府和上级恐怖事件应急指挥部布置的有关工作。

  f）完成上级单位交办的其他工作。

4 应急响应

4.1 预防和预警

4.1.1 信息收集

  高度关注公安部门发布的恐怖事件预警预报，在接到公安部门有关预警通知后，进一步加大渠道日常巡查工作力度，配合公安部门做好调查工作，一旦发现相关线索，立即报告公安部门。

4.1.2 预警行动

发布预警后，根据即将发生突发事件的特点和可能造成的危害，恐怖事件应急指挥部办公室、相关职能部门应依据相关应急预案立即做出响应，可采取以下措施：

a）及时收集、报告有关信息。

b）随时对突发事件信息进行分析评估，预测发生突发事件可能性的大小、影响范围和强度以及可能发生的突发事件的级别。

c）加强对突发事件发生、发展情况的监测、预报和预警工作。

d）二级运行管理单位和三级运行管理单位领导在现场值守，保持 24 小时通信畅通，必要时一级运行管理单位领导和职能部门人员在一线值守。

e）应急抢险队伍人员和设备进入临战待命状态。

4.1.3 预警信息内容

预警信息包括突发事件的类别、预警级别、起始时间、可能影响范围、警示事项、应采取的措施和发布单位等。

4.1.4 预警解除

当确定突发事件不可能发生或危险已经解除时，由职能部门或单位宣布解除预警。预警信息的发布、调整和解除可通过电话或书面通知等方式进行。

4.2 信息报送

4.2.1 信息报告

4.2.1.1 突发事件信息宜按规定逐级上报，紧急情况下可越级上报。信息报告先电话报告，随后书面报告。各单位或部门在发现和接到突发事件信息后，按照"接报即报、随时续报"的要求，立即进行上报，不得延误。突发事件报告包含以下内容：时间、地点、事件基本情况、人员伤亡及损失情况、已采取及建议采取的措施等。突发事件处置过程中，对突发事件动态情况、应急响应、应急处置后续进展情况、应急结束等，应及时按照电话、书面流程续报。

4.2.1.2 突发事件信息报告实行"双线"报告制度，即突发事件信息报告各级值班室的同时报告相关专业职能部门（处室）。突发事件报告包含以下内容：时间、地点、事件基本情况、人员伤亡及损失情况、已采取及建议采取的措施等。突发事件信息快速报告单内容及格式见附录 B。

4.2.1.3 突发事件处置过程中，对突发事件动态情况、应急响应、应急处置后续进展情况、应急结束等，应及时按照电话、书面流程续报。事件处置进展视情况及时续报，直至应急处置结束。

4.2.2 信息报告流程

4.2.2.1 电话报告流程

4.2.2.1.1 三级运行管理单位：

a) 现场人员发现或接到突发事件后，立即电话报告负责人和中控室值班人员，必要时拨打 110 报警。

b) 负责人接到报告，经核实后 10min 之内电话报告二级运行管理单位领导，同时安排人员报分调度中心和二级运行管理单位相关专业职能处室。

c) 突发事件按规定需报地方政府相关部门时，经请示后及时报告地方政府。

4.2.2.1.2 二级运行管理单位：

a) 分调度中心值班人员发现或接到突发事件信息电话报告后，立即报告带班领导，并通知相关专业职能处室。

b) 专业职能处室接到突发事件信息电话报告后，立即报告专业分管领导，分管领导接到报告后立即报告二级运行管理单位负责人。

c) 负责人接到突发事件信息电话报告后，10min 之内报告一级运行管理单位领导，同时安排人员电话报告总调度中心和局机关专业职能部门。

d) 分调度中心值班人员或专业职能处室人员接到领导指示后及时进行传达，并继续跟踪事件处置进展，做好接报和续报工作。

4.2.2.1.3 一级运行管理单位：

a) 总调度中心值班人员接到突发事件信息电话报告后，10min 之内报告带班领导、应急办和相关专业职能部门。

b) 应急办和专业职能部门接到突发事件信息电话报告后，10min 之内报告专业分管领导，分管领导接到报告后立即报一级运行管理单位负责人和党组书记。

c) 负责人接到突发事件信息报告后，必要时报告水利部领导，安排总调度中心值班人员报告水利部值班室。

d) 总调度中心值班人员或专业职能部门接到领导指示后及时进行传达，并继续跟踪事件处置进展，做好接报和续报工作。

4.2.2.2 书面报告流程

4.2.2.2.1 三级运行管理单位：

突发事件信息电话报告后 1h 内拟写突发事件信息快速报告单传真至分调度中心，根据需要可附现场相关图片影像资料等。

4.2.2.2.2 二级运行管理单位：

a) 分调度中心值班人员收到突发事件信息快速报告单后，立即报告二级运行管理单位领导、相关专业职能处室。

b) 分调度中心值班人员收到突发事件快速报告单 45min 内根据领导批示及突发事件处理情况，拟写突发事件信息快速报告单传真至总调度中心，由专业职能处室提供并配合把关突发事件信息报告单内容。

c) 分调度中心值班人员将二级运行管理单位领导批示及时进行传达。

4.2.2.2.3 一级运行管理单位：

a) 总调度中心值班人员收到突发事件信息快速报告单后，立即报告带班领导、应急办和相关专业职能部门。

b) 应急办和专业职能部门接到突发事件信息快速报告单后，立即报告专业分管领导，分管领导接到报告后立即报一级运行管理单位负责人和党组书记。

c) 总调度中心值班人员将领导批示及时进行传达。

d) 领导批示需上报水利部的突发事件，由总调度中心值班人员拟写南水北调中线干线工程突发事件信息报告单，传真至水利部值班室，由相关专业职能部门提供突发事件信息报告内容并配合把关。

5 应急处置

事件所属三级运行管理单位在做好信息报告的同时，应立即开展先期处置工作。组织本单位工作人员迅速疏散聚集群众，消除安全隐患，控制事件现场。在公安部门到达事发现场前，应加强对现场秩序的管理和控制，做好现场保护工作，如发现人员伤亡的情况，应立即拨打120同时组织人员进行抢救。上级运行管理单位要迅速调集资源和力量，提供技术支持，配合、协助政府主管部门开展现场处置和救援工作，并上报上级运行管理单位。具体如下：

a) 渠道、闸站、渡槽、箱涵、泵站、桥梁等设施遭受爆炸性恐怖袭击时，应立即启动相应的突发事件应急调度预案和工程安全事故应急预案，同时迅速组织队伍抢险，力争避免渠道决口、垮闸等恶性事件发生。

b) 渠道被大量排放、导入化学毒剂、放射性物质、致病致命微生物时，应立即启动相应的突发事件应急调度预案和水污染事件应急预案，同时应配合政府主管部门发布水污染通告，防止沿线群众误饮受污染水源。

c) 自动化调度系统遭受恐怖袭击时，应立即启动相应的突发事件应急调度预案，同时启用备用的调度系统，保证中线工程的正常调度运行，遭受破坏的自动化调度系统要及时组织力量修复。

6 应急保障

6.1 通信与信息保障

一级运行管理单位与二级、三级运行管理单位建立有线、无线相结合的应急通信系统；与地方人民政府及有关部门建立应急电话联络机制，确保通信畅通。

6.2 物资保障

二级、三级运行管理单位根据现场实际情况，组织对专用、急用物资和部分抢险设备进行现场储备，加强对物资和设备管理，及时予以补充和更新。二级运行管理单位与沿线省市卫生、医疗、消防等部门建立物资互调机制，三级运行管理单位对周边社会物资和设备进行了摸排调查，建立了联系，需要时可得到支援。

6.3 经费保障

突发事件处置经费纳入通水运行预算，应急经费实行专项拨付、专款专用。

6.4 其他保障

a) 各级运行管理单位充分利用社会应急医疗救护资源，支援现场应急救治工作。

b) 各级运行管理单位充分发挥保险在突发事件预防、处置和恢复重建等方面的作用。

c) 应急救援人员应配备符合救援要求的人员安全职业防护装备，严格按照救援程序开展应急救援工作，确保人员安全。

d) 按照国家法律法规、标准、规范的要求，在管理区域内建立紧急疏散地或应急避难场所。配合政府部门使受到突发事件影响的公众得到安置。

6.5 培训和演练

各级运行管理单位应加强对各级管理人员和应急队伍培训，每年应结合实际情况开展应急演练，通过演练及时总结和完善相关应急体系。

7 附则

7.1 本预案应根据实际情况的变化及时修订，中线建管局负责预案的管理和修订等工作。

7.2 本预案由南水北调中线建管局制定并负责解释。

7.3 本预案自印发之日起实施。

附录 A

表 A.1 一级运行管理单位相关职能部门联系方式

部门（中心）	电 话	传 真
总调大厅	010－88657423/88657428	010－88657525
应急办公室（工程维护中心）	010－88657436	010－88657430
综合部	010－88657136	010－88657158
人力资源部	010－88657227	010－88657200
宣传中心	010－88657520	010－88657540
总工办（科技管理部）	010－88657306	010－88657302
总调度中心	010－88657031/88657032/88657033/88657044	010－88657035
信息机电中心（信息科技公司）	010－88657356	010－88657180
水质与环境保护中心	010－88657378	010－88657383
安全生产部	010－88657255	010－88657250

表 A.2 二级运行管理单位联系方式

单 位	值班电话	传 真
渠首分局（分调大厅）	0377－61998600	0377－61998620
河南分局（分调大厅）	0371－67801110	0371－67801008
河北分局（分调大厅）	0311－67100777	0311－67100888
天津分局（分调大厅）	022－23904024/4072	022－23904004/4069
北京分局（分调大厅）	010－61372006	010－61372019
北京市南水北调干线管理处	010－88483908	010－88483928

附录 B

表 B.1　突发事件信息快速报告单

（编号：××分局/××管理处—××年—××号）

突发事件 信息名称			
二级运行 管理单位		三级运行 管理单位	
发现时间	年　月　日　时　分	发生地点	
事件 情况描述			
人员伤亡及 损失情况			
原因分析			
采取措施			
报告人 及电话		报告时间	年　月　日　时　分
以下由信息接收部门填写			
接报部门		接报人	
接报时间	月　日　时　分	联系电话	

表 B.2　突发事件信息后续报告单

（编号：××分局/××管理处—××年—××号）

突发事件 信息名称			
二级运行 管理单位		三级运行 管理单位	
事件进展 情况描述			
报告人 及电话		报告时间	年　月　日　时　分
以下由信息接收部门填写			
接报部门		接报人	
接报时间	月　日　时　分	联系电话	

附录 C

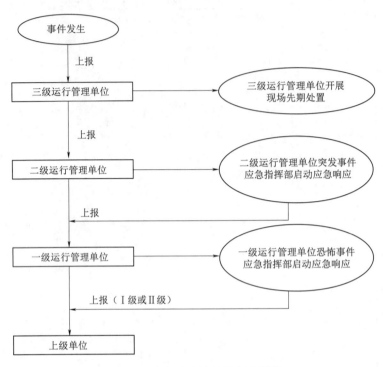

图 C.1　应急响应处置程序流程图

Q/NSBDZX

南水北调中线干线工程建设管理局规章制度

Q/NSBDZX 409.17—2019

工程地震灾害应急预案

2019－11－01发布　　　　　　　　2019－11－01实施

南水北调中线干线工程建设管理局 发　布

工程地震灾害应急预案

1 总则

1.1 编制目的

为有效预防、及时控制和妥善处理地震对南水北调中线干线工程的破坏，提高快速反应和应急处理能力，最大程度地减少人员伤亡和财产损失，确保工程安全、供水安全和人身安全，制定本预案。

1.2 编制依据

本预案依据《中华人民共和国防震减灾法》《中华人民共和国突发事件应对法》《破坏性地震应急条例》《南水北调工程供用水管理条例》《生产安全事故应急预案管理办法》《突发事件应急预案管理办法》等法律法规以及《南水北调中线干线工程突发事件应急管理办法》《南水北调中线干线工程突发事件综合应急预案》编制。

1.3 适用范围

本预案适用于南水北调中线干线工程运行期间所辖范围内地震灾害的应急处置工作。

1.4 工作原则

1.4.1 分级负责、先行处置的原则。各级运行管理单位应提高地震灾害的处理意识，落实次生灾害防范措施，实行分级负责，做到早预防、早准备、早处置。

1.4.2 以人为本、减少危害的原则。在突发事件应急处置中，把保障人民生命财产安全和供水安全作为首要任务，尽最大努力，降低社会影响。

1.4.3 快速反应、协同应对的原则。建立与地方的联动协调制度，形成统一指挥、反应灵敏、协调有序、运转高效的应急管理机制。

1.4.4 属地为主、依法处置的原则。在处理突发事件过程中，充分发挥地方政府主导作用，协助政府职能部门依法处置，不得越权处置或替代有关部门的执法职能。

2 风险分析和分级

2.1 地震灾害风险分析

南水北调中线干线工程大部分经过地震烈度 6～8 度区域，其中，穿越地震烈度 6 度的区域渠段长 476.661km，穿越地震烈度 7 度的区域渠段长 693.226km，穿越地震烈度 8 度的区域渠段长 178.346km（见附录 A）。当发生地震时，可能对工程造成损坏。遭受地震带来的风险主要分三类：

a）工程结构破坏突发事件，主要包括：决口、堰塞、结构物坍塌、PCCP 爆管等。

    b）自动化调度系统失控及金结机电及供电系统突发事件，主要包括：闸门损坏，供电系统瘫痪等。

    c）水质污染突发事件，主要包括：渠道沿线化工厂等污染源因地震破坏渗入渠道污染水源，地震灾后次生疫情造成水质污染等。

2.2 地震灾害分级

    南水北调中线干线工程因遭受地震引起突发事件，按照其性质、可控性、严重程度和影响范围等因素，分为4个级别：Ⅰ级、Ⅱ级、Ⅲ级和Ⅳ级（由重到轻）。

    a）凡符合下列情形之一的，为Ⅰ级：

      1）当发生7.0级以上地震的。

      2）南水北调工程结构破坏，符合《南水北调中线干线工程运行期工程安全事故应急预案》中认定为Ⅰ级的。

      3）南水北调自动化调度系统失控及金结机电、供电系统突发事件，造成供水中断的。

      4）南水北调水质严重污染，符合《南水北调中线干线工程水污染事件应急预案》中认定为Ⅰ级的。

      5）其他引起供水中断的。

    b）凡符合下列情形之一的，为Ⅱ级：

      1）当发生6.0级以上，7.0级以下地震。

      2）南水北调工程结构损坏，符合《南水北调中线干线工程运行期工程安全事故应急预案》中认定为Ⅱ级的。

      3）南水北调自动化调度系统失控及金结机电、供电系统突发事件，造成供水减少的。

      4）南水北调水质污染，符合《南水北调中线干线工程水污染事件应急预案》中认定为Ⅱ级的。

      5）其他引起供水减少的。

    c）凡符合下列情形之一的，为Ⅲ级：

      1）当发生5.0级以上，6.0级以下地震的。

      2）南水北调工程结构损坏，符合《南水北调中线干线工程运行期工程安全事故应急预案》中认定为Ⅲ级的。

      3）南水北调水质受到影响，符合《南水北调中线干线工程水污染事件应急预案》中认定为Ⅲ级的。

      4）其他类似的情况经应急指挥部认定的。

    d）凡符合下列情形之一的，为Ⅳ级：

      1）当发生4.0级以上，5.0级以下地震的。

      2）南水北调工程结构受影响，符合《南水北调中线干线工程运行期工程安全事故应急预案》中认定为Ⅳ级的。

      3）南水北调水质受到影响，符合《南水北调中线干线工程水污染事件应急预案》中认定为Ⅳ级的。

4）其他类似的情况，经应急指挥部认定的。

3 组织机构与职责

3.1 组织机构

3.1.1 机构组成

南水北调中线干线工程地震灾害应急指挥机构由一级运行管理单位（中线建管局）、二级运行管理单位（各分局、北京市南水北调干线管理处）、三级运行管理单位（各现地管理处、陶岔电厂、大宁管理所、西四环管理所）组成。

3.1.2 一级运行管理单位

3.1.2.1 一级运行管理单位地震灾害应急指挥部：

为加强南水北调中线干线地震灾害应急处置工作，确保工程运行安全，一级运行管理单位地震灾害应急指挥部在突发事件应急管理领导小组领导下开展工作。

a）指挥长：分管局领导。

b）成员：副总师、相关职能部门负责人、二级运行管理单位负责人。

3.1.2.2 一级运行管理单位地震灾害应急指挥部办公室：

一级运行管理单位地震灾害应急指挥部下设办公室，办公室设在一级运行管理单位地震灾害归口管理主管部门，部门负责人兼任办公室主任。

3.1.2.3 现场抢险指挥部：

当发生重大及以上地震灾害时，根据应对处置工作需要，一级运行管理单位地震灾害应急指挥部应设现场抢险指挥部或派出工作组进行检查督导，由局领导担任指挥长和副指挥长，副总师、地震灾害归口管理职能部门、相关职能部门、二级运行管理单位、三级运行管理单位有关人员组成，下设工作职能组，具体负责突发事件指挥和处置等应对工作。

3.1.3 二级运行管理单位

二级运行管理单位成立突发事件应急指挥部，指挥长由二级运行管理单位负责人担任，副指挥长由二级运行管理单位副职担任，成员由二级运行管理单位职能处室负责人及三级运行管理单位负责人组成。

3.1.4 三级运行管理单位

三级运行管理单位成立突发事件应急处置小组，组长由三级运行管理单位负责人担任，副组长由三级运行管理单位副职担任，成员由三级运行管理单位相关科室有关人员组成。

3.2 工作职责

3.2.1 一级运行管理单位

3.2.1.1 地震灾害应急指挥部职责：

a）执行落实突发事件应急管理领导小组各项决策意见。

b) 审查地震灾害专项应急预案。

c) 负责Ⅰ级、Ⅱ级、Ⅲ级突发事件预警和响应工作，组织召开应急会商会。

d) 分析研判地震灾害，提出相关应急响应意见，并及时报告应急管理领导小组。

e) 根据地震灾害发展演变情况，提出应急处置措施供应急管理领导小组决策。

f) 组织研究地震灾害研究处置方案，统一指挥地震灾害现场应急处置工作。

g) 负责地震灾害现场应急指挥内、外部协调工作。

h) 负责完成突发事件应急管理领导小组交办的其他工作。

3.2.1.2 地震灾害应急指挥部办公室职责：

a) 负责一级运行管理单位地震灾害应急指挥部的日常工作，组织、协调、检查、指导各级运行管理单位地震灾害应急处置工作。

b) 组织修订、完善本应急预案，监督检查各级运行管理单位应急预案和处置方案的制定、演练和培训等工作。

c) 收集并及时向地震灾害应急指挥部汇报地震对南水北调干线工程造成的影响等相关信息。

d) 负责与当地政府进行沟通协调，配合政府相关部门做好应急处置工作。

3.2.1.3 现场抢险指挥部职责：

a) 执行落实突发事件应急管理领导小组各项决策意见。

b) 具体负责地震灾害抢险救援工作。

c) 负责完成突发事件应急管理领导小组交办的其他工作。

3.2.2 二级运行管理单位

突发事件应急指挥部：

a) 贯彻落实突发事件应急管理领导小组各项决策意见。

b) 研究部署本单位所辖区段地震灾害应急管理工作。

c) 审批本单位所辖工程突发事件综合应急预案。

d) 负责所辖区段地震灾害Ⅳ级预警和响应的发布和解除，对Ⅲ级及以上地震灾害预警和响应提出初步意见。

e) 组织指挥或参与地震灾害现场应急处置工作，服从上级部门或地方政府开展的应急处置工作。

f) 负责与工程沿线市（县）应急处置机构建立联络和应急响应机制。

g) 完成突发事件应急管理领导小组交办的其他工作。

3.2.3 三级运行管理单位

突发事件应急处置小组：

a) 贯彻落实上级单位和地方政府有关突发事件应急管理规章制度。

b) 负责编制三级运行管理单位辖区段现场应急处置方案。

c) 负责地震灾害工程险情先期处置工作。

d) 负责地震灾害应急演练、培训工作。

  e) 建立与属地政府的联络机制。

  f) 完成上级应急指挥部交办的其他工作。

4 应急响应

4.1 信息报送

4.1.1 信息报告

4.1.1.1 地震灾害突发事件信息宜按规定逐级上报，紧急情况下可越级上报。信息报告先电话报告，随后书面报告。各单位或部门在发现和接到突发事件信息或从国家广播电视、官网等发布得到的地震信息后，按照"接报即报、随时续报"的要求，立即进行上报，不得延误。

4.1.1.2 突发事件信息报告实行"双线"报告制度，即突发事件信息报告各级值班室的同时报告相关专业职能部门（处室）。突发事件报告包含以下内容：时间、地点、事件基本情况、人员伤亡及损失情况、已采取及建议采取的措施等。

4.1.1.3 突发事件处置过程中，对突发事件动态情况、应急响应、应急处置后续进展情况、应急结束等，应及时按照电话、书面流程续报。事件处置进展视情况及时续报，直至应急处置结束。

4.1.2 信息报告流程

4.1.2.1 电话报告流程

4.1.2.1.1 三级运行管理单位：

  a) 现场人员发现或接到突发事件后，立即电话报告负责人和中控室值班人员。

  b) 负责人接到报告，经核实后10min之内电话报告二级运行管理单位领导，同时安排人员报分调度中心和二级运行管理单位相关专业职能处室。

  c) 突发事件按规定需报地方政府相关部门时，经请示后及时报告地方政府。

4.1.2.1.2 二级运行管理单位：

  a) 分调度中心值班人员发现或接到突发事件信息电话报告后，立即报告带班领导，并通知工程处和相关专业职能处室。

  b) 工程处和专业职能处室接到突发事件信息电话报告后，立即报告专业分管领导，分管领导接到报告后立即报告二级运行管理单位负责人。

  c) 负责人接到突发事件信息电话报告后，10min之内报告一级运行管理单位领导，同时安排人员电话报告总调度中心和局机关专业职能部门。

  d) 分调度中心值班人员或专业职能处室人员接到领导指示后及时进行传达，并继续跟踪事件处置进展，做好接报和续报工作。

4.1.2.1.3 一级运行管理单位：

  a) 总调度中心值班人员接到突发事件信息电话报告后，10min之内报告带班领导、应急办和相关专业职能部门。

  b) 应急办和专业职能部门接到突发事件信息电话报告后，10min之内报告专业分管领导，分管领导接到报告后立即报一级运行管理单位负责人和党组书记。

c) 负责人接到突发事件信息报告后，必要时报告水利部领导，安排总调度中心值班人员报告水利部值班室。

d) 总调度中心值班人员或专业职能部门接到领导指示后及时进行传达，并继续跟踪事件处置进展，做好接报和续报工作。

4.2.2.2 书面报告流程

4.2.2.2.1 三级运行管理单位：

突发事件信息电话报告后 1h 内拟写突发事件信息快速报告单传真至分调度中心，根据需要可附现场相关图片影像资料等。

4.2.2.2.2 二级运行管理单位：

a) 分调度中心值班人员收到突发事件信息快速报告单后，立即报告二级运行管理单位领导、工程处和相关专业职能处室。

b) 分调度中心值班人员收到突发事件快速报告单 45min 内根据领导批示及突发事件处理情况，拟写突发事件信息快速报告单传真至总调度中心，由专业职能处室提供并配合把关突发事件信息报告单内容。

c) 分调度中心值班人员将二级运行管理单位领导批示及时进行传达。

4.2.2.2.3 一级运行管理单位：

a) 总调度中心值班人员收到突发事件信息快速报告单后，立即报告带班领导、应急办和相关专业职能部门。

b) 应急办和专业职能部门接到突发事件信息快速报告单后，立即报告专业分管领导，分管领导接到报告后立即报一级运行管理单位负责人和党组书记。

c) 总调度中心值班人员将领导批示及时进行传达。

d) 领导批示需上报水利部的突发事件，由总调度中心值班人员拟写南水北调中线干线工程突发事件信息报告单，传真至水利部值班室，由相关专业职能部门提供突发事件信息报告内容并配合把关。

4.2 应急响应

4.2.1 响应分级

按照地震灾害分级，将应急响应对应划为四个级别，由高到低分为：Ⅰ级应急响应、Ⅱ级应急响应、Ⅲ级应急响应、Ⅳ级应急响应。

4.2.2 应急响应启动

地震灾害发生后，在先期处置的基础上，各级运行管理单位根据事件情况需及时启动本级应急预案（或处置方案）的响应措施进行处置。发生Ⅰ级、Ⅱ级和Ⅲ级地震灾害时，一级运行管理单位地震灾害应急指挥部启动Ⅰ级、Ⅱ级和Ⅲ级应急响应，由地震灾害应急指挥部办公室负责落实响应措施；发生Ⅳ级突发事件时，二级运行管理单位突发事件应急指挥部启动Ⅳ级应急响应，并报一级运行管理单位地震灾害应急指挥部办公室备案。超出本级应急处置能力时，及时报请上级单位启动相应应急预案。

4.2.3 响应程序

4.2.3.1 一般地震突发事件（Ⅳ级）：

a) 二级运行管理单位接到三级运行管理单位报告后，立即启动Ⅳ级应急响应，负责指挥协调应急处置工作，并上报一级运行管理单位。一级运行管理单位地震灾害应急指挥部办公室、相关职能部门根据实际需要，参与协助做好相关工作。三级运行管理单位进入Ⅳ级应急响应状态，按指示进一步做好先期处置工作。若需属地应急救援时，二级运行管理单位突发事件应急指挥部应向相关市（县）级地震灾害指挥机构报告，并根据需要提出工程联动抢险救援请求。

b) 二级运行管理单位突发事件应急指挥部指挥长主持召开会商会，研究确定应急抢险处置方案，并报告一级运行管理单位。

c) 二级运行管理单位突发事件应急指挥部根据需要成立现场抢险指挥部，组织资源进行抢险。

d) 灾情超出本级应急救援处置能力时，二级运行管理单位突发事件应急指挥部应及时报请一级运行管理单位地震灾害应急指挥部启动上一级应急预案。

e) 地震灾害险情应急处置结束后，由二级运行管理单位将应急处置结果报一级运行管理单位备案。

4.2.3.2 较大地震突发事件（Ⅲ级）：

a) 一级运行管理单位接到二级运行管理单位报告后，一级运行管理单位地震灾害应急指挥部立即启动Ⅲ级应急响应，负责指挥协调应急处置工作。二级运行管理单位突发事件应急指挥部、三级运行管理单位进入Ⅲ级应急响应状态。若灾情需属地应急救援时，一级运行管理单位地震灾害应急指挥部应向相关市（县）地震指挥机构报告，根据需要提出工程联动抢险救援请求。

b) 一级运行管理单位地震灾害应急指挥部副指挥长主持召开会商会，研究确定应急调度决策及应急处置方案，并报告应急指挥部指挥长。

c) 按照研究确定的调度决策，总调度中心向全线发出应急调度指令，并向二级运行管理单位突发事件应急部传达应急响应指令。二级运行管理单位突发事件应急指挥部接到应急响应指令后，应立即向三级运行管理单位下达应急响应指令。二级运行管理单位突发事件应急指挥部、三级运行管理单位按照一级运行管理单位地震指挥部的指示进一步做好先期处置工作。

d) 分管局领导，局地震灾害应急办公室、相关职能部门有关人员赶赴现场，指挥开展应急抢险工作。必要时，一级运行管理单位地震灾害应急指挥部成立现场抢险指挥部，分管局领导担任指挥长，局应急办公室、相关职能部门、二级运行管理单位、三级运行管理单位有关人员参与组成，组织资源进行抢险或抢险准备。

e) 地震灾害险情应急处置结束后，由一级运行管理单位向上级单位报告。

4.2.3.3 Ⅰ级、Ⅱ级应急响应程序：

a) 一级运行管理单位接到二级运行管理单位报告后，一级运行管理单位地震灾害应急急指挥部立即启动Ⅰ级、Ⅱ级应急响应，并报上级单位。二级运行管理单位突发事件应急指挥部、三级运行管理单位进入Ⅰ级、Ⅱ级应急响应状态。若灾情需属地应急救援时，一级运行管理单位地震灾害应急指挥部应向相关省（直辖市）应急指挥机构报告，提出工程联动抢险救援请求。

b) 一级运行管理单位地震灾害应急指挥部指挥长主持召开会商会，研究确定应急调度决策及应急处置方案。

c) 按照研究确定的调度决策，总调度中心向全线发出应急调度指令，并向二级运行管理单位应急指挥部传达应急响应指令。二级运行管理单位突发事件应急指挥部接到应急响应指令后，应立即向三级运行管理单位下达应急响应指令。二级运行管理单位突发事件应急指挥部、三级运行管理单位按照一级运行管理单位地震灾害应急指挥部的指示进一步做好先期处置工作。

d) 一级运行管理单位地震灾害应急指挥部成立现场抢险指挥部，一级运行管理单位局长、党组书记或分管局领导担任指挥长，负责应急处置的决策和协调工作；分管局领导、局副总师、相关职能部门、二级运行管理单位负责同志任副指挥长，局地震灾害应急办公室、相关职能部门、二级运行管理单位、三级运行管理单位有关人员参与组成，组织资源进行抢险或抢险准备。

e) 地震灾害险情应急处置结束后，由一级运行管理单位向上级单位报告。

4.3 响应升级

当发生的地震灾害严重程度超出一级运行管理单位自身控制能力范围，应及时报告上级主管部门和地方政府进行应急救援，由其统一指挥、调动各方面应急资源进行应急抢险。

5 应急处置

5.1 先期处置

地震所在地三级运行管理单位迅速组织人员疏散，加强对工程情况的排查，发现险情后及时开展先期处置工作，消除安全隐患。如发现人员伤亡的情况，应立即拨打120同时组织人员进行抢救。

5.2 处置措施

5.2.1 各级运行管理单位应迅速调集资源和力量开展应急处置工作，配合地方政府开展救援工作。

5.2.2 渠道、闸站、渡槽、箱涵、泵站、桥梁等设施在地震中遭受损毁时，应立即启动相应的突发事件应急调度预案和工程安全事故应急预案，同时迅速组织队伍抢险，力争避免渠道决口、垮闸等恶性事件发生。必要时，由二级运行管理单位突发事件应急指挥部联系地方政府，疏散下游群众。

5.2.3 渠道遭遇地震后，应密切监控渠坡及渠底渗漏情况，特别是高填方渠段。

5.2.4 如有污染物进入渠道，应立即启动相应的突发事件应急调度预案和水污染事件应急预案。

5.2.5 自动化调度系统、金结机电系统因地震破坏，应立即启动相应的突发事件应急调度预案，同时启用备用的调度系统，保证中线工程的正常调度运行，遭受破坏的自动化调度系统要及时组织力量修复。

5.3 现场指挥与控制

5.3.1 二级、三级运行管理单位是突发事件先期处置的责任主体，承担突发事件的应对责任，对单位范围内的突发事件负有直接指挥权、处置权。在紧急情况下，可立即下达撤人命令，组织现场人员及时、有序撤离到安全地点，避免或减少人员伤亡。

5.3.2 事件发生后，事发单位要立即启动应急预案，先期成立现场指挥机构，由事发现场最高职位者担任现场指挥机构指挥长，及时明确现场抢险指挥机构人员组成，在确保安全的前提下采取有效措施组织抢险救援。现场指挥机构负责统一指挥调度现场的应急抢险救援等工作，全面掌控现场情况。

5.3.3 在上级单位相关负责人赶到现场后，根据预案规定事发单位应立即向上级单位现场抢险指挥部正式移交指挥权，并汇报事件情况、进展、风险以及影响控制事态的关键因素和问题。调动本单位所有应急资源，服从上级现场抢险指挥部的指挥，并切实做好应急处置全过程的后勤保障和生活服务工作。

5.4 应急结束

地震灾害应急处置工作基本完成后，或者相关危险因素基本消除后，应急处置工作即告结束。应急结束按照"谁启动、谁结束"的原则，由启动应急响应的责任单位或现场抢险指挥部做出终止执行相关应急响应的决定，宣布解除应急状态，转入常态管理。应急处置完成后，应对工程进行一次全面检查和监测，为恢复生产提供准确依据。

6 应急保障

6.1 物资设备保障

二级、三级运行管理单位根据现场实际情况，组织对专用、急用物资和部分抢险设备进行现场储备，加强对物资和设备管理，及时予以补充和更新。二级运行管理单位与沿线省市地方政府部门建立了应急抢险物资互调机制，三级运行管理单位对周边社会物资和设备进行了摸排调查，建立了联系，需要时可得到支援。

6.2 队伍保障

一级运行管理单位组织二级运行管理单位在全线建立应急保障队伍，并与地方政府抢险队、驻地部队建立抢险救援协作机制；三级运行管理单位将工程现场维护队伍、安保队伍作为先期处置队伍。

6.3 通信电力保障

一级运行管理单位与二级、三级运行管理单位建立有线、无线相结合的应急通信系

统；与地方人民政府及有关部门建立应急电话联络机制，确保通信畅通。各级运行管理单位组织对所辖段内的供电线路和固定、移动发电机组进行定期检查维护，保证处于良好状态。

6.4 资金保障

地震灾害物资储备、演练培训、抢险救灾等所需经费纳入工程运行管理预算，实行专项拨付、专款专用。

6.5 演练培训

为提高地震灾害风险防范意识和应急处置能力，各级运行管理单位应加强对运行管理人员和应急队伍培训，每年应结合实际情况有针对性地开展地震灾害应急演练，演练结束后要开展总结评估，不断完善应急体系。

7 附则

7.1 本预案应根据实际情况的变化及时修订，中线建管局负责预案的管理和修订等工作。

7.2 本预案由南水北调中线建管局制定并负责解释。

7.3 本预案自印发之日起实施。

附录 A

表 A.1 南水北调中线干线工程地震基本烈度一览表

序号	单项工程名称	设计单元名称	地震基本烈度
一	京石段应急供水工程	永定河倒虹吸	8
		惠南庄泵站	7
		北拒马河暗渠	7
		西四环暗涵	8
		北京段其他工程 41+000 以北	8
		北京段其他工程 41+000 以南	7
		北京段穿五棵松地铁	8
		滹沱河倒虹吸工程	基本为 6，按 7 考虑与复核
		釜山隧洞工程	7
		唐河倒虹吸工程	6
		漕河段工程	6
		古运河枢纽工程	6
		河北段其他工程 236+935～401+000	6
		河北段其他工程 401+000～452+000	7
		河北段其他工程 452+000～461+181	7
二	漳河北至古运河南	邢石界至古运河南	6
		邢台至邯郸段 0+000～62+450	7
		邢台至邯郸段 62+450～167+484	7
		邢台至邯郸段 167+484～172+751	6
三	穿漳河工程	穿漳河交叉建筑物	7
四	黄河北至漳河南段	安阳段工程 THG4+NE255～70+400	8
		安阳段工程 NE70+400～ZHG2+048.56	7
		潞王坟膨胀岩试验段	8
		黄河北到羑河北 0+000～19+813	7
		黄河北到羑河北 19+813～98+450	7
		黄河北到羑河北 98+450～196+798	8
五	穿黄工程	穿黄工程	7
六	沙河南至黄河南段	沙河渡槽段	小于 6
		鲁山北段	小于 6
		宝丰郏县段 SH19+707～20+140.9	小于 6
		宝丰郏县段其他部分	6
		新郑南段、双洎河段	7
		北汝河倒虹吸	6
		禹州长葛段 SH（3）92+378.8 以南	6

表 A.1 南水北调中线干线工程地震基本烈度一览表（续）

序号	单项工程名称	设计单元名称	地震基本烈度
六	沙河南至黄河南段	禹州长葛段 SH（3）92＋378.8 以北	7
		潮河段	7
		郑州 2 段	7
		郑州 1 段	7
		荥阳段	7
七	陶岔渠首至沙河南段	淅川县段	6
		湍河渡槽	6
		镇平县段	6
		南阳市段 88＋000～103＋000	7
		南阳市段（其他段）	6
		膨胀土试验段（南阳）	7
		白河倒虹吸	6
		方城段 144＋662～185＋545	小于 6
		方城段（其他段）	6
		叶县段	6
		澧河渡槽	6
		鲁山南 1 段	小于 6
		鲁山南 2 段	小于 6
八	天津干线	0＋000～9＋548	6
		9＋548～111＋938	7
		111＋938～155＋305.074	7

附录 B

表 B.1 南水北调中线干线工程地震灾害事件分级表

序号	影响类别	Ⅰ级	Ⅱ级	Ⅲ级	Ⅳ级
1	人员安全	当发生 7.0 级以上地震或造	当发生 6.0 级以上、7.0 级以下地震的	当发生 5.0 级以上、6.0 级以下地震	当发生 4.0 级以上、5.0 级以下地震的
2	工程安全	符合《南水北调中线干线工程运行期工程安全事故应急预案》中认定为Ⅰ级的	符合《南水北调中线干线工程运行期工程安全事故应急预案》中认定为Ⅱ级的	符合《南水北调中线干线工程运行期工程安全事故应急预案》中认定为Ⅲ级的	符合《南水北调中线干线工程运行期工程安全事故应急预案》中认定为Ⅳ级的
3	水质	符合《南水北调中线干线工程水污染事件应急预案》中认定为Ⅰ级的	符合《南水北调中线干线工程水污染事件应急预案》中认定为Ⅱ级的	符合《南水北调中线干线工程水污染事件应急预案》中认定为Ⅲ级的	符合《南水北调中线干线工程水污染事件应急预案》中认定为Ⅳ级的
4	调度、金结机电及供电	南水北调自动化调度系统失控及金结机电、供电系统突发事件，造成供水中断或调度中断的	南水北调自动化调度系统失控及金结机电、供电系统突发事件，造成供水减少的		
5	其他	与以上类似的情况	与以上类似的情况	与以上类似的情况	与以上类似的情况

附录 C

表 C.1 一级运行管理单位相关职能部门联系方式

部门（中心）	电 话	传 真
总调大厅	010－88657423/88657428	010－88657525
应急办公室 （工程维护中心）	010－88657436	010－88657430
综合部	010－88657136	010－88657158
人力资源部	010－88657227	010－88657200
宣传中心	010－88657520	010－88657540
总工办（科技管理部）	010－88657306	010－88657302
总调度中心	010－88657031/88657032/88657033/88657044	010－88657035
信息机电中心 （信息科技公司）	010－88657356	010－88657180
水质与环境保护中心	010－88657378	010－88657383
安全生产部	010－88657255	010－88657250

表 C.2 二级运行管理单位联系方式

单 位	值班电话	传 真
渠首分局（分调大厅）	0377－61998600	0377－61998620
河南分局（分调大厅）	0371－67801110	0371－67801008
河北分局（分调大厅）	0311－67100777	0311－67100888
天津分局（分调大厅）	022－23904024/4072	022－23904004/4069
北京分局（分调大厅）	010－61372006	010－61372019
北京市南水北调干线管理处	010－88483908	010－88483928

表 C.3 政府部门及相关单位联系方式

相关单位		值班室电话	传真
国家部委	水利部	010 – 63203069	010 – 63203070
	应急管理部	010 – 83933200/83933210	010 – 83933117
	生态环境部	010 – 66556006/66556007	010 – 66556010
河南省	水利厅	0371 – 65571001	0371 – 65951296
	应急管理厅	0371 – 65919777	0371 – 65919800
河北省	水利厅	0311 – 86045596（工作时间）/ 86045654（非工作时间）	0311 – 86060478（工作时间）/ 85185518（非工作时间）
	应急管理厅	0311 – 87908255	0311 – 87905884
天津市	水务局	022 – 23333605（工作时间）/ 23333656（非工作时间）	022 – 23333603（工作时间）/ 23333644（非工作时间）
	应急管理局	022 – 28450303	022 – 28450301
北京市	水务局	010 – 68556111	010 – 68556155
	应急管理局	010 – 55573784	010 – 55573045

附录 D

表 D.1 突发事件信息快速报告单

（编号：××分局/××管理处—××年—××号）

突发事件信息名称			
二级运行管理单位		三级运行管理单位	
发现时间	年 月 日 时 分	发生地点	
事件情况描述			
人员伤亡及损失情况			
原因分析			
采取措施			
报告人及电话		报告时间	年 月 日 时 分
以下由信息接收部门填写			
接报部门		接报人	
接报时间	月 日 时 分	联系电话	

表 D. 2 突发事件信息后续报告单

（编号：××分局/××管理处—××年—××号）

突发事件 信息名称			
二级运行 管理单位		三级运行 管理单位	
事件进展 情况描述			
报告人 及电话		报告时间	年 月 日 时 分
以下由信息接收部门填写			
接报部门		接报人	
接报时间	月 日 时 分	联系电话	

附录 E

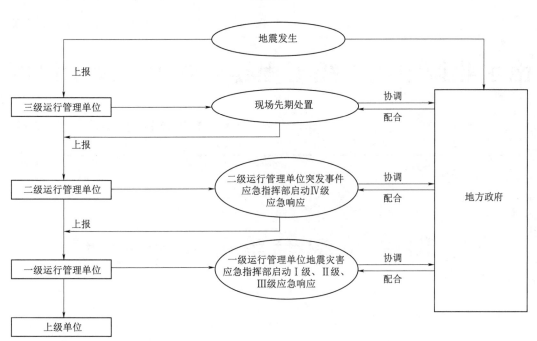

图 E.1 地震灾害应急响应处置程序流程图

Q/NSBDZX

南水北调中线干线工程建设管理局规章制度

Q/NSBDZX 409.18—2019

工程涉外突发事件应急预案

2019－11－05发布 　　　　　　　　2019－11－05实施

南水北调中线干线工程建设管理局 发 布

工程涉外突发事件应急预案

1 总则

1.1 编制目的

为规范涉外突发事件的应急管理和应急响应程序，保证涉外突发事件应对工作有序开展，最大程度减少涉外突发事件造成的人员伤亡、财产损失和社会影响，特编制本预案。

1.2 编制依据

本预案依据《中华人民共和国突发事件应对法》《南水北调工程供用水管理条例》《国家突发公共事件总体应急预案》《安全生产事故应急预案管理办法》《突发事件应急预案管理办法》《生产经营单位生产安全事故应急预案编制导则》等国家法律法规和制度规定、《南水北调中线干线工程突发事件应急管理办法》《南水北调中线干线工程突发事件综合应急预案》编制。

1.3 适用范围

本预案适用于南水北调中线干线工程涉外突发事件的预防和应急处置工作。涉外突发事件包括：在南水北调中线干线工程管辖范围内进行参观考察的外籍人员生命财产受到损害或严重威胁的突发事件；外资企业及外籍人员因为南水北调中线干线工程退水、溃堤等情况导致生命财产受到损害或严重威胁的突发事件。

1.4 工作原则

本预案的工作原则：

a) 以人为本、减少危害的原则。在涉外突发事件应急处置中，把保障外籍人员的生命财产安全作为首要任务，最大限度地减少事件及其造成的外籍人员伤亡和危害。

b) 分级负责、先行处置的原则。建立健全分类管理、分级负责的应急管理体系，做到责任明确，处置及时。

c) 快速反应、协同应对的原则。建立与地方的联动协调制度，形成统一指挥、反应灵敏、协调有序、运转高效的应急管理机制。

d) 属地为主、依法处置的原则。在处理突发事件过程中，充分发挥地方政府主导作用，协助政府职能部门依法处置，不得越权处置或替代有关部门的执法职能。

2 突发事件风险分析和分级

2.1 风险分析

南水北调中线干线工程沿线周边存在外资企业，同时也有外籍人员参观考察，存在发生涉外突发事件的可能性，初步分析有以下两类：

    a）当外籍人员在工程管辖范围内进行参观考察时，可能发生坠渠、溺亡以及其他难以预知的人身伤亡事故，需启动涉外突发事件处置。

    b）工程在运行过程中如出现紧急退水、左排行洪或渠道溃堤等特殊情况，可能对沿线周围外资企业和外籍人员的生命财产造成损失，需启动涉外突发事件处置。

2.2 突发事件分级

南水北调中线干线工程涉外突发事件按照其性质、严重程度和影响范围等因素，分为4个级别：Ⅰ级（特别重大事件）、Ⅱ级（重大事件）、Ⅲ级（较大事件）和Ⅳ级（一般事件）。

    a）凡符合下列情形之一的，为Ⅰ级：

        1）造成或可能造成30人（含）以上外籍人员死亡，或者100人（含）以上外籍人员重伤的涉外事件；

        2）造成或可能造成1亿元以上直接经济损失的涉外事件；

        3）造成或可能造成具有特别重大政治和社会影响的涉外事件；

        4）其他视情况需要作为特别重大涉外突发事件对待的事件。

    b）凡符合下列情形之一的，为Ⅱ级：

        1）造成或可能造成10人（含）以上30人以下外籍人员死亡，或者50人（含）以上100人以下外籍人员重伤的涉外事件；

        2）造成或可能造成5000万元以上1亿元以下直接经济损失的涉外事件；

        3）造成或可能造成具有重大政治和社会影响的涉外事件；

        4）其他视情况需要作为重大涉外突发事件对待的事件。

    c）凡符合下列情形之一的，为Ⅲ级：

        1）造成或可能造成3人（含）以上10人以下外籍人员死亡，或者10人（含）以上50人以下外籍人员重伤的涉外事件；

        2）造成或可能造成1000万元以上5000万元以下直接经济损失的涉外事件；

        3）造成或可能造成具有较大政治和社会影响的涉外事件；

        4）其他视情况需要作为较大涉外突发事件对待的事件。

    d）凡符合下列情形之一的，为Ⅳ级：

        1）造成或可能造成3人以下外籍人员死亡，或者10人以下外籍人员重伤的涉外事件；

        2）造成或可能造成1000万元以下直接经济损失的涉外事件；

        3）造成或可能造成具有一定政治和社会影响的涉外事件；

        4）其他视情况需要作为一般涉外突发事件对待的事件。

3 组织机构与职责

3.1 组织机构

3.1.1 机构组成

涉外突发事件应急指挥机构在南水北调中线建管局突发事件应急管理领导小组的领导

下开展工作。涉外突发事件应急指挥机构由一级运行管理单位（中线建管局）、二级运行管理单位（各分局、北京市南水北调干线管理处）、三级运行管理单位（各现地管理处、陶岔电厂、大宁管理所、西四环管理所）单位组成。

3.1.2 一级运行管理单位

3.1.2.1 一级运行管理单位涉外突发事件应急指挥部：

为加强中线干线工程涉外突发事件应急处置工作，成立一级运行管理单位涉外突发事件应急指挥部，组成人员如下：

a) 指挥长：分管局领导。

b) 成员：副总师、局相关职能部门负责人、二级运行管理单位负责人。

3.1.2.2 一级运行管理单位涉外突发事件应急指挥部办公室：

一级运行管理单位涉外突发事件应急指挥部办公室负责中线建管局涉外突发应急指挥部日常事务。办公室设在人力资源部门，由人力资源部门主要负责人兼任办公室主任。

3.1.3 二级运行管理单位

二级运行管理单位成立突发事件应急指挥部，指挥长由二级运行管理单位负责人担任，副指挥长由二级运行管理单位副职担任，成员由二级运行管理单位职能处室负责人及三级运行管理单位负责人组成。应急指挥部下设应急办公室。

3.1.4 三级运行管理单位

三级运行管理单位成立突发事件应急处置小组，组长由三级运行管理单位负责人担任，副组长由三级运行管理单位副职担任，成员由三级运行管理单位相关科室有关人员组成。

3.2 职责

3.2.1 一级运行管理单位

3.2.1.1 涉外突发事件应急指挥部职责：

a) 执行落实突发事件应急管理领导小组各项决策意见。

b) 负责涉外突发事件应急预案的审查。

c) 组织涉外突发事件应急响应、应急处置等工作。

d) 研究确定涉外突发事件应急处置方案。

e) 对二级、三级运行管理单位涉外应急管理工作进行指导。

f) 负责完成突发事件应急管理领导小组交办的其他工作。

3.2.1.2 涉外突发事件应急指挥部办公室职责：

a) 执行落实涉外突发事件应急指挥部安排的各项工作任务。

b) 负责建立健全中线干线工程涉外突发事件应急管理组织体系。

c) 负责涉外突发事件应急预案的编制、修订和评审。

　　d）负责或参与涉外突发事件应急响应工作，并及时向应急管理领导小组报告。

　　e）跟踪了解已发生涉外突发事件应急处置情况。

　　f）负责建立涉外突发事件信息台账。

　　j）完成涉外突发事件应急指挥部交办的其他工作。

3.2.2　二级运行管理单位

突发事件应急指挥部：

　　a）贯彻落实涉外突发事件应急指挥部各项决策意见。

　　b）研究部署本单位所辖区段涉外突发事件应急管理工作。

　　c）组织指挥或参与现场涉外突发事件应急处置工作，服从上级部门或地方政府开展
　　　的涉外应急处置工作。

　　d）负责与工程沿线市（县）涉外应急处置管理机构建立联络和应急响应机制。

　　e）完成涉外突发事件应急指挥部交办的其他工作。

3.2.3　三级运行管理单位

应急处置小组：

　　a）贯彻落实上级单位和地方政府有关涉外突发事件应急管理规章制度。

　　b）负责涉外突发事件发生后现场的先期应急处置工作。

　　c）建立与属地政府的涉外应急联络机制。

　　d）完成上级应急指挥部交办的其他工作。

4　应急响应

4.1　预防与监控

4.1.1　各级运行管理单位应切实履行安全管理岗位职责，在涉外参观访问行程的安排上
尽量避开存在安全风险的工程景观，同时做好对外籍访问人员的安全宣传教育，增强其安
全意识，降低发生人身安全事故的风险。

4.1.2　各级运行管理单位应及时收集渠道周边的外资企业等相关信息，重点排查高填方
段和退水渠周边是否有外资企业，梳理出发生涉外突发事件风险较高的企业信息并及时上
报中线建管局。

4.2　信息报送

4.2.1　信息报告

4.2.1.1　涉外突发事件信息一般应按规定逐级上报，紧急情况下可越级上报。信息报告
先电话报告，随后书面报告。各单位或部门在发现或接到涉外突发事件信息后，按照"接
报即报、随时续报"的要求，立即进行上报，不得延误。

4.2.1.2　涉外突发事件信息报告一级运行管理单位应急办公室、人力资源部门和当地政
府外事部门。涉外突发事件报告包含以下内容：时间、地点、事件基本情况、人员伤亡及

损失情况、已采取及建议采取的措施等。突发事件信息快速报告单内容及格式见附录B。

4.2.1.3 涉外突发事件处置过程中，对涉外突发事件动态情况、应急响应、应急处置后续进展情况、应急结束等，应及时按照电话、书面流程续报。事件处置进展情况及时续报，直至应急处置结束。

4.2.2 信息报告流程

4.2.2.1 电话报告流程

4.2.2.1.1 三级运行管理单位：

a) 现场人员发现或接到涉外突发事件后，立即电话报告负责人和中控室值班人员。火灾和交通事故应首先拨打119、120等急救电话。

b) 负责人接到报告，经核实后10min之内电话报告二级运行管理单位领导，同时安排人员报分调度中心和二级运行管理单位相关专业职能处室。

c) 突发事件按规定需报地方政府相关部门时，经请示后及时报告地方政府。

4.2.2.1.2 二级运行管理单位：

a) 分调度中心值班人员发现或接到涉外突发事件信息电话报告后，立即报告带班领导，并通知工程处和相关专业职能处室。

b) 工程处和专业职能处室接到涉外突发事件信息电话报告后，立即报告专业分管领导，分管领导接到报告后立即报告二级运行管理单位负责人。

c) 负责人接到涉外突发事件信息电话报告后，10min之内报告一级运行管理单位领导，同时安排人员电话报告总调度中心和人力资源部门。

d) 分局分调度中心值班人员或专业职能处室人员接到领导指示后及时进行传达，并继续跟踪事件处置进展，做好接报和续报工作。

4.2.2.1.3 一级运行管理单位：

a) 总调度中心值班人员接到涉外突发事件信息电话报告后，10min之内报告带班领导、应急办和人力资源部门。

b) 应急办和人力资源部门接到涉外突发事件信息电话报告后，10min之内报告局专业分管领导，分管领导接到报告后立即报一级运行管理单位负责人和党组书记。

c) 负责人接到涉外突发事件信息报告后，必要时报告水利部领导，安排总调度中心值班人员报告水利部值班室。

d) 总调度中心值班人员或人力资源部门接到领导指示后及时进行传达，并继续跟踪事件处置进展，做好接报和续报工作。

4.2.2.2 书面报告流程

4.2.2.2.1 三级运行管理单位：

涉外突发事件信息电话报告后1h内拟写突发事件信息快速报告单传真至分局分调度中心，根据需要可附现场相关图片影像资料等。

4.2.2.2.2 二级运行管理单位：

a) 分调度中心值班人员收到突发事件信息快速报告单后，立即报告二级运行管理单位领导、工程处和相关专业职能处室。

b) 分调度中心值班人员收到突发事件快速报告单 45min 内根据领导批示及涉外突发事件处理情况，拟写突发事件信息快速报告单传真至总调度中心，由专业职能处室提供并配合把关突发事件信息报告单内容。

c) 分调度中心值班人员将二级运行管理单位领导批示及时进行传达。

4.2.2.2.3 一级运行管理单位：

a) 总调度中心值班人员收到突发事件信息快速报告单后，立即报告带班领导、应急办和人力资源部门。

b) 应急办和人力资源部门接到突发事件信息快速报告单后，立即报告局专业分管领导，分管领导接到报告后立即报一级运行管理单位负责人和党组书记。

c) 总调度中心值班人员将领导批示及时进行传达。

d) 领导批示需上报水利部的突发事件，由总调度中心值班人员拟写南水北调中线干线工程突发事件信息报告单，传真至水利部值班室，由人力资源部门提供突发事件信息报告内容并配合把关。

4.3 应急响应分级

按照涉外突发事件分级，将应急响应对应划为四个级别，由高到低分为：Ⅰ级应急响应、Ⅱ级应急响应、Ⅲ级应急响应和Ⅳ级应急响应。

4.4 响应程序

4.4.1 Ⅳ级突发事件

二级运行管理单位接到三级运行管理单位报告后，立即启动Ⅳ级应急响应，负责指挥协调应急处置工作，并上报一级运行管理单位。若需属地应急救援时，涉外突发事件发生所在二级运行管理单位突发事件应急指挥部应向当地政府部门报告。

4.4.2 Ⅰ级、Ⅱ级、Ⅲ级突发事件

一级运行管理单位接到下级单位报告后，一级运行管理单位涉外突发事件应急指挥部立即启动Ⅰ级、Ⅱ级和Ⅲ级应急响应并报上级单位，事件所属二级、三级运行管理单位进入Ⅰ级、Ⅱ级和Ⅲ级应急响应状态。一级运行管理单位涉外突发事件应急指挥部根据情况组织会商，必要时向地方政府提出应急救援请求，并要求事件单位做好应急先期处置工作。指挥长带领相关人员赶赴现场，配合协助地方政府做好现场处置工作。

5 应急处置

5.1 管辖范围内发生涉外突发事件后，事件所属单位突发事件应急指挥部视情况向上级单位和地方政府报告，根据需要提出应急救援请求。

5.2 事件所属三级运行管理单位立即组织本单位人员开展现场先期处置工作，迅速疏散聚集群众，消除安全隐患，控制事件现场。在专业救援队伍到达事发现场前，加强对现场秩序的管理和控制，及时对受伤人员进行抢救。

5.3 迅速了解事件规模并上报伤亡人员数量、姓名、国籍、状况、财产损失等基本情况，配合专业救援队伍开展安置安抚、医疗急救、转移保护有关人员等工作。

5.4 配合、协助政府主管部门通过外交渠道向外国驻华外交机构通报情况，及时安排其官员赴事发现场探视。

5.5 应急响应终止后，配合政府主管部门进一步做好相应人员安置、伤亡人员家属接待、损失评估、赔偿等后续事宜。

6 附则

6.1 本预案要根据实际情况的变化及时修订。中线建管局具体负责预案的修订、论证与更新等工作。

6.2 本预案由中线建管局制定并负责解释。

6.3 本预案自印发之日起实施。

附录 A

表 A.1 一级运行管理单位相关职能部门联系方式

部门（中心）	电 话	传 真
总调大厅	010 - 88657423/88657428	010 - 88657525
应急办公室 （工程维护中心）	010 - 88657436	010 - 88657430
综合部	010 - 88657136	010 - 88657158
人力资源部	010 - 88657227	010 - 88657200
宣传中心	010 - 88657520	010 - 88657540
总工办（科技管理部）	010 - 88657306	010 - 88657302
总调度中心	010 - 88657031/88657032/88657033/88657044	010 - 88657035
信息机电中心 （信息科技公司）	010 - 88657356	010 - 88657180
水质与环境保护中心	010 - 88657378	010 - 88657383
安全生产部	010 - 88657255	010 - 88657250

表 A.2 二级运行管理单位联系方式

单 位	值班电话	传 真
渠首分局（分调大厅）	0377 - 61998600	0377 - 61998620
河南分局（分调大厅）	0371 - 67801110	0371 - 67801008
河北分局（分调大厅）	0311 - 67100777	0311 - 67100888
天津分局（分调大厅）	022 - 23904024/4072	022 - 23904004/4069
北京分局（分调大厅）	010 - 61372006	010 - 61372019
北京市南水北调干线管理处	010 - 88483908	010 - 88483928

表 A.3 政府部门及相关单位联系方式

相 关 单 位		值 班 电 话	传 真
国家部委	水利部	010 – 63203069	010 – 63203070
	应急管理部	010 – 83933200/83933210	010 – 83933117
	生态环境部	010 – 66556006/66556007	010 – 66556010
	外交部领事司	010 – 65963500	010 – 65963509
河南省	水利厅	0371 – 65571001	0371 – 65951296
	应急管理厅	0371 – 65919777	0371 – 65919800
	河南省人民政府外事侨务办公室	0371 – 65953045	0371 – 65688781
河北省	水利厅	0311 – 86045596（工作时间）/ 86045654（非工作时间）	0311 – 86060478（工作时间）/ 85185518（非工作时间）
	应急管理厅	0311 – 87908255	0311 – 87905884
	河北省人民政府外事侨务办公室	0311 – 87807381	0311 – 87807571/72/73
天津市	水务局	022 – 23333605（工作时间）/ 23333656（非工作时间）	022 – 23333603（工作时间）/ 23333644（非工作时间）
	应急管理局	022 – 28450303	022 – 28450301
	天津市人民政府外事办公室	022 – 58368600	022 – 58368600
北京市	水务局	010 – 68556111	010 – 68556155
	应急管理局	010 – 55573784	010 – 55573045
	北京市人民政府外事办公室	010 – 55574000	010 – 65129604

附录 B

表 B.1 突发事件信息快速报告单

（编号：××分局/××管理处—××年—××号）

突发事件 信息名称	

二级运行 管理单位		三级运行 管理单位	
发现时间	年 月 日 时 分	发生地点	

事件 情况描述	
人员伤亡及 损失情况	
原因分析	
采取措施	

报告人 及电话		报告时间	年 月 日 时 分

以下由信息接收部门填写

接报部门		接报人	
接报时间	月 日 时 分	联系电话	

表 B.2 突发事件信息后续报告单

（编号：××分局/××管理处—××年—××号）

突发事件信息名称				
二级运行管理单位		三级运行管理单位		
事件进展情况描述				
报告人及电话		报告时间	年 月 日 时 分	
以下由信息接收部门填写				
接报部门		接报人		
接报时间	月 日 时 分	联系电话		

Q/NSBDZX

南水北调中线干线工程建设管理局规章制度

Q/NSBDZX 409.20—2019

工程水污染事件应急预案

2019－11－10发布　　　　　2019－11－10实施

南水北调中线干线工程建设管理局　发　布

工程水污染事件应急预案

1 总则

1.1 编制目的

为健全南水北调中线干线工程水污染事件应急机制，有效应对水污染事件，全面提高处置水污染事件的能力，将事件损失和社会危害减少到最低程度，确保供水安全，制定本预案。

1.2 编制依据

本预案主要依据《中华人民共和国突发事件应对法》、《中华人民共和国环境保护法》、《中华人民共和国水污染防治法》、《国家突发公共事件总体应急预案》、《国家突发环境事件应急预案》、《突发环境事件应急预案管理暂行办法》、《集中式地表饮用水水源地环境应急管理工作指南》、GB 3838—2002《地表水环境质量标准》等国家法律法规和制度、标准以及《南水北调中线干线工程突发事件应急管理办法》《南水北调中线干线工程突发事件综合应急预案》编制。

1.3 适用范围

本预案仅适用于南水北调中线干线通水运行期间渠道内发生水污染事件（不包含水生生物引起的水生态灾害）的预防和应急处置工作。

1.4 工作原则

1.4.1 预防为主、科学应对的原则。做好水污染事件风险点识别监控、物资储备、队伍建设演练等工作，减少水污染事件造成危害的发生概率。充分发挥专家队伍和专业人员的作用，提高应对突发事件能力。

1.4.2 以人为本，减少危害的原则。在水污染事件应急处置中，切实履行运行管理职能，把人民生命财产安全和供水安全作为首要任务，最大限度地减少水污染事件造成的人员伤亡和危害。

1.4.3 分级负责，先行处置的原则。建立健全分类管理、分级负责的应急管理机制，做到早发现早处置，结合现场条件采取处置措施尽量控制水污染事件的发展。

1.4.4 快速反应，协同应对的原则。加强应急处置队伍建设，建立与地方政府联动协调制度，依靠社会力量，形成统一指挥、反应灵敏、协调有序、运转高效的应急管理机制。

1.4.5 依法处置，及时通报的原则。发生水污染事件时，如涉及地方，应及时通报并协助政府部门依法处置，不得越权处置或替代有关部门的执法职能。

2 风险分析和分级

2.1 工程基本情况

南水北调中线干线工程自河南省淅川县陶岔渠首开始，沿线经过河南、河北、北京、天津4个省（直辖市），跨越长江、淮河、黄河、海河四大流域，全长1432km，全线布置各类建筑物2385座，跨渠桥梁1238座，穿越河流655条，沿线周边环境复杂，水质与环境保护管理难度大。

2.2 水污染事件风险分析

南水北调中线干线工程运行期面临的水质风险主要有危化品运输车辆跨越渠道时发生交通事故风险、恶意投毒风险、地表水污染风险、地下水渗透污染风险、大气沉降污染风险、工程运行中油类泄漏风险等（不包括藻类贝类异常增殖等引发的水生态灾害）。

    a）总干渠跨渠桥梁1238座，危险化学品企业众多，危险化学品运输过程中，一旦在跨渠桥梁、邻渠交通道路处发生交通事故，可能导致危险化学品进入干渠。因此，交通事故是造成水污染事件的最大潜在风险源。

    b）南水北调中线干线工程线路较长，沿途经过19个大中城市，100多个县（县级市），恶意投毒行为也是水污染事件潜在风险源之一。

    c）南水北调中线工程总干渠沿线穿过655条大小河流，暴雨形成的洪水可能裹挟地表污水直接进入总干渠，致使干渠内产生水污染。

    d）总干渠有内排段长达约403km，内排段地下水能够通过逆止阀门进入总干渠，存在污染物通过地下水渗透进入总干渠的风险。

    e）总干渠两侧水源保护区内存在养殖场、生活污水等污染源，存在污水进入截流沟并漫溢入渠等风险。

    f）总干渠沿线存在一定数量的大气污染企业，大气中有毒有害物质有可能通过降水或自然沉降的方式进入总干渠，对总干渠水质存在一定的污染风险。

2.3 水污染事件分级

南水北调中线干线工程水污染事件按照其严重程度和影响范围，可分为4个级别：Ⅰ级（特别重大水污染事件）、Ⅱ级（重大水污染事件）、Ⅲ级（较大水污染事件）和Ⅳ级（一般水污染事件）。

    a）凡符合下列情形之一的，为Ⅰ级：

      1）造成或可能造成1省（直辖市）或7个及以上地级城市供水中断72h以上的。

      2）造成或可能造成总干渠供水中断的。

      3）水污染事件造成危害，符合《南水北调中线干线工程突发事件综合应急预案》中认定为Ⅰ级的。

    b）凡符合下列情形的，为Ⅱ级：

      1）造成或可能造成5个及以上地级城市供水中断72h以上的。

2）水污染事件造成危害，符合《南水北调中线干线工程突发事件综合应急预案》中认定为Ⅱ级的。

c）凡符合下列情形之一的，为Ⅲ级：

1）造成或可能造成 3 个及以上地级城市供水中断或严重影响总干渠正常输水 48h 以上的。

2）水污染事件造成危害，符合《南水北调中线干线工程突发事件综合应急预案》中认定为Ⅲ级的。

d）凡符合下列情形之一的，为Ⅳ级：

1）造成或可能造成主要分水口门供水中断或严重影响总干渠正常输水 24h 以上的。

2）水污染事件造成危害，符合《南水北调中线干线工程突发事件综合应急预案》中认定为Ⅳ级的。

3）其他可能造成一般影响的事件。

3 组织机构与职责

3.1 组织机构

3.1.1 机构组成

南水北调中线干线工程水污染事件应急指挥机构由一级运行管理单位（中线建管局）、二级运行管理单位（各分局、北京市南水北调干线管理处）、三级运行管理单位（各现地管理处、陶岔电厂、大宁管理所、西四环管理所）组成。

3.1.2 一级运行管理单位

3.1.2.1 一级运行管理单位水污染事件应急指挥部：

为加强中线干线工程水污染事件应急处置工作，确保水质稳定达标，成立水污染事件应急指挥部。水污染事件应急指挥部在南水北调中线干线工程突发事件应急管理领导小组的领导下开展水污染事件的应急处置工作。

a）指挥长：分管局领导。

b）成员：副总师、相关职能部门负责人、二级运行管理单位负责人。

3.1.2.2 水污染事件应急指挥部办公室：

一级运行管理单位水污染事件应急指挥部下设办公室，办公室设在一级运行管理单位水质与环境保护管理业务部门，部门负责人兼任办公室主任。

3.1.2.3 现场抢险指挥部：

当发生重大及以上水污染事件时，根据应急处置工作需要，一级运行管理单位水污染事件应急指挥部应设现场抢险指挥部，由局领导担任指挥长和副指挥长，副总师、水质与环境保护业务部门、相关职能部门、二级运行管理单位、三级运行管理单位有关人员组成，下设工作职能组，具体负责突发事件指挥和处置等应对工作。

成立现场抢险指挥部期间，根据现场应急需要，成立相应的应急工作职能组，具体组成见表 1。

表 1 水污染事件应急工作职能组

序号	小组名称	组长	成员组成
1	水质监测组	负责水质与环境保护管理业务部门的领导	负责水质与环境保护管理业务部门，以及河南、河北、天津、渠首水质监测中心
2	运行调度组	负责运行调度业务部门的领导	负责运行调度的业务部门
3	现场处置组	负责工程维护业务部门的领导	负责水质、综合、新闻宣传、质量安全、工程管理、运行调度等的业务部门，沿线各级运行管理单位
4	后勤保障组	负责综合业务部门的领导	局属各有关职能部门沿线各级运行管理单位
5	新闻宣传组	负责新闻信息发布业务部门的领导	负责新闻信息发布业务部门
6	综合信息组	负责综合业务部门的领导	负责办公室综合业务部门
7	专家组	现场确定	水利、化学、水污染治理、环境监测、环境影响评估等方面专家组成

3.1.3 二级运行管理单位

二级运行管理单位成立水污染事件应急指挥部，指挥长由二级运行管理单位负责人担任，副指挥长由二级运行管理单位副职担任，成员由二级运行管理单位职能处室负责人及三级运行管理单位负责人组成。

3.1.4 三级运行管理单位

三级运行管理单位成立水污染事件应急处置小组，组长由三级运行管理单位负责人担任，副组长由三级运行管理单位副职担任，成员由三级运行管理单位相关科室有关人员组成。

3.2 工作职责

3.2.1 一级运行管理单位

3.2.1.1 水污染事件应急指挥部主要职责：
a）执行落实突发事件应急管理领导小组各项决策意见。
b）负责突发水污染事件专项应急预案编制、修订和审查工作。
c）分析研判突发事件，提出相关应急响应意见，并及时报告应急管理领导小组。
d）组织召开应急会商会，根据突发事件发展情况，提出应急处置措施供应急管理领导小组决策。
e）统一指挥突发事件现场应急处置工作。
f）负责突发事件现场应急指挥内、外部协调工作。
g）完成突发事件应急管理领导小组交办的其他工作。

3.2.1.2 水污染事件应急指挥部办公室主要职责：
a）贯彻执行水污染应急指挥部的决定。
b）负责水污染应急指挥部的日常管理工作，组织、协调、检查、指导各级运行管理单位水污染事件应急处置工作。

c) 及时向局应急领导小组报告水污染事件发展及处置情况。

d) 组织修订应急预案，有计划地组织实施水污染事件应急处置的培训和演练。

e) 监督检查各级运行机构应急预案的制定、演练及实施工作。

f) 对水污染事件结果进行评估和经验教训总结，协助有关部门做好事件的善后工作。

3.2.1.3 现场抢险指挥部及应急工作职能组主要职责：

a) 现场抢险指挥部职责：

1) 执行落实突发事件应急管理领导小组各项决策意见。

2) 具体负责水污染事件现场抢险指挥和处置应对工作。

3) 负责完成突发事件应急管理领导小组交办的其他工作。

b) 水质监测组职责：

1) 负责水污染事件水质应急监测工作。

2) 分析水污染事件原因，制定应急监测方案，同时报告水污染应急指挥部办公室。

3) 提出污染物可能形成的危害、涉及的范围和扩散的趋势。

4) 负责协助外部有关监测单位进行水质应急监测。

c) 运行调度组职责：

1) 发布水污染事件应急调度指令。

2) 按照水污染事件处置的需要做好工程运行调度工作。

3) 分析水污染事件影响客户范围，协调或处理相关停、供水事宜等。

d) 现场处置组职责：

1) 调查不同污染物来源、性质和数量等情况并作初步原因分析。

2) 按照应急指挥部办公室的要求，组织和督导现场各项应急处理措施的落实。

3) 及时向应急指挥部办公室汇报事件处理进展等相关信息。

4) 协调配合外部应急队伍开展应急处置工作。

e) 后勤保障组职责：

1) 组织事件现场抢险物资及抢险人员的运送。

2) 负责与外部救援机构联系，协助地方专业队进入事件现场。

3) 负责保障水污染事件处置经费落实。

f) 新闻宣传组职责：

1) 关于水污染事件相关新闻的收集整理。

2) 负责应对媒体舆论的相关报道。

3) 协助应急事件处置主办机构整理水污染事件相关舆情信息。

g) 综合信息组职责：

1) 及时收集、整理水污染事件相关进展信息。

2) 配合应急指挥部办公室协调中线建管局内部事务。

3) 相关文件的往来、归口管理保密工作。

4) 负责与外部有关救援机构的应急联络。

h) 专家组职责：

1) 指导南水北调中线干线工程水污染事件应急预案的修改和完善。

2) 对水污染事件的污染程度、危害范围、发展趋势做出科学评估，为应急决策和指挥提供科学依据。

3) 指导各应急专业组进行现场处置。

4) 协助开展水污染事件现场应急处置和环境受污染程度的评估工作。

3.2.2 二级运行管理单位

水污染事件应急指挥部主要职责：

a) 贯彻执行一级运行管理单位水污染事件应急指挥部指示，落实突发事件应急管理小组各项决策意见。

b) 研究部署本单位所辖范围内水污染事件应急管理工作。

c) 审批本单位所辖范围内水污染应急预案。

d) 负责所辖区段水污染事件Ⅳ级预警和响应的发布和解除，对Ⅲ级及以上水污染事件预警和响应提出初步意见。

e) 组织指挥或参与水污染事件现场应急处置工作，服从上级部门或地方政府开展的应急处置工作。

f) 负责与工程沿线市（县）应急处置机构建立联络和应急响应机制。

g) 完成突发事件应急管理领导小组交办的其他工作。

3.2.3 三级运行管理单位

水污染事件应急处置小组主要职责：

a) 贯彻落实上级单位和地方政府有关突发水污染事件应急管理规章制度。

b) 负责编制三级运行管理单位辖区段现场应急处置方案。

c) 负责所辖区段水质风险点排查、统计、情况上报等。

d) 负责水污染事件先期处置工作。

e) 负责水污染事件应急演练、培训工作。

f) 建立与属地政府的联络机制。

g) 完成上级应急指挥部交办的其他工作。

4 应急响应

4.1 预防预警

4.1.1 信息收集

建立水质数据共享机制，密切关注生态环境部、水利部门发布的地表河流水文水质、地下水水质、污染源风险、水污染事故等信息。同时依托我局水质监测网络体系，充分利用南水北调中线工程输水水质常规数据、水质在线实时监测信息，全面监控水体水质的变化情况，为预警预报和预防决策提供数据支持。

三级运行管理单位建立总干渠两侧污染源数据资料库，加强与地方有关部门沟通，并定期实施更新，掌握污染源动态变化情况，及时向上级报告可能出现的水污染事件安全风险，实现动态监控管理。

水质监测系统运行维护单位收集整理与水污染事件预警有关的数据信息，评价水质数据变化情况，及时向运行管理单位报告可能出现的水污染事件风险。

运行管理单位应定期组织对重点风险点进行安全评价。冰冻灾害安全评价工作以日常水质监测数据和巡查记录为基础，根据相关规范规程要求进行评价，并提出可能影响水质安全有关问题的处置措施和建议。

4.1.2 预警分级

按照水污染事件发生的紧急程度、发展势态和可能造成的危害程度，预警级别由高到低分别为Ⅰ级、Ⅱ级、Ⅲ级和Ⅳ级，Ⅰ级为最高级别，依次用红色、橙色、黄色和蓝色标示。

a) Ⅰ级预警（红色）：情况危急，有可能发生或引发水污染特别重大突发事件时，事件会随时发生，事态正在不断蔓延。

b) Ⅱ级预警（橙色）：情况紧急，有可能发生或引发水污染重大以上突发事件时，事件即将发生，事态正在逐步扩大。

c) Ⅲ级预警（黄色）：情况紧急，有可能发生或引发水污染较大以上突发事件时，事件已经临近，事态有扩大的趋势。

d) Ⅳ级预警（蓝色）：存在重大安全隐患，有可能发生或引发水污染一般以上突发事件，事件即将临近，事态可能会扩大。

4.1.3 预警发布、调整和解除

预警级别划分按水污染应急预案标准执行，根据事态变化和采取措施的效果，预警可以调整或解除。Ⅰ级、Ⅱ级和Ⅲ级水污染事件预警由中线建管局水污染应急指挥部办公室负责发布、调整和解除。Ⅳ级预警由二级运行管理单位负责发布和解除，并报一级运行管理单位水污染事件应急指挥部办公室备案。根据事态发展、变化情况和影响程度，可适时调整预警级别。当确定水污染事件不可能发生时，由发布单位宣布解除预警。预警信息的发布、调整和解除可通过电话或书面通知等方式进行。

4.1.4 预警信息内容

预警信息包括水污染事件的类别、预警级别、起始时间、可能影响范围、警示事项、应采取的措施和发布单位等。

4.1.5 预警行动

发布预警后，根据即将发生水污染事件的特点和可能造成的危害，一级运行管理单位水污染应急指挥部办公室和相关二级、三级运行管理单位应立即做出行动，可采取以下措施：

a) 二级、三级运行管理单位领导在现场值守，靠前指挥，保持 24 小时通信畅通。

b) 一级运行管理单位发布预警后应派相关人员到现场进行督导；二级运行管理单位

组织做好应急准备工作，应急队伍人员和设备处于临战状态，做好相关应急物资资源准备，提前布应急物资和设备；三级运行管理单位日常维护队伍做好先期处置准备工作。

c) 加强对突发事件发生、发展情况的监测、预报和预警工作。

d) 各级水质业务部门在发现警情信息后，第一时间派出水质监测及其他先遣人员奔赴现场，核查警情信息、开展水质监测，并及时反馈信息。

4.2 信息报送

4.2.1 信息报告

4.2.1.1 突发事件信息宜按规定逐级上报，紧急情况下可越级上报。报告先采用电话报告，随后书面报告。各单位或部门在发现或接到突发事件信息后，按照"接报即报、随时续报"的要求，立即进行上报，不得延误。

4.2.1.2 水污染事件信息报告实行"双线"报告制度，即突发事件信息报告各级值班室的同时报告相关专业职能部门（处室）。突发事件报告包含以下内容：时间、地点、事件基本情况、人员伤亡及损失情况、已采取及建议采取的措施等。突发事件信息快速报告单内容及格式见附录B。

4.2.1.3 突发事件处置过程中，对突发事件动态情况、应急响应、应急处置后续进展情况、应急结束等，应及时按照电话、书面流程续报。事件处置进展视情况及时续报，直至应急处置结束。

4.2.2 信息报告流程

4.2.2.1 电话报告流程

4.2.2.1.1 三级运行管理单位：

a) 现场人员发现或接到突发事件后，立即电话报告负责人和中控室值班人员；交通事故涉及人员伤亡应拨打120等急救电话。

b) 负责人接到报告，经核实后10min内电话报告二级运行管理单位领导，同时安排人员报分调度中心和二级运行管理单位相关专业职能处室。

c) 突发事件按规定需报地方政府相关部门时，经请示后及时报告地方政府。

4.2.2.1.2 二级运行管理单位：

a) 分调度中心值班人员发现或接到突发水污染事件信息电话报告后，立即报告带班领导，并通知水质等相关专业职能处室。

b) 水质专业职能处室发现或接到突发事件信息电话报告后，立即报告专业分管领导，并通知分局应急职能处室，分管领导接到报告后立即报告二级运行管理单位负责人。

c) 负责人接到突发事件信息电话报告后，10min内报告一级运行管理单位领导，同时安排人员电话报告总调度中心和局机关专业职能部门。

d) 分调度中心值班人员或水质业务职能处室人员接到领导指示后及时传达，并继续跟踪事件处置进展，做好接报和续报工作。

4.2.2.1.3 一级运行管理单位：

a) 总调度中心值班人员接到突发水污染事件信息电话报告后，10min 之内报告带班领导、水质业务职能部门和应急办。

b) 应急办和水质业务部门接到突发水污染事件信息电话报告后，10min 之内报告专业分管领导，分管领导接到报告后立即报一级运行管理单位负责人和党组书记。

c) 负责人接到突发水污染事件信息报告后，必要时报告水利部领导，安排总调度中心值班人员报告水利部值班室。

d) 总调度中心值班人员或水质业务部门接到领导指示后及时传达，并继续跟踪事件处置进展，做好接报和续报工作。

4.2.2.2 书面报告流程

4.2.2.2.1 三级运行管理单位：

突发事件信息电话报告后 1h 内拟写突发事件信息快速报告单传真至分调度中心，根据需要可附现场相关图片影像资料等。

4.2.2.2.2 二级运行管理单位：

a) 分调度中心值班人员收到突发事件信息快速报告单后，立即报告二级运行管理单位领导、工程处和水质保护业务处室。

b) 分调度中心值班人员收到突发事件快速报告单 45min 内根据分局领导批示及突发事件处理情况，拟写突发事件信息快速报告单传真至总调度中心，由专业职能处室提供并配合把关突发事件信息报告单内容。

c) 分调度中心值班人员将二级运行管理单位领导批示及时传达。

4.2.2.2.3 一级运行管理单位：

a) 总调度中心值班人员收到突发事件信息快速报告单后，立即报告带班领导、应急办和水质业务职能部门。

b) 应急办和水质业务职能部门接到突发事件信息快速报告单后，立即报告专业分管领导，分管领导接到报告后立即报一级运行管理单位负责人和党组书记。

c) 总调度中心值班人员将领导批示及时进行传达。

d) 领导批示需上报水利部的突发事件，由总调度中心值班人员拟写南水北调中线干线工程突发事件信息报告单，传真至水利部值班室，由水质业务职能部门提供突发事件信息报告内容并配合把关。

4.3 应急响应

4.3.1 响应分级

按照突发水污染事件分级，应急响应对应的划分为四个级别，由高到低分为：Ⅰ级应急响应、Ⅱ级应急响应、Ⅲ级应急响应和Ⅳ级应急响应。

4.3.2 应急响应启动

水污染事件发生后，立即开展先期处置，并启动水污染应急预案的响应措施进行处置。发生Ⅰ级、Ⅱ级和Ⅲ级突发水污染事件时，一级运行管理单位突发水污染事件应急指挥部启动Ⅰ级、Ⅱ级和Ⅲ级应急响应，由水污染事件应急指挥部办公室负责落实响应措施；发生Ⅳ级突发水污染事件时，二级运行管理单位突发事件应急指挥部启动Ⅳ级响应，并报一级运行管理单位水污染事件应急指挥部办公室办备案。超出本级应急处置能力时，及时报请上级单位启动应急响应。

4.3.3 响应程序

4.3.3.1 一般突发事件（Ⅳ级）

由二级运行管理单位启动Ⅳ级应急响应，负责指挥协调应急处置工作，并上报一级运行管理单位。根据实际需要，一级运行管理单位水污染事件应急指挥部办公室、相关职能部门参与协助做好相关工作，并跟踪事件进展情况。

4.3.3.2 较大突发事件（Ⅲ级）

由一级运行管理单位水污染应急指挥部启动Ⅲ级应急响应，负责指挥协调应急处置工作。二级运行管理单位领导赶赴现场，协调有关职能部门配合开展工作。根据需要，由专业职能部门牵头组建现场指挥部。

4.3.3.3 重大突发事件（Ⅱ级）

由一级运行管理单位水污染应急指挥部启动Ⅱ级应急响应，并负责具体指挥和处置。二级运行管理单位领导赶赴现场，并成立由一级运行管理单位副总师、相关专业指挥部办公室、相关职能部门、二级运行管理单位等组成的现场指挥部。其中：分管局领导任指挥长，负责应急处置的决策和协调工作；局副总师、相关职能部门、二级运行管理单位负责同志任副指挥长，负责事件的具体指挥和处置工作。

4.3.3.4 特别重大突发事件（Ⅰ级）

由一级运行管理单位水污染应急指挥部启动Ⅰ级应急响应，并负责具体指挥和处置，由应急领导小组负责统一协调指挥应急处置工作。根据需要，一级运行管理单位负责人和党组书记、专业分管领导赶赴现场，并成立由水污染应急指挥部办公室、相关职能部门、二级运行管理单位等组成的现场指挥部。其中：局长或党组书记任指挥长，负责应急处置的决策和协调工作；专业分管局领导、局副总师、相关职能部门、二级运行管理单位负责同志任副指挥长，负责事件的具体指挥和处置工作。

4.3.4 响应升级

当发生的事件程度十分严重，超出一级运行管理单位自身控制能力范围，需要沿线省（直辖市）政府提供援助和支持时，应及时报告上级主管部门，并报请当地人民政府进行应急救援，请其统一协调、调动各方面应急资源共同参与事件处置工作。当上级机构或沿线地方政府启动相关应急预案时，全力配合开展事件应对工作。

4.3.5 应急监测

4.3.5.1 在接到水污染事件信息后，事发地所在二级运行管理单位立即派出水质监测组赶赴现场，开展应急监测。事发地三级运行管理单位赶赴现场核实信息和开展先期处置，并将核实信息和建议反馈至二级运行管理单位。工作时间内，应急监测车要求 60min 内出发；非工作时间内，应急监测车宜在 120min 内出发。在了解污染源的种类、污染程度、影响范围及周边敏感点分布情况后，开展取样监测工作。

4.3.5.2 根据污染物特性制定应急监测方案并组织实施，并根据监测结果，预测水污染对总干渠下游分水口的影响，如到达时间、浓度、历时等，以便及时调整应急对策。

4.3.5.3 现场采样测试后及时报出第一期应急监测快报，并在水污染事件影响期间连续编制各期快报。依据数据报送要求，及时报告现场应急指挥部及各有关单位，并提出应急处置建议。

4.3.5.4 在现场处置过程中，水质监测组服从现场指挥部指挥，并配合地方环保部门开展水质监测工作。

5 应急处置

5.1 先期处置

5.1.1 水污染事件发生后，事发地的二级运行管理单位和三级运行管理单位在上报事件信息后，应立即组织开展先期处置，采取有效措施控制事态发展，及时上报现场情况。

5.1.2 先期处置由到达现场的负责人指挥处置，合理调配资源，确保处置工作高效、有序开展。根据事件的具体情况，对事故发生的原因进行初步判断，了解事故有无进一步扩大的可能；开展人员、物资抢救，降低事件带来的损失；发生的水污染程度进行动态监测，重要信息及时向应急指挥部报告，为制定处置措施等提供决策依据。

5.2 处置措施

5.2.1 一级运行管理单位水污染事件应急指挥部或二级运行管理单位突发事件应急指挥部赶赴现场，成立现场抢险指挥部，组织调动应急队伍、物资和设备到达现场，实施现场交通管制和交通疏导，根据技术专家组现场查勘情况，结合先期处置成果制定进一步应急处置方案，组织开展现场处置。

5.2.2 根据水污染事件发展动态及污染物特征等，采用渠道原位处置、引流异地处置等方式，有针对性地采取一种或多种方案的处置技术，污染物处置技术具体见《南水北调中线干线工程水污染应急处置技术手册》。

5.3 现场指挥与控制

5.3.1 二级、三级运行管理单位是水污染事件先期处置的责任主体，承担水污染事件的应对责任，对单位范围内的水污染事件负有直接指挥权、处置权。在紧急情况下，可立即下达撤人命令，组织现场人员及时、有序撤离到安全地点，减少人员伤亡。

5.3.2 事件发生后，事发单位应立即启动应急预案，先期成立现场指挥机构，由事发现场最高职位者担任现场指挥机构指挥员，在确保安全的前提下采取有效措施组织抢险救援。

5.3.3 在上级单位相关负责同志赶到现场后，事发单位应立即向上级单位现场指挥部正式移交指挥权，并汇报事件情况、进展、风险以及影响控制事态的关键因素和问题。调动本单位所有应急资源，服从上级现场指挥部的指挥，并切实做好应急处置全过程的后勤保障和生活服务工作。

5.4 应急结束

应急处置工作基本完成后，或者相关危险因素基本消除后，应急处置工作即告结束。应急结束由启动应急响应的机构或现场应急抢险指挥部做出终止执行相关应急响应的决定，宣布解除应急状态，转入常态管理。Ⅰ级、Ⅱ级和Ⅲ级突发事件应急处置工作由一级运行管理单位宣布应急状态结束；Ⅳ级事故应急处置工作由二级运行管理单位宣布应急状态结束。应急状态宣布结束后，应急救援队伍撤离现场。

5.5 信息发布

水污染事件信息发布和宣传工作，由新闻宣传归口管理职能部门按有关规定负责事件的新闻发布组织、现场采访管理，及时、准确、客观、全面发布事件信息，正确引导舆论导向。事件发生后，信息发布应当及时、准确、客观、全面。各级运行管理单位及其人员不得随意或恶意传播有关信息。

6 应急保障

6.1 应急物资和设备保障

二级、三级运行管理单位根据现场实际情况，组织对专用、急用物资和部分抢险设备进行现场储备，加强对物资和设备管理，及时予以补充和更新。三级运行管理单位对周边社会物资和设备进行摸排调查，建立联系，需要时可得到支援。

6.2 应急队伍保障

一级运行管理单位组织二级运行管理单位在全线建立应急保障队伍，并与地方政府抢险队、驻地部队建立抢险救援协作机制；三级运行管理单位将工程现场维护队伍、安保队伍作为先期处置队伍。

6.3 通信电力保障

一级与二级、三级运行管理单位建立有线、无线相结合的基础应急通信系统；与地方人民政府及有关部门建立应急电话联络机制，确保通信畅通。各级运行管理单位组织对所辖段内的供电线路和固定、移动发电机组进行定期检查维护，保证处于良好状态。

6.4 抢险道路

二级运行管理单位组织三级运行管理单位根据水污染事件风险点部位现场实际情况，规划工程管理范围内应急抢险道路，摸排调查渠道周边社会道路交通情况，在发生险情时，便于各类抢险资源能够快速到达险情现场。

6.5 资金保障

水污染应急物资储备、应急监测仪器维护、演练培训、应急处置等经费纳入运行管理预算，实行专项拨付、专款专用。

6.6 演练培训

各级运行管理单位应加强对各级管理人员和应急队伍培训，每年应结合实际情况开展应急演练，通过演练及时总结和完善相关应急体系。

6.7 其他保障

6.7.1 各级运行管理单位充分利用社会应急医疗救护资源，支援现场应急救治工作。

6.7.2 各级运行管理单位充分发挥保险在水污染事件预防、处置和恢复重建等方面的作用。

6.7.3 应急救援人员应配备符合救援要求的人员安全职业防护装备，严格按照救援程序开展应急救援工作，确保人员安全。

6.7.4 按照国家法律法规、标准、规范的要求，在管理区域内建立紧急疏散地或应急避难场所。配合政府部门使受到突发事件影响的公众得到安置。

7 附则

7.1 本预案应根据实际情况的变化及时修订。南水北调中线建管局具体负责预案的管理和修订等工作。

7.2 本预案由南水北调中线建管局制定并负责解释。

7.3 本预案自印发之日起实施。

附录 A

表 A.1　一级运行管理单位相关职能部门联系方式

部门（中心）	电　话	传　真
总调大厅	010－88657423/88657428	010－88657525
应急办公室（工程维护中心）	010－88657436	010－88657430
综合部	010－88657136	010－88657158
人力资源部	010－88657227	010－88657200
宣传中心	010－88657520	010－88657540
总工办（科技管理部）	010－88657306	010－88657302
总调度中心	010－88657031/88657032/88657033/88657044	010－88657035
信息机电中心（信息科技公司）	010－88657356	010－88657180
水质与环境保护中心	010－88657378	010－88657383
安全生产部	010－88657255	010－88657250

表 A.2　二级运行管理单位联系方式

单　位	值班电话	传　真
渠首分局（分调大厅）	0377－61998600	0377－61998620
河南分局（分调大厅）	0371－67801110	0371－67801008
河北分局（分调大厅）	0311－67100777	0311－67100888
天津分局（分调大厅）	022－23904024/4072	022－23904004/4069
北京分局（分调大厅）	010－61372006	010－61372019
北京市南水北调干线管理处	010－88483908	010－88483928

表 A.3　政府部门及相关单位联系方式

相 关 单 位		值 班 电 话	传 真
国家部委	水利部	010－63203069	010－63203070
	应急管理部	010－83933200/83933210	010－83933117
	生态环境部	010－66556006/66556007	010－66556010
河南省	水利厅	0371－65571001	0371－65951296
	应急管理厅	0371－65919777	0371－65919800
河北省	水利厅	0311－86045596（工作时间）/86045654（非工作时间）	0311－86060478（工作时间）/85185518（非工作时间）
	应急管理厅	0311－87908255	0311－87905884
天津市	水务局	022－23333605（工作时间）/23333656（非工作时间）	022－23333603（工作时间）/23333644（非工作时间）
	应急管理局	022－28450303	022－28450301
北京市	水务局	010－68556111	010－68556155
	应急管理局	010－55573784	010－55573045

附录 B

表 B.1 突发事件信息快速报告单

（编号：××分局/××管理处—××年—××号）

突发事件 信息名称	

二级运行 管理单位		三级运行 管理单位	
发现时间	年 月 日 时 分	发生地点	

事件 情况描述	
人员伤亡及 损失情况	
原因分析	
采取措施	

报告人 及电话		报告时间	年 月 日 时 分

以下由信息接收部门填写	

接报部门		接报人	
接报时间	月 日 时 分	联系电话	

表 B. 2 突发事件信息后续报告单

（编号：××分局/××管理处—××年—××号）

突发事件信息名称			
二级运行管理单位		三级运行管理单位	
事件进展情况描述			
报告人及电话		报告时间	年 月 日 时 分
以下由信息接收部门填写			
接报部门		接报人	
接报时间	月 日 时 分	联系电话	

附录 C

表 C.1 应 急 处 置 建 议

事件	××事件		
单位		时间	××××年××月××日
应急调度	建议启动应急调度，紧急关闭事故地点下游节制闸及分水口闸门，防止硫酸扩散。通过上游闸门的控制，减小污染源扩散速度，为现场应急处置争取时间，同时根据现场处置情况及水质监测结果，做好应急退水相关准备工作。（具体建议根据现场情况确定）		
应急监测	断面的布置主要选择在事发地点、事发地点上游、污染团中心区域及污染团前峰进行布置，并根据现场情况在分水口、退水口等处增设监测断面。 1. 断面布置 根据演练假定情况，断面布置如下： (1) 污水点及污染源入渠断面。 (2) 污染源入渠断面点 50～100m 处（比对断面）。 (3) 污染团中心断面：{（即时时间－污染物初始入渠时间）×流速＋（即时时间－最后污染物入渠时间）×流速}/2。 (4) 污染团前锋断面：（即时时间－污染物初始入渠时间）×流速（前峰断面）。 (5) 下游第一个分水口、退水闸等（视情况而定）。 2. 监测项目及频次 监测项目及频次需根据突发事件现场情况确定，并适时进行修改		
现场处置	(1) 根据现场渠内水体流速，可初步估算污染团影响范围，具体估算方法： 污染团迁移距离＝水体平均流速（运行调度提供）×事件延续时间（现场管理处提供）。 依据污染物的扩散迁移模型计算，可较准确地掌握事件影响的范围。结合污染团下游闸口的情况，开展应急处置及应急调度工作，为现场处置决策提供支撑。 (2) 根据中线干线工程水污染应急处置技术手册中对应污染物的理化性质、处置方法，结合专家咨询，调配应急物资，开展应急处置。 （具体处置建议根据现场情况确定）		

附录 D

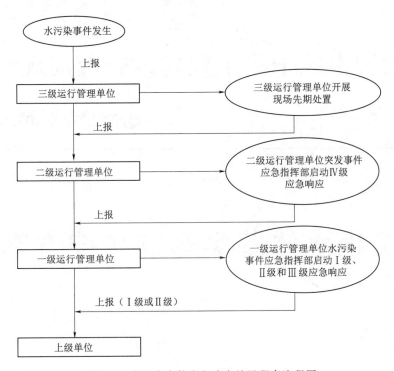

图 D.1　水污染事件应急响应处置程序流程图

Q/NSBDZX

南水北调中线干线工程建设管理局规章制度

Q/NSBDZX 409.21—2019

工程水体藻类影响防控方案

2019－11－10发布 　　　　　　　　2019－11－10实施

南水北调中线干线工程建设管理局　发　布

工程水体藻类影响防控方案

1 总则

1.1 编制目的

为健全南水北调中线干线水污染事件应急机制，有效应对藻类增殖，将危害降至最低程度，确保供水安全，制定本方案。

1.2 编制依据

本方案依据《中华人民共和国突发事件应对法》、《中华人民共和国环境保护法》、《中华人民共和国水污染防治法》、《国家公共事件总体应急预案》、《国家环境事件应急预案》、《国务院办公厅关于印发突发事件应急预案管理办法的通知》、《环境事件应急预案管理暂行办法》、《集中式地表饮用水水源地环境应急管理工作指南》、GB 3838—2002《地表水环境质量标准》等国家法律法规和标准，以及《南水北调中线干线工程突发事件应急管理办法》《南水北调中线干线工程突发事件综合应急预案》制定。

1.3 适用范围

本方案仅适用于南水北调中线干线运行期渠道内发生大规模藻类生长繁殖的防控和处置工作。

1.4 工作原则

1.4.1 预防为主、科学应对的原则。做好水体藻类风险点监控、应急物资储备、队伍建设演练等工作，减少突发事件造成危害的发生概率。充分发挥专家队伍和专业人员的作用，提高应对突发事件能力。

1.4.2 以人为本，减少危害的原则。在水体藻类应急事件处置中，切实履行运行管理职能，把人民生命财产安全和供水安全作为首要任务，最大程度地减少事件造成的人员伤亡和危害。

1.4.3 分级负责，先行处置的原则。建立健全分类管理、分级负责的应急管理机制，做到早发现早处置，结合现场条件采取处置措施尽量控制事件的发展。

1.4.4 快速反应，协同应对的原则。加强应急处置队伍建设，建立与地方政府联动协调制度，依靠社会力量，形成统一指挥、反应灵敏、协调有序、运转高效的应急管理机制。

1.4.5 依法处置，及时通报的原则。发生水体藻类应急事件时，如涉及地方，应及时通报并协助政府部门依法处置，不得越权处置或替代有关部门的执法职能。

2 风险分析和分级

2.1 工程基本情况

南水北调中线总干渠全长 1432km，与沿线交叉河流全部立交。其中：陶岔渠首至北拒马河中支渠段采用明渠输水，全长1196km；北拒马河中支至团城湖段采用管道输水，全长80km，末端885m为明渠段；天津干渠采用箱涵输水，全长156km。全线共有各类建筑物2385座。总干渠从丹江口水库输水进入，入渠水体含有丰富的氮、磷、硅等营养元素，在光照、流速、气温适宜条件下，适宜藻类生长。

2.2 藻类影响风险分析

南水北调中线通水后，总干渠形成一个相对独立的人工水生态系统。由于干渠营养盐对藻类生长不形成限制，在适宜的温度、光照及水流条件下，藻类会快速生长繁殖、累积，甚至形成水华，影响供水水质。

藻类快速生长繁殖会增加自来水厂的处理成本，严重时可能造成自来水厂停产，影响供水水质及供水安全，造成不良的社会影响；藻类能引起水生生物死亡，对水体生态系统结构、功能及健康造成影响，严重时可能带来生态安全问题。

2.3 藻类影响分级

南水北调中线干线藻类按照藻密度、叶绿素a浓度、影响范围、持续时间及严重程度，由高到低可分为4个级别：Ⅰ级（特别重大藻类突发事件）、Ⅱ级（重大藻类突发事件）、Ⅲ级（较大藻类突发事件）和Ⅳ级（一般藻类突发事件）。具体划分标准见表1。

表1 藻类影响分级划分标准

藻密度/(10^4cells/L)		叶绿素a/(μg/L)	发生渠段长度/km	持续时间/d	表观特征	分级
微型藻为主（平均尺寸<20μm）	中、大型藻为主（平均尺寸≥20μm）					
>10000	>5000	>100	>20	>5	水色、水体味道明显改变，藻类大量聚集	Ⅰ级
5000～10000	2000～5000	50～100	>10	>3	水色明显改变，藻类大量聚集	Ⅱ级
3000～5000	1000～3000	30～50	>5	>2	水色改变，有明显颗粒悬浮	Ⅲ级
1500～3000	500～1000	15～30	>5	>2	水色略有改变，有少量颗粒悬浮	Ⅳ级

3 组织机构及职责

3.1 组织机构

3.1.1 机构组成

南水北调中线干线工程藻类防控指挥机构由一级运行管理单位（中线建管局）、二级运行管理单位（各分局、北京市南水北调干线管理处）和三级运行管理单位（各现地管理处、陶岔电厂、大宁管理所、西四环管理所）组成。

3.1.2 一级运行管理单位

3.1.2.1 一级运行管理单位藻类突发事件应急指挥部：

为加强中线干线工程藻类突发事件应急处置工作，确保水质安全，成立藻类突发事件应急指挥部，藻类突发事件应急指挥部在南水北调中线干线工程突发事件应急管理小组领导下开展工作。

　　a）指挥长：分管局领导。

　　b）成员：副总师，相关职能部门负责人、二级运行管理单位负责人。

3.1.2.2 藻类突发事件应急指挥部办公室：

一级运行管理单位藻类突发事件应急指挥部下设办公室，办公室设在一级运行管理单位水质与环境保护管理业务部门，部门负责人兼任办公室主任。

3.1.2.3 现场抢险指挥部：

当发生重大及以上藻类突发事件时，根据应急处置工作需要，一级运行管理单位藻类突发事件应急指挥部应设现场抢险指挥部，由局领导担任指挥长和副指挥长，副总师、水质与环境保护业务部门、相关职能部门、二级运行管理单位和三级运行管理单位有关人员组成，下设工作职能组，具体负责指挥和处置等应对工作。

3.1.3 二级运行管理单位

二级运行管理单位成立藻类突发事件应急指挥部，指挥长由二级运行管理单位负责人担任，副指挥长由二级运行管理单位副职担任，成员由二级运行管理单位职能处室负责人及三级运行管理单位负责人组成。

3.1.4 三级运行管理单位

三级运行管理单位成立藻类突发事件应急处置小组，组长由三级运行管理单位负责人担任，副组长由三级运行管理单位副职担任，成员由三级运行管理单位相关科室有关人员组成。

3.2 工作职责

3.2.1 一级运行管理单位

3.2.1.1 藻类突发事件应急指挥部主要职责：

　　a）执行落实突发事件应急管理领导小组各项决策意见。

　　b）负责藻类突发事件应急预案编制、修订和审查工作。

　　c）分析研判突发事件，提出相关应急响应意见，并及时报告应急管理领导小组。

　　d）组织召开应急会商会，根据突发事件发展情况，提出应急处置措施供应急管理领导小组决策。

　　e）统一指挥突发事件现场应急处置工作。

　　f）负责突发事件现场应急指挥内、外部协调工作。

g）完成突发事件应急管理领导小组交办的其他工作。

3.2.1.2 藻类突发事件应急指挥部办公室主要职责：

a）贯彻执行藻类突发事件应急指挥部的决定。

b）负责藻类突发事件应急指挥部的日常管理工作，组织、协调、检查、指导各级运行管理单位藻类突发事件的应急处置工作。

c）及时向局应急领导小组报告藻类突发事件的进展和处置情况。

d）组织修订藻类突发事件应急预案，有计划地组织实施应急处置的培训和演练。

e）监督检查各级运行机构应急预案的制定、演练及实施工作。

f）对藻雷突发事件结果进行评估和经验教训总结，协助有关部门做好事件的善后工作。

3.2.1.3 现场抢险指挥部主要职责：

a）执行落实突发事件应急管理领导小组各项决策意见。

b）具体负责水污染事件现场抢险指挥和处置应对工作。

c）负责完成突发事件应急管理领导小组交办的其他工作。

3.2.2 二级运行管理单位

藻类突发事件应急指挥部职责：

a）贯彻执行一级运行管理单位藻类突发事件应急指挥部指示，落实突发事件应急管理小组各项决策意见。

b）研究部署本单位所辖范围内藻类突发事件应急管理工作。

c）审批本单位所辖范围内藻类突发事件应急预案。

d）负责所辖区段藻类突发事件Ⅳ级预警和响应的发布和解除，对Ⅲ级及以上藻类突发事件预警和响应提出初步意见。

e）组织指挥或参与藻类突发事件现场应急处置工作，服从上级部门或地方政府开展的应急处置工作。

f）负责与工程沿线市（县）应急处置机构建立联络和应急响应机制。

g）完成突发事件应急管理领导小组交办的其他工作。

3.2.3 三级运行管理单位

藻类突发事件应急处置小组职责：

a）贯彻落实上级单位和地方政府有关藻类突发事件应急管理规章制度。

b）负责编制三级运行管理单位辖区段现场应急处置方案。

c）负责所辖区段藻类暴发风险点排查、统计、情况上报等。

d）负责藻类突发事件先期处置工作。

e）负责藻类突发事件应急演练、培训工作。

f）建立与属地政府的联络机制。

g）完成上级应急指挥部交办的其他工作。

4 应急响应

4.1 信息报送

4.1.1 信息报告

4.1.1.1 突发事件信息宜按规定逐级上报，紧急情况下可越级上报。报告先采用电话报告，随后书面报告。各单位或部门在发现或接到突发事件信息后，按照"接报即报、随时续报"的要求，立即进行上报，不得延误。

4.1.1.2 藻类突发事件信息报告实行"双线"报告制度，即突发事件信息报告各级值班室的同时报告相关专业职能部门（处室）。突发事件报告包含以下内容：时间、地点、事件基本情况、人员伤亡及损失情况、已采取及建议采取的措施等。突发事件信息快速报告单内容及格式见附录B。

4.1.1.3 突发事件处置过程中，对突发事件动态情况、应急响应、应急处置后续进展情况、应急结束等，应及时按照电话、书面流程续报。事件处置进展视情况及时续报，直至应急处置结束。

4.1.2 信息报告流程

4.1.2.1 电话报告流程

4.1.2.1.1 三级运行管理单位：
a) 现场人员发现或接到突发事件后，立即电话报告负责人和中控室值班人员。
b) 负责人接到报告，经核实后10min内电话报告二级运行管理单位领导，同时安排人员报分调度中心和二级运行管理单位相关专业职能处室。
c) 突发事件按规定需报地方政府相关部门时，经请示后及时报告地方政府。

4.1.2.1.2 二级运行管理单位：
a) 分调度中心值班人员发现或接到藻类突发事件信息电话报告后，立即报告带班领导，并通知水质等相关专业职能处室。
b) 水质专业职能处室发现或接到突发事件信息电话报告后，立即报告专业分管领导，并通知分局应急职能处室，分管领导接到报告后立即报告二级运行管理单位负责人。
c) 负责人接到突发事件信息电话报告后，10min内报告一级运行管理单位领导，同时安排人员电话报告总调度中心和局机关专业职能部门。
d) 分调度中心值班人员或水质业务职能处室人员接到领导指示后及时传达，并继续跟踪事件处置进展，做好接报和续报工作。

4.1.2.1.3 一级运行管理单位：
a) 总调度中心值班人员接到藻类突发事件信息电话报告后，10min之内报告带班领导、水质业务职能部门和应急办。
b) 应急办和水质业务部门接到藻类突发事件信息电话报告后，10min之内报告专业分管领导，分管领导接到报告后立即报一级运行管理单位负责人和党组书记。

c) 负责人接到藻类突发事件信息报告后，必要时报告水利部领导，安排总调度中心值班人员报告水利部值班室。

d) 总调度中心值班人员或水质业务部门接到领导指示后及时传达，并继续跟踪事件处置进展，做好接报和续报工作。

4.1.2.2 书面报告流程

4.1.2.2.1 三级运行管理单位：

突发事件信息电话报告后1h内拟写突发事件信息快速报告单传真至分调度中心，根据需要可附现场相关图片影像资料等。

4.1.2.2.2 二级运行管理单位：

a) 分调度中心值班人员收到突发事件信息快速报告单后，立即报告二级运行管理单位领导、工程处和水质保护业务处室。

b) 分调度中心值班人员收到突发事件快速报告单45min内根据分局领导批示及突发事件处理情况，拟写突发事件信息快速报告单传真至总调度中心，由专业职能处室提供并配合把关突发事件信息报告单内容。

c) 分调度中心值班人员将二级运行管理单位领导批示及时传达。

4.1.2.2.3 一级运行管理单位：

a) 总调度中心值班人员收到突发事件信息快速报告单后，立即报告带班领导、应急办和水质业务职能部门。

b) 应急办和水质业务职能部门接到突发事件信息快速报告单后，立即报告专业分管领导，分管领导接到报告后立即报一级运行管理单位负责人和党组书记。

c) 总调度中心值班人员将领导批示及时进行传达。

d) 领导批示需上报水利部的突发事件，由总调度中心值班人员拟写南水北调中线干线工程突发事件信息报告单，传真至水利部值班室，由水质业务职能部门提供突发事件信息报告内容并配合把关。

4.2 应急响应

4.2.1 响应分级

按照藻类影响分级标准，应急响应对应的划分为4个级别，由高到低分为：Ⅰ级应急响应、Ⅱ级应急响应、Ⅲ级应急响应和Ⅳ级应急响应。

4.2.2 应急响应启动

藻类突发事件发生后，水污染事件发生后，立即开展先期处置，并启动水污染应急预案的响应措施进行处置。发生Ⅰ级、Ⅱ级和Ⅲ级藻类突发事件时，一级运行管理单位藻类突发事件应急指挥部启动Ⅰ级、Ⅱ级和Ⅲ级应急响应，由藻类突发事件应急指挥部办公室负责落实响应措施；发生Ⅳ级藻类突发事件时，二级运行管理单位突发事件应急指挥部启动Ⅳ级响应，并报一级运行管理单位藻类突发事件应急指挥部办公室办备案。超出本级应急处置能力时，及时报请上级单位启动应急响应。

4.2.3 响应程序

4.2.3.1 一般突发事件（Ⅳ级）

由二级运行管理单位启动Ⅳ级应急响应，负责指挥协调应急处置工作，并上报一级运行管理单位。根据实际需要，一级运行管理单位藻类突发事件应急指挥部办公室、相关职能部门参与协助做好相关工作，并跟踪事件进展情况。

4.2.3.2 较大突发事件（Ⅲ级）

由一级运行管理单位藻类突发事件应急指挥部启动Ⅲ级应急响应，负责指挥协调应急处置工作。二级运行管理单位领导赶赴现场，协调有关职能部门配合开展工作。根据需要，由专业职能部门牵头组建现场指挥部。

4.2.3.3 重大突发事件（Ⅱ级）

由一级运行管理单位藻类突发事件应急指挥部启动Ⅱ级应急响应，并负责具体指挥和处置。二级运行管理单位领导赶赴现场，并成立由一级运行管理单位副总师、相关专业指挥部办公室、相关职能部门、二级运行管理单位等组成的现场指挥部。其中：分管局领导任指挥长，负责应急处置的决策和协调工作；局副总师、相关职能部门、二级运行管理单位负责同志任副指挥长，负责事件的具体指挥和处置工作。

4.2.3.4 特别重大突发事件（Ⅰ级）

由一级运行管理单位藻类突发事件应急指挥部启动Ⅰ级应急响应，并负责具体指挥和处置，由应急领导小组负责统一协调指挥应急处置工作。根据需要，一级运行管理单位负责人和党组书记、专业分管领导赶赴现场，并成立由藻类突发事件应急指挥部办公室、相关职能部门、二级运行管理单位等组成的现场指挥部。其中：局长或党组书记任指挥长，负责应急处置的决策和协调工作；专业分管局领导、局副总师、相关职能部门、二级运行管理单位负责同志任副指挥长，负责事件的具体指挥和处置工作。

4.3 藻类应急监测

4.3.1 在接到藻类突发事件信息后，事发地所在二级运行管理单位立即派出水质监测组携带必要的监测器材、试剂及安全防护装备赶赴现场，开展应急监测。事发地三级运行管理单位赶赴现场核实信息和开展先期处置，并将核实信息和建议反馈至二级运行管理单位。工作时间内，应急监测车应60min内出发；非工作时间内，应急监测车宜在120min内出发。在了解事件发展程度、影响范围及周边敏感点分布情况后，开展取样监测工作。

4.3.2 二级运行管理单位水质监测组制定应急监测方案并组织实施，并根据监测结果，预测对总干渠下游分水供水的影响，如到达时间、浓度、历时等，以便及时调整应急对策。

4.3.3 现场采样测试后及时报出第一期应急监测快报，并在藻类突发事件影响期间连续编制各期快报。依据数据报送要求，及时报告现场应急指挥部及各有关单位，并提出应急处置建议。

4.3.4 在现场处置过程中，水质监测组服从现场指挥部指挥，并配合地方环保部门开展水质监测工作。

5 应急处置

5.1 先期处置

5.1.1 藻类突发事件发生后，事发地的二级运行管理单位和三级运行管理单位在上报事件信息后，应立即组织开展先期处置，采取有效措施控制事态发展，及时上报现场情况。

5.1.2 先期处置由到达现场的负责人指挥处置，合理调配资源，确保处置工作高效、有序开展。根据事件的具体情况，对事故发生的原因进行初步判断，了解事故有无进一步扩大的可能；开展人员、物资抢救，降低事件带来的损失；发生的藻类暴发程度进行动态监测，重要信息及时向应急指挥部报告，为制定处置措施等提供决策依据。

5.2 处置措施

5.2.1 一级运行管理单位藻类突发事件应急指挥部或二级运行管理单位突发事件应急指挥部赶赴现场，成立现场抢险指挥部，组织调动应急队伍、物资和设备到达现场，实施现场交通管制和交通疏导，根据技术专家组现场查勘情况，结合先期处置成果制定进一步应急处置方案，组织开展现场处置。

5.2.2 根据藻类突发事件发展动态及藻类生长特征等，采用生态调度、物理拦截、渠道退水等方式，有针对性地采取一种或多种方案的处置技术联合使用。

5.3 现场指挥与控制

5.3.1 二级、三级运行管理单位是藻类事件先期处置的责任主体，承担藻类突发事件的应对责任，对单位范围内的突发事件负有直接指挥权、处置权。

5.3.2 事件发生后，事发单位应立即启动应急预案，先期成立现场指挥机构，由事发现场最高职位者担任现场指挥机构指挥员，在确保安全的前提下采取有效措施组织抢险救援。

5.3.3 在上级单位相关负责同志赶到现场后，事发单位应立即向上级单位现场指挥部正式移交指挥权，并汇报事件情况、进展、风险以及影响控制事态的关键因素和问题。调动本单位所有应急资源，服从上级现场指挥部的指挥，并切实做好应急处置全过程的后勤保障和生活服务工作。

5.4 应急结束

应急处置工作基本完成后，或者相关危险因素基本消除后，应急处置工作即告结束。应急结束由启动应急响应的机构或现场应急抢险指挥部做出终止执行相关应急响应的决定，宣布解除应急状态，转入常态管理。Ⅰ级、Ⅱ级、Ⅲ级突发事件应急处置工作由一级运行管理单位宣布应急状态结束；Ⅳ级事故应急处置工作由二级运行管理单位宣布应急状态结束。

6 应急保障

6.1 应急物资和设备保障

二级、三级运行管理单位根据现场实际情况，组织对专用物资和设备进行现场储备，加强对物资和设备管理，及时予以补充和更新。三级运行管理单位对周边社会物资和设备进行了摸排调查，建立联系，需要时可得到支援。

6.2 应急队伍保障

一级运行管理单位组织二级运行管理单位在全线建立应急保障队伍，并与地方政府抢险队、驻地部队建立抢险救援协作机制；三级运行管理单位将工程现场维护队伍、安保队伍作为先期处置队伍。

6.3 通信电力保障

一级、二级和三级运行管理单位建立有线、无线相结合的基础应急通信系统；与地方人民政府及有关部门建立应急电话联络机制，确保通信畅通。各级运行管理单位组织对所辖段内的供电线路和固定、移动发电机组进行定期检查维护，保证处于良好状态。

6.4 资金保障

藻类突发事件应急物资储备、专用设备运维、应急监测仪器维护、演练培训、应急处置等经费纳入运行管理预算，实行专项拨付、专款专用。

6.5 演练培训

各级运行管理单位应加强对各级管理人员和应急队伍培训，每年应结合实际情况开展应急演练，通过演练及时总结和完善相关应急体系。

7 附则

7.1 本方案应根据实际情况的变化及时修订。南水北调中线建管局具体负责预案的管理和修订等工作。

7.2 本方案由南水北调中线建管局制定并负责解释。

7.3 本方案自印发之日起实施。

附录 A

表 A.1 一级运行管理单位相关职能部门联系方式

部门（中心）	电　话	传　真
总调大厅	010－88657423/88657428	010－88657525
应急办公室 （工程维护中心）	010－88657436	010－88657430
综合部	010－88657136	010－88657158
人力资源部	010－88657227	010－88657200
宣传中心	010－88657520	010－88657540
总工办（科技管理部）	010－88657306	010－88657302
总调度中心	010－88657031/88657032/88657033/88657044	010－88657035
信息机电中心 （信息科技公司）	010－88657356	010－88657180
水质与环境保护中心	010－88657378	010－88657383
安全生产部	010－88657255	010－88657250

表 A.2 二级运行管理单位联系方式

单　位	值班电话	传　真
渠首分局（分调大厅）	0377－61998600	0377－61998620
河南分局（分调大厅）	0371－67801110	0371－67801008
河北分局（分调大厅）	0311－67100777	0311－67100888
天津分局（分调大厅）	022－23904024/4072	022－23904004/4069
北京分局（分调大厅）	010－61372006	010－61372019
北京市南水北调干线管理处	010－88483908	010－88483928

表 A.3 政府部门及相关单位联系方式

相 关 单 位		值 班 电 话	传 真
国家部委	水利部	010 – 63203069	010 – 63203070
	应急管理部	010 – 83933200/83933210	010 – 83933117
	生态环境部	010 – 66556006/66556007	010 – 66556010
河南省	水利厅	0371 – 65571001	0371 – 65951296
	应急管理厅	0371 – 65919777	0371 – 65919800
河北省	水利厅	0311 – 86045596（工作时间）/ 86045654（非工作时间）	0311 – 86060478（工作时间）/ 85185518（非工作时间）
	应急管理厅	0311 – 87908255	0311 – 87905884
天津市	水务局	022 – 23333605（工作时间）/ 23333656（非工作时间）	022 – 23333603（工作时间）/ 23333644（非工作时间）
	应急管理局	022 – 28450303	022 – 28450301
北京市	水务局	010 – 68556111	010 – 68556155
	应急管理局	010 – 55573784	010 – 55573045

附录 B

表 B.1 突发事件信息快速报告单

（编号：××分局/××管理处—××年—××号）

突发事件 信息名称			
二级运行 管理单位		三级运行 管理单位	
发现时间	年　月　日　时　分	发生地点	
事件 情况描述			
人员伤亡及 损失情况			
原因分析			
采取措施			
报告人 及电话		报告时间	年　月　日　时　分
以下由信息接收部门填写			
接报部门		接报人	
接报时间	月　日　时　分	联系电话	

表 B.2 突发事件信息后续报告单

（编号：××分局/××管理处—××年—××号）

突发事件 信息名称			
二级运行 管理单位		三级运行 管理单位	
事件进展 情况描述			
报告人 及电话		报告时间	年　月　日　时　分
以下由信息接收部门填写			
接报部门		接报人	
接报时间	月　日　时　分	联系电话	

附录 C

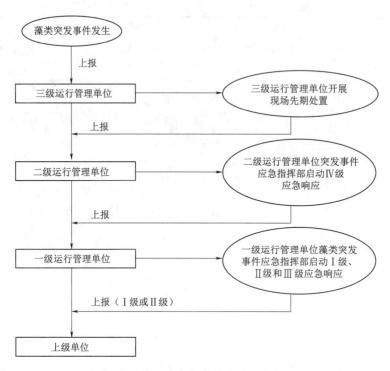

图 C.1 藻类突发事件应急响应处置程序流程图

Q/NSBDZX

南水北调中线干线工程建设管理局规章制度

Q/NSBDZX 409.19—2019

工程突发社会舆情应急预案

2019 - 11 - 01发布

2019 - 11 - 01实施

南水北调中线干线工程建设管理局 发 布

工程突发社会舆情应急预案

1　总则

1.1　编制目的

为有效应对妥善处置突发社会舆情工作，及时、准确发布有关信息，澄清事实，解疑释惑，主动引导舆论，维护社会稳定，为南水北调中线干线工程营造良好的舆论环境，制定本预案。

1.2　编制依据

本预案依据《中华人民共和国突发事件应对法》《中华人民共和国网络安全法》《突发事件应急预案管理办法》《国家突发公共事件总体应急预案》《公共互联网网络安全突发事件应急预案》和《南水北调中线干线工程突发事件应急管理办法》等编制。

1.3　适用范围

本预案适用于南水北调中线干线工程运行期发生的各类舆情的预防和应急处置。

1.4　工作原则

本预案的工作原则：

a）准确把握、快速反应。重大热点舆情产生后，力争在第一时间发布准确、权威的信息，稳定公众情绪，最大限度地避免或减少公众猜测，掌握舆论的主动权。

b）加强引导、注重效果。增强正确引导舆论的意识，提高引导舆论的工作水平，使舆情的引导有利于事件的妥善处置，有利于南水北调中线工作大局，有利于维护社会稳定。

c）讲究方法、提高效能。把握舆情传播规律，积极引导和利用好媒体，确保最恰当的时机、速度，发布最新准确的信息，正确引导舆论。

d）建立机制、明确职责。加强南水北调舆情应对工作的组织协调，健全制度，完善措施，明确工作责任。

2　突发事件风险分级

南水北调中线干线工程社会关注度高，在工程安全、水质安全、人身安全、工程质量、供水效益、水价等方面易成为突发社会舆情风险点，应加强对此类风险点的舆情监测与舆情管理。

2.1　风险分级

南水北调中线干线工程舆情事件按照其性质、严重程度和影响范围等因素，分为 4 个级别：Ⅰ级（特别重大事件）、Ⅱ级（重大事件）、Ⅲ级（较大事件）和Ⅳ级（一般事件）定性或者定量：

    a) Ⅰ级（特别重大事件）：南水北调中线干线工程综合应急预案和专项应急预案中规定的Ⅰ级事件和其他可能造成特别重大影响的事件所产生的相应社会舆情。

    b) Ⅱ级（重大事件）：南水北调中线干线工程综合应急预案和专项应急预案中规定的Ⅱ级事件和其他可能造成重大影响的事件所产生的相应社会舆情。

    c) Ⅲ级（较大事件）：南水北调中线干线工程综合应急预案和专项应急预案中规定的Ⅲ级事件和其他可能造成较大影响的事件所产生的相应社会舆情。

    d) Ⅳ级（一般事件）：南水北调中线干线工程综合应急预案和专项应急预案中规定的Ⅳ级事件和其他可能造成一般影响需要启动应急响应的事件所产生的相应社会舆情。

3 组织机构与职责

3.1 组织机构

3.1.1 组织体系

南水北调中线干线工程突发事件应急管理组织体系由一级运行管理单位（中线建管局）、二级运行管理单位（各分局、北京市南水北调干线管理处）、三级运行管理单位（各现地管理处、陶岔电厂、大宁管理所、西四环管理所）组成。

3.1.2 一级运行管理单位

3.1.2.1 一级运行管理单位突发社会舆情应急指挥部：

为加强中线干线工程突发社会舆情应急处置工作，澄清事实，解疑释惑，主动引导舆论，成立一级运行管理单位突发社会舆情应急指挥部，突发社会舆情应急指挥部在南水北调中线干线工程突发事件应急管理领导小组领导下开展工作。应急管理领导小组、政府部门及相关单位联系方式：

    a) 指挥长：分管局领导。

    b) 成员：相关职能部门负责人、二级运行管理单位负责人。

3.1.2.2 突发社会舆情应急指挥部办公室：

一级运行管理单位突发社会舆情应急指挥部下设办公室，办公室设在一级运行管理单位宣传主管部门，宣传主管部门负责人兼任办公室主任。办公室分设舆情监控组、新闻发布组、综合协调组。

3.1.3 二级运行管理单位

二级运行管理单位成立突发社会舆情应急指挥部，下设应急指挥部办公室。应急管理指挥部指挥长由二级运行管理单位负责人担任，副指挥长由二级运行管理单位副职担任，成员由二级运行管理单位职能处室负责人及三级运行管理单位负责人组成。

3.1.4 三级运行管理单位

三级运行管理单位成立突发事件应急处置小组，服从二级运行管理单位指挥，参与应急处置有关事项。组长由三级运行管理单位负责人担任，副组长由三级运行管理单位副职担任，成员由三级运行管理单位相关科室有关人员组成。

3.2 职责

3.2.1 一级运行管理单位

3.2.1.1 突发社会舆情应急指挥部职责：

a) 执行落实突发事件应急管理领导小组各项决策意见。

b) 审查突发社会舆情应急预案。

c) 负责本专业突发社会舆情应急预案的编制、修订和审查等。

d) 研究确定本专业突发事件应急处理方案。

e) 负责完成突发事件应急管理领导小组交办的其他工作。

3.2.1.2 突发社会舆情应急指挥部办公室职责：

a) 接受一级运行管理单位应急指挥机构或局领导的授权，根据突发事件的发生、发展，迅速派员集中协调、现场办公。

b) 研究制定舆情应对方案、新闻发布方案，制定舆情应对方案、组织舆情涉及的相关单位共同制定新闻发布内容，组织新闻发布。

c) 管理采访事件的中外记者，协调做好采访接待工作。

d) 收集、跟踪境内外舆情，及时向应急指挥机构报告并向有关部门或机构通告情况，通过各种方式，有针对性地解疑释惑、澄清事实，批驳谣言，引导舆论。

e) 组织本专业的应急响应、应急处置、应急演练和培训工作。

f) 对二级、三级运行管理单位应急管理工作进行专业指导。

g) 审查二级、三级机构突发社会舆情应急预案。

h) 落实应急指挥机构交办的其他事项。

3.2.2 二级运行管理单位

突发社会舆情应急指挥部职责：

a) 配合突发社会舆情应急指挥部办公室开展舆情应对工作。

b) 贯彻落实突发事件应急管理领导小组各项决策意见。

c) 研究部署本单位所辖工程突发事件应急管理工作。

d) 审批本单位所辖工程突发事件应急预案。

e) 负责提出突发事件预警和响应等级初步意见。

f) 组织指挥或参与现场突发事件应急处置工作，服从上级部门或地方政府开展的应急处置工作。

g) 负责与工程沿线市（县）应急处置机构建立联络和应急响应机制。

3.2.3　三级运行管理单位

应急处置小组职责：

a) 贯彻落实上级单位和地方政府有关突发事件应急管理规章制度。

b) 负责编制管理处所辖工程突发事件现场应急处置方案。

c) 负责突发事件发生后现场的应急先期处置工作。

d) 组织突发事件应急演练、培训工作。

e) 建立与属地政府的联络机制。

4　应急响应

4.1　舆情信息监测收集

舆情信息收集是南水北调中线干线工程建设管理局各单位（部门）的工作职责。局宣传中心委托专业机构做好舆情监测工作，为舆情分析研判提供依据。局各级运行管理单位及舆情应对人员应主动做好工作职责范围内的舆情收集、评估、分析、报告等工作。

有重大影响的网络信息，要第一时间获取和掌握舆情，应在工作日12h以内呈报局领导，为及时处置创造条件。

4.2　信息报送

4.2.1　信息报告

4.2.1.1　突发社会舆情信息一般应按规定逐级上报，紧急情况下可越级上报。报告先采用电话报告，随后再以书面形式及时报告。各单位或部门在发现或接到突发事件信息后，按照"接报即报、随时续报"的要求，立即进行上报，不得延误。

4.2.1.2　突发社会舆情信息报告实行"双线"报告制度，即突发社会舆情信息报告各级值班室的同时报告相关专业职能部门（处室）。突发社会舆情报告包含以下内容：时间、地点、事件基本情况、舆情源发平台及影响程度、已采取及建议采取的措施等。

4.2.1.3　突发社会舆情处置过程中，对突发事件动态情况、应急响应、应急处置后续进展情况、应急结束等，应及时按照电话、书面流程续报。事件处置进展视情况及时续报，直至应急处置结束。

4.2.2　信息报告流程

4.2.2.1　电话报告流程

4.2.2.1.1　三级运行管理单位：

a) 现场人员发现或接到突发事件后，立即电话报告负责人和中控室值班人员。

b) 负责人接到报告，经核实后立即电话报告二级运行管理单位负责人，同时安排人员报分调度中心和二级运行管理单位突发社会舆情应急指挥部办公室和相关专业职能处室。

c) 突发社会舆情按规定需报地方政府相关部门时，经请示后及时报告地方政府。

4.2.2.1.2 二级运行管理单位：

a) 突发社会舆情应急指挥部办公室或分调度中心值班人员发现或接到突发社会舆情事件信息电话报告后，立即报告二级运行管理单位主要负责人和分管领导，并通知相关专业职能处室。

b) 专业职能处室发现或接到突发社会舆情事件信息电话报告后，立即报告二级运行管理单位主要负责人和分管领导，并通知突发社会舆情应急指挥部办公室。

c) 二级运行管理单位负责人接到突发社会舆情事件信息电话报告后，立即安排人员电话报告一级运行管理单位突发社会舆情应急指挥部办公室，同时安排人员电话报告总调度中心和局机关专业职能部门，必要时报告一级运行管理单位分管局领导或局长。

d) 突发社会舆情应急指挥部办公室、分调度中心值班人员或专业职能处室人员接到二级运行管理单位主要负责人指示后及时传达至三级运行管理单位和所涉及的职能处室负责人，并继续跟踪事件处置进展，做好接报和续报工作。

4.2.2.1.3 一级运行管理单位：

a) 总调度中心值班人员接到突发舆情事件信息电话报告后，立即报告带班领导、应急办、突发社会舆情应急指挥部办公室和相关专业职能部门。

b) 局属各专业职能部门发现或接到突发社会舆情事件信息电话报告后，立即报告分管领导和突发社会舆情应急指挥部办公室。

c) 突发社会舆情应急指挥部办公室人员发现或接到突发舆情事件信息电话报告后，立即报告分管领导和相关专业职能部门，分管领导接到报告后立即报一级运行管理单位负责人和党组书记。

d) 负责人接到突发社会舆情事件信息报告后必要时报告水利部领导，安排突发社会舆情应急指挥部办公室人员报告水利部值班室。

e) 突发社会舆情应急指挥部办公室人员或专业职能部门或总调度中心值班人员接到领导指示后及时进行传达，并继续跟踪事件处置进展，做好接报和续报工作。

4.2.2.2 书面报告流程

4.2.2.2.1 三级运行管理单位：

突发社会舆情信息电话报告后1h内拟写突发社会舆情信息快速报告单传真至分调度中心，根据需要可附现场相关图片影像资料等。

4.2.2.2.2 二级运行管理单位：

a) 分调度中心值班人员或突发社会舆情应急指挥部办公室人员收到突发社会舆情事件信息快速报告单后，立即报告二级运行管理单位主要负责人和相关专业职能处室。

b) 专业职能处室将采取的应急处置措施等情况书面材料及时报送二级运行管理单位突发社会舆情应急指挥部办公室。

c) 突发社会舆情应急指挥部办公室根据二级运行管理单位领导批示及各职能处室突发事件处理情况，拟写二级运行管理单位突发社会舆情事件信息快速报告单传真至总调度中心。

d) 突发社会舆情应急指挥部办公室将二级运行管理单位领导批示及时发送所涉及的专业职能处室和三级运行管理单位。

4.2.2.2.3 一级运行管理单位：

a) 总调度中心值班人员收到突发社会舆情事件信息快速报告单后，立即报告带班局领导、突发社会舆情应急指挥部办公室和相关专业职能部门；局有关职能部门将采取的应急处置措施等情况书面材料及时报送突发社会舆情应急指挥部办公室。

b) 突发社会舆情应急指挥部办公室人员收到突发社会舆情事件信息快速报告单后，拟写突发社会舆情事件信息收文处理签并附突发社会舆情事件信息快速报告单报分管领导，分管领导接到报告后立即报一级运行管理单位负责人和党组书记。

c) 突发社会舆情应急指挥部办公室人员将领导批示及时发送局属相关职能部门和二级运行管理单位。

d) 领导批示需上报水利部的突发社会舆情信息，由突发社会舆情应急指挥部办公室人员拟写突发事件信息报告单，经领导审签同意后报水利部。

4.3 应急响应

4.3.1 响应分级

4.3.1.1 突发事件发生后，在先期报告处置的基础上，由相关责任主体按照基本响应程序，启动相关专业应急预案的响应措施进行处置。按照风险等级，突发社会舆情响应分为Ⅳ级。

4.3.1.2 发生Ⅰ级、Ⅱ级社会舆情突发事件时，一级运行管理单位突发社会舆情应急指挥部办公室向一级运行管理单位突发社会舆情应急指挥部请示，在指挥部的统一领导下开展应急响应工作。

4.3.1.3 发生Ⅲ级、Ⅳ级社会舆情突发事件时，一级运行管理单位突发社会舆情应急指挥部办公室向一级运行管理单位突发社会舆情应急指挥部请示启动应急响应。涉及到两个及以上专业突发事件时，必要时由一级运行管理单位应急办启动综合应急预案响应措施；发生Ⅳ级突发事件时，二级运行管理单位启动Ⅳ级响应。超出本级应急处置能力时，及时报请上级单位启动相应应急预案。

4.3.1.4 事件报告应及时、准确、完整，任何单位和个人对事件不得迟报、漏报、谎报或者瞒报。事件报告后出现新情况，应及时补报。

4.3.2 响应程序

4.3.2.1 一般突发事件（Ⅳ级）

由二级运行管理单位启动相关应急预案的Ⅳ级响应，负责指挥协调应急处置工作，根据实际需要，局相关职能部门参与协助做好相关工作，并跟踪事件进展情况。

4.3.2.2 较大突发事件（Ⅲ级）

由一级运行管理单位专业应急指挥部启动相关专业应急预案的Ⅲ级响应，负责指挥协调应急处置工作。分管局领导赶赴现场，协调有关职能部门配合开展工作。根据需要，由专业职能部门牵头组建现场指挥部。

4.3.2.3 重大突发事件（Ⅱ级）、特别重大突发事件（Ⅰ级）

一级运行管理单位主要领导或分管领导赶赴现场，配合水利部等上级机构或地方政府做好舆情处置工作。

5 应急处置

5.1 一般规定

南水北调中线干线工程突发社会舆情应急处置坚持分类组织、分级处置回应。突发社会舆情应急事件发生后，事发地的二级运行管理单位和三级运行管理单位在上报事件信息后，应积极配合社会舆情应急指挥部办公室做好舆情情况调查、评估、分析等工作。

5.2 分类组织

5.2.1 对于主体工程的特别重大、重大突发社会舆情，报告水利部，协助做好处置与回应。

5.2.2 发生较大事件后，经中线建管局领导批准，成立新闻发布工作组。中线建管局授权归口部门处置的较大突发事件，由归口部门会同新闻发布工作组组织新闻发布工作。

5.2.3 新闻发布工作组组长，视事件具体情况，由局应急指挥机构负责人或分管相关业务的局领导担任。

5.2.4 新闻发布工作组副组长，由突发社会舆情的业务归口部门、涉及的二级运行管理机构负责人、综合部门负责人和宣传中心负责人担任。

5.2.5 新闻发布工作组成员，由有关业务部门、二级运行管理机构负责人担任。

5.2.6 媒体问答口径在发布前及时报水利部。

5.3 处置措施

5.3.1 较大事件发生后，由涉事管辖单位及业务归口单位拟订舆情应对方案、新闻发布方案、发布内容，报中线建管局应急指挥机构负责人审批。在组织新闻发布过程中，如遇到难以把握的重大、敏感问题，应及时向应急指挥机构负责人请示，并遵照指示迅速组织落实。

5.3.2 特别重大突发事件、重大突发事件，按照水利部有关规定，组织新闻发布。

5.3.3 较大事件，按照批准的新闻发布内容，由中线建管局指定新闻发言人（通常为负责事件处置的归口部门负责人或运管单位负责人），通过新闻发布会（时间、地点及场次数等，根据事件性质、影响程度及发展情况而定）、吹风会、散发新闻稿、应约接受记者采访、口头或书面回答记者提问等多种形式。采访应优先安排、接受中央和省级主要新闻媒体的采访。

5.4 应急结束

5.4.1 突发事件应急处置工作基本完成后，或者相关危险因素基本消除后，应急处置工作即告结束。应急结束由启动应急响应的机构或现场应急抢险指挥部做出终止执行相关应急响应的决定，宣布解除应急状态，转入常态管理。

5.4.2 Ⅲ级突发事件应急处置工作由一级运行管理单位宣布应急状态结束；Ⅳ级事故应急处置工作由二级运行管理单位宣布应急状态结束。

5.5 信息发布和宣传

突发事件信息发布和宣传工作，由局新闻宣传归口管理职能部门按有关规定具体负责突发事件的新闻发布组织、现场采访管理，及时、准确、客观、全面发布突发事件信息，正确引导舆论导向。对于社会安全事件，依照有关规定开展相应工作。突发事件发生后，信息发布应及时、准确、客观、全面。各级运行管理单位及其人员不得随意或恶意传播有关信息。事件发生后，根据分析研判结果，及时向社会发布简要信息，随后发布初步的核实情况、应对措施和公众防范措施等，并根据事件处置情况做好后续发布工作。

6 应急保障

6.1 队伍保障

6.1.1 岗位职责

在局社会突发舆情应急指挥办公室的指导下，开展舆情应对工作。每日关注南水北调工程相关业务领域内的负面舆情，对网络、论坛、博客、微博、微信、报纸、杂志等媒体出现的负面舆情，及时回应，澄清事实，解疑释惑，并对负面评论跟踪回应。网络负面舆情，跟帖回宜采用网言网语，应灵活平实。

6.1.2 人员条件

本单位正式职工，业务工作能力较强，有较强的文字表达能力，能熟练使用网络、论坛、博客、微博、微信、客户端等网络媒体和新媒体。各部门、二级运行管理单位选拔1～2名业务能力较强，有较强文字表达能力，熟悉网络媒体平台的本单位正式职工，报宣传中心网络舆情处，电子版发送至 nsbdwlyq@126.com。如有人员变动，及时报备更新。

6.2 培训和演练

各级运行管理单位应加强对各级管理人员和应急队伍培训，每年应结合实际情况开展应急演练，通过演练及时总结和完善相关应急体系。

7 附则

7.1 本预案应根据实际情况的变化及时修订。南水北调中线建管局具体负责预案的修订、论证与更新等工作。

7.2 本预案由南水北调中线建管局制定并负责解释。

7.3 本预案自印发之日起实施。

附录 A

表 A.1 一级运行管理单位突发社会舆情联系方式

联系部门：宣传中心（网络舆情处）	总调大厅
联系电话：010-88657523	010-88657423/88657428　010-88657525

附录 B

表 B.1 政府部门及相关单位联系方式

相 关 单 位		值 班 电 话	传 真
国家部委	水利部	010－63203069	010－63203070
	应急管理部	010－83933200/83933210	010－83933117
	生态环境部	010－66556006/66556007	010－66556010
河南省	水利厅	0371－65571001	0371－65951296
	应急管理厅	0371－65919777	0371－65919800
河北省	水利厅	0311－86045596（工作时间）/ 86045654（非工作时间）	0311－86060478（工作时间）/ 85185518（非工作时间）
	应急管理厅	0311－87908255	0311－87905884
天津市	水务局	022－23333605（工作时间）/ 23333656（非工作时间）	022－23333603（工作时间）/ 23333644（非工作时间）
	应急管理局	022－28450303	022－28450301
北京市	水务局	010－68556111	010－68556155
	应急管理局	010－55573784	010－55573045

附录 C

表 C.1 突发社会舆情事件报告单

（编号：××分局/××管理处—××年—××号）

突发事件 信息名称			
二级运行 管理单位		三级运行 管理单位	
发现时间	年 月 日 时 分	发生地点	
事件 情况描述			
人员伤亡及 损失情况			
原因分析			
采取措施			
报告人 及电话		报告时间	年 月 日 时 分
以下由信息接收部门填写			
接报部门		接报人	
接报时间	月 日 时 分	联系电话	

表 C.2 突发社会舆情事件处置签办单

（编号：××分局/××管理处—××年—××号）

突发事件信息名称			
来源		日期	
网址			
舆情概述			
局领导意见：			
突发社会舆情应急指挥部办公室意见：			
处置情况			
经办人		经办时间	

Q/NSBDZX

南水北调中线干线工程建设管理局规章制度

Q/NSBDZX 409.09—2019

工程网络安全事件应急预案

2019－11－10发布　　　　　　　　　2019－11－10实施

南水北调中线干线工程建设管理局　发　布

工程网络安全事件应急预案

1 总则

1.1 编制目的

为有效应对工程运行期网络安全事件，能够快速、高效、有序地开展应急处置工作，最大限度减少财产损失，保障工程供水安全，结合实际情况，制定本预案。

1.2 编制依据

依据《中华人民共和国突发事件应对法》、《中华人民共和国网络安全法》、《生产经营单位生产安全事故应急预案编制导则》、《信息技术安全技术信息安全事件管理指南》（GB/Z 20985—2007）、《国家网络安全事件应急预案》、《信息安全技术信息安全事件分类分级指南》（GB/Z 20986—2007）等国家法律法规、国家标准和《南水北调中线干线工程突发事件应急管理办法》《南水北调中线干线工程突发事件综合应急预案》等编制。

1.3 适用范围

本预案适用于南水北调中线干线工程范围内网络安全事件的预防和应急处置工作。

1.4 工作原则

本预案的工作原则：

a) 常备不懈，预防为主。坚持应急与预防工作相结合，做好常态下的风险评估、监测预警、物资储备、队伍建设、装备完善等工作，依靠科技，充分发挥专家队伍和专业人员的作用，提供应对网络安全事件的能力。

b) 统一指挥，协调配合。在应急指挥机构的统一指挥、调配下，各应急力量快速就位，快速地开展网络安全事件应急处置行动。

c) 分级处置，明晰责任。根据网络安全事件的不同等级，实行分级处置，提高网络安发事件的处置效率。

d) 快速行动，有序处置。发生网络安全事件时，事发单位应按照处置优先、快速反应的机制，及时获取充分而准确的信息，跟踪研判，果断决策和处置。

2 风险分析与分级

2.1 风险分析

南水北调中线干线工程网络安全突发事件可以分为有害程序类、网络攻击类、信息破坏类、信息内容安全类、灾害类和其他类。

a) 有害程序类突发事件：指受到有害程序的影响而导致的网络安全事件，包含计算机病毒事件、蠕虫事件、特洛伊木马事件、僵尸网络事件、混合攻击程序事件、网页内嵌恶意代码事件等。

b) 网络攻击类突发事件：指通过网络或其他技术手段，利用配置缺陷、协议缺陷、程序缺陷等攻击并造成信息系统异常或不可用的网络安全事件，包括拒绝服务攻击事件、后门攻击事件、漏洞攻击事件、网络扫描窃听事件、网络钓鱼事件、干扰事件等。

c) 信息破坏类事件：指通过网络或其他技术手段，造成信息系统中的信息被篡改、假冒、泄漏、窃取等而导致系统瘫痪、数据毁坏、数据泄密的网络安全事件，包括信息篡改事件、信息假冒事件、信息泄漏事件、信息窃取事件、信息丢失事件等。

d) 信息内容安全类突发事件：指利用网络发布、传播危害国家安全、社会稳定和公共利益等违法内容的网络安全事件，包括违反宪法和法律、行政法规的信息，组织串连、煽动集会游行的信息等。

e) 灾害类突发事件：指由于不可抗力对网络与信息系统造成物理破坏而导致的网络安全事件，包括水灾、火灾、雷击、地震、恐怖袭击等导致的网络安全事件。

f) 其他类事件：指不能归为以上5类的网络安全事件。

2.2 突发事件分级

按照信息系统网络安全事件的危害程度、影响范围和造成的损失，将网络安全事件由高到低分为：Ⅰ级、Ⅱ级、Ⅲ级和Ⅳ级4个等级。

a) 特别重大网络安全事件，为Ⅰ级：南水北调中线干线工程控制专网被非法入侵导致闸站监控系统控制权限被获取，或者控制专网及闸站监控系统遭受特别严重的损失，系统大面积瘫痪，丧失业务处理能力，造成特别重大经济损失或特别严重社会影响。

b) 重大网络安全事件，为Ⅱ级：南水北调中线干线工程控制专网和闸站监控系统遭受严重损失，系统局部瘫痪，业务能力受到极大影响，达48h以上，造成重大经济损失或产生严重社会影响。

c) 较大网络安全事件，为Ⅲ级：

1) 南水北调中线干线工程控制专网和闸站监控系统遭受较大损失，系统局部瘫痪，业务能力受到较大影响，达24h以上，造成较大经济损失或产生较大社会影响。

2) 南水北调中线干线工程门户网站被篡改或企业邮件系统被不法分子利用，发布或传播了政治敏感信息，产生较大社会影响。

3) 南水北调中线干线工程发布在互联网的业务系统被攻击，造成重大损失或产生较大社会影响。

d) 一般网络安全事件，为Ⅳ级：南水北调中线干线工程控制专网和闸站监控系统遭受损失，业务能力受到影响，造成系统中断或局部瘫痪达16h以上，造成一定经济损失或产生一定社会影响。

3 组织机构与职责

3.1 组织机构

3.1.1 机构组成

南水北调中线干线工程网络安全应急事件组织体系由一级运行管理单位（中线建管局）、二级运行管理单位（各分局、北京市南水北调干线管理处）、三级运行管理单位（各现地管理处、陶岔电厂、大宁管理所、西四环管理所）组成。

3.1.2 一级运行管理单位

3.1.2.1 一级运行管理单位网络安全事件应急指挥部：

成立一级运行管理单位网络安全事件应急指挥部，在突发事件应急领导小组领导下，负责全线网络安全事件应急与处置工作：

a）指挥长：分管局领导。

b）成员：副总师、各部门负责人及各二级运行管理单位负责人。

3.1.2.2 一级运行管理单位网络安全事件应急指挥部办公室：

一级运行管理单位网络安全事件应急指挥部下设办公室，负责一级运行管理单位网络安全事件应急指挥部的日常工作。办公室设在南水北调中线信息科技有限公司（后简称信息科技公司），由信息科技公司主要负责人兼任办公室主任。

3.1.2.3 职能工作组：

一级运行管理单位网络安全事件应急指挥部办公室下设网络组、通信组、应用组、后勤保障组、信息发布组和现场处置组，各职能工作组组长由信息科技公司相关部门负责人担任，各职能工作组成员根据实际情况由相关部门和单位有关人员组成。

3.1.2.4 专家组：

组建专家组，为网络安全事件处置提供决策咨询和建议。

3.1.3 二级运行管理单位

二级运行管理单位成立突发事件应急指挥部，指挥长由二级运行管理单位负责人担任，副指挥长由二级运行管理单位副职担任，成员由二级运行管理单位相关处室负责人、信息科技公司相关事业部及监控中心负责人及三级运行管理单位负责人组成。二级运行管理单位突发事件应急指挥部下设应急办公室和专家组。

3.1.4 三级运行管理单位

三级运行管理单位成立突发事件应急处置小组，组长由三级运行管理单位负责人担任，副组长由三级运行管理单位副职担任，成员由三级运行管理单位相关科室有关人员组成。

3.2　工作职责

3.2.1　一级运行管理单位

3.2.1.1　一级运行管理单位网络安全事件应急指挥部职责：
   a) 贯彻落实国家和政府有关工程网络安全的法规政策，执行上级和沿线省（直辖市）公安网监部门指挥机构的指令。
   b) 研究部署中线干线工程网络安全突发事件应急管理工作。
   c) 研究确定中线干线工程特别重大网络及信息安全事件应对处置措施。
   d) 审查中线干线工程网络及信息安全事件处置方案及应急预案。
   e) 负责网络安全突发事件Ⅰ级、Ⅱ级、Ⅲ级事件预警和相应工作，组织召开应急会商会。
   f) 完成应急管理领导小组交办得其他工作。

3.2.1.2　一级运行管理单位网络安全事件应急指挥部办公室职责：
   a) 执行落实一级运行管理单位网络安全事件应急指挥部安排的各项工作任务。
   b) 负责建立健全中线干线工程网络及信息安全管理体系。
   c) 负责编制中线干线工程网络及信息安全事件应急预案并组织实施。
   d) 组织建立中线干线工程信息科技公司网络安全应急处置队伍。
   e) 组织开展中线干线工程网络安全物资储备和调配工作。
   f) 组织开展中线干线工程网络安全风险项目排查工作。
   g) 监督检查各有关单位网络安全工作落实情况，组织开展中线干线工程网络安全值班工作。
   h) 及时掌握中线干线工程网络及信息安全事件等信息。
   i) 组织开展中线干线工程网络安全演练、培训工作。
   j) 负责网络安全相关协调工作，组织网络安全专项项目实施工作。
   k) 完成网络安全有关其他工作。

3.2.1.3　各职能工作组职责：
   a) 网络组负责计算机网络、数据中心的保障及应急处置工作。
   b) 通信组负责通信系统的保障及应急处置工作。
   c) 应用组负责各应用系统的保障及应急处置工作。
   d) 后勤保障组负责应急物资、设备、车辆的保障和调配。
   e) 信息发布组负责应急处置工作的宣传报道及信息发布。
   f) 现场处置组在业务组的专业指导下开展现场处置工作。

3.2.2　二级运行管理单位及三级运行管理单位

3.2.2.1　二级运行管理单位突发事件应急指挥部职责：
   a) 贯彻落实国家和地方政府有关工程网络安全的法规政策，执行上级和地方网络安全指挥机构的指令。

b) 审批本单位所辖工程突发事件综合应急预案。

c) 完成一级运行管理单位网络安全事件应急指挥部办公室交办的其他工作。

3.2.2.2 二级运行管理单位应急事件应急指挥部办公室职责：

a) 及时掌握中线干线工程网络安全事件等信息。

b) 及时发现并上报网络安全风险事件。

c) 配合组织网络安全相关协调工作，配合组织网络安全专项项目实施工作。

3.2.2.3 三级运行管理单位应急处置小组职责：

a) 贯彻落实上级单位和地方政府有关突发事件应急管理规章制度。

b) 及时发现并上报网络安全风险事件。

c) 配合建立属地信息科技公司网络安全应急处置队伍。

d) 配合开展属地网络安全物资储备和调配工作。

e) 配合开展属地网络安全风险项目排查工作。

f) 配合开展属地网络安全演练、培训工作。

3.2.3 信息科技公司事业部及监控中心

a) 组织建立属地信息科技公司网络安全应急处置队伍。

b) 组织开展属地网络安全物资储备和调配工作。

c) 组织开展属地网络安全风险项目排查工作。

d) 检查本单位网络安全工作落实情况，组织开展属地网络安全值班工作。

e) 及时掌握中线干线工程网络安全事件等信息。

f) 组织开展属地网络安全演练、培训工作。

g) 负责网络安全相关协调工作，组织网络安全专项项目实施工作。

4 应急响应

4.1 预防预警

4.1.1 预警信息

4.1.1.1 一级运行管理单位各信息系统的管理和使用部门负责组织运维单位管理相关信息系统的网络安全事件风险监测工作，工作的重点包括：有害程序类事件；网络攻击类事件；信息破坏类事件；信息内容安全类事件。

4.1.1.2 信息科技公司通过政府相关部门发布的网络安全事件预警获取预警信息，在获取预警信息后，应及时进行汇总分析，必要时组织相关部门、专业技术人员、专家进行会商，对网络安全事件发生的可能性及其可能造成的影响进行评估。

4.1.2 预警分级

按照网络安全事件可能造成的危害、紧急程度和发展势态，网络安全事件预警等级分为四级：由高到低依次用红色、橙色、黄色和蓝色表示，分别对应发生或可能发生特别重大、重大、较大和一般网络安全事件。

4.1.3 预警监测

一级运行管理单位网络安全事件应急指挥部办公室组织对重要网络和信息系统开展网络安全监测，建立预警监测机制，完善预警系统，加强预警信息的监测收集工作。

4.1.4 预警发布、调整和解除

网络安全预警由一级运行管理单位网络安全事件应急指挥部办公室负责发布、调整和解除。根据网络安全事件发展、变化情况和影响程度，可适时调整预警级别。当确定网络安全事件不可能发生或网络安全事件已经解除时，由发布单位宣布解除预警。预警信息的发布、调整和解除可通过电话或书面通知等方式进行。

4.1.5 预警响应

4.1.5.1 红色预警响应：

a) 国家网络安全应急办公室发布涉及水利行业的红色预警时，一级运行管理单位网络安全事件应急指挥部办公室负责组织信息科技公司落实水利部网络安全应急办公室下发的防范措施和应急工作方案。一级运行管理单位网络安全事件应急指挥部办公室、有关部门、信息科技公司实行24h值班，相关人员保持通信联络畅通。

b) 根据水利部网信办研究制定的防范措施和应急工作方案，一级运行管理单位网络安全事件应急指挥部办公室负责指导相关部门（单位）、信息科技公司网络安全应急处置队伍开展应急处置或准备、风险评估和控制工作。一级运行管理单位各级单位加强事件监测和事态发展信息搜集工作，至少每日向一级运行管理单位网络安全事件应急指挥部办公室报告预警响应情况，重要情况立即上报。一级运行管理单位网络安全事件应急指挥部办公室负责集中管理系统的预警响应。一级运行管理单位网络安全事件应急指挥部办公室及时将重要情况上报局领导和水利部网络安全应急办公室，并根据指示进行预警重大事项通报。

c) 信息科技公司网络安全应急处置队伍进入待命状态，保持通信联络畅通，检查应急车辆、设备、软件等应急工具，做好应急准备。

d) 局属各部门、各单位根据一级运行管理单位网络安全事件应急指挥部办公室要求开展预警响应工作。一级运行管理单位网络安全事件应急指挥部办公室跟踪事态发展情况，必要时通报有关单位。

4.1.5.2 橙色预警响应：

a) 一级运行管理单位网络安全事件应急指挥部办公室组织信息科技公司开展预警响应工作，落实水利部网信办研究制定的防范措施和应急工作方案。一级运行管理单位网络安全事件应急指挥部办公室和信息科技公司实行24小时值班，相关人员保持通信联络畅通。

b) 根据水利部网信办研究制定的防范措施和应急工作方案，一级运行管理单位网络安全事件应急指挥部办公室负责指导相关部门（单位）、信息科技公司网络安全应急处置队伍开展应急处置或准备、风险评估和控制工作。加强事件监测和事态发

展信息搜集，至少每日向一级运行管理单位网络安全事件应急指挥部办公室报告预警响应情况，重要情况立即上报。一级运行管理单位网络安全事件应急指挥部办公室负责集中管理系统的预警响应，并及时将事态发展情况报局领导和水利部网络安全应急办公室，并进行预警重大事项通报。

c) 信息科技公司网络安全应急处置队伍进入待命状态，保持通信联络畅通，检查应急车辆、设备、软件等应急工具，做好应急准备。

d) 局属各部门、各单位根据一级运行管理单位网络安全事件应急指挥部办公室要求开展预警响应工作。

4.1.5.3 黄色、蓝色预警响应：

a) 一级运行管理单位网络安全事件应急指挥部办公室组织信息科技公司开展预警响应工作，指导协调相关单位、信息科技公司网络安全应急处置队伍做好风险评估、应急准备和风险控制工作。加强事件监测和事态发展信息搜集工作，及时将黄色预警及涉及水利关键信息基础设施的蓝色预警事态发展重要情况上报一级运行管理单位网络安全事件应急指挥部办公室。一级运行管理单位网络安全事件应急指挥部办公室负责集中管理系统的预警响应，并及时将事态发展重要情况上报水利部网信办，并根据事态发展情况向有关单位进行重大事项通报。

b) 局属各部门、各单位根据一级运行管理单位网络安全事件应急指挥部办公室要求开展预警响应工作。及时将黄色预警及涉及水利关键信息基础设施的蓝色预警事态发展重要情况上报一级运行管理单位网络安全事件应急指挥部办公室。

4.2 信息报送

4.2.1 信息报告

4.2.1.1 网络安全事件信息宜按规定逐级上报，紧急情况下可越级上报。信息报告先电话报告，随后书面报告。各单位或部门在发现或接到突发事件信息后，按照"接报即报、随时续报"的要求，立即进行上报，不得延误。

4.2.1.2 网络安全事件信息报告实行"双线"报告制度，即突发事件信息报告一级运行管理单位（应急办公室）的同时报告一级运行管理单位网络安全事件应急指挥部办公室。突发事件报告包含以下内容：时间、地点、事件基本情况、已采取及建议采取的措施等。

4.2.1.3 突发事件处置过程中，对突发事件动态情况、应急响应、应急处置后续进展情况、应急结束等，应及时按照电话、书面流程续报。事件处置进展视情况及时续报，直至应急处置结束。

4.2.2 信息报告流程

4.2.2.1 电话报告流程

4.2.2.1.1 三级运行管理单位：

a) 工作人员发现或接到网络安全突发事件后，立即电话报告三级运行管理单位负责人。

b) 三级运行管理单位负责人接到报告，经核实后10min之内电话报告二级运行管理单位负责人，同时安排人员报送一级运行管理单位网络安全事件应急指挥部办公室。

c) 突发事件按规定需报地方政府相关部门时，经请示后及时报告地方政府。

4.2.2.1.2 二级运行管理单位：

a) 工作人员发现或接到网络安全突发事件后，立即电话报告二级运行管理单位负责人。

b) 二级运行管理单位负责人接到报告，经核实后10min之内电话报告一级运行管理单位网络安全事件应急指挥部办公室。

c) 突发事件按规定需报地方政府相关部门时，经请示后及时报告地方政府。

d) 二级运行管理单位接到一级运行管理单位网络安全事件应急指挥部办公室指示后及时传达至三级运行管理单位负责人及所属地信息科技公司事业部或监控中心负责人，并继续跟踪事件处置进展，做好接报和续报工作。

4.2.2.1.3 信息科技公司事业部及监控中心：

a) 工作人员发现或接到网络安全突发事件后，立即报告一级运行管理单位网络安全事件应急指挥部办公室。

b) 信息科技公司事业部或监控中心接到一级运行管理单位网络安全事件应急指挥部办公室或二级运行管理单位网络安全事件应急指挥部办公室指示后，继续跟踪事件处置进展，做好接报和续报工作。

4.2.2.1.4 一级运行管理单位：

a) 一级运行管理单位网络安全事件应急指挥部办公室接到网络安全突发事件信息电话报告后，10min之内报告局带班领导、一级运行管理单位网络安全事件应急指挥部办公室领导和相关专业职能部门。

b) 一级运行管理单位网络安全事件应急指挥部办公室领导收到网络安全突发事件信息电话报告后，立即报告分管局领导，分管局领导接到报告后立即报告一级运行管理单位局长和党组书记。

c) 一级运行管理单位局长接到突发事件信息电话报告后，必要时报告水利部领导，安排一级运行管理单位网络安全事件应急指挥部办公室报告水利部网信办。

d) 一级运行管理单位网络安全事件应急指挥部办公室人员接到领导指示后及时传达至有关部门、单位及信息科技有限公司，并继续跟踪事件处置进展，做好接报和续报工作。

4.2.2.2 书面报告流程

4.2.2.2.1 三级运行管理单位：

网络安全事件信息电话报告后1h内向二级运行管理单位上报突发事件信息快速报告单，根据需要可附现场相关图片影像资料等。

4.2.2.2.2 二级运行管理单位：

a) 二级运行管理单位人员收到三级运行管理单位发来的突发事件信息快速报告单后，立即报告二级运行管理单位主要负责人。

b) 二级运行管理单位将采取的应急处置措施等情况书面材料及时报送一级运行管理单位网络安全事件应急指挥部办公室。

c) 二级运行管理单位网络安全事件应急指挥部办公室人员将领导批示及时发送所涉及的处室、三级运行管理单位、信息科技公司监控中心及事业部。

4.2.2.2.3 信息科技公司监控中心及事业部：

网络安全事件信息电话报告后 1h 内，监控中心及事业部向一级运行管理单位网络安全事件应急指挥部办公室上报突发事件信息快速报告单，根据需要可附现场相关图片影像资料等。

4.2.2.2.4 一级运行管理单位：

a) 一级运行管理单位网络安全事件应急指挥部办公室人员接到网络安全突发事件信息快速报告单后，立即报告局带班领导、一级运行管理单位网络安全事件应急指挥部办公室领导和相关专业职能部门。

b) 一级运行管理单位网络安全事件应急指挥部办公室领导收到网络安全突发事件信息电话报告后，立即报告分管局领导，分管局领导接到报告后立即报告一级运行管理单位局长和党组书记。

c) 一级运行管理单位网络安全事件应急指挥部办公室人员将局领导批示及时发送局属相关职能部门、信息科技有限公司及有关单位。

d) 局领导批示需上报水利部的突发事件，由一级运行管理单位网络安全事件应急指挥部办公室拟写突发事件信息报告单，经局领导审签同意后报水利部网信办。

4.3 应急响应

4.3.1 响应分级

按照南水北调中线干线工程网络安全突发事件分级，将应急响应对应划为 4 个级别，由高到低分为：Ⅰ级、Ⅱ级、Ⅲ级和Ⅳ级应急响应。

4.3.2 应急响应启动

网络安全事件发生后，各级运行管理单位根据事件情况需及时启动本级网络安全应急预案进行处置。Ⅰ级、Ⅱ级和Ⅲ级应急响应由一级运行管理单位启动，Ⅳ级应急响应可由一级运行管理单位或二级运行管理单位突发事件应急指挥部启动，Ⅳ级应急响应需报一级运行管理单位网络安全事件应急指挥部办公室备案。超出本级应急处置能力时，及时报请上级单位启动相应应急预案。

4.3.3 响应升级

当发生的突发事件程度十分严重，超出我局一级运行管理单位自身控制能力范围，应及时报告上级主管部门和地方政府进行应急救援，由其统一指挥、调动各方面应急资源进行应急抢险。

5 应急处置

5.1 分类处置

5.1.1 有害程序类突发事件发生后，首先确认事件影响范围以及造成的破坏程度，对于已确认感染有害程序的服务器、终端电脑及时断开网络网络连接，分析有害程序的工作机制，必要时在防火墙、交换机等网络设备禁用相应端口，升级 IPS、防病毒网关等安全设备病毒库、特征库，升级服务器及终端系统补丁，修复系统漏洞，对已感染有害程序的电脑进行查杀、数据恢复。对疑似遭入侵的服务器、操作系统进行安全检查，排查可疑账号、软件，使用网络安全漏洞扫描系统进行安全扫描，修复系统漏洞。

5.1.2 网络攻击类突发事件发生后，首先确认事件影响范围以及造成的破坏程度，分析网络攻击协议类型、端口，升级防火墙、IPS 等安全设备的特征库，完善安全设备安全策略，必要时升级安全设备微码版本，修复安全设备本身安全漏洞。

5.1.3 信息破坏类事件发身后，首先断开被破坏数据系统的网络连接，检验、验证数据的完整性，分析系统日志，对服务器进行安全检查与病毒查杀，修复系统漏洞，系统修复后，对于有数据备份的业务系统，进行数据恢复，对于没有备份的业务系统，进行数据录入、修复、验证，尽量恢复系统数据。

5.1.4 信息内容安全类突发事件，发现网站出现非法信息或内容被篡改，立即将非法信息或篡改信息从网络中隔离出来。情况严重的，保护现场，保存非法信息或篡改页面，断开网络服务器，并向公安网监部门报警。网站管理人员应作好必要记录，追查非法信息来源，清理或修复非法信息，妥善保存有关记录，强化安全防范措施，并将网站重新投入运行。

5.1.5 灾害类突发事件发生后，确认灾害事件对计算机网络系统的影响范围及破坏程度，关键业务系统受到破坏并在短时间内无法完成修复的，启动河南异地灾备中心，进行业务迁移。

5.2 应急结束

突发事件应急处置工作基本完成后，或者相关危险因素基本消除后，应急处置工作即告结束。应急结束按照"谁启动、谁结束"的原则，由一级运行管理单位网络安全事件应急指挥部办公室做出终止执行相关应急响应的决定，宣布解除应急状态，转入常态管理。

6 应急保障

6.1 应急队伍

一级运行管理单位相关部门、各单位组织抢险队伍和力量，应急队伍以各专业维护队伍为主，必要时成立专家小组、协调设备厂商工程师。

6.2 通信与信息

6.2.1 应设立网络安全应急 24 小时值班电话，并做到"三不变"，即电话号码不变、传真号码不变、电子邮件不变。与应急工作相关人员的电话、手机、传真、电子邮件等联系方式应及时更新、及时分发，并保持畅通。

6.2.2 通信联络方式主要有系统程控电话、外线电话、手机、传真、电子邮件等，其中手机、电话、传真和电子邮件为主要通信联络方式。应急工作人员联系手机应保持每天24h开机状态。

6.3 资金保障

突发事件处置经费纳入工程运行管理预算，实行专项拨付、专款专用。

6.4 演练

一级运行管理单位网络安全事件应急指挥部办公室每年应至少组织一次应急预案的演练，模拟发生不同级别及不同类型事件的应急响应和处置，提高应急实战能力，演练结束后应开展总结评估，不断完善应急体系。

6.5 培训和宣传

各单位应加强网络安全特别是网络安全事件应急预案的培训，将网络安全事件应急知识列为领导干部、管理人员、处置人员及相关工作人员的培训内容，提高防范意识。针对事件处置人员，还应加强应急处置技术培训，提高处置技能。针对发生的网络安全事件，应总结经验教训，组织相关人员进行事后教育和培训，防范事件的再次发生。各单位应采用多种形式，加强突发网络安全事件预防和处置的有关法律、法规和政策的宣传，开展网络安全基本知识和技能的宣传活动。

7 附则

7.1 本预案应根据实际情况的变化及时修订，中线局管局负责预案的管理和修订等工作。

7.2 本预案由中线建管局制定并负责解释。

7.3 本预案自印发之日起实施。

附录 A

表 A.1 一级运行管理单位相关职能部门联系方式

部门（中心）	电 话	传 真
总调大厅	010 – 88657423/88657428	010 – 88657525
应急办公室（工程维护中心）	010 – 88657436	010 – 88657430
综合部	010 – 88657136	010 – 88657158
人力资源部	010 – 88657227	010 – 88657200
宣传中心	010 – 88657520	010 – 88657540
总工办（科技管理部）	010 – 88657306	010 – 88657302
总调度中心	010 – 88657031/88657032/88657033/88657044	010 – 88657035
信息机电中心（信息科技公司）	010 – 88657356	010 – 88657180
水质与环境保护中心	010 – 88657378	010 – 88657383
安全生产部	010 – 88657255	010 – 88657250

表 A.2 二级运行管理单位联系方式

单 位	值班电话	传 真
渠首分局（分调大厅）	0377 – 61998600	0377 – 61998620
河南分局（分调大厅）	0371 – 67801110	0371 – 67801008
河北分局（分调大厅）	0311 – 67100777	0311 – 67100888
天津分局（分调大厅）	022 – 23904024/4072	022 – 23904004/4069
北京分局（分调大厅）	010 – 61372006	010 – 61372019
北京市南水北调干线管理处	010 – 88483908	010 – 88483928

表 A.3 信息科技公司相关部门联系方式

单 位	值班电话	传 真
北京监控中心	010 – 88657195	010 – 88657400
郑州监控中心	0371 – 67801858	0371 – 67801857

表 A.4 政府部门及相关单位联系方式

相 关 单 位		值班电话	传 真
国家部委	水利部	010 – 63203069	010 – 63203070
	应急管理部	010 – 83933200/83933210	010 – 83933117
	生态环境部	010 – 66556006/66556007	010 – 66556010
河南省	水利厅	0371 – 65571001	0371 – 65951296
	应急管理厅	0371 – 65919777	0371 – 65919800
河北省	水利厅	0311 – 86045596（工作时间）/ 86045654（非工作时间）	0311 – 86060478（工作时间）/ 85185518（非工作时间）
	应急管理厅	0311 – 87908255	0311 – 87905884

表 A.4 政府部门及相关单位联系方式（续）

相 关 单 位		值班电话	传 真
天津市	水务局	022 - 23333605（工作时间）/ 23333656（非工作时间）	022 - 23333603（工作时间）/ 23333644（非工作时间）
	应急管理局	022 - 28450303	022 - 28450301
北京市	水务局	010 - 68556111	010 - 68556155
	应急管理局	010 - 55573784	010 - 55573045

附录 B

表 B.1 突发事件信息快速报告单

（编号：××分局/××管理处—××年—××号）

突发事件信息名称			
二级运行管理单位		三级运行管理单位	
发现时间	年 月 日 时 分	发生地点	
事件情况描述			
人员伤亡及损失情况			
原因分析			
采取措施			
报告人及电话		报告时间	年 月 日 时 分
以下由信息接收部门填写			
接报部门		接报人	
接报时间	月 日 时 分	联系电话	

表 B.2 突发事件信息后续报告单

（编号：××分局/××管理处—××年—××号）

突发事件信息名称			
二级运行管理单位		三级运行管理单位	
事件进展情况描述			
报告人及电话		报告时间	年 月 日 时 分
以下由信息接收部门填写			
接报部门		接报人	
接报时间	月 日 时 分	联系电话	

附录 C

表 C.1 网络安全事件预警发布（调整）单

发布单位（部门）：　　　　　　　　　　签发人：

预警名称	
发布时间	
预警编号	专项预警名称-F（T）：20XX-YYY
预警范围	
预警性质	□初次发布	□预警调整
		上次预警单号〔　〕
预警级别	本次：×色	上次：×色
预警概要	
预防措施及工作要求	
备注	（密级或公开程度）

注：1. 发布单位（部门）：填写应急办（专业管理部门）。

2. 预警名称：对应的专项应急预案的简称，如病毒爆发、主干线路故障等。各级单位可根据实际情况设置专项预警名称。

3. 预警编号："F"表示首次发布，"T"表示调整；"20XX"表示年号；"YYY"表示序列号，范围为001～999。

4. 预警范围：在预警发布后，确定的需要做出预警响应的单位或部门。

5. 预警性质：在相成选项前"√"选。

6. 预警级别：如为预警调整通知，应注明上次发布的级别。

7. 预警概要：简要说明由什么原因引起的预警，可能造成的影响。

8. 预防措施及工作要求：针对预警提出的要求及应采取的措施，并注明启动的相应预案。

表 C.2 预警响应信息快速报告单

填报单位（公章）：　　　　　　　　　　　填报时间：　　年　　月　　日　　时　　分

响应单位		直接上级单位	
预警响应			
预警响应启动时间	年　　月　　日　　时　　分		
预警响应情况			

××部门负责人：　　　　　　　　　　填报人：

附录 D

表 D.1　网络安全预警解除单

单位：

预警编号	（填写需解除的预警单号）	
预警名称		
解除原因		
解除时间		批准人
备注		